科学出版社“十四五”普通高等教育本科规划教材

工程力学教程

（第四版）

章向明　胡明勇　吴　菁　黄　方　主编

科 学 出 版 社

北　京

内 容 简 介

本书是在《工程力学教程》第三版基础上，吸取国内外一些优秀教材的长处和精髓，结合多年的教学实践，融入作者对力学概念的理解编写而成。部分章节做了较大范围的修辑，内容更加完善。

本书涵盖理论力学和材料力学的基本理论和基本原理。全书共 16 章，包括：物体的受力分析；平面力系的等效与平衡；点的运动；刚体的基本运动；点的合成运动；刚体的平面运动；动量定理；动量矩定理；动能定理；拉伸和压缩；剪切和挤压；截面几何性质；圆轴的扭转；弯曲内力；弯曲应力；弯曲变形；应力状态；强度理论；组合变形；动载荷；压杆稳定。每章后有习题，并附有答案。书中有多处内容属于全新概念，体系完整，如静力平衡新体系，自然坐标系，剪力、弯矩图作图新体系。本书既注重理论阐述的科学性和系统性，又注重理论联系实际；既注重数学推导的严谨性，又注重物理含义的描述，力求做到叙述简明扼要，说理逻辑严密。

本书可作为一般工程专业的工程力学课程教材和相关工程技术人员的参考用书。

图书在版编目（CIP）数据

工程力学教程 / 章向明等主编. —4 版. —北京：科学出版社，2024.1

科学出版社"十四五"普通高等教育本科规划教材

ISBN 978-7-03-077434-7

Ⅰ. ①工…　Ⅱ. ①章…　Ⅲ. ①工程力学－高等学校－教材　Ⅳ. ①TB12

中国国家版本馆 CIP 数据核字（2023）第 252586 号

责任编辑：王　晶 / 责任校对：高　嵘
责任印制：彭　超 / 封面设计：苏　波

科学出版社出版

北京东黄城根北街 16 号
邮政编码：100717
http://www.sciencep.com

武汉中科兴业印务有限公司印刷

科学出版社发行　各地新华书店经销

*

2024 年 1 月第　一　版　开本：787×1092　1/16
2024 年 1 月第一次印刷　印张：20 1/2
字数：522 000

定价：79.00 元

（如有印装质量问题，我社负责调换）

前　言

工程力学是工程专业重要的技术基础课，研究力系的等效与平衡，构件运动规律和构件承载能力。它是专业课和现代工程技术的理论基础，可直接应用于工程实际问题，对学员解决工程问题能力的培养及后续课程的学习具有不可忽视的重要作用。

《工程力学教程》第一版至第三版的教学效果明显。随着教学改革的深入和培养任务的转型，为顺应培养海军初级指挥军官的教学需要，迫切需要教材适应培养国际型海军新型人才的需求，紧密联系海军部队实际，解决课程学时短与提高起点及相关专业要求高的矛盾。只有用新的体系组织精选过的内容编写教材，才能做到学时少，内容新，水平高，效果好，适应培养学员创新能力，提高学员分析问题和解决问题能力的需要。教材第一版完成了有无问题，第二版修订了使用过程中发现的错误，第三版解决了“上档次”的问题，第四版进一步精简、完善、提高。本次改版主要工作如下：

（1）改写力系等效与平衡新体系的部分内容。删去较难理解的力系等效定理，增加合力定理和合力矩定理的描述，增加主矢和主矩概念，目的是使静力平衡新体系能与传统的力系等效简化体系无缝对接，使学员在学习静力平衡新体系后，能很好地理解在静力学公理基础上建立的力系等效简化体系。

（2）厘清自然坐标系的概念。国内一些教材认为自然坐标系是“游动的笛卡儿坐标系”。作者认为有失偏颇，这样定义既没有涉及坐标的概念也没有体现坐标系的实质，网上各知识服务平台上有数十篇论文讨论自然坐标系，概念仍然模糊不清。本教材根据作者个人理解，定义自然坐标系为：**根据问题的自然属性建立的曲线坐标系**，这样自然坐标系是一种曲线坐标系，而非笛卡儿坐标系，自然坐标系是固定不动的坐标系，变化的仅是用于速度、加速度等物理量分解的单位矢量。此处理解是否妥当还有待探讨，恳请同行专家批评指正。

（3）改进插图质量。前几版教材中，部分插图存在一定程度的错误，如比例不协调、布局不美观，或与正文文字描述不紧密，或不能体现思维的逻辑过程。基于此，本版大部分插图由章向明教授亲自绘制，体现了作者的用意和教材内容叙述的逻辑过程，更能训练读者的逻辑思维推理能力和科学思维能力。

（4）明确工程力学的概念，本书内容中对力学名词和概念均使用黑体，并标注相应英文术语，同时给出术语角标含义，注释来源于英文的首字母，如：比例极限（proportional limit）用 $\sigma_{\rm p}$ 表示，下标 p 默认是英语 proportional 的首字母，书中无特别注明；牵连速度（convected velocity）用 $v_{\rm e}$ 表示，下标 e 是法语 entrainement 的首字母；屈服极限（yield limit），用 $\sigma_{\rm s}$ 表示，下标 s 是德语 streckgrenze 的首字母。

（5）创建立体化教材。教材附加授课视频，通过扫描二维码即可观看教材内容的相关视频，帮助学员理解、掌握教材内容。每个视频时长控制有度，便于学员自学。

《工程力学教程》（第四版）是章向明教授退休前最后一项工作，力争做到优化课程体系，重组教学内容，叙事简明扼要，说理逻辑严密，融入作者对工程力学概念的理解，厘清基本概念。教材内容有多处创新和探索，如约束反力概念的描述；连杆约束的概念；力偶的定义；自然坐标系的定义；刚体系平衡的解题规律；刚体平面运动的定义；刚体平面运动转动与基点选择无关的证明；超静定梁的计算摒弃静定基的概念；动荷系数的描述和推导；压杆稳定性的阐述和校核。教材有多处内容属于全新概念，体系完整。

静力平衡新体系简介：力系简化在静力学体系中起着至关重要的作用，只有通过简化，才能得出力系的作用量，才能得出平衡条件。然而，力系简化理论却是烦琐的，没有显式表示力对刚体的作用效果，力系“等效”简化中的“效”是什么，没有明确的定义和物理意义。虽然 4 个静力学公理是人类生产和生活经验长期积累的总结和结晶，但是，以 4 个公理为基础，以力系简化为关键建立静力学理论体系，仍然显得有些突兀，特别是其中关键的“二力合力公理”过于牵强。章向明教授从力的作用效果、力系等效和平衡的本质出发，给出了力和力系作用效果的具体描述。在此基础上，证明了二力合力定理、二力平衡定理，还给出了力系合力定理和合力矩定理，构建了静力平衡体系的新框架，力图使静力平衡体系的描述更完美，更合理。

剪力图和弯矩图作图新体系简介：剪力图和弯矩图直观地显示了梁的内力分布，在梁的强度和刚度计算中起着至关重要的作用，如何正确地画出剪力、弯矩图，并确定最大弯矩的数值和所在位置是工程力学重要内容。章向明教授独创弯矩图中弯矩极值大小和位置的确定方法和计算公式，并给出证明。总结出剪力图和弯矩图画法新体系，该方法简便易行，不易出错，使学员能快速、准确地画出梁的弯矩图。本书采用我国法定计量单位，有关量、单位及符号均执行国家标准的一系列新规定。

本书由章向明、胡明勇、吴菁、黄方任主编，杨少红、吴蒙蒙任副主编。章向明修编第 1～16 章教材内容，并绘制图片；吴菁修编第 1～16 章习题。参加编写的还有胡年明、吴林杰、朱子旭、孙亮。本书数字化资源（视频二维码）部分分工如下：章向明负责第 1～2 章、黄方负责第 3～5 章、吴林杰负责第 6 章和第 14 章、胡年明负责第 7 章和第 9 章、杨少红负责第 8 章、朱子旭负责第 10 章和第 13 章、吴菁负责第 11～12 章、吴蒙蒙负责第 15～16 章。

本书的出版得到了海军工程大学装备处及基础部的热情帮助，在此一并表示谢意。限于编者的水平，书中难免存在不妥之处，恳切希望广大读者批评指正。

编　者

2023 年 5 月

目　　录

第二篇 运 动 学

第三篇　动　力　学

第四篇　材 料 力 学

绪　论

1. 力学

人们在生产与生活实践中，经常希望用较小的力移动较大和较重的物体，于是，发明了杠杆、滑轮等简单机械，进行生产和劳动。产生了巧妙地运用力和机械的学问，诞生了力学和机械学。英语单词 mechanics，既是力学，也是机械学，可见，力与机械是密不可分的。

2. 静力学

建筑、桥梁、机械、造船等领域，承受力而起骨架作用的部分称为结构。在使用过程中，结构受到各种力的作用。结构在力的作用下一般处于静止状态，作用在结构上的力之间满足一定的相互关系，可以利用力之间的相互关系，求其中一些力的大小。静力学研究作用在结构上的力平衡时所需满足的条件，并利用平衡条件求未知的约束反力。

3. 运动学

各种机器，运动机械，可以运动部件的组合称为机构。机构零部件之间的运动速度和加速度满足一定的相互关系，如果已知某个物体的运动速度和加速度，可以利用它们运动之间的相互关系，求出另一物体的运动速度和加速度。运动学研究运动机构各构件运动参数：运动轨迹、运动速度、运动加速度的表征与相互关系。

4. 动力学

机构的运动状态与作用在机构上的力之间满足一定的相互关系，机构的运动速度和加速度随受力的大小改变。动力学研究运动机构各构件运动参数：运动轨迹、运动速度、运动加速度与受力的关系。

5. 材料力学

结构在力的作用下发生形状或尺寸的改变，称为变形。去除载荷后，可恢复的变形称为弹性变形，结构在较大外力作用下，产生过大的弹性变形，致使结构不能正常行使功能称为刚度失效。去除载荷后，不可恢复的变形称为塑性变形。结构在较大的外力作用下，产生不可恢复的塑性变形或发生断裂，致使结构不能正常行使功能称为强度失效。物体所处的状态可以是稳定的，也可以是不稳定的。杆件在轴向压力作用下，不能保持原有的直线状态，发生突然弯曲，致使结构丧失正常的承载能力，称为稳定性失效。结构在外力的作用下，可能发生 3 种失效方式：刚度失效、强度失效和稳定性失效。结构设计时，必须保证结构在外力的作用下，不发生失效，计算结构所需要的合适尺寸，保证结构既节约材料，重量又轻，且坚固耐用。材料力学研究构件在力的作用下变形和破坏规律，为保证结构正常工作而不失效，即保证结构有足够的强度、足够的刚度和足够的稳定性，提供理论基础和计算方法。

6. 工程力学

工程力学包括理论力学和材料力学；理论力学研究物体平衡和运动规律；材料力学研究

构件的强度、刚度和稳定性。理论力学包括静力学、运动学和动力学；静力学研究物体在力系作用下的平衡条件；运动学研究物体运动速度、加速度的表征与相互关系；动力学研究物体运动速度、加速度与受力的关系。

工程力学是一门方法科学，工程应用广泛的课程，是工程技术的理论基础，对工程技术的应用和后续课程的学习具有不可忽视的重要作用。

第一篇　静　力　学

静力学是研究物体在力的作用下平衡规律的科学。静力学主要研究以下三个问题。

1. 物体的受力分析

分析物体所受的已知力和未知力，画物体的示意图和所受的所有力，并标明每个力的作用位置和方向，即画受力图。

2. 力系的等效替换

将作用在物体上的一个复杂力系用另一个与它等效的简单力系进行替换。

3. 力系的平衡条件

研究作用在物体或物体系统上的力系所需满足的平衡条件，并应用这些条件解决工程实际问题。力系的平衡条件是设计结构、构件和机械零件时静力计算的基础。

因此，静力学在工程技术中有着十分广泛的应用。

第1章

物体的受力分析

1.1 力、主动力和约束反力

1.1.1 力

物体间的相互机械作用，称为**力**（force）。例如，战士投掷手榴弹时，汽车牵引拖车时，都要施加一个力。力的作用效果是使物体的运动状态发生变化或使物体发生变形。理论力学研究力改变物体运动状态的效果，材料力学研究力使物体发生变形的效果。力对物体的作用效果取决于力的大小、方向和作用点。这三个要素中任何一个改变时，力的作用效果就不同。力是一个既有大小又有方向的量，称为矢量。矢量可以用一个带有方向的线段表示，线段的起点表示拉力的作用点，线段的终点表示压力的作用点，线段的方位和箭头指向表示力的方向，线段的长度（按一定的比例）表示力的大小。在本书中，力矢量用黑斜体字母表示如 $\boldsymbol{F}$，而力的大小则用普通字母 F 表示。力的国际单位（SI）是牛顿或千牛顿，其代号为牛（N）或千牛（kN），两者的换算关系为 1 kN = 1000 N。

1.1.2 作用力与反作用力

如图 1-1 所示，当一个物体受到另一个物体的作用时，必然给另一物体一个反作用。**作用力**（acting force）与**反作用力**（reactive force）总是同时存在，且大小相等、方向相反，作用线为同一直线，分别作用在两个相互作用的物体上。若用 $\boldsymbol{F}$ 表示作用力，又用 $\boldsymbol{F}'$表示反作用力，则 $\boldsymbol{F}=-\boldsymbol{F}'$，而 $F=F'$。

图 1-1

1.1.3 主动力

作用在物体上的力可分为两类，即主动力和约束反力。主动施加在物体上，促使物体运动或使物体有运动趋势的力称为**主动力**（active force），也称**载荷**（load）。例如，重力、水压力、风力等自然力是主动力；活塞的推力、切削力等机械力是主动力。在主动力作用下，物体发生运动或有运动的趋势。主动力一般是已知的，通常作为设计计算的原始数据。如何确定主动力的大小不在工程力学研究范畴，工程中自有妙法。

1.1.4 约束反力

物体在主动力的作用下产生运动或有运动趋势，物体的运动常常受到周围物体的限制，周围物体对运动（或有运动趋势）物体的限制称为**约束**（constraint）。构成约束的周围物体是**约束体**（constrained body）。运动（或有运动趋势）的物体是**被约束物体**（constrainted body）。周围物体对运动物体的约束是以物体间相互接触的形式构成，约束的作用在约束体与被约束物体之间产生作用力和反作用力，这种作用是被约束体在主动力的作用下主动施加在约束体上，约束体反过来给被约束体以反作用力，约束体作用在被约束体上的反作用力称为**约束反力**（constraint reaction）。

约束反力的大小是未知的，它与运动物体上所受的主动力有关。静力学寻求约束反力的求解方法。约束反力的作用点与方向一般是已知的。约束反力限制物体的运动，**作用点在约束体与被约束体的接触点，它的方向与约束所能限制的运动方向相反。**

1.1.5 常见约束反力的方向

1. 柔性约束

绳索、皮带、链条等柔性物体对运动体的约束称为**柔性约束**（flexible constraint）。柔性约束只能限制物体远离柔性体的运动，柔性体的约束反力只能是拉力。**柔性约束的约束反力作用在连接点，方向沿柔性体且背离被约束物体**，通常用字母 $\boldsymbol{T}$（tension）表示。如图 1-2 中，绳索对 AB 杆的约束，皮带对轮 A 和轮 B 的约束都属于柔性约束。

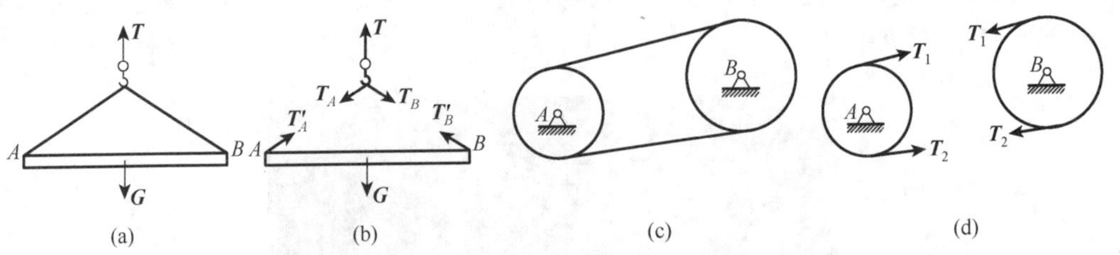

图 1-2

2. 光滑面约束

光滑面对运动体的约束称为**光滑面约束**（smooth constraint）。如果接触面摩擦力很小，可以忽略摩擦的影响，认为接触面是绝对光滑的。光滑面约束不能限制物体沿接触面切线方向的运动，只能限制物体沿接触面法线方向且指向接触面的运动。

光滑面的约束反力作用在接触点，方向沿公共法线且指向被约束体，称为**法向约束力**，通常用字母 $\boldsymbol{N}$（normal）表示。如图 1-3 中：光滑的地面对球体的约束；光滑的地面对杆 AB

的约束或尖角对杆面的约束；齿轮对另一齿轮的约束都属于光滑面约束。如果接触面摩擦力不能忽略，则不是光滑面约束，需要考虑摩擦力。

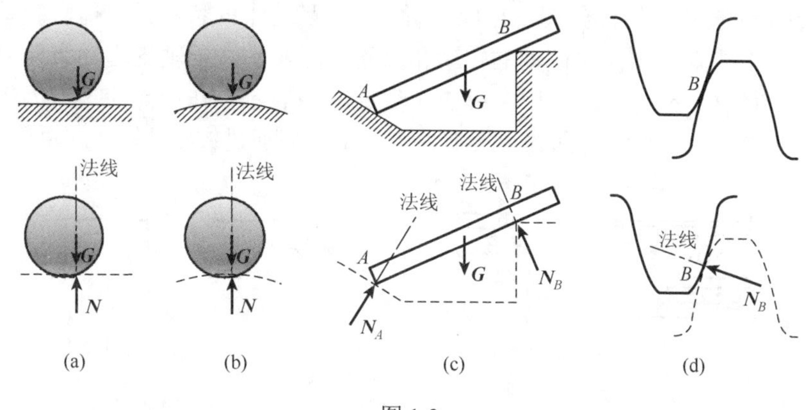

图 1-3

3. 固定铰链约束、中间铰链约束

将构件与固定支座在连接处钻上圆孔，再用圆柱形销子串联起来，使构件只能绕销钉的轴线转动［图 1-4（a）（b）］称为**固定铰链约束或固定铰链**（fixed hinge）**支座**。简图如图 1-4（c）所示。

扫码观看

固定铰链约束的圆柱形销子限制了构件圆孔中心在水平方向和竖直方向的移动，**固定铰链约束的约束反力通常用水平力 $\boldsymbol{X}$ 和竖向力 $\boldsymbol{Y}$ 表示**，如图 1-4（d）所示，作用点应理解为作用在圆孔中心。水平力 $\boldsymbol{X}$ 一般假设向右（X 轴正向），有时也可假设向左，真实指向将由计算结果的正负号来确定；竖向力 $\boldsymbol{Y}$ 也是如此。

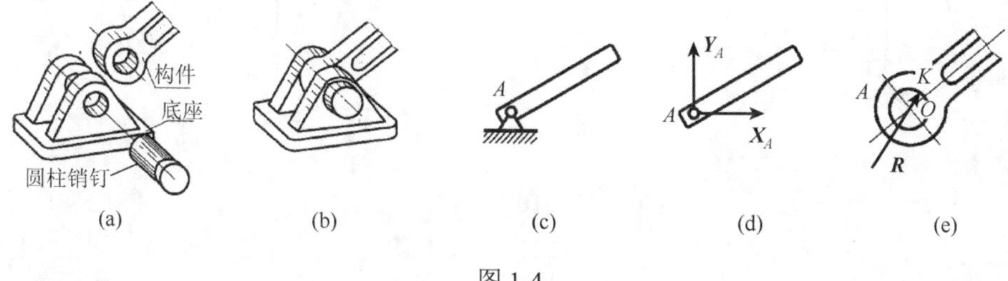

图 1-4

销钉对构件的约束也可理解为光滑面约束，**销钉给构件的约束反力 $\boldsymbol{R}$ 方向应沿圆柱面在接触点的公共法线，且通过铰链中心**。但接触点的位置不能预先确定，如图 1-4（e）所示。

两个构件在端部钻上圆孔，用圆柱形光滑销钉连接［图 1-5（a）（b）］，称为**中间铰链约束**（middle hinge），也称中间铰。简图如图 1-5（c）所示。**中间铰的销钉对构件的约束反力与固定铰链支座销钉对构件的约束反力相同。**

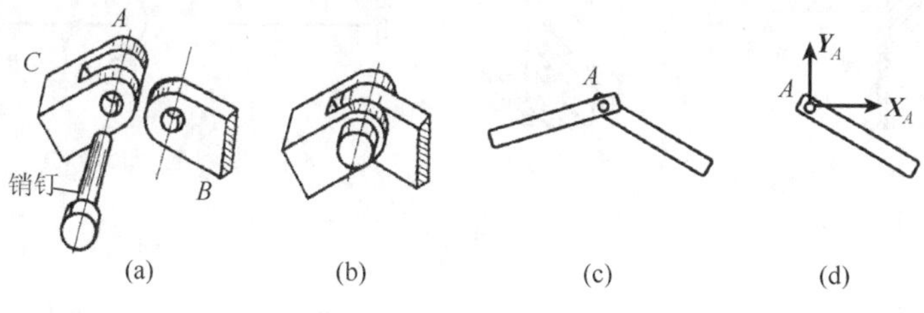

图 1-5

扫码观看

4. 活动铰支座-辊轴支座

在固定铰支座与支承面之间安装几个辊轴［图 1-6（a）］使支座能在水平方向移动，称为**辊轴**（roll shaft）**支座**。简图如图 1-6（b）所示。这种约束的特点是只能限制垂直于支承面方向的运动；而不能限制物体绕铰轴的转动和沿支承面移动。**辊轴支座约束反力的方向垂直于支撑面向上**［图 1-6（c）］，通常用字母 $\boldsymbol{R}$（reaction）表示，作用点应理解为作用在圆孔中心。辊轴支座的约束反力与光滑面约束类似，且约束反力通过铰链中心。

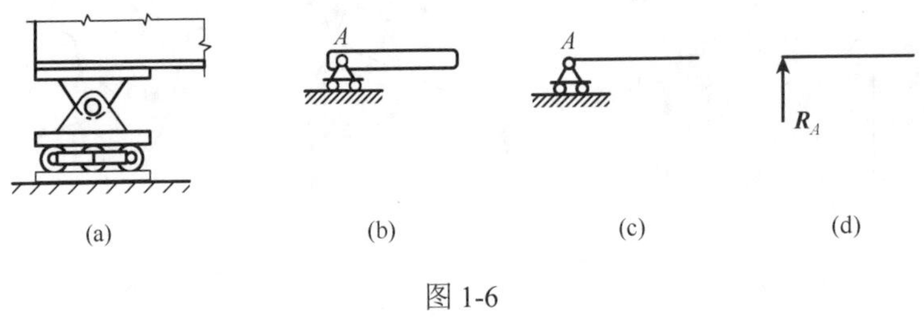

图 1-6

5. 活动铰支座-连杆约束

在固定铰支座与构件之间安装一连杆，称为**活动铰支座**（hinged support）**或连杆约束**（linking constraint），如图 1-7（a）所示。简图如图 1-7（b）所示。连杆约束限制构件沿连杆方向的运动；不限制垂直连杆的微小移动和绕铰轴的转动。**连杆约束的约束反力沿连杆方向，指向不能确定**，通常也用字母 $\boldsymbol{R}$ 表示，作用点应理解为作用在圆孔中心。指向可预先随意假设，不影响受力分析结果，真实指向由计算结果的正负号来确定。

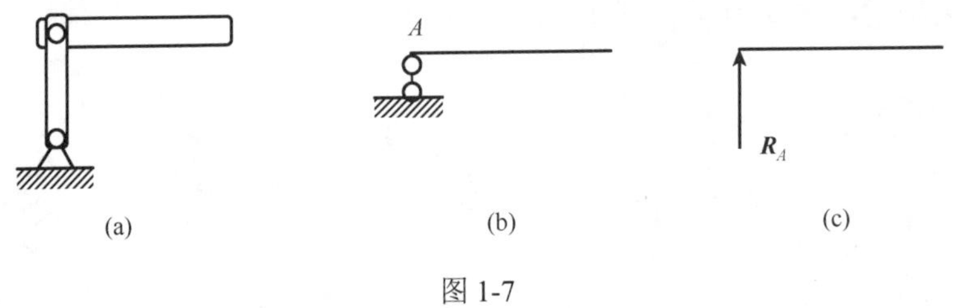

图 1-7

扫码观看

6. 固定端约束

构件的一部分嵌入另一坚固物体内，坚固物体对该构件所构成的约束称为**固定端约束**（fixed constraint），如图 1-8（a）（b）所示。例如：坚硬地面对电线杆的约束；墙体对雨棚的约束；固定刀架对车刀的约束；立柱对焊接在其上的托架的约束等都属于固定端约束。固定端约束在连接处有很大的刚性，不允许被约束物体在约束处有任何的移动或转动。简图如图 1-8（c）所示。

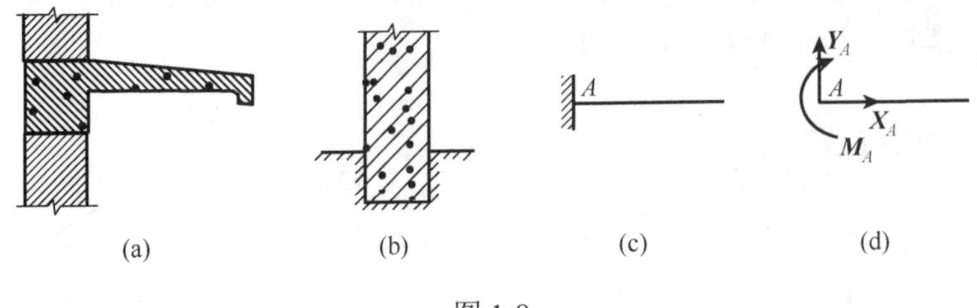

图 1-8

定端约束限制了物体在水平方向和竖直方向的移动，同时限制了物体的转动，**固定端的**

约束反力有三个[图 1-8（d）]：通常用水平力 X、竖向力 Y 和力偶 M 表示，作用点应理解为作用在构件横截面形心。至于水平力是向左还是向右，则无关紧要，可随意假设，真实指向由计算结果的正负号来确定。另一力和力偶也是如此。

扫码观看

1.2 受 力 图

需要研究的构件称为**研究对象**（subject investigated）。表示研究对象受力情况的简图称为**受力图**（free-body diagram）。在对某个构件进行工程计算时，首先要对研究对象进行受力分析，分析研究对象所承受的主动力和约束反力。画研究对象的受力图，就是画研究对象的轮廓图，并画作用在其上的力（所有主动力和所有约束反力）。画研究对象的受力图是工程计算的第一步，画受力图时，主动力的大小和方向通常是已知的，约束反力的大小通常是未知的；约束反力的方位是已知的，指向有时不能确定，无关紧要，可预先随意假设，真实指向将由后续计算结果的正负号来确定。

【例 1-1】 如图 1-9（a）所示，绞车通过钢丝绳牵引重为 mg 的矿车静止地停放在斜坡上，试画出矿车的受力图。

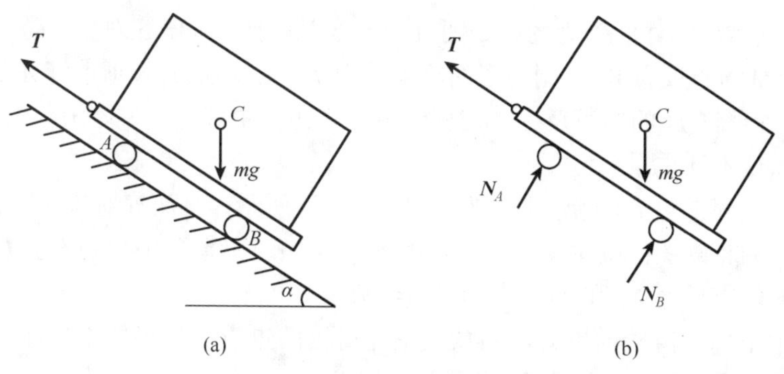

图 1-9

解 如图 1-9（b）所示，首先画出研究对象（矿车）的轮廓图；然后画主动力-矿车的重力 mg；接着画钢丝绳给矿车的约束反力 $\boldsymbol{T}$（柔性约束）；最后画斜坡给矿车的约束反力 $\boldsymbol{N}_A$ 和 $\boldsymbol{N}_B$（光滑面约束）。

提示：在画受力图时，题中未特别注明摩擦，则默认接触面的摩擦力很小，可以不计摩擦，视接触面为光滑面；如果题中给出接触面的摩擦系数，则在画受力图时还要画接触面的摩擦力。

【例 1-2】 如图 1-10（a）所示，简易起重架 A，C，D 三处都是圆柱形铰链连接，被起吊重物的重力为 $\boldsymbol{W}$，绳端拉力为 $\boldsymbol{T}$，不计杆件和滑轮的自重，分别画出下列各研究对象的受力图。

扫码观看

（1）结构的整体；

（2）重物连同滑轮 B；

（3）斜杆 CD；

（4）横梁 AB。

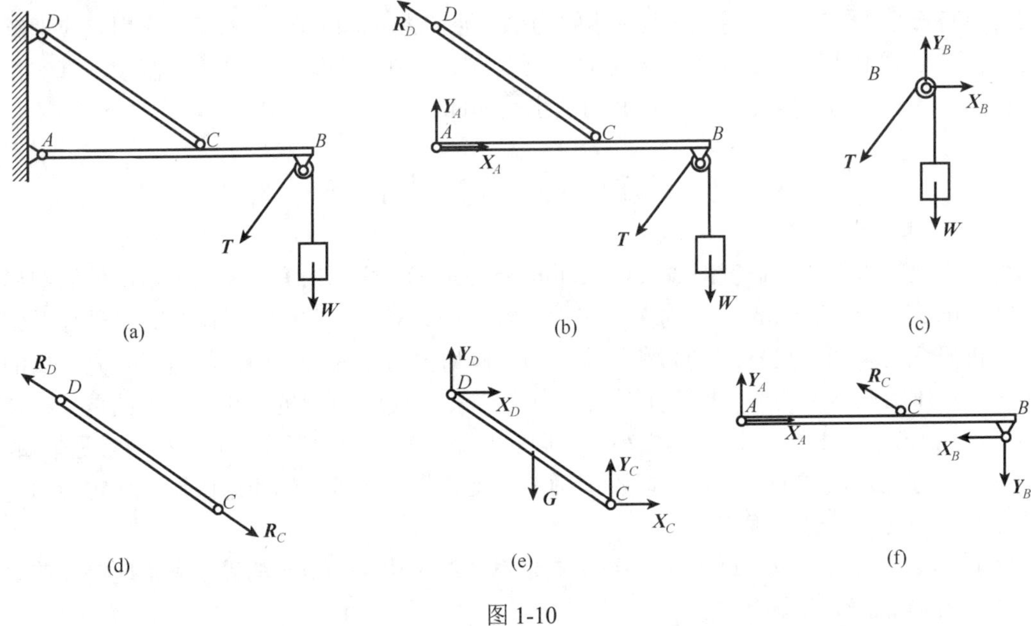

图 1-10

解 （1）画结构整体的受力图。如图 1-10（b）所示，画研究对象（整个结构）的轮廓图；画主动力（重物的重力 $\boldsymbol{W}$）；画绳子的约束反力 $\boldsymbol{T}$（柔性约束）；画销钉 A 的约束反力（固定铰链约束）；画销钉 D 的约束反力（连杆约束）。（题目中杆 CD、梁 AB、定滑轮 B 和绳子未标注重力，默认不计重量）。

（2）画重物连同滑轮 B 的受力图。如图 1-10（c）所示，画研究对象（重物连同滑轮 B，包括一段绳子）的轮廓图；画主动力（重物的重力 $\boldsymbol{W}$）；画绳子的约束反力 $\boldsymbol{T}$（柔性约束）；画销轴给滑轮的约束反力 $\boldsymbol{X}_B$ 和 $\boldsymbol{Y}_B$（中间铰链约束）。

提示：题中未标注滑轮的重力，则默认不计滑轮的重量；如果题中标注滑轮的重力，说明要考虑滑轮的重量，则受力图上还要画滑轮的重力。

（3）画斜杆 CD 的受力图。如图 1-10（d）所示，画研究对象（CD 杆）的轮廓图；CD 杆是连杆约束，其约束反力的方向必沿连杆方向，至于 $\boldsymbol{R}_C$ 和 $\boldsymbol{R}_D$ 是画拉力还是压力则无关紧要。

提示：题中未标注杆件和滑轮的重力，则默认不计滑轮和杆的重量，故本题不画 CD 杆的重力。如果杆自身重量较大，不能忽略，题目中就会标注杆件的重力，则受力图上要画 CD 杆的重力，这种情况下，CD 杆就不再是二力杆（参见 2.3.5 节），也不是连杆约束，销钉 C 和销钉 D 对 CD 杆的约束反力需按中间铰链画约束反力，斜杆 CD 的受力将变成如图 1-10（e）所示。

（4）画横梁 AB 的受力图。如图 1-10（f）所示，画研究对象（横梁 AB）的轮廓图；题中未标注梁 AB 的重量，故不必画梁 AB 的重量；画销钉 B 给横梁 AB 上销钉孔的约束反力（中间铰链约束）。特别注意：与图 1-10（c）中销钉 B 给滑轮上销钉孔的约束反力，大小相等、方向相反（看上去像是作用力与反作用力，其实是两个销钉孔，通过销钉 B 传递力的结果）；画固定铰支座 A 处的约束反力（固定铰链约束）；画销钉 C 的约束反力（连杆约束），与销钉 C 给 CD 杆的约束反力［图 1-10（d）］大小相等、方向相反（看上去是作用与反作用）。

习 题 1

1. 画出题图 1-1 所示各图中标注物体的受力图（图中未画重力的物体均不计自重，所有接触处均为光滑接触）。

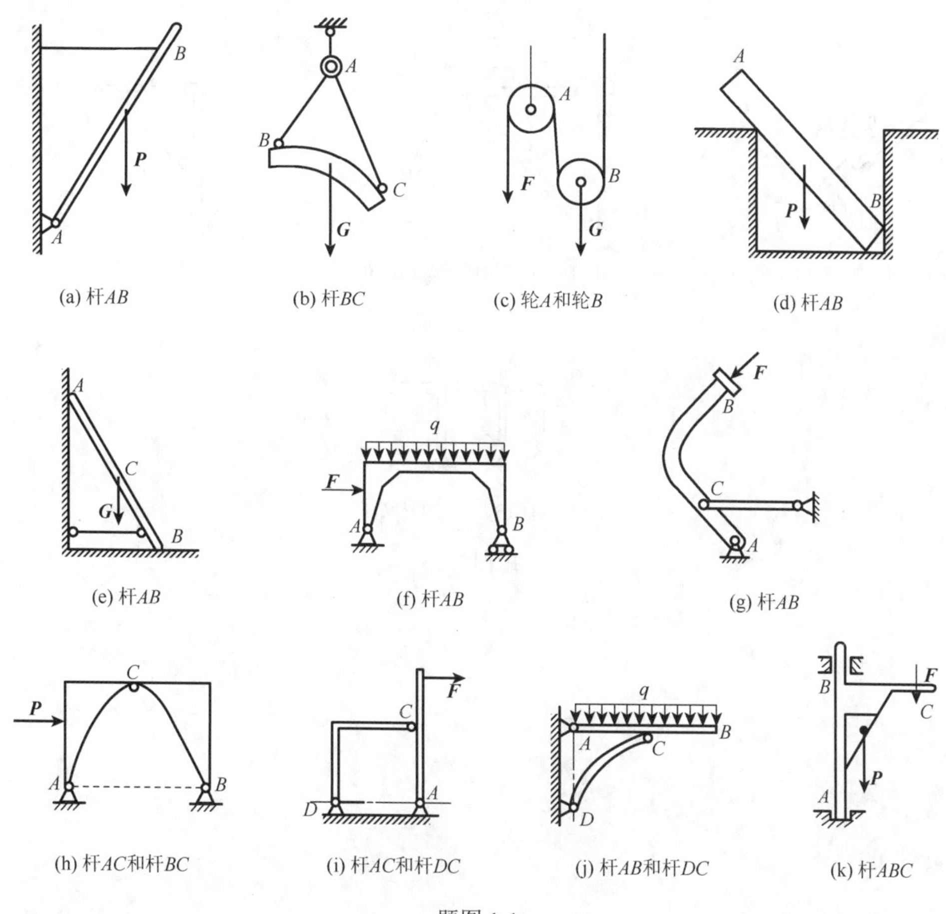

(a) 杆AB (b) 杆BC (c) 轮A和轮B (d) 杆AB

(e) 杆AB (f) 杆AB (g) 杆AB

(h) 杆AC和杆BC (i) 杆AC和杆DC (j) 杆AB和杆DC (k) 杆ABC

题图 1-1

2. 画出题图 1-2 所示各图中标注的物体（不包括销钉和支座）的受力图（未画重力的各物体的自重不计，所有接触处均为光滑接触）。

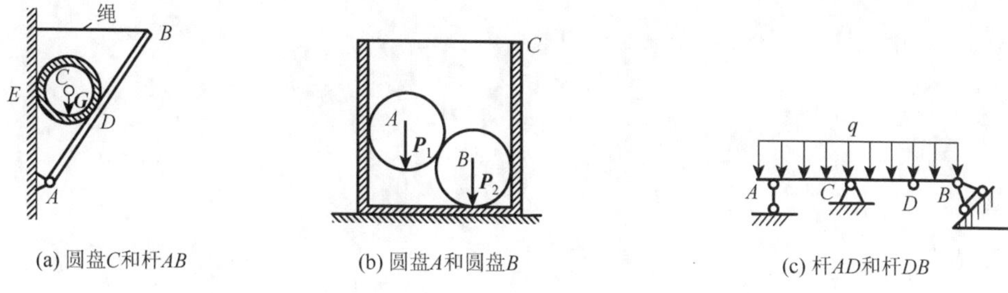

(a) 圆盘C和杆AB (b) 圆盘A和圆盘B (c) 杆AD和杆DB

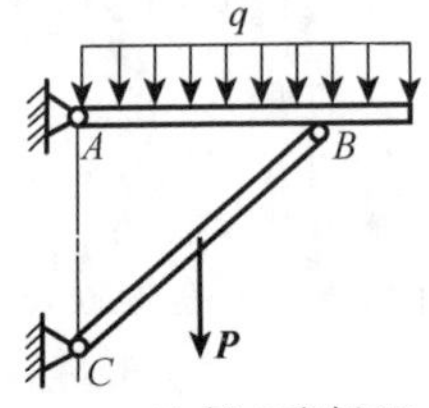

(d) 杆*AB*和杆*CB*

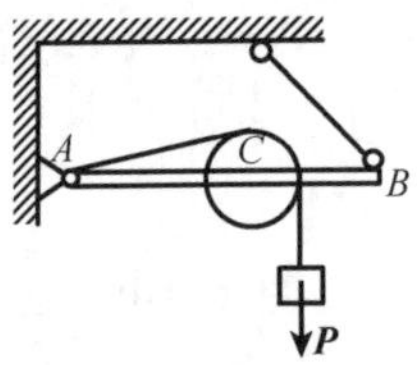

(e) 杆*AB*(带轮*C*)

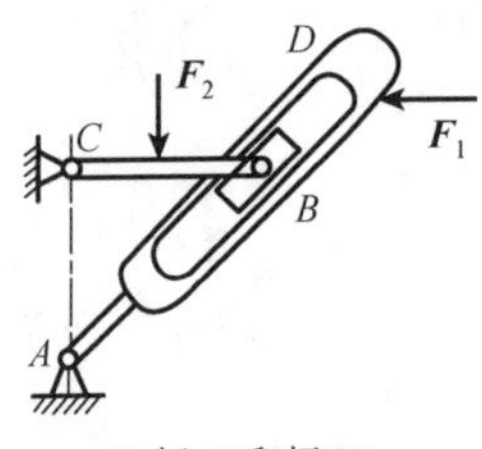

(f) 杆*AD*和杆*CB*

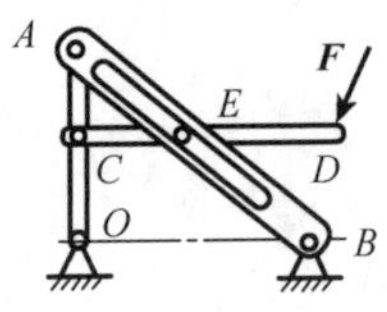

(g) 杆*OA*，杆*CD*和杆*AB*

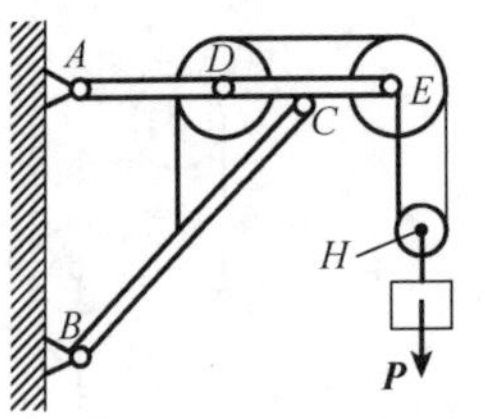

(h) 杆*AE*(带轮*D*和轮*E*)和杆*BC*

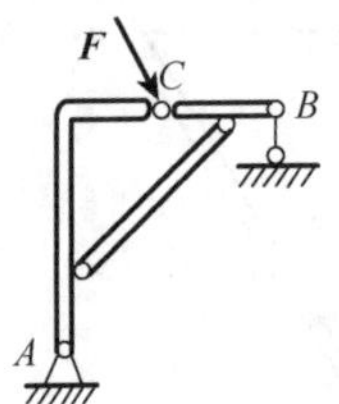

(i) 杆*AC*和杆*CB*

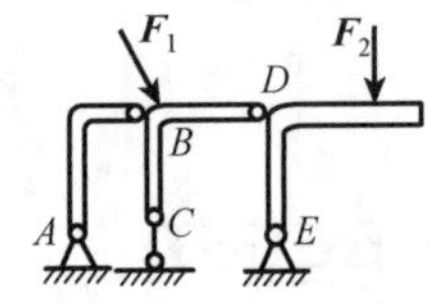

(j) 杆*AB*，杆*CD*和杆*ED*

题图 1-2

第2章 平面力系的等效与平衡

如图 2-1 所示，所有力作用在同一平面内的力系称为**平面力系**（coplanar force system）。

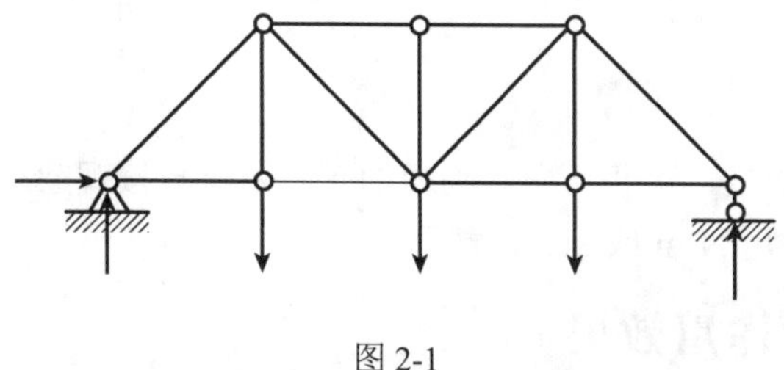

图 2-1

2.1　力与力系对刚体的作用效果

2.1.1　力的投影

力向坐标轴投射的影子称为**投影**（projection）。如图 2-2 所示，在力的平面内取 x 轴，从力 $\boldsymbol{F}$ 的两端 A 和 B 分别向 x 轴作垂线，得到垂足 a 和 b，线段 ab 称为力 $\boldsymbol{F}$ 在 x 轴上的投影，用 X 表示。如果从 a 到 b 的指向与 x 轴正向一致则投影为正[图 2-2（a）]；如果从 a 到 b 的指向与 x 轴负向一致则投影为负[图 2-2（b）]。力 $\boldsymbol{F}$ 在 x 轴上的投影为

$$X = \pm F\cos\alpha \tag{2-1}$$

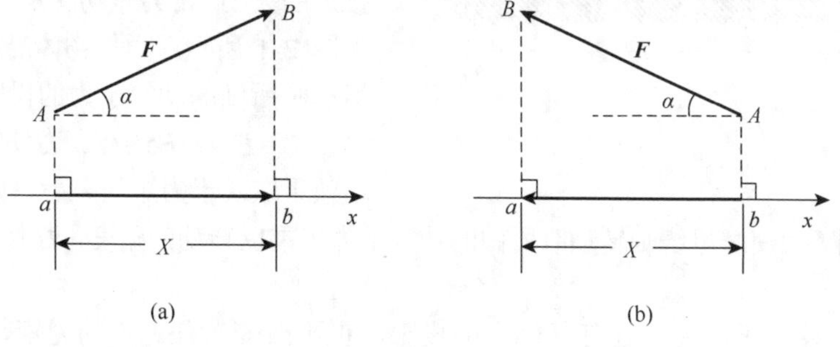

图 2-2

力的投影是代数量，可正可负。通常取力与轴间的锐角计算投影的大小，正负号可直接观察得到。

2.1.2　力矩

如图 2-3 所示，点 O 到力 $\boldsymbol{F}$ 作用线的垂直距离称为**力臂**（moment arm of force），点 O 称

为**矩心**（center of moment），力 $\boldsymbol{F}$ 的大小与力臂的乘积称为力 $\boldsymbol{F}$ 对 O 点的**力矩**（moment）。如果力 $\boldsymbol{F}$ 绕矩心 O 逆时针转动，力矩为正[图 2-3（a）]；如果力 $\boldsymbol{F}$ 绕矩心 O 顺时针转动，力矩为负[图 2-3（b）]。因此，力 $\boldsymbol{F}$ 对 O 点的力矩表示为

$$M_O(\boldsymbol{F}) = \pm F \cdot d \tag{2-2}$$

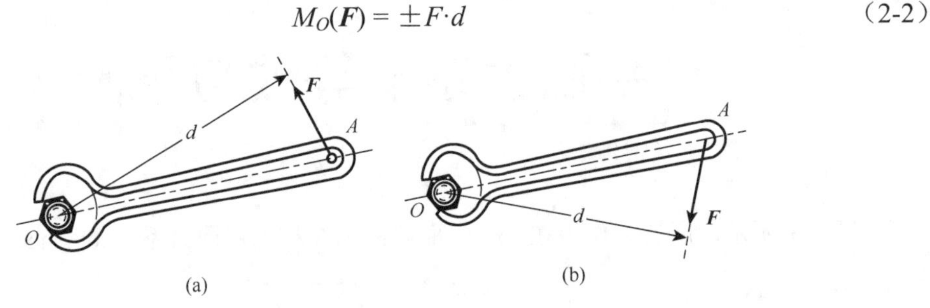

图 2-3

平面上的力矩是代数量，可正可负。力矩的正负号可直接观察得到。力矩的国际单位是牛顿·米或千牛顿·米，常用 N·m 或 kN·m 表示。

2.1.3 力对刚体的作用效果

在力的作用下，形状和大小都不改变的物体称为**刚体**（rigid body）。刚体内任意两点间的距离保持不变，刚体是一个理想的力学模型。工程实际中的构件，在外力作用下，都要发生形状和尺寸改变，因此，都是**变形体**（deformable body）。通常构件的变形与构件自身的尺寸相比很小，理论力学研究物体的平衡和运动规律等问题，把变形体看作刚体，对分析结果影响很小，因此，在理论力学中忽略物体的变形，把所有的物体都看作是刚体。如果考虑物体的变形，分析平衡和运动，问题将变得复杂，给计算带来不便，并且也没有必要。

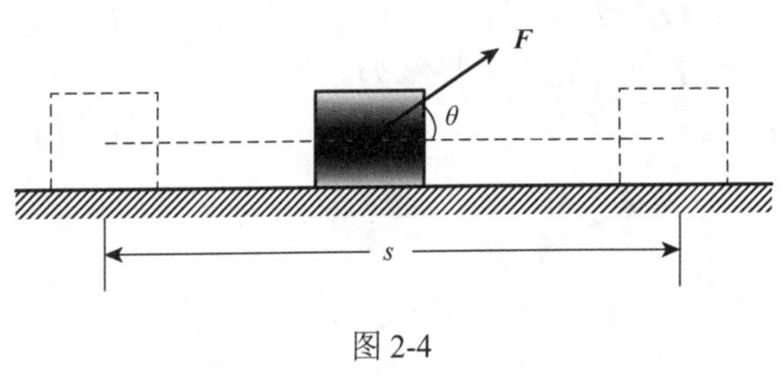

图 2-4

力对刚体的作用效果是使刚体发生**移动**（mobility）和（或）**转动**（rotation）。力使刚体沿某一方向的移动效果取决于力在该方向投影的大小。常力做功就是一个典型的例子，如图 2-4 所示，力使物体沿水平方向做直线运动时所做的功等于力的投影乘以移动的距离，$W = F_\tau s = F\cos\theta s$。力使刚体绕某点的转动效果取决于力矩的大小。如图 2-3 所示，用扳手拧螺母时，力使螺母绕轴转动时所做的功等于力矩乘以转动的角度，力的转动效果由力对点的力矩决定。

力沿作用线移动不改变它在任意轴上的投影，也不改变对任意点的力矩，因此，作用在刚体上的力可沿其作用线移动到刚体上任意一点，不改变力对刚体的作用效果。

2.1.4 力系对刚体的作用效果

由多个力组成的一组力，称为**力系**（system of forces）。如图 2-5（a）所示，是由 $\boldsymbol{F}_1$、$\boldsymbol{F}_2$、$\boldsymbol{F}_3$、$\boldsymbol{F}_4$ 共 4 个力组成的力系。

力系对刚体的作用效果是使刚体发生移动和（或）转动。如图 2-5（b）所示，**力系使刚**

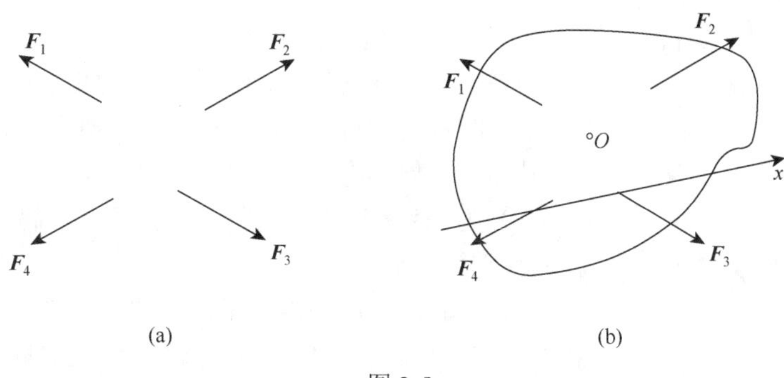

图 2-5

体沿某一方向的移动效果取决于力系中所有力在该方向投影的代数和；力系使刚体绕某点的转动效果取决于力系中所有力对该点力矩的代数和（叠加原理）。

扫码观看

2.1.5　力偶

如图 2-6 所示，大小相等、方向相反的一对平行力组成的力系称为**力偶**（couple）。力偶中两平行力之间的距离称为**力偶臂**（arm of couple），力偶常用符号（$\boldsymbol{F}, \boldsymbol{F}'$）表示。

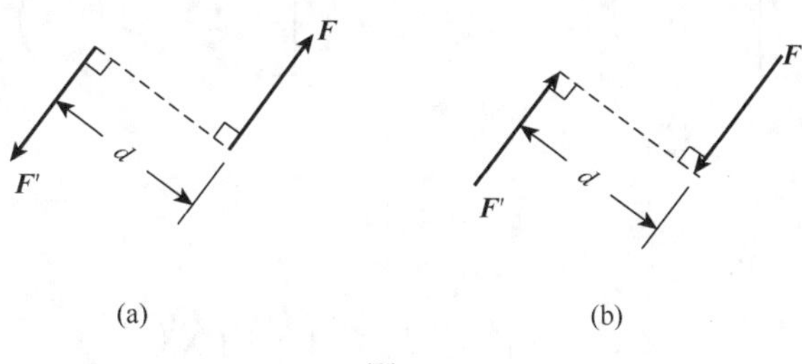

图 2-6

力偶在工程中经常碰到，如图 2-7 所示，司机转动方向盘，钳工用丝锥攻丝等都要施加一个力偶。

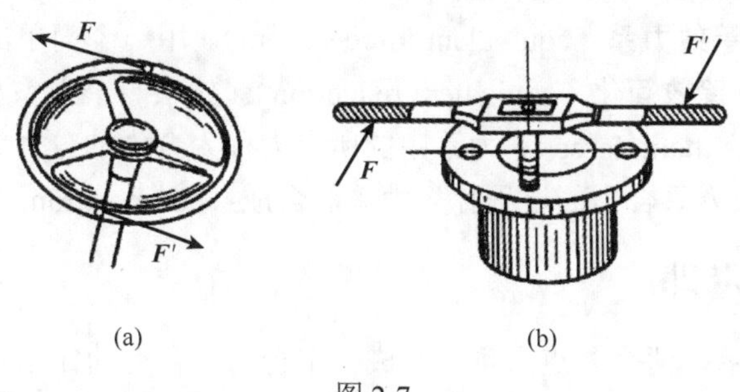

图 2-7

力偶对作用面内任意一点的力矩等于两个力对同一点的力矩之和。如图 2-8 所示，力偶对任意点 O 的力矩为

$$M_O(\boldsymbol{F}, \boldsymbol{F}') = M_O(\boldsymbol{F}) + M_O(\boldsymbol{F}') = F(x+d) - Fx = F \cdot d$$

可见，力偶对作用面内任意一点的矩都相同，等于力偶中两力的大小与力偶臂的乘积。即力偶对作用面内任意一点的转动效果都相同。我们定义这个不变的常量为**力偶矩**（moment of couple），即

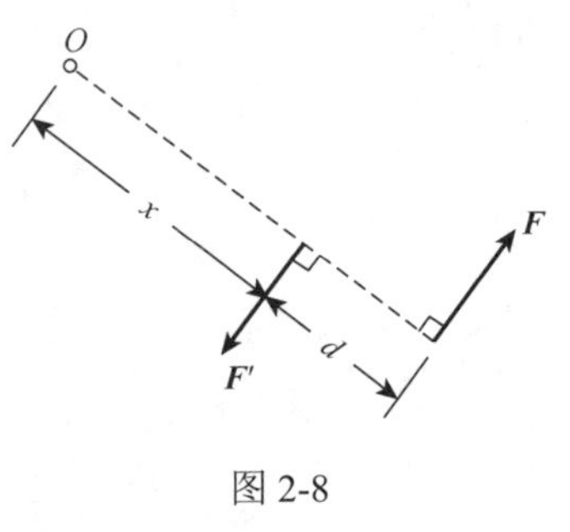

图 2-8

$$\boldsymbol{m} = \pm F \cdot d \tag{2-3}$$

如果力偶矩逆时针转动，力偶矩为正[图 2-6（a）]；如果力偶矩顺时针转动[图 2-6（b）]，力偶矩为负。

显然，力偶具有下列性质。

（1）力偶对任意轴的投影等于零；力偶的合力为零，对刚体没有移动效果。

（2）力偶对作用面内任意一点的力矩都等于力偶矩，与矩心位置无关。力偶可以在其作用面内任意移动或转动，而不改变它对刚体的作用效果。

（3）作用在同一平面内的两个力偶，只要力偶矩的大小相等、转向相同，这两个力偶就等效。

力偶对刚体没有移动效果，只有转动效果；且转动效果只与力偶矩的大小和转向有关。力偶只需按图 2-9 的方式表示大小和转向，其他特征则无关紧要。

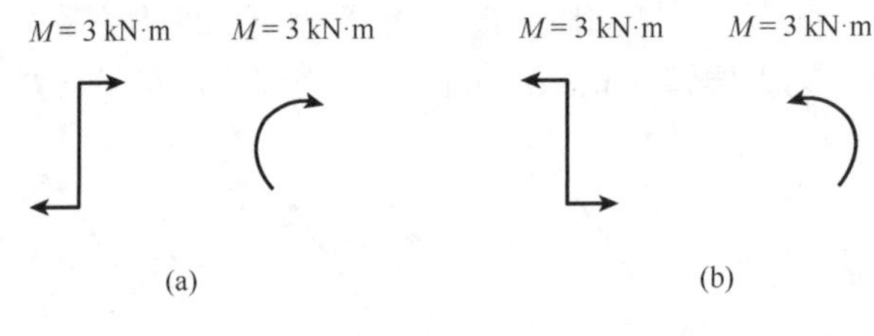

图 2-9

2.2　平面力系的等效

扫码观看

2.2.1　力系的等效

如果两个力系在任意方向的移动效果相同，对任意点的转动效果也相同，则这两个力系**等效**（equivalent），是**等效力系**（equivalent force system）。用一个简单的力系等效地代替一个复杂的力系，可使力系**等效简化**（equivalent reduction）。如果一个力系与一个力等效，则这个力称为力系的**合力**（resultant force）。力系中的所有力称为合力的**分力**（component force）或**分量**（component）。求力系合力的过程称为力系的**合成**（composition）。

2.2.2　二力合力定理

如图 2-10（a）所示，两个共点力可以合成一个合力，合力的作用点仍在该点，合力的大

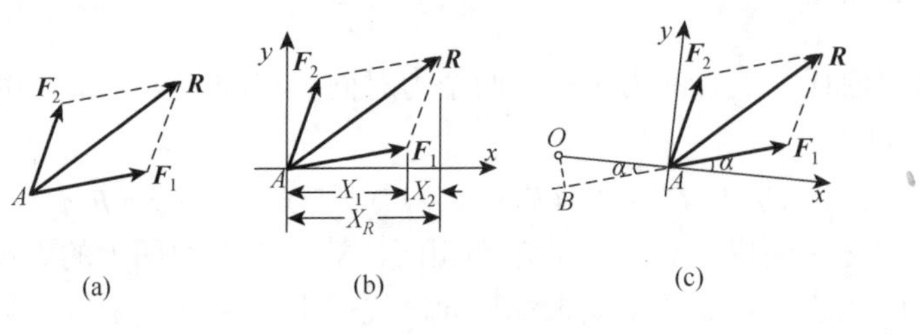

图 2-10

小和方向是以这两个力为边构成的平行四边形的对角线来表示，称为**二力合力定理**（resultant theorem of two forces）。

定理表明，两个力 $\boldsymbol{F}_1$ 和 $\boldsymbol{F}_2$ 组成的力系与合力 $\boldsymbol{R}$ 等效。其数学表达式为

$$\boldsymbol{R}=\boldsymbol{F}_1+\boldsymbol{F}_2 \tag{2-4}$$

证明如下：

首先证明移动效果相同。建立任意直角坐标系如图 2-10（b）所示。由图中的几何关系有

$$\begin{cases} X_R=X_1+X_2 \\ Y_R=Y_1+Y_2 \end{cases} \tag{2-5}$$

坐标轴的方向是任意选取的，因此 $\boldsymbol{F}_1$ 和 $\boldsymbol{F}_2$ 在任意方向投影的代数和与合力 $\boldsymbol{R}$ 在该方向的投影相等。

接着证明转动效果相同。给定任意点 O，沿 OA 的连线建立坐标系如图 2-10（c）所示，$\boldsymbol{F}_1$ 对 O 点的矩可写为

$$M_O(\boldsymbol{F}_1)=F_1\cdot\overline{OB}=F_1\cdot\overline{OA}\sin\alpha=F_1\sin\alpha\cdot\overline{OA}=Y_1\cdot\overline{OA}$$

式中：Y_1 是 $\boldsymbol{F}_1$ 在 y 轴上的投影。

同理 $M_O(\boldsymbol{F}_2)=Y_2\cdot\overline{OA}$；$M_O(\boldsymbol{R})=Y_R\cdot\overline{OA}$

因而

$$M_O(\boldsymbol{R})=Y_R\cdot\overline{OA}=(Y_1+Y_2)\cdot\overline{OA}=Y_1\cdot\overline{OA}+Y_2\cdot\overline{OA}$$

即

$$M_O(\boldsymbol{R})=M_O(\boldsymbol{F}_1)+M_O(\boldsymbol{F}_2) \tag{2-6}$$

合力 $\boldsymbol{R}$ 对任意点 O 的力矩等于力 $\boldsymbol{F}_1$ 和 $\boldsymbol{F}_2$ 对于该点力矩的代数和，称为**合力矩定理**（theorem on moment of resultant force）。因此，力 $\boldsymbol{R}$ 与力 $\boldsymbol{F}_1$ 和 $\boldsymbol{F}_2$ 组成的力系等效，即 $\boldsymbol{R}$ 是 $\boldsymbol{F}_1$ 和 $\boldsymbol{F}_2$ 合力。

2.2.3　力的分解和解析表示

扫码观看

两个力可以合成一个力，一个力也可以分解为两个力。如图 2-11（a）所示，将力 $\boldsymbol{F}$ 用两个力 $\boldsymbol{F}_1$ 和 $\boldsymbol{F}_2$ 等效地表示，称将一个力分解为两个力，这两个力是力 $\boldsymbol{F}$ 的分力。如图 2-11（b）所示，工程上常把一个力沿两个互相垂直的方向分解。为了解析地表示一个力，通常建立如图 2-11（c）所示的直角坐标系，将力沿坐标轴方向分解。在此坐标系中，x 方向的分力可表示为

$$\boldsymbol{F}_x=F_x\boldsymbol{i}$$

式中：$F_x=F\cos\alpha$ 是分力矢量 $\boldsymbol{F}_x$ 的大小；$\boldsymbol{i}$ 表示沿 x 轴的单位矢量。而 y 方向的分力可表示为

$$\boldsymbol{F}_y=F_y\boldsymbol{j}$$

其中：$F_y=F\cos\beta$ 是分力矢量 $\boldsymbol{F}_y$ 的大小；$\boldsymbol{j}$ 表示沿 y 轴的单位矢量。力 $\boldsymbol{F}$ 是两分力的矢量和

$$\boldsymbol{F}=\boldsymbol{F}_x+\boldsymbol{F}_y=F_x\boldsymbol{i}+F_y\boldsymbol{j} \tag{2-7}$$

在直角坐标系中，力矢量用它在坐标轴方向的分量表示。显然，**沿坐标轴分力的大小等于力在该坐标轴上的投影**。

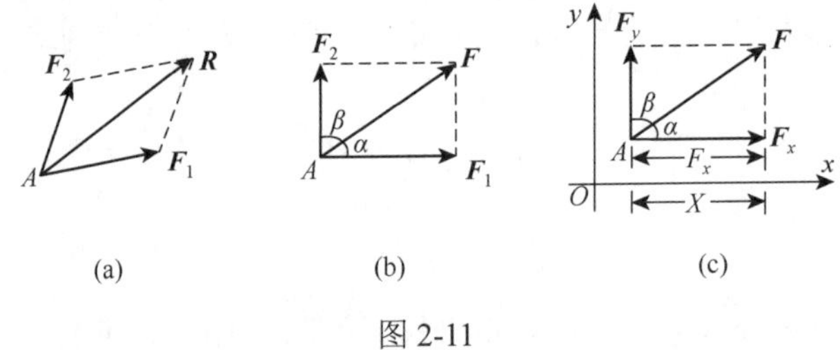

(a) (b) (c)

图 2-11

2.2.4 平面力系的主矢和主矩

平面力系使刚体移动的效果必与一个力等效，这个力称为平面力系的**主矢**（principal vector）；平面力系使刚体绕某点转动的效果必与一力偶等效，这个力偶称为平面力系的**主矩**（principal moment）。**平面力系的主矢等于力系中所有力的矢量和；主矩等于力系中所有力对某点力矩的代数和。**

$$\begin{cases} \boldsymbol{F}_R = \sum \boldsymbol{F}_i \\ \boldsymbol{M}_O = \sum \boldsymbol{M}_{OF_i} \end{cases} \tag{2-8}$$

在直角坐标系中，投影式为

$$\begin{cases} F_{Rx} = \sum X_i \\ F_{Ry} = \sum Y_i \\ M_O = \sum M_{OF_i} \end{cases} \tag{2-9}$$

主矢在坐标轴上的投影等于力系中所有力在该坐标轴投影的代数和；主矩等于力系中所有力对某点力矩的代数和。

主矢 $\boldsymbol{F}_R$ 只有大小和方向，不涉及作用点，是一个自由矢量，仅取决于力系中各力的大小和方向。主矩不仅取决于力系中各力的大小、方向和作用点，还取决于矩心的位置。

扫码观看

2.2.5 力线平移定理

作用在刚体上的力可沿其作用线移动到刚体上任意一点，而不改变力对刚体的作用效果。如果力偏离其作用线情况又如何呢？

如图 2-12（a）所示，力 $\boldsymbol{F}$ 作用在刚体上的 A 点。根据加减平衡力系定理（见 2.3.3 节），在 B 点添加大小相等、方向相反的**一对平衡力** $\boldsymbol{F}'$和 $\boldsymbol{F}$[图 2-12（b）]，即

$$F' = F$$

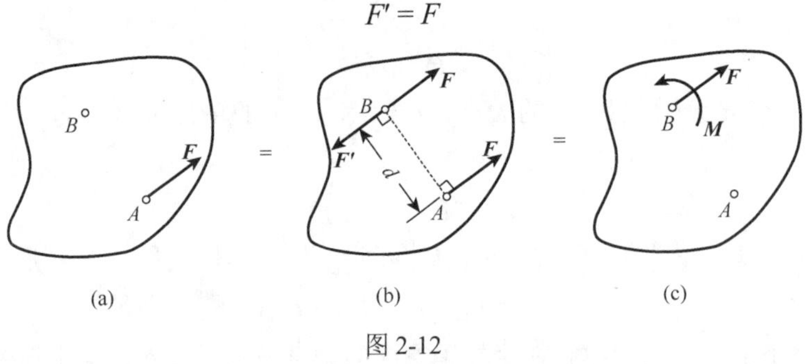

(a) (b) (c)

图 2-12

不改变力 $\boldsymbol{F}$ 的作用效果，则图 2-12（b）与图 2-12（a）等效。大小相等、方向相反的**一对平**

行力组成一力偶（F',F），则图 2-12（b）与图 2-12（c）等效。可推知，图 2-12（a）与图 2-12（c）等效。因此，作用于 A 点的力 $\boldsymbol{F}$，平行移动到 B 点，再附加一个力偶，此力偶的力偶矩为

$$M = Fd = M_B(\boldsymbol{F})$$

作用于刚体上的力可以平行移动到刚体上任意一点，但要附加一力偶，此附加力偶的力偶矩等于原力对平移终点的力矩，称为力线平移定理（force line translation theorem）。力线平移定理表明：一个力与一个力加一个力偶等效，即把一个力分解为同一平面内的一个力和一个力偶。反之，作用在同一平面内的一个力和一个力偶可以合成为一个力。

力线平移定理可用来分析工程实际中的力学问题。如图 2-13（a）所示：厂房的柱子受偏心荷载 $\boldsymbol{F}$ 的作用，为了观察 $\boldsymbol{F}$ 的作用效果，将力 $\boldsymbol{F}$ 平移至柱的轴线上成为力 $\boldsymbol{F}'$和力偶 $\boldsymbol{M}$，轴向力 $\boldsymbol{F}'$使柱压缩，力偶 $\boldsymbol{M}$ 使柱弯曲，因此，力 $\boldsymbol{F}$ 使柱子既受压缩又受弯曲。如图 2-13（b）所示：齿轮受周向力 $\boldsymbol{F}$ 作用，将力 $\boldsymbol{F}$ 平移至轮心 O 成为力 $\boldsymbol{F}'$和力偶 $\boldsymbol{M}$，则力 $\boldsymbol{F}'$使轴弯曲，而力偶 $\boldsymbol{M}$ 使轴扭转，因此，轮轴既受弯曲又受扭转。

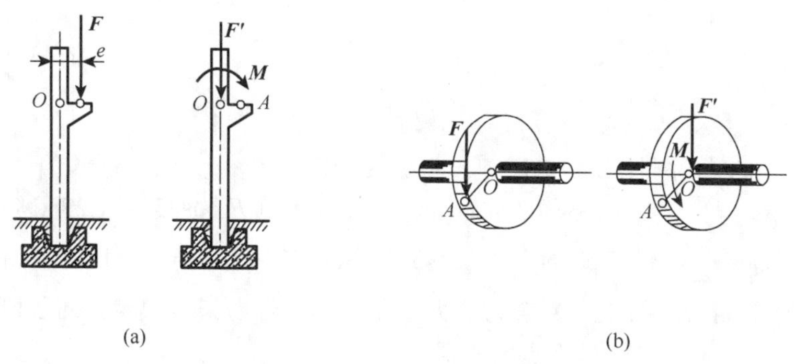

图 2-13

2.2.6　平面力系的合力

平面力系必与一个力加一个力偶等效，这个力是平面力系的主矢；这个力偶是平面力系的主矩。即平面力系可以合成一个力和一个力偶。根据力线平移定理，一个力加一个力偶可以合成一个力，因此，平面力系可以合成一个力。**合力等于力系中所有力的矢量和（合力定理）；合力对某点的力矩等于力系中所有力对该点力矩的代数和（合力矩定理）**。称为**平面力系合力定理**（resultant force theorem of coplanar force system）。

$$\begin{cases} \boldsymbol{R} = \sum \boldsymbol{F}_i \\ \boldsymbol{M}_{OR} = \sum \boldsymbol{M}_{OF_i} \end{cases} \tag{2-10}$$

在直角坐标系中，投影式为

$$\begin{cases} X_R = \sum X_i \\ Y_R = \sum Y_i \\ M_{OR} = \sum M_{Oi} \end{cases} \tag{2-11}$$

合力在坐标轴上的投影等于力系中所有力在该坐标轴上投影的代数和；合力对某点的力矩等于力系中所有力对该点力矩的代数和。

当主矢等于零时，平面力系可以合成为一个力偶；当主矢不等于零时，平面力系的合力

等于平面力系的主矢；合力的大小和方向由主矢决定，合力的作用线位置由主矩决定，合力的作用点可以是作用线上任意一点。

【例 2-1】 在刚体上的 A 点作用有四个力组成的平面汇交力系，其中 $\boldsymbol{F}_1 = 2\text{ kN}$，$\boldsymbol{F}_2 = 3\text{ kN}$，$\boldsymbol{F}_3 = 1\text{ kN}$，$\boldsymbol{F}_4 = 2.5\text{ kN}$，方向如图 2-14（a），求合力。

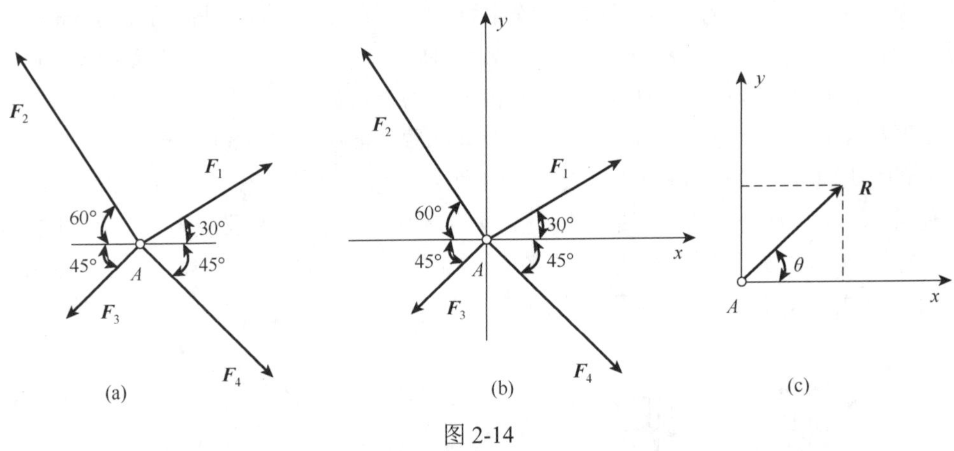

图 2-14

解 建立直角坐标系[图 2-14（b）]。根据合力定理

$$X_R = \sum X = F_1\cos30° - F_2\cos60° - F_3\cos45° + F_4\cos45° = 1.29\text{ kN}$$

$$Y_R = \sum Y = F_1\cos60° + F_2\cos30° - F_3\cos45° - F_4\cos45° = 1.12\text{ kN}$$

合力矢量为 $\boldsymbol{R} = 1.29\boldsymbol{i} + 1.12\boldsymbol{j}$。合力的大小和方向由合力矢量决定，对于刚体，只需确定合力作用线的位置，不需确定作用点的位置。

该题的平面力系，四个力的作用线相交于一点，称为**平面汇交力系**（coplanar concurrent force system）。对于平面汇交力系，可以确定合力作用点的位置。

扫码观看

2.3 平面力系的平衡

2.3.1 物体的运动与平衡状态

物体在空间的位置随时间变化，称为**运动**（motion）。物体相对于地面处于静止或匀速直线运动状态，称为处于**平衡状态**（equilibrium state）。物体的平衡状态是物体运动的特殊情况，静力学研究物体平衡时，作用在物体上力的相互关系。

2.3.2 平衡力系

合力为零的力系称为**平衡力系**（equilibrium force system）。平衡力系对刚体没有作用效果，既没有移动效果，也没有转动效果，平衡力系不改变刚体的运动状态。在平衡力系作用下，刚体处于平衡状态，作用在处于平衡状态刚体上的力系是平衡力系。

2.3.3 加减平衡力系定理

在任何一个力系上添加或减去一个平衡力系，不改变原力系的作用效果，称为加减平衡力系定理（theorem of addition and subtraction equilibrium force system theorem）。

证明：平衡力系的合力等于零，作用效果为零，自然添加或减去一个平衡力系不会改变原力系的作用效果。

2.3.4 平面力系的平衡条件

平衡力系需要满足的条件称为力系的**平衡条件**（equilibrium condition）。平衡力系既没有移动效果，也没有转动效果，平衡力系的合力等于零，平衡力系的主矢等于零，平衡力系的主矩等于零。平面力系是平衡力系需要满足的条件称为平面力系的**平衡条件**，平面力系的**平衡条件为：平面力系所有力在任意轴上投影的代数和等于零；对任意点力矩的代数和等于零。**

在直角坐标系中，平面力系的平衡条件为

$$\begin{cases}\sum X_i = 0\\ \sum Y_i = 0\\ \sum M_O = 0\end{cases} \tag{2-12}$$

平面力系中所有力对坐标轴投影的代数和等于零，且对原点力矩的代数和等于零。

2.3.5 二力平衡定理

扫码观看

如图 2-15 所示，**两个力平衡的必要和充分条件是：这两个力大小相等、指向相反，并作用在同一直线上，称为二力平衡定理**（two force equilibrium theorem）。

证明：此二力对任意轴投影的代数和等于零，对任意点力矩的代数和等于零，这两个力平衡。二力平衡定理描述了一个最简单的平衡力系。

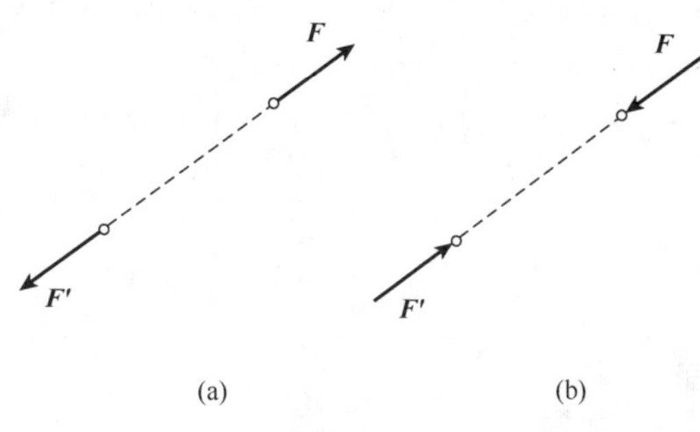

图 2-15

2.3.6 二力杆

只在两端受两个力作用而处于平衡状态的杆，称为**二力杆**（two force bar）。如图 2-16（a）中矿井巷道支护的三角拱，*BC* 杆如果不计自重和接触摩擦，只在两端各受一个销轴的光滑面约束反力[图 2-16（b）]，根据二力平衡定理，这两个力一定大小相等、方向相反，作用在同一直线上。因此，这两个力的作用线必与作用点的连线重合[图 2-16（c）]。连杆约束中的连杆就是二力杆[图 2-16（d）]。

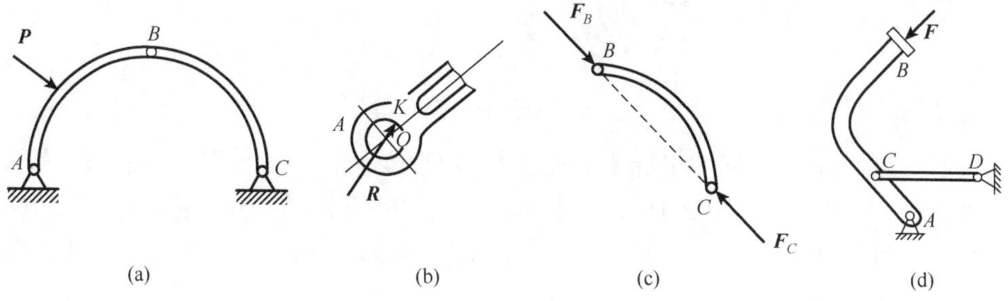

图 2-16

二力杆的受力特点：只在两端各受一个销轴的作用力，杆上不受任何力。如果杆中间有作用力，则不是二力杆。

【例 2-2】 简易悬臂吊车如图 2-17（a）所示，A，B，C 三点均为铰链连接，设起吊重物 $mg = 100$ kN，求 AC 和 BC 两杆所受的力。

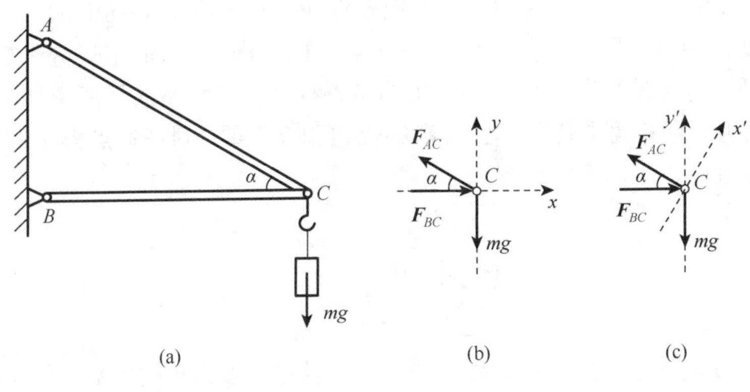

图 2-17

取销钉 C 为研究对象，AC 和 BC 两杆都是二力杆，AC 和 BC 两杆作用在销钉 C 上的力必沿杆轴线方向，销钉 C 受力如图 2-17（b）所示。当销钉处于平衡状态时，作用在销钉 C 上的平面汇交力系必是平衡力系。

解法 1 建立如图 2-17（b）所示的直角坐标系，由平衡方程得

$$\sum X = 0, \qquad F_{BC} - F_{AC}\cos\alpha = 0$$

$$\sum Y = 0, \qquad F_{AC}\sin\alpha - mg = 0$$

解方程组得

$$F_{AC} = mg/\sin\alpha = 200\ \text{kN}, \qquad F_{BC} = F_{AC}\cos\alpha = mg\cot\alpha = 173\ \text{kN}$$

解法 2 由于坐标系的方向可以任意选取，建立如图 2-17（c）所示的直角坐标系 $x'Cy'$，则有

$$\sum X' = 0, \qquad F_{BC}\sin\alpha - mg\cos\alpha = 0$$

解得

$$F_{BC} = mg\cot\alpha = 173\ \text{kN}$$

$$\sum Y' = 0, \qquad F_{AC}\sin\alpha - mg = 0$$

解得

$$F_{AC} = mg/\sin\alpha = 200\ \text{kN}$$

由本题可以看出，在不同的坐标系中求解，方便程度有所不同。解法 2，省去了解方程组。

【例 2-3】 悬臂吊车如图 2-18（a）所示。横梁 AB 长 $l = 2.5$ m，重 $m_1g = 1.2$ kN，拉杆 BC 的斜角 $\alpha = 30°$，质量不计，起吊重 $m_2g = 7.5$ kN。求图示位置 $a = 2$ m 处，拉杆 BC 所受的拉力和铰链 A 处的约束反力。

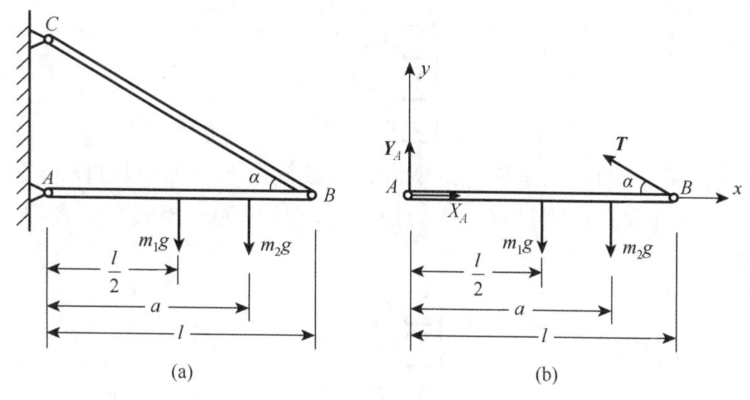

图 2-18

解　(1) 画受力图。取横梁 AB 为研究对象，受力如图 2-18 (b) 所示。

(2) 列平衡方程。梁 AB 处于平衡状态，梁上的平面力系必是平衡力系，应满足平衡方程

$$\sum X=0,\qquad X_A-T\cos\alpha=0 \tag{①}$$

$$\sum Y=0,\qquad Y_A-m_1g-m_2g+T\sin\alpha=0 \tag{②}$$

$$\sum M_A=0,\qquad T\sin\alpha\cdot l-m_1g\cdot\frac{l}{2}-m_2ga=0 \tag{③}$$

由式③解得

$$T=\frac{1}{l\sin\alpha}\left(\frac{l}{2}m_1g+m_2ga\right)=13.2\ \text{kN}$$

代入式①得

$$X_A=T\cos\alpha=13.2\times\frac{\sqrt{3}}{2}=11.43\ \text{kN}$$

由式②得

$$Y_A=m_1g+m_2g-T\sin\alpha=2.1\ \text{kN}$$

2.3.7　恰当地列平衡方程

在列平面力系的平衡方程时，投影轴 x，y 的方向和矩心 O 的位置是任意选取的，因此，平面力系平衡的充分必要条件是：力系中各力对平面内任意一轴 x_i 投影的代数和等于零；且对平面内任意一点 O_i 力矩的代数和等于零。平面力系的平衡条件可写为

$$\sum X_i=0,\qquad \sum M_{O_i}=0 \tag{2-13}$$

由式 (2-13) 可写无穷多个平衡方程，可以证明，由投影轴得到的方程最多有 2 个是独立的；平衡方程最多有 3 个是独立的。如果写 3 个以上投影方程或 4 个以上的平衡方程，则这些方程是线性相关的，不能求解 3 个以上的未知力。

平衡方程只有 3 个是独立的。在列平衡方程时，究竟写哪 3 个方程呢？选择不同，解题方便程度不同。具体有下列 3 种形式：

(1) 一矩式

$$\begin{cases}\sum X_1 = 0 \\ \sum X_2 = 0 \\ \sum M_O = 0\end{cases} \tag{2-14}$$

式中：两根投影轴 x_1 和 x_2 的方向是任意选取的，未必就是水平轴和竖直轴，也未必互相垂直。矩心 O 的位置是任意选取的。因只有一个力矩方程，故称为一矩式平衡方程。

（2）二矩式

$$\begin{cases}\sum X_1 = 0 \\ \sum M_{O_1} = 0 \\ \sum M_{O_2} = 0\end{cases} \tag{2-15}$$

式中：投影轴 x_1 的方向是任意选取的，矩心 O_1 和矩心 O_2 的位置是任意选取的，但矩心 O_1 和矩心 O_2 的连线必须不与 x_1 轴垂直。因有二个力矩方程，故称为二矩式平衡方程。

（3）三矩式

$$\begin{cases}\sum M_{O_1} = 0 \\ \sum M_{O_2} = 0 \\ \sum M_{O_3} = 0\end{cases} \tag{2-16}$$

式中：矩心 O_1、矩心 O_2 和矩心 O_3 的位置是任意选取的，但三点不能共线。因有三个力矩方程，故称为三矩式平衡方程。

注：解题时，可根据具体情况选择其中一种形式列平衡方程，以方便运算为准。

【例 2-4】 如图 2-19（a）所示，绞车通过钢丝绳牵引小车沿斜面轨道匀速上升。已知小车重 $mg = 10\text{ kN}$，绳与斜面平行，坡角 $\alpha = 30°$，$a = 0.75\text{ m}$，$b = 0.3\text{ m}$，不计摩擦。求钢丝绳的拉力及轨道对车轮的约束反力。

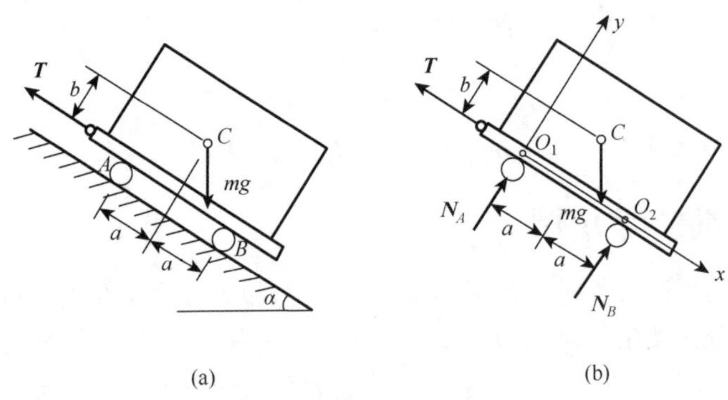

图 2-19

解 取小车为研究对象，受力如图 2-19（b）所示。

小车做匀速直线运动，处于平衡状态。作用在小车上的各力必满足平衡方程。列出一矩式的平衡方程

$$\begin{cases}\sum X = 0, & -T + mg\sin\alpha = 0 \\ \sum Y = 0, & N_A + N_B - mg\cos\alpha = 0 \\ \sum M_{O_1} = 0, & N_B \cdot 2a - mg\cos\alpha \cdot a - mg\sin\alpha \cdot b = 0\end{cases}$$

也可列二矩式的平衡方程

$$\begin{cases}\sum X=0, & -T+mg\sin\alpha=0\\ \sum M_{O_1}=0, & N_B\cdot 2a-mg\cos\alpha\cdot a-mg\sin\alpha\cdot b=0\\ \sum M_{O_2}=0, & -N_A\cdot 2a+mg\cos\alpha\cdot a-mg\sin\alpha\cdot b=0\end{cases}$$

还可列出三矩式的平衡方程

$$\begin{cases}\sum M_{O_1}=0, & N_B\cdot 2a-mg\cos\alpha\cdot a-mg\sin\alpha\cdot b=0\\ \sum M_{O_2}=0, & -N_A\cdot 2a+mg\cos\alpha\cdot a-mg\sin\alpha\cdot b=0\\ \sum M_C=0, & -T\cdot b+N_Aa-N_Ba=0\end{cases}$$

以上 3 组方程都可解出

$$T=mg\sin\alpha=5\ \text{kN},\quad N_A=\frac{mg\cos\alpha\cdot a-mg\sin\alpha\cdot b}{2a}=3.33\ \text{kN}$$

$$N_B=\frac{mg\cos\alpha\cdot a+mg\sin\alpha\cdot b}{2a}=5.33\ \text{kN}$$

虽然以上 3 组方程都可求解约束反力。但是，解方程组的难易程度却是不同的，显然，对于本题第 2 组方程求解更方便，不用解方程组。解题时，应列最方便求解的方程。

【例 2-5】 如图 2-20（a）所示，在水平外伸梁上作用有集中力 $P=20$ kN，矩为 $M=16$ kN·m 的力偶，集度为 $q=20$ kN/m 均匀分布载荷，$a=0.8$ m。求支座 A，B 处的约束反力。

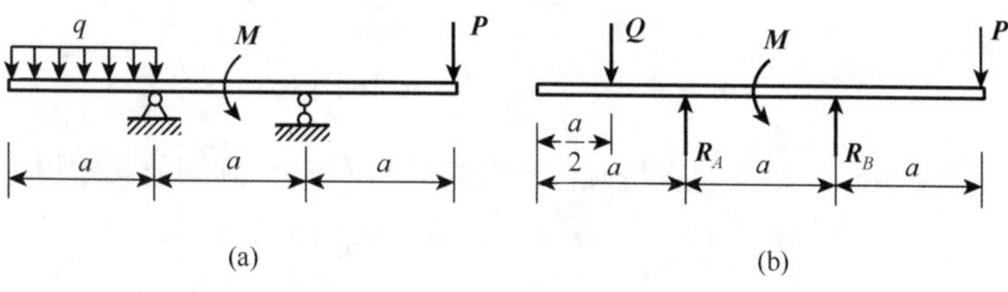

图 2-20

解 取梁 AB 为研究对象，受力如图 2-20（b）所示。

在分析刚体的平衡时，可将均匀分布载荷 q 用它的合力——集中载荷 Q 等效代替，$Q=qa$，作用在均布载荷的中心处。列梁的平衡方程

$$\sum M_A=0,\qquad R_B\cdot a+qa\cdot\frac{a}{2}+M-P\times 2a=0$$

$$\sum M_B=0,\qquad qa\cdot\frac{3}{2}a+M-R_A\cdot a-P\times a=0$$

解得

$$R_A=\frac{3}{2}qa+\frac{M}{a}-P=24\ \text{kN},\qquad R_B=-\frac{1}{2}qa-\frac{M}{a}+2P=12\ \text{kN}$$

【例 2-6】 如图 2-21（a）所示，行动式起重机，轨距 $b=3$ m，机身重 $m_1g=500$ kN，其作用线至右轨的距离 $e=1.5$ m，起重机的最大荷载 $m_3g=250$ kN，其作用线至右轨的距离 $l=10$ m，平衡重 m_2g 作用线至左轨的距离 $a=6$ m，欲使起重机满载时不向右倾倒，空载时不向左倾倒，试确定平衡重 m_2g 之值。

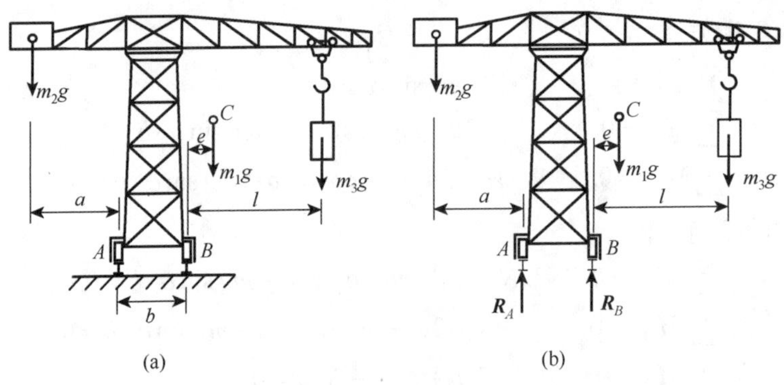

图 2-21

解 （1）取起重机为研究对象，受力如图 2-21（b）所示。

（2）满载工况。满载时，如果起重机倾倒将绕右轨 B 转动，倾倒前起重机处于平衡状态，则

$$\sum M_B = 0, \qquad m_2g(a+b) - R_Ab - m_1ge - m_3gl = 0 \qquad ①$$

欲使起重机不向右倾倒，应有

$$R_A \geqslant 0 \qquad ②$$

联立式①和式②有

$$m_2g(a+b) - m_1ge - m_3gl = R_Ab \geqslant 0$$

解得

$$m_2g \geqslant \frac{m_1ge + m_3gl}{a+b} = 361 \text{ kN}$$

（3）空载工况。空载时，如果起重机倾倒将绕左轨 A 转动，倾倒前起重机处于平衡状态，则

$$\sum M_A = 0, \qquad m_2ga + R_Bb - m_1g(b+e) = 0 \qquad ③$$

欲使起重机不向左倾倒，应有

$$R_B \geqslant 0 \qquad ④$$

联立式③和式④有

$$m_2ga - m_1g(b+e) = -R_Bb \leqslant 0$$

解得

$$m_2g \leqslant \frac{m_1g(b+e)}{a} = 375 \text{ kN}$$

若使起重机既不向左倾倒也不向右倾倒，平衡重 m_2g 的取值范围为 $361 \text{ kN} \leqslant m_2g \leqslant 375 \text{ kN}$。

扫码观看

2.4 静定与静不定

2.4.1 静定问题

物体（或结构）在平面力系作用下处于平衡状态，有 3 个独立的平衡方程。如果平面力系中有 3 个力是未知的，可根据 3 个平衡方程求出 3 个未知力。

如图 2-22 所示的简支梁，$\boldsymbol{P}$ 和 $\boldsymbol{Q}$ 为已知载荷，$\boldsymbol{X}_A$、$\boldsymbol{Y}_A$、$\boldsymbol{R}_B$ 是未知的约束反力，3 个平衡方程可解出 3 个未知的约束反力。在这类问题中，未知反力的个数与独立的平衡方程的个数

相等。由静力学平衡方程就可求出全部的约束反力。静力学平衡方程可求解（确定）的问题，称为**静定问题**（statically determinate problem）。

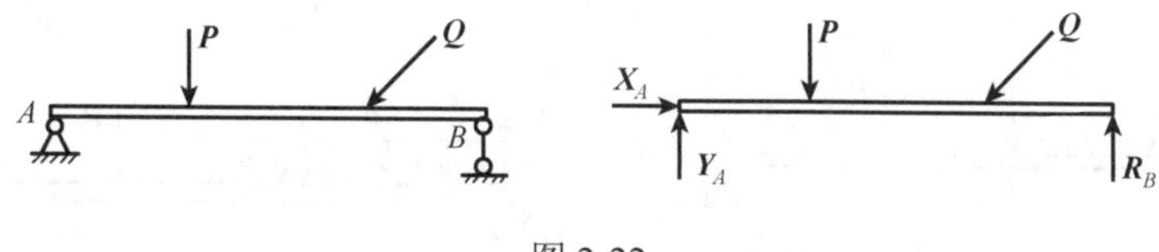

图 2-22

2.4.2 静不定问题

在工程实际中，常常由于结构的强度和刚度的要求，在结构恰当的位置添加约束使得问题未知约束反力的个数比独立平衡方程的个数多。如图 2-23 所示，有 4 个未知力，平衡方程只有 3 个，这样利用平衡方程就不能求出全部未知反力。静力学平衡方程不可求解（确定）的问题，或者说超出了静力学范畴的问题，称为**静不定问题**（statically indeterminate problem）或**超静定问题**。需要指出：未知约束反力的个数比独立平衡方程的个数少，则是另外一类问题，这类问题将在动力学中研究。

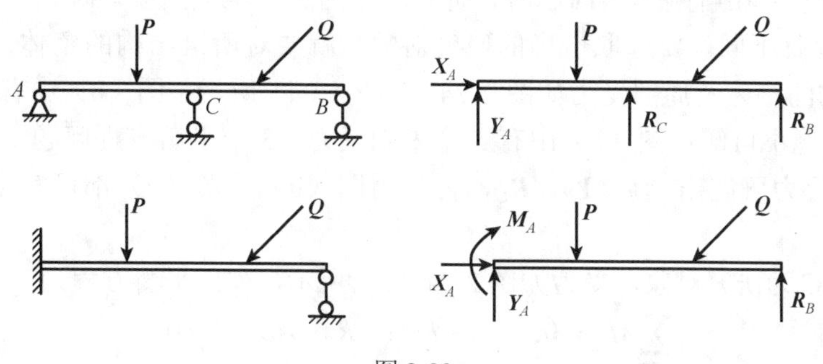

图 2-23

2.5 刚 体 系

由多个刚体（构件）组成的工程结构称为**刚体系统**（system of rigid body），简称**刚体系**。刚体系统是由多个刚体通过约束按一定方式连接而成。刚体系以外物体对刚体系的作用是外力；刚体系内部各刚体之间的相互作用是内部力，内部力不影响刚体系整体的平衡，因而在研究刚体系整体的平衡时，不必考虑内部力。但对刚体系内某个刚体而言，这些相互作用力却是外力，它对单个刚体的平衡有影响。

当刚体系平衡时，刚体系中任一刚体或几个刚体的组合体或刚体系的任一部分都处于平衡状态。根据需要求的未知力的不同，可研究不同对象的平衡。例如，可研究刚体系整体的平衡；可研究刚体系某个局部的平衡；也可研究刚体系中某单个刚体的平衡；每个研究对象上都作用一个平面力系，都可列 3 个平衡方程，通过这些平衡方程可求解约束反力，这些方程通常是耦合的线性方程组，求解起来相当麻烦。研究对象有很多种选法，平衡方程又有多种列法，得到的方程组形式多样，求解起来难易程度不同，恰当地选取研究对象，列恰当的平衡方程，才能降低方程组的耦合程度。研究对象和平衡方程的选取应以方程组最方便求解为准，尽量避免解联立方程组。

【例 2-7】 如图 2-24（a）所示，静定多跨梁由梁 AB 和梁 BC 用中间铰 B 连接而成。已知 $P=20$ kN，$q=5$ kN/m，$\alpha=45°$，求支座 A，C 处的约束反力和中间铰 B 处两梁之间的相互作用力。

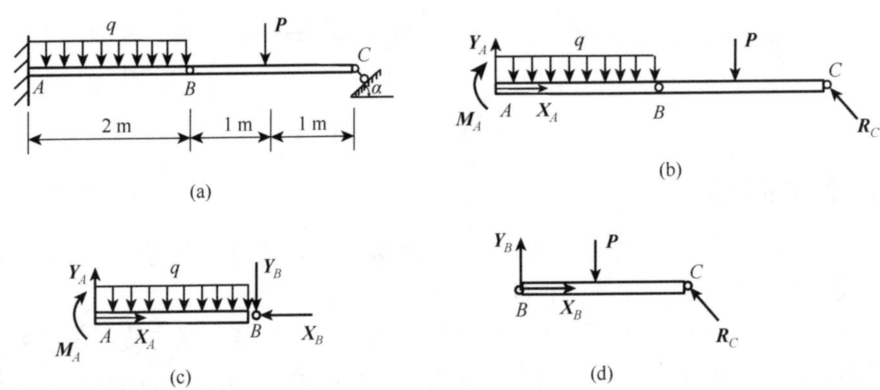

图 2-24

解 （1）分析：在解刚体系问题时，研究对象的选择至关重要。研究对象的选择不同，解题的难易程度就不同。要选取恰当的研究对象，就要对所给结构的整体及局部受力了如指掌。本题结构的整体及局部受力如图 2-24（b）～（d）所示，图（b）中有 4 个未知反力，3 个平衡方程问题不可解；图（c）中有 5 个未知反力，3 个平衡方程问题不可解；图（d）中有 3 个未知反力可解出 $\boldsymbol{X}_B$、$\boldsymbol{Y}_B$、$\boldsymbol{R}_C$，再利用图（b）或图（c）都可解出固定端的约束反力。

（2）取梁 BC 为研究对象，受力如图 2-24（d）所示，列出平衡方程为

$$\begin{cases}\sum M_B=0, & -P\times 1+R_C\cos\alpha\times 2=0\\ \sum X=0, & X_B-R_C\sin\alpha=0\\ \sum Y=0, & Y_B-P+R_C\cos\alpha=0\end{cases}$$

解得

$$R_C=\frac{P}{2\cos\alpha}=14.14\text{ kN},\quad X_B=R_C\sin\alpha=10\text{ kN},\quad Y_B=P-R_C\cos\alpha=10\text{ kN}$$

（3）取梁 AB 为研究对象，受力如图 2-24（c）所示，列出平衡方程为

$$\begin{cases}\sum M_A=0, & -M_A-\frac{1}{2}q\cdot 2^2-Y_B\times 2=0\\ \sum X=0, & X_A-X_B=0\\ \sum Y=0, & Y_A-q\times 2-Y_B=0\end{cases}$$

解得 $\quad M_A=-2q-2Y_B=-304\text{ kN·m},\quad X_A=X_B=10\text{ kN},\quad Y_A=2q+Y_B=20\text{ kN}$

注：解刚体系问题时，首先要找到 3 个未知力的研究对象，解得约束力，再依次寻找 3 个未知力的研究对象，逐次求解。

扫码观看

【例 2-8】 井架如图 2-25（a）所示，它由 AC 和 BC 两个桁架通过中间铰 C 连接而成，两个桁架的重量均为 mg，在左边的桁架上有一水平风压力 $\boldsymbol{F}$。尺寸 l，H，h 和 a 均为已知，求铰链 A，B，C 的约束反力。

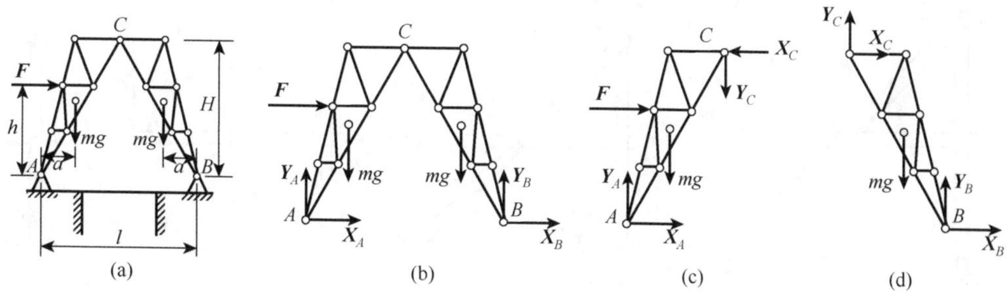

图 2-25

解 （1）分析：井架结构的整体及局部受力如图 2-25（b）～（d）所示。图中 3 个研究对象都有 4 个约束反力，不能求解。但由图（b）结构整体的平衡，对 A 点取矩可立即求出 $\boldsymbol{Y}_B$，对 B 点取矩可立即求出 $\boldsymbol{Y}_A$，求出 $\boldsymbol{Y}_A$ 和 $\boldsymbol{Y}_B$ 后，研究图（d）桁架 BC 的平衡可求出 $\boldsymbol{X}_C$，$\boldsymbol{Y}_C$ 和 $\boldsymbol{X}_B$。再研究图（b）整体或图（c）桁架 AC 的平衡都可求出 $\boldsymbol{X}_A$。

（2）研究井架结构整体的平衡。结构整体的受力如图 2-25（b）所示，列平衡方程有

$$\sum M_A = 0,\quad Y_B l - mga - mg(l-a) - Fh = 0$$
$$\sum M_B = 0,\quad -Y_A l + mga + mg(l-a) - Fh = 0$$

解得

$$Y_B = \frac{mgl + Fh}{l},\qquad Y_A = \frac{mgl - Fh}{l}$$

（3）研究桁架 BC 的平衡。桁架 BC 的受力如图 2-25（d）所示，列平衡方程有

$$\begin{cases} \sum M_C = 0, & Y_B \dfrac{l}{2} + X_B H - mg\left(\dfrac{l}{2} - a\right) = 0 \\ \sum X = 0, & X_B + X_C = 0 \\ \sum Y = 0, & Y_B + Y_C - mg = 0 \end{cases}$$

解得

$$X_C = -X_B = \frac{2mga + Fh}{2H},\qquad Y_C = G - Y_B = -\frac{Fh}{l}$$

$$X_B = \frac{1}{H}\left[mg\left(\frac{l}{2} - a\right) - Y_B \frac{l}{2}\right] = -\frac{2mga + Fh}{2H}$$

其中，X_B 和 Y_C 是负值，表示力的实际方向与图中所示的方向相反。

（4）研究井架结构的整体的平衡。结构整体的受力如图 2-25（b）所示，列平衡方程有

$$\sum X = 0,\qquad X_A + X_B + F = 0$$

解得

$$X_A = -F - X_B = \frac{2mga + Fh - 2FH}{2H}$$

注：解刚体系问题，找不到 3 个未知力的研究对象时，需要寻找 4 个未知力且有 3 个未知力交于一点的研究对象，解出其中 2 个未知力，再依次寻找 3 个未知力的研究对象，逐次求解。

【例 2-9】 如图 2-26（a）所示结构中，杆 DF 的销子 E 可在杆 AC 的槽内滑动。不计摩擦和各杆件的自重，求在力 $\boldsymbol{P}$ 的作用下，杆 AB 上的 A，D 和 B 铰链的约束反力。

扫码观看

解 （1）分析：结构的整体及构件 AB 和构件 EF 受力如图 2-26（b）～（d）所示。由结

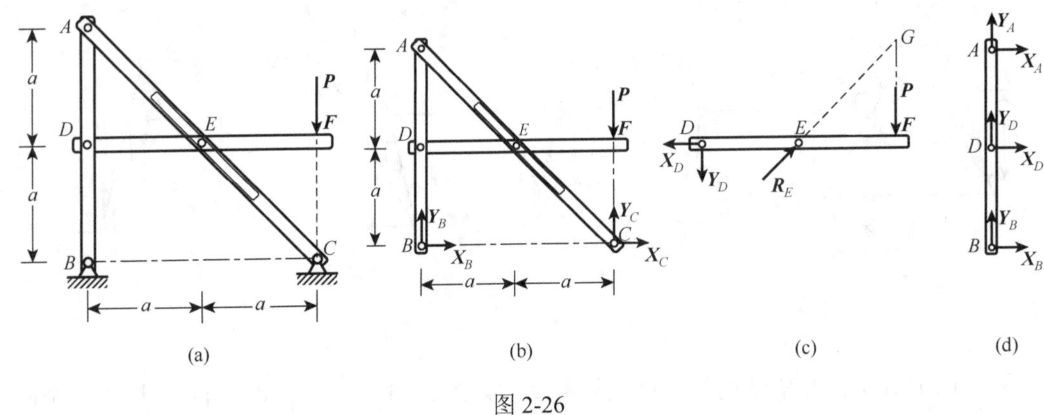

图 2-26

构整体的平衡，可求出 $\boldsymbol{Y}_B$。构件 EF 只有 3 个未知的约束反力，可立即求出 $\boldsymbol{X}_D$，$\boldsymbol{Y}_D$ 和 $\boldsymbol{R}_E$。再研究构件 AB 的平衡可求出其他约束反力。本题可选的研究对象有 7 个，必须敏锐地看出突破口在哪里。

（2）研究结构整体的平衡。结构整体的受力如图 2-26（b）所示，由平衡方程有

$$\sum M_C = 0, \qquad -Y_B \cdot 2a = 0$$

解得

$$Y_B = 0$$

（3）研究杆 DF 的平衡。杆 DF 的受力如图 2-26（c）所示，由平衡方程有

$$\begin{cases} \sum M_E = 0, & Y_D \cdot a - Pa = 0 \\ \sum M_G = 0, & Y_D \cdot 2a - X_D a = 0 \end{cases}$$

解得

$$Y_D = P, \qquad X_D = 2P$$

（4）研究杆 AB 的平衡。杆 AB 的受力如图 2-26（d）所示，由平衡方程有

$$\begin{cases} \sum M_A = 0, & X_B \cdot 2a + X_D \cdot a = 0 \\ \sum X = 0, & X_A + X_D + X_B = 0 \\ \sum Y = 0, & Y_B + Y_D + Y_A = 0 \end{cases}$$

解得

$$X_B = -\frac{1}{2}X_D = -P, \quad X_A = -X_D - X_B = -P, \quad Y_A = -Y_B - Y_D = -P$$

本题，**结构整体是 4 个未知力且 3 个力交于一点的研究对象，$\boldsymbol{EF}$ 杆是 3 个未知力的研究对象**。这是本题的突破口，首先选为研究对象求出部分或全部约束力，再依次求解。

习 题 2

1. 铆接薄板在孔心 A，B 和 C 处受三力作用，如题图 2-1 所示。$F_1 = 100$ N，沿铅直方向；$F_3 = 50$ N，沿水平方向，并通过点 A；$F_2 = 50$ N，力的作用线也通过点 A，尺寸如图。求此力系的合力。

2. 物体重 $P = 20$ kN，用绳子挂在支架的滑轮 B 上，绳子的另一端接在绞 D 上，如题图 2-2 所示。转动绞，物体便能升起。设滑轮的大小、AB 杆与 CB 杆自重及摩擦略去不计，A，B，C 三处均为铰链连接。当物体处于平衡状态时，求拉杆 AB 和支杆 CB 所受的力。

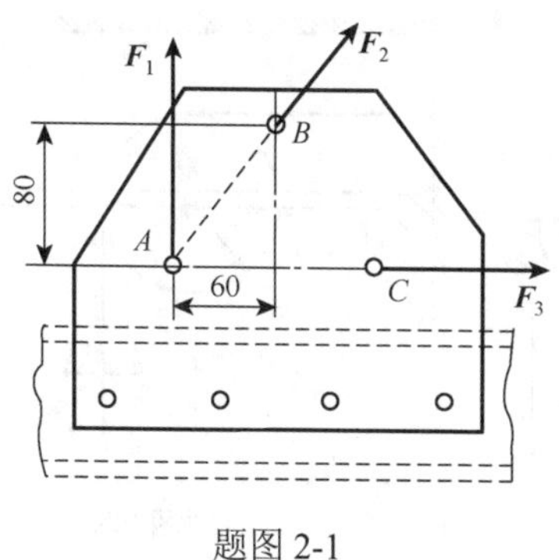

题图 2-1

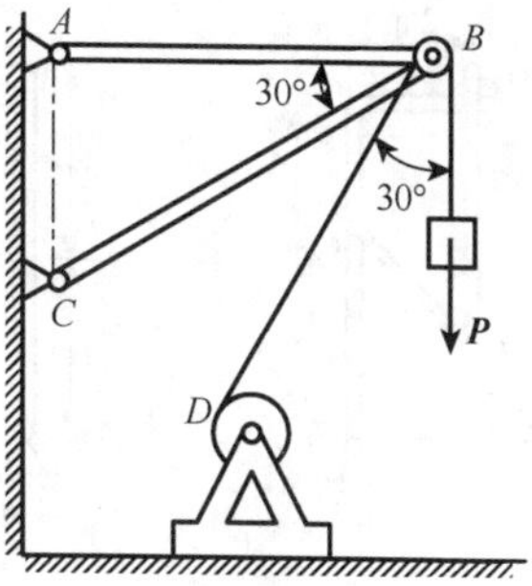

题图 2-2

3. 无重水平梁的支承和载荷如题图 2-3 所示。已知力 $\boldsymbol{F}$、力偶矩为 $\boldsymbol{M}$ 的力偶和强度为 q 的均布载荷。求支座 A 和 B 处的约束力。

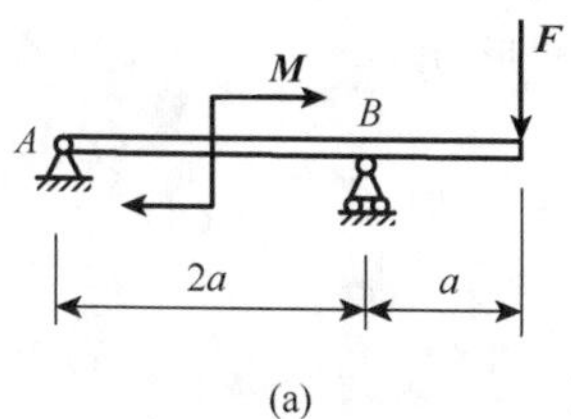

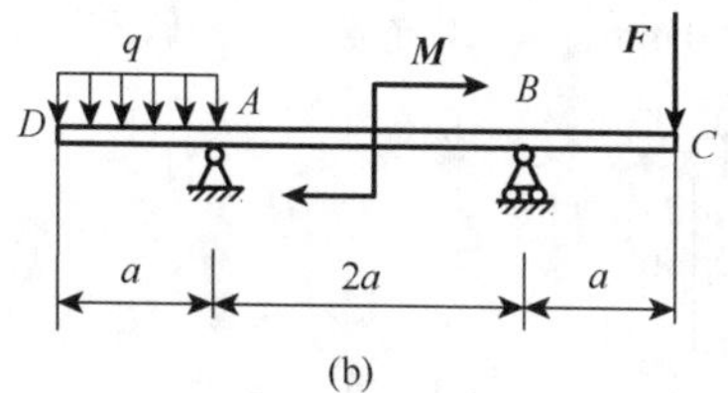

题图 2-3

4. 如题图 2-4 所示构架中，载荷 $P = 10$ kN。A 处为固定端，B、C、D 处为铰链。不计各构件自重。求固定端 A 及铰链 B、C 处的约束力。

5. 求如题图 2-5 所示三角形支架铰链 A，B 处的约束力。

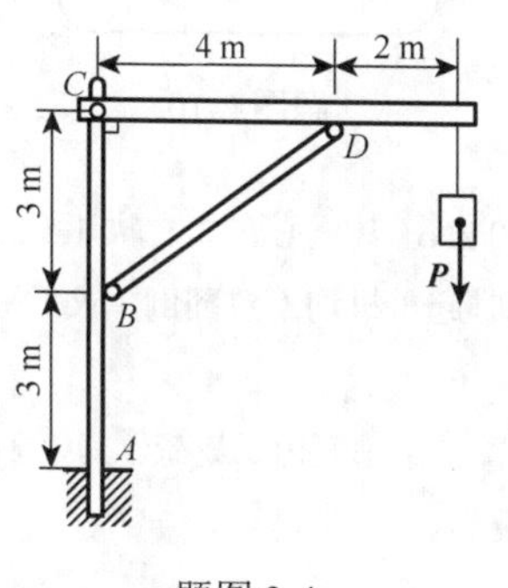

题图 2-4

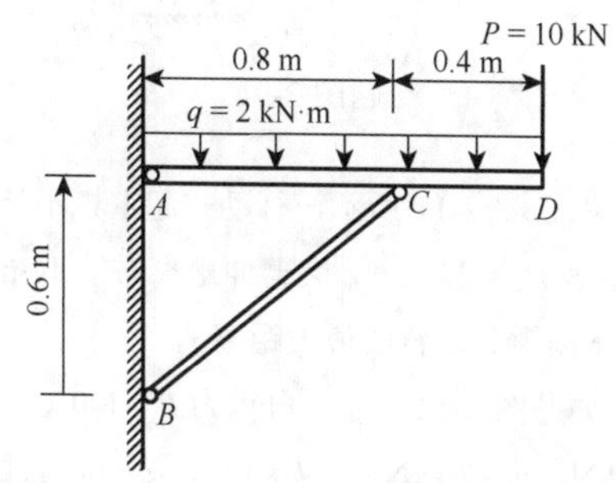

题图 2-5

6. 直角弯杆 $ABCD$ 与直杆 DE 及 EC 铰接，如题图 2-6 所示，作用在杆 DE 上力偶的力偶矩 $M = 40$ kN·m，不计各构件自重，不考虑摩擦，尺寸如图。求支座 A，B 处的约束力及杆 EC 的受力。

7. 如题图 2-7 所示结构，各构件的自重略去不计。在构件 AB 上作用一力偶矩为 $\boldsymbol{M}$ 的力偶，求支座 A 和 C 的约束力。

8. 水平梁 AB 由铰链 A 和杆 BC 所支持，如题图 2-8 所示。在梁上 D 处用销子安装半径为 $r = 0.1$ m 的滑轮。有一跨过滑轮的绳子，其一端水平地系于墙上，另一端悬挂有重 $P = 1\,800$ N 的重物。如 $AD = 0.2$ m，$BD = 0.4$ m，$\varphi = 45°$，且不计梁、杆、滑轮和绳的重量。求铰链 A 和杆 BC 对梁的约束力。

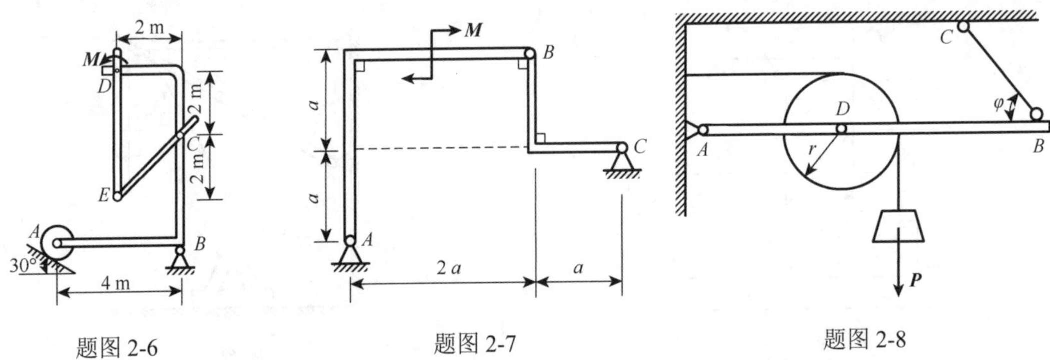

题图 2-6　　题图 2-7　　题图 2-8

9. 液压夹紧机构中，D 为固定铰链，B，C，E 为活动铰链。已知力 $\boldsymbol{F}$，机构平衡时角度如题图 2-9 所示，各构件自重不计，求此时工件 H 所受的压紧力。

10. 题图 2-10 所示在一钻床上水平放置工件，其上作用的力偶矩为 $m_1 = m_2 = m_3 = m_4 = 15\ \text{N·m}$，$AB$ 支座之间水平距离为 200 mm，求工件的总切削力偶矩和 A、B 端水平反力。

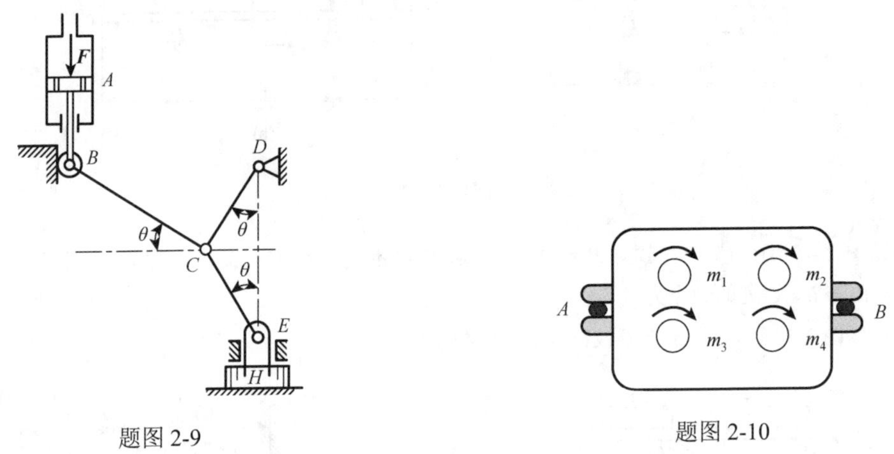

题图 2-9　　题图 2-10

11. 如题图 2-11 所示，行动式起重机不计平衡锤的重为 $P = 500\ \text{kN}$，其重心在离右轨 1.5 m 处。起重机的起重量为 $P_1 = 250\ \text{kN}$，突臂伸出离右轨 10 m。欲使车满载或空载时起重机均不致翻倒，求平衡锤的最小重量 P_2 及平衡锤到左轨的最大距离 x。

12. 如题图 2-12 所示，自重为 $P = 100\ \text{kN}$ 的 T 字形刚架 ABD，置于铅垂面内，载荷。其中 $M = 20\ \text{kN·m}$，$F = 400\ \text{kN}$，$q = 20\ \text{kN/m}$，$l = 1\ \text{m}$，$\alpha = 60°$。试求固定端 A 的约束反力。

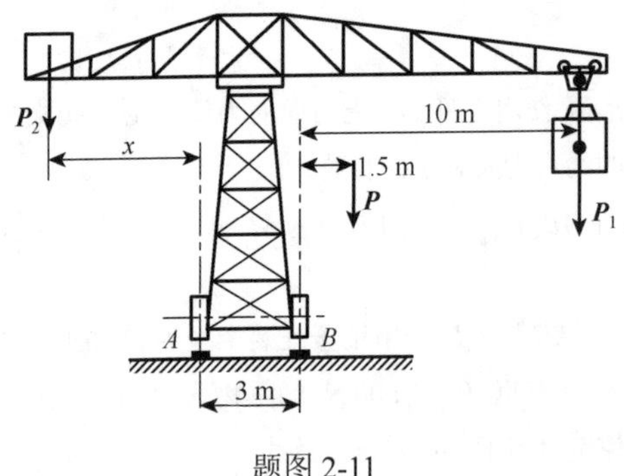

题图 2-11

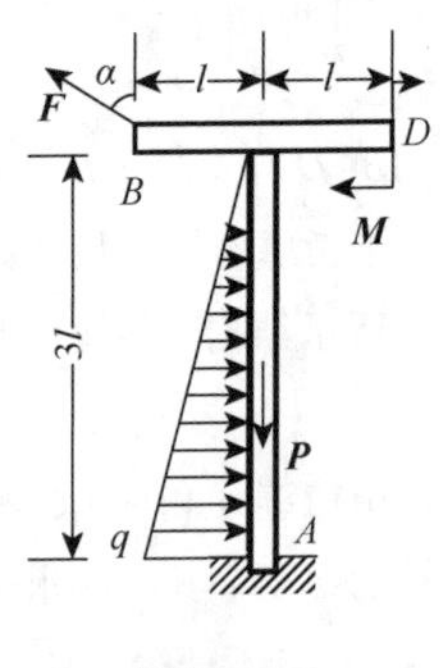

题图 2-12

13. 求题图 2-13 所示多跨梁 A，C 支座的约束力。

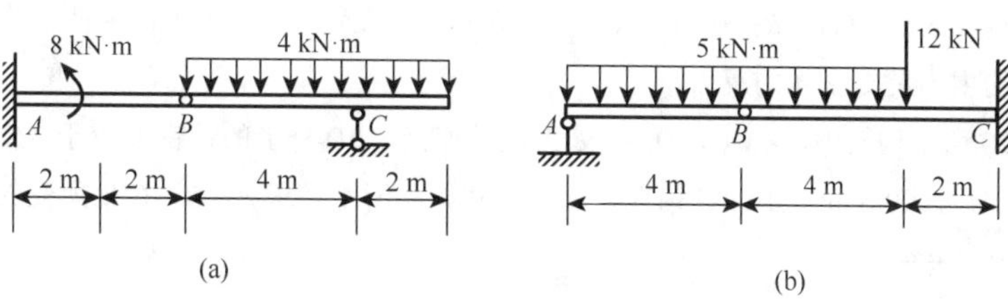

题图 2-13

14. 如题图 2-14 所示，三铰拱由两半拱和三个铰链 A，B，C 构成，已知每半拱重 $P = 300$ kN，$l = 32$ m，$h = 10$ m。求支座 A，B 的约束力。

15. 在题图 2-15 所示构架中，已知 $\boldsymbol{F}$、a，不计各杆自重，试求 A，B 两支座反力。

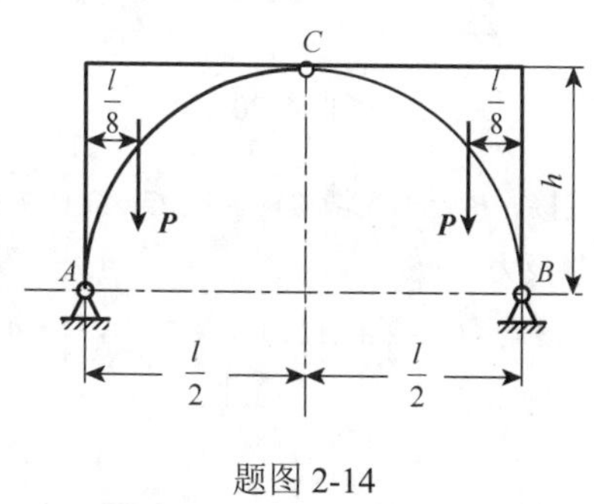

题图 2-14

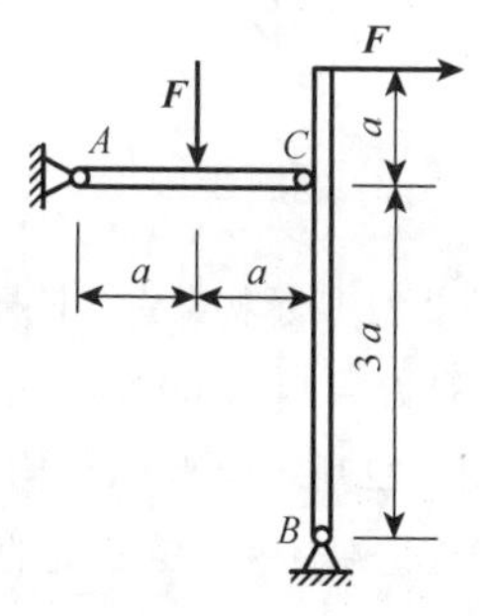

题图 2-15

16. 如题图 2-16 所示两等长杆 AB 与 BC 在点 B 用铰链连接，又在杆的 D，E 两点连一弹簧。弹簧的刚度系数为 k，当距离 $AC = a$ 时，弹簧内拉力为零。点 C 作用一水平力 $\boldsymbol{F}$，设 $AB = l$，$BD = b$，杆重不计。求系统平衡时距离 AC 之值。

17. 题图 2-17 所示构架中，物体重 $mg = 1\,200$ N，由细绳跨过滑轮 E 而水平系于墙上，尺寸如图所示，不计杆和滑轮的重量。求支承 A 和 B 处的约束力，以及杆 BC 的内力 $\boldsymbol{F}_{BC}$。

18. 组合结构如题图 2-18 所示，AB、CD、CE 和 CF 杆分别铰接于 C、E、F。已知均布载荷 q，尺寸如图所示，不计各杆质量。求 1、2、3 杆的内力。

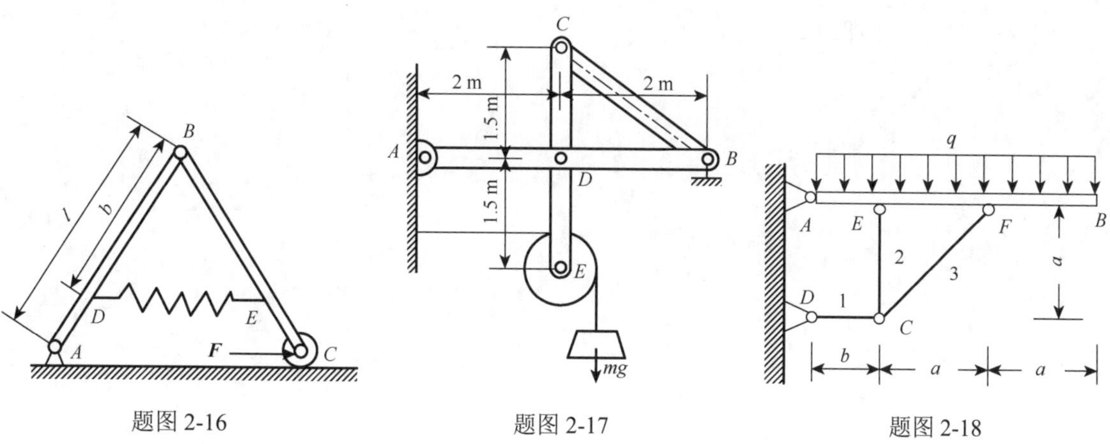

题图 2-16　　题图 2-17　　题图 2-18

19. 如题图 2-19 所示杆 AB 上的销子 E 插在杆 CD 的滑槽中，B 和 D 端与直杆 BD 铰接。已知 $AE = BE = DE = CE = 0.5$ m，$EH = R = 0.1$ m，$Q = 1\,000$ N，AB 铅垂，CD 水平，各杆、滑轮、绳子的自重均不计。试求 BD 杆的内力及支座 A 的反力。

20. 在题图 2-20 所示构架中，A，C，D，E 处为铰链连接，BD 杆上的销钉 B 置于 AC 杆的光滑槽内，力 $F = 200$ N，力偶矩 $M = 100$ N·m，不计各构件重量，尺寸如图所示。求 A，B，C 处所受的力。

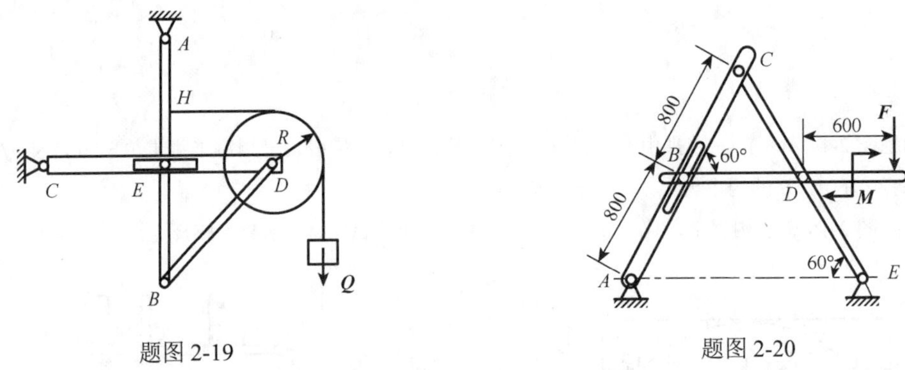

题图 2-19　　　题图 2-20

21. 在题图 2-21 所示构架中，各杆在 A、E、F、G 处均为铰接，B 处为光滑接触。在 C、D 两处分别作用力 P_1 和 P_2，且 $P_1 = P_2 = 500$ N，各杆自重不计，求 F 处的约束反力。

22. 在题图 2-22 所示构架中，结构和受力如图所示，各梁的长度均为 $l = 2$ m。已知：$F = 6$ kN，$M = 4$ kN·m，$q = 3$ kN/m。求固定端 A 和铰链 C 处的约束反力。

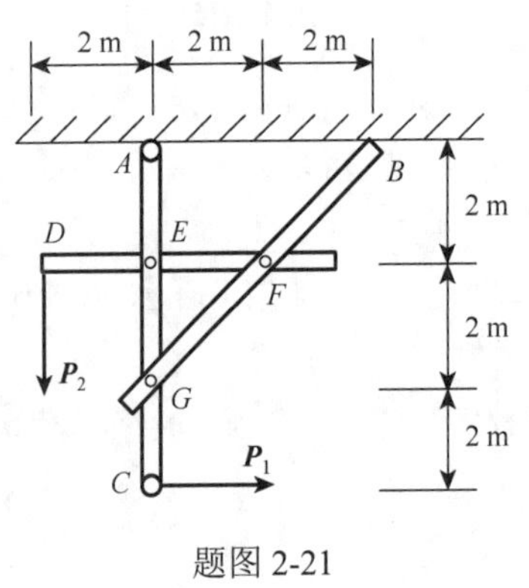

题图 2-21

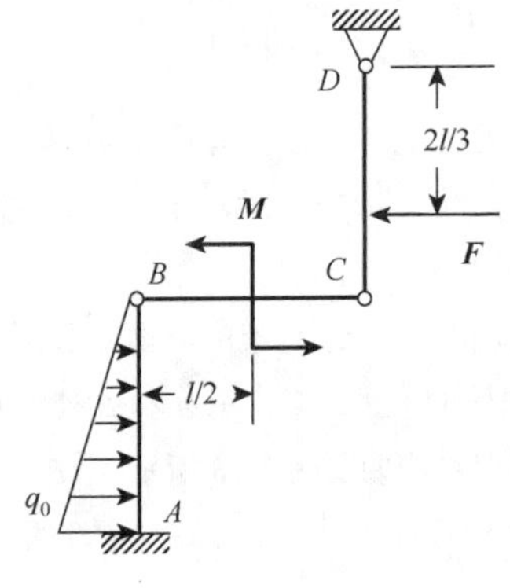

题图 2-22

第二篇 运 动 学

运动学是从几何学的角度来观察物体的运动规律，也就是不探究引起物体运动状态变化的原因（运动与作用力、质量等之间的关系），而单独研究物体运动的状态，即物体在空间的位置随时间变化的规律。运动学是研究物体运动几何性质的科学。

在运动学中所涉及的物体，一般可以抽象为两种理想化的模型——质点和刚体。这种抽象，往往根据所研究问题的不同，同一个物体可以得到不同的模型。例如，研究地球相对太阳的运动时，地球被抽象为一个质点（大小不计的几何点）；当研究飞行器相对地球的运动时，地球被抽象为刚体。

由于物体的运动具有相对性，所以在描述其运动时，常选择一个假想为静止的参考系，称为定参考系（简称定系），一般采用固定在地球上的坐标系作为定参考系；而将相对定参考系运动的参考系称为动参考系（简称动系）。显然，在不同的参考系中描述同一物体的运动，将得到不同的结论。

在运动的描述中，度量时间要涉及“瞬时”和“时间间隔”两个概念。瞬时是指某个确定的时刻，抽象为时间坐标轴上的一个点，用字母 t 表示；时间间隔是指两个瞬时之间的一段时间，是时间坐标轴上的一个区间，用字母 Δt 表示，即 $\Delta t = t_2 - t_1$。

运动学对运动规律的研究和静力学对力的规律的研究，都是动力学研究力与运动关系的基础。同静力学一样，运动学本身也可直接用于工程实际。例如，在机械设计中对机构的运动学分析已经发展成为机构运动学。同时，运动学也是一些后继课程的基础知识。

第3章

点的运动与刚体的基本运动

本章将研究点的运动和刚体的基本运动。在研究点的运动时，首先要确定点在所选坐标系中的位置随时间变化的规律，即点在某坐标系中的运动方程；进而研究点在每一瞬时的运动状态（位置、速度和加速度）。一般采用矢量法、直角坐标法、自然坐标法描述点的运动。

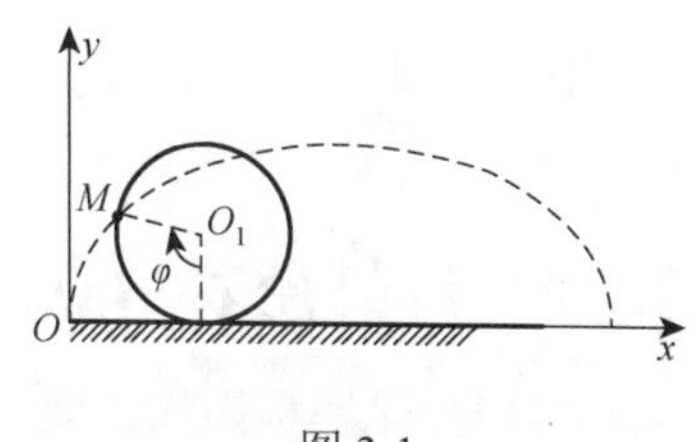

图 3-1

刚体有两种基本运动形式：刚体的平行移动和刚体的定轴转动。而刚体的运动要在两个层面上进行分析，一是对整个刚体的运动规律的描述，二是描述刚体上一点的运动。如图 3-1 所示，圆轮做纯滚动时，既要对轮子的整体运动特征进行研究，又要分析轮上一点 M 的运动。可以看出，轮子滚动，点 M 做摆线运动。

3.1 用矢量描述点的运动

3.1.1 用矢径表示点的位置

如图 3-2 所示，设点 M 在空间沿曲线 AB 运动，选定一确定的参考点 O（静止不动），则点 M 在某瞬时 t 的位置，由 O 点向点 M 作矢量 $\boldsymbol{r}$ 来确定。由参考点指向动点的矢量称为**径矢**（radius vector）又称为**矢径**。描述点的位置随时间变化关系的方程称为**运动方程**（equation of motion）。当点 M 运动时，矢径的大小和方向随时间 t 而变化，所以矢径 $\boldsymbol{r}$ 是变矢量，为时间 t 的单值连续函数，即

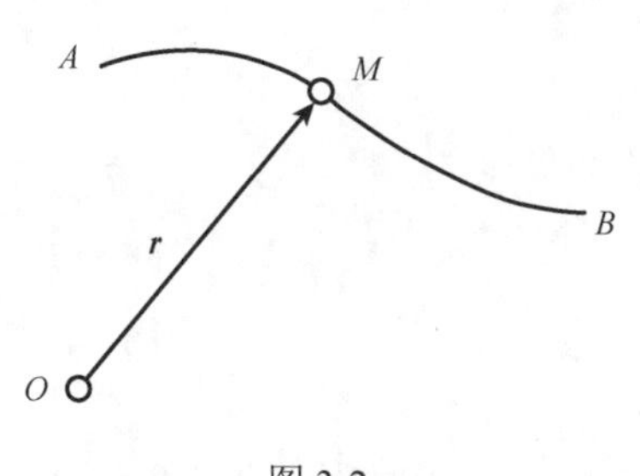

图 3-2

$$\boldsymbol{r} = \boldsymbol{r}(t) \tag{3-1}$$

式（3-1）完全确定了任一瞬时点 M 在空间的位置，称为以矢径表示的运动方程。

当点运动时，矢径端点所描绘出的曲线，称为**矢端曲线**或**矢端图**（hodograph），也就是点 M 的运动轨迹。

3.1.2 用矢径表示点的速度

当点 M 运动时，位置发生变化，由初位置至末位置的有向线段称为**位移**（displacement）。位移是矢量，大小等于移动的距离，方向总是由起点指向终点。单位时间的位移称为**速度**

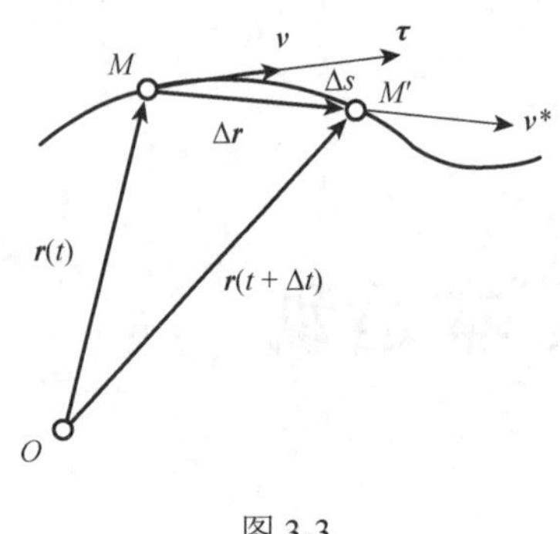

图 3-3

（velocity）。点的速度是描述点在某一瞬时运动的快慢和方向的物理量。如图 3-3 所示，点 M 运动时，t 瞬时在 M 点，用 $\boldsymbol{r}(t)$来描述。$t+\Delta t$ 瞬时在 M'点，用 $\boldsymbol{r}(t+\Delta t)$描述。则动点在 Δt 时间间隔内对应的位移为位置 M'和位置 M 的矢径之差，记作 $\Delta\boldsymbol{r}$，即 $\Delta\boldsymbol{r}=\boldsymbol{r}(t+\Delta t)-\boldsymbol{r}(t)$，则点在时间间隔 Δt 内的平均速度 $\boldsymbol{v}^*=\dfrac{\Delta\boldsymbol{r}}{\Delta t}$，方向沿 $\Delta\boldsymbol{r}$ 方向。当 $\Delta t\to 0$ 时，平均速度的极限值定义为点在 t 时刻的瞬时速度，简称为点的速度，记为 $\boldsymbol{v}$，即

$$\boldsymbol{v}=\lim_{\Delta t\to 0}\frac{\Delta\boldsymbol{r}}{\Delta t}=\frac{\mathrm{d}\boldsymbol{r}}{\mathrm{d}t} \tag{3-2}$$

因此，点的速度 $\boldsymbol{v}$ 等于点的矢径 $\boldsymbol{r}$ 对时间 t 的一阶导数，其方向沿着动点的轨迹在该点的切线方向。

3.1.3 用矢径表示点的加速度

速度变化率称为**加速度**（acceleration）。点的加速度是描述点的速度大小和方向变化的物理量。在时间间隔 Δt 内，速度由 $\boldsymbol{v}(t)$变为 $\boldsymbol{v}(t+\Delta t)$，所以点在时间间隔 Δt 内的速度增量 $\Delta\boldsymbol{v}=\boldsymbol{v}(t+\Delta t)-\boldsymbol{v}(t)$。如图 3-4（a）所示，将速度增量除以 Δt，定义为点在时间间隔 Δt 内的平均加速度，则平均加速度 $\boldsymbol{a}^*=\dfrac{\Delta\boldsymbol{v}}{\Delta t}$。当 $\Delta t\to 0$ 时，其极限值定义为点在 t 时刻的瞬时加速度，简称为点的加速度，记为 $\boldsymbol{a}$，即

$$\boldsymbol{a}=\lim_{\Delta t\to 0}\frac{\Delta\boldsymbol{v}}{\Delta t}=\frac{\mathrm{d}\boldsymbol{v}}{\mathrm{d}t}=\frac{\mathrm{d}^2\boldsymbol{r}}{\mathrm{d}t} \tag{3-3}$$

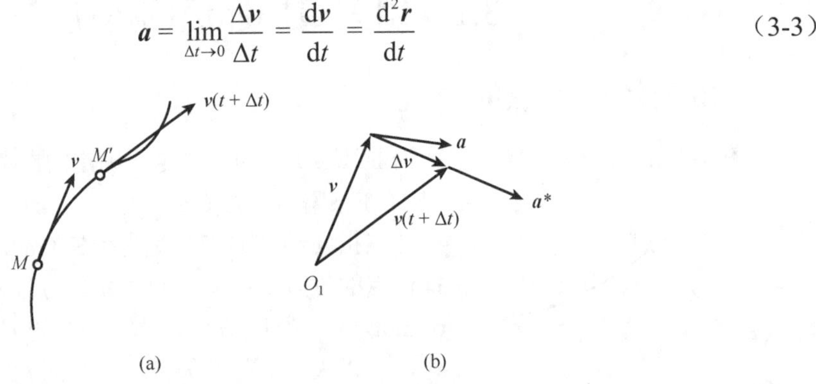

图 3-4

因此，点的加速度 $\boldsymbol{a}$ 等于点的速度 $\boldsymbol{v}$ 对时间 t 的导数，或是矢径 $\boldsymbol{r}$ 对于时间 t 的二阶导数。加速度的方向沿 Δt 趋近于零时 $\Delta\boldsymbol{v}$ 的极限方向，如图 3-4（b）所示。

欲定量分析点的运动，需引入坐标系。

3.2 在直角坐标系中描述点的运动

3.2.1 用直角坐标表示点的位置

如图 3-5 所示，相互垂直的三根直线数轴称为**直角坐标系**（rectangular coordinate system）

或笛卡儿坐标系（cartesian coordinate system）。在直角坐标系中，点 M 的位置用直角坐标表示为 (x, y, z)。当点 M 运动时，坐标 x，y，z 是时间 t 的单值连续函数

$$x = x(t),\quad y = y(t),\quad z = z(t) \tag{3-4}$$

式（3-5）称为用直角坐标表示的运动方程。这是以参数 t 表示的运动轨迹——空间曲线方程。位置矢径表示为

$$\boldsymbol{r}(t) = x(t)\boldsymbol{i} + y(t)\boldsymbol{j} + z(t)\boldsymbol{k} \tag{3-5}$$

式中：$\boldsymbol{i}$，$\boldsymbol{j}$，$\boldsymbol{k}$ 分别为 3 个坐标轴的单位矢量。

当点的运动轨迹未知时，常在直角坐标系中描述点的运动。

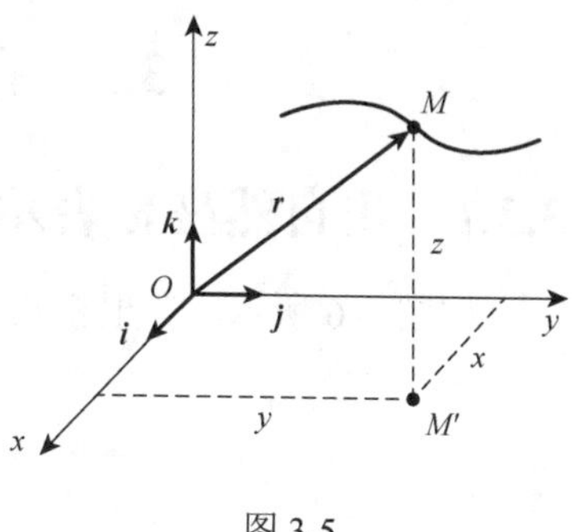

图 3-5

在工程中，经常遇到点在某个平面内运动的情形，此时点的轨迹为平面曲线。取轨迹所在的平面为坐标平面 Oxy，则点的运动方程为

$$x = x(t),\qquad y = y(t) \tag{3-6}$$

3.2.2　用直角坐标表示点的速度

将式（3-5）对时间 t 求一阶导数，有

$$\boldsymbol{v} = \frac{\mathrm{d}\boldsymbol{r}}{\mathrm{d}t} = \frac{\mathrm{d}x}{\mathrm{d}t}\boldsymbol{i} + \frac{\mathrm{d}y}{\mathrm{d}t}\boldsymbol{j} + \frac{\mathrm{d}z}{\mathrm{d}t}\boldsymbol{k} \tag{3-7}$$

即

$$\boldsymbol{v} = v_x\boldsymbol{i} + v_y\boldsymbol{j} + v_z\boldsymbol{k} \tag{3-8}$$

则

$$v_x = \frac{\mathrm{d}x}{\mathrm{d}t} = \dot{x},\quad v_y = \frac{\mathrm{d}y}{\mathrm{d}t} = \dot{y},\quad v_z = \frac{\mathrm{d}z}{\mathrm{d}t} = \dot{z} \tag{3-9}$$

式中：v_x，v_y，v_z 是速度 $\boldsymbol{v}$ 在直角坐标轴上的投影。速度在直角坐标轴上的投影等于对应坐标对时间的一阶导数。在直角坐标系中，点的速度用分量 v_x，v_y，v_z 表示。

3.2.3　用直角坐标表示点的加速度

将式（3-7）对时间 t 求一阶导数，有

$$\boldsymbol{a} = \frac{\mathrm{d}\boldsymbol{v}}{\mathrm{d}t} = \frac{\mathrm{d}^2\boldsymbol{r}}{\mathrm{d}t^2} = \frac{\mathrm{d}^2x}{\mathrm{d}t^2}\boldsymbol{i} + \frac{\mathrm{d}^2y}{\mathrm{d}t^2}\boldsymbol{j} + \frac{\mathrm{d}^2z}{\mathrm{d}t^2}\boldsymbol{k} \tag{3-10}$$

即

$$\boldsymbol{a} = a_x\boldsymbol{i} + a_y\boldsymbol{j} + a_z\boldsymbol{k} \tag{3-11}$$

则

$$a_x = \frac{\mathrm{d}^2x}{\mathrm{d}t^2} = \ddot{x},\quad a_y = \frac{\mathrm{d}^2y}{\mathrm{d}t^2} = \ddot{y},\quad a_z = \frac{\mathrm{d}^2z}{\mathrm{d}t^2} = \ddot{z} \tag{3-12}$$

式中：a_x，a_y，a_z 是加速度 $\boldsymbol{a}$ 在直角坐标轴上的投影。加速度在直角坐标轴上的投影等于对应坐标对时间的二阶导数。在直角坐标系中，点的加速度用分量 a_x，a_y，a_z 表示。

扫码观看

3.3 在自然坐标系中描述点的运动

3.3.1 用自然坐标表示点的位置

如图 3-6 所示，三根相互垂直的曲线数轴称为**曲线坐标系**（curviliear coordinates）。根据问题的自然属性建立的曲线坐标系称为**自然坐标系**（natural coordinates system）。通常，曲线坐标系都是根据问题的自然属性建立的，因而，曲线坐标系是自然坐标系。在自然坐标系中，空间任意一点坐标线切线方向的单位矢量 $\boldsymbol{e}_1$，$\boldsymbol{e}_2$，$\boldsymbol{e}_3$ 的方向随点的位置不同而变化。

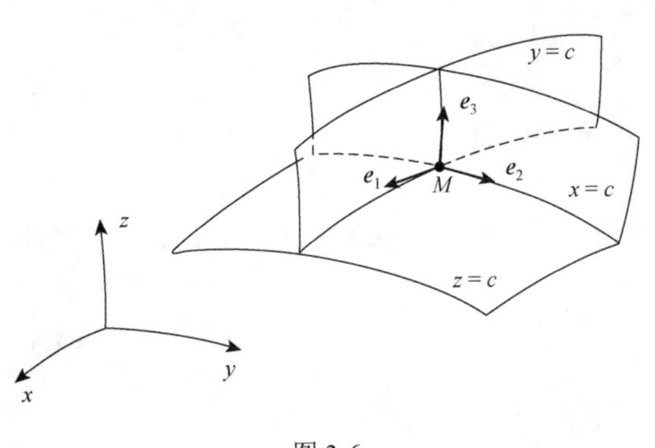

图 3-6

当点的运动轨迹已知时，常建立自然坐标系描述点的运动。如图 3-7 所示，在点 M 的运动轨迹上任选一点 O 为原点，沿轨迹建立一维曲线坐标轴（自然坐标轴）x，M 点的位置由曲线弧长 s 唯一确定，$x=s$ 是**曲线坐标**（curvilinear coordinates）或**弧坐标**（arc coordinates）或**自然坐标**（natural coordinate）。当点 M 运动时，自然坐标是时间 t 的单值连续函数，即

$$x = s(t) \tag{3-13}$$

称为**用自然坐标表示的运动方程**（equation of motion in natural coordinates）。

如图 3-8(a)所示，在空间曲线上 M 点的邻近处取点 M'，两点间的弧长为 Δs，这两点切线的单位矢量分别为 $\boldsymbol{\tau}$ 和 $\boldsymbol{\tau}'$，其正向与自然坐标轴方向一致。将 $\boldsymbol{\tau}'$平移到点 M，则 $\boldsymbol{\tau}$ 和 $\boldsymbol{\tau}'$ 两矢量决定出一个平面。令 M'无限趋近于 M 时，则这个平面趋近于某个极限位置，此极限平面称为曲线在点 M 的**密切面**（osculating plane）。对于空间曲线，密切面的方位将随点 M 的位置而变化；对于平面曲线，密切面就是曲线所在的平面。

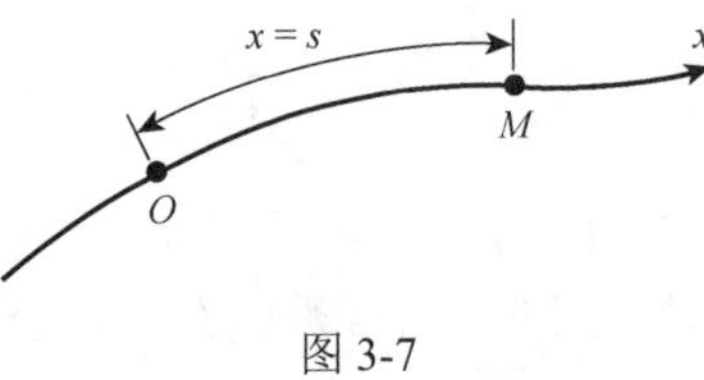

图 3-7

(a) (b)

图 3-8

在直角坐标系中，坐标轴的单位矢量是常矢量，方向不变。在自然坐标系中，任意一点单位矢量的方向随点的位置变化，下面介绍一维自然坐标系中单位矢量的确定方法。

如图 3-8（b）所示，过点 M 作轨迹的切线，取 $\boldsymbol{\tau}$ 为切线单位矢量；在密切面内，过点 M 作 $\boldsymbol{\tau}$ 的垂线，称为法线，取 $\boldsymbol{n}$ 为法线单位矢量，正向指向曲线凹侧；过点 M，定义副法线垂直于法线和切线，副法线的单位矢量 $\boldsymbol{b}=\boldsymbol{\tau}\times\boldsymbol{n}$。$\boldsymbol{\tau}$，$\boldsymbol{n}$ 与 $\boldsymbol{b}$ 是自然坐标系中点 M 的单位矢量，用于 M 点运动量的分解。随着点 M 在轨迹上运动，单位矢量 $\boldsymbol{\tau}$，$\boldsymbol{n}$ 与 $\boldsymbol{b}$ 的方向不断变动。

3.3.2　用自然坐标表示点的速度

如图 3-3 所示，将自然坐标 x（曲线坐标 s）看成中间变量，速度为

$$\boldsymbol{v}(t)=\frac{\mathrm{d}\boldsymbol{r}}{\mathrm{d}t}=\frac{\mathrm{d}\boldsymbol{r}}{\mathrm{d}s}\cdot\frac{\mathrm{d}s}{\mathrm{d}t}=v\boldsymbol{\tau} \tag{3-14}$$

式中：$\left|\frac{\mathrm{d}\boldsymbol{r}}{\mathrm{d}s}\right|=\lim\limits_{\Delta t\to 0}\left|\frac{\Delta\boldsymbol{r}}{\Delta s}\right|=1$。因此，$\frac{\mathrm{d}\boldsymbol{r}}{\mathrm{d}s}=\boldsymbol{\tau}$ 是切线方向的单位矢量。

在自然坐标系中，点的速度大小为 $v=\frac{\mathrm{d}x}{\mathrm{d}t}=\frac{\mathrm{d}s}{\mathrm{d}t}$，方向沿运动轨迹切线，由单位矢量 $\boldsymbol{\tau}$ 表示。

3.3.3　用自然坐标表示点的加速度

在自然坐标系中，加速度为

$$\boldsymbol{a}=\frac{\mathrm{d}\boldsymbol{v}}{\mathrm{d}t}=\frac{\mathrm{d}}{\mathrm{d}t}(v\boldsymbol{\tau})=\frac{\mathrm{d}v}{\mathrm{d}t}\boldsymbol{\tau}+v\frac{\mathrm{d}\boldsymbol{\tau}}{\mathrm{d}t}$$

上式第一项反映速度大小随时间的变化率，方向沿切线方向，称为**切向加速度**（tangential acceleration），用 $\boldsymbol{a}_\tau$ 表示。

下面分析第二项，如图 3-8（a）所示，在时间间隔 Δt 内，点 M 走过弧长 Δs。相应地，切线单位矢量由 $\boldsymbol{\tau}$ 变化为 $\boldsymbol{\tau}'$，其改变量为 $\Delta\boldsymbol{\tau}$，$\boldsymbol{\tau}$ 和 $\boldsymbol{\tau}'$的夹角为 $\Delta\theta$。曲率定义为曲线切线的转角对弧长一阶导数的绝对值。曲率的倒数称为**曲率半径**（radius of curvature）。如曲率半径用 ρ 表示，则有

$$\frac{1}{\rho}=\left|\frac{\mathrm{d}\theta}{\mathrm{d}s}\right|=\lim_{\Delta s\to 0}\left|\frac{\Delta\theta}{\Delta s}\right|$$

由图 3-8（a）可见：当 $\Delta s\to 0$ 时 $\Delta\theta\to 0$，$\Delta\boldsymbol{\tau}$ 与 $\boldsymbol{\tau}$ 垂直，且有$|\boldsymbol{\tau}|=1$，由此得到

$$\frac{\mathrm{d}\boldsymbol{\tau}}{\mathrm{d}t}=\lim_{\Delta t\to 0}\frac{\Delta\boldsymbol{\tau}}{\Delta t}=\lim_{\Delta t\to 0}\frac{|\boldsymbol{\tau}|\Delta\theta\boldsymbol{n}}{\Delta t}=\lim_{\Delta t\to 0}\frac{\Delta\theta\boldsymbol{n}}{\Delta t}=\lim_{\Delta t\to 0}\frac{\Delta s}{\rho\Delta t}\boldsymbol{n}=\frac{v}{\rho}\boldsymbol{n}$$

于是，得第二项为

$$\boldsymbol{a}_n=\frac{v^2}{\rho}\boldsymbol{n}$$

第二项反映速度方向随时间的变化率，方向沿法线方向，称为**法向加速度**（normal acceleration），用 $\boldsymbol{a}_n$ 表示。

于是加速度表示为

$$\boldsymbol{a}=\boldsymbol{a}_\tau+\boldsymbol{a}_n=\frac{\mathrm{d}v}{\mathrm{d}t}\boldsymbol{\tau}+\frac{v^2}{\rho}\boldsymbol{n} \tag{3-15}$$

若以 a_τ，a_n，a_b 分别表示加速度在自然坐标系的切向、法向、副法向的投影，则加速度也可表示为

$$\boldsymbol{a} = a_\tau \boldsymbol{\tau} + a_n \boldsymbol{n} + a_b \boldsymbol{b} \tag{3-16}$$

其中

$$a_\tau = \frac{\mathrm{d}v}{\mathrm{d}t}, \quad a_n = \frac{v^2}{\rho}, \quad a_b = 0 \tag{3-17}$$

在自然坐标系中，点的加速度由切向加速度 $\boldsymbol{a}_\tau$ 和法向加速度 $\boldsymbol{a}_n$ 表示。

【例 3-1】 椭圆规机构如图 3-9 所示。曲柄 OC 以匀角速度 ω 绕定轴 O 转动，通过连杆 AB 带动滑块 A 和滑块 B 在水平和铅垂槽内运动，$OC = BC = AC = l$。求：

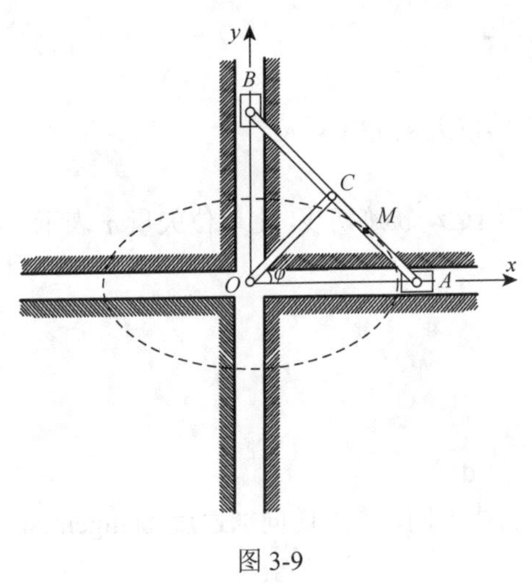

图 3-9

（1）连杆上点 M（$AM = r$）的运动方程；

（2）点 M 的速度与加速度。

解 （1）点的运动方程。

由于点 M 的运动轨迹未知，故建立如图 3-9 所示的直角坐标系 Oxy 描述点的运动。曲柄做匀角速度转动，即 $\varphi = \omega t$。在直角坐标系中，写出点 M 的位置坐标，即运动方程

$$x = (2l - r)\cos\omega t, \qquad y = r\sin\omega t$$

这是一个关于时间 t 的参数方程。消去时间 t，得运动轨迹方程

$$\left(\frac{x}{2l - r}\right)^2 + \left(\frac{y}{r}\right)^2 = 1$$

是椭圆。

（2）速度与加速度。

对位置坐标求导一次，得速度：

$$v_x = \dot{x} = -(2l - r)\omega\sin\omega t, \qquad v_y = \dot{y} = r\omega\cos\omega t$$

再对速度求导一次，得加速度：

$$a_x = \ddot{x} = -(2l - r)\omega^2\cos\omega t, \qquad a_y = \ddot{y} = -r\omega^2\sin\omega t$$

扫码观看

【例 3-2】 如图 3-10 所示，一个半径为 r 的大圆环处在铅垂平面内固定不动，小铁环 M 套着杆 AB 和大圆环，杆 AB 绕 A 轴以匀角速度 ω 顺时针转动。求小铁环 M 的运动方程及速度和加速度。

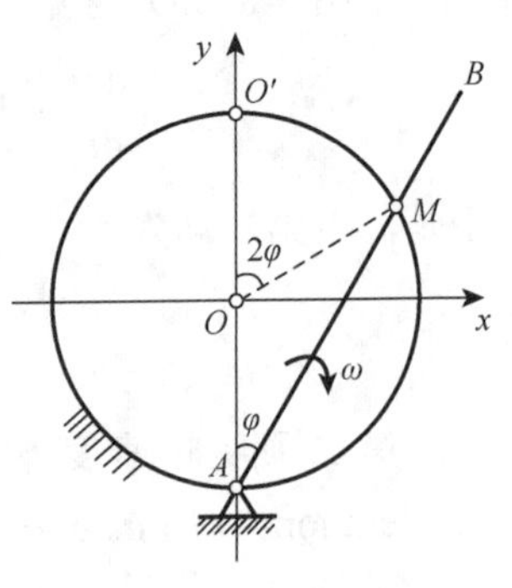

图 3-10

解 （1）在直角坐标系中描述点的运动。

在大圆环的形心建立图示直角坐标系 xOy，小铁环的直角坐标为

$$x = r\sin 2\varphi = r\sin 2\omega t, \qquad y = r\cos 2\varphi = r\cos 2\omega t$$

微分一次，得速度：

$$v_x = \dot{x} = 2r\omega\cos 2\omega t, \qquad v_y = \dot{y} = -2r\omega\sin 2\omega t$$

微分二次，得加速度：

$$a_x = \dot{v}_x = -4r\omega^2\sin 2\omega t, \qquad a_y = \dot{v}_y = -4r\omega^2\cos 2\omega t$$

（2）在自然坐标系中描述点的运动。

以大圆环的最高点 O' 为自然坐标的原点，顺时针方向为自然坐标系的正向，小铁环的自然坐标为

$$s = 2r\varphi = 2r\omega t$$

微分一次，得速度：

$$v = \frac{\mathrm{d}s}{\mathrm{d}t} = 2r\omega$$

再微分一次，得切向加速度为

$$a_\tau = \frac{\mathrm{d}v}{\mathrm{d}t} = 0$$

法向加速度为

$$a_n = \frac{v^2}{r} = 4r\omega^2$$

3.4 刚体的平行移动

刚体上任一直线始终与其初始位置保持平行的运动称为**平行移动**（parallel translation），简称为**平动**或**平移**。如图 3-11 所示，沿直线轨道行驶车辆的车厢、摆式筛砂机筛子、浪木训练中浪木的运动都是平动。

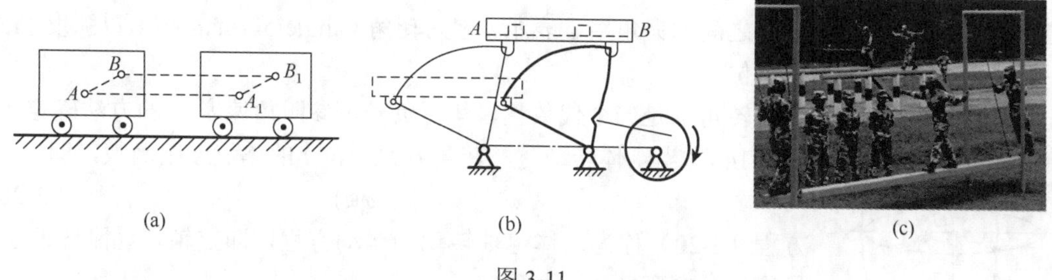

图 3-11

刚体在做平动时，若刚体内各点的轨迹是直线[图 3-11（a）中的车厢]，称为**直线平动**（rectilinear translation）；若刚体内各点的轨迹为曲线[图 3-11（b）中的筛子、图 3-11（c）中的浪木]，称为**曲线平动**（curvilinear translation）。

在平动刚体内，任选两点 A 和 B，并从定点 O 作矢量 $\boldsymbol{r}_A$ 和 $\boldsymbol{r}_B$，则两条矢端曲线就是两点的轨迹。由图 3-12 可知

$$\boldsymbol{r}_B = \boldsymbol{r}_A + \boldsymbol{r}_{AB}$$

当刚体平动时，A、B 两点连线的距离和方向均保持不变，所以 $\boldsymbol{r}_{AB}$ 为常矢量。因此，刚体上各点的运动轨迹是形状完全相同的平行曲线。

图 3-12

将上式对时间 t 求导数，由于 $\boldsymbol{r}_{AB}$ 是常矢量，即 $\frac{\mathrm{d}\boldsymbol{r}_{AB}}{\mathrm{d}t} = 0$，故有

$$\frac{\mathrm{d}\boldsymbol{r}_B}{\mathrm{d}t} = \frac{\mathrm{d}\boldsymbol{r}_A}{\mathrm{d}t}，\quad 即 \quad \boldsymbol{v}_B = \boldsymbol{v}_A \tag{3-18}$$

$$\frac{\mathrm{d}\boldsymbol{v}_B}{\mathrm{d}t} = \frac{\mathrm{d}\boldsymbol{v}_A}{\mathrm{d}t}，\quad 即 \quad \boldsymbol{a}_B = \boldsymbol{a}_A \tag{3-19}$$

因为点 A 和点 B 是任意选择的，所以有：**平动刚体上各点的轨迹相同（相互平行），速度相同，加速度相同**。

综上所述，只要知道刚体内任一点的运动，就等于知道整个刚体的运动，也就是说，刚体的平动可以用刚体内任意一点的运动来表示，因此，刚体的平动可以归结为点的运动。

扫码观看

3.5 刚体的定轴转动

刚体内各点绕一条固定直线做圆周运动，称为**定轴转动**（fixed-axis rotation），简称**转动**（rotation）。固定直线称为**转轴**（shaft）。例如，齿轮、机床的主轴、发电机转子等旋转机械的运动，都是定轴转动。

3.5.1 刚体定轴转动的运动方程、角速度与角加速度

1. *刚体定轴转动的运动方程*

为确定转动刚体的位置，取其转轴为 z 轴，如图 3-13 所示。通过轴线作一固定平面I，此外，通过转轴再作一动平面II与转动刚体固结，当刚体转动时，两个平面之间的夹角用 φ 表示，称为**转角**（angle of rotation），以弧度（rad）为单位。

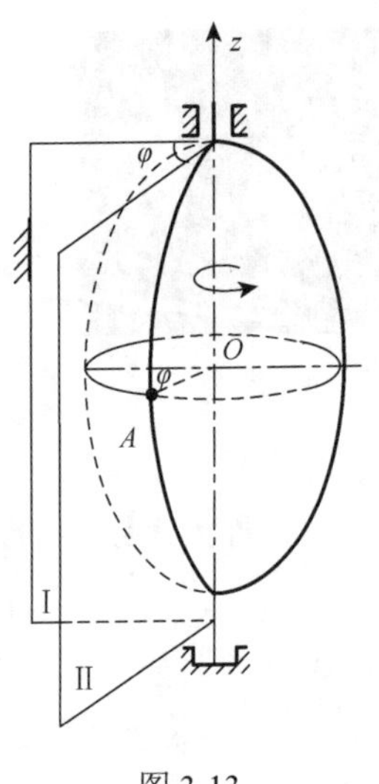

图 3-13

转角 φ 是一个代数量，其正负号可参照角速度 ω 的方法确定（见图 3-14）。当刚体转动时，转角 φ 是时间 t 的单值连续函数，即

$$\varphi = \varphi(t) \tag{3-20}$$

方程（3-20）称为刚体定轴转动的运动方程，即定轴转动刚体的位置只需一个参变量 φ 就可确定。

2. *刚体定轴转动的角速度*

设在 $\Delta t = t'-t$ 的时间内，刚体的转角由 φ 变为 $\varphi+\Delta\varphi$，转角的增量 $\Delta\varphi$ 称为**角位移**（angular displacement）。在 Δt 趋近于零时，比值 $\Delta\varphi/\Delta t$ 的极限，单位时间转过的角度称为**角速度**（angular velocity），用 ω 表示，则

$$\omega = \lim_{\Delta t \to 0}\frac{\Delta\varphi}{\Delta t} = \frac{\mathrm{d}\varphi}{\mathrm{d}t} = \dot{\varphi} \tag{3-21}$$

角速度等于转角对时间的一阶导数。ω 是代数量，ω 的大小表示刚体转动的快慢，ω 的正、负表示刚体转动的方向，如图 3-14 所示，角速度矢量 $\boldsymbol{\omega}$ 沿 z 轴正向时，角速度 ω 为正[见图 3-14（a）]，反之为负[见图 3-14（b）]。ω 的常用单位为 rad/s（弧度/秒）。在工程上，单位时间转过的转数称为**转速**（rotational speed），用 n 表示，其单位为 r/min（转/分）或 r/s（转/秒），角速度与转速的关系为

$$\omega = 2\pi n \tag{3-22}$$

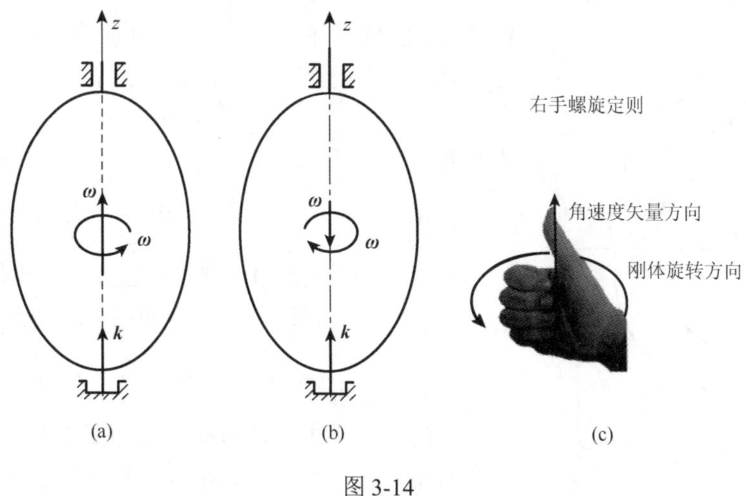

图 3-14

3. 刚体定轴转动的角加速度

为了描述角速度的变化，引入角加速度的概念。设在 $\Delta t = t'-t$ 时间内，刚体的角速度由 ω 变为 $\omega+\Delta\omega$，角速度的增量为 $\Delta\omega$。在 Δt 趋近于零时，比值 $\Delta\omega/\Delta t$ 的极限称为刚体在瞬时 t 的**角加速度**（angular acceleration），用 α 表示，则

$$\alpha = \frac{\mathrm{d}\omega}{\mathrm{d}t} = \frac{\mathrm{d}^2\varphi}{\mathrm{d}t^2} = \ddot{\varphi} \tag{3-23}$$

刚体的角加速度等于角速度对时间的一阶导数。α 也是代数量，其正、负号的意义需要与 ω 的正、负号联系起来，同号时表示刚体加速转动，异号时表示刚体减速转动。α 的常用单位为 $\mathrm{rad/s^2}$（弧度/秒^2）。

4. 角速度、角加速度的矢量表示

一般情况下，描述刚体转动时，必须说明转动轴的位置，以及刚体绕此轴转动的快慢和转向。这些要素可以用一个矢量 $\boldsymbol{\omega}$ 表示。矢量 $\boldsymbol{\omega}$ 的模等于角速度的值，指向按右手螺旋定则确定。如图 3-14（c）所示，以右手 4 指表示刚体绕轴的转向，大拇指的指向表示 $\boldsymbol{\omega}$ 的指向，称为**右手螺旋定则**（right handed screw rule）。角速度矢量 $\boldsymbol{\omega}$ 只表示旋转方向，不存在作用点，是滑动矢量。

若设转动轴为 z 轴，$\boldsymbol{k}$ 为 z 轴的单位矢量，则角速度矢量可表示为

$$\boldsymbol{\omega} = \omega\boldsymbol{k} \tag{3-24}$$

角加速度矢量 $\boldsymbol{\alpha}$ 可定义为矢量 $\boldsymbol{\omega}$ 对时间 t 的一阶导数。注意 $\boldsymbol{k}$ 是一常矢量，得

$$\boldsymbol{\alpha} = \frac{\mathrm{d}\boldsymbol{\omega}}{\mathrm{d}t} = \frac{\mathrm{d}\omega}{\mathrm{d}t}\boldsymbol{k} = \alpha\boldsymbol{k} \tag{3-25}$$

可见，刚体绕定轴转动时，角加速度矢量也是沿转动轴的一个滑动矢量。

3.5.2 转动刚体上各点的速度与加速度

如图 3-13 所示，当刚体做定轴转动时，刚体内各点都在垂直于转动轴的平面内做圆周运动，圆心就在转动轴上。现在采用自然坐标系确定定轴转动刚体内一点 M 的速度和加速度，将点 M 运动轨迹圆所在的平面画出来，如图 3-15 所示。若取转角 φ 为零时，点 M 所在位置

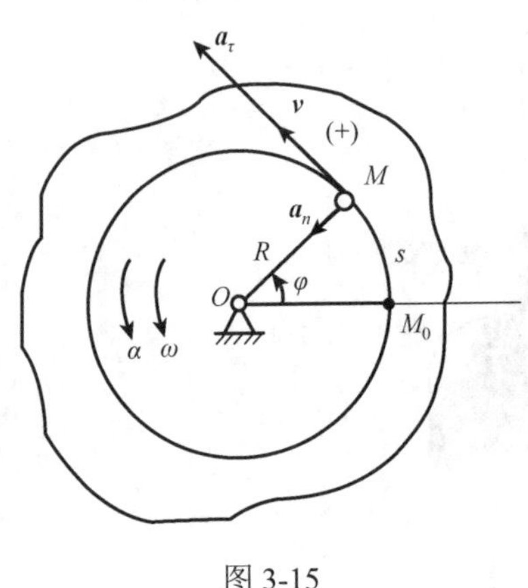

图 3-15

M_0为自然坐标 s 的原点，以转角 φ 的正向为自然坐标的正向，设轨迹圆的半径为 R，则点 M 的运动方程为

$$s = R\varphi \tag{3-26}$$

速度为

$$v = \frac{ds}{dt} = R\frac{d\varphi}{dt} = R\omega \tag{3-27}$$

如图 3-15 所示，由于点 M 运动轨迹是曲线，故在自然坐标系中加速度有切向加速度和法向加速度。大小分别为

$$a_\tau = \frac{dv}{dt} = R\frac{d\omega}{dt} = R\alpha, \qquad a_n = \frac{v^2}{R} = \frac{(R\omega)^2}{R} = R\omega^2 \tag{3-28}$$

【例 3-3】 皮带轮传动机构如图 3-16 所示，设小皮带轮 I 半径为 r_1，以转速 n_1(r/s)绕固定轴 O_1 转动，通过皮带带动半径为 r_2 的皮带轮 II 绕定轴 O_2 转动。若皮带不可伸长且皮带与轮之间不打滑，求皮带轮 II 的转速 n_2。

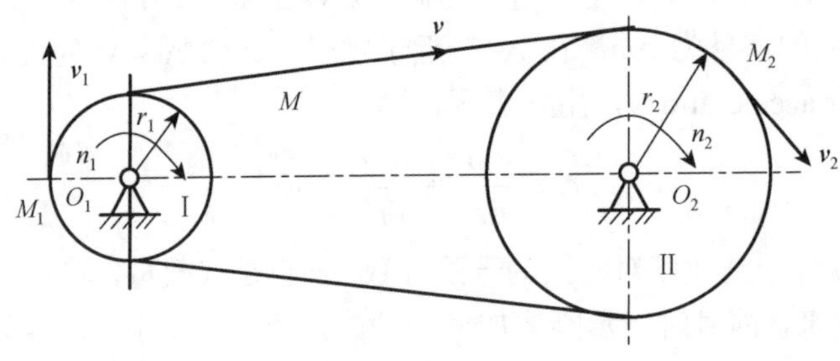

图 3-16

解 因皮带不可伸长，在同一瞬时皮带上各点的速度大小都相同，即 $v_1 = v_2 = v$。又因皮带与轮之间不打滑，在接触处，轮子上的点与皮带上的点速度相同，即

$$v_1 = r_1\omega_1 = r_1 2\pi n_1, \qquad v_2 = r_2\omega_2 = r_2 2\pi n_2$$

此处 ω_1 和 ω_2 分别表示两皮带轮的角速度（rad/s），于是得

$$r_1\omega_1 = r_2\omega_2, \quad \omega_2 = \frac{r_1}{r_2}\omega_1, \quad n_2 = \frac{r_1}{r_2}n_1$$

所以

$$\frac{n_2}{n_1} = \frac{\omega_2}{\omega_1} = \frac{r_1}{r_2}$$

则两皮带轮的角速度（或转速）与其半径成反比。

【例 3-4】 如图 3-17（a）所示，$O_1A = O_2B = 2r$，ω 为常量，齿轮 1 固结在直杆 AB 上，带动齿轮 2 绕 O 轴转动，两齿轮的半径均为 r，且 $O_1O_2 = AB$，求：轮 1 和轮 2 轮缘上任一点的速度和加速度。

解 AB 杆做平动，轮 1 与 AB 杆固结，轮 1 与 AB 杆一起做平动，轮 1 上任意一点 N_1 的速度和加速度与销钉 A 的速度和加速度大小和方向都相同

$$v_{N_1} = v_A = 2\omega r, \qquad a_{N_1} = a_A = 2\omega^2 r$$

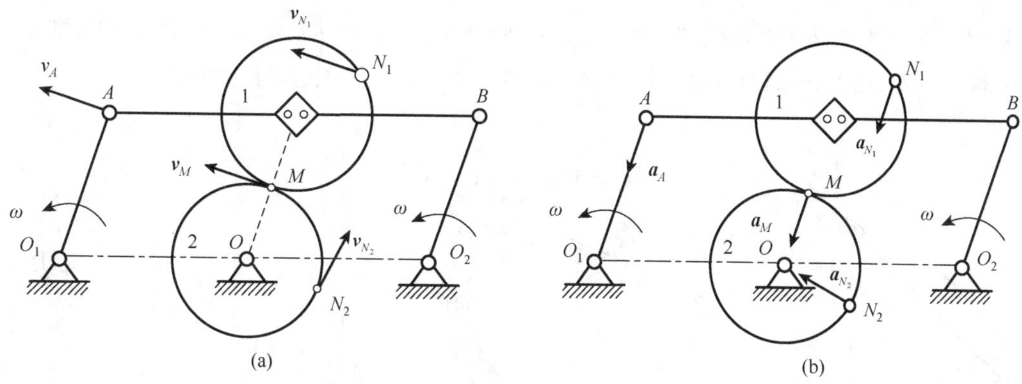

图 3-17

设轮 2 上的 M_2 点与轮 1 上的 M_1 点在 M 处接触，并且没有相对滑动，则两点的切向速度相同，如图 3-17（a）所示。

$$v_{M_2} = v_{M_1} = v_A = 2\omega r$$

轮 2 的角速度为

$$\omega_2 = \frac{v_{M_2}}{r} = \frac{v_A}{r} = 2\omega$$

因 O_1A 与 O_2B 匀速转动，故轮 2 也匀速转动，微分得

$$\alpha_2 = 0$$

轮 2 做匀速转动，任意一点 N_2 的速度和加速度为

$$v_{N_2} = \omega_2 r = 2\omega r, \qquad a_{N_2} = \omega_2^2 r = 4\omega^2 r$$

速度垂直半径，加速度沿半径指向圆心，如图 3-17（a）（b）所示。

习 题 3

1. 一个半径为 r 的金属圆环处在铅垂平面内固定不动，小环 M 套着 OA 杆和金属圆环，OA 杆可绕 O 轴转动，并满足 $\varphi = 0.5t^2$，如题图 3-1 所示。试求小环 M 的运动方程及它的速度和加速度。

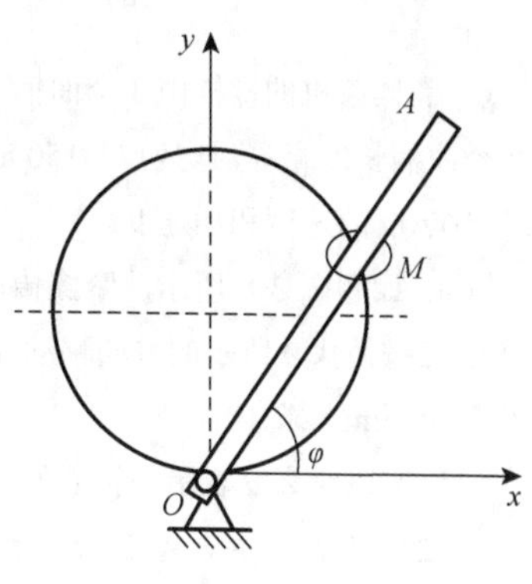

题图 3-1

2. 摇杆机构的滑杆 AB 以匀速 u 向上运动（题图 3-2），试分别用直角坐标法与自然坐标法建立摇杆上 C 点的运动方程和在 $\varphi = 45°$时该点速度的大小。

3. 题图 3-3 所示摇杆滑道机构中的滑块 M 同时在固定的圆弧槽 BC 和摇杆 OA 的滑道中滑动。如弧 BC 的半径为 R，圆心在 O_1，摇杆 OA 的轴 O 在弧 BC 的圆周上。摇杆绕 O 轴以等角速度 ω 转动，当运动开始时，摇杆在水平位置。试分别用直角坐标法和自然坐标法给出点 M 的运动方程，并求其速度和加速度。

4. 题图 3-4 所示雷达在距离火箭发射台为 l 的 O 处观察铅直上升的火箭发射，测得角 θ 的规律为 $\theta = kt$（k 为常数）。试写出火箭的运动方程并计算当 $\theta = \dfrac{\pi}{6}$ 和 $\theta = \dfrac{\pi}{3}$ 时，火箭的速度和加速度。

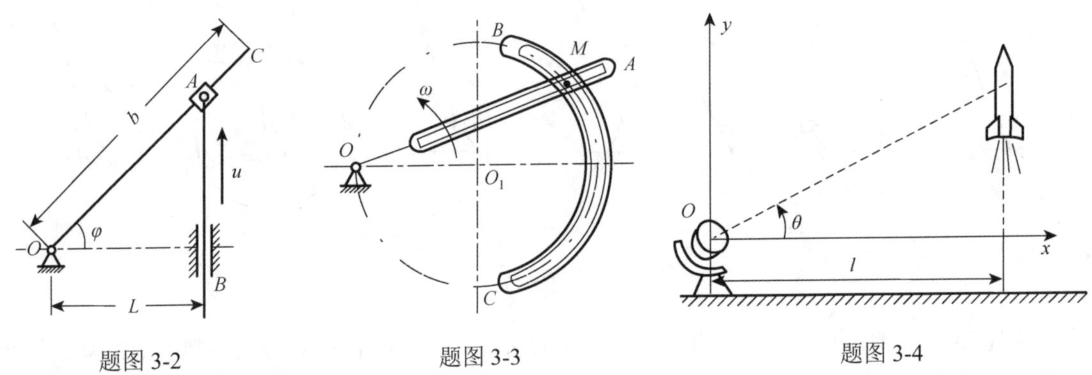

题图 3-2　　题图 3-3　　题图 3-4

5. 杆 O_1A 与 O_2B 长度相等且相互平行，在其上铰接一三角形板 ABC，如题图 3-5 所示。图示瞬时，曲柄 O_1A 的角速度为 $\omega = 5$ rad/s，角加速度为 $\alpha = 2$ rad/s^2，试求三角板上点 C 和点 D 在该瞬时的速度和加速度。

6. 如题图 3-6 所示曲柄滑杆机构中，滑杆上有一圆弧形滑道，其半径 $R = 100$ mm，圆心 O_1 在导杆 BC 上。曲柄长 $OA = 100$ mm，以等角速度 $\omega = 4$ rad/s 绕 O 轴转动。求导杆 BC 的运动规律以及当曲柄与水平线的夹角 φ 为 30°时，导杆 BC 的速度和加速度。

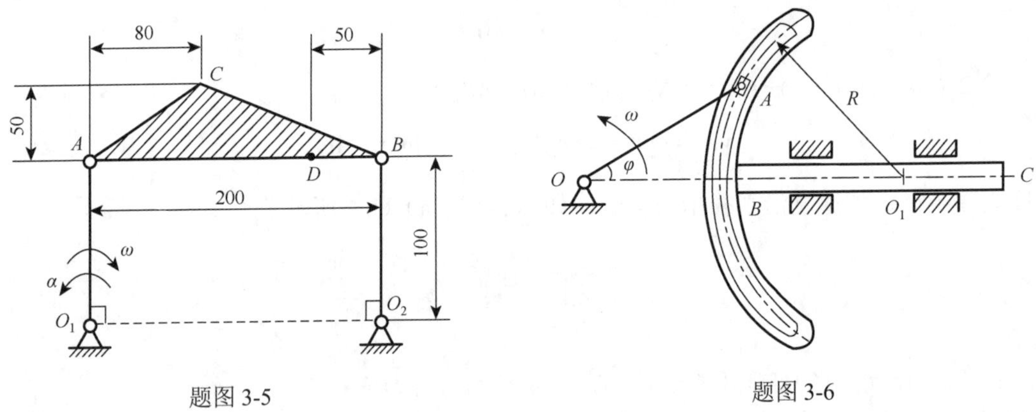

题图 3-5　　题图 3-6

7. 揉茶机的揉桶由 3 个曲柄支持，曲柄的支座 A，B，C 与支轴 a，b，c 都恰成等边三角形（题图 3-7）。3 个曲柄长度相等，均为 $l = 150$ mm，并以相同的转速 $n = 45$ r/min 分别绕其支座在铅直平面内转动。求揉桶中心点 O 的速度和加速度。

8. 如题图 3-8 所示，摩擦传动机构的主动轴 I 的转速为 $n = 600$ r/min。轴 I 的轮盘与轴 II 的轮盘接触，接触点按箭头 A 所示的方向移动。距离 d 的变化规律为 $d = 100-0.5\,t$，其中 d 以 mm 计，t 以 s 计。已知 $r = 50$ mm，$R = 150$ mm。求：

（1）以距离 d 表示的轴 II 的角加速度；

（2）当 $d = r$ 时，轮 B 边缘上一点的加速度。

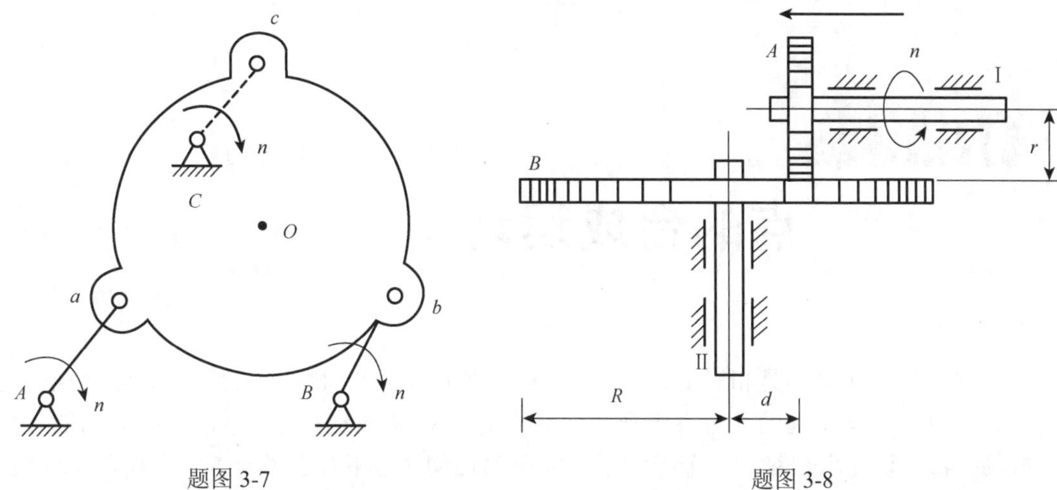

题图 3-7　　　　题图 3-8

9. 如题图 3-9 所示，电动机轴上的小齿轮 A 驱动连接在提升绞盘上的齿轮 B，物块 M 从其静止位置被提升，以匀加速度升高到 1.2 m 时获得速度 0.9 m/s。试求当物块经过该位置时：

（1）绳子上与鼓轮相接触的一点 C 的加速度；

（2）小齿轮 A 的角速度。

10. 飞机跟踪设备由两个相距 a 的地面站组成（题图 3-10）。它们发出两束定向波束 1、2，然后把角位移 θ_1，θ_2 及其导数输送给计算机，即可算出飞机的运动和位置。若飞机以匀速度 v 水平飞行，且飞机与两个地面站正好处于同一铅垂平面内。某瞬时地面站测得 $\theta_1 = 120°$，$\theta_2 = 45°$，波束 1 的转动角速度 $\omega = 0.2$ rad/s，$a = 5$ km。求飞机的飞行速度 v 和离地面的高度 h。

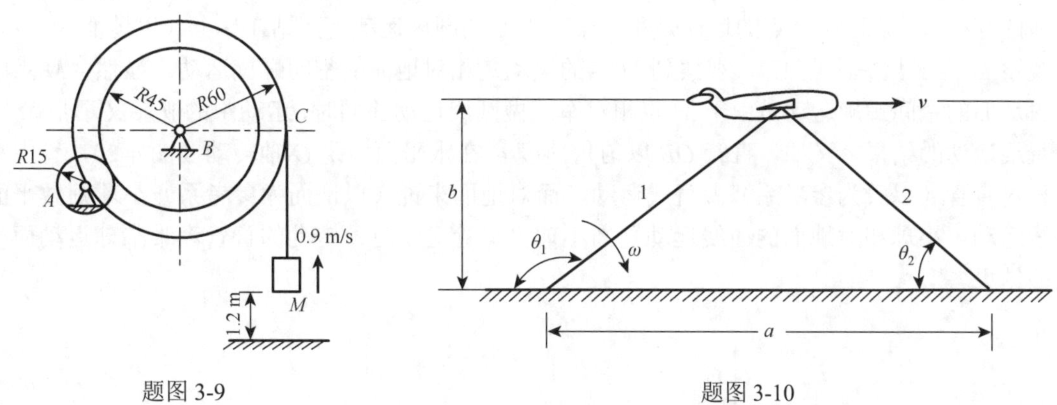

题图 3-9　　　　题图 3-10

第4章

点的合成运动

任何物体的运动都是相对的，从不同的参照物观察同一物体的运动，其运动规律是不同的。本章讨论从不同的参考系中观察同一点的运动规律之间的关系，介绍运动的分解和合成的方法。设一点相对于一个参考系做复杂的运动，而相对于另一参考系做简单的运动。应用运动的分解和合成的方法把点的复杂运动分解为某些简单运动的叠加；对各简单运动加以分析，再合成（叠加）起来就可以解决复杂的运动问题。由此可知，点的合成运动，实际上是将点的复杂运动看成是简单运动的叠加，并求出点相对某个参照物的运动速度和加速度。

4.1 点的绝对运动、相对运动和牵连运动

举例说明从两个不同的参考系观察同一点的运动。设某舰相对于海岸匀速航行，如图 4-1 所示。站在舰上（以舰为参考系）观察螺旋桨叶上一固定点 M（只关注点 M，而忽视周围物体的存在），观察到 M 点的运动是相对桨叶中心的圆周运动，而站在岸上（以地面为参考系）观察 M 点（只关注点 M），观察到 M 点的运动是相对地面的空间螺旋运动。显然，M 点的相对地面的空间螺旋运动是由于 M 点相对军舰做圆周运动的同时，运动中的舰船又牵带 M 点做直线运动的结果。又如，直管 OB 以匀角速度 ω 在水平面内绕 O 轴转动（图 4-2），管中小球相对直管（以管为参考系）做直线运动，而对地面来说（以地面为参考系）小球则做平面曲线运动。小球相对地面的曲线运动是当小球沿直管运动时，转动的直管牵带小球运动而产生的结果。

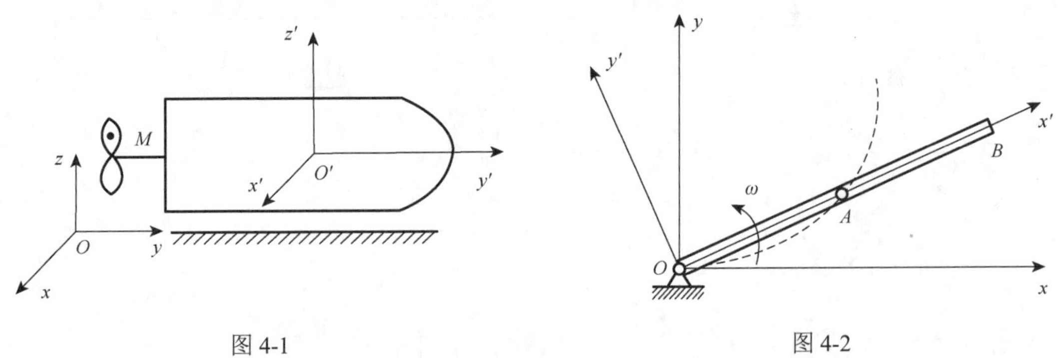

图 4-1　　图 4-2

在上述两例中，都包括一个动点（研究对象）、两个参考系和三种不同的运动。为了区别起见，我们把动点相对于地面的运动称为**绝对运动**（absolute motion），把固结在地面上静止

不动的参考系称为**固定参考系**（fixed reference system），简称为定系或静参考系，以 $Oxyz$ 表示，动点的绝对运动在定系中描述；把动点相对于某个运动刚体的运动称为**相对运动**（relative motion），把固结在运动刚体上的参考系称为**动参考系**（moving reference system），简称为动系，以 $O'x'y'z'$表示；动点的相对运动在动系中描述。

动系固结在运动刚体上，随刚体一起运动。动点的绝对运动和相对运动的差别是由于动系相对于定系的运动而产生的。动点一方面相对于动系运动，同时又随动系一起相对于定系运动（被动系牵带着运动）。所以在研究动点的绝对运动和相对运动之间的关系时，必须研究动系的运动，我们称动参考系相对于定参考系的运动为**牵连运动**（convected motion）。有时，也指动点相对动系静止不动时随动系的运动为牵连运动。

在图 4-1 中，以螺旋桨叶上的 M 点为动点，定系固结在地面上，动系固结在舰上。M 点相对于地面的螺旋运动是绝对运动，相对于舰的圆周运动是相对运动，而舰对地面的平动则是牵连运动。在图 4-2 中，以小球 A 为动点，动系固结在管子上，定系固结在地面上。小球 A 相对于地面的平面螺线运动为绝对运动，小球 A 沿直管的直线运动为相对运动，而直管相对于地面的定轴转动则为牵连运动。动点的绝对运动和相对运动都是指点的运动，它可能是直线运动或曲线运动，而动系的运动是随刚体的运动，因此，动系做何种运动取决于与之固连的刚体的运动，刚体的运动可能是平动或定轴转动等。

点的绝对运动可以看成是由点的相对运动和动坐标系运动的合成（叠加）。因此，它是一种复合运动。

对于不同的参考坐标系，动点的运动轨迹、速度和加速度是不同的。动点在固定坐标系中的运动轨迹称为**绝对轨迹**（absolute trajectory），而运动速度和加速度分别称为**绝对速度**（absolute velocity）和**绝对加速度**（absolute acceleration），用 $\boldsymbol{v}_{\mathrm{a}}$ 和 $\boldsymbol{a}_{\mathrm{a}}$ 表示。动点在动坐标系中的运动轨迹称为**相对轨迹**（relative trajectory），运动速度和加速度称为**相对速度**（relative velocity）和**相对加速度**（relative acceleration），用 $\boldsymbol{v}_{\mathrm{r}}$ 和 $\boldsymbol{a}_{\mathrm{r}}$ 表示。在某一瞬时动参考系中与动点占据同一位置的几何点称为**牵连点**（carrier point）。牵连点是动坐标系中的一个几何点，在该瞬时与动点重合；因而，每一瞬时，动点的牵连点不相同，牵连点具有瞬时性。牵连点在固定参考系中的（绝对）运动轨迹为**牵连轨迹**（convected trajectory）。这就是说如果某瞬时动点 M 在动系中静止不动，则点 M 将随牵连点沿着这瞬时的牵连轨迹运动。牵连点的（绝对）运动速度和加速度称为动点 M 在这一瞬时的**牵连速度**（convected velocity）和**牵连加速度**（convected acceleration），用 $\boldsymbol{v}_{\mathrm{e}}$ 和 $\boldsymbol{a}_{\mathrm{e}}$ 表示，下标 e 是法语 entrainement 的首字母。

【例 4-1】　如图 4-3 所示，水滴 M 沿喷管 OA 做匀速运动，运动方程为 $OM = bt$。喷管以匀角速度 ω 绕定轴 O 转动。求水滴的绝对运动方程和绝对运动轨迹。

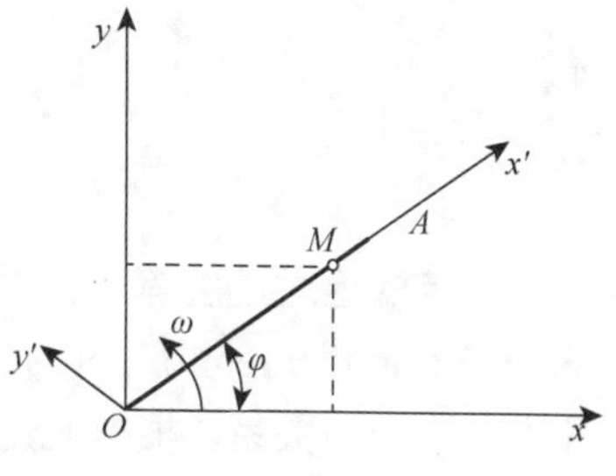

图 4-3

解　水滴 M 为动点，将动参考系固结在喷管上，如图 4-3 所示，则线段 OA 为相对轨迹。相对运动在动系 $O'x'y'$中描述，相对运动方程为

$$x' = OM = bt$$

绝对运动在定系 Oxy 中描述，水滴在定参考系 Oxy 中的坐标为

$$x = OM\cos\varphi, \qquad y = OM\sin\varphi$$

因喷管匀速转动，$\varphi = \omega t$，于是水滴 M 的绝对运动方程为

$$x = bt\cos\omega t, \qquad y = bt\sin\omega t$$

定系也可以是极坐标系，写成极坐标形式为

$$r = OM = bt, \qquad \varphi = \omega t$$

可见，水滴的绝对轨迹是从点 O 出发的平面螺旋线。

扫码观看

4.2 速度合成定理

本节推导绝对速度、相对速度、牵连速度三者之间的相互关系。

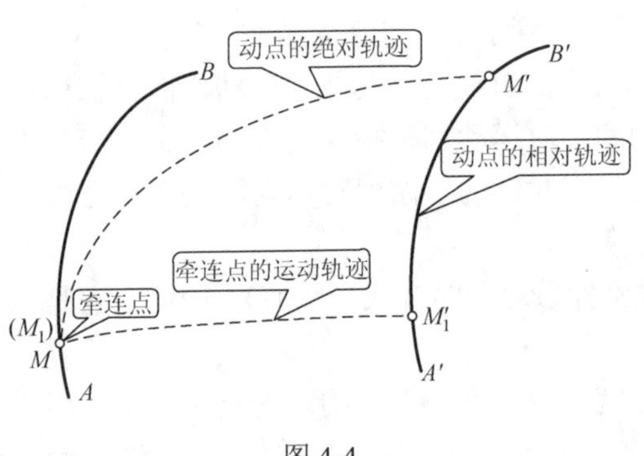

图 4-4

如图 4-4 所示，设动点 M 沿已知曲线 AB 运动，而曲线 AB 本身也运动，因此，曲线 AB 是点 M 的相对运动轨迹。设在瞬时 t，点 M 位于曲线 AB 上的点 M_1，经过时间间隔 Δt 之后，曲线 AB 运动到一新位置 $A'B'$，点 M 沿曲线 AB 运动到点 M'，曲线 MM' 是绝对运动轨迹。假如点 M 在曲线 AB 上静止不动，则点 M 随曲线 AB 上的点 M_1 运动到点 M_1'（由点 M_1 驮运至点 M_1'），曲线 M_1M_1' 为牵连运动轨迹。由于相对运动，相对运动轨迹是曲线 $M_1'M'$，最终，M 点沿 $M_1'M'$ 到达 M' 点。矢量 $\boldsymbol{MM'}$、$\boldsymbol{M_1'M'}$ 分别代表动点在 Δt 时间内的绝对位移和相对位移，而矢量 $\boldsymbol{M_1M_1'}$ 为牵连点在 Δt 时间内的牵连位移。由矢量三角形的几何关系可知，绝对位移、相对位移和牵连位移的关系为

$$\boldsymbol{MM'} = \boldsymbol{M_1M_1'} + \boldsymbol{M_1'M'}$$

将上式除以 Δt，并取极限得

$$\lim_{\Delta t\to 0}\frac{\boldsymbol{MM'}}{\Delta t} = \lim_{\Delta t\to 0}\frac{\boldsymbol{M_1M_1'}}{\Delta t} + \lim_{\Delta t\to 0}\frac{\boldsymbol{M_1'M'}}{\Delta t}$$

即

$$\boldsymbol{v}_{\mathrm{a}} = \boldsymbol{v}_{\mathrm{e}} + \boldsymbol{v}_{\mathrm{r}} \tag{4-1}$$

动点的绝对速度等于它的牵连速度与相对速度的矢量和，称为点的速度合成定理（velocity composition theorem of pare icles）。点的速度合成定理描述了动点的绝对速度与牵连速度和相对速度之间的关系。根据此定理，可以应用矢量三角形或矢量投影求解 3 种速度之间的关系。

扫码观看

【例 4-2】 刨床的急回机构如图 4-5（a）所示。曲柄 OA 的一端 A 与套筒用铰链连接。当曲柄 OA 以匀角速度 ω 绕固定轴 O 转动时，套筒在摇杆 O_1B 上滑动，并带动杆 O_1B 绕固定轴 O_1 摆动。设曲柄长 $OA = r$，两定轴间距离 $OO_1 = l$。求曲柄在水平位置时摇杆的角速度 ω_1。

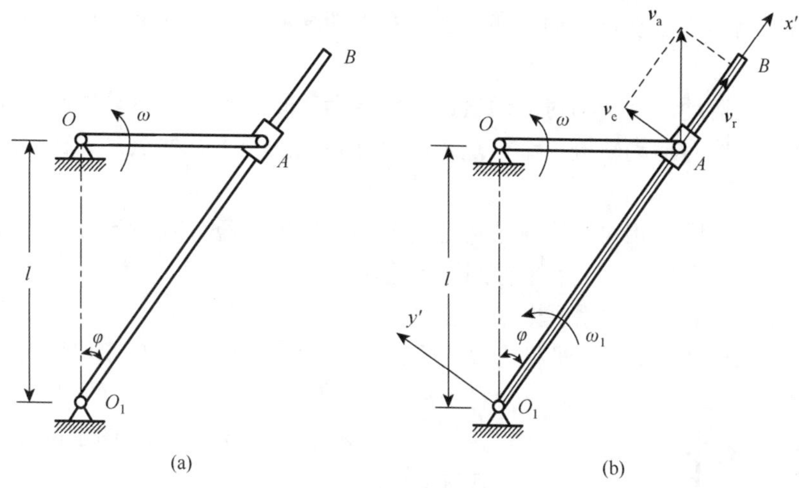

图 4-5

解　选取销钉 A 为动点，把动参考系 $O_1x'y'$固定在摇杆 O_1B 上，并与 O_1B 一起绕 O_1 轴摆动。

销钉 A 的绝对运动是以点 O 为圆心，r 为半径的圆周运动，相对运动是沿 O_1B 杆的直线运动，牵连运动是牵连点（杆 O_1B 上与点 A 瞬时处于同一位置的那一点）的运动，牵连运动轨迹是以 O_1 为圆心、O_1A 为半径的圆周运动。

于是，绝对速度 $\boldsymbol{v}_{\mathrm{a}}$ 的大小和方向都是已知的，它的大小等于 ωr，方向沿运动轨迹切线，垂直曲柄 OA；相对速度 $\boldsymbol{v}_{\mathrm{r}}$ 沿 O_1B 方向；牵连速度 $\boldsymbol{v}_{\mathrm{e}}$ 方向沿运动轨迹切线，垂直于 O_1B，大小等于 $\omega_1\overline{O_1A}$。共计四个要素已知，由于 $\boldsymbol{v}_{\mathrm{a}}$ 的大小和方向都已知，且 $\boldsymbol{v}_{\mathrm{a}}$ 是 $\boldsymbol{v}_{\mathrm{r}}$ 和 $\boldsymbol{v}_{\mathrm{e}}$ 的合矢量，因此，可断定 $\boldsymbol{v}_{\mathrm{r}}$ 和 $\boldsymbol{v}_{\mathrm{e}}$ 的方向如图 4-5（b）所示。根据速度合成定理，作出速度矢量图如图 4-5（b）所示。

由三角形的几何关系可求得

$$v_{\mathrm{e}} = v_{\mathrm{a}}\sin\varphi = \frac{r^2\omega}{\sqrt{l^2+r^2}}$$

设摇杆在此瞬时的角速度为 ω_1，则

$$v_{\mathrm{e}} = O_1A\cdot\omega_1 = \frac{r^2\omega}{\sqrt{l^2+r^2}}$$

此瞬时摇杆的角速度为

$$\omega_1 = \frac{r^2\omega}{\sqrt{l^2+r^2}}\frac{1}{O_1A} = \frac{r^2\omega}{l^2+r^2}$$

方向如图 4-5 所示。

应用点的合成运动解决实际问题时，关键是正确地选择动点和动系。解题步骤如下。

（1）**选取动点、动系**。所选的参考系应能将动点的运动分解成为相对运动和牵连运动。

动点往往是两个刚体的连接点，动点和动参考系不能在同一个物体上，一般应使相对运动简单易辨。

（2）分析三种运动。辨明**相对运动轨迹、牵连运动轨迹和绝对运动轨迹**。其中，牵连运动轨迹是牵连点的绝对运动轨迹，牵连点是动坐标系上的一个几何点，它在瞬时与动点位于同一位置。

（3）**画速度矢量图**。相对速度、牵连速度和绝对速度矢量分别沿各自运动轨迹的切线方向，注意绝对速度是合矢量，位于平行四边形的对角线。

（4）利用三角形的几何关系解出未知数。

【例 4-3】 如图 4-6 所示，半径为 R、偏心距为 e 的凸轮，以匀角速度 ω 绕 O 轴转动，杆 AB 能在滑槽中上下平移，杆的端点 A 始终与凸轮接触，且 OAB 成一直线。求在图示位置时，杆 AB 的速度。

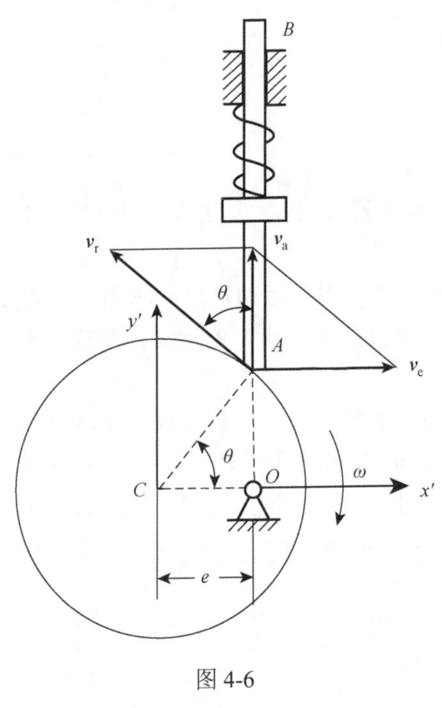

图 4-6

解 因为杆 AB 做平移，各点速度相同，所以只要求出其上任一点的速度即可。选取杆 AB 的端点 A 为动点，动参考系固结在凸轮上，随凸轮一起绕 O 轴转动。

点 A 的绝对运动是随 AB 杆沿 AB 方向的直线运动，相对运动轨迹是以凸轮中心 C 为圆心、半径为 R 的圆周运动（点 A 在动坐标系 $Cx'y'$ 中画出的曲线，点 A 到圆心 C 的距离始终为 R），牵连运动是以 O 为圆心、OA 为半径的圆周运动[牵连点（动坐标系 $Cx'y'$ 中与点 A 瞬时重合的点）的绝对运动]。

绝对速度方向沿 AB，相对速度方向沿凸轮圆周的切线，牵连速度沿牵连运动的切线，垂直于 OA，大小为 $v_e = OA\cdot\omega$。$\boldsymbol{v}_a$ 是 $\boldsymbol{v}_r$ 和 $\boldsymbol{v}_e$ 的合矢量，可以断定 $\boldsymbol{v}_r$ 和 $\boldsymbol{v}_e$ 的方向。画速度矢量图如图 4-6 所示，由三角形的几何关系，点 A 的绝对速度为

$$v_a = v_e\cot\theta = \omega\cdot OA\frac{e}{OA} = \omega e$$

点 A 的绝对速度就是杆 AB 的速度。

【例 4-4】 设 A，B 两船沿夹角为 θ 的两直线航行。已知两船的航行速度为 $\boldsymbol{v}_A$ 和 $\boldsymbol{v}_B$，试求 B 船相对于 A 船的速度。

解 选 B 船为动点，在 A 船上建立动系 $Ax'y'$，如图 4-7（a）所示。B 船的绝对运动为直线运动，$\boldsymbol{v}_a = \boldsymbol{v}_B$；牵连点是动坐标系上与点 B 瞬时处于同一位置的几何点 B_1，牵连点 B_1 是动坐标系上的一点，随动坐标系上沿 $\boldsymbol{v}_A$ 方向做直线平动，因此，牵连运动为通过点 B 且平行 $\boldsymbol{v}_A$ 的直线运动。动坐标系做平动，所以 $\boldsymbol{v}_e = \boldsymbol{v}_{B1} = \boldsymbol{v}_A$。

由速度合成定理得 $\boldsymbol{v}_a = \boldsymbol{v}_e + \boldsymbol{v}_r$，即 $\boldsymbol{v}_B = \boldsymbol{v}_A + \boldsymbol{v}_r$，$\boldsymbol{v}_B$ 和 $\boldsymbol{v}_A$ 的大小和方向都已知，作速度矢量图如图 4-7（b）所示，$\boldsymbol{v}_r = \boldsymbol{v}_B - \boldsymbol{v}_A$，$\boldsymbol{v}_r$ 即表示 B 船相对于 A 船的速度 $\boldsymbol{v}_{BA}$。

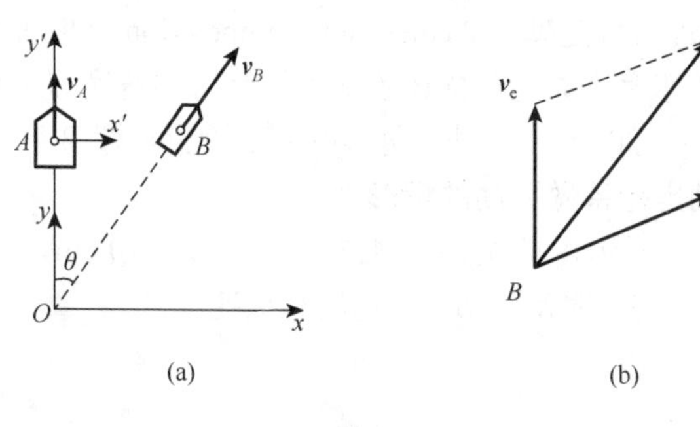

图 4-7

4.3　加速度合成定理

扫码观看

加速度合成的问题比较复杂。对于牵连运动为平动和转动两种情况，得到的结论不同，需要分别讨论。

4.3.1　牵连运动为平动时的加速度合成定理

如图 4-8 所示，设动点 M 沿曲线 AB 运动，而曲线 AB 做平动。设在瞬时 t，动点 M 位于曲线 AB 上的 M_1 点，绝对速度为 $\boldsymbol{v}_a$，牵连速度为 $\boldsymbol{v}_e$，相对速度为 $\boldsymbol{v}_r$。根据速度合成定理，有

$$\boldsymbol{v}_a = \boldsymbol{v}_e + \boldsymbol{v}_r$$

经过时间间隔 Δt 之后，动点的绝对运动沿路径 MM' 由点 M 运动到 M'，在 M' 点的绝对速度为 $\boldsymbol{v}'_a$，相对速度是 $\boldsymbol{v}'_r$，牵连速度是 $\boldsymbol{v}'_e$。根据速度合成定理，有

$$\boldsymbol{v}'_a = \boldsymbol{v}'_e + \boldsymbol{v}'_r$$

图 4-8

点 M 绝对加速度为

$$\boldsymbol{a}_a = \lim_{\Delta t \to 0} \frac{\boldsymbol{v}'_a - \boldsymbol{v}_a}{\Delta t} = \lim_{\Delta t \to 0} \frac{(\boldsymbol{v}'_e + \boldsymbol{v}'_r) - (\boldsymbol{v}_e + \boldsymbol{v}_r)}{\Delta t} = \lim_{\Delta t \to 0} \frac{\boldsymbol{v}'_e - \boldsymbol{v}_e}{\Delta t} + \lim_{\Delta t \to 0} \frac{\boldsymbol{v}'_r - \boldsymbol{v}_r}{\Delta t}$$

动点的牵连运动沿路径 $M_1M'_1$ 由点 M_1 运动到点 M'_1，在点 M'_1 的牵连速度 $\boldsymbol{v}_{e1}$ 是曲线 AB 上的点 M_1 的绝对速度。由于曲线 AB 做平动，在 $t+\Delta t$ 时刻，曲线 AB 上所有点的速度都相同，因此有 $\boldsymbol{v}'_e = \boldsymbol{v}_{e1}$；动点的相对运动轨迹是曲线 AB 或路径 M'_1M'，$\boldsymbol{v}_r$ 和 $\boldsymbol{v}_{r1}$ 同是相对运动起点的速度，即 $\boldsymbol{v}_r = \boldsymbol{v}_{r1}$，又因曲线 AB 做平动，所以方向也相同。代入上式得

$$\boldsymbol{a}_a = \lim_{\Delta t \to 0} \frac{\boldsymbol{v}_{e1} - \boldsymbol{v}_e}{\Delta t} + \lim_{\Delta t \to 0} \frac{\boldsymbol{v}'_r - \boldsymbol{v}_{r1}}{\Delta t}$$

根据加速度的定义，得

$$\boldsymbol{a}_a = \boldsymbol{a}_e + \boldsymbol{a}_r \tag{4-2}$$

牵连运动为平动时，动点的绝对加速度等于它的牵连加速度与相对加速度的矢量和，称

为牵连运动为平动时加速度合成定理（acceleration composition theorem with convected motion being translation）。点的加速度合成定理描述了动点的绝对加速度与牵连加速度和相对加速度之间的关系。根据此定理，可以应用矢量三角形或矢量投影求解 3 种加速度之间的关系。注意：式（4-2）**仅适用于动坐标系做平动的情形**。

【例 4-5】 如图 4-9 所示，曲柄滑道机构，$OA=r=10$ cm，已知曲柄绕 O 以匀速 $n=120$ r/min 转动，求当 $\varphi=30°$时滑道 BC 的速度和加速度。

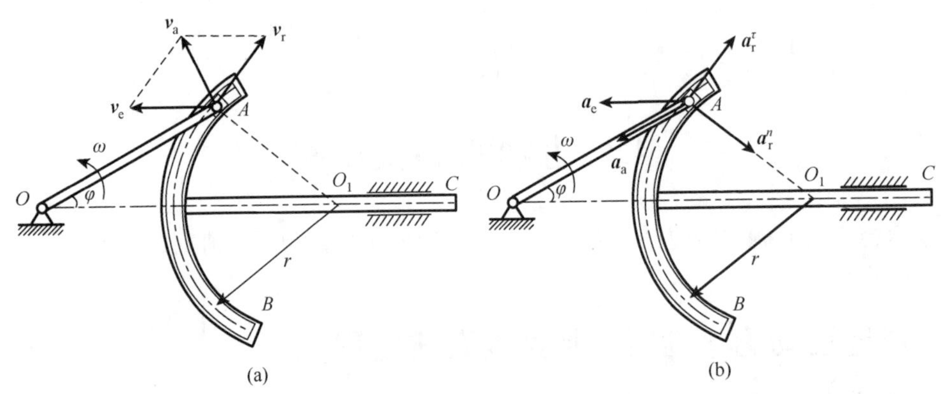

图 4-9

解 以销钉 A 为动点，动系固结于滑道 BC 上。销钉 A 的绝对运动轨迹是以 O 为圆心，OA 为半径的圆，速度沿切线方向 $\boldsymbol{v}_a=\boldsymbol{v}_A$；相对运动轨迹是圆弧 BA，速度沿切线方向；牵连点是动坐标系上的空间几何点 A'，位于滑槽的空白处，它与销钉 A 占据同一位置。牵连点随动坐标系整体水平平动，牵连运动轨迹是 A' 的绝对运动轨迹，是水平直线运动。牵连速度 v_e 等于滑道 BC 的速度 $v_e=v_{BC}$。画速度矢量图如图 4-9（a）所示。由图示几何关系解出

$$\boldsymbol{v}_e=\boldsymbol{v}_r=\boldsymbol{v}_a=\boldsymbol{v}_A=\omega r=2\pi nr=2\pi\times\frac{120}{60}\times 0.1=1.256\ (\text{m/s})$$

滑道 BC 的速度为

$$v_{BC}=v_e=1.256\ (\text{m/s})$$

A 点做匀速圆周运动，绝对加速度只有切向加速度，即 $\boldsymbol{a}_a=\boldsymbol{a}_A$；相对运动为曲线圆周运动，加速度有切向和法向加速度 $\boldsymbol{a}_r=\boldsymbol{a}_r^n+\boldsymbol{a}_r^\tau$；动系固结于滑道上做平动，牵连运动轨迹为过点 A 的水平直线，牵连加速度等于滑道 BC 的绝对加速度，$\boldsymbol{a}_e=\boldsymbol{a}_{BC}$。由加速度合成定理，有

$$\boldsymbol{a}_a=\boldsymbol{a}_e+\boldsymbol{a}_r$$

即

$$\boldsymbol{a}_A=\boldsymbol{a}_{BC}+\boldsymbol{a}_r^\tau+\boldsymbol{a}_r^n \qquad ①$$

画加速度矢量图如图 4-9（b）所示，其中

$$a_A=\omega^2 r=15.79\ (\text{m/s}^2),\qquad a_r^n=\frac{v_r^2}{r}=15.79\ (\text{m/s}^2)$$

而 a_r^τ 和 a_{BC} 为未知量，暂设指向如图 4-9（b）所示。

将矢量等式①向 AO_1 方向投影（由 A 至 O_1 的方向为坐标轴正向），得

$$-a_A\cos 60°=-a_{BC}\cos 30°+a_r^n$$

解出

$$a_{BC} = 27.4(\text{m/s}^2)$$

得 a_{BC} 为正，表明所设指向正确。

【例 4-6】 如图 4-10（a）所示平面机构中，曲柄 $OA = r$，以匀角速度 ω_0 转动。套筒 A 可沿 BC 杆滑动。已知 $BC = DE$，且 $BD = CE = l$。求：图示位置时，杆 BD 的角速度和角加速度。

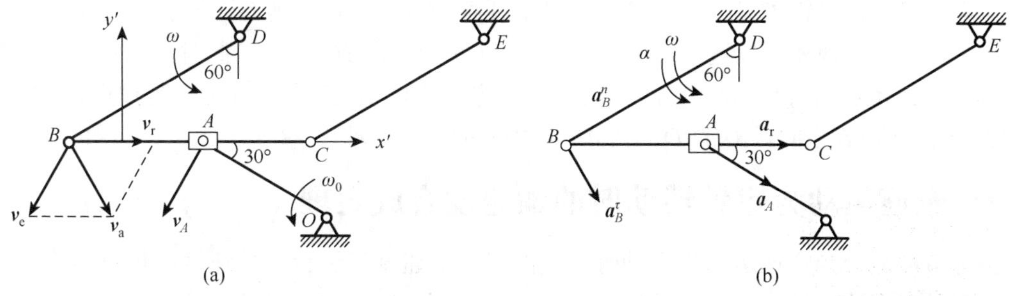

图 4-10

解 由于 $DBCE$ 为平行四边形，因而杆 BC 做曲线平动。以销钉 B 为动点，动系固结于套筒 A（平动）上。销钉 B 的绝对运动轨迹是以 D 为圆心，DB 为半径的圆，绝对速度沿切线方向，垂直 DB；相对运动轨迹是沿 BC 的直线，速度方向沿 BC；牵连点是动坐标系上瞬时与点 B 在同一位置的 B_1 点，动坐标系固结在套筒 A 上，动坐标系上所有点与套筒一起做平动，牵连点的速度与销钉 A 的速度相同，牵连速度等于点 A 的速度 $\boldsymbol{v}_{\rm e} = \boldsymbol{v}_A$。画速度矢量图如图 4-10（a）所示。

由图示几何关系解出

$$\boldsymbol{v}_{\rm a} = \boldsymbol{v}_{\rm r} = \boldsymbol{v}_{\rm e} = \boldsymbol{v}_A = r\omega_0$$

因而杆 BD 的角速度 ω 方向如图 4-10（a）所示，大小为

$$\omega = \frac{v_B}{l} = \frac{v_{\rm a}}{l} = \frac{r\omega_0}{l}$$

B 点绝对运动是圆周运动，加速度有切向和法向加速度，即 $\boldsymbol{a}_{\rm a} = \boldsymbol{a}_B = \boldsymbol{a}_B^\tau + \boldsymbol{a}_B^n$；相对运动为直线运动，加速度方向沿 BC；动系固结于套筒上做曲线平动，牵连加速度与点 A 的加速度相同，A 点做匀速圆周运动，加速度有法向加速度 $\boldsymbol{a}_{\rm e} = \boldsymbol{a}_A$。由加速度合成定理，有

$$\boldsymbol{a}_{\rm a} = \boldsymbol{a}_{\rm e} + \boldsymbol{a}_{\rm r}$$

即

$$\boldsymbol{a}_B^\tau + \boldsymbol{a}_B^n = \boldsymbol{a}_A + \boldsymbol{a}_{\rm r} \qquad ①$$

画加速度矢量图如图 4-10（b）所示，其中

$$a_A = \omega_0^2 r, \qquad a_B^n = \omega^2 l = \frac{\omega_0^2 r}{l}$$

而 a_B^τ 和 $a_{\rm r}$ 为未知量，暂设指向如图 4-10（b）所示。

将矢量等式①向 y 轴投影，得

$$-a_A \sin 30^\circ = -a_B^\tau \cos 30^\circ + a_B^n \sin 30^\circ$$

解出

$$a_B^\tau = \frac{(a_A + a_B^n)\sin 30°}{\cos 30°} = \frac{\sqrt{3}\omega_0^2 r(l+r)}{3l}$$

解得 a_B^τ 为正，表明所设 a_B^τ 指向正确。

杆 BD 的角加速度方向如图 4-10（b）所示，值为

$$\alpha = \frac{a_B^\tau}{l} = \frac{\sqrt{3}\omega_0^2 r(l+r)}{3l^2}$$

本题也可以选销钉 C 为动点或选 BC 杆上任意一点为动点，动系固结于套筒 A 上，解题方法大致相同。本题还可以选销钉 A 为动点，动系固结于 BC 杆上。此时，绝对运动是绕圆心 O 半径为 OA 的圆周运动；相对运动是沿 BC 方向的直线运动，牵连运动是过点 A，半径是 AF（F 介于 D 和 E 之间，$AF//BD$，且 $AF=BD$）的圆周运动。

4.3.2 牵连运动为定轴转动时的加速度合成定理

由上节所述，当牵连运动为平动时，点的绝对加速度等于牵连加速度与相对加速度的矢量和。但是当牵连运动为定轴转动时，由于转动的牵连运动与相对运动相互影响而产生一种附加的加速度，称为**科里奥利加速度**（Coriolis acceleration），简称**科氏加速度**，以符号 $\boldsymbol{a}_\text{c}$ 表示。这时动点的绝对加速度可写为

$$\boldsymbol{a}_\text{a} = \boldsymbol{a}_\text{e} + \boldsymbol{a}_\text{r} + \boldsymbol{a}_\text{c} \tag{4-3}$$

其中

$$\boldsymbol{a}_\text{c} = 2\boldsymbol{\omega}_\text{e} \times \boldsymbol{v}_\text{r} \tag{4-4}$$

科氏加速度等于动系转动角速度与相对速度矢量积的两倍。

牵连运动为转动时，动点的绝对加速度等于牵连加速度、相对加速度与科氏加速度的矢量和，称为**牵连运动为定轴转动时的加速度合成定理**（acceleration composition theorem with convectod motion being rotation）。本书省略定理烦琐的证明过程，只介绍其应用。

根据矢积运算规则，$\boldsymbol{a}_\text{c}$ 的大小为

$$a_\text{c} = 2\omega_\text{e} v_\text{r} \sin\theta$$

式中：$\boldsymbol{\omega}_\text{e}$ 是动系转动的角速度矢量；θ 为 $\boldsymbol{\omega}_\text{e}$ 与 $\boldsymbol{v}_\text{r}$ 两矢量间的最小夹角。矢量 $\boldsymbol{a}_\text{c}$ 垂直于 $\boldsymbol{\omega}_\text{e}$ 和 $\boldsymbol{v}_\text{r}$，指向按右手法则确定[见图 3-14（c）]，如图 4-11 所示。

图 4-11　　　　图 4-12

下面举特例简要说明科氏加速度出现的原因。如图 4-12 所示，设有一圆盘以匀角速度 ω 绕垂直于盘面的 O 轴转动，动点 M 在圆盘上沿 ω 指向以 v_r 相对于圆盘沿半径为 r 的圆槽匀速运动。

动点 M 的相对运动是半径为 r 的匀速圆周运动，相对加速度为 $\boldsymbol{a}_{\mathrm{r}}=\boldsymbol{a}_{\mathrm{r}}^{n}=\dfrac{\boldsymbol{v}_{\mathrm{r}}^{2}}{r}$；取动系固结于圆盘上，则动系做匀速定轴转动，牵连运动轨迹也是半径为 r 的圆周，任意瞬时动点的牵连加速度为 $\boldsymbol{a}_{\mathrm{e}}=\omega^{2}r$；$M$ 点的绝对运动是牵连运动和相对运动的合成，也是匀速圆周运动。根据速度合成定理，动点的绝对速度为 $\boldsymbol{v}_{\mathrm{a}}=\boldsymbol{v}_{\mathrm{e}}+\boldsymbol{v}_{\mathrm{r}}=\omega r+\boldsymbol{v}_{\mathrm{r}}$。由于绝对运动是匀速圆周运动，绝对加速度为

$$\boldsymbol{a}_{\mathrm{a}}=\boldsymbol{a}_{\mathrm{a}}^{n}=\frac{\boldsymbol{v}_{\mathrm{a}}^{2}}{r}=\omega^{2}r+\frac{\boldsymbol{v}_{\mathrm{r}}^{2}}{r}+2\omega r=\boldsymbol{a}_{\mathrm{e}}+\boldsymbol{a}_{\mathrm{r}}+\boldsymbol{a}_{\mathrm{c}}$$

速度大小和方向的改变都会产生加速度。由此特例可以看出，牵连运动为转动时，牵连运动会改变相对速度方向，而相对运动也会改变牵连速度方向，从而产生科氏加速度。

【例 4-7】 求例 4-2 中摇杆 O_1B 在图 4-13 所示位置时的角加速度。

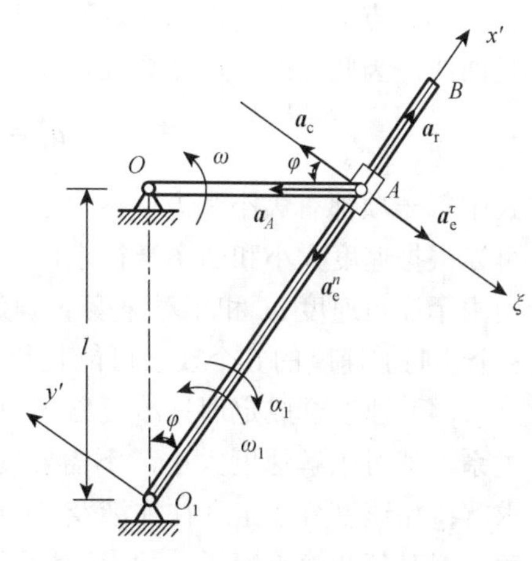

图 4-13

解　按例 4-2 选择动点和动系。画加速度矢量图：动点 A 的绝对运动是匀速圆周运动，绝对加速度只有法向加速度，即 $\boldsymbol{a}_{\mathrm{a}}=\boldsymbol{a}_{A}=\omega^{2}r$，方向如图 4-13 所示；相对运动是沿 O_1B 的直线运动，加速度沿 O_1B，大小未知，方向暂定向上；动系固结于摇杆 O_1B 上做定轴转动，牵连点是动系上与销钉 A 重合的点，随动系绕 O_1 转动，牵连运动轨迹是以 O_1 为圆心、O_1A 为半径的圆周，牵连加速度有切向和法向加速度 $\boldsymbol{a}_{\mathrm{e}}=\boldsymbol{a}_{\mathrm{e}}^{n}+\boldsymbol{a}_{\mathrm{e}}^{\tau}$，其中，$\boldsymbol{a}_{\mathrm{e}}^{n}=\omega_{1}^{2}\cdot O_{1}A$，方向如图 4-13，$\boldsymbol{a}_{\mathrm{e}}^{\tau}$ 大小未知，方向暂定向下。**由于动系做定轴转动，需要计算科氏加速度**

$$a_{\mathrm{c}}=2\omega_{1}v_{\mathrm{r}}\sin 90°=2\omega_{1}v_{\mathrm{a}}\cos\varphi\sin 90°=\frac{2\omega^{2}r^{3}l}{(l^{2}+r^{2})^{3/2}}$$

方向根据右手螺旋定则确定如图 4-13 所示。

由加速度合成定理，有

$$\boldsymbol{a}_{\mathrm{a}}=\boldsymbol{a}_{\mathrm{e}}+\boldsymbol{a}_{\mathrm{r}}+\boldsymbol{a}_{\mathrm{c}}$$

即

$$\boldsymbol{a}_{A}=\boldsymbol{a}_{\mathrm{e}}^{n}+\boldsymbol{a}_{\mathrm{e}}^{\tau}+\boldsymbol{a}_{\mathrm{r}}+\boldsymbol{a}_{\mathrm{c}}$$

建立坐标轴系，如图所示，将矢量等式向 ξ 轴投影，得

$$-a_{A}\cos\varphi=a_{\mathrm{e}}^{\tau}-a_{\mathrm{c}}$$

解得

$$a_{\mathrm{e}}^{\tau}=-\frac{rl(l^{2}-r^{2})}{(l^{2}+r^{2})^{3/2}}\omega^{2}$$

其中：$l^2-r^2>0$，故 a_{e}^{τ} 为负值；负号表示真实方向与图中假设的指向相反。

摇杆 O_1B 的角加速度：

$$\alpha = \frac{a_e^\tau}{O_1A} = -\frac{rl(l^2-r^2)}{(l^2+r^2)^2}\omega^2$$

负号表示与图示方向相反，α 的真实转向应为逆时针转向。

应用加速度合成定理求解点的加速度的步骤基本上与应用速度合成定理求解点的速度相同，但要注意以下几点。

（1）正确地选取动点和动系。根据动系是平动还是转动，确定是否需要计算科氏加速度。

（2）正确地分析绝对运动、相对运动及牵连运动轨迹，正确地画出加速度矢量图。

（3）点的绝对运动轨迹和相对运动轨迹可能是曲线，牵连运动为转动时，牵连运动轨迹是曲线，因此点的加速度合成定理一般可写成如下形式：

$$\boldsymbol{a}_a^\tau + \boldsymbol{a}_a^n = \boldsymbol{a}_e^\tau + \boldsymbol{a}_e^n + \boldsymbol{a}_r^\tau + \boldsymbol{a}_r^n + \boldsymbol{a}_c$$

式中每一项都有大小和方向两个要素，一个矢量等式可求解两个未知要素。法向加速度大小可以根据速度大小和曲率半径求出，先求速度，再求法向加速度。科氏加速度 $\boldsymbol{a}_c$ 的大小和方向由牵连角速度 $\boldsymbol{\omega}_e$ 和相对速度 $\boldsymbol{v}_r$ 确定，也可以通过速度分析求出。在加速度合成定理中只有 3 个切向加速度的 6 个要素可能是待求量，必须已知 4 个要素求出余下的两个要素。

（4）速度合成定理只涉及 3 个矢量，一定组成矢量三角形，因此，利用三角形边的几何关系，就可求解速度大小，不需要利用矢量等式投影的方法，但用矢量等式投影的方法也可求解；加速度合成定理往往涉及 3 个以上的矢量，因而，一般只能用矢量等式投影的方法求解，但对某些简单情形，利用矢量三角形的几何关系也可求解。

应用加速度合成定理时，同应用速度合成定理一样，正确地选取动点和动系是很重要的。

习　题　4

1. 在题图 4-1（a）（b）所示的两种机构中，已知 $O_1O_2 = a = 200$ mm，$\omega_1 = 3$ rad/s。求图示位置时杆 O_2A 的角速度。

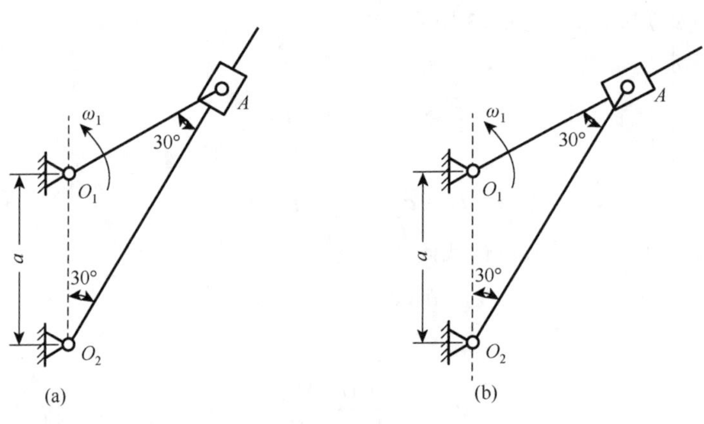

题图 4-1

2. 题图 4-2 所示曲柄滑道机构中，曲柄长 $OA = r$，并以等角速度 ω 绕 O 轴转动。装在水平杆上的滑槽

DE 与水平线成 60°角。求当曲柄与水平线的交角分别为 $\varphi = 0°$，30°，60°时，杆 BC 的速度。

3. 如题图 4-3 所示，摇杆机构的滑竿 AB 以等速 v 向上运动，初瞬时摇杆 OC 水平。摇杆长 $OC = a$，距离 $OD = l$。求当 $\varphi = \frac{\pi}{4}$ 时点 C 的速度的大小。

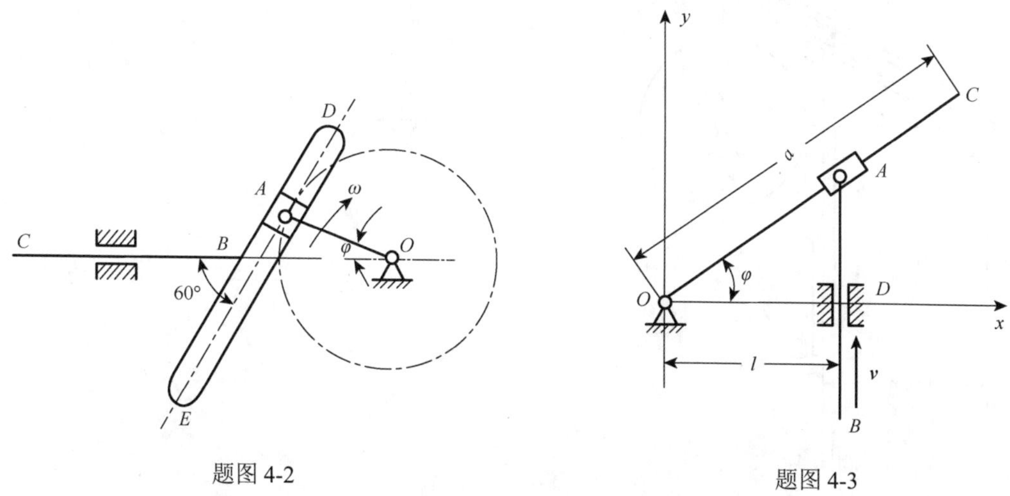

题图 4-2　　题图 4-3

4. 平底顶杆凸轮机构如题图 4-4 所示，顶杆 AB 可沿导槽上下移动，偏心圆盘绕轴 O 转动，轴 O 位于顶杆轴线上。工作时顶杆的平底始终接触凸轮表面。该凸轮半径为 R，偏心距 $OC = e$，凸轮绕轴 O 转动的角速度为 ω，OC 与水平线成夹角 φ。求当 $\varphi = 0°$时，顶杆的速度。

5. 题图 4-5 所示曲柄滑道机构中，杆 BC 水平，而杆 DE 保持铅直。曲柄长 $OA = 10$ cm，并以等角速度 $\omega = 20$ rad/s 绕 O 轴转动，通过滑块 A 使杆 BC 做往复运动。求当曲柄与水平线间的交角分别为 $\varphi = 0°$，30°，90°时，杆 BC 的速度。

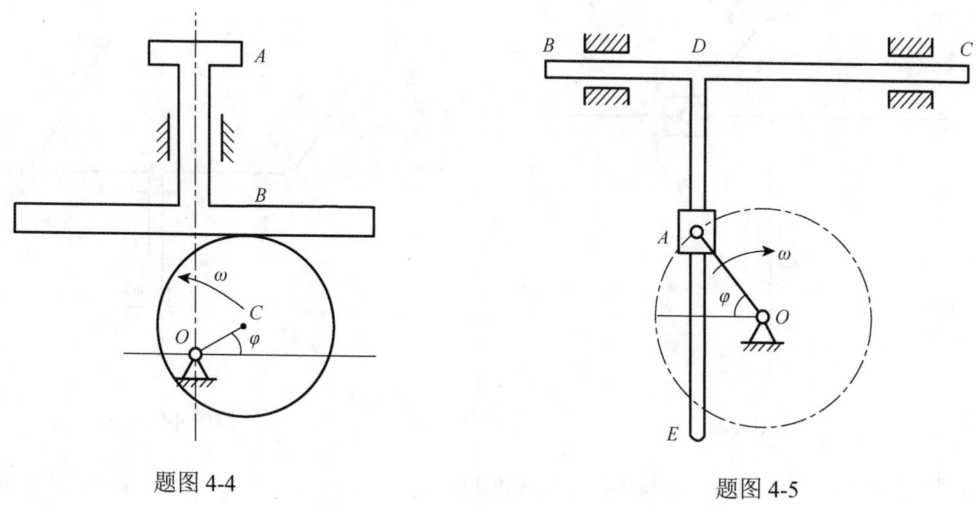

题图 4-4　　题图 4-5

6. 如题图 4-6 所示，摇杆 OC 绕 O 轴转动，经过固定在齿条 AB 上的销子 K 带动齿条上下平动，而齿条又带动半径为 10 cm 的齿轮绕固定轴 O_1 转动。如在图示位置时摇杆的角速度 $\omega = 0.5$ rad/s，求此时齿轮的角速度。

7. 题图 4-7 所示直角弯杆 OAB 绕 O 做定轴转动，使套在其上的小环 M 沿固定直杆 CD 滑动。已知：OA 和 AB 垂直，$OA = 1$ m。$\omega = 1.5$ rad/s，图所示瞬时 OA 平行于 CD 且 $AM = \sqrt{3}\,OA$，试求此时小环 M 的速度。

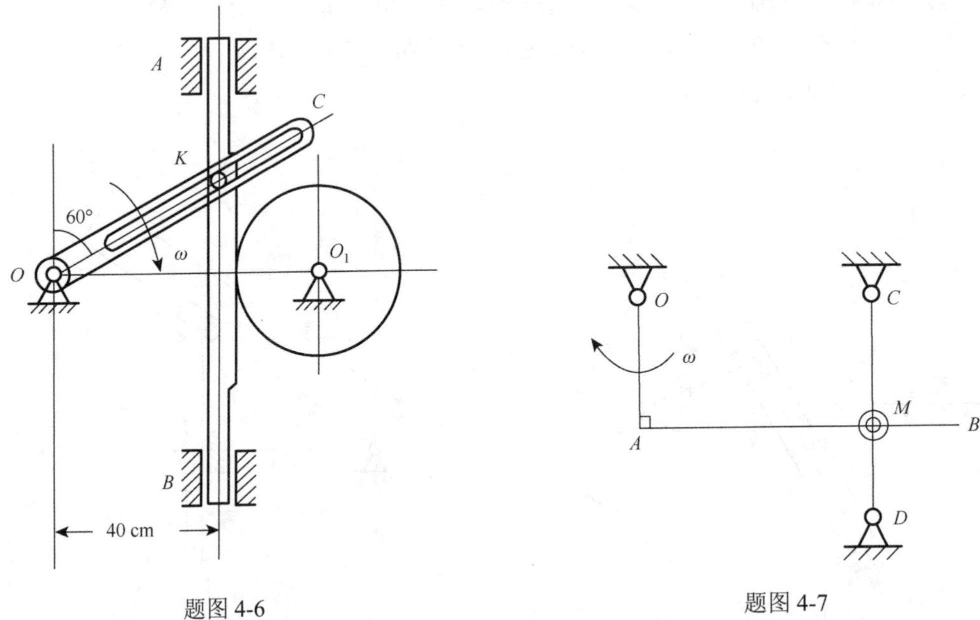

题图 4-6　　　　题图 4-7

8. 题图 4-8 所示曲柄滑道机构中，曲柄长 $OA = 10$ cm，并绕 O 轴转动。在某瞬时，其角速度 $\omega = 1$ rad/s，角加速度 $\alpha = 1$ rad/s^2，$\angle AOB = 30°$，求导杆上点 C 的加速度和滑块 A 在滑道上的相对加速度。

9. 在题图 4-9 所示的铰接四边形机构中，$O_1A = O_2B = 100$ mm，又 $O_1O_2 = AB$，杆 O_1A 以等角速度 $\omega = 2$ rad/s 绕 O_1 轴转动。杆 AB 上有一套筒 C，此套筒与杆 CD 相铰接。机构的各部件都在同一铅直面内。求当 $\varphi = 60°$时，杆 CD 的速度和加速度。

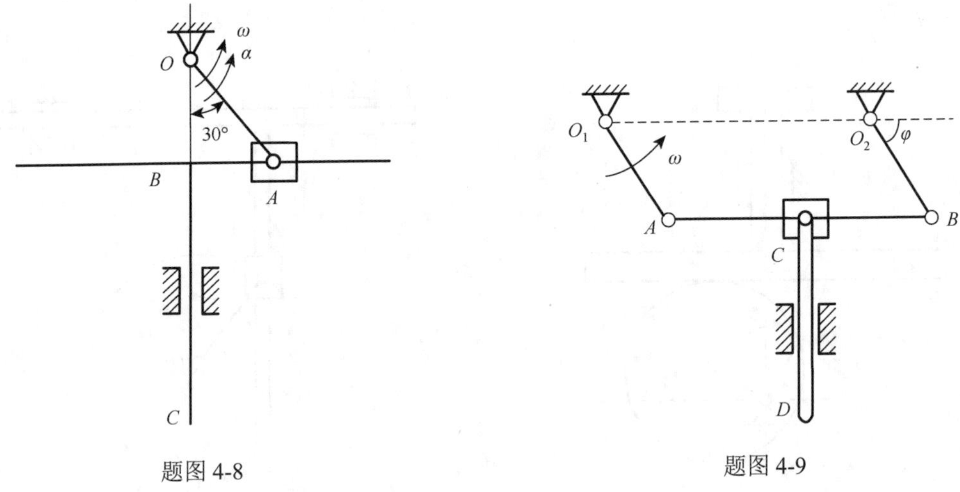

题图 4-8　　　　题图 4-9

10. 如题图 4-10 所示，曲柄 OA 长 0.4 m，以等角速度 $\omega = 0.5$ rad/s 绕 O 轴逆时针转向转动。由于曲柄的 A 端推动水平板 B，而使滑杆 C 沿铅直方向上升。求当曲柄与水平线间的夹角 $\theta = 30°$时，滑杆 C 的速度和加速度。

11. 题图 4-11 所示偏心轮摇杆机构中，摇杆 O_1A 借助弹簧压在半径为 R 的偏心轮 C 上。偏心轮 C 绕轴 O 往复摆动，从而带动摇杆绕轴 O_1 摆动。设 $OC \perp OO_1$ 时，轮 C 的角速度为 ω，角加速度为零，$\theta = 60°$。求此时摇杆 O_1A 的角速度 ω_1 和角加速度 α_1。

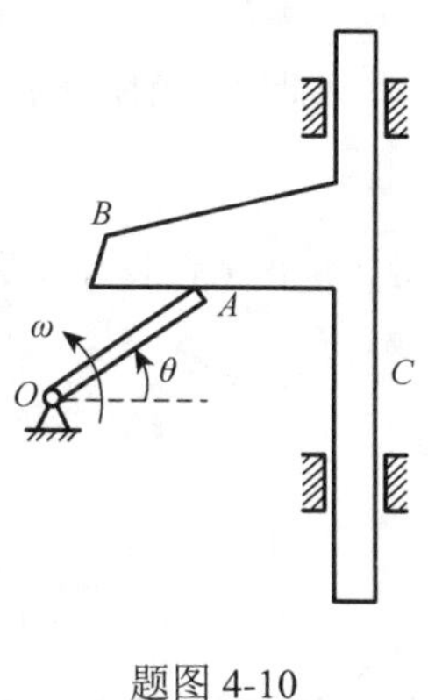

题图 4-10

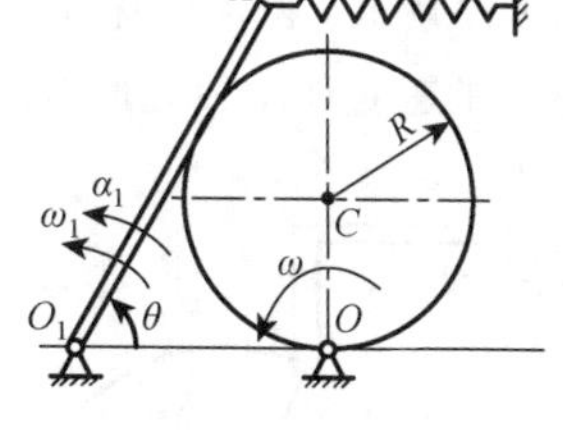

题图 4-11

12. 半径为 R 的半圆形凸轮 D 以等速 $\boldsymbol{v}_0$ 沿水平线向右运动，带动从动杆 AB 沿铅直方向上升，如题图 4-12 所示。求 $\varphi = 30°$时杆 AB 相对于凸轮的速度和加速度。

13. 题图 4-13 所示直角曲杆 OBC 绕 O 轴转动，使套在其上的小环 M 沿固定直杆 OA 滑动。已知：$OB = 0.1$ m，OB 与 BC 垂直，曲杆的角速度 $\omega = 0.5$ rad/s，角加速度为零。求当 $\varphi = 60°$时，小环 M 的速度和加速度。

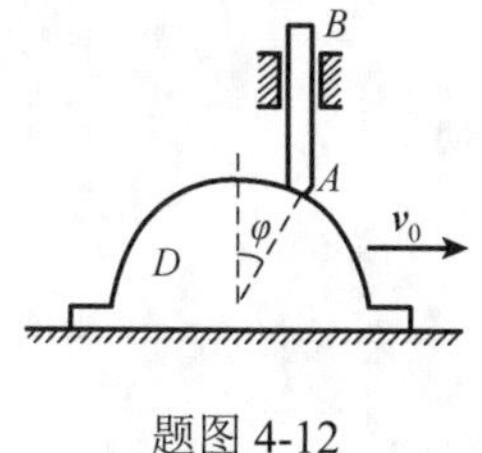

题图 4-12

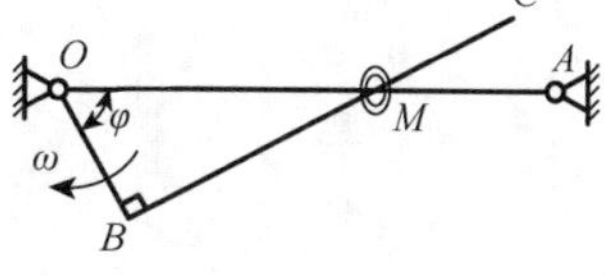

题图 4-13

14. 牛头刨床机构如题图 4-14 所示。已知 $O_1A = 200$ mm，角速度 $\omega_1 = 2$ rad/s，角加速度 $\alpha_1 = 0$。求图示位置（O_1A 处于水平位置）时滑枕 CD 的速度和加速度。

15. 在题图 4-15 所示平面机构中，摇杆 OM 通过滑块使刻有直槽 AB 的圆盘绕 O_1 轴转动。已知：$OM = l = 100$ cm，图示瞬时 $\varphi = 60°$，摇杆 OM 转动的角速度 $\omega_0 = 2$ rad/s，角加速度 $\alpha_0 = 2\sqrt{3}$ rad/s^2，转向如图所示，$O_1M = r = 20$ cm。试求该瞬时圆盘的转动角速度和角加速度。

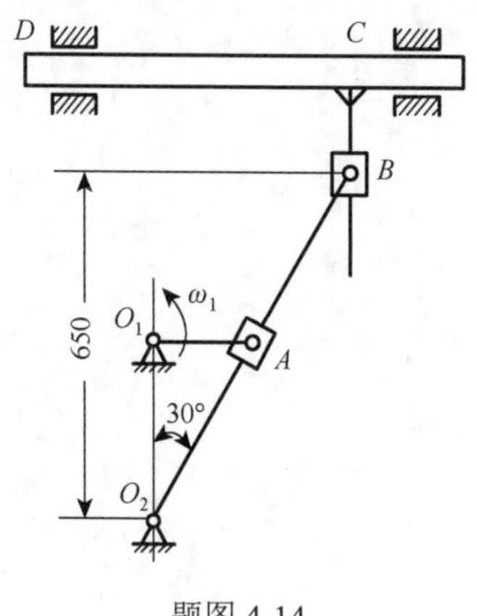

题图 4-14

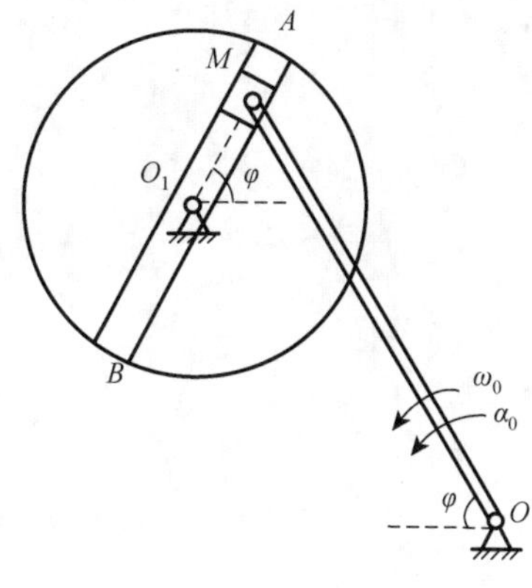

题图 4-15

16. 题图 4-16 所示凸轮机构中，凸轮半径为 R，以匀角速度 ω_0 转动，直角杆 O_2AB 的 B 端置于凸轮表面，

$AB=\dfrac{R}{2}$，$O_2A=\dfrac{\sqrt{3}}{2}R$，在图示位置，$\varphi=60°$，$O_1AB$ 共线且沿铅垂方向。求此时直角杆 O_2AB 的角速度和角加速度。

17. 题图 4-17 所示，长为 l 的杆 OA，A 端恒与三角块 B 的斜面接触，并沿斜面滑动，如图所示瞬时 OA 水平，三角块 B 的速度为 v，加速度为 a。试求此时杆端 A 的速度与加速度。

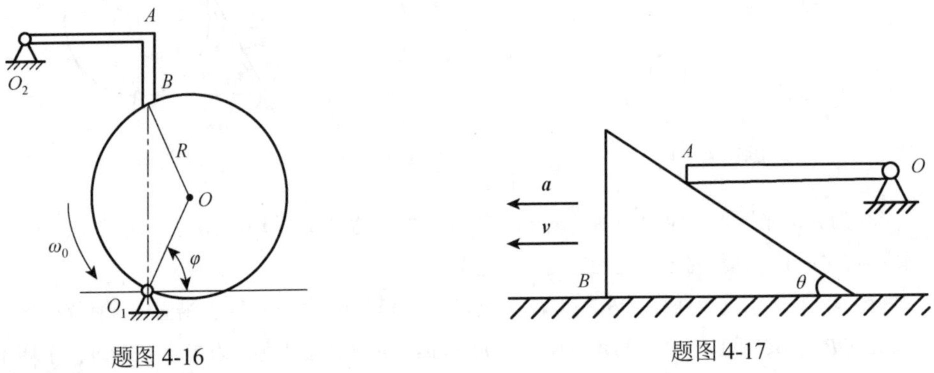

题图 4-16　　题图 4-17

18. 题图 4-18 所示凸轮机构中，凸轮 C 半径 $r=2\sqrt{3}$ cm，角速度 $\omega=2$ rad/s 为常量，$AC=2r$。求 $\theta=30°$ 时 AB 杆的角加速度。

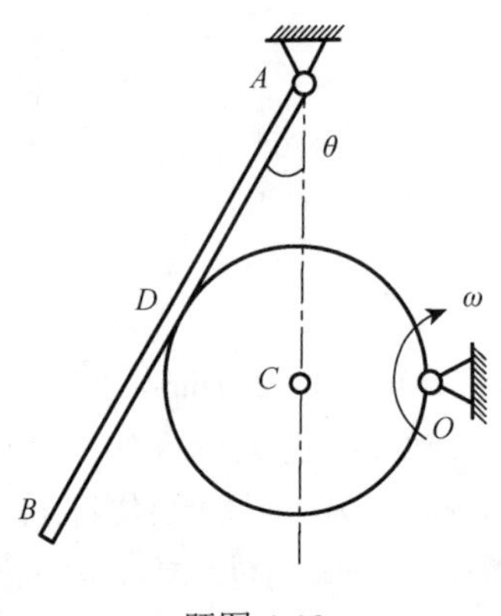

题图 4-18

第5章

刚体的平面运动

5.1 刚体平面运动的概念

5.1.1 刚体平面运动的特征

刚体的平面运动是工程中常见的一种运动。如图 5-1（a）所示，曲柄连杆机构中的连杆 AB 的运动；如图 5-1（b）所示，沿直线轨道运动的火车轮子等。刚体上任意一点始终位于与某个固定平面平行的平面内运动，称为**刚体的平面运动**（plane motion of rigid body）。

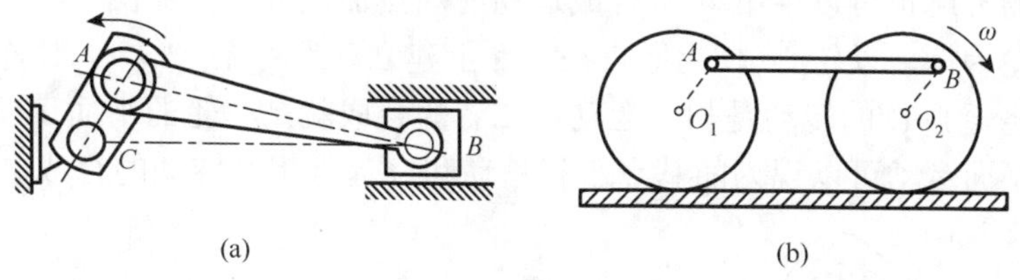

图 5-1

如图 5-2 所示，在做平面运动的刚体上任取一垂直于固定平面的线段 A_1A_2。根据刚体平面运动的特点，线段 A_1A_2 始终与固定平面垂直。线段 A_1A_2 上所有点具有相同的速度和加速度，且与固定平面上的投影 A 的运动相同，线段 A_1A_2 上各点的运动可用点 A 的运动代表。刚体在固定平面上的投影 S 的运动代表了刚体的运动。因此刚体的平面运动可以简化为平面图形 S 在固定平面内的运动。

5.1.2 刚体平面运动的运动方程

如图 5-3 所示，平面图形的位置可用任意线段 AB 代表。为了确定平面图形在任意瞬时的位置，建立直角坐标系 Oxy 线段 AB 的位置由点 A 的坐标（x_A，y_A）及 AB 与轴 x 间的夹角 φ 确定，称点 A 为基点。当图形运动时，坐标（x_A，y_A）和角 φ 都是时间 t 的单值连续函数，即

$$\begin{cases} x_A = x_A(t) \\ y_A = y_A(t) \\ \varphi = \varphi(t) \end{cases} \tag{5-1}$$

这是平面图形 S 的运动方程，称为**刚体平面运动的运动方程**（kinematical equation of rigid-body plane motion）。

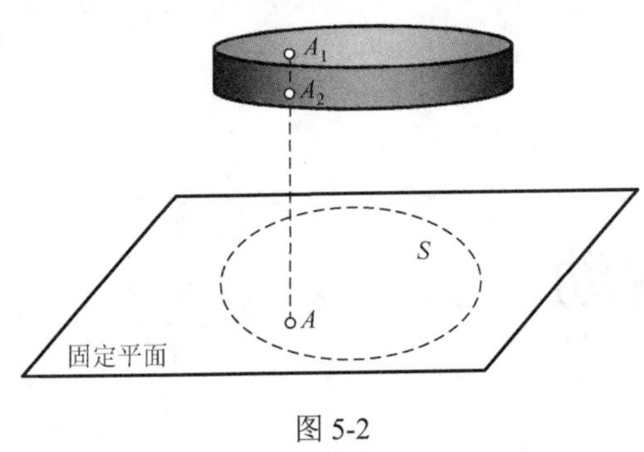

图 5-2

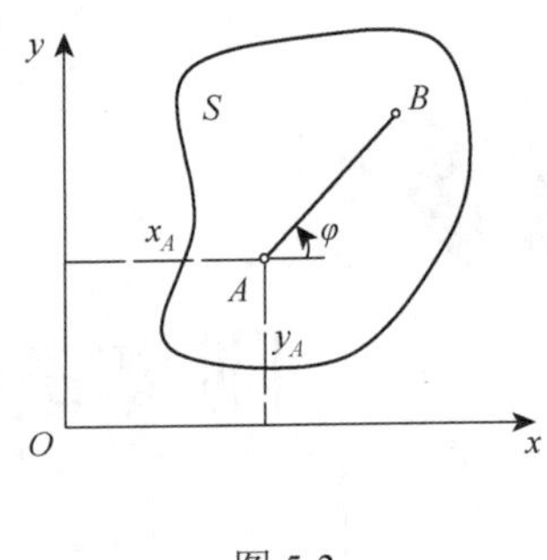

图 5-3

5.1.3 刚体平面运动的分解

刚体的平面运动可以简化为平面图形在固定平面内的运动，平面图形的位置由式（5-1）中 3 个参数确定。若角度 φ 为常数，刚体做平动；若基点 A 保持不动，即坐标 x_A，y_A 是常数，刚体做定轴转动。因此，刚体的平面运动是平动的同时又有转动。如图 5-4 所示，刚体的平面运动可以分解为随基点的平动和绕基点的转动。

平面运动的分解也可以用第 4 章合成运动的观点加以解释。如图 5-5 所示，以沿直线轨道滚动的车轮为例，以轮心 O'为原点在车厢上建立动参考系 $x'O'y'$，则车厢的平动是牵连运动，车轮绕轮心 O'的转动是相对运动，二者的合成就是车轮的平面运动（绝对运动）。可见，刚体的平面运动可以视为随基点平行移动和绕基点相对转动的合成。

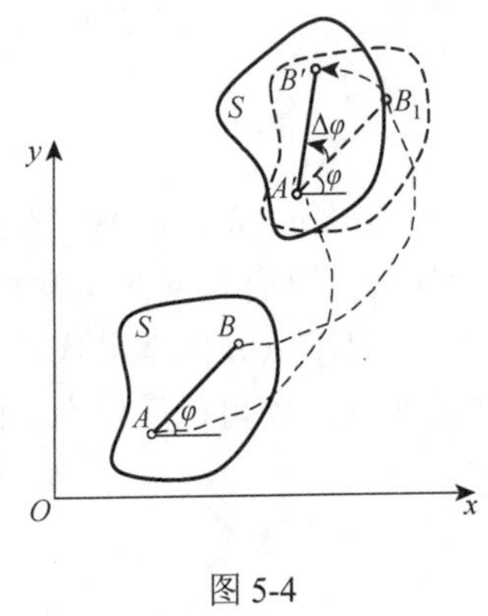

图 5-4

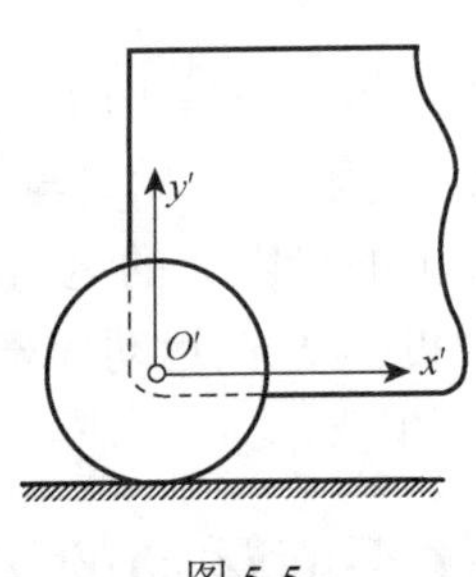

图 5-5

刚体的平面运动可以看成是平移同时又有转动。通常，平面运动刚体上每一点的运动规律是不同的，选择不同点作为基点，导致运动方程（5-1）的前两式完全不同；因此，平面运动随基点平动速度和平动加速度随基点的选择而不同，平面运动随基点的平动与基点的选择有关。至于第三式，如图 5-6 所示，选择不同的基点时，例如分别选 A 和 A'为基点，由图中几何关系，$\varphi'(t)=\varphi(t)+\theta$。当刚体做平面运动时，角度 $\varphi=\varphi(t)$与 $\varphi'=\varphi'(t)$随时间变化，而角度 θ 始终保持不变，是常数。平面运动刚体的转动角速度为 $\dfrac{\mathrm{d}\varphi}{\mathrm{d}t}=\dfrac{\mathrm{d}\varphi'}{\mathrm{d}t}=\omega$，角加速

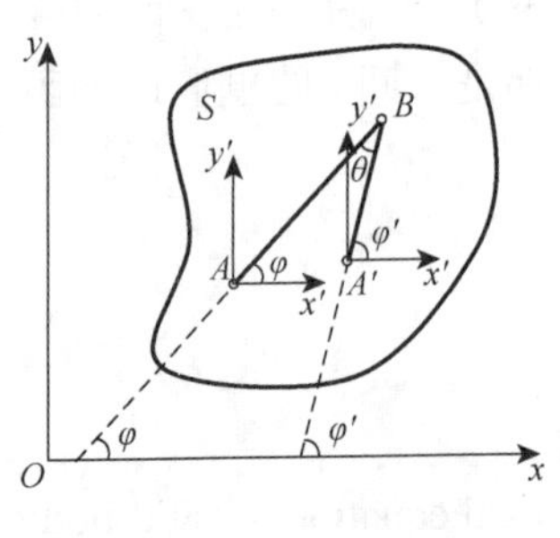

图 5-6

度 $\frac{d^2\varphi}{dt^2} = \frac{d^2\varphi'}{dt^2} = \alpha$。平面运动刚体转动的角速度和角加速度与基点的选择无关。**平面运动可以分解为随基点的平动和绕基点的转动，随基点平动速度和加速度与基点的选择有关，绕基点转动的角速度和角加速度与基点的选择无关。平面运动刚体绕任意基点转动的角速度、角加速度相同，**无须指明绕哪个基点转动。

5.2　基点法和投影法求平面运动刚体上点的速度

5.2.1　基点法求速度

扫码观看

如图 5-7（a）所示，设平面运动刚体在某瞬时的角速度为 ω，刚体上点 O 的速度为 $\boldsymbol{v}_O$，刚体上任一点 M 的速度可按点的合成运动方法求得。

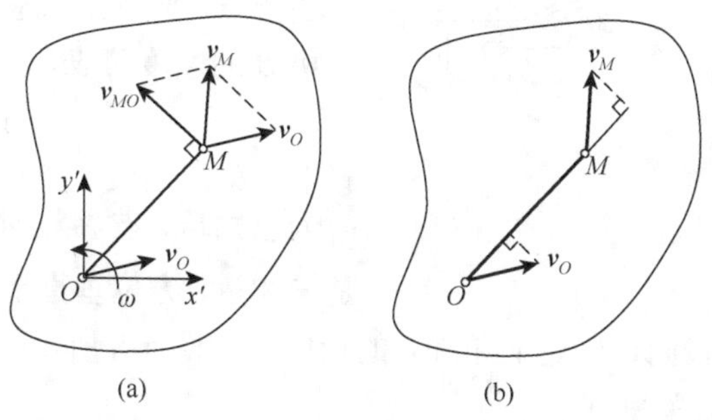

图 5-7

取点 O 为基点，建立**平动坐标系** $Ox'y'$，注意：坐标系 $Ox'y'$ 只在 O 点用销钉连接到刚体上，动坐标系随点 O 平动，坐标轴 x' 保持水平不变，动坐标系的平动速度与基点 O 的速度相同。刚体的平面运动看成是随动坐标系平动和在动坐标系中绕点 O 相对转动的合成运动。牵连运动是随基点 O 的平动，牵连速度

$$\boldsymbol{v}_e = \boldsymbol{v}_O$$

相对运动是绕基点 O 的转动，故点 M 的相对速度 $\boldsymbol{v}_r$ 等于刚体绕 O 点转动时点 M 的速度

$$\boldsymbol{v}_r = \boldsymbol{v}_{MO}$$

其大小 $v_{MO} = \omega \cdot MO$，方向垂直于连线 OM，指向与角速度 ω 的转向一致。

由点的速度合成定理，点 M 的绝对速度为

$$\boldsymbol{v}_M = \boldsymbol{v}_O + \boldsymbol{v}_{MO} \tag{5-2}$$

平面运动刚体上任一点的速度，等于基点的速度与绕基点转动的速度的矢量和。通过选取基点来求平面运动刚体上任一点速度的方法，称为**基点法**（method of base point）。

5.2.2　投影法求速度

由图 5-7（a）可知，$\boldsymbol{v}_{MO}$ 垂直于连线 OM，它在连线 OM 上的投影等于零。如图 5-7（b）所示，把矢量方程（5-2）向连线 OM 投影，得

$$[\boldsymbol{v}_M]_{OM} = [\boldsymbol{v}_O]_{OM} \tag{5-3}$$

点 O 的速度 $\boldsymbol{v}_O$ 与点 M 的速度 $\boldsymbol{v}_M$ 在连线 OM 上的投影相等。由于 O 和 M 是任选的，所以，**平面运动刚体上任意两点的速度在两点连线上的投影相等**，称为**速度投影定理**（theorem of velocity projection）。速度投影定理反映了刚体运动的实质，即刚体上任意两点的距离在运动过程中始终保持不变。

【例 5-1】 如图 5-8 所示，曲柄长 $OA = r$，以匀角速度 ω 转动；连杆 AB 长 $l = \sqrt{3}r$。试求当曲柄与 O、B 连线的夹角为 $\varphi = 60°$ 时，滑块 B 的速度 v_B 和连杆 AB 的角速度 ω_{AB}。

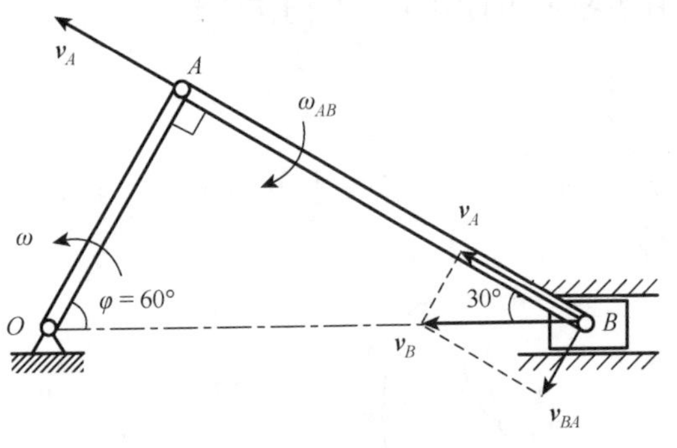

图 5-8

解 （1）基点法。在此机构中，曲柄 OA 做定轴转动，滑块 B 做水平直线平动，连杆 AB 做平面运动。销钉 A 是曲柄上的一点，它的速度 $v_A = r\omega$，方向垂直于曲柄 OA，指向与 ω 转向一致。

连杆 AB 做平面运动。销钉 A 也是连杆 AB 上的一点，取点 A 为基点，根据基点法式(5-2)，滑块 B 的速度可表示为

$$v_B = v_A + v_{BA}$$

式中：B 点速度 v_B 的方位已知，沿 OB 直线；v_A 为已知量，点 B 相对于点 A 的速度 $v_{BA} = l\omega_{BA}$ 是未知量，方位垂直于 AB 杆。按矢量方程做速度平行四边形，由 v_A 的指向可确定 v_B 和 v_{BA} 的指向，如图 5-8 所示。

由矢量三角形的几何关系有

$$v_B = \frac{v_A}{\cos 30°} = \frac{2\sqrt{3}\omega r}{3}, \qquad v_{BA} = v_A \mathrm{tg}30° = \frac{\omega r}{\sqrt{3}}$$

因为 $v_{BA} = AB \cdot \omega_{AB} = l\omega_{AB}$，得连杆 AB 的角速度为

$$\omega_{AB} = \frac{v_{BA}}{l} = \frac{1}{3}\omega$$

上式中 ω_{AB} 的转向与 v_{BA} 的指向一致，故为顺时针方向。

（2）投影法。本例已知点 A 速度 v_A 的大小和方向及点 B 速度 v_B 的方向，因而可应用速度投影定理方便地求出点 B 的速度 v_B 的大小。由速度投影定理有

$$v_B \cos 30° = v_A$$

而 $v_A = r\omega$，所以

$$v_B = \frac{v_A}{\cos 30°} = \frac{2\sqrt{3}\omega r}{3}$$

显然，计算结果与基点法完全相同，但速度投影定理无法求出杆 AB 的角速度 ω_{AB}。

5.3 瞬心法求平面运动刚体上点的速度

5.3.1 速度瞬心的概念

由基点法可知，平面运动刚体上任一点的速度等于基点的速度与绕基点转动速度的矢量和。

如图 5-9 所示，如果 M 点在基点速度矢量 $\boldsymbol{v}_O$ 的垂线 AN 上，则 $\boldsymbol{v}_{MO}$ 与 $\boldsymbol{v}_O$ 的方向相同或相反。根据绕定轴转动刚体上速度分布规律，在垂直 $\boldsymbol{v}_O$ 的直线上，一定能找到一点 C 的相对转动速度 $\boldsymbol{v}_{CO}$ 与 $\boldsymbol{v}_O$ 大小相等而方向相反，则 C 点的速度为：$\boldsymbol{v}_C=\boldsymbol{v}_O+\boldsymbol{v}_{CO}=0$，因此，总可以找到一点 C，瞬时速度等于零。平面运动刚体上瞬时速度为零的点称为**速度瞬时中心**（instantaneous center of velocity），简称为**速度瞬心**。

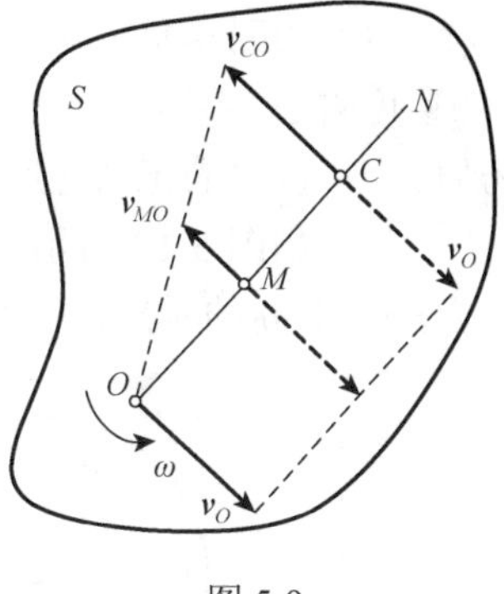

图 5-9

如果选取速度瞬心为基点，平面运动刚体上任意一点的速度等于瞬心的速度与绕瞬心转动速度的矢量和

$$\boldsymbol{v}_M=\boldsymbol{v}_C+\boldsymbol{v}_{MC}=\boldsymbol{v}_{MC} \tag{5-4}$$

平面运动刚体上任意一点的速度等于相对速度瞬心转动的速度。以速度瞬心为基点，求平面运动刚体上点速度的方法，称为**速度瞬心法**。

如图 5-10（a）所示，以瞬心 C 为基点，则平面图形上 A，B，D 各点的速度为

$$\boldsymbol{v}_A=\boldsymbol{v}_{AC}=\omega\cdot AC,\quad \boldsymbol{v}_B=\boldsymbol{v}_{BC}=\omega\cdot BC,\quad \boldsymbol{v}_D=\boldsymbol{v}_{DC}=\omega\cdot DC$$

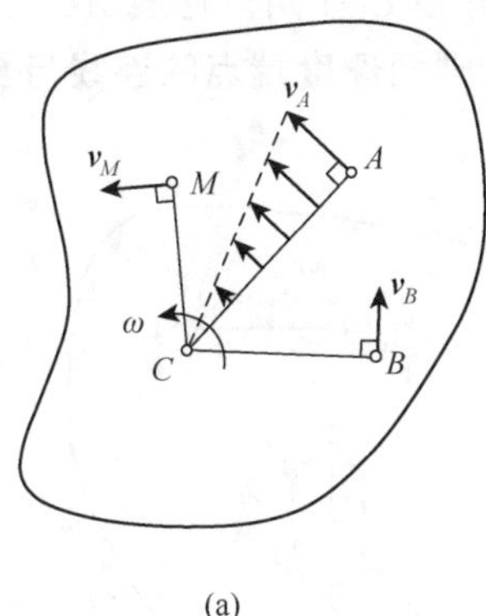

(a)

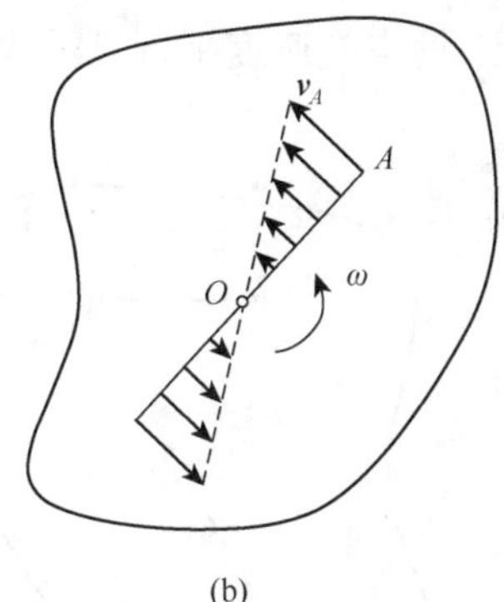

(b)

图 5-10

由此可见，刚体上各点速度的大小与该点到速度瞬心的距离成正比。速度的方向垂直于该点到速度瞬心的连线，指向图形转动的一方。**平面运动刚体**上各点的**瞬时速度分布**[图 5-10（a）]与**定轴转动刚体**上各点的速度分布完全相同[图 5-10（b）]。就**速度分布而言**，刚体的平面运动可看成绕速度瞬心的**瞬时转动**。**用速度瞬心法求速度时**，刚体的平面运动简化为绕瞬心的转动。

应该指出，刚体做平面运动时，每一瞬时，必有一点成为速度瞬心。速度瞬心在平面图形所在的平面内（未必在平面图形内）；速度瞬心只在特定瞬时速度为零，下一瞬时速度不为零；不同瞬时，速度瞬心不相同。图 5-10（a）是瞬时速度分布，下一瞬时，图形将绕另外一点瞬时转动，图 5-10（b）定轴转动则是任意瞬时的速度分布。

5.3.2　速度瞬心的确定

扫码观看

应用速度瞬心法求速度时，必须确定速度瞬心的位置。下面介绍几种瞬心位置的确定方法。

（1）如图 5-11 所示，刚体沿一固定表面做无滑动滚动，刚体与固定面的接触点 C 是图形的速度瞬心，因为在这一瞬时，点 C 相对于固定面的速度为零，既没有切向速度也没有法向速度，所以它的绝对速度等于零。**无滑动滚动，接触点是速度瞬心。**

（2）如图 5-12 所示，已知刚体上 A，B 两点的速度方向，且二者不平行。则过 A 和 B 两点作 $\boldsymbol{v}_A$ 和 $\boldsymbol{v}_B$ 的垂线，交点就是刚体的速度瞬心。**两点速度垂线的交点是速度瞬心。**

图 5-11　　　　图 5-12

（3）如图 5-13 所示，刚体上 A，B 两点的速度 $\boldsymbol{v}_A$ 和 $\boldsymbol{v}_B$ 互相平行，且速度垂线重合，则需要通过两点速度大小，才能确定速度瞬心。速度瞬心 C 在两点连线 AB 与速度矢量 $\boldsymbol{v}_A$ 和 $\boldsymbol{v}_B$ 端点连线的交点上。**两点的速度平行且垂线重合，则两速度端点的连线与垂线的交点是速度瞬心。**

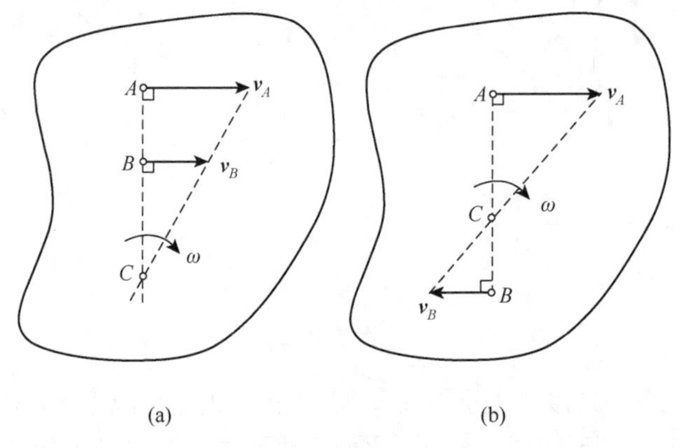

(a)　　　　(b)

图 5-13

（4）如图 5-14（a）所示，刚体上 A，B 两点的速度 $\boldsymbol{v}_A$ 和 $\boldsymbol{v}_B$ 平行，且垂线不重合，速度瞬心在无穷远处，瞬时角速度 $\omega=0$。应用速度投影定理，可以证明 $v_A=v_B$。瞬时刚体上各点的速度相同，速度分布与刚体做平动时完全一样，称为**瞬时平移**（instantaneous translation），也称瞬时平动。**两点速度平行且垂线不重合，刚体做瞬时平动，速度分布与平动相同。**应该指出，瞬时平动仅在**瞬时的**速度分布与刚体平动速度分布一样，下一瞬时，各点速度不再相同。刚体平面运动的瞬时平动不同于刚体平动。

如图 5-14（b）所示，平面图形上 A，B 两点的速度 $\boldsymbol{v}_A$ 和 $\boldsymbol{v}_B$ 平行，垂线重合，且大小相等，则速度瞬心在无穷远处，该瞬时图形上各点的速度相同，刚体也做瞬时平动。

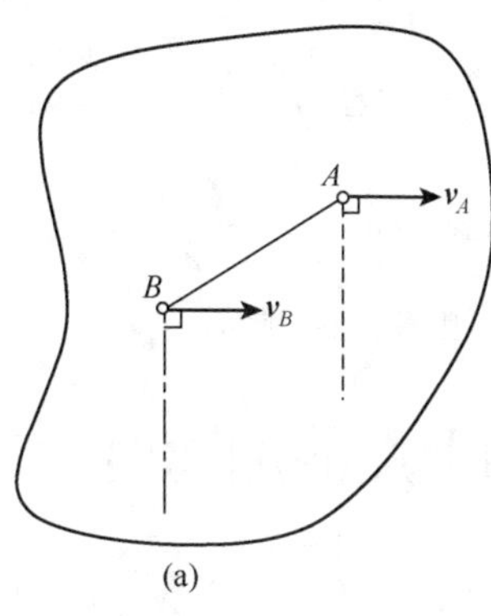

(a)

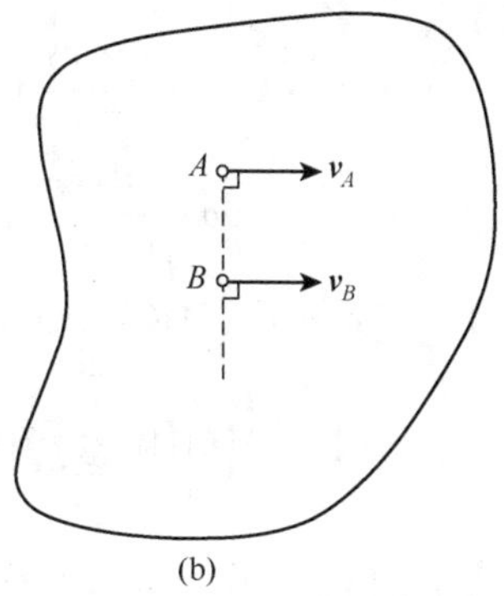

(b)

图 5-14

【例 5-2】 用速度瞬心法求图 5-8 中滑块 B 的速度和连杆 AB 的角速度 ω_{AB}。

解 曲柄 OA 做定轴转动，销钉 A 的速度垂直 OA 斜向上；滑块 B 做平动，销钉 B 的速度沿水平方向；连杆 AB 做平面运动，已知销钉 A 和销钉 B 的速度方向。通过 A，B 两点分别作 $\boldsymbol{v}_A$，$\boldsymbol{v}_B$ 的垂线，交点 C 就是连杆 AB 的速度瞬心（图 5-15）。

销钉 A 连接曲柄 OA 和连杆 AB，故销钉 A 的速度 $\boldsymbol{v}_A$ 应同时满足两构件的运动情况，即

$$v_A = \omega \cdot OA = \omega_{AB} \cdot AC$$

所以

$$\omega_{AB} = v_A/AC = r\omega/AC = \omega/3$$

销钉 B 连接连杆 AB 和滑块 B，因此销钉 B 的速度为

$$v_B = \omega_{AB} \cdot BC = \frac{2\sqrt{3}\omega r}{3}$$

由 ω_{AB} 的转向可知，$\boldsymbol{v}_B$ 的指向如图 5-15 所示，向左。

图 5-15

【例 5-3】 如图 5-16 所示，火车轮子沿直线轨道滚动而无滑动，车轮的凸缘是半径为 r 的凸轮，凸轮的下边缘与轨道接触，半径为 R 的轮体悬于轨道一侧。已知车轮中心 O 的速度为 v_O，求车轮上 A_1，A_2，A_3，A_4 各点的速度，其中，A_2，O，A_4 三点在同一水平线上，A_1，O，A_3 三点在同一铅垂线上。

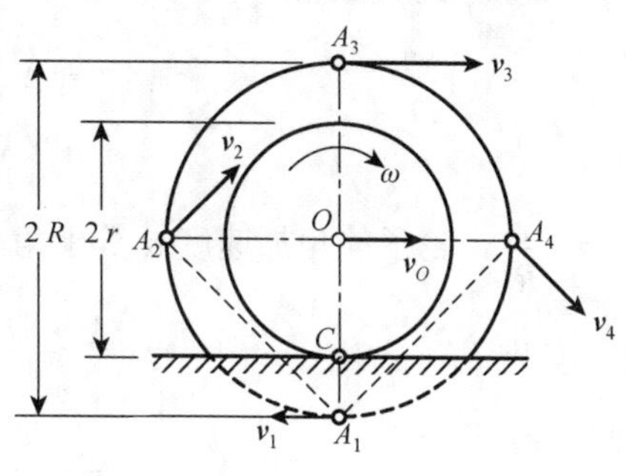

图 5-16

解 因凸轮在直线轨道滚动而无滑动，故凸轮与轨道的接触点 C 是车轮的速度瞬心。设车轮转动的角速度为 ω，则由速度瞬心知：$v_O = r\omega$，求得车轮角速度为

$$\omega = \frac{v_O}{r}$$

转向如图所示。

图 5-16 中各点的速度由速度瞬心法分别为

$$v_1 = A_1C\cdot\omega = \frac{R-r}{r}v_0,\qquad v_2 = A_2C\cdot\omega = \frac{\sqrt{R^2+r^2}}{r}v_0$$

$$v_3 = A_3C\cdot\omega = \frac{R+r}{r}v_0,\qquad v_4 = A_4C\cdot\omega = \frac{R-r}{r}v_0$$

速度方向分别垂直于 A_1C，A_2C，A_3C，A_4C，指向如图 5-16 所示。

5.4 平面运动刚体上点的加速度

如前所述，平面运动可以视为随基点平动和绕基点转动的合成运动，于是，可以应用加速度合成定理求刚体上任意一点的加速度。

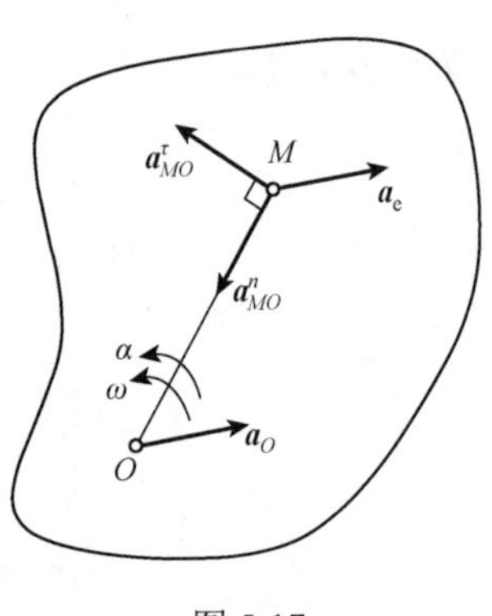

图 5-17

如图 5-17 所示，某瞬时，已知平面运动刚体上 O 点的加速度为 $\boldsymbol{a}_O$，刚体转动角速度为 ω，角加速度为 α，取点 O 为基点，则刚体上任意一点 M 的牵连加速度为 $\boldsymbol{a}_e=\boldsymbol{a}_O$。$M$ 点的相对运动是刚体绕 O 点的转动。相对加速度有切向和法向两个分量，用 $\boldsymbol{a}^{\tau}_{MO}$ 和 $\boldsymbol{a}^{n}_{MO}$ 表示，下标表示 M 点相对 O 点的运动。切向加速度 $\boldsymbol{a}^{\tau}_{MO}$ 大小为 $a^{\tau}_{MO}=OM\cdot\alpha$，方向垂直于 OM，指向顺着 α 的转向；法向加速度 $\boldsymbol{a}^{n}_{MO}$ 的大小为 $a^{n}_{MO}=OM\cdot\omega^2$，方向沿 OM，指向 O 点。根据牵连运动为平动的加速度合成定理，平面运动刚体上任一点的加速度为

$$\boldsymbol{a}_M=\boldsymbol{a}_O+\boldsymbol{a}_{MO}=\boldsymbol{a}_O+\boldsymbol{a}^{\tau}_{MO}+\boldsymbol{a}^{n}_{MO}\tag{5-4}$$

平面运动刚体上任一点的加速度等于基点的加速度与绕基点转动的切向加速度和法向加速度的矢量和，称为求平面运动刚体上点加速度的基点法。

【例 5-4】 如图 5-18（a）所示，轮子沿直线轨道做纯滚动。已知轮子半径为 R，轮心的速度为 $\boldsymbol{v}_O$，加速度为 $\boldsymbol{a}_O$，求轮子与地面接触点 C 的加速度。

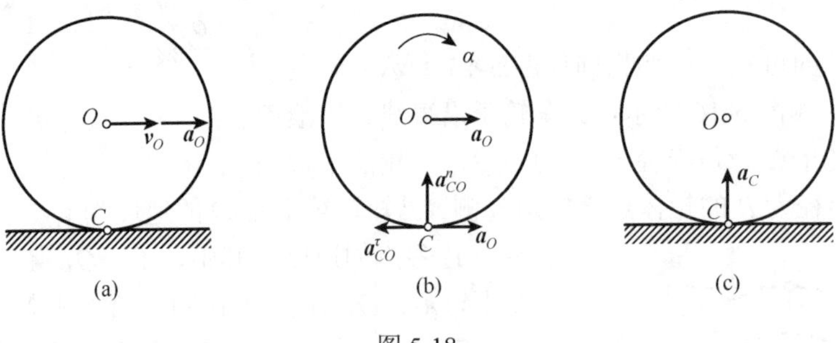

图 5-18

解 由例 5-3 知，轮子做纯滚动时，轮子的角速度为 $\omega=\dfrac{v_O}{R}$，轮子的角加速度 α 等于角速度对时间的一阶导数，即 $\alpha=\dfrac{\mathrm{d}\omega}{\mathrm{d}t}=\dfrac{\mathrm{d}}{\mathrm{d}t}\left(\dfrac{v_O}{R}\right)$，$R$ 为常量。因此

$$\alpha=\frac{a_O}{R}\tag{5-5}$$

轮子做平面运动。取轮心 O 为基点，接触点 C 的加速度为

$$\boldsymbol{a}_C = \boldsymbol{a}_O + \boldsymbol{a}_{CO}^{\tau} + \boldsymbol{a}_{CO}^{n}$$

式中：$a_{CO}^{\tau} = R\alpha = a_O$，$a_{CO}^{n} = R\omega^2 = \dfrac{v_O^2}{R}$，画加速度矢量图如图 5-18（b）所示。

由于 $\boldsymbol{a}_O$ 与 $\boldsymbol{a}_{CO}^{\tau}$ 的大小相等，方向相反，于是有

$$\boldsymbol{a}_C = \boldsymbol{a}_O + \boldsymbol{a}_{CO}^{\tau} + \boldsymbol{a}_{CO}^{n} = \boldsymbol{a}_{CO}^{n}$$

$$a_C = a_{CO}^{n} = \frac{v_O^2}{R}$$

由此可知，速度瞬心 C 的加速度不等于零。当轮子在地面上做纯滚动时，速度瞬心 C 的加速度大小为$\dfrac{v_O^2}{R}$，方向指向轮心，如图 5-18（c）所示。

【例 5-5】 如图 5-19（a）所示，曲柄连杆机构中，曲柄 OA 长 r，连杆 AB 长 l，曲柄以匀角速度 ω 转动。当 OA 与水平线的夹角 $\theta = 45°$时，OA 正好与 AB 垂直，求此瞬时连杆 AB 的角加速度和滑块 B 的加速度。

解　（1）速度分析。如图 5-19（a）所示，OA 杆做定轴转动，可确定销钉 A 的速度方向；滑块 B 做直线平动，可确定销钉 B 的速度方向；连杆 AB 做平面运动，A，B 两点速度的方向已确定。分别作 $\boldsymbol{v}_A$，$\boldsymbol{v}_B$ 的垂线，交点 C 是连杆 AB 的速度瞬心。

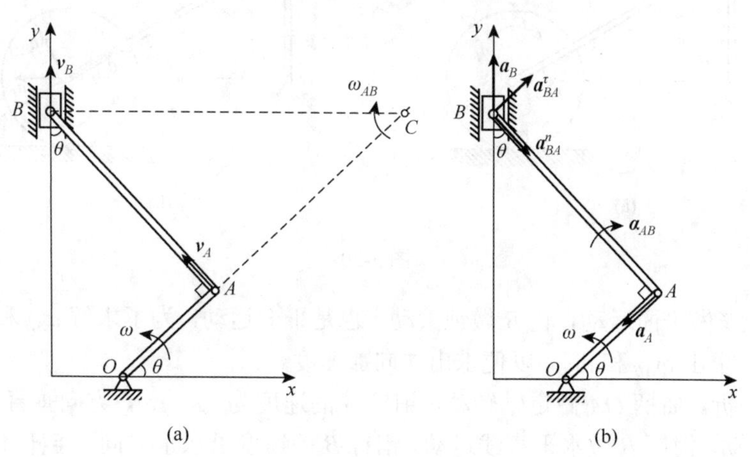

图 5-19

OA 杆做定轴转动，$v_A = \omega \cdot OA = \omega r$。又 $v_A = \omega_{AB} \cdot AC$，有

$$\omega_{AB} = \frac{v_A}{AC} = \frac{\omega r}{l}$$

（2）加速度分析。OA 杆做匀速定轴转动，销钉 A 只有法向加速度，没有切向加速度，$a_A = r\omega^2$，方向沿 OA 指向 O 点。连杆 AB 做平面运动，以 A 为基点，B 点的加速度为

$$\boldsymbol{a}_B = \boldsymbol{a}_A + \boldsymbol{a}_{BA}^{\tau} + \boldsymbol{a}_{BA}^{n} \quad ①$$

画加速度矢量图如图 5-19（b）所示，其中，$\boldsymbol{a}_B$可由滑块的直线平动确定方向，设其铅直向上，大小未知；$a_{BA}^n = l\omega_{AB}^2$，方向沿 BA 指向 A 点；$\boldsymbol{a}_{BA}^\tau$ 的大小未知，可表示为$a_{BA}^\tau = l\alpha_{AB}$，方向垂直于 BA，指向与 α_{AB} 转向一致。因此，矢量等式中，只有$\boldsymbol{a}_B$，$\boldsymbol{a}_{AB}^\tau$（或 α_{AB}）的大小两个未知量。

将矢量等式①向 x 轴投影，得

$$0 = -a_A\cos\theta + a_{BA}^\tau\cos\theta + a_{BA}^n\sin\theta$$

解得

$$\alpha_{AB} = \frac{r}{l^2}\omega^2(l-r)$$

方向为顺时针转向。再将矢量等式①向 AB 方向投影，得$a_B\cos\theta = -a_{BA}^n$，所以

$$a_B = -\sqrt{2}\cdot\frac{r^2}{l}\cdot\omega^2$$

式中：负号说明实际方向与图中假设方向相反。

【例 5-6】 曲柄 $OA=r$，以匀角速度 ω 绕定轴 O 转动。连杆 $AB=2r$，轮 B 半径为 r，在地面上滚动而不滑动，如图 5-20 所示。求曲柄在图示铅直位置时，连杆 AB 及轮 B 的角加速度。

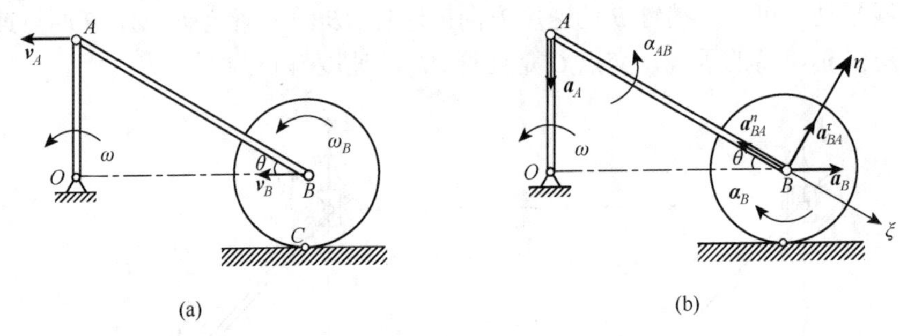

图 5-20

解 连杆 AB 做平面运动，轮 B 做纯滚动，也是平面运动，为了求解 $\boldsymbol{\alpha}_{AB}$ 和 $\boldsymbol{\alpha}_B$，在做加速度分析前，要先求出 ω_{AB} 和 ω_B，以便求出法向加速度。

（1）速度分析。曲柄 OA 做定轴转动，销钉 A 的速度为 $v_A=r\omega$，方向垂直 OA，指向顺着 ω。轮 B 做纯滚动，销钉 B 做水平直线运动，销钉 B 的速度沿水平方向。连杆 AB 做平面运动，已知 A 点速度 $\boldsymbol{v}_A$ 的方向和 B 点速度 $\boldsymbol{v}_B$ 的方向，此瞬时 $\boldsymbol{v}_A /\!/ \boldsymbol{v}_B$，瞬心在无穷远处，连杆 AB 做瞬时平动，因此得 $\omega_{AB}=0$，$v_B=v_A=r\omega$（向左）。轮 B 做纯滚动，接触点 C 是速度瞬心，因此有

$$\omega_B = \frac{v_B}{r} = \omega \quad (\text{逆时针})$$

$\boldsymbol{v}_A$，ω_B，$\boldsymbol{v}_B$ 的方向如图 5-20（a）所示。

（2）加速度分析。曲柄 OA 做匀速定轴转动，销钉 A 只有法向加速度，大小为 $a_A=\omega^2 r$，方向铅直向下。销钉 B 做水平直线运动，销钉 B 的加速度 $\boldsymbol{a}_B$ 沿水平方向，暂设向右，大小未

知。连杆 AB 做平面运动，选 A 为基点，B 点的加速度表示为

$$\boldsymbol{a}_B = \boldsymbol{a}_A + \boldsymbol{a}_{BA}^{\tau} + \boldsymbol{a}_{BA}^{n} \quad ①$$

画加速度矢量图如图 5-20（b）所示。其中，$a_{BA}^n = AB \cdot \omega_{AB}^2 = 0$；$\boldsymbol{a}_{BA}^{\tau}$ 的大小未知，表示为 $a_{BA}^{\tau} = AB \cdot \alpha_{AB}$，方向垂直于 AB，指向随 α_{AB}，暂设逆时针转向。于是，在矢量等式中，只有 $\boldsymbol{a}_B$，$\boldsymbol{\alpha}_{AB}$ 两个未知量。

将矢量等式①分别向 ξ 和 η 轴上投影，得

$$a_B \cos\theta = -a_{BA}^n + a_A \sin\theta \quad (\eta\ 轴)$$

$$a_B \sin\theta = a_{BA}^{\tau} - a_A \cos\theta \quad (\xi\ 轴)$$

解出

$$a_B = a_A \tan\theta = \frac{\sqrt{3}}{3} r\omega^2, \qquad a_{BA}^{\tau} = a_A \sec\theta = \frac{2}{3}\sqrt{3}\, r\omega^2$$

所以

$$\alpha_{AB} = \frac{a_{BA}^{\tau}}{AB} = \frac{\sqrt{3}}{3}\omega^2 \quad (逆时针)$$

由此看出，AB 杆在图示位置做瞬时平动，角速度等于零，但角加速度不等于零。轮 B 做纯滚动，角加速度为

$$\alpha_B = \frac{a_B}{r} = \frac{\sqrt{3}}{3}\omega^2 \quad (顺时针)$$

习 题 5

1. 如题图 5-1 所示四连杆机构中，$OA = O_1B = 0.5AB = l$，曲柄以角速度 $\omega = 3$ rad/s 绕 O 轴转动。求在图示位置时杆 AB 和杆 O_1B 的角速度。

2. 如题图 5-2 所示机构中，曲柄 OA 以匀速 $n = 90$ r/min 绕 O 轴转动，带动 AB 和 CD 运动。求当 AB 与 OA，CD 两两垂直时，杆 CD 的角速度及 D 点的速度。

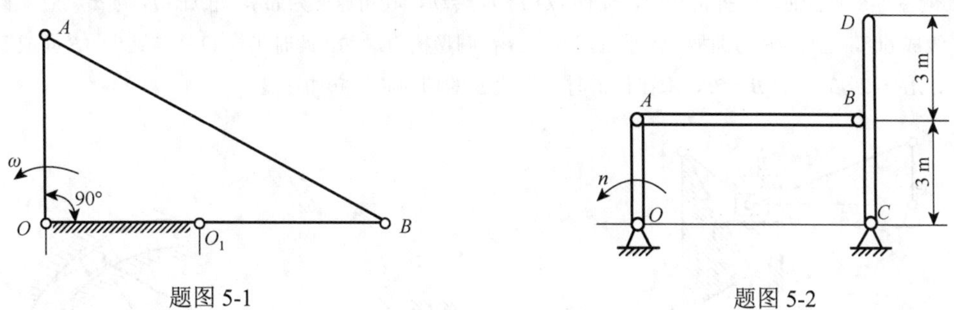

题图 5-1　　　　题图 5-2

3. 如题图 5-3 所示曲柄摆杆机构中，已知曲柄 $OA = 20$ cm，匀转速 $n = 50$ r/min，摆杆 $BO_1 = 40$ cm。试求图示位置摆杆 BO_1 和连杆 AB 的角速度。

4. 如题图 5-4 所示筛动机构中，筛子的摆动由曲柄连杆机构带动。已知曲柄 OA 的转速 $n_{OA} = 40$ r/min，$OA = 0.3$ m。当筛子 BC 运动到与点 O 在同一水平线上时，AB 垂直于 OA。求该瞬时筛子 BC 的速度。

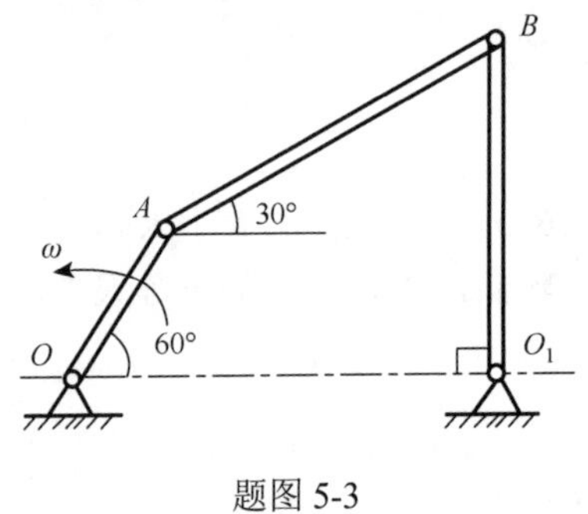

题图 5-3

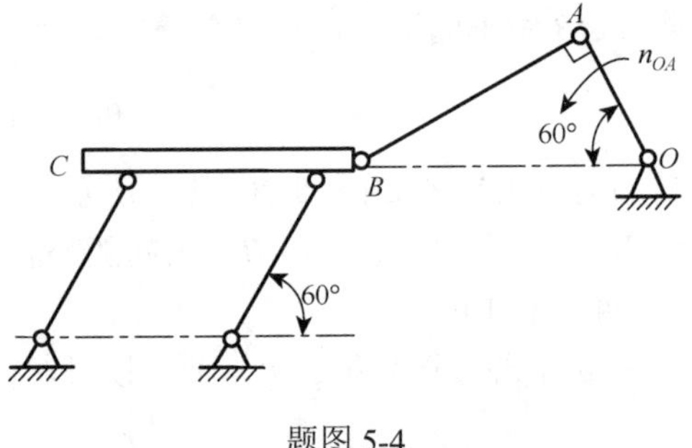

题图 5-4

5. 如题图 5-5 所示四连杆机构中，连杆 AB 上固结一块三角板 ABD，机构由曲柄 O_1A 带动。已知曲柄的角速度 $\omega_{O_1A}=2\ \text{rad/s}$；$O_1A=0.1\ \text{m}$，$O_1O_2=0.05\ \text{m}$，$AD=0.05\ \text{m}$；当 O_1A 垂直于 O_1O_2 时，AB 平行于 O_1O_2，且 O_1AD 共线，$\varphi=30°$。求三角板 ABD 的角速度和点 D 的速度。

6. 如题图 5-6 所示双曲柄连杆机构的滑块 B 和 E 用 BE 杆连接，主动曲柄 OA 和从动曲柄 OD 都绕 O 转动。OA 以等角速度 $\omega_O=12\ \text{rad/s}$ 转动。已知：$OA=0.1\ \text{m}$，$OD=OE=0.12\ \text{m}$，$AB=0.26\ \text{m}$，$BE=0.12\ \text{m}$，$DE=0.12\sqrt{3}\ \text{m}$。求当曲柄 OA 垂直于 OB 时，从动曲柄 OD 和连杆 DE 的角速度。

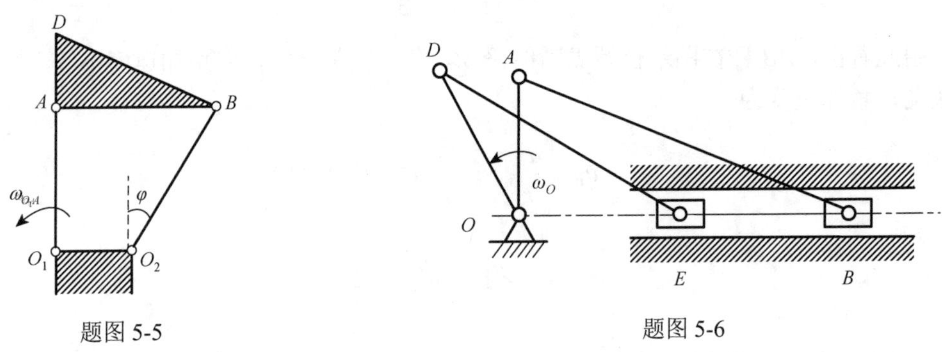

题图 5-5　　题图 5-6

7. 如题图 5-7 所示机构中，已知：$OA=0.1\ \text{m}$，$BD=0.1\ \text{m}$，$DE=0.1\ \text{m}$，$EF=0.1\sqrt{3}\ \text{m}$；曲柄 OA 的角速度 $\omega=4\ \text{rad/s}$。图示位置曲柄 OA 垂直于水平线 OB，DE 垂直于 EF，BDF 在铅垂线上。求杆 EF 的角速度和滑块 F 的速度。

8. 如题图 5-8 所示曲柄连杆机构中，曲柄 OA 绕 O 转动，其角速度为 ω_O，角加速度为 α_O。在某瞬时曲柄与水平线成 60°，连杆 AB 与曲柄 OA 垂直。滑块 B 在圆形槽内滑动，此时半径 O_1B 与连杆 AB 间成 30°角。如 $OA=r$，$AB=2\sqrt{3}\,r$，$O_1B=2r$，求在该瞬时，滑块 B 的切向和法向加速度。

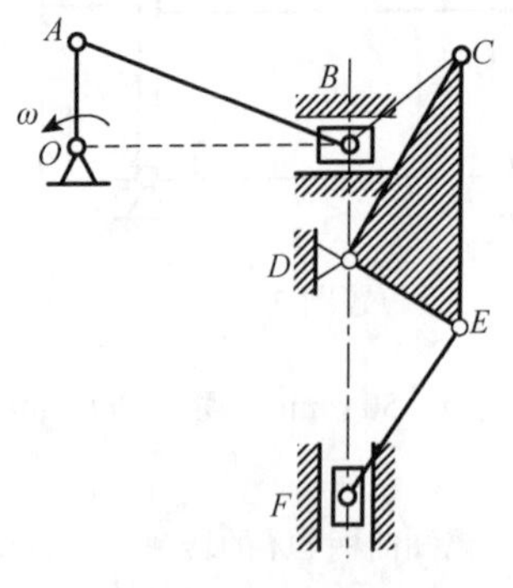

题图 5-7

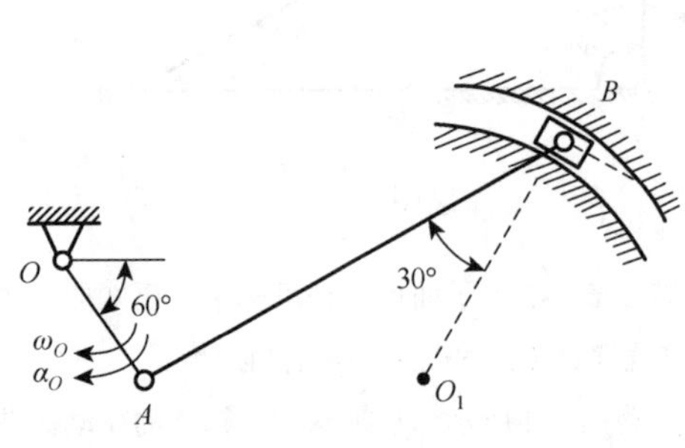

题图 5-8

9. 如题图 5-9 所示机构中，当曲柄 OA 铅垂向上时，摇杆 O_1B 也铅垂向上，OB 处于水平线。曲柄 OA 绕 O 转动的角速度 $\omega_O = 10$ rad/s，角加速度 $\alpha_O = 5$ rad/s。设 $OA = r = 20$ cm，$O_1B = 100$ cm，$AB = l = 120$ cm。求该瞬时 B 点的速度以及法向和切向加速度。

10. 如题图 5-10 所示机构中，柄 OA 长为 r，绕 O 轴以等角速度 ω_O 做定轴转动，$AB = 6r$，$BC = 3\sqrt{3}r$。求图示位置时，滑块 C 的速度和加速度。

11. 如题图 5-11 所示，曲柄 OA 以恒定角速度 $\omega = 2$ rad/s 绕轴 O 转动，带动连杆 AB 驱动半径为 r 的轮子在半径为 R 的圆弧槽中做纯滚动。设 $OA = AB = R = 2r = 1$ m，求图示瞬时点 B 和点 C 的速度与加速度。

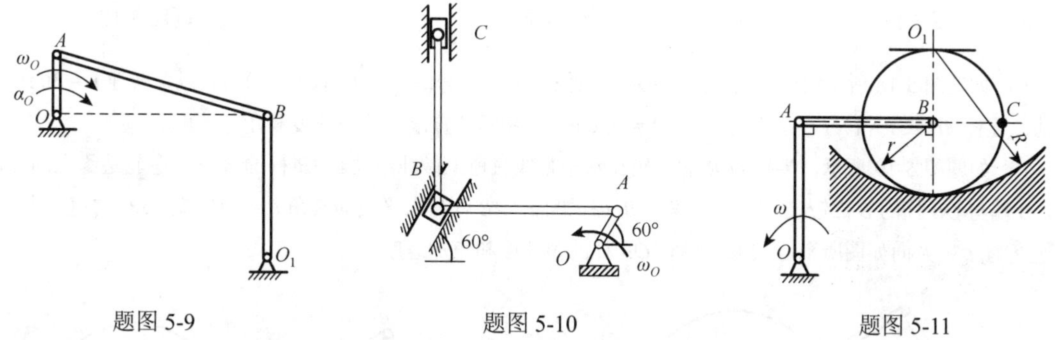

题图 5-9　　题图 5-10　　题图 5-11

12. 如题图 5-12 所示四连杆机构中，长为 r 的曲柄 OA 以匀角速度 ω_O 转动，连杆 AB 长 $L = 4r$，图示瞬时 OAB 共线，OO_1B 构成底角为 30°的等腰三角形。求此时连杆 AB 中点 M 的加速度。

13. 四连杆机构 $ABCD$ 的尺寸和位置如题图 5-13 所示。如 AB 杆以等角速度 $\omega = 1$ rad/s 绕 A 轴转动，求 C 点的加速度。

14. 题图 5-14 所示机构中，曲柄 OA 以等角速度 ω_O 绕 O 轴转动，且 $OA = O_1B = r$。在图示位置时 $\angle AOO_1 = 90°$，$\angle BAO = \angle BO_1O = 45°$，求此时 B 点加速度和 O_1B 杆的角加速度。

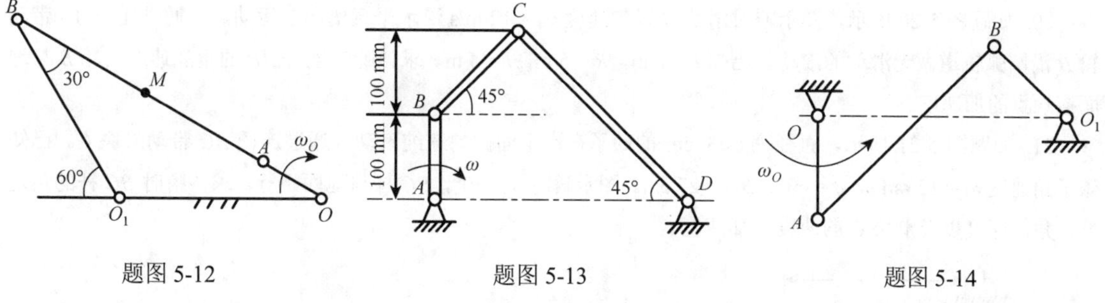

题图 5-12　　题图 5-13　　题图 5-14

15. 圆轮 O 在水平面做纯滚动，轮心 O 的速度为 $v_O = 100$ mm/s，$a_O = 0$，圆轮半径 $R = 200$ mm，连杆 BC 长 $l = 200\sqrt{26}$ mm，其一端与轮缘 B 点铰接，另一端与滑块 C 铰接，试求题图 5-15 所示位置时，C 滑块的速度与加速度。

16. 如题图 5-16 所示，圆轮 O 半径为 $r = 30$ cm，在水平轨道上纯滚动，轮上铰接一长为 $L = 70$ cm 的 AB 杆，当 OA 水平时，轮心 O 的速度为 $v_O = 20$ cm/s，加速度为 $a_O = 10$ cm/s^2。求此时 AB 杆的角速度和角加速度以及 B 点的速度和加速度。

17. 如题图 5-17 所示，滚轮 A 半径 $r = 10$ cm，沿水平轨道匀速滚动，轮心速度 $v_A = 200$ cm/s，连杆 BD 的 B 端与轮缘铰接，D 端与沿铅垂轨道滑动的滑块铰接。求图示位置 D 的速度和加速度。

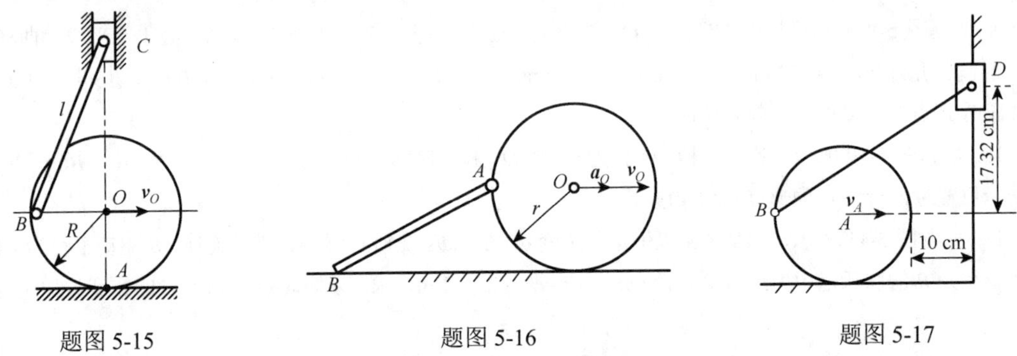

题图 5-15　　题图 5-16　　题图 5-17

18. 如题图 5-18 所示滚压机构，滚子沿水平面做纯滚动。已知曲柄 OA 长 $r = 10$ cm，以匀转速 $n = 30$ r/min 转动。连杆 AB 长 $l = 17.3$ cm，滚子半径 $R = 10$ cm。求图示位置滚子的角速度和角加速度。

19. 如题图 5-19 所示，半径为 R 的圆轮在水平直线轨道上做纯滚动。AB 杆的 A 端与圆轮边缘上的点铰接，B 端与 OB 杆的 B 点铰接。图所示瞬时 BO 杆铅直，AB 杆与水平线间夹角 $\theta = 30°$，轮心 C 的速度为 v_C，加速度为 a_C，方向如图所示，试求该瞬时 OB 杆的角速度和角加速度。

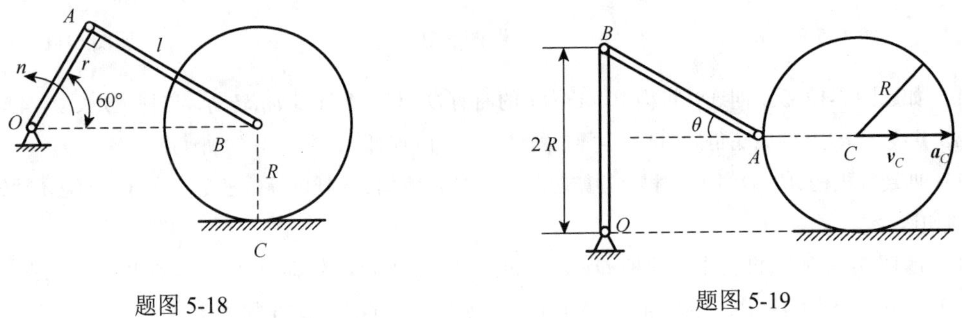

题图 5-18　　题图 5-19

20. 如题图 5-20 所示，图示瞬时滑块 A 以匀速度 $v_A = 12$ m/s 沿水平直槽向左运动，并通过连杆 AB 带动轮 B 沿圆弧轨道做无滑动的滚动。已知 $r = 2$ m，$R = 5$ m，$l = 4$ m。求该瞬时连杆 AB 的角加速度及轮 B 与地面接触点的加速度。

21. 如题图 5-21 所示，直径为 $6\sqrt{3}$ cm 的碾子在水平面做匀速纯滚动，通过连杆 BC 带动滑块 C。已知碾子角速度 $\omega = 12$ rad/s，$\beta = 60°$，$BC = 27$ cm。图示瞬时 $\alpha = 30°$，BC 杆与地面平行，求该瞬时 BC 杆的角速度、角加速度以及滑块 C 的速度、加速度。

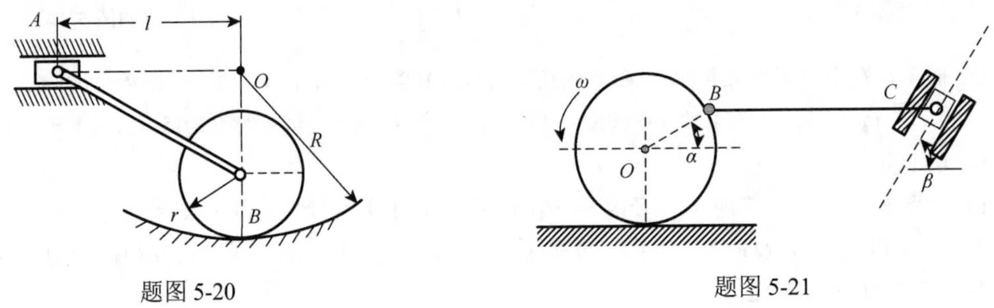

题图 5-20　　题图 5-21

第三篇 动 力 学

在静力学中，讨论了刚体系在力系的作用下处于静止状态时，力系的等效和平衡条件，没有讨论在不平衡力系作用下，刚体系的运动及力与运动之间的关系。在运动学中，研究刚体系的运动、速度和加速度，没有考虑引起运动的外部因素。动力学将作用于刚体系的外力系与刚体系运动量的变化结合起来，分析物体的机械运动，研究作用在刚体系上的力与运动变化之间的关系，建立物体机械运动的普遍规律，动力学是研究刚体系的机械运动与作用力之间关系的科学。

动力学的形成和发展与社会的发展密切联系。在科学技术飞速发展的今天，对动力学提出了更加复杂的课题。例如，船舶动力装置中高速旋转机械的运动分析与动力计算、爆炸和冲击对船舶结构的影响、宇宙飞船与推进技术等，都需要以动力学理论作为基础。

动力学研究的力学模型有质点和质点系。质点是具有一定质量而几何形状和尺寸可以忽略不计的物体。例如，在研究人造地球卫星的运动时，卫星的形状和大小对所研究的问题没有什么影响，可将卫星抽象为一个位于质心的质点。如果物体的形状和大小在所研究的问题中不可忽略，则物体应抽象为质点系。质点系是由几个或无限个相互有联系的质点所组成的系统，质点系既包括刚体和可变形固体与流体，也包括多个物体组成的刚体系统，所以质点系是动力学中最广泛的抽象模型。

动力学可分为质点动力学和质点系动力学，前者是后者的基础。动力学主要研究质点系的两类动力学问题：

（1）已知质点系的运动状况，求作用于质点系的力；

（2）已知作用于质点系的力，求质点系的运动状况。

本篇内容包括：动量定理、动量矩定理和动能定理。动量定理、动量矩定理和动能定理称为动力学普遍定理，这些定理从不同的侧面揭示了质点系的运动和受力之间的关系，可以求解一般质点系动力学问题。

第 6 章

动量定理与动量矩定理

动量定理和动量矩定理建立了作用于质点系的外力系与动量和动量矩变化之间的关系，揭示了质点系机械运动的一般规律。本章介绍质点系的动量定理和动量矩定理，重点阐述如何利用质点系动量定理和动量矩定理求解质点系尤其是刚体系统的动力学问题。

6.1 动 量 定 理

6.1.1 质心和动量的概念

1. 质心

质点系的运动不仅与作用在质点系上的力及各质点质量的大小有关，而且与质量分布情况有关。质点系的总质量被认为集中在一点的假想点称为**质心**（center of mass）。质心是一个与质量分布有关的点，描述质点系质量分布的平均位置。质点系总质量对坐标轴的矩等于各质点的质量对同一坐标轴的矩之和。

如图 6-1 所示，由 n 个质点组成的质点系，第 i 个质点 M_i 的质量为 m_i，相对于某一固定点 O 的矢径为 $\boldsymbol{r}_i$，则质心的位置由下式确定

$$\boldsymbol{r}_C = \frac{\sum m_i \boldsymbol{r}_i}{m} \tag{6-1}$$

式中：m 是质点系的总质量，$m = \sum m_i$。

在直角坐标系中，质心坐标为

$$x_C = \frac{\sum m_i x_i}{m}, \quad y_C = \frac{\sum m_i y_i}{m}, \quad z_C = \frac{\sum m_i z_i}{m} \tag{6-2}$$

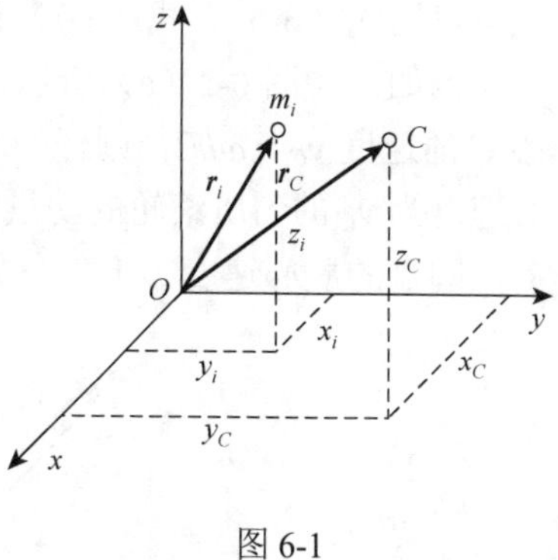

图 6-1

质点系的质心仅与各质点的质量大小和分布有关。若选择不同的坐标系，质心坐标的数值会有所不同，但质心的位置是唯一的，与坐标系的选择无关，是刚体内确定的点。在重力场中，质心与重心的位置重合，但二者概念不同，质心是质点系固有且始终存在的，完全取决于质点系的质量分布情况，与所受的力无关；而重心只在重力场中存在，它是质点系各质点所受重力合力的作用点。质心比重心具有更广泛的意义。对于均质刚体，质心位于几何中心。

2. 动量

在生活中，我们很容易接住快速飞来的网球，却很难阻挡一辆缓慢驶来的汽车。舰艇靠

岸时，速度虽然很小，但由于质量很大，舰员操作稍有失误，就可能使舰艇或岸上设施遭受破坏。物体之间经常有机械运动的相互传递，经验告诉我们，物体在传递机械运动时所产生的相互作用力不仅与物体的速度变化有关，而且与它们的质量有关。同时，力的作用会改变物体的运动状态或改变物体的运动强度。质点的质量与速度的乘积称为**质点的动量**（momentum of particle），表征质点运动的强度，记为 $\boldsymbol{k}$，即

$$\boldsymbol{k} = m\boldsymbol{v} \tag{6-3}$$

质点的动量是矢量，其方向与速度的方向相同，同时动量又是时间的函数，在不同瞬时，动量的大小和方向都可能发生变化。在国际单位制中，动量的单位为 kg·m/s。

质点系各质点动量的矢量和称为**质点系的动量**（momentum of particle system），即

$$\boldsymbol{K} = \sum \boldsymbol{k}_i = \sum m_i \boldsymbol{v}_i \tag{6-4}$$

式中：$\boldsymbol{k}_i$ 为第 i 个质点的动量；m_i 为第 i 个质点的质量；$\boldsymbol{v}_i$ 为第 i 个质点的速度。

对式（6-1）求导得

$$\boldsymbol{v}_C = \frac{\sum m_i \boldsymbol{v}_i}{m} \tag{6-5}$$

式中：$\boldsymbol{v}_C$ 是质点系质心的速度，代入式（6-4）有

$$\boldsymbol{K} = m\boldsymbol{v}_C \tag{6-6}$$

质点系的动量等于质心速度与总质量的乘积。可以认为质点系的动量反映其全部质点随质心平动的运动特征。

在直角坐标系中，投影式为

$$K_x = mv_{Cx}, \quad K_y = mv_{Cy} \tag{6-7}$$

式中：v_{Cx}，v_{Cy} 为质心速度在 x，y 轴上的投影。刚体是质点系，确定了刚体的质心速度后，就可以用式（6-6）、式（6-7）计算刚体的动量。

例如，如图 6-2（a）所示，长为 l、质量为 m 的均质细杆以角速度 ω 绕 O 点转动，杆质心 C 的速度 $v_C = \omega l/2$，则杆的动量为 mv_C，方向与 $\boldsymbol{v}_C$ 相同。在图 6-2（b）中，质量为 m、轮心速度为 v_C 的匀质滚轮的动量为 mv_C。图 6-2（c）中，均质圆盘绕 O 轴以角速度 ω 做定轴转动，圆盘的质心速度等于零，故其动量为零。

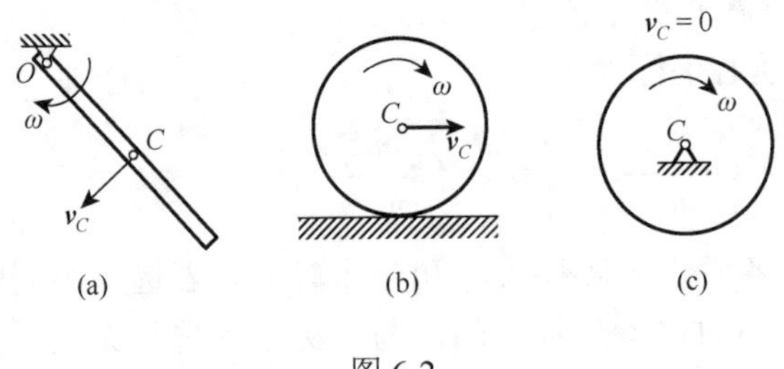

图 6-2

3. 刚体系统的动量

刚体系各刚体动量的矢量和称为**刚体系的动量**（momentum of a rigid system），即

$$\boldsymbol{K} = \sum \boldsymbol{k}_i = \sum m_i \boldsymbol{v}_{Ci} \tag{6-8}$$

式中：$\boldsymbol{k}_i$ 为第 i 个刚体的动量；m_i 为第 i 个刚体的质量；$\boldsymbol{v}_{Ci}$ 为第 i 个刚体的质心速度。

6.1.2 质点和质点系的动量定理

1. 质点的动量定理

由牛顿第二定律：$m\boldsymbol{a}=\boldsymbol{F}$，$\boldsymbol{a}=\dfrac{\mathrm{d}\boldsymbol{v}}{\mathrm{d}t}$，有$\dfrac{\mathrm{d}(m\boldsymbol{v})}{\mathrm{d}t}=\boldsymbol{F}$，即

$$\frac{\mathrm{d}\boldsymbol{k}}{\mathrm{d}t}=\boldsymbol{F} \tag{6-9}$$

质点的动量对时间的变化率等于作用在质点上的力称为**质点动量定理**（momentum theorem of particle）。

2. 质点系的动量定理

如图 6-3 所示，质点系中任意质点的质量为 m_i，速度为 $\boldsymbol{v}_i$，动量为 $\boldsymbol{k}_i$，受力为 $\boldsymbol{F}_i$。作用在质点上的力分为两类：一类是内部质点的作用力，一类是质点系外部的作用力。力 $\boldsymbol{F}_i$ 包括质点系内其他质点的作用力 $\boldsymbol{F}_i^{(i)}$ 和质点系外物体的作用力 $\boldsymbol{F}_i^{(e)}$，其中，$\boldsymbol{F}_i^{(i)}=\boldsymbol{F}_{i1}^{(i)}+\boldsymbol{F}_{i2}^{(i)}+\cdots+\boldsymbol{F}_{in}^{(i)}$，$\boldsymbol{F}_i^{(e)}=\boldsymbol{F}_{i1}^{(e)}+\boldsymbol{F}_{i2}^{(e)}+\cdots$。对该质点应用动量定理有

$$\frac{\mathrm{d}\boldsymbol{k}_i}{\mathrm{d}t}=\boldsymbol{F}_i=\boldsymbol{F}_i^{(i)}+\boldsymbol{F}_i^{(e)}$$

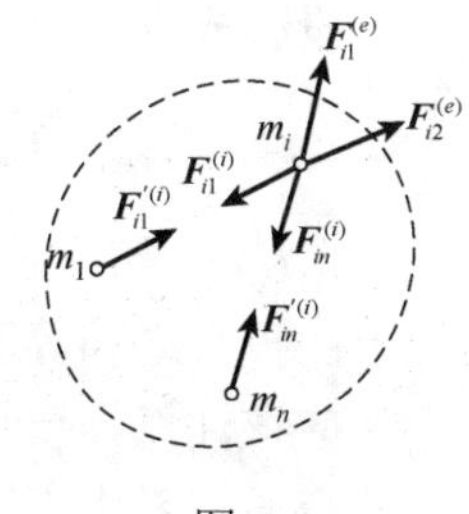

图 6-3

上式适用质点系内所有质点，所有等式求和得

$$\sum\frac{\mathrm{d}\boldsymbol{k}_i}{\mathrm{d}t}=\sum\boldsymbol{F}_i=\sum\boldsymbol{F}_i^{(i)}+\sum\boldsymbol{F}_i^{(e)}$$

式中：$\sum\boldsymbol{F}_i^{(i)}$ 是作用于质点系上内力系的合力，由于质点系内质点间的相互作用力总是成对出现，一对力中的作用力与反作用力等值反向，所以$\sum\boldsymbol{F}_i^{(i)}=0$；而$\sum\boldsymbol{F}_i^{(e)}$ 是作用于质点系上外力系的合力。交换左端求和与求导的次序，有

$$\frac{\mathrm{d}}{\mathrm{d}t}\sum\boldsymbol{k}_i=\sum\boldsymbol{F}_i^{(e)}$$

即

$$\frac{\mathrm{d}\boldsymbol{K}}{\mathrm{d}t}=\sum\boldsymbol{F}_i^{(e)}=\boldsymbol{R}^{(e)} \tag{6-10}$$

质点系的动量对时间的一阶导数等于作用在质点系上外力系的矢量和称为**质点系动量定理**（momentum theorem of particle system）。质点系动量定理反映了质点系所受外力与质点系动量变化之间的关系。

在直角坐标系中，投影式为

$$\begin{cases}\dfrac{\mathrm{d}K_x}{\mathrm{d}t}=\sum F_{ix}^{(e)}\\[2mm]\dfrac{\mathrm{d}K_y}{\mathrm{d}t}=\sum F_{iy}^{(e)}\end{cases} \tag{6-11}$$

质点系的动量在某坐标轴上的投影对时间的一阶导数，等于作用在质点系上的所有外力在该轴上投影的代数和。

由动量定理可知，质点系动量的变化只取决于作用在质点系上的外力系。质点系的内力

不能改变系统动量，但可以使系统内各质点间彼此进行动量交换。此外，动量定理中的速度是绝对速度。刚体是质点系，动量定理适用于刚体和刚体系。

3. 动量守恒

如果作用在质点系上的外力系合力为零，即 $\boldsymbol{R}^{(e)}=\sum \boldsymbol{F}_i^{(e)}=0$。

根据动量定理有

$$\frac{\mathrm{d}\boldsymbol{K}}{\mathrm{d}t}=0 \quad 或 \quad \boldsymbol{K}=\boldsymbol{K}_0=常量 \tag{6-12}$$

式中：$\boldsymbol{K}_0$ 为初始时刻系统动量。即外力系的合力等于零，则质点系的动量保持不变，称为**动量守恒**（conservation of momentum）。

投影式为

$$\frac{\mathrm{d}K_x}{\mathrm{d}t}=0 \quad 或 \quad K_x=K_{x0}=常量 \tag{6-13}$$

式中：K_{x0} 为初始时刻系统动量在 x 轴上的投影。即：如果作用在质点系的外力系在某一坐标轴上的投影之和等于零，则质点系动量在此轴上守恒。

应该注意，质点系动量是否守恒仅与质点系所受的外力有关，而与内力无关，但内力可以改变质点系内不同部分质点的动量分布。如图 6-4 所示，汽车发动机汽缸内气体爆炸时产生的爆炸力，对汽车来说是内力，不能改变汽车的动量，不能驱动汽车行驶。汽车必须靠车轮与路面的摩擦力驱动才能行驶，如果没有摩擦，汽车将不能行进。一般情况，汽车是后轮驱动的，汽车后轮的摩擦力 $\boldsymbol{F}_1$ 提供汽车前进的动力，称为汽车行驶的牵引力或驱动力。

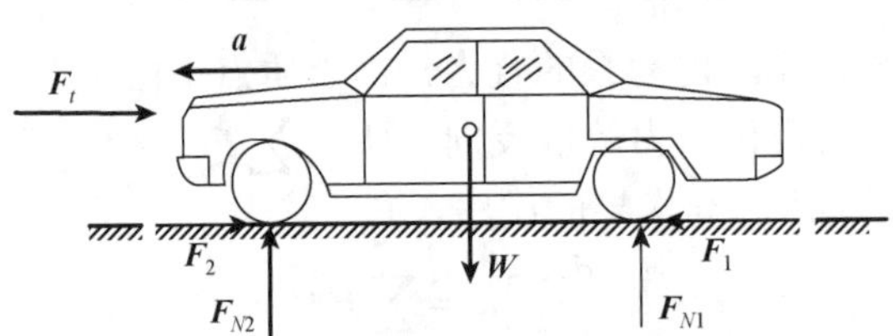

图 6-4

扫码观看

【例 6-1】 如图 6-5（a）所示，电机定子与基座的质量为 M，转子的质量为 m，偏心距为 e，以等角速度 ω 转动。若将电机放置在一刚性地基上，试求地基作用在电机上的约束力。

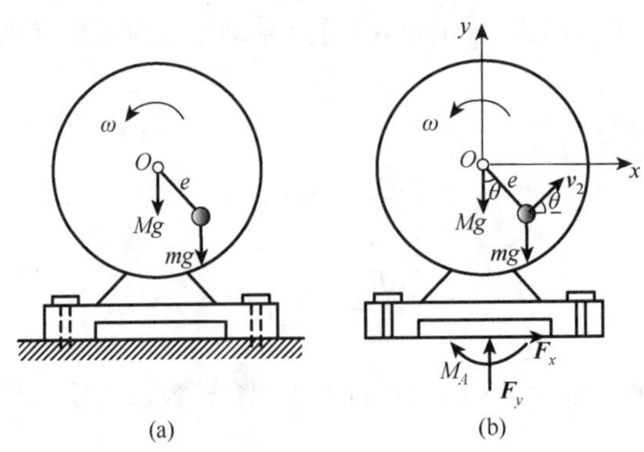

图 6-5

解　以整个电机为分析对象，其中包括电机转子、定子与基座。系统受力如图 6-5（b）所示。定子和基座质心静止不动，没有动量；转子质心速度为 $v_2=\omega e$，动量为 $m\boldsymbol{v}_2$；整个电机的动量等于转子的动量加上定子与基座的动量

$$\boldsymbol{K}=\boldsymbol{K}_1+\boldsymbol{K}_2=0+m\boldsymbol{v}_2=m\boldsymbol{v}_2$$

动量在坐标轴上的投影为

$$K_x=m\omega e\cos\omega t,\qquad K_y=m\omega e\sin\omega t$$

应用动量定理 $\dfrac{\mathrm{d}K_x}{\mathrm{d}t}=\sum F_{ix}^{(e)}$，$\dfrac{\mathrm{d}K_y}{\mathrm{d}t}=\sum F_{iy}^{(e)}$ 有

$$-m\omega^2 e\sin\omega t=F_x$$
$$m\omega^2 e\cos\omega t=F_y-(M+m)g$$

即

$$F_x=-m\omega^2 e\sin\omega t$$
$$F_y=(M+m)g-m\omega^2 e\cos\omega t$$

电机不转动时，电机受到基础的静反力为

$$F_{xsta}=0$$
$$F_{ysta}=(M+m)g$$

电机转动时，引起的附加动约束力为

$$F_{xdyna}=-m\omega^2 e\sin\omega t$$
$$F_{ydyna}=-m\omega^2 e\cos\omega t$$

【例 6-2】　如图 6-6 所示，一水柱以速度 $\boldsymbol{v}$ 沿水平方向射入一光滑固定叶片。水柱的射入速度 $\boldsymbol{v}$、流出速度为 $\boldsymbol{v}'$ 与叶片相切，水柱的截面面积为 A，密度为 ρ，水柱离开叶片时的倾斜角为 θ。求由于水流方向改变引起的水柱对叶片的附加约束力。

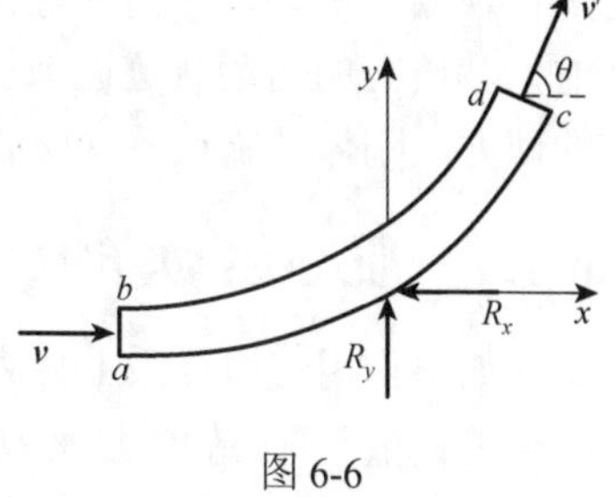

图 6-6

解　选取控制面 $abcd$ 内的流体作为研究对象。

水柱对叶片的动约束力为分布的面积力，如图 6-6 所示，R_x，R_y 分别表示附加动约束力合力的水平和铅垂分量。

时间间隔 Δt 内流入、流出控制面流体的质量为

$$\mathrm{d}m=\rho Av\mathrm{d}t$$

则动量的增量为

$$\mathrm{d}K_x=\rho Av\mathrm{d}tv'\cos\theta-\rho Av\mathrm{d}tv=\rho Av(v'\cos\theta-v)\mathrm{d}t$$
$$\mathrm{d}K_y=\rho Av\mathrm{d}tv'\sin\theta-0=\rho Av\mathrm{d}tv'\sin\theta$$

应用动量定理 $\dfrac{\mathrm{d}K_x}{\mathrm{d}t}=\sum F_{ix}^{(\mathrm{e})}$，$\dfrac{\mathrm{d}K_y}{\mathrm{d}t}=\sum F_{iy}^{(\mathrm{e})}$ 有

$$R_x=\rho Av(v-v'\cos\theta),\qquad R_y=\rho Avv'\sin\theta$$

6.1.3 质心运动定理

将质点系的动量式（6-6）代入质点系动量定理（6-10），有

$$\frac{\mathrm{d}}{\mathrm{d}t}(m\boldsymbol{v}_C)=\sum \boldsymbol{F}_i^{(e)}$$

对于质量不变的质点系，上式可改写为

$$m\frac{\mathrm{d}\boldsymbol{v}_C}{\mathrm{d}t}=\sum \boldsymbol{F}_i^{(e)} \quad 或 \quad m\boldsymbol{a}_C=\boldsymbol{R}^{(e)}=\sum \boldsymbol{F}_i^{(e)} \tag{6-14}$$

式中：$\boldsymbol{a}_C$ 为质心的加速度。质点系的质量与质心加速度的乘积等于作用于质点系上外力系的合力，称为**质心运动定理**（motion theorem of mass center）。从形式上看，质点系质心运动定理与质点的运动方程 $m\boldsymbol{a}=\boldsymbol{F}$ 相似，因此，质点系质心的运动，可以视为质点的运动，这个质点的质量等于质点系的总质量，其上作用有质点系的所有外力。

在直角坐标轴系中，投影式为

$$\begin{cases} ma_{Cx}=\sum F_{ix}^{(e)} \\ ma_{Cy}=\sum F_{iy}^{(e)} \end{cases} \tag{6-15}$$

在自然坐标轴系中，投影式为

$$\begin{cases} ma_{Cn}=m\dfrac{v_C^2}{\rho_C}=\sum F_{in}^{(e)} \\ ma_{C\tau}=m\dfrac{\mathrm{d}v}{\mathrm{d}t}=\sum F_{i\tau}^{(e)} \end{cases} \tag{6-16}$$

由质心运动定理可知，质点系的内力不影响质心的运动，只有外力才能改变质心的运动规律。与质点系动量定理相比，质心运动定理在工程上应用更广泛，而且可以直接解释某些工程现象。例如，在定向爆破中，爆破时质点系中各质点的运动轨迹不同，但在土石块落地前，其质心的运动轨迹近似一抛物线，根据质心运动定理，可初步估计出大部分土石块堆落的地方。刚体是质点系，质心运动定理适用于刚体和刚体系。

6.1.4 质心运动守恒

如果作用在质点系上外力系的合力为零，即 $\boldsymbol{R}^{(e)}=0$，则质点系质心 C 的加速度 $\boldsymbol{a}_C=0$，$\boldsymbol{v}_C=$ 常矢量，质心做惯性运动；若初始时刻质点系质心静止，即 $\boldsymbol{v}_{C0}=0$，则质心矢径 $\boldsymbol{r}_C=\boldsymbol{r}_{C0}$，任意时刻质心位置始终保持不变称为**质心守恒**（conservation of mass center）。

质心守恒定律的投影式是若作用于质点系的外力系合力在 x 轴上投影为零：$R_x^{(e)}=0$，则 $v_{Cx}=v_{Cx0}=$ 常量；若初始时刻质点系质心速度在 x 轴上投影 $v_{Cx}=0$，则 $x_C=x_{C0}=$ 常量，质心在 x 轴的坐标始终保持不变。

扫码观看

【例 6-3】 如图 6-7（a）所示，电机定子与基座的质量为 M，转子的质量为 m，偏心距为 e，以等角速度 ω 转动。若将电机放置在一刚性地基上，试求：地基作用在电机上的约束力。

解 以整个电机为分析对象，其中包括电机转子、定子与基座。系统的受力如图 6-7（b）所示。

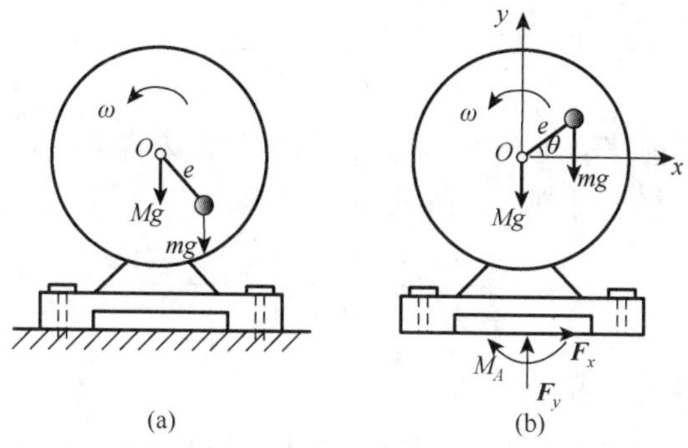

图 6-7

以转子中心为原点，建立直角坐标系。则定子同基座的质心位于 y 轴上，坐标为 $x_1 = 0$，$y_1 = c$，转子的质心坐标为 $x_2 = e\cos\omega t$，$y_2 = e\sin\omega t$。系统质心坐标为

$$x_C = \frac{m_1x_1 + m_2x_2}{m_1 + m_2} = \frac{me\cos\omega t}{M + m}, \qquad y_C = \frac{m_1y_1 + m_2y_2}{m_1 + m_2} = \frac{me\sin\omega t + mc}{M + m}$$

对时间求二阶导数，得质心的加速度

$$a_{Cx} = -\frac{me\omega^2\cos\omega t}{M + m}, \qquad a_{Cy} = -\frac{me\omega^2\sin\omega t}{M + m}$$

应用质心运动定理 $ma_{Cx} = \sum F_{ix}^{(e)}$，$ma_{Cy} = \sum F_{iy}^{(e)}$，得

$$-me\omega^2\cos\omega t = F_x$$

$$-me\omega^2\sin\omega t = N_y - (M + m)g$$

则

$$F_x = -me\omega^2\cos\omega t, \qquad F_y = (M + m)g - me\omega^2\sin\omega t$$

比较例 6-1 和例 6-3 可以发现，质心运动定理实际上就是动量定理的微分形式，二者本质上是一样的，但质心运动定理解题更方便。

【例 6-4】　如图 6-8（a）所示，小车长 $l = 2$ m，重 $m_1g = 2$ kN，放置在光滑地面上；车上有一人，重 $m_2g = 0.7$ kN，开始时车与人处于静止状态。如人从小车一端走到另一端，求小车水平移动的距离。

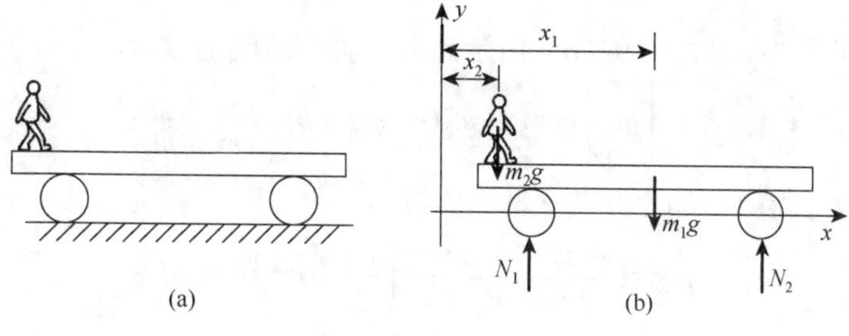

图 6-8

解　取小车和人组成的系统为研究对象，受力如图 6-8（b）所示。系统在水平方向不受力，且初始时刻处于静止状态，系统质心位置保持不变。建立直角坐标系如图所示，设开始时刻，小车和人的质心坐标分别为 x_1 和 x_2，则刚体系统的质心坐标为

$$x_C=\frac{m_1x_1+m_2x_2}{m_1+m_2}$$

设终了时刻，小车向前移动距离为 s，则人的移动距离为 $s_2=s+l$；人的绝对位移等于牵连位移与相对位移的和。终了时刻，系统的质心坐标为

$$x_C'=\frac{m_1(x_1+s)+m_2(x_2+s+l)}{m_1+m_2}$$

质心坐标保持不变有 $x_C=x_C'$

$$\frac{m_1x_1+m_2x_2}{m_1+m_2}=\frac{m_1(x_1+s)+m_2(x_2+s+l)}{m_1+m_2}$$

解得

$$s=-\frac{m_2l}{m_1+m_2}=-\frac{m_2gl}{m_1g+m_2g}=-0.52(\mathrm{m})$$

所以，小车向人运动的相反方向移动 0.52 m。

【例 6-5】 如图 6-9（a）所示，均质曲柄 AB 长为 r，质量为 m_1，受力偶作用以匀角速度 ω 转动，带动滑槽连杆以及活塞 D 运动。滑槽连杆以及活塞的总质量为 m_2，质心位置在 C 点。在活塞上作用一恒定力 $\boldsymbol{F}$，不计摩擦及滑块 B 的质量，求作用在曲柄轴 A 处的水平约束力。

解 选取刚体系统为研究对象。受力如图 6-9（b）所示，作用在水平方向上的外力有 X_A 和 F。

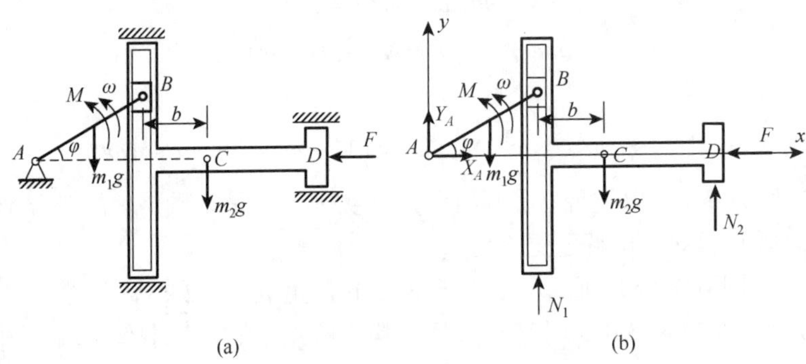

图 6-9

建立直角坐标系 Axy 如图 6-9（b）所示，系统质心的横坐标为

$$x_C=\left[m_1\frac{r}{2}\cos\varphi+m_2(r\cos\varphi+b)\right]\cdot\frac{1}{m_1+m_2}$$

对时间求二次导数，得质心加速度在 x 轴上的投影

$$a_{Cx}=\frac{\mathrm{d}^2x_C}{\mathrm{d}t^2}=\frac{-r\omega^2}{m_1+m_2}\left(\frac{m_1}{2}+m_2\right)\cos\omega t$$

应用质心运动定理的投影式：$ma_{Cx}=\sum F_{ix}^{(e)}$，有

$$(m_1+m_2)a_{Cx}=X_A-F$$

得

$$X_A=F-r\omega^2\left(\frac{m_1}{2}+m_2\right)\cos\omega t$$

则曲柄轴 A 处所受的最大水平力为

$$X_{A\max} = F + r\omega^2\left(\frac{m_1}{2} + m_2\right)$$

6.2　动量矩定理

动量矩定理建立了作用在质点系上外力系的力矩与动量矩变化之间的关系，描述质点系相对于某一定点（定轴）或质心的运动状态的理论，从另一个侧面揭示质点系机械运动的规律。

6.2.1　质点的动量矩定理

1. *质点动量矩的定义*

质点的动量对某点（或某轴）的矩称为**动量矩**（moment of momentum），又称**角动量**（angular momentum），描述质点绕某点（或某轴）转动的强度。

如图 6-10 所示，设质点 Q 某瞬时的动量为 $\boldsymbol{k} = m\boldsymbol{v}$，相对于定点 O 的矢径为 $\boldsymbol{r}$。质点 Q 的动量对于点 O 的矩定义为质点对于 O 点的动量矩，即

$$\boldsymbol{l}_O = M_O(m\boldsymbol{v}) = \boldsymbol{r}\times\boldsymbol{k} = \boldsymbol{r}\times m\boldsymbol{v} \tag{6-17}$$

式中：动量矩 $\boldsymbol{l}_O$ 是定位矢量，方向垂直于矢径 $\boldsymbol{r}$ 与 $m\boldsymbol{v}$ 所形成的平面，指向由右手螺旋法则确定，大小为

$$|M_O(m\boldsymbol{v})| = mvr\sin\varphi$$

在国际单位制中，动量矩的单位为 kg·m²/s。

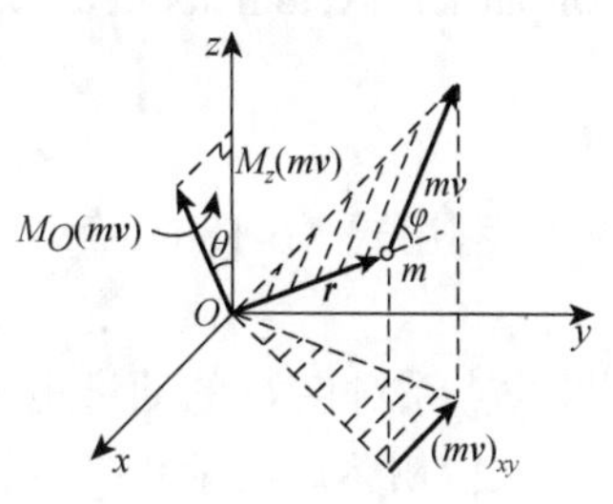

图 6-10

质点的动量 $m\boldsymbol{v}$ 在 Oxy 平面上的投影$(m\boldsymbol{v})_{xy}$对于点 O 的矩，定义为质点对于轴 z 的动量矩 $M_z(m\boldsymbol{v})$。与对点的动量矩为定位矢量不同，对轴的动量矩是代数量，两者之间有如下关系：

$$M_z(m\boldsymbol{v}) = [M_O(m\boldsymbol{v})]_z$$

或

$$l_z = l_{Oz} \tag{6-18}$$

质点对 O 点动量矩矢量在某轴上的投影等于质点对该轴的动量矩。

2. *质点动量矩定理推导*

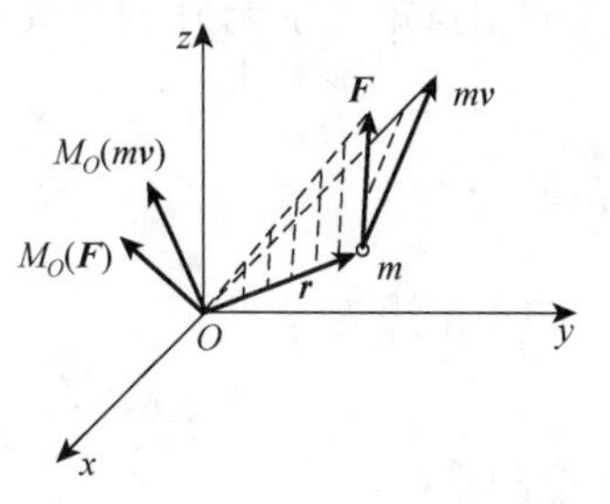

图 6-11

如图 6-11 所示，设质点对定点 O 的动量矩为 $\boldsymbol{l}_O$，作用在质点上的力 $\boldsymbol{F}$ 对 O 的力矩为 $M_O(\boldsymbol{F}) = \boldsymbol{r}\times\boldsymbol{F}$。

对动量矩求导，得

$$\frac{\mathrm{d}}{\mathrm{d}t}\boldsymbol{l}_O = \frac{\mathrm{d}}{\mathrm{d}t}(\boldsymbol{r}\times\boldsymbol{k}) = \frac{\mathrm{d}\boldsymbol{r}}{\mathrm{d}t}\times\boldsymbol{k} + \boldsymbol{r}\times\frac{\mathrm{d}}{\mathrm{d}t}\boldsymbol{k}$$

根据质点动量定理以及速度的定义，上式可改写为

$$\frac{\mathrm{d}}{\mathrm{d}t}\boldsymbol{l}_O = \boldsymbol{v}\times\boldsymbol{k} + \boldsymbol{r}\times\boldsymbol{F}$$

因为 $\boldsymbol{v}\times\boldsymbol{k} = 0$，$\boldsymbol{r}\times\boldsymbol{F} = M_O(\boldsymbol{F})$，于是有

$$\frac{\mathrm{d}\boldsymbol{l}_O}{\mathrm{d}t} = M_O(\boldsymbol{F}) \tag{6-19}$$

质点对固定点 O 的动量矩对时间的一阶导数等于作用于质点上的力对同一点的力矩，称为**质点动量矩定理**（moment theorem of momentum of particle）。

在直角坐标系中，投影式为

$$\frac{\mathrm{d}l_x}{\mathrm{d}t}=M_x(F),\quad \frac{\mathrm{d}l_y}{\mathrm{d}t}=M_y(F),\quad \frac{\mathrm{d}l_z}{\mathrm{d}t}=M_z(F) \tag{6-20}$$

6.2.2 质点系的动量矩定理

1. 质点系动量矩的定义

质点系各质点对同一点动量矩的矢量和称为**质点系的动量矩**（moment of momentum of particle system），即

$$\boldsymbol{L}_O=\sum_{i=1}^{n}\boldsymbol{l}_{Oi}=\sum_{i=1}^{n}M_O\left(m\boldsymbol{v}_i\right)=\sum_{i=1}^{n}\boldsymbol{r}_i\times m_i\boldsymbol{v}_i \tag{6-21}$$

质点系各质点对同一轴动量矩的代数和称为**质点系对轴的动量矩**（moment of momentum of particle system about a axis），即

$$L_z=\sum_{i=1}^{n}l_{zi} \tag{6-22}$$

利用式（6-18），有

$$[\boldsymbol{L}_O]_z=L_z \tag{6-23}$$

即质点系对点 O 的动量矩矢量在某轴上的投影等于质点系对该轴的动量矩。

刚体的动量矩

2. 刚体的动量矩

刚体是质点系，可按质点系的动量矩计算刚体的动量。

（1）平动刚体的动量矩。如图 6-12 所示，将平动刚体剖分成无穷多个微小质量，每个微小质量看作一个质点，刚体平动时，每个微小质量的速度都等于质心的速度。平动刚体动量矩等于这些质量动量矩之和，即

$$\boldsymbol{L}_O=\sum(\boldsymbol{r}_i\times m_i\boldsymbol{v}_i)=\sum(\boldsymbol{r}_i\times m_i\boldsymbol{v}_C)=\left(\sum m_i\boldsymbol{r}_i\right)\times\boldsymbol{v}_C=m\boldsymbol{r}_C\times\boldsymbol{v}_C=\boldsymbol{r}_C\times m\boldsymbol{v}_C$$

则

$$\boldsymbol{L}_O=\boldsymbol{M}_O(m\boldsymbol{v}_C)=\boldsymbol{r}_C\times m\boldsymbol{v}_C \tag{6-24}$$

平动刚体的动量矩等于质量集中于质心的质点的动量矩。

（2）定轴转动刚体的动量矩。如图 6-13 所示，绕 z 轴转动刚体的动量矩等于无穷多个微小质量动量矩之和

$$\boldsymbol{L}_z=\sum\boldsymbol{M}_z(m_i\boldsymbol{v}_i)=\sum m_i\boldsymbol{v}_i r_i=\sum m_i\boldsymbol{\omega} r_i r_i=\boldsymbol{\omega}\sum_{i=1}^{n}m_i r_i^2$$

令 $J_z=\sum m_i r_i^2$，称为**刚体对 z 轴的转动惯量**，于是，定轴转动刚体的动量矩为

$$\boldsymbol{L}_z=J_z\boldsymbol{\omega} \tag{6-25}$$

定轴转动刚体的动量矩等于刚体对转轴的转动惯量与转动角速度的乘积。

刚体转动惯量的大小，反映了刚体对转动状态改变的抵抗程度，转动惯量是刚体转动惯性的度量。

注：转动惯量的计算方法见本章后的附录。

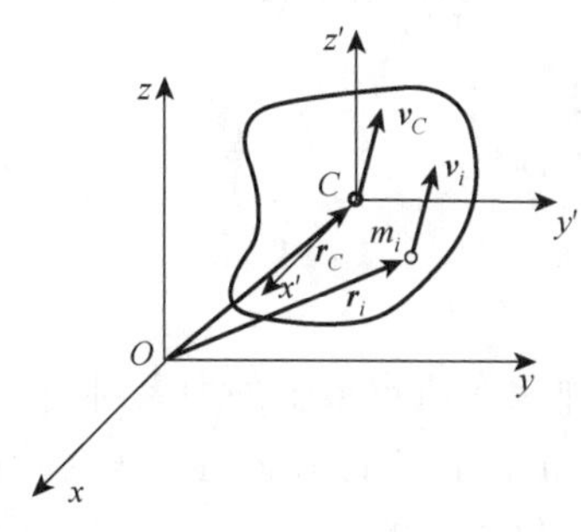

图 6-12

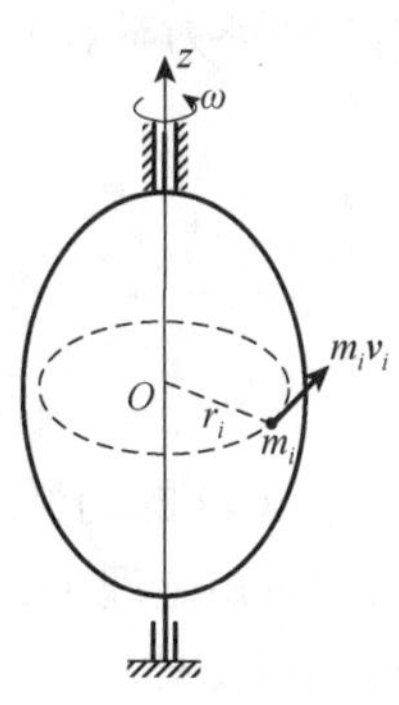

图 6-13

（3）平面运动刚体的动量矩。如图 6-14 所示，将平面运动刚体剖分成无穷多个微小质量，每个微小质量看作一个质点，设质点 m_i 的矢径为 $\boldsymbol{r}_i$，绝对速度为 $\boldsymbol{v}_i$，以质心 C 为原点，建立一平动坐标系 $Cx'y'z'$，质点的位置矢径可表示为质心的矢径与相对质心矢径的矢量和，$\boldsymbol{r}_i=\boldsymbol{r}_C+\boldsymbol{r}_i'$；绝对速度可表示为随质心平动速度与相对质心转动速度的矢量和，$\boldsymbol{v}_i=\boldsymbol{v}_C+\boldsymbol{v}_{ir}$。刚体对定点 O 的动量矩为

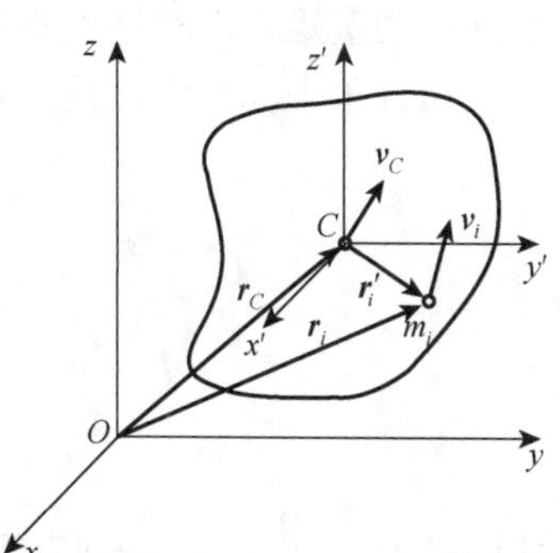

图 6-14

$$\begin{aligned}\boldsymbol{L}_O&=\sum\boldsymbol{M}_O(m_i\boldsymbol{v}_i)=\sum\boldsymbol{r}_i\times m_i\boldsymbol{v}_i\\&=\sum(\boldsymbol{r}_C+\boldsymbol{r}_i')\times m_i\boldsymbol{v}_i=\boldsymbol{r}_C\times\sum m_i\boldsymbol{v}_i+\sum\boldsymbol{r}_i'\times m_i\boldsymbol{v}_i\\&=\boldsymbol{r}_C\times\sum m_i\boldsymbol{v}_i+\sum\boldsymbol{r}_i'\times m_i(\boldsymbol{v}_C+\boldsymbol{v}_{ir})=\boldsymbol{r}_C\times\sum m_i\boldsymbol{v}_i+\sum\boldsymbol{r}_i'\times m_i\boldsymbol{v}_C+\sum\boldsymbol{r}_i'\times m_i\boldsymbol{v}_{ir}\\&=\boldsymbol{r}_C\times\sum m_i\boldsymbol{v}_i+\boldsymbol{v}_C\times\sum m_i\boldsymbol{r}_i'+\sum\boldsymbol{r}_i'\times m_i\boldsymbol{v}_{ir}\end{aligned}$$

由于 $\sum m_i\boldsymbol{v}_i=m\boldsymbol{v}_C$，$m$ 为刚体的质量；由质心坐标公式有 $\sum m_i\boldsymbol{r}_i'=m\boldsymbol{r}_C'=0$，其中 r_C' 为质心 C 在坐标系 $cx'y'z'$ 中的坐标，等于零；而 $\boldsymbol{L}_C=\sum\boldsymbol{r}_i'\times m_i\boldsymbol{v}_{ir}$ 是刚体相对于质心 C 的动量矩。于是，动量矩可以写成

$$\boldsymbol{L}_O=\boldsymbol{r}_C m\boldsymbol{v}_C+\boldsymbol{L}_C=\boldsymbol{M}_O(m\boldsymbol{v}_C)+J_C\boldsymbol{\omega} \tag{6-26}$$

平面运动刚体的动量矩等于随质心平动的动量矩与绕质心转动的动量矩之和。其中，$L_C=J_C\omega$，J_C 为刚体对质心轴的转动惯量，ω 为刚体转动的角速度。

3. 质点系动量矩定理的推导

如图 6-3 所示，质点系中任意质点的质量为 m_i，速度为 $\boldsymbol{v}_i$，动量为 $\boldsymbol{k}_i$，受力为 $\boldsymbol{F}_i$。作用在质点上的力分为两类：一类是内部质点的作用力；一类是质点系外部的作用力。力 $\boldsymbol{F}_i$ 包括质点系内其他质点的作用力 $\boldsymbol{F}_i^{(i)}$ 和质点系外物体的作用力 $\boldsymbol{F}_i^{(e)}$。根据质点动量矩定理，有

$$\frac{\mathrm{d}\boldsymbol{l}_{Oi}}{\mathrm{d}t}=\boldsymbol{M}_O(\boldsymbol{F}_i)=\boldsymbol{M}_O(\boldsymbol{F}_i^{(i)})+\sum\boldsymbol{M}_O(\boldsymbol{F}_i^{(e)})$$

上式适用质点系内所有质点，将所有等式求和得

$$\sum\frac{\mathrm{d}\boldsymbol{l}_{Oi}}{\mathrm{d}t}=\sum\boldsymbol{M}_O(\boldsymbol{F}_i^{(i)})+\sum\boldsymbol{M}_O(\boldsymbol{F}_i^{(e)})$$

式中：$\sum\boldsymbol{M}_O(\boldsymbol{F}_i^{(i)})$ 是作用于质点系上内力系对 O 点的合力矩，由于质点系内质点间的相互作用力总是成对出现，一对力中的作用力与反作用力等值反向，所以 $\sum\boldsymbol{M}_O(\boldsymbol{F}_i^{(i)})=0$；而 $\sum\boldsymbol{M}_O(\boldsymbol{F}_i^{(e)})$

是作用于质点系上的外力系对于 O 点的合力矩。交换左端求和及求导的次序，则有

$$\frac{\mathrm{d}}{\mathrm{d}t}\sum \boldsymbol{l}_{Oi} = \sum \boldsymbol{M}_O(\boldsymbol{F}_i^{(e)})$$

即

$$\frac{\mathrm{d}\boldsymbol{L}_O}{\mathrm{d}t} = \boldsymbol{M}_O^{(e)} \tag{6-27}$$

质点系对固定点 O 的动量矩对时间的一阶导数等于作用在质点系上外力系对同一点的力矩，称为**质点系动量矩定理**（moment theorem of momentum of particle system）。质点系动量矩定理反映了质点系所受外力对点的力矩与质点系动量矩变化之间的关系。注意：动量矩定理的矩心必须为固定点或固定轴。对于一般的动点，动量矩定理的形式较为复杂，因此，除质心外，**动量矩定理对动点不成立**。

在直角坐标系中，投影式为

$$\begin{cases} \dfrac{\mathrm{d}L_x}{\mathrm{d}t} = M_x^{(e)} \\ \dfrac{\mathrm{d}L_y}{\mathrm{d}t} = M_y^{(e)} \\ \dfrac{\mathrm{d}L_z}{\mathrm{d}t} = M_z^{(e)} \end{cases} \tag{6-28}$$

式中：L_x，L_y，L_z 分别表示质点系对 x，y 轴和 z 轴的动量矩。

4. 动量矩守恒

内力不能改变质点系的动量矩，只有作用于质点系上的外力才能使质点系的动量矩发生变化。若外力系对 O 点的力矩等于零，则质点系对 O 点的动量矩为一常矢量，即

$$\boldsymbol{M}_O^{(e)} = 0,\quad \boldsymbol{L}_O = \text{常矢量} \tag{6-29}$$

若外力系对某轴力矩的代数和等于零，则质点系对 O 点的动量矩在该轴上的投影为一常数，即

$$\boldsymbol{M}_x^{(e)} = 0,\quad L_x = \text{常数} \tag{6-30}$$

当外力对某定点（或某定轴）的矩为零时，质点系对该点（或该轴）的动量矩保持不变，称为**质点系的动量矩守恒**（moment conservation of momentum of particle system）。

5. 刚体定轴转动微分方程

如图 6-15 所示，绕轴 z 做定轴转动刚体，转动惯量为 J_z，角速度为 ω，动量矩为 $L_z = J_z\omega$，作用有主动力 $\boldsymbol{F}_i$。考虑到轴承约束反力对转轴 z 的力矩恒等于零，若不计轴承的摩擦，根据质点系对 z 轴的动量矩定理 $\dfrac{\mathrm{d}L_z}{\mathrm{d}t} = \boldsymbol{M}_z^{(e)}$，有

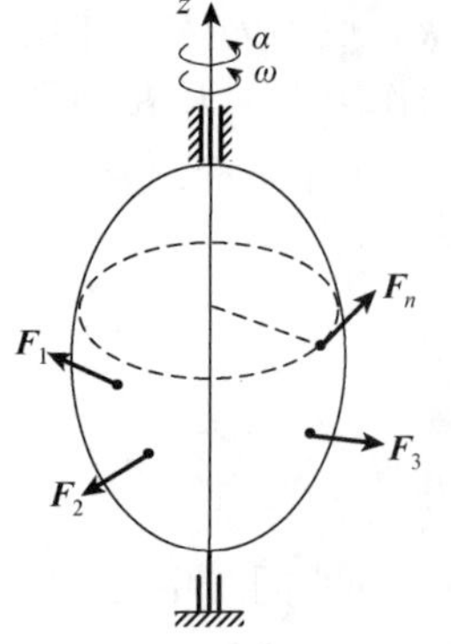

图 6-15

$$\frac{\mathrm{d}}{\mathrm{d}t}(J_z\omega) = \sum \boldsymbol{M}_z(\boldsymbol{F}_i) \quad \text{或} \quad J_z\frac{\mathrm{d}\omega}{\mathrm{d}t} = \sum \boldsymbol{M}_z(\boldsymbol{F}_i)$$

即

$$J_z\alpha = \boldsymbol{M}_z^e \tag{6-31}$$

定轴转动刚体对转轴的转动惯量 J_z 与角加速度 α 的乘积，等于作用于刚体上的外力对转轴的力矩，称为**刚体定轴转动运动微分方程**（rotation differential equation of rigid body about fixed axis）。

【例 6-6】　如图 6-16（a）所示，均质圆轮半径为 r、质量为 m_1。圆轮在重物 m_2g 带动下绕固定轴 O 转动，求重物下落的加速度。

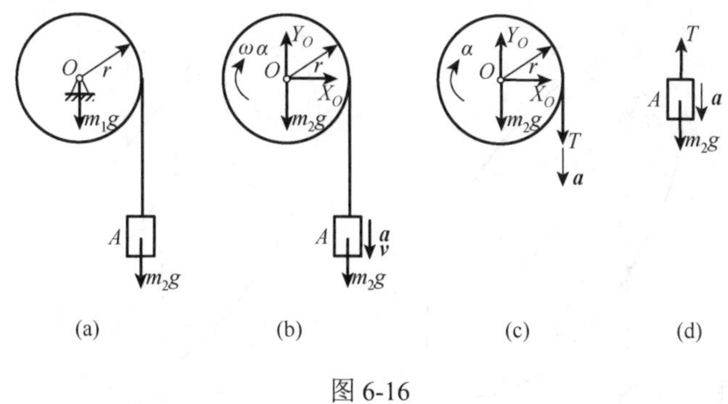

图 6-16

解　（1）应用动量矩定理求解。

选取系统为研究对象，受力如图 6-16（b）所示。设重物下降的速度为 $\boldsymbol{v}$，则圆轮转动的角速度为 $\omega = \boldsymbol{v}/r$，设置 z 轴垂直纸面向内为正，系统对轴 O 的动量矩为

$$L_O = J_O\omega + m_2vr = \frac{1}{2}m_1r^2\omega + m_2vr = \left(\frac{1}{2}m_1 + m_2\right)rv$$

外力对轴 O 的力矩为

$$M^e = m_2gr$$

应用动量矩定理 $\dfrac{\mathrm{d}L_O}{\mathrm{d}t} = M^e$ 得

$$\left(\frac{1}{2}m_1 + m_2\right)r\frac{\mathrm{d}v}{\mathrm{d}t} = m_2gr$$

则

$$a = \frac{2m_2}{m_1 + 2m_2}g$$

（2）应用刚体定轴转动微分方程求解。

将系统拆分为两个刚体，先取圆轮为研究对象，受力如图 6-16（c）所示。设置 z 轴垂直纸面向内为正，应用刚体定轴转动微分方程 $J_O\alpha = \sum M_O$ 得

$$\frac{1}{2}m_1r^2\alpha = Tr \qquad ①$$

再取重物为研究对象，受力如图 6-16（d）所示。设置 y 轴向下为正，应用质心运动定理 $ma_{Cy} = \sum F_{iy}^{(e)}$ 得

$$m_2g - T = m_2a \qquad ②$$

解联立方程组得

$$a = \frac{2m_2}{m_1 + 2m_2}g$$

由本题可知：动量矩定理可以解决刚体系统绕定点转动问题，而刚体定轴转动微分方程只能解决单个刚体绕定轴转动问题，不能解决刚体系统问题，需要逐个刚体求解。

扫码观看

【例 6-7】 如图 6-17（a）所示，复摆的质量为 m，质心在 C 点，复摆对转轴的转动惯量为 J_O。求复摆做微小摆动的周期。

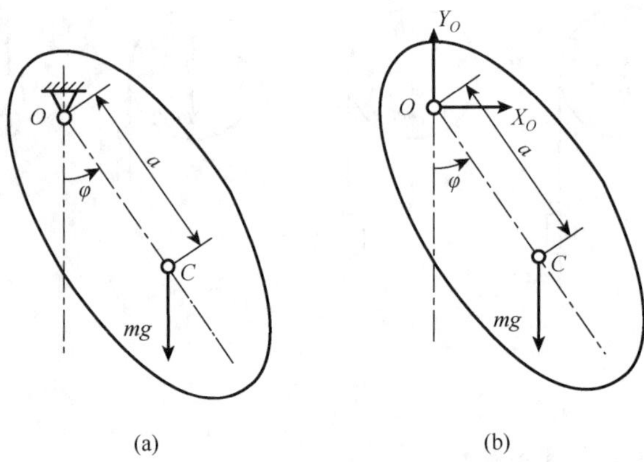

图 6-17

解 选取复摆为研究对象，受力如图 6-17（b）所示。设复摆的转角为 φ（逆时针），根据刚体定轴转动微分方程：$J_z\alpha=\sum M_z$ 有

$$J_O\alpha=-mga\sin\varphi$$

做微小摆动时，φ 很小，近似有 $\sin\varphi\approx\varphi$，上式改写为

$$J_O\frac{\mathrm{d}^2\varphi}{\mathrm{d}t^2}=-mga\varphi \quad 或 \quad J_O\frac{\mathrm{d}^2\varphi}{\mathrm{d}t^2}+mga\varphi=0$$

二阶常微分方程的通解为

$$\varphi=\varphi_0\sin\left(\sqrt{\frac{mga}{J_O}}t+\theta\right)$$

角振幅 φ_0 和初相位 θ 由初始条件确定。

摆动周期为

$$T=2\pi\sqrt{\frac{J_O}{mga}}$$

工程中，常常通过测定复杂形状零件（如柴油机曲柄、连杆等）的摆动周期，以计算零件的转动惯量。

扫码观看

【例 6-8】 如图 6-18（a）所示齿轮传动轴系。设主动轮 1 和从动轮 2 的转动惯量分别为 J_1 和 J_2，半径分别为 r_1 和 r_2，质量分别为 m_1 和 m_2。在主动轮 1 上作用一力偶 M，转向如图所示。求齿轮的角加速度。

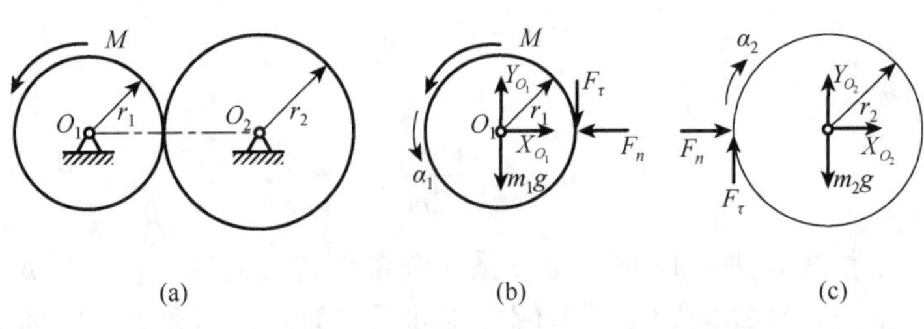

图 6-18

解　动量矩定理只能求解刚体系绕一个定点转动的问题，本题是绕 2 个定点转动的问题，不能取系统为研究对象，利用动量矩定理求解；只能分别取 2 个齿轮为研究对象，用刚体定轴转动微分方程逐个求解。

选取主动轴 1 为研究对象，受力如图 6-18（b）所示。设主动轮 1 的角加速度为 α_1。设置 z 轴垂直纸面向外为正，对主动轮 1 应用刚体定轴转动微分方程：

$$J_1\alpha_1 = M - F_\tau r_1 \quad ①$$

选取主动轮 2 为研究对象，受力如图 6-18（c）所示。设置 z 轴垂直纸面向内为正，对从动轮 2 应用刚体定轴转动微分方程：

$$J_2\alpha_2 = F_\tau r_2 \quad ②$$

由于两齿轮在接触处的切向加速度相等，有

$$\alpha_1 r_1 = \alpha_2 r_2 \quad ③$$

解联立方程组得 $\alpha_1 = \dfrac{Mr_2^2}{J_1 r_2^2 + J_2 r_1^2}$。

【例 6-9】　如图 6-19 所示，质量为 m_1，半径为 R 水平匀质圆台，可以绕铅直轴 z 转动。质量为 m_2 的人在圆台上绕半径为 r 的圆周行走，初始时圆台与人均处于静止状态。求：当人以不变的相对速度 u 在圆台上走动时，圆台的角速度 ω。

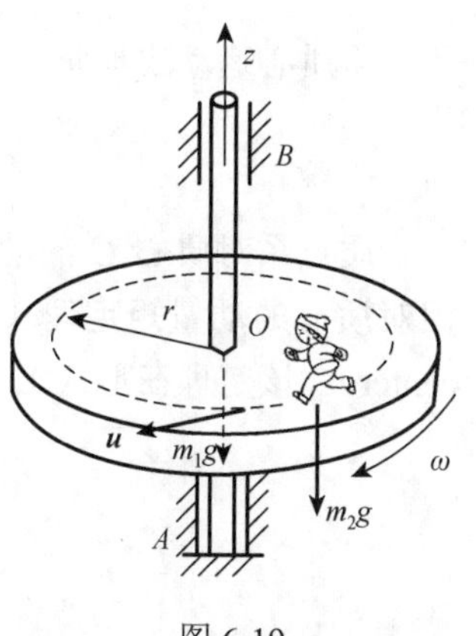

图 6-19

解　取系统为研究对象，圆台重力 m_1g 和人的重力 m_2g 平行于 z 轴，而 A，B 处的约束反力都通过 z 轴。因此，外力系对 z 轴的力矩为零，即

$$\sum M_z(\boldsymbol{F}_i) = 0$$

系统对 z 轴的动量矩守恒。

当人走动时，设圆台的角速度为 ω，人运动的速度（绝对速度）等于牵连速度与相对速度之和，即 $v = r\omega + u$。

初始时圆台与人均静止，系统对 z 轴的动量矩为

$$L_{z0} = 0$$

任意时刻，系统对 z 轴的动量矩等于圆台动量矩与人的动量矩之和

$$L_z = -J_z\omega - m_2(r\omega+u)r = -\frac{1}{2}m_1 gR^2\omega - m_2(r\omega+u)r = -\left(\frac{1}{2}m_1R^2 + m_2r^2\right)\omega - m_2ur$$

由动量矩守恒得

$$L_z = L_{z0}$$

$$-\left(\frac{1}{2}m_1R^2 + m_2r^2\right)\omega - m_2ur = 0$$

$$\omega = -\frac{2m_2ur}{m_1R^2 + 2m_2r^2}$$

式中：“−”号说明假设 ω 与图中所设方向相反，即圆台向人运动的相反方向转动。

6.2.3　质点系相对于质心的动量矩定理

前面阐述的动量矩定理仅适用于固定点或固定轴，不适用于动点或动轴。对于动点或动

轴的动量矩定理，形式较为复杂，本书不做介绍。但是，质点系的质心虽是动点，但相对于质心，本书介绍的动量矩定理却仍然适用。下面给予简单证明。

由式（6-26），质点系对固定点 O 的动量矩为

$$\boldsymbol{L}_O = \boldsymbol{r}_C \times m\boldsymbol{v}_C + \boldsymbol{L}_C$$

对时间求导，有

$$\frac{\mathrm{d}\boldsymbol{L}_O}{\mathrm{d}t} = \frac{\mathrm{d}\boldsymbol{r}_C}{\mathrm{d}t} \times m\boldsymbol{v}_C + \boldsymbol{r}_C \times m\frac{\mathrm{d}\boldsymbol{v}_C}{\mathrm{d}t} + \frac{\mathrm{d}\boldsymbol{L}_C}{\mathrm{d}t} = \boldsymbol{v}_C \times m\boldsymbol{v}_C + \boldsymbol{r}_C \times m\boldsymbol{a}_C + \frac{\mathrm{d}\boldsymbol{L}_C}{\mathrm{d}t} = \boldsymbol{r}_C \times m\boldsymbol{a}_C + \frac{\mathrm{d}\boldsymbol{L}_C}{\mathrm{d}t}$$

质点系对固定点 O 的力矩为

$$\begin{aligned}\boldsymbol{M}_O^{(e)} &= \sum \boldsymbol{r}_i \times \boldsymbol{F}_i^{(e)} = \sum (\boldsymbol{r}_C + \boldsymbol{r}_i') \times \boldsymbol{F}_i^{(e)} \\ &= \boldsymbol{r}_C \times \sum \boldsymbol{F}_i^{(e)} + \sum \boldsymbol{r}_i' \times \boldsymbol{F}_i^{(e)}\end{aligned}$$

这里，$\sum \boldsymbol{r}_i' \times \boldsymbol{F}_i$ 是外力系对质心 C 的力矩 $\boldsymbol{M}_C^{(e)}$。由动量矩定理 $\frac{\mathrm{d}L_O}{\mathrm{d}t} = \boldsymbol{M}^e$ 得

$$\frac{\mathrm{d}\boldsymbol{L}_C}{\mathrm{d}t} + \boldsymbol{r}_C \times m\boldsymbol{a}_C = \boldsymbol{r}_C \times \sum \boldsymbol{F}_i^{(e)} + \boldsymbol{M}_C^{(e)}$$

将质心运动定理 $m\boldsymbol{a}_C = \sum \boldsymbol{F}_i^{(e)}$ 代入上式，得

$$\frac{\mathrm{d}\boldsymbol{L}_C}{\mathrm{d}t} = \boldsymbol{M}_C^{(e)} \tag{6-32}$$

质点系对质心 C 的动量矩对于时间的一阶导数，等于外力系对质心的力矩，称为**质点系相对质心的动量矩定理**（moment theorem of momentum of particle system relative to mass center）。该定理在形式上与质点系对于固定点的动量矩定理完全一样。

6.3 刚体平面运动微分方程

刚体的平面运动可以分解为随质心的平动和绕质心的转动两部分。随质心的平动可以用质心运动定理描述，绕质心的转动可以用相对于质心的动量矩定理描述，联合动量定理和动量矩定理可以表述刚体的平面运动，即

$$\begin{cases} m\boldsymbol{a}_C = \boldsymbol{R}^{(e)} = \sum \boldsymbol{F}_i^{(e)} \\ J_C\alpha = \boldsymbol{M}_C^{(e)} \end{cases} \tag{6-33}$$

式中：m 为刚体质量；$\boldsymbol{a}_C$ 为刚体质心加速度；α 为刚体角加速度。刚体的质量与质心加速度的乘积等于作用于刚体外力系的合力，刚体对质心的转动惯量 J_C 与角加速度 α 的乘积，等于作用于刚体上的外力系对质心的力矩，称为**刚体平面运动微分方程**（differential equations of plane motion of a rigid body）。

在直角坐标系中，投影式为

$$\begin{cases} ma_{Cx} = \sum F_{ix}^{(e)} \\ ma_{Cy} = \sum F_{iy}^{(e)} \\ J_C\alpha = M_C^{(e)} \end{cases} \tag{6-34}$$

在自然坐标系中，投影式为

$$\begin{cases} ma_C^{\tau} = \sum F_{i\tau}^{(e)} \\ ma_C^{n} = \sum F_{in}^{(e)} \\ J_C\alpha = M_C^{(e)} \end{cases} \tag{6-35}$$

质心运动定理建立了作用于平面运动刚体上外力系与质心加速度之间的关系，而相对于质心的动量矩定理建立了作用于平面运动刚体上外力系对质心的力矩与转动角加速度之间的关系。

注：刚体平面运动微分方程只应用于作平面运动的单个刚体，应用于刚体问题时，只能逐个刚体进行分析。

【例 6-10】　如图 6-20（a）所示，半径为 r、质量为 m 的圆轮沿水平直线滚动。设轮的惯性半径为 ρ，作用于轮的力偶矩为 M。求轮心的加速度。如果圆轮对地面的静滑动摩擦因数为 f_s，问力偶 M 必须符合什么条件不致使圆轮滑动？

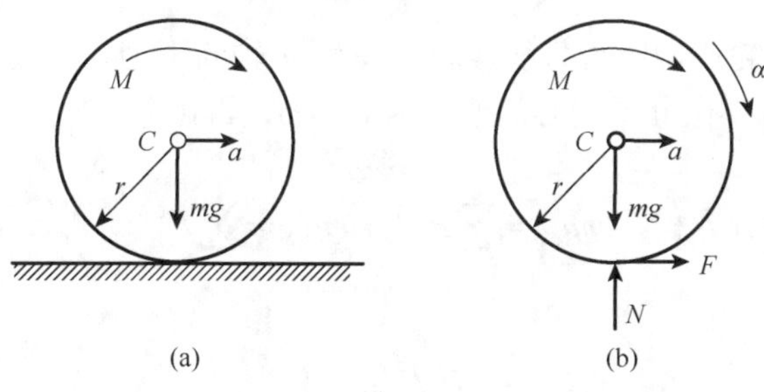

图 6-20

解　选取圆轮为研究对象，受力如图 6-20（b）所示。

圆轮做平面运动，轮心做水平直线运动。轮做纯滚动，轮心运动距离等于轮子转过的圆弧长度 $x = s = \theta r$，微分得圆心的速度为 $v = \omega r$，再微分得轮心的加速度为

$$a_{Cx} = a = \alpha r，a_{Cy} = 0 \quad ①$$

由刚体平面运动微分方程，$ma_{Cx} = \sum F_{ix}^{(e)}$；$ma_{Cy} = \sum F_{iy}^{(e)}$；$J_C\alpha = M_C^{(e)}$ 有

$$ma = F \quad ②$$

$$0 = N - mg \quad ③$$

$$m\rho^2\alpha = M - Fr \quad ④$$

解联立方程组得

$$a = \frac{Mr}{m(r^2+\rho^2)}，\quad F = \frac{Mr}{r^2+\rho^2}，\quad N = mg$$

要满足圆轮只滚不滑，必须有

$$F \leqslant f_s N \quad ⑤$$

解得

$$M \leqslant f_s mg\frac{r^2+\rho^2}{r}$$

【例 6-11】　如图 6-21（a）所示，均质圆轮半径为 r，质量为 m，用细绳绕在圆轮上，绳的一端固定于 O 点，求圆轮下降时轮心 C 的加速度和绳的拉力 T。

解　选取均质圆轮为研究对象，受力如图 6-21（b）所示。

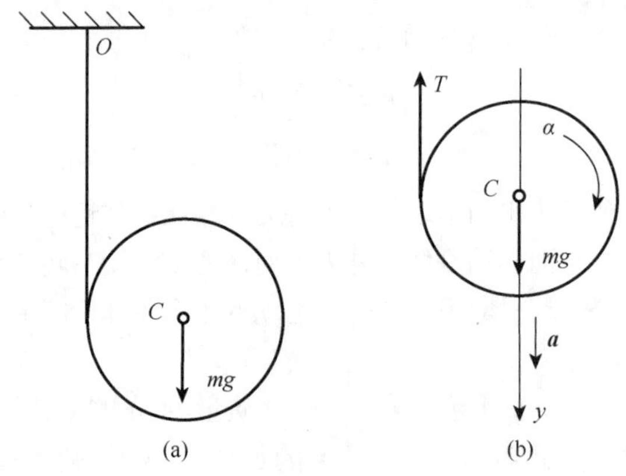

图 6-21

圆轮做平面运动，轮心做竖直直线运动，设置 y 轴向下为正，轮心下降高度等于轮子转过的圆弧长度 $y=s=\theta r$，微分得圆心的速度为 $v=r\omega$，再微分得圆心的加速度为

$$a=r\alpha \quad ①$$

由刚体平面运动微分方程，$ma_{Cx}=\sum F_{ix}^{(e)}$；$ma_{Cy}=\sum F_{iy}^{(e)}$；$J_C\alpha=M_C^{(e)}$ 有

$$ma=mg-T \quad ②$$

$$\frac{1}{2}mr^2\alpha=Tr \quad ③$$

解联立方程组得

$$a=\frac{2}{3}g,\qquad T=\frac{1}{3}mg$$

【例 6-12】 如图 6-22（a）所示，均质杆 OA 长为 $2l$，质量为 m，杆 O 处为固定铰支座，A 端为一挂钩，若挂钩突然脱离，求此瞬时，支座 O 的约束反力。

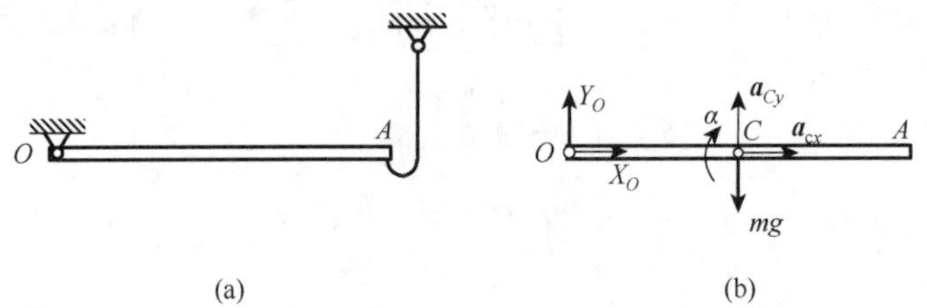

图 6-22

解 选取均质杆 OA 为研究对象，其受力如图 6-22（b）所示。

杆 OA 做定轴转动，质心 C 做圆周运动，在挂钩脱落瞬间，虽然有角加速度 α，但角速度 $\omega=0$，因此，质心的加速度为

$$a_{Cx}=\omega^2 l=0，\ a_{Cy}=-\alpha l \quad ①$$

（1）应用定轴转动微分方程求解。

应用定轴转动微分方程 $J_z\alpha=M_z^e$ 得

$$\frac{1}{3}m(2l)^2\alpha=mgl \quad ②$$

应用质心运动定理：$ma_{Cx}=\sum F_{ix}^{(e)}$，$ma_{Cy}=\sum F_{iy}^{(e)}$，得

$$X_O=0 \qquad ③$$

$$Y_O-mg=-m\alpha l \qquad ④$$

解联立方程组②～④得 $X_O=0$，$Y_O=\frac{1}{4}mg$。

（2）应用刚体平面运动微分方程求解。

由刚体平面运动微分方程，$ma_{Cx}=\sum F_{ix}^{(e)}$；$ma_{Cy}=\sum F_{iy}^{(e)}$；$J_C\alpha=M_C^{(e)}$ 有

$$X_O=0 \qquad ⑤$$

$$Y_O-mg=-m\alpha l \qquad ⑥$$

$$Y_O l=\frac{1}{12}m(2l)^2\alpha \qquad ⑦$$

联立方程⑤～⑦解得 $X_O=0$，$Y_O=\frac{1}{4}mg$。

由本题可以看出：刚体平面运动微分方程几乎是万能的，可以解动力学所有问题，但是其研究对象必须是单个刚体，不能是刚体系统，解题过程相对烦琐。

【例 6-13】 卷扬机如图 6-23（a）所示。鼓轮在常力偶矩 M 作用下将圆柱体沿斜面上拉。已知鼓轮的半径为 r_1，质量为 m_1，质量分布在轮缘上；圆柱体的半径为 r_2，质量为 m_2，质量均匀分布。设斜面的倾角为 θ，圆柱体沿斜面只滚不滑。求圆柱体中心的加速度及受到斜面的摩擦力。

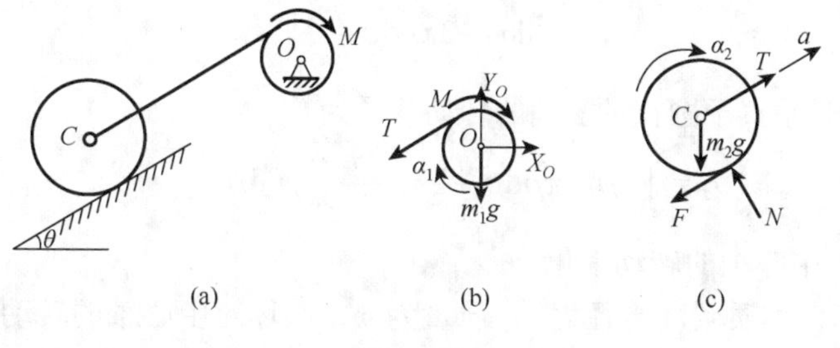

图 6-23

解 设圆柱中心的加速度为 a，则鼓轮的角加速度为

$$\alpha_1=a/r_1,\quad \alpha_2=a/r_2 \qquad ①$$

（1）选取鼓轮为研究对象，受力如图 6-23（b）所示。z 轴垂直纸面向内，应用刚体定轴转动微分方程 $J_O\alpha_1=\sum M_O(\boldsymbol{F})$ 得

$$m_1r_1^2\alpha_1=M-Tr_1 \qquad ②$$

（2）选取圆柱为研究对象，受力如图 6-23（c）所示。x 轴斜向上，z 轴垂直纸面向内，应用刚体平面运动微分方程 $m_2a_{Cx}=\sum F_{ix}^{(e)}$，$J_C\cdot\alpha_2=M_C^{(e)}$ 得

$$m_2a=T-m_2g\sin\theta-F \qquad ③$$

$$\frac{1}{2}m_2r_2^2\cdot\alpha_2=F\cdot r_2 \qquad ④$$

解联立方程组得

$$a = 2\frac{M - m_2 g r_1 \sin\theta}{r_1(2m_1 + 3m_2)}, \qquad F = \frac{m_2(M - m_2 g r_1 \sin\theta)}{r_1(2m_1 + 3m_2)}$$

附　转动惯量的计算

刚体的转动惯量是度量刚体转动惯性的物理量；由定义 $J_z = \sum_{i=1}^{n} m_i r_i^2$ 可见，转动惯量的大小不仅与质量大小有关，而且与质量分布情况有关。

如果刚体的质量是连续分布的，求和变成积分，则转动惯量可写成积分形式：

$$J_z = \int_m r^2 \mathrm{d}m$$

其单位为 $\mathrm{kg \cdot m^2}$。

1. 简单形状物体的转动惯量计算

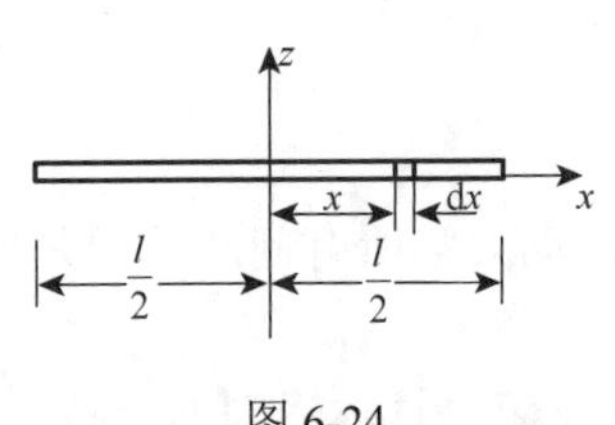

图 6-24

1）均质细长杆

如图 6-24 所示，均质细长杆长为 l，质量为 m，则杆对过质心的 z 轴的转动惯量为

$$J_z = \int_{-\frac{l}{2}}^{\frac{l}{2}} x^2 \mathrm{d}m = \int_{-\frac{l}{2}}^{\frac{l}{2}} x^2 \frac{m}{l} \mathrm{d}x = \frac{m}{l}\int_{-\frac{l}{2}}^{\frac{l}{2}} x^2 \mathrm{d}x = \frac{1}{12} m l^2$$

2）均质圆盘对中心轴的转动惯量

如图 6-25 所示，均质圆盘半径为 r，质量为 m。将圆盘分为无数薄圆环，圆环的半径为 ρ，厚度为 $\mathrm{d}\rho$，圆环的面积近似为 $\mathrm{d}A = 2\pi\rho\mathrm{d}\rho$，薄圆环的质量为

$$\mathrm{d}m = 2\pi\rho\mathrm{d}\rho \frac{m}{\pi r^2}$$

则圆盘对通过质心且垂直于圆盘的 z 轴的转动惯量为

$$J_z = \int_0^R \rho^2 2\pi\rho\mathrm{d}\rho \frac{m}{\pi r^2} = \frac{2m}{r^2}\int_0^r \rho^3 \mathrm{d}\rho = \frac{1}{2} m r^2$$

3）均质圆环对中心轴的转动惯量

如图 6-26 所示，均质圆环半径为 r，质量为 m，圆环对中心轴的转动惯量为

$$J_z = \sum m_i r^2 = m r^2$$

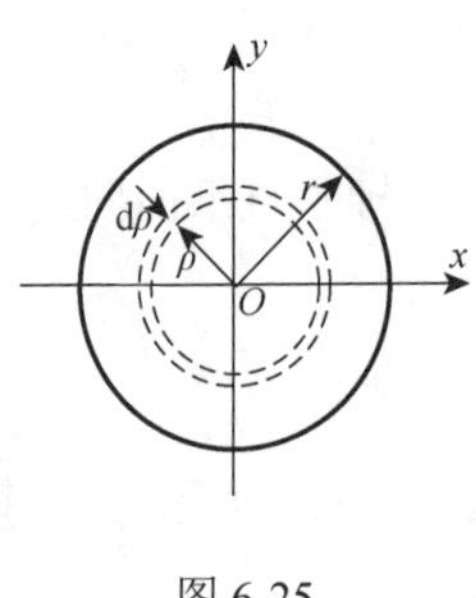

图 6-25

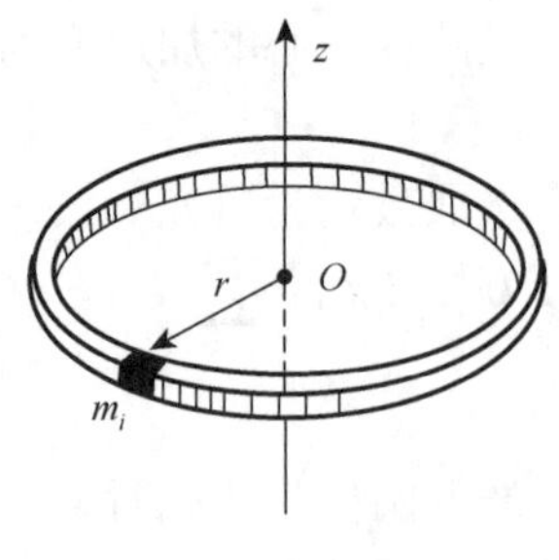

图 6-26

2. 回转半径

回转半径定义为 $\rho_z = \sqrt{\frac{J_z}{m}}$，即物体的转动惯量等于该物体的质量与回转半径平方的乘积。

若已知刚体质量为 m，对转轴的回转半径为 ρ_z，则对转轴 z 的转动惯量为

$$J_z = m\rho_z^2$$

简单几何形状或几何形状已经标准化的零件的回转半径可以在机械工程手册中查阅。

3. 平行轴定理

平行轴定理　刚体对任一转轴的转动惯量，等于刚体对于与其平行的质心轴的转动惯量，加上刚体的质量与两轴间距离的平方，即

$$J_z = J_{zC} + md^2$$

读者可利用质心和转动惯量的定义自行证明。

在应用时注意三点：（1）z_C 必须是通过质心的轴；（2）z 轴必须与 z_C 轴平行；（3）过质心的轴的转动惯量一定最小。

4. 求转动惯量的实验方法

工程中对于几何形状复杂的刚体，常用实验方法测定其转动惯量。常用的方法有扭转振动法、复摆法、落体观测法等。

习　题　6

1. 求题图 6-1 所示各刚体的动量。设各物体的质量都为 m，都为均质物体。

2. 题图 6-2 所示椭圆规尺 AB 的质量为 $2m_1$，曲柄 OC 的质量为 m_1，均为匀质杆，滑块 A 和 B 的质量均为 m_2。已知：$OC = AC = CB = l$；曲柄绕 O 转动的角速度 ω 为常量。求图示位置质点系的动量。

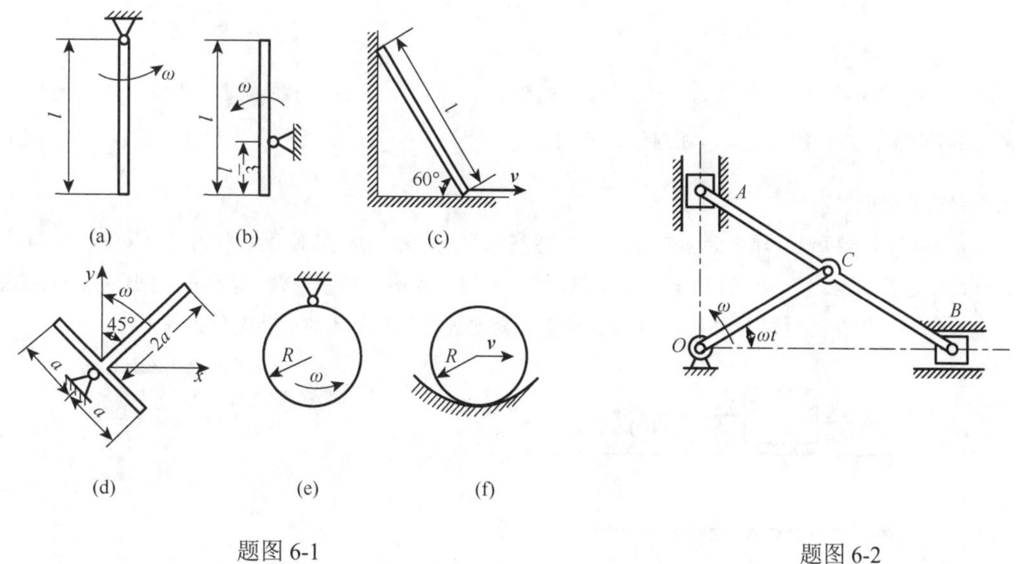

题图 6-1

题图 6-2

3. 求下列刚体的动量以及对转轴 A 或瞬心轴 P 动量矩。

（1）匀质圆盘 A 质量为 m，半径为 R，以角速度 ω 绕 A 轴转动[题图 6-3（a）]；

（2）均质杆 AB 质量为 m，长度为 l，以角速度 ω 绕 A 轴转动[题图 6-3（b）]；

（3）均质杆 AB 质量为 m，半径为 R，在地面上做纯滚动，轮心速度为 v_C，速度瞬心为 P[题图 6-3（c）]。

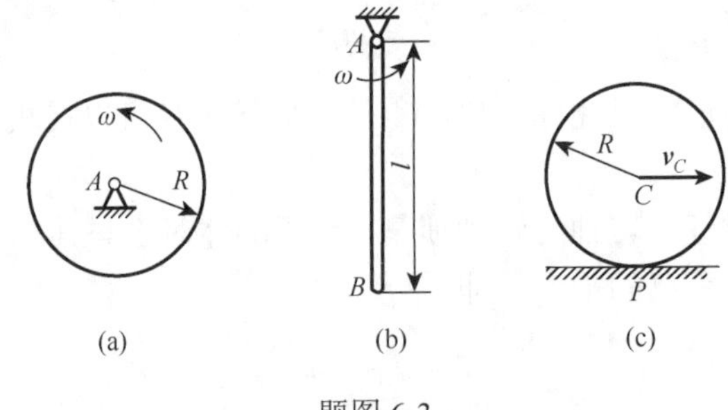

题图 6-3

4. 题图 6-4 所示浮动起重机举起质量 $m_1 = 2\ 000$ kg 的重物。设起重机质量 $m_2 = 20\ 000$ kg，杆长 $OA = 8$ m；开始时杆与铅垂位置成 60°角，水的阻力与杆重忽略不计。当起重杆 OA 转到与铅垂位置成 30°角时，求起重机的位移。

5. 如题图 6-5 所示，长 $2l$ 的均质杆 AB，其一端 B 搁置在光滑的水平面上，并与水平线成 θ 角。求当杆倒下时，A 点的轨迹方程。

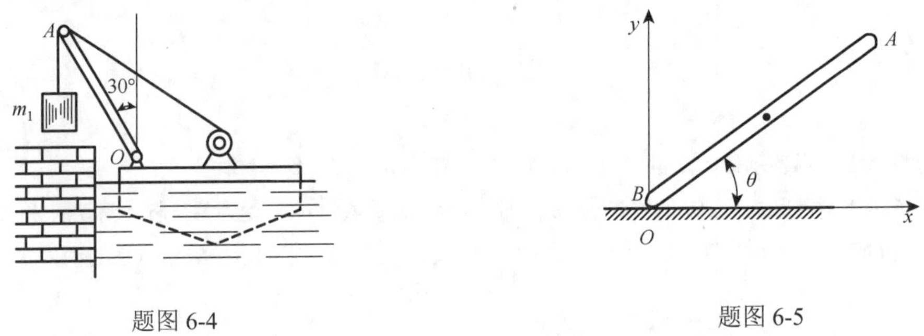

题图 6-4

题图 6-5

6. 如题图 6-6 所示，质量为 m_1 的平台 AB 放于水平面上，平台与水平面之间的动滑动摩擦系数为 f。质量为 m_2 的小车 D 由绞车拖动，相对于平台的运动方程为 $s = \frac{1}{2}at^2$，其中 a 为已知常数。不计绞车的质量，求平台的加速度。

7. 如题图 6-7 所示，质量为 m 的滑块 A 可以在水平光滑槽上运动，刚度系数为 k 的弹簧一端与滑块相连，另一端固定在墙上。杆 AB 长为 l 且不计质量，A 端与滑块铰接，B 端固接质量为 m_1 的小球 B，可在铅垂平面内绕 A 转动。设在常力偶 M 作用下转动角速度 ω 为常数。求滑块 A 的运动微分方程。

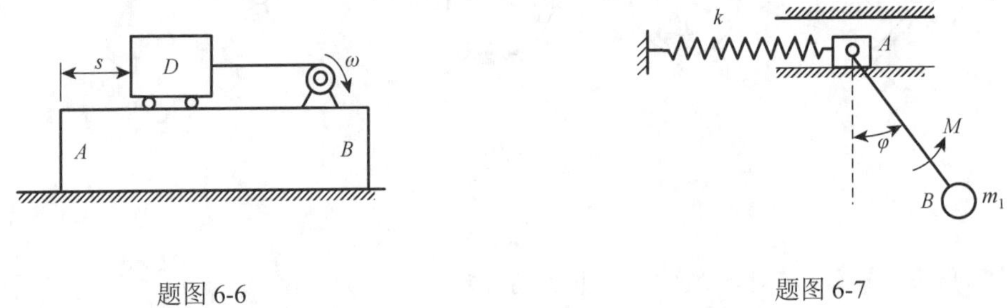

题图 6-6

题图 6-7

8. 题图 6-8 所示凸轮机构中，凸轮以匀角速度 ω 绕定轴 O 转动。质量为 m_1 的滑竿 I 借右端弹簧的拉力顶在凸轮上，当凸轮转动时，带动滑杆做往复运动。已知凸轮为匀质圆盘，质量为 m_2，半径为 r，偏心距为 e。求在任意瞬时机座螺钉所受的附加动约束反力。

9. 如题图 6-9 所示，电机重 W，放在光滑的水平基础上，另有一匀质杆，长 $2l$，重 P，一端与电动机的转轴相固接，另一端固连于重为 G 的物体，设转子的角速度为 ω，杆在系统开始运动时位于铅垂位置。求电机的水平运动。

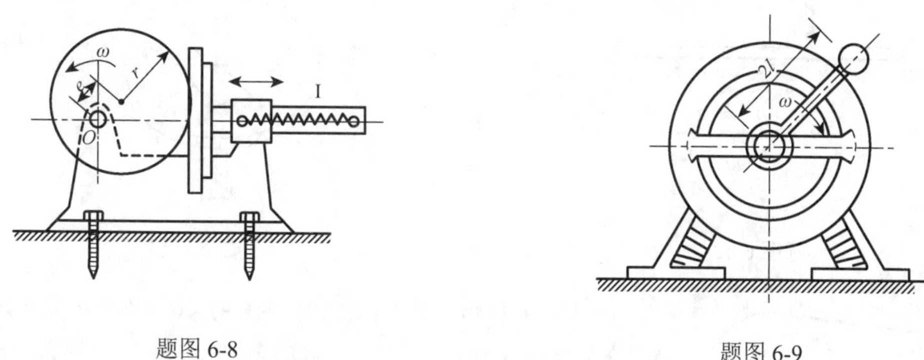

题图 6-8　　　　题图 6-9

10. 如题图 6-10 所示，一变截面固定水道，水流流入水道的速度 $v_0 = 2$ m/s，垂直于水平面；水流流出水道的速度 $v_1 = 4$ m/s，与水平面的夹角为 30°。已知水道进出口的截面积均为 0.02 m^2，求由于水的流动而引起的对水道的附加水平动反力。

11. 题图 6-11 所示离心式空气压缩机的转速为 $n = 8\,600$ r/min，体积流量为 $q_V = 370$ m^3/min，第一级叶轮气道进口直径为 $D_1 = 0.355$ m，出口直径为 $D_2 = 0.6$ m。气流进口绝对速度 $v_1 = 109$ m/s，与切线成角度 $\theta_1 = 90°$；气流出口绝对速度为 $v_2 = 183$ m/s，与切线成角度 $\theta_2 = 21°30'$。设空气密度 $\rho = 1.16$ kg/m^3，求该级叶轮的转矩。

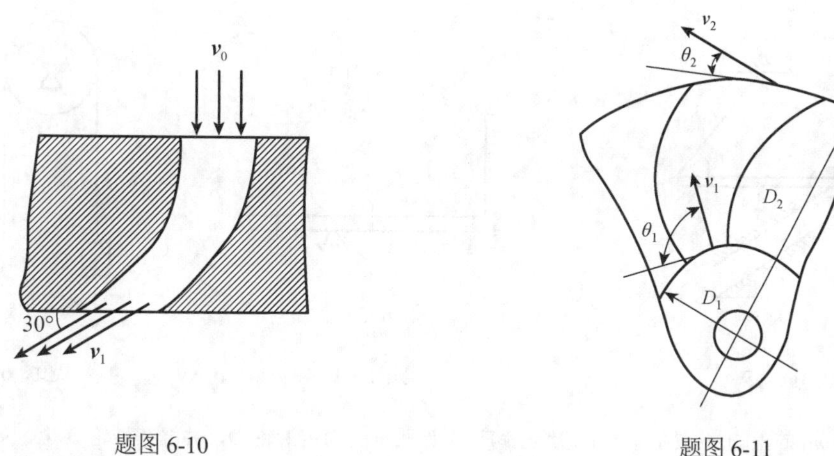

题图 6-10　　　　题图 6-11

12. 如题图 6-12 所示，均质杆 AB 长 l，重 P，一端连接一重量为 G 且不计尺寸的小球，杆上 D 点连接一弹性系数为 k 的弹簧，使杆在水平位置保持平衡。设给小球 B 一微小位移 δ_0，而初始时刻系统静止。求 AB 杆的运动规律。

13. 题图 6-13 所示水平圆板绕 z 轴转动。在圆板上有一质量为 m 的质点 M 相对圆板做圆周运动，其速度的大小为 v_0 且为常量，圆的半径为 r，圆心到转轴 z 的距离为 l，点 M 在圆板上的位置由角 φ 确定。圆板对 z 轴的转动惯量为 J，并且当点 M 离 z 轴最远在点 M_0 时，圆板的角速度为零。求圆板的角速度与角 φ 之间的关系。

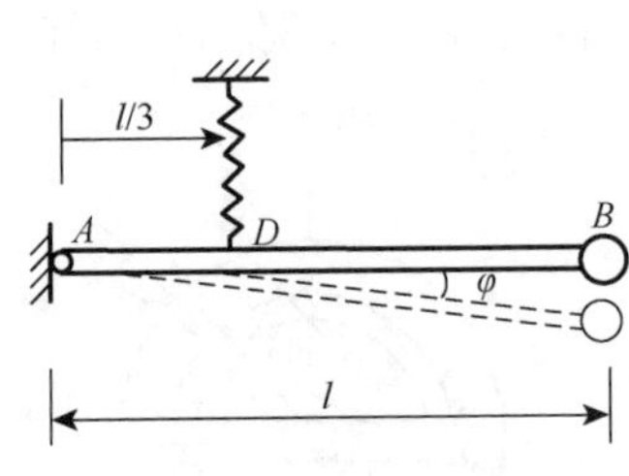

题图 6-12

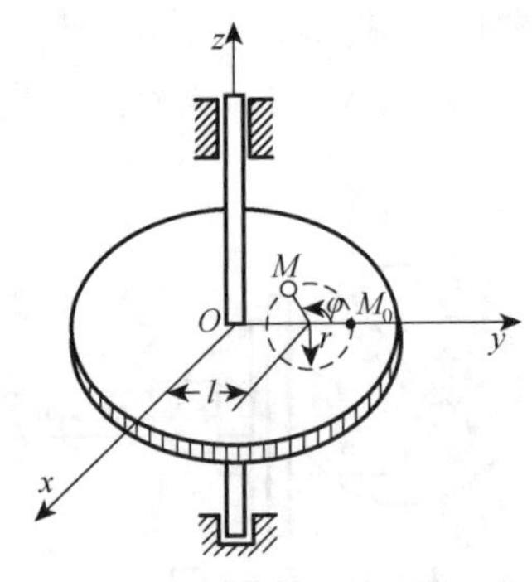

题图 6-13

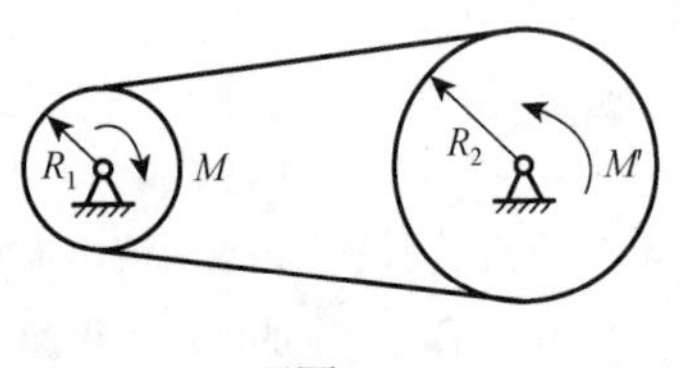

题图 6-14

14. 题图 6-14 所示皮带轮传动中，两轮的半径分别为 R_1 和 R_2，其质量分别为 m_1 和 m_2，视为匀质圆盘，均做定轴转动。在第一个轮子上作用有主动力偶 M，从动轮上有阻力偶 M'。不计皮带重量，求主动轮的角加速度。

15. 如题图 6-15 所示机构中，已知：均质杆 AB 长为 l，质量为 m，$\theta = 30°$，$\beta = 60°$。试求当绳子 OB 突然断了的瞬时滑槽的约束力（滑快 A 的质量不计）及杆 AB 的角加速度。

16. 如题图 6-16 所示，匀质细杆 AB 长 l，重量为 P，离 B 端 $l/3$ 处通过销钉 O 与固定面铰接，A 端用细绳悬挂使杆水平。试求剪断 AE 绳时，O 处的约束力。

17. 卷扬机如题图 6-17 所示。轮 B，C 半径分别为 R，r，对各自转轴的转动惯量分别为 J_1，J_2，物体 A 重为 P。设在轮 C 上作用一常力偶 M，求物体 A 上升的加速度。

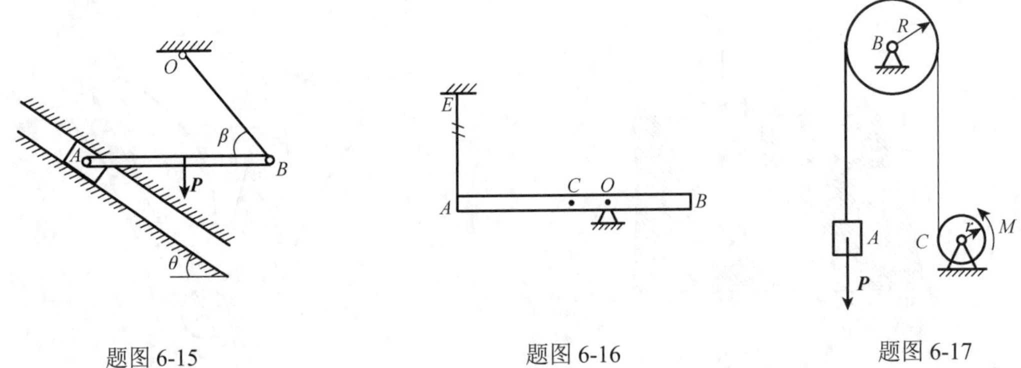

题图 6-15　　题图 6-16　　题图 6-17

18. 质量为 m_1 的重物 A 系在绳子上，绳子跨过不计质量的固定滑轮 D，并绕在鼓轮 B 上，如题图 6-18 所示，重物下降带动轮 C 沿水平轨道做纯滚动。设鼓轮半径为 r，轮 C 半径为 R，两者固接在一起，总质量为 m_2，对 O 轴的回转半径为 ρ。求重物 A 的加速度。

19. 均质圆柱体 A 的质量为 m，在外圆上绕一细绳，绳的一端固定不动，如题图 6-19 所示。当 BC 铅垂时圆柱下降，初速度为零。求轴心下降 h 时，其速度和绳子的张力。

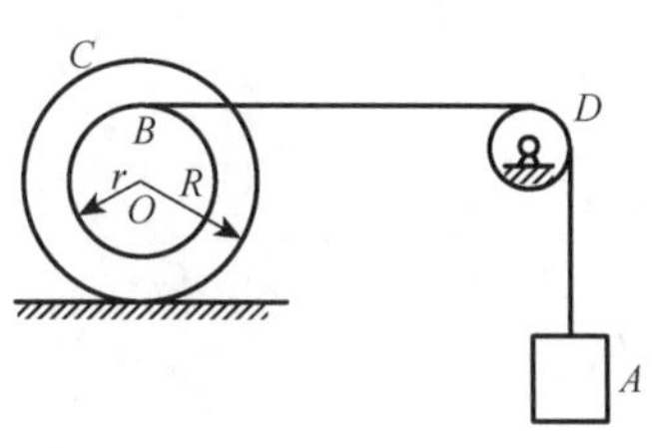

题图 6-18

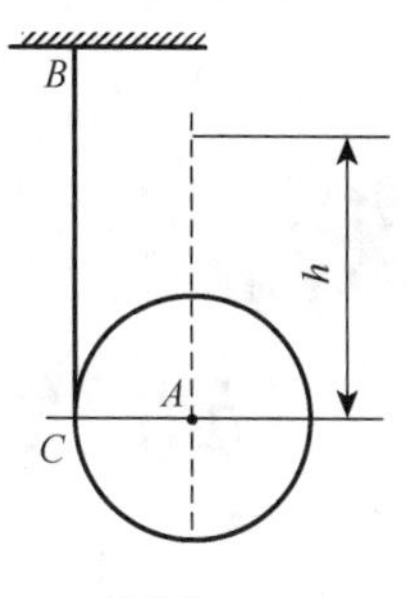

题图 6-19

20. 如题图 6-20 所示，均质杆 AB 长为 l，放在铅垂平面内，一端 A 靠在光滑的铅垂墙面上，另一端 B 置于光滑水平面上，杆与水平面成 φ_0 角。此时，杆由静止开始运动。求：

（1）杆在任意位置的角加速度和角速度；

（2）当杆与铅垂墙面脱离时，杆与水平面的夹角。

21. 均质实心圆柱体 A 和薄铁环 B 的质量均为 m，半径均为 r，两者用无重杆 AB 铰接，并无滑动沿倾角为 θ 的斜面向下滚动，如题图 6-21 所示。求杆 AB 的加速度以及杆的内力。

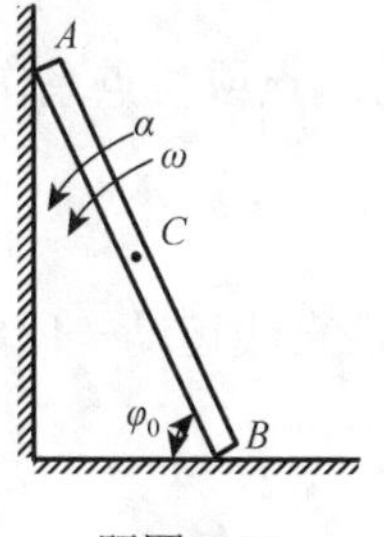

题图 6-20

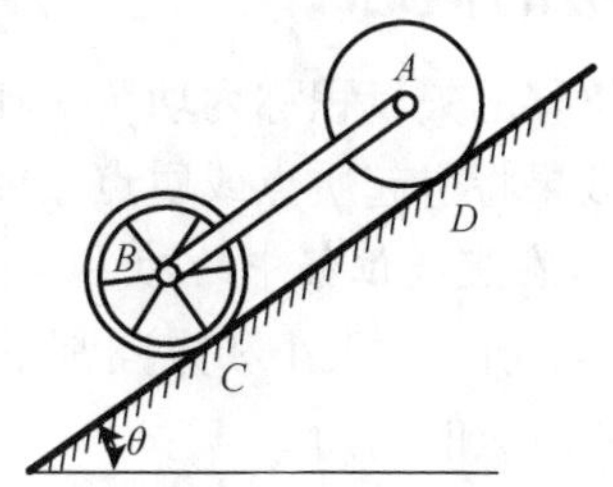

题图 6-21

22. 如题图 6-22 所示矿井提升机构中，鼓轮由两个固连在一起的滑轮组成，总质量为 m，对转轴的回转半径为 ρ。在半径为 r_1 的滑轮上用钢绳悬挂质量为 m_1 的平衡锤 A，在半径为 r_2 的滑轮上通过钢绳牵引小车沿倾角为 θ 的斜面运动。已知鼓轮上作用有常力偶矩 M_0，不计钢绳的质量和摩擦。求轴承 O 的约束力。

23. 如题图 6-23 所示，质量为 m，杆长为 l 的均质杆 AB 用细绳吊住，已知两绳与水平方向的夹角为 φ。求 B 端绳断开瞬时，A 端绳的张力。

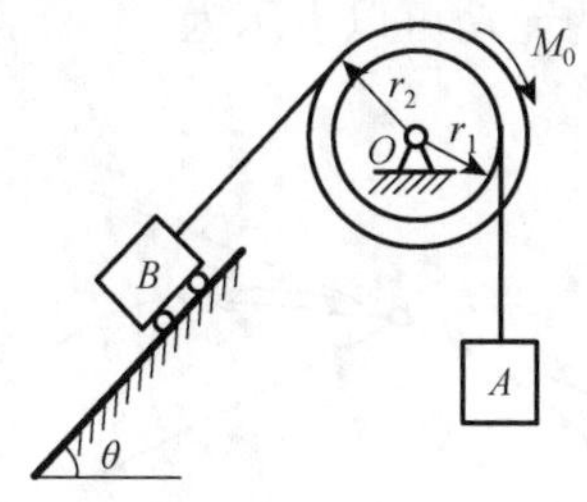

题图 6-22

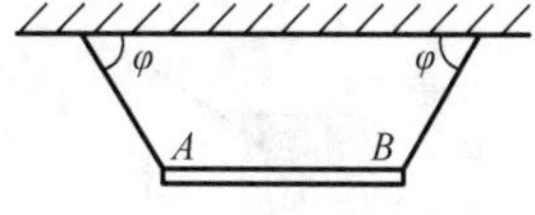

题图 6-23

第7章 动能定理

动能定理从能量的观点研究质点系的动力学问题，反映了机械运动中能量转换与功之间的关系，在工程上有广泛应用。本章讨论力的功、质点系的动能等重要概念，给出质点系动能定理的微分形式和积分形式，并利用动能定理求解刚体系统动力学问题。

7.1 力的功

7.1.1 功的概念

力与位移的矢量积称为**功**（work）。功是力在一段路程上对质点或质点系作用效应累计度量，作用效果将引起质点或质点系能量的变化。

1. 常力在直线位移中的功

如图 7-1 所示，大小和方向都不变的力 $\boldsymbol{F}$ 作用于物体上，沿直线运动一段路程 s，则常力 $\boldsymbol{F}$ 对该物体所做的功为

$$W = Fs\cos\theta \tag{7-1}$$

式中：θ 为力 $\boldsymbol{F}$ 与直线位移方向之间的夹角。当 $\theta < 90°$时，力 $\boldsymbol{F}$ 做正功；当 $\theta > 90°$时，力 $\boldsymbol{F}$ 做负功；当 $\theta = 90°$时，力 $\boldsymbol{F}$ 与位移垂直，所做的功为零。在国际单位制中，功的单位为焦耳（J），1 J = 1 N·m。

2. 变力在曲线路程中的功

如图 7-2 所示，质点 M 在大小和方向都不断变化的力 $\boldsymbol{F}$ 作用下沿曲线 M_1M_2 运动。变力 $\boldsymbol{F}$ 在无限小位移 $\mathrm{d}\boldsymbol{r}$ 中可视为常力，小弧段 $\mathrm{d}s$ 可视为直线，$\mathrm{d}\boldsymbol{r}$ 可视为沿 M 点的切线。在一无限小位移中力所做的功称为**元功**，以 δW 表示。所以，力的元功可以表示为

$$\delta W = F\cos\theta\cdot\mathrm{d}s = \boldsymbol{F}\cdot\mathrm{d}\boldsymbol{r} \tag{7-2}$$

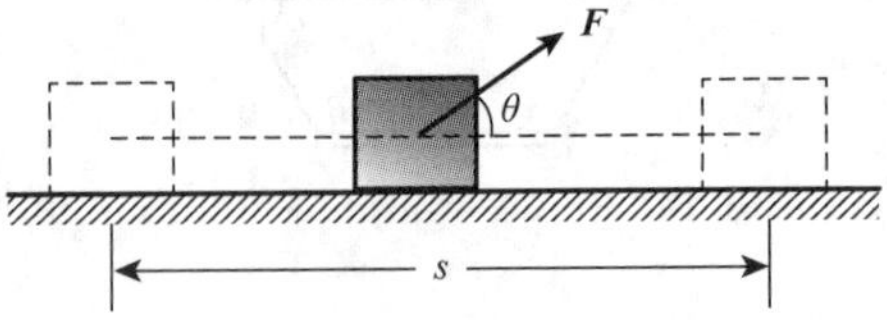

图 7-1

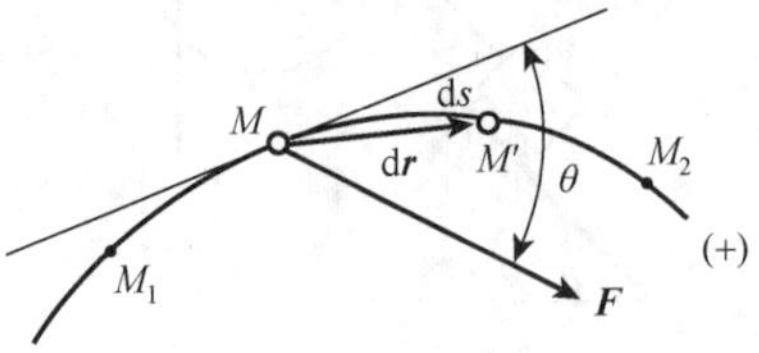

图 7-2

变力 $\boldsymbol{F}$ 在路程 M_1M_2 上所做的功为元功的积分，即

$$W_{12} = \int_0^s F\cos\theta\cdot\mathrm{d}s = \int_{M_1}^{M_2}\boldsymbol{F}\cdot\mathrm{d}\boldsymbol{r} \tag{7-3}$$

在直角坐标系中，力所做的元功可表示为

$$\delta W = F_x \mathrm{d}x + F_y \mathrm{d}y + F_z \mathrm{d}z \tag{7-4}$$

式中：F_x，F_y，F_z为力$\boldsymbol{F}$在x，y，z坐标轴上的投影。相应地，变力的功可以写成

$$W_{12} = \int_{M_1}^{M_2} \boldsymbol{F} \cdot \mathrm{d}\boldsymbol{r} = \int_{M_1}^{M_2} (F_x \mathrm{d}x + F_y \mathrm{d}y + F_z \mathrm{d}z) \tag{7-5}$$

通常，积分值与路径无关。

3. 力系的功

力系做功等于力系中所有力做功之和。

7.1.2 常见力的功

1. 重力的功

如图7-3所示，重力mg的方向与坐标轴z反向，重力仅在坐标轴z上有投影，$F_x = 0$，$F_y = 0$，$F_z = -mg$。由式（7-4）知，重力mg所做的元功为

$$\delta W = -mg\mathrm{d}z \tag{7-6}$$

在路程M_1M_2上，重力所做的功为

$$W_{12} = \int_{z_1}^{z_2} -mg\mathrm{d}z = mg(z_1 - z_2) \tag{7-7}$$

重力所做的功与运动轨迹无关，只决定于质点运动的初始位置与终止位置。

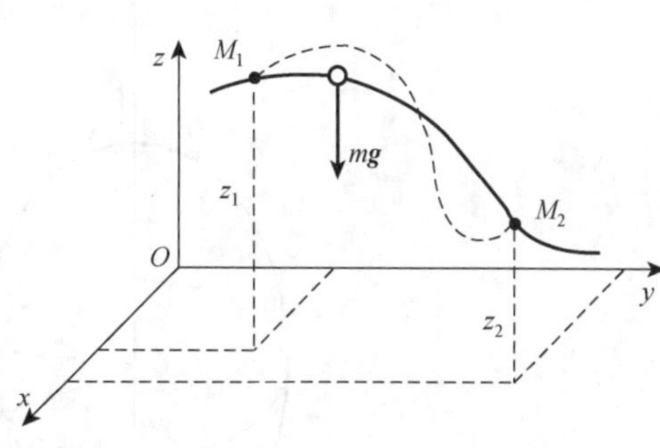

图7-3

2. 弹性力的功

如图7-4所示，弹簧原长为l_0，一端固定于点O，另一端系于质点A，则质点A受到指向O点的弹性力作用。若质点的位置矢径表示为$\boldsymbol{r}$，则在线弹性范围内，弹性力可表示为

$$\boldsymbol{F} = -k\delta \boldsymbol{r}^0$$

式中：k为弹簧的刚度系数；$\delta = r - l_0$为弹簧的伸长；$\boldsymbol{r}^0$为矢径方向的单位矢量。

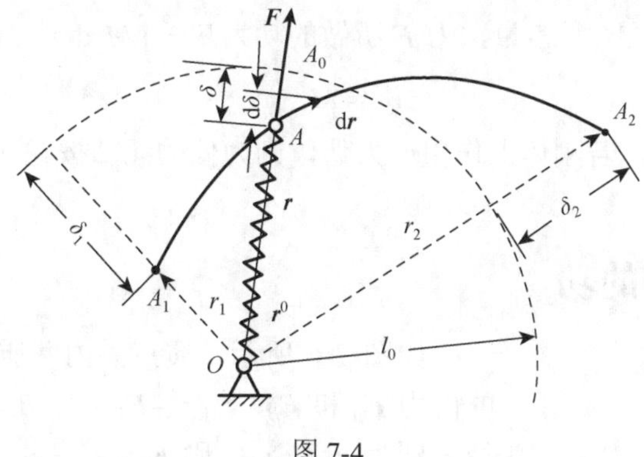

图7-4

当质点做任意曲线运动时，弹性力的元功为

$$\delta W = \boldsymbol{F} \cdot \mathrm{d}\boldsymbol{r} = -k\delta \boldsymbol{r}^0 \cdot \mathrm{d}\boldsymbol{r} \tag{7-8}$$

因为$\boldsymbol{r}_0 \cdot \mathrm{d}\boldsymbol{r} = \mathrm{d}\delta$，当质点沿轨迹从$A_1$运动到$A_2$时，弹性力所做的功为

$$W_{12} = \int_{A_1}^{A_2} \delta W = \int_{\delta_1}^{\delta_2} -k\delta \mathrm{d}\delta$$

即

$$W=\frac{1}{2}k\left(\delta_1^2-\delta_2^2\right) \tag{7-9}$$

式中：$\delta_1=r_1-l_0$，$\delta_2=r_2-l_0$，分别为质点在起点及终点处弹簧的变形量。弹性力的功只决定弹簧在起始及终了位置的变形量，与作用点的运动路径无关。

3. 定轴转动刚体上力及力偶的功

如图 7-5（a）所示，刚体绕 z 轴做定轴转动，力 $\boldsymbol{F}$ 作用在 A 点，在切线方向上的投影为 $F_\tau=F\cos\theta$，θ 为力 $\boldsymbol{F}$ 与切线的夹角。力 $\boldsymbol{F}$ 的元功为 $\delta W=\boldsymbol{F}\cdot\mathrm{d}\boldsymbol{s}=F_\tau\mathrm{d}s=F_\tau r\mathrm{d}\varphi$，$r$ 为力作用点 A 到 z 轴的距离；s 为弧长；φ 为转角。而力 $\boldsymbol{F}$ 对 z 轴的矩为 $M_z=F_\tau r$，于是，力 $\boldsymbol{F}$ 的元功为

$$\delta W=M_z\mathrm{d}\varphi \tag{7-10}$$

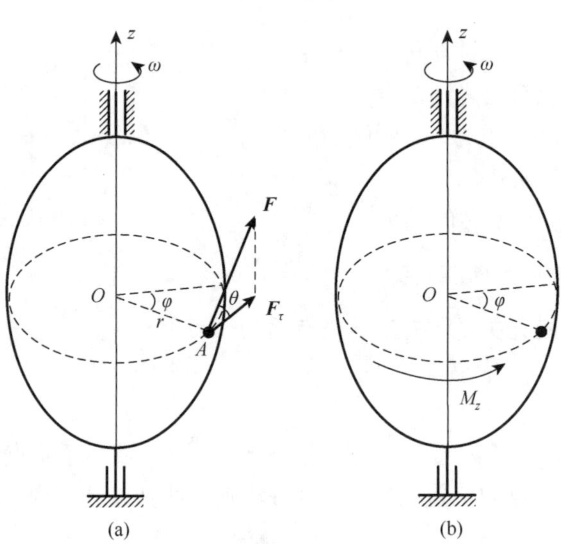

图 7-5

刚体做定轴转动时，M_z 是常量，力 $\boldsymbol{F}$ 所做的功为 $W=\int M_z\mathrm{d}\varphi=M_z\int\mathrm{d}\varphi$，即

$$W=M_z\cdot\varphi \tag{7-11}$$

如图 7-5（b）所示，若刚体上作用一力偶，则力偶的元功按式（7-10）计算，力偶的功按式（7-11）计算。

7.1.3 质点系内力的功

如图 7-6 所示，质点系内两质点 A，B 间有相互作用的内力 $\boldsymbol{F}_A$ 和 $\boldsymbol{F}_B$，$\boldsymbol{F}_A=-\boldsymbol{F}_B$。$A$，$B$ 两点对于固定点 O 的矢径分别为 $\boldsymbol{r}_A$ 和 $\boldsymbol{r}_B$，则 $\boldsymbol{r}_B=\boldsymbol{r}_A+\boldsymbol{r}_{BA}$，内力 $\boldsymbol{F}_A$ 和 $\boldsymbol{F}_B$ 的元功之和为

$$\sum\delta W_i=\boldsymbol{F}_A\cdot\mathrm{d}\boldsymbol{r}_A+\boldsymbol{F}_B\cdot\mathrm{d}\boldsymbol{r}_B=\boldsymbol{F}_A\cdot\mathrm{d}(\boldsymbol{r}_A-\boldsymbol{r}_B)=-\boldsymbol{F}_A\cdot\mathrm{d}\boldsymbol{r}_{BA} \tag{7-12}$$

式中：$\mathrm{d}\boldsymbol{r}_{BA}$ 表示矢量 $\boldsymbol{r}_{BA}$ 的改变量。

刚体上任意两点之间的距离保持不变，所以刚体上质点间相互作用的内力所做的功之和恒等于零。

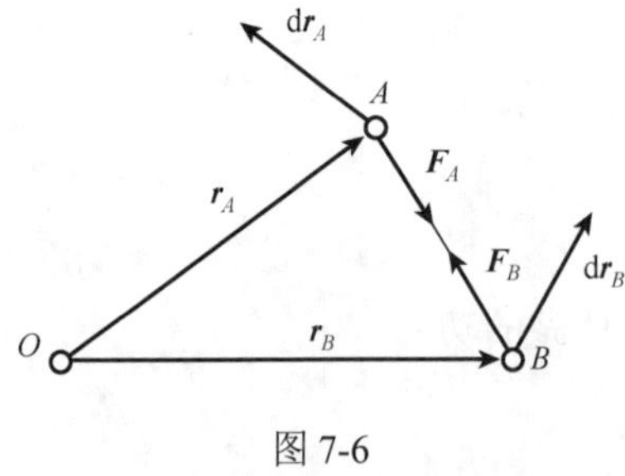

图 7-6

很多工程实际问题中，内力做功不等于零。例如，舰艇航行时，发动机提供的扭矩为内力，所做的功提供了舰艇前进的动力；汽车发动机汽缸内膨胀的气体对活塞和汽缸的作用力都是内力，内力的功之和不为零，内力的功使汽车的动能增加。又如机械系统内部包含弹性元件（如弹簧），弹性元件两点间的距离受力后发生改变，内力的功也不等于零，需要加以考虑。因此，在计算内力做功时，应该根据具体情况仔细分析，以确定其内力是否做功。

7.1.4　约束反力的功

工程上将物体的受力分为主动力与约束反力。常见的约束包括：光滑面约束、固定铰链约束、中间铰链约束、活动铰链约束、辊轴支座、连杆约束、柔性约束。约束反力的作用点位移恒等于零，因此，**常见约束反力不做功**。

7.1.5　摩擦力的功

1. *静摩擦力不做功*

当轮子在固定面做纯滚动时，轮子与固定面的接触点的速度等于零，接触点的位移恒等于零，因此，摩擦力做功等于零。此处摩擦力为静摩擦力，静摩擦力不做功。因此，不计滚动摩阻时，**纯滚动时，静摩擦力不做功**。

2. *滑动摩擦力做功*

如果，轮子在滚动的同时，相对地面有滑动时，**滑动摩擦力做负功**：

$$W=-F\cdot s$$

式中：F 为滑动摩擦力；s 为滑动的距离。轮子既滚动，又滑动时，只在滑动距离上做功。

7.2　动　　能

7.2.1　质点的动能

质点的质量与速度平方乘积的 1/2 称为**质点的动能**（kinetic energy of particle）。设质点的质量为 m，速度为 v，则质点的动能为

$$T=\frac{1}{2}mv^2 \tag{7-13}$$

动能是恒为正值的标量，在国际单位制中动能的单位为焦耳（J）。

7.2.2　质点系的动能

质点系内各个质点的动能之和称为**质点系的动能**（kinetic energy of particle system）。设质点系内，任一个质点质量为 m_i，速度为 v_i，则质点系的动能为

$$T=\sum\frac{1}{2}m_i v_i^2 \tag{7-14}$$

7.2.3　刚体的动能

扫码观看

刚体是质点系，可按质点系的动能计算刚体的动能。

1. 平动刚体的动能

刚体做平动时，任一点的速度都与质心 C 速度 v_C 相同，将平动刚体剖分成无穷多个微小质量，每个质量看作一个质点，则平动刚体的动能为

$$T=\sum\frac{1}{2}m_iv_i^2=\sum\frac{1}{2}m_iv_C^2=\frac{1}{2}v_C^2\sum m_i$$

$m=\sum m_i$ 是刚体的质量，于是有

$$T=\frac{1}{2}mv_C^2 \tag{7-15}$$

平动刚体的动能等于刚体质量置于质心 C 的质点的动能。

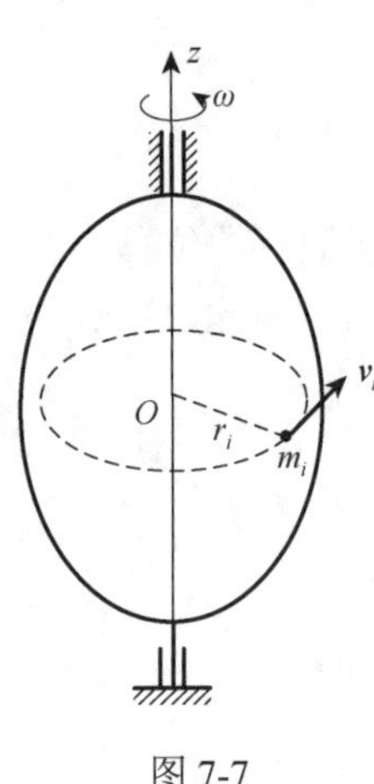

图 7-7

2. 定轴转动刚体的动能

如图 7-7 所示，将平动刚体剖分成无穷多个微小质量，每个质量看作一个质点，任一质点的质量为 m_i，转动半径为 r_i，速度为 $v_i=\omega r_i$，则定轴转动刚体的动能为

$$T=\sum\frac{1}{2}m_iv_i^2=\sum\frac{1}{2}m_i(\omega r_i)^2=\frac{1}{2}\left(\sum m_ir_i^2\right)\omega^2$$

刚体对 z 轴的转动惯量 $J_z=\sum m_ir_i^2$，有

$$T=\frac{1}{2}J_z\omega^2 \tag{7-16}$$

定轴转动刚体的动能等于刚体对转轴 z 的转动惯量与角速度平方乘积的一半。

3. 刚体做平面运动时的动能

如图 7-8 所示，平面运动刚体的速度瞬心在 P 点，任一质点的质量为 m_i，至瞬心的距离为 r_i，则速度为 $v_i=\omega r_i$，动能为

$$T=\sum\frac{1}{2}m_iv_i^2=\frac{1}{2}\sum m_i(\omega r_i)^2=\frac{1}{2}\left(\sum m_ir_i^2\right)\omega^2$$

$J_P=\sum m_ir_i^2$ 是刚体对速度瞬心的转动惯量，因此，平面运动刚体的动能为

$$T=\frac{1}{2}J_P\omega^2 \tag{7-17}$$

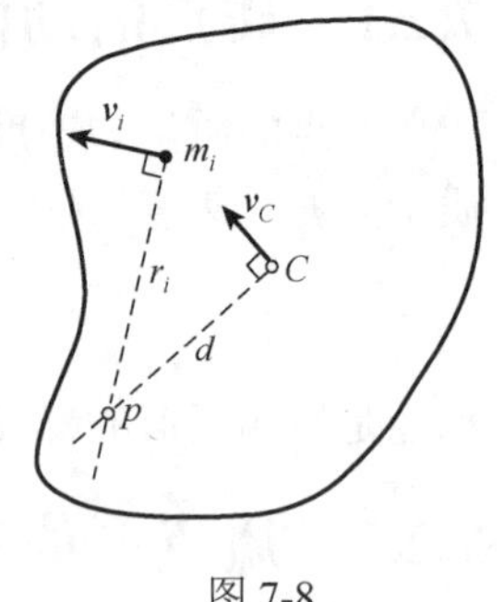

图 7-8

平面运动刚体的动能等于对刚体速度瞬心的转动惯量与角速度平方的乘积的 1/2。

如图 7-8 所示，平面运动刚体的质心在 C 点，质心到瞬心的距离为 d，由转动惯量的平行轴公式有

$$J_P=J_C+md^2$$

代入式（7-17），注意到 $v_C=\omega d$，得

$$T=\frac{1}{2}\left(J_C+md^2\right)\omega^2=\frac{1}{2}mv_C^2+\frac{1}{2}J_C\omega^2 \tag{7-18}$$

平面运动刚体的动能等于随质心平动的动能与绕质心转动的动能之和。

【例 7-1】 如图 7-9 所示，外啮合行星齿轮机构，齿轮 1 由曲柄 OA 带动沿定齿轮 2 做纯滚动。已知齿轮 1 和 2 的质量分别为 m_1 和 m_2，半径分别为 r_1 和 r_2，均为均质圆盘。曲柄 OA 为均质细杆，质量为 m。求曲柄的角速度为 ω 时系统的动能。

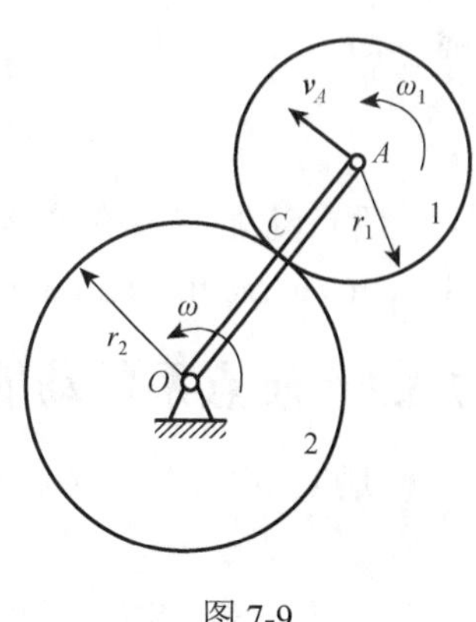

图 7-9

解 曲柄 OA 做定轴转动，齿轮 1 做平面运动，瞬心在 C 点。设齿轮 1 的角速度为 ω_1，则 $v_A=\omega_1 r_1=\omega(r_1+r_2)$，所以有

$$\omega_1=\frac{r_1+r_2}{r_1}\omega$$

系统动能等于曲柄 OA 的动能与齿轮 1 的动能之和

$$\begin{aligned}T&=T_{OA}+T_1=\frac{1}{2}J_O\omega^2+\frac{1}{2}m_1v_A^2+\frac{1}{2}J_A\omega_1^2\\&=\frac{1}{2}\times\frac{1}{3}m(r_1+r_2)^2\omega^2+\frac{1}{2}m_1(r_1+r_2)^2\omega^2+\frac{1}{2}\times\frac{1}{2}m_1r_1^2\left(\frac{r_1+r_2}{r_1}\right)^2\omega^2\\&=\frac{2m+9m_1}{12}(r_1+r_2)^2\omega^2\end{aligned}$$

7.3 动能定理

7.3.1 质点的动能定理

由牛顿第二定律 $m\boldsymbol{a}=\boldsymbol{F}$，$\boldsymbol{a}=\dfrac{\mathrm{d}\boldsymbol{v}}{\mathrm{d}t}$ 有

$$m\frac{\mathrm{d}\boldsymbol{v}}{\mathrm{d}t}=\boldsymbol{F}$$

方程两边点乘 $\mathrm{d}\boldsymbol{r}$，得

$$m\frac{\mathrm{d}\boldsymbol{v}}{\mathrm{d}t}\cdot\mathrm{d}\boldsymbol{r}=\boldsymbol{F}\cdot\mathrm{d}\boldsymbol{r}$$

代入 $\mathrm{d}\boldsymbol{r}=\boldsymbol{v}\mathrm{d}t$，得

$$m\boldsymbol{v}\cdot\mathrm{d}\boldsymbol{v}=\boldsymbol{F}\cdot\mathrm{d}\boldsymbol{r}\quad 或\quad \mathrm{d}\left(\frac{1}{2}mv^2\right)=\delta W$$

即

$$\mathrm{d}T=\delta W \tag{7-19}$$

质点动能的微小增量等于作用在质点上力的元功，称为**质点微分形式的动能定理**（kinetic energe theorem of particle in differential form）。

对上式积分有

$$T_2-T_1=W \tag{7-20}$$

或

$$\frac{1}{2}mv_2^2-\frac{1}{2}mv_1^2=W$$

质点动能的改变量等于作用在质点上的力所做的功，称为**质点积分形式的动能定理**（kinetic energe theorem of particle in integral form）。

7.3.2 质点系的动能定理

质点系内，任一质点的质量为 m_i，速度为 v_i，根据质点微分形式的动能定理，有

$$\mathrm{d}T_i=\delta W_i$$

式中：$\mathrm{d}T_i$ 为第 i 个质点的动能增量；δW_i 为作用于第 i 个质点上的力 $\boldsymbol{F}_i$ 的元功。

上式适用质点系内所有质点，所有等式求和得

$$\sum \mathrm{d}T_i=\sum \delta W_i$$

即

$$\mathrm{d}\left(\sum T_i\right)=\sum \delta W_i$$

式中：$T=\sum T_i$ 为质点系的动能；$\delta W=\sum \delta W_i$ 为作用于质点系的所有力的元功的代数和，于是有

$$\mathrm{d}T=\delta W \tag{7-21}$$

质点系动能的增量等于作用于质点系所有力元功的代数和，称为**质点系微分形式的动能定理**（kinetic energe theorem of particle system in differential form）。

上式积分有

$$T_2-T_1=W \tag{7-22}$$

式中：T_1，T_2 分别为质点系在某一路程上初始和终了时刻的动能，W 为作用于质点系的所有力在该路程上所做的功。

质点系在某一时间间隔内，动能的改变量等于作用于质点系所有力所做功的代数和，称为**质点系积分形式的动能定理**（kinetic energe theorem of particle system in integral form）。

扫码观看

【例 7-2】 如图 7-10（a）所示，均质圆柱体，质量为 m，半径为 r，从静止开始，沿倾角为 θ 的斜面无滑动地滚下，不计滚动摩擦，求质心的加速度和滚动一段距离 s 时，质心的速度。

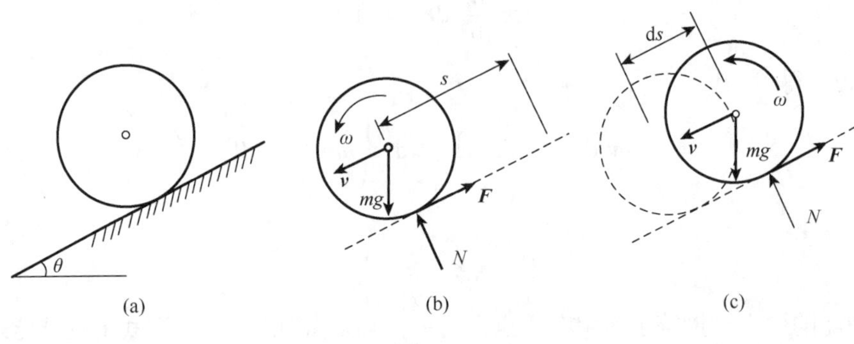

图 7-10

解 （1）用积分形式动能定理求解。

取滚轮为研究对象，受力如图 7-10（b）所示。开始时刻，圆柱体处于静止，初始动能 $T_1 = 0$；设滚动一段距离 s 时，质心的速度为 v，转动的角速度为 $\omega = v/r$，则圆柱体的动能为

$$T_2 = \frac{1}{2}mv^2 + \frac{1}{2}J_C\omega^2 = \frac{1}{2}mv^2 + \frac{1}{2}\left(\frac{1}{2}mr^2\right)\left(\frac{v}{r}\right)^2 = \frac{3}{4}mv^2$$

滚动摩擦力和约束反力都不做功，只有重力做功，力的功为

$$W = mgs\sin\theta$$

应用积分形式的动能定理 $T_2 - T_1 = W$ 有

$$\frac{3}{4}mv^2 - 0 = mgs\sin\theta \qquad ①$$

解得滚动一段距离 s 时，质心的速度为 $v = \sqrt{\frac{4}{3}gs\sin\varphi}$。

等式①两边对时间求导得

$$\frac{3}{2}mv_C a_C \mathrm{d}t = mgv_C \mathrm{d}t\sin\varphi$$

解得质心的加速度为 $a = \frac{2}{3}g\sin\varphi$。

（2）用微分形式动能定理求解。

取滚轮为研究对象，受力如图 7-10（c）所示。设任意时刻，质心的速度为 v，转动的角速度为 $\omega = v/r$，则圆柱体的动能为

$$T = \frac{1}{2}mv^2 + \frac{1}{2}J_C\omega^2 = \frac{1}{2}mv^2 + \frac{1}{2}\left(\frac{1}{2}mr^2\right)\left(\frac{v}{r}\right)^2 = \frac{3}{4}mv^2$$

微分得时间间隔 $\mathrm{d}t$ 圆柱体动能的增量为

$$\mathrm{d}T = \frac{3}{2}mva\mathrm{d}t$$

时间间隔 $\mathrm{d}t$ 内，圆柱体移动的距离为 $\mathrm{d}s = v\mathrm{d}t$，则时间间隔 $\mathrm{d}t$ 内，力的功为

$$\delta W = mg\mathrm{d}s\sin\theta = mgv\mathrm{d}t\sin\theta$$

应用微分形式的动能定理 $\mathrm{d}T = \delta W$ 有

$$\frac{3}{2}mva\mathrm{d}t = mgv\mathrm{d}t\sin\theta$$

解得质心的加速度为 $a = \frac{2}{3}g\sin\varphi$。

由本题可以看出：求速度，用积分形式的动能定理比较好，但是必须知道系统的初始状态和系统运动的路程；求加速度，用微分形式的动能定理比较好，不需要知道系统的初始状态，但是不能求出系统的速度。

【例 7-3】 如图 7-11（a）所示，提升机构电动机的转矩 M 视为常量，小齿轮 C、联轴节 D 及电动机转子对于轴 CD 的转动惯量为 J_1，大齿轮 B 及卷筒对于轴 AB 的转动惯量为 J_2，被提升的重物重为 mg，卷筒、大齿轮和小齿轮的半径分别为 R，r_2 和 r_1。忽略摩擦及钢丝绳质量，求重物从静止开始上升距离 s 时的速度及加速度。

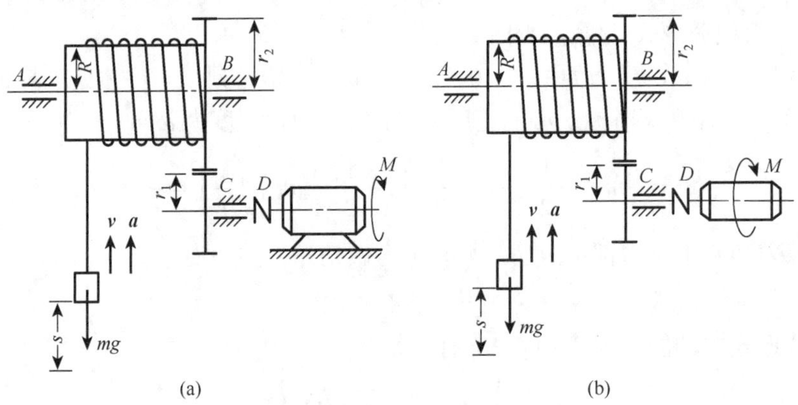

图 7-11

解　(1) 选取整个系统（转子 + 联轴节 + 小齿轮 + 大齿轮 + 卷筒 + 轴 + 绳子 + 重物，不包括轴承和电机定子）为研究对象，系统受力如图 7-11（b）所示（轴承的约束反力未画），其中，转矩 M 是电机作用在转子上的力矩。

(2) 分析运动量。设重物上升距离 s 时速度为 v、加速度为 a，鼓轮和圆柱体的角速度分别为 ω_1 和 ω_2，则 $\omega_2 = v/R, \varphi_2 = s/R, \omega_1 r_1 = \omega_2 r_2, \varphi_1 r_1 = \varphi_2 r_2$。于是有 $\omega_1 = vr_2/(Rr_1), \varphi_1 = sr_2/(Rr_1)$。

(3) 计算系统的动能。

开始时，系统处于静止状态，初始动能 $T_1 = 0$；重物上升距离 s 时，系统的动能为

$$\begin{aligned}T_2 &= \frac{1}{2}J_1\omega_1^2 + \frac{1}{2}J_2\omega_2^2 + \frac{1}{2}mv^2 \\ &= \frac{1}{2}J_1\left(\frac{vr_2}{Rr_1}\right)^2 + \frac{1}{2}J_2\left(\frac{v}{R}\right)^2 + \frac{1}{2}mv^2 \\ &= \frac{1}{2}\left[\left(\frac{r_2}{Rr_1}\right)^2 J_1 + \frac{1}{R^2}J_2 + m\right]v^2\end{aligned}$$

(4) 计算力的功，只有电动机的转矩和重力做功，则力做功为

$$W = M\varphi_1 - mgs = Msr_2/(Rr_1) - mgs = [Mr_2/(Rr_1) - mg]s$$

(5) 由积分形式的动能定理 $T_2 - T_1 = W$ 有

$$\frac{1}{2}\left[\left(\frac{r_2}{Rr_1}\right)^2 J_1 + \frac{1}{R^2}J_2 + m\right]v^2 - 0 = \left[M\frac{r_2}{Rr_1} - mg\right]s \qquad ①$$

解得重物从静止开始上升距离 s 时的速度为

$$v = \sqrt{\frac{2\left(\dfrac{M}{R}\dfrac{r_2}{r_1} - mg\right)s}{\dfrac{J_1}{R^2}\left(\dfrac{r_2}{r_1}\right)^2 + \dfrac{J_2}{R^2} + m}}$$

系统运动过程中速度 v 与路程 s 都是时间的函数，等式①两端对时间求一阶导数

$$\left[\frac{J_1}{R^2}\left(\frac{r_2}{r_1}\right)^2 + \frac{J_2}{R^2} + m\right]v \cdot a = \left(\frac{M}{R}\frac{r_2}{r_1} - mg\right) \cdot v$$

解得重物的加速度为

$$a=\frac{\dfrac{M}{R}\dfrac{r_2}{r_1}-mg}{\dfrac{J_1}{R^2}\left(\dfrac{r_2}{r_1}\right)^2+\dfrac{J_2}{R^2}+m}$$

显然，重物的速度与上升的路程 s 逐渐增加，而重物的加速度与路程无关，任意时刻的加速度都相同。

【例 7-4】 如图 7-12（a）所示，卷扬机鼓轮在常力偶矩 M 作用下将圆柱体沿斜面上拉。已知鼓轮的半径为 r_1，质量为 m_1，质量分布在轮缘上；圆柱体的半径为 r_2，质量为 m_2，质量均匀分布。设斜面的倾角为 θ，圆柱体沿斜面只滚不滑。求圆柱体中心的加速度。

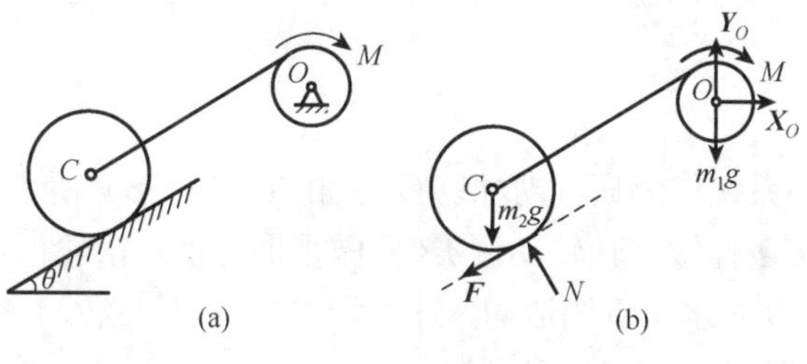

图 7-12

解　（1）选取鼓轮、绳子和圆柱体组成的系统作为研究对象。受力如图 7-12（b）所示。

（2）分析运动量。鼓轮做定轴转动，圆柱体做平面运动。设圆柱体中心 C 在某瞬时速度为 v、加速度为 a，鼓轮和圆柱体的角速度分别为 ω_1 和 ω_2，则 $\omega_1=v/r_1$，$\omega_2=v/r_2$。

（3）计算系统的动能。某瞬时，系统的动能为

$$T=\frac{1}{2}J_1\omega_1^2+\frac{1}{2}J_C\omega_2^2+\frac{1}{2}m_2v^2=\frac{1}{2}m_1r_1^2\left(\frac{v}{r_1}\right)^2+\frac{1}{2}\left(\frac{1}{2}m_2r_2^2\right)\left(\frac{v}{r_2}\right)^2+\frac{1}{2}m_2v^2$$

$$=\frac{1}{4}(2m_1+3m_2)v^2$$

微分得系统动能的增量为

$$\mathrm{d}T=\frac{1}{2}(2m_1+3m_2)va\mathrm{d}t$$

（4）计算系统力的功。

经过时间间隔 $\mathrm{d}t$ 后，圆柱体中心走过的距离为 $\mathrm{d}s=v\mathrm{d}t$，鼓轮转过的角度为 $\mathrm{d}\varphi=v\mathrm{d}t/r_1$，作用在系统上的力做功为

$$\delta W=M\mathrm{d}\varphi-m_2g\cdot\sin\theta\cdot\mathrm{d}s=(M/r_1-m_2g\sin\theta)\,v\mathrm{d}t$$

（5）动能定理。

由质点系的动能定理 $\mathrm{d}T=\delta W$ 有

$$\frac{1}{2}(2m_1+3m_2)va\mathrm{d}t=(M/r_1-m_2g\sin\theta)v\,\mathrm{d}t$$

解得

$$a=\frac{2(M-m_2gr_1\sin\theta)}{(2m_1+3m_2)r_1}$$

【例 7-5】 如图 7-13（a）所示，机构由连杆 OA，AB 和滚轮 B 组成，两连杆的质量均为 m，长度均为 l；滚轮 B 为均质圆盘，质量为 m_1，沿地面做纯滚动；开始时，机构处于静止状态，OA 杆与水平方向夹角为 θ，求：连杆 OA 运动到水平位置时的角速度。

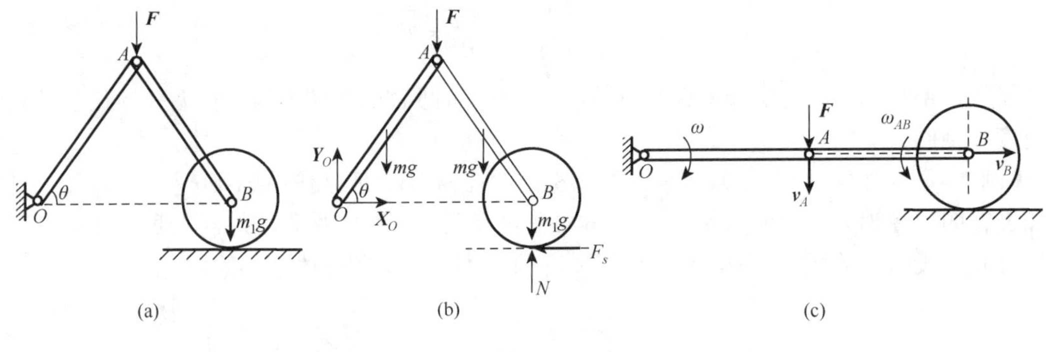

图 7-13

解 （1）选取整个系统作为研究对象。受力如图 7-13（b）所示。

（2）分析运动量。OA 杆做定轴转动，AB 杆做平面运动，滚轮做纯滚动（平面运动）。如图 7-13（c）所示，销钉 B 做水平直线运动，速度沿水平方向；当 OA 杆运动到水平位置时，销钉 A 的速度垂直向下，该瞬时，AB 杆速度瞬心在 B 点。$v_A=\omega l=\omega_{AB}l$，$v_B=0$，于是有 $\omega_{AB}=\omega$，$\omega_B=0$。

（3）计算系统的动能。

开始时，系统处于静止状态，初始动能 $T_1=0$；当 OA 杆运动到水平位置时，系统的动能为

$$T_2=T_{OA}+T_{AB}+T_B=\frac{1}{2}J_O\omega^2+\frac{1}{2}mv_C^2+\frac{1}{2}J_C\omega_{AB}^2+0=\frac{1}{2}J_O\omega^2+\frac{1}{2}J_p\omega_{AB}^2$$

$$=\frac{1}{2}\left(\frac{1}{3}ml^2\right)\omega^2+\frac{1}{2}\left(\frac{1}{3}ml^2\right)\omega^2=\frac{1}{3}ml^2\omega^2$$

（4）计算力的功。

作用在系统上的力做功为

$$W=2\left(mg\frac{l}{2}\sin\theta\right)+Fl\sin\theta=(mg+F)l\sin\theta$$

（5）动能定理。

由动能定理 $T_2-T_1=W$ 有

$$\frac{1}{3}ml^2\omega^2-0=(mg+F)l\sin\theta$$

解得

$$\omega=\sqrt{\frac{3(mg+F)\sin\theta}{lm}}$$

由上述例题可以看出：应用动能定理求解刚体系统在力的作用下运动速度和加速度非常方便，求速度用积分形式，求加速度用微分形式。应用动能定理求解动力学问题的基本步骤：（1）一般选取刚体系统为研究对象；（2）分析相关运动量：速度、角速度和加速度等；（3）计算系统的动能和动能增量；（4）计算力做功；（5）应用动能定理求解。

7.4 动力学定理的综合应用

质点系的动力学定理包括质点系的动量定理、动量矩定理和动能定理，它们以不同的形式建立了质点系的运动量与受力之间的关系。

作用在刚体系统上的力在动量定理和动量矩定理中分成外力和内力两类。在动能定理中力分成主动力和约束力两类，约束反力不做功，滑动摩擦做功。

动量定理和质心运动定理可以解决刚体系统平动时，外力与速度或加速度的关系，研究对象可以是刚体系统。质心运动定理是动量定理的微分形式，质心运动定理求解更方便。

动量矩定理可以解决刚体系统绕定点（轴）转动时，外力矩与角速度或角加速度的关系，研究对象可以是刚体系统，但需注意，刚体系统绕定点（轴）转动问题较少见。**刚体定轴转动微分方程**是动量矩定理用在单个刚体时的情形。研究对象是单个刚体绕定轴转动。

刚体平面运动微分方程是动量定理和动量矩定理用在单个刚体时的情形。研究对象是单个刚体做平面运动。刚体平面运动微分方程可解一切动力学问题，但要多次取研究对象，逐个刚体分析，还要解方程组，比较麻烦。

动能定理可以解决刚体系统的速度或加速度与力做功的关系。求速度用积分形式，求加速度用微分形式。研究对象可以是刚体系统。解题能力非常强，但是，一般不能求约束反力。一般用动量定理或动量矩定理求未知约束力。

【例 7-6】 如图 7-14（a）所示，两个质量为 m_1，m_2 的重物分别系在绳子的两端。两绳分别绕在半径为 r_1，r_2 并固结在一起的两鼓轮上，两鼓轮对 O 轴的转动惯量为 J_O，质量为 m，求鼓轮的角加速度和轴承 O 的约束反力。

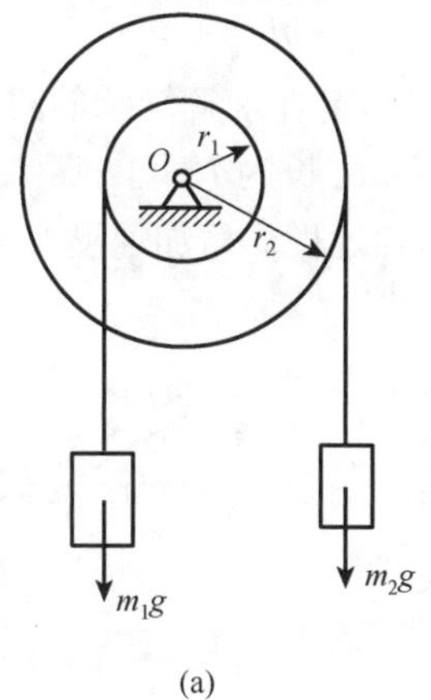

(a)

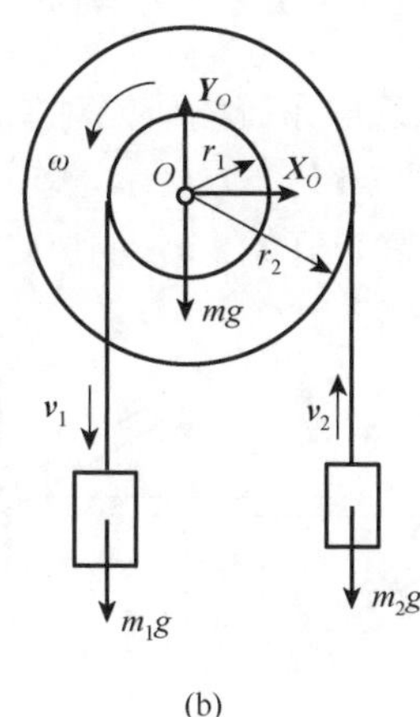

(b)

图 7-14

解 （1）用动能定理求鼓轮的角加速度。

选取整个系统为研究对象，受力分析如图 7-14（b）所示。运动分析：两重物做平动，鼓轮做定轴转动。设鼓轮某时刻的角速度为 ω，角加速度为 α，重物 m_1 的速度为 $v_1=\omega r_1, v_2=\omega r_2$，则系统在该时刻的动能为

$$T=\frac{1}{2}m_1v_1^2+\frac{1}{2}J_O\omega^2+\frac{1}{2}m_2v_2^2=\frac{1}{2}m_1(\omega r_1)^2+\frac{1}{2}J_O\omega^2+\frac{1}{2}m_2(\omega r_2)^2$$
$$=\frac{1}{2}(m_1r_1^2+J_O+m_2r_2^2)\omega^2$$

经过时间间隔 dt 后，系统动能的增量为

$$\mathrm{d}T=(m_1r_1^2+J_O+m_2r_2^2)\omega\alpha\mathrm{d}t$$

在时间间隔 dt 内，作用在系统上的力做功为

$$\delta W=m_1g\omega\mathrm{d}tr_1-m_2g\omega\mathrm{d}tr_2=(m_1r_1-m_2r_2)g\omega\mathrm{d}t$$

应用动能定理 $\mathrm{d}T=\delta W$ 有

$$(m_1r_1^2+J_O+m_2r_2^2)\omega\alpha\mathrm{d}t=(m_1r_1-m_2r_2)g\omega\mathrm{d}t$$

解得鼓轮的角加速度为

$$\alpha=\frac{m_1r_1-m_2r_2}{J_O+m_1r_1^2+m_2r_2^2}g$$

注意：本题也可以选取系统为研究对象，用动量矩定理求解鼓轮的角加速度。

（2）用动量定理求约束反力。

选取整个系统为研究对象，受力如图 7-14（b）所示。系统任意时刻的动量为

$$K_x=0,\qquad K_y=m_2v_2-m_1v_1=(m_2r_2-m_1r_1)\omega$$

应用动量定理 $\frac{\mathrm{d}K_x}{\mathrm{d}t}=\sum F_{ix}^{(e)}$，$\frac{\mathrm{d}K_y}{\mathrm{d}t}=\sum F_{iy}^{(e)}$ 有

$$X_O=0,\qquad (m_2r_2-m_1r_1)\alpha=Y_O-m_1g-m_2g-mg$$

将角加速度代入得到轴承的约束反力为

$$X_O=0,\qquad Y_O=(m_1+m_2+m)g-\frac{(m_1r_1-m_2r_2)^2}{J_O+m_1r_1^2+m_2r_2^2}g$$

注：本题也可以选取系统为研究对象，用质心运动定理求解轴承的约束反力。

【例 7-7】 如图 7-15（a）所示，均质杆质量为 m，长为 l，可绕距端点 $l/3$ 的转轴 O 转动，求杆由水平位置静止开始，转动到任一位置时的角速度、角加速度及轴承 O 的约束反力。

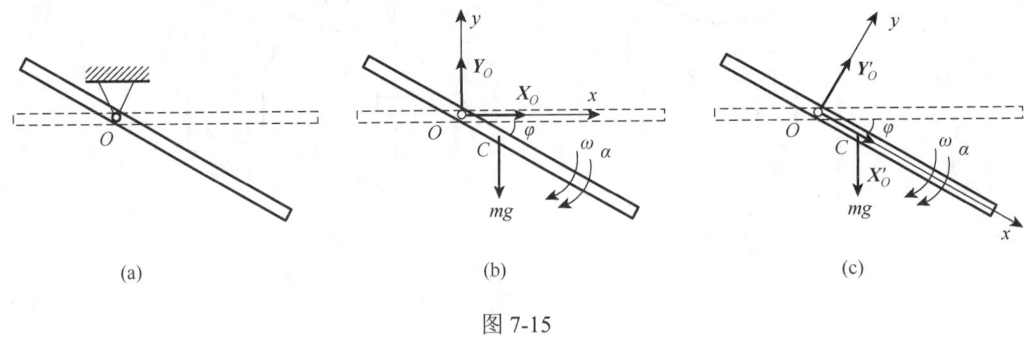

图 7-15

解 （1）用动能定理求运动量。

选取杆为研究对象，受力如图 7-15（b）所示。开始时，杆在水平位置处于静止状态，初始动能 $T_1=0$；当杆运动到任意位置时，杆的动能为

$$T_2 = \frac{1}{2}J_O\omega^2 = \frac{1}{2}\left[\frac{1}{12}ml^2 + m\left(\frac{l}{2}-\frac{l}{3}\right)^2\right]\omega^2 = \frac{1}{9}ml^2$$

在运动过程中，只有重力做功

$$W = mgh = \frac{1}{6}mgl\sin\varphi$$

由动能定理 $T_2 - T_1 = W$，有

$$\frac{1}{18}ml^2\omega^2 - 0 = \frac{1}{6}mgl\sin\varphi \qquad ①$$

解得 $\omega = \sqrt{\frac{3g}{l}\sin\varphi}$，等式①两边对时间求导，得

$$\alpha = \frac{3g}{2l}\cos\varphi$$

（2）用质心运动定理求支座反力。

建立如图 7-15（b）所示直角坐标系，质心的加速度既可以在自然坐标系中描述，也可以在图示直角坐标系中描述，即 $\boldsymbol{a}_C = \boldsymbol{a}_C^\tau + \boldsymbol{a}_C^n = \boldsymbol{a}_{Cx} + \boldsymbol{a}_{Cy}$。自然坐标系中，法向加速度为 $a_C^n = \omega^2\frac{l}{6} = \frac{1}{2}g\sin\varphi$，切向加速度为 $a_C^\tau = \alpha\frac{l}{6} = \frac{1}{4}g\cos\varphi$。直角坐标系中，质心加速度为

$$a_{Cx} = -a_C^\tau\sin\varphi - a_C^n\cos\varphi = -\frac{3}{4}g\sin\varphi\cos\varphi$$

$$a_{Cy} = -a_C^\tau\cos\varphi + a_C^n\sin\varphi = \frac{1}{4}g(2\sin^2\varphi - \cos^2\varphi)$$

应用质心运动定理 $ma_{Cx} = \sum F_{ix}^{(e)}$，$ma_{Cy} = \sum F_{iy}^{(e)}$，得

$$-\frac{3}{4}mg\sin\varphi\cos\varphi = X_O, \qquad m\frac{1}{4}g(2\sin^2\varphi - \cos^2\varphi) = Y_O - mg$$

解得支座 O 的约束反力为

$$X_O = -\frac{3}{4}mg\sin\varphi\cos\varphi, \qquad Y_O = mg - \frac{1}{4}mg(2\sin^2\varphi - \cos^2\varphi)$$

如果建立如图 7-15（c）所示的直角坐标系，质心的加速度为

$$a_{Cx} = -a_C^n = -\frac{1}{2}g\sin\varphi, \qquad a_{Cy} = -a_C^\tau = -\frac{1}{4}g\cos\varphi$$

由质心运动定理 $ma_{Cx} = \sum F_{ix}^{(e)}$，$ma_{Cy} = \sum F_{iy}^{(e)}$，有

$$X_O' + mg\sin\theta = -\frac{1}{2}mg\sin\theta, \qquad Y_O' - mg\cos\theta = -\frac{1}{4}mg\cos\theta$$

解得支座 O 的约束反力

$$X_O' = -\frac{3}{2}mg\sin\theta, \qquad Y_O' = \frac{3}{4}mg\cos\theta$$

【例 7-8】 如图 7-16（a）所示，滚轮 B 重 m_3g，半径为 r_2，对质心的回转半径为 ρ_C，滚轮 B 上半径为 r_1 的轴颈沿水平面做无滑动滚动。滑轮 D 重 m_2g，半径为 r，回转半径为 ρ，物块重 m_1g。绕在滚轮上的绳子绕过滑轮 D 悬挂重物 A，求：（1）重物 A 的加速度；（2）EF 段绳的张力；（3）支座 D 的约束反力。

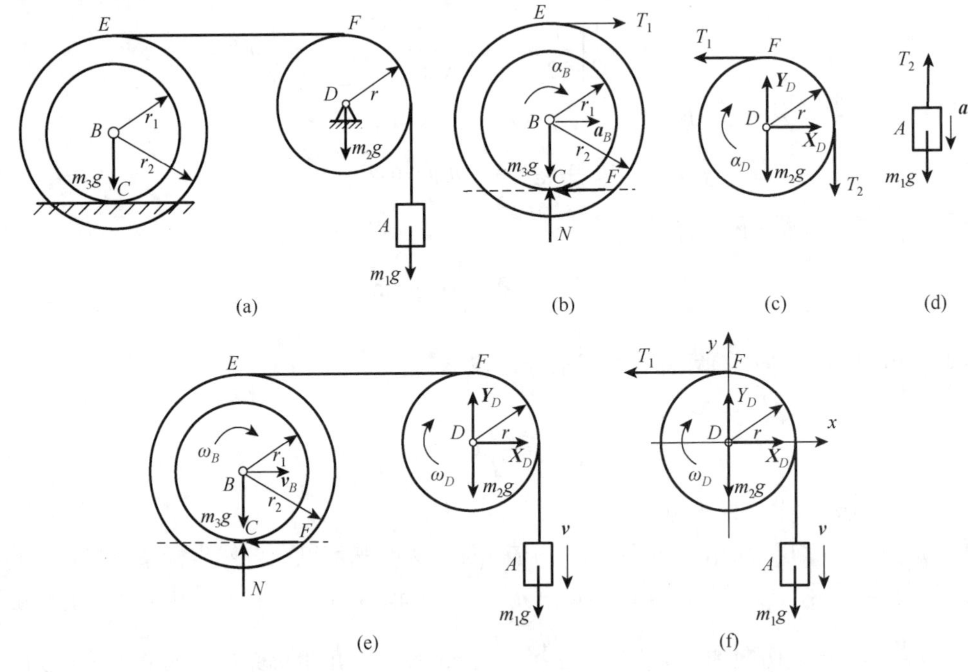

图 7-16

解 （1）逐个刚体求解。

运动量分析：设重物 A 的向下运动的加速度为 a，则滑轮的角加速度为 $\alpha_D = a/r$；滚轮 B 做平面运动，设角加速度 α_B，质心的加速度为 $\alpha_B = a_B r_1$；E 点的加速度为 $\boldsymbol{a}_E = \boldsymbol{a}_B + \boldsymbol{a}_{EB}$，在水平方向投影得 $a = a_{Ex} = a_B + \alpha_B r_2 = \alpha_B r_1 + \alpha_B r_2 = \alpha_B (r_1 + r_2)$，于是将运动量都用加速度 a 表示为

$$\alpha_B = \frac{1}{r_1 + r_2} a, \quad a_B = \frac{r_1}{r_1 + r_2} a, \quad \alpha_D = \frac{1}{r} a$$

选取滚轮为研究对象，如图 7-16（b）所示。

应用刚体平面运动微分方程 $ma_{Cx} = \sum F_{ix}^{(e)}$， $ma_{Cy} = \sum F_{iy}^{(e)}$， $J_C \alpha = M_C^{(e)}$，得

$$T_1 - F = m_3 a_B = \frac{r_1}{r_1 + r_2} m_3 a, \quad N - m_3 g = 0, \quad T_1 r_2 + F r_1 = m_3 \rho_C^2 \alpha_B = \frac{\rho_C^2}{r_1 + r_2} m_3 a$$

解得

$$T_1 = m_3 \frac{r_1^2 + \rho_C^2}{(r_1 + r_2)^2} a \qquad ①$$

$$F = \frac{\rho_C^2 - r_1 r_2}{(r_1 + r_2)^2} m_3 a \qquad ②$$

选取重物 A 为研究对象，如图 7-16（d）所示。y 轴向下，应用质心运动定理 $ma_{Cy} = \sum F_{iy}^{(e)}$，得

$$m_1 g - T_2 = m_1 a$$

解得

$$T_2 = m_1 g - m_1 a \qquad ③$$

选取滑轮 D 为研究对象，如图 7-16（c）所示。

应用刚体平面运动微分方程 $ma_{Cx}=\sum F_{ix}^{(e)}$ ， $ma_{Cy}=\sum F_{iy}^{(e)}$ ， $J_C\alpha=M_C^{(e)}$ ，得

$$X_D-T_1=0,\quad Y_D-m_2g-T_2=0,\quad T_2r-T_1r=m_2\rho^2\alpha_D=m_2\frac{\rho^2}{r}a$$

显然，前两式是平衡方程，后一式是刚体定轴转动微分方程。解得

$$X_D=T_1,\quad Y_D=T_2+m_2g,\quad T_1=T_2-m_2\frac{\rho^2}{r^2}a$$

将式③代入上式得

$$X_D=T_1 \quad ④$$

$$Y_D=(m_1+m_2)g-m_1a \quad ⑤$$

$$T_1=m_1g-\left(m_1+m_2\frac{\rho^2}{r^2}\right)a \quad ⑥$$

由式①和式⑥解得重物 A 的加速度为

$$a=\frac{m_1}{m_1+m_2\dfrac{\rho^2}{r^2}+m_3\dfrac{r_1^2+\rho_C^2}{(r_1+r_2)^2}}g$$

代入式①得 EF 段绳的张力为

$$T_1=\frac{m_3}{m_1\dfrac{(r_1+r_2)^2}{r_1^2+\rho_C^2}+m_2\dfrac{\rho^2(r_1+r_2)^2}{r^2(r_1^2+\rho_C^2)}+m_3}m_1g$$

代入式④和式⑤得支座 D 的约束反力为

$$X_D=\frac{m_3}{m_1\dfrac{(r_1+r_2)^2}{r_1^2+\rho_C^2}+m_2\dfrac{\rho^2(r_1+r_2)^2}{r^2(r_1^2+\rho_C^2)}+m_3}m_1g$$

$$Y_D=(m_1+m_2)g-\frac{m_1}{m_1+m_2\dfrac{\rho^2}{r^2}+m_3\dfrac{r_1^2+\rho_C^2}{(r_1+r_2)^2}}m_1g$$

本题可以看出，应用刚体平面运动微分方程求解刚体系统问题时，必须逐个选取单个刚体为研究对象列方程。所得方程组的求解相当麻烦，一时很难解出方程组。

（2）选择恰当的研究对象，应用恰当的动力学定理求解。

运动量分析：设重物 A 的向下运动的加速度为 v，则滑轮的角速度为 $\omega_D=v/r$；滚轮 B 做平面运动，速度瞬心在接触点 C，角速度为 $\omega_B=v/(r_1+r_2)$；质心的速度为 $v_B=\omega_Br_1=vr_1/(r_1+r_2)$，于是将运动量都用速度 v 表示为

$$\omega_B=\frac{1}{r_1+r_2}v,\quad v_B=\frac{r_1}{r_1+r_2}v,\quad \omega_D=\frac{1}{r}v$$

选取系统为研究对象，如图 7-16（e）所示。系统在任意时刻的动能为

$$\begin{aligned}T&=\frac{1}{2}m_1v^2+\frac{1}{2}m_2\rho^2\left(\frac{v}{r}\right)^2+\frac{1}{2}m_3\rho_C^2\left(\frac{v}{r_1+r_2}\right)^2+\frac{1}{2}m_3\left(\frac{vr_1}{r_1+r_2}\right)^2\\&=\frac{1}{2}\left[m_1+m_2\frac{\rho^2}{r^2}+m_3\frac{\rho_C^2+r_1^2}{(r_1+r_2)^2}\right]v^2\end{aligned}$$

微分得系统动能增量为

$$\mathrm{d}T=\left[m_1+m_2\frac{\rho^2}{r^2}+m_3\frac{\rho_C^2+r_1^2}{(r_1+r_2)^2}\right]va\mathrm{d}t$$

经过时间间隔 dt 后，作用在系统上的力做功为

$$\delta W=m_1gv\mathrm{d}t$$

应用动能定理 d$T=\delta W$，得重物 A 的加速度为

$$a=\frac{m_1}{m_1+m_2\dfrac{\rho^2}{r^2}+m_3\dfrac{r_1^2+\rho_C^2}{(r_1+r_2)^2}}g$$

选取滑轮 D + 重物 A 为研究对象，如图 7-16（f）所示。该对象任意时刻的动能为

$$T=\frac{1}{2}m_1v^2+\frac{1}{2}m_2\rho^2\left(\frac{v}{r}\right)^2=\frac{1}{2}\left(m_1+m_2\frac{\rho^2}{r^2}\right)v^2$$

微分得对象动能增量为

$$\mathrm{d}T=\left(m_1+m_2\frac{\rho^2}{r^2}\right)va\mathrm{d}t$$

经过时间间隔 dt 后，作用在对象上的力做功为

$$\delta W=m_1gv\mathrm{d}t-T_1v\mathrm{d}t$$

应用动能定理 d$T=\delta W$，得 EF 段绳的张力为

$$T_1=m_1g-\left(m_1+m_2\frac{\rho^2}{r^2}\right)a$$

对于该研究对象还可以用动量矩定理求解 T_1。对象任意时刻对定轴 D 的动量矩为

$$L_D=m_1vr+m_2\rho^2\frac{v}{r}=\left(m_1r+m_2\frac{\rho^2}{r}\right)v$$

应用动量矩定理 $\dfrac{\mathrm{d}L_D}{\mathrm{d}t}=M^e$，得

$$\left(m_1r+m_2\frac{\rho^2}{r}\right)a=(m_1g-T_1)r$$

得绳子张力为

$$T_1=m_1g-\left(m_1+m_2\frac{\rho^2}{r^2}\right)a$$

如图 7-16（f）所示的研究对象，任意时刻的动量为

$$K_x=0,\qquad K_y=-m_1v$$

应用动量定理 $\dfrac{\mathrm{d}K_x}{\mathrm{d}t}=\sum F_{ix}^{(e)}$，$\dfrac{\mathrm{d}K_y}{\mathrm{d}t}=\sum F_{iy}^{(e)}$，得

$$0=X_D-T_1,\qquad -m_1a=Y_D-m_1g-m_2g$$

解得支座 D 的约束反力为

$$X_D=T_1,\qquad Y_D=(m_1+m_2)g-m_1a$$

对该研究对象还可以用质心运动定理求支座 D 的约束反力。建立如图 7-16（f）所示的直角坐标系，则该对象质心坐标为

$$x_C = \frac{m_1 x_1 + m_2 x_2}{m_1 + m_2}, \qquad y_C = \frac{m_1 y_1 + m_2 y_2}{m_1 + m_2}$$

对时间求二阶导数，得质心的加速度为 $a_{Cx} = 0$， $a_{Cy} = -\frac{m_1 a}{m_1 + m_2}$；应用质心运动定理 $ma_{Cx} = \sum F_{ix}^{(e)}$，$ma_{Cy} = \sum F_{iy}^{(e)}$，得

$$X_D - T_1 = 0, \qquad Y_D - m_1 g - m_2 g = -m_1 a$$

解得

$$X_D = T_1, \qquad Y_D = (m_1 + m_2)g - m_1 a$$

从本例可以看出：动力学问题可以选取不同的研究对象，应用不同的动力学定理求解，必须选择恰当的研究对象，应用恰当的动力学定理，使问题求解更方便。

通过本例展示了所有动力学定理的应用情况，掌握本例的解题过程能充分理解各动力学定理的应用及解题差别，对理解动力学定理非常重要。

【例 7-9】 如图 7-17（a）所示，质量为 m_4 的三棱柱 D 放置在带凸台的光滑地面上，已知物块 A、B 的质量为 m_1、m_2，滑轮的质量为 m_3，半径为 r，求物块 A 沿光滑斜面下滑时，三棱柱 D 对凸台的水平压力。

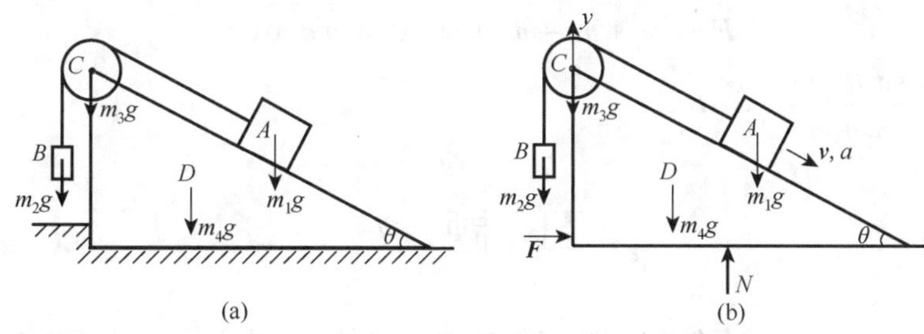

图 7-17

解 选取三棱柱及其上的运动机构为研究对象，受力如图 7-17（b）所示。其中 $\boldsymbol{F}$ 是三棱柱向左运动受到凸台的阻碍而产生的接触压力。

（1）运动量分析。设物块 A 的向下运动的速度为 $\boldsymbol{v}$，则滑轮的角速度为 $\omega_C = v/r$；物块 B 的速度为 $v_B = v$。

（2）用动能定理求运动量。所选研究对象任意时刻的动能为

$$T = \frac{1}{2}m_1 v^2 + \frac{1}{2}\left(\frac{1}{2}m_3 r^2\right)\left(\frac{v}{r}\right)^2 + \frac{1}{2}m_2 v^2 = \frac{1}{2}\left(m_1 + m_2 + \frac{1}{2}m_3\right)v^2$$

微分得动能增量为 $\mathrm{d}T = \left(m_1 + m_2 + \frac{1}{2}m_3\right)va\mathrm{d}t$。

经过时间间隔 $\mathrm{d}t$ 后，作用在对象上的力做功为 $\delta W = (m_1 g \sin\theta - m_2 g)v\mathrm{d}t$。

应用动能定理 $\mathrm{d}T = \delta W$，得

$$\left(m_1 + m_2 + \frac{1}{2}m_3\right)va\mathrm{d}t = (m_1 g \sin\theta - m_2 g)v\mathrm{d}t$$

解得物块 A 的加速度为

$$a = \frac{m_1 \sin\theta - m_2}{m_1 + m_2 + \frac{m_3}{2}} g$$

（3）用动量定理求压力。所选研究对象任意时刻的动量在 x 轴的投影为

$$K_x = m_1 v\cos\theta$$

应用动量定理 $\dfrac{\mathrm{d}K_x}{\mathrm{d}t} = \sum F_{ix}^{(e)}$ ，得

$$F = m_1 a\cos\theta = m_1 g\frac{m_1\sin\theta - m_2}{m_1 + m_2 + \dfrac{m_3}{2}}\cos\theta$$

（4）用质心运动定理求压力。建立直角坐标系如图 7-17（b）所示，所选刚体系统的质心坐标为

$$x_C = \frac{m_1 x_A + m_2 x_B + m_3 x_C + m_4 x_D}{m_1 + m_2 + m_3 + m_4}$$

对时间求二阶导数，得质心的加速度为

$$\ddot{x}_C = \frac{m_1\ddot{x}_A}{m_1 + m_2 + m_3 + m_4} = \frac{m_1 a_{Ax}}{m_1 + m_2 + m_3 + m_4} = \frac{m_1 a\cos\theta}{m_1 + m_2 + m_3 + m_4}$$

应用质心运动定理 $ma_{Cx} = \sum F_{ix}^{(e)}$ ，得

$$F = (m_1 + m_2 + m_3 + m_4)\ddot{x}_C = m_1 a\cos\theta$$

解得 $F = m_1 g\dfrac{m_1\sin\theta - m_2}{m_1 + m_2 + m_3/2}\cos\theta$ 。

习　题　7

1. 题图 7-1（a）～（c）中的各匀质物体分别绕 O 点做定轴转动，图（d）中的均质圆盘在固定水平面上做纯滚动。设各物体的质量都是 m，物体的角速度都是 ω，杆的长度为 l，圆盘半径为 r。试分别计算各物体的动能。

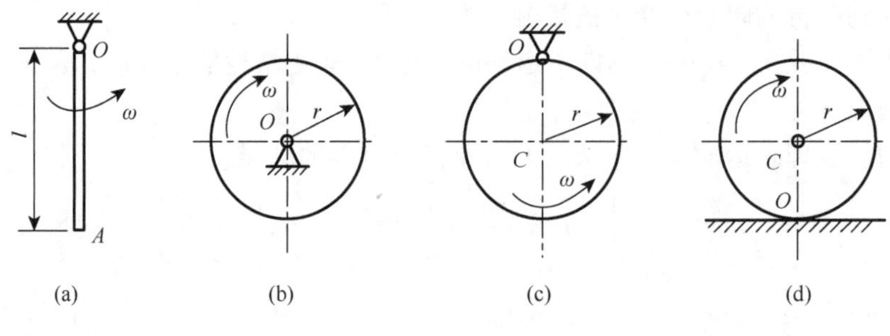

题图 7-1

2. 题图 7-2 所示椭圆规机构由曲柄 OA、规尺 BD 及滑块 B 和 D 组成。已知曲柄长 l，质量为 m_1；规尺长为 $2l$，质量为 $2m_1$，两者均视为均质细杆。两滑块的质量均为 m_2。设曲柄的角速度为 ω，求图示位置系统的动能。

3. 题图 7-3 所示矿井提升机构中，鼓轮由两个固连在一起的滑轮组成，总质量为 m，对转轴的回转半径为 ρ。在半径为 r_1 的滑轮上用钢绳悬挂质量为 m_1 的平衡锤 A，在半径为 r_2 的滑轮上通过钢绳牵引质量为 m_2 的小车沿倾角为 θ 的斜面运动。已知鼓轮上作用有常力偶矩 M_O，不计钢绳的质量和摩擦。求小车上升的加速度。

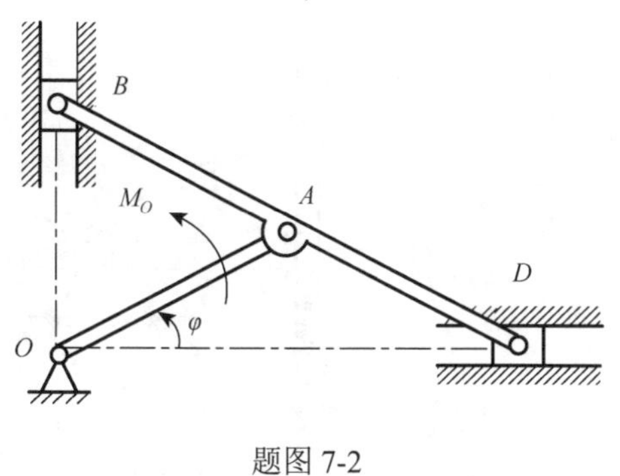

题图 7-2

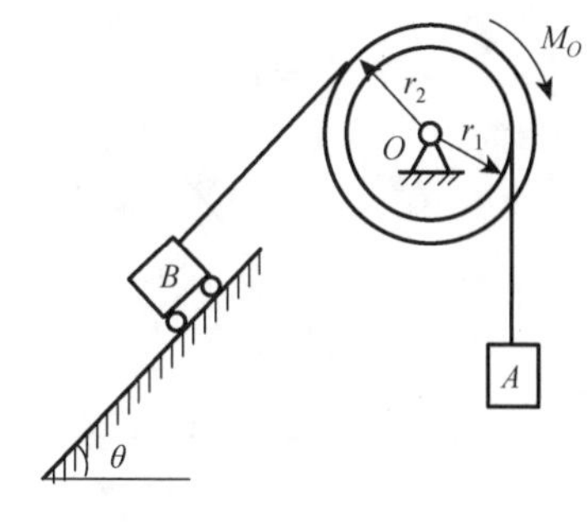

题图 7-3

4. 在题图 7-4 所示滑轮组中悬挂两个重物，其中重物 1 的质量为m_1，重物 2 的质量为m_2。定滑轮O_1的半径为r_1，质量为m_3；动滑轮O_2的半径为r_2，质量为m_4，两轮都视为均质圆盘。不计绳子的质量和摩擦，且设$m_2 > 2m_1 - m_4$。求重物 2 由静止下降距离为 h 时的加速度。

5. 在题图 7-5 所示平面机构的铰接 A 处，作用一铅垂向下的力 $F_1 = 60$ N，使得两杆 AB，OA 张开，而圆柱 B 沿水平向右做纯滚动，OB 处于水平位置。两均质杆的长度均为 1 m，质量均为 2 kg。圆柱的半径为 0.25 m，质量为 4 kg，在两杆的中点 D，E 处用一刚度系数为 $k = 50$ N/m 的弹簧相连，弹簧的原长为 1 m。若系统在 $\theta = 60°$的位置静止，试求系统运动到 $\theta = 0°$时，AB 的角速度。

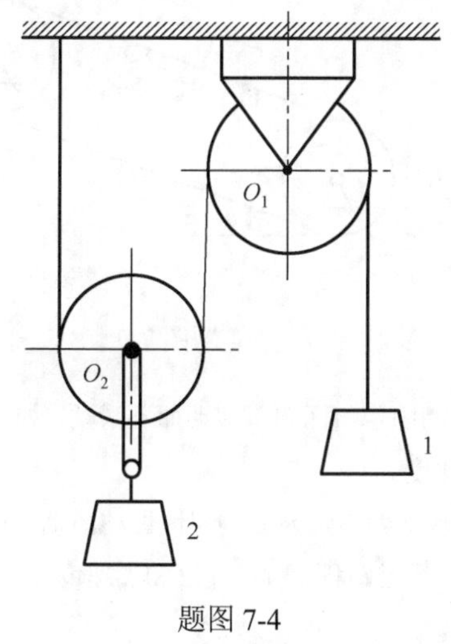

题图 7-4

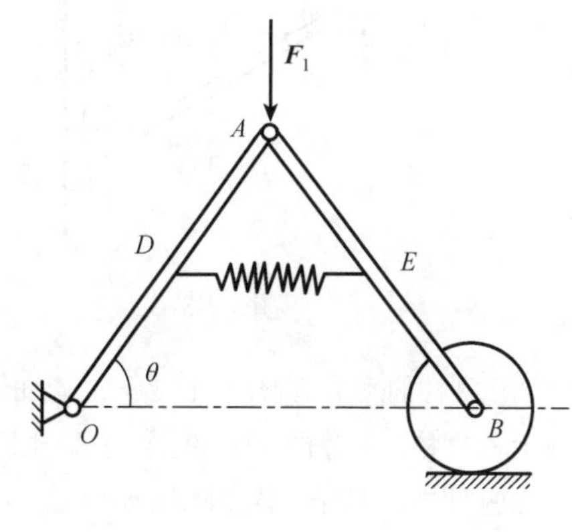

题图 7-5

6. 平面机构由两均质杆 AB，BO 组成，两杆的质量均为 m，长度均为 l，在铅垂平面内运动。在杆 AB 上作用一不变力偶矩 M，在题图 7-6 所示位置由静止开始运动，不计摩擦。求当杆端 A 即将碰到铰支座 O 时杆端 A 的速度。

7. 均质杆 AB 质量为 4 kg，长 $l = 600$ mm；均质圆盘 B 质量为 6 kg，半径 $r = 100$ mm；弹簧刚度为 $k = 2$ N/mm，不计套筒及弹簧的质量。如连杆在题图 7-7 所示位置被无初速释放后，A 端沿光滑杆滑下，圆盘做纯滚动。求：

（1）当 AB 达水平位置并接触弹簧时，圆盘以及连杆的角速度；

（2）弹簧的最大压缩量 δ。

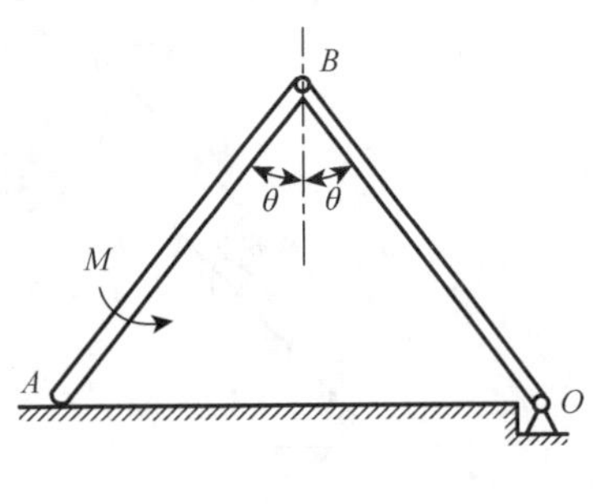

题图 7-6

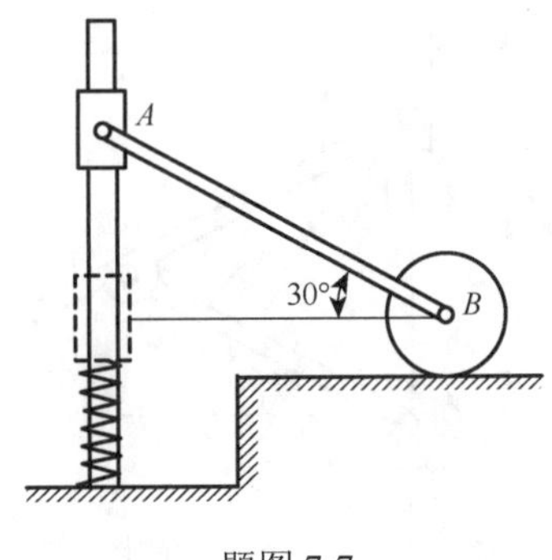

题图 7-7

8. 题图 7-8 所示机构中，质量 $m = 10$ kg 的杆 AB 两端与水平和铅垂槽内的两个滑块铰接，滑块 B 与一端固定的弹簧相连，弹簧刚度系数 $k = 800$ N/m，且在 $\theta = 0°$时弹簧处于原长。不计滑块质量，杆 AB 在 $\theta = 30°$ 时由静止开始释放，求滑块 B 滑到 $\theta = 0°$位置时的速度。

9. 题图 7-9 所示带式运输机的轮 B 受恒力偶 M 的作用，使运输机由静止开始运动。若被提升的重物质量为 m_1，轮 B 和轮 C 的质量均为 m_2，半径均为 r，且视为均质圆盘。运输机胶带与水平线夹角为 θ，不计质量且与轮之间没有滑动。求物体 A 移动 s 距离时的速度和加速度。

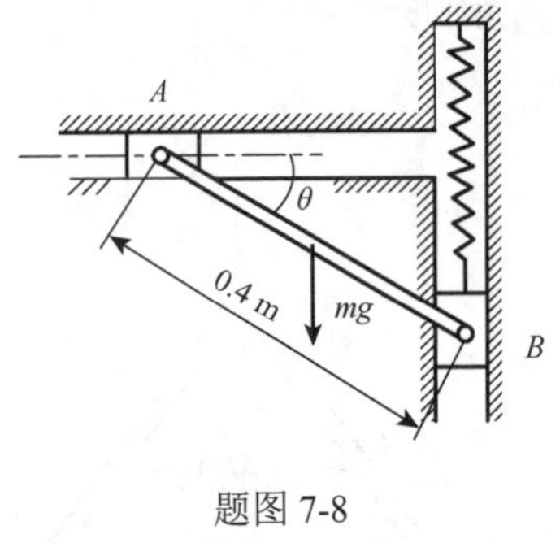

题图 7-8

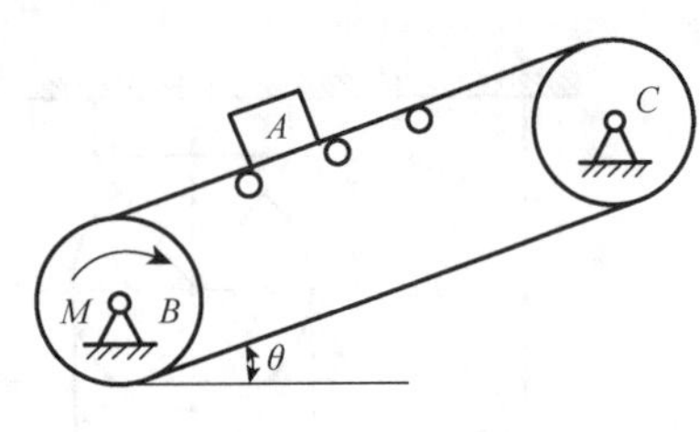

题图 7-9

10. 匀质圆柱的质量是 M，半径是 r，从静止开始沿倾角是 α 的固定斜面向下滚动而不滑动，如题图 7-10 所示，斜面与圆柱间的静滑动摩擦因数是 f。求圆柱质心 C 的加速度。

11. 如题图 7-11 所示，均质圆柱 O 重 G_1，由静止开始沿与水平面夹角为 θ 的斜面做纯滚动，同时带动重为 G_2 的手柄 OA 移动。若忽略手柄 A 端的摩擦，求圆柱中心 O 经过路程 s 时的速度和加速度。

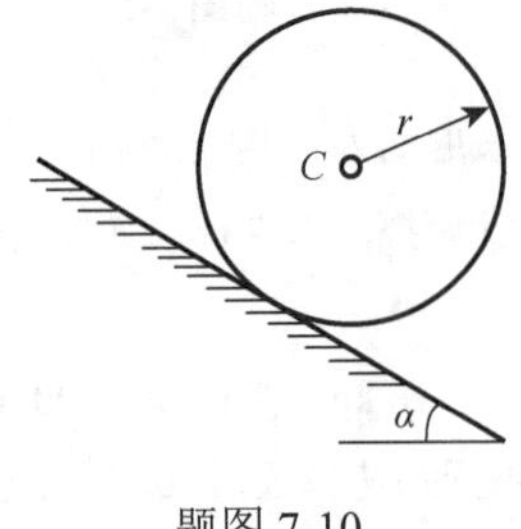

题图 7-10

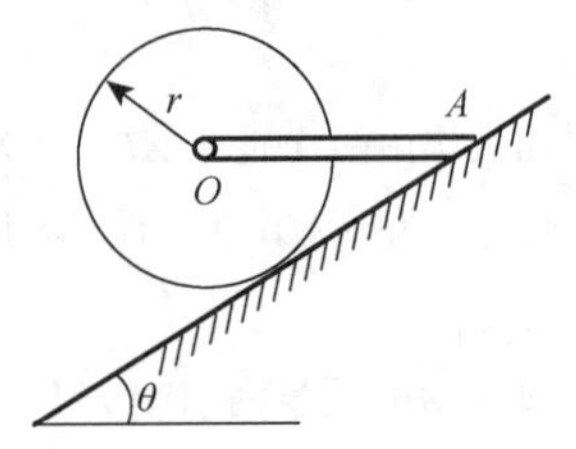

题图 7-11

12. 行星齿轮传动机构放在水平平面内，如题图 7-12 所示。已知动齿轮半径为 r，质量为 m_1，视为均质圆盘；曲柄 OA 质量为 m_2，视为均质杆；定齿轮半径为 R。在曲柄上作用一力偶矩为 M 的常力偶，使机构由静止开始运动。求曲柄转过 φ 角后的角速度和角加速度。

13. 如题图 7-13 所示，均质滚轮 A 和均质滑轮 B 质量均为 m，半径均为 r，轮上绕一不计质量的细绳，细绳另一端悬挂质量为 m 的重物，轮心 A 与刚度系数为 c 的水平弹簧相连。现重物由平衡位置无初速度开始运动，该瞬时弹簧为原长。求下降距离为 d 时重物的速度。

题图 7-12　　题图 7-13

14. 如题图 7-14 所示，轮 A 和 B 为均质圆盘，半径均为 R，质量均为 m_1。绕在两轮上的绳索中间连着质量为 m_2 的物块 C，物块置于光滑的水平面上。今在轮 A 上作用一不变的力偶 M，求轮 A 和物块之间绳索的张力。

15. 均质杆 AB 的质量为 $m = 4$ kg，两端悬挂在两条平行绳上，杆处于水平位置，如题图 7-15 所示。设绳 AC 突然断了，求此瞬时绳 BD 的张力。

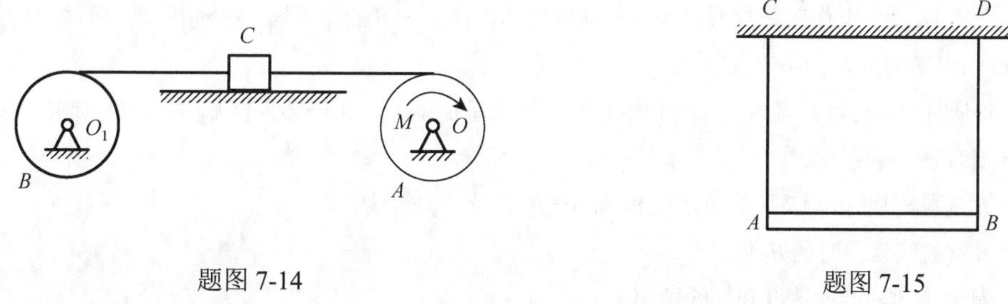

题图 7-14　　题图 7-15

16. 水平均质杆质量为 m，长为 l，C 为杆的质心。杆 A 处为光滑铰支座，B 端为一挂钩，如题图 7-16 所示。若 B 端突然脱离，杆转到铅垂位置。求 b 值多大时，AB 杆的角速度最大？

17. 题图 7-17 所示曲柄滑槽机构中，均质曲柄 OA 绕水平轴 O 做匀角速度 ω 转动。已知曲柄 OA 的质量为 m_1，长度为 r，滑槽质量为 m_2，重心位于 D。不计滑块 A 的质量和摩擦。求当曲柄转至图示位置时，滑槽 BC 的加速度、轴承 O 的约束力以及作用在曲柄上的力偶矩 M。

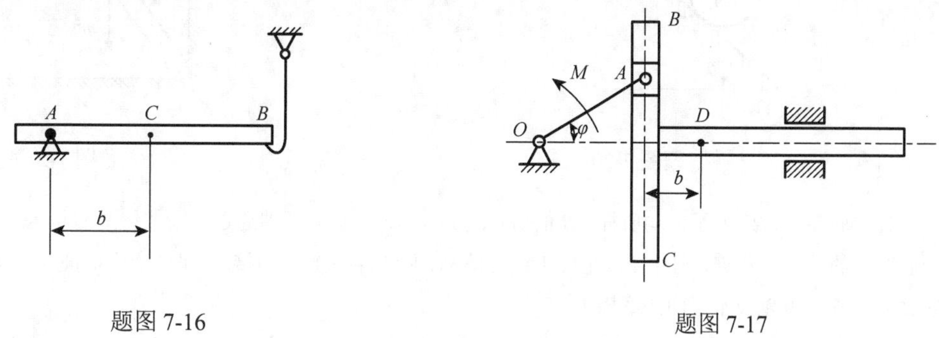

题图 7-16　　题图 7-17

18. 如题图 7-18 所示，滚子 A 质量为 m_1，沿倾角为 θ 的斜面向下做纯滚动。滚子借助一跨过滑轮 B 的绳子提升质量为 m_2 的物体 C，同时滑轮 B 绕 O 轴转动。滑轮 B 和滚子 A 均为匀质圆盘，质量相等，半径同为 R。求滚子质心的加速度以及系在滚子上的绳子的张力。

19. 题图 7-19 所示机构，物块 A 和 B 的质量均为 m，两均质圆盘 C 和 D 的质量均为 $2m$，半径均为 R。轮 C 铰接于不计质量的悬臂梁 CK 上，梁的长度为 $3R$，系统由静止开始运动。求：

（1）物块 A 的加速度；

（2）EH 段绳子的张力；

（3）固定端 K 处的约束力。

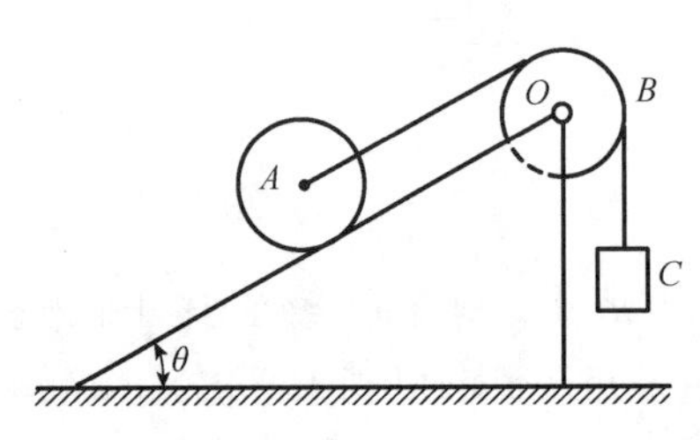

题图 7-18

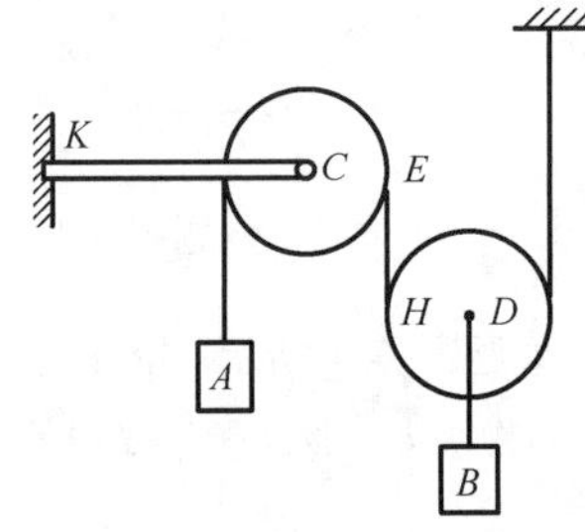

题图 7-19

20. 在题图 7-20 所示机构中，质量均为 m、半径均为 R 的鼓轮 O 和圆柱体 O'视为均质圆盘，通过绳子连在一起。今在 O 轮上作用一常力偶 M，带动圆柱体沿倾角为 θ 的斜面向上做纯滚动。求鼓轮的角加速度以及轴承 O 的水平约束力。

21. 均质杆 AB 长为 l，质量为 m，开始时紧靠在铅垂墙壁上，由于微小干扰，杆绕 B 点倾倒，如题图 7-21 所示。不计摩擦。求：

（1）B 端脱离墙时，AB 杆的角速度和角加速度以及 B 处受力；

（2）B 端脱离墙面时的 θ_1 角；

（3）杆着地时质心的速度和杆的角速度。

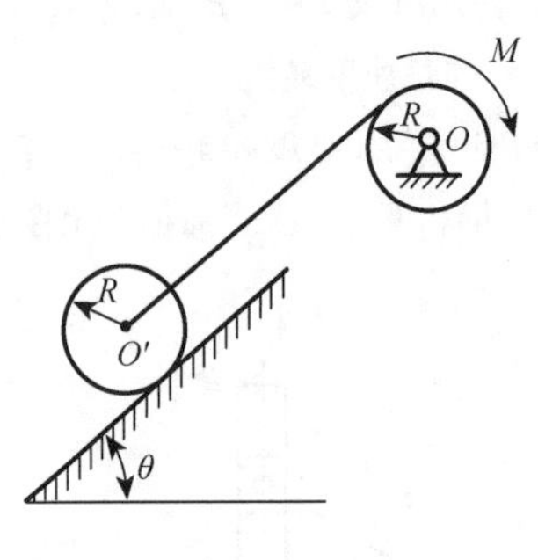

题图 7-20

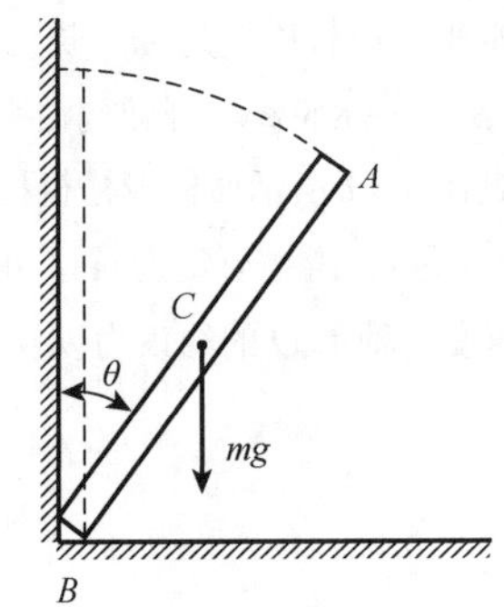

题图 7-21

22. 如题图 7-22 所示，均质杆 AB 的质量为 m_1，长度为 l，A 端通过光滑铰链与质量为 m_2、半径为 R 的均质圆盘的质心 A 相连，圆柱在水平面上做纯滚动，杆 B 端为光滑面接触。设开始运动时 $\theta = 45°$且系统静止，求 A 点的加速度以及水平面的摩擦力。

23. 圆柱体 A 和 B 的质量均为 m，对轮心的转动惯量均为 mr^2，$R = 2r$，如题图 7-23 所示。小定滑轮 C

以及绕于两轮上的细绳质量不计，轮 B 做纯滚动。求 A，B 两轮心的加速度。

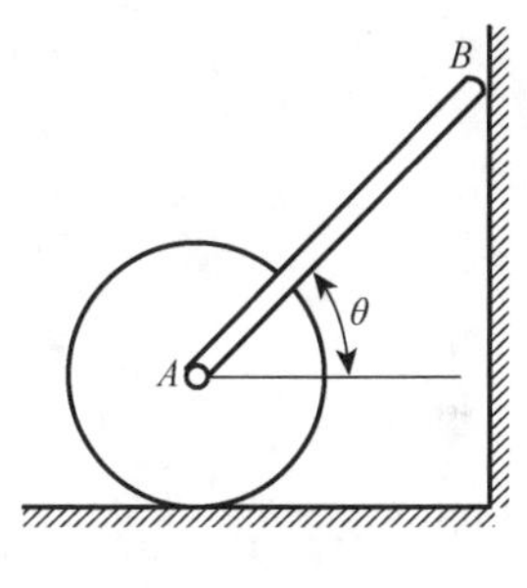

题图 7-22

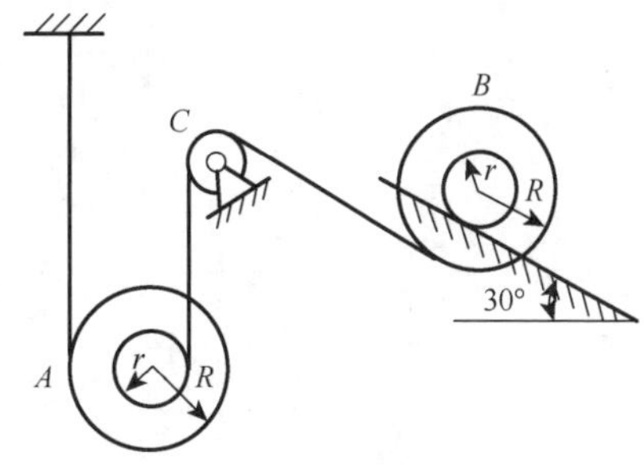

题图 7-23

24. 如题图 7-24 所示，鼓轮 O 上系一绳子，绕过定滑轮 B 与重物 A 相连。已知鼓轮 O 质量 $m_2 = 100$ kg，半径 $R = 0.4$ m，轮轴半径 $r = 0.2$ m，对质心 O 的回转半径 $\rho = 0.3$ m，在倾角 $\theta = 30°$的斜面上纯滚动。重物 A 质量为 $m_1 = 60$ kg，略去滑轮 B 和绳子的质量，系统从静止开始运动。求重物 A 下降 1 m 时的加速度。

25. 如题图 7-25 所示，已知物块 A、B 的质量为 m_1、m_2，不计滑轮的质量及摩擦，求物 A 沿斜面下滑时，三角块 D 对地板凸出部分 E 的水平压力。

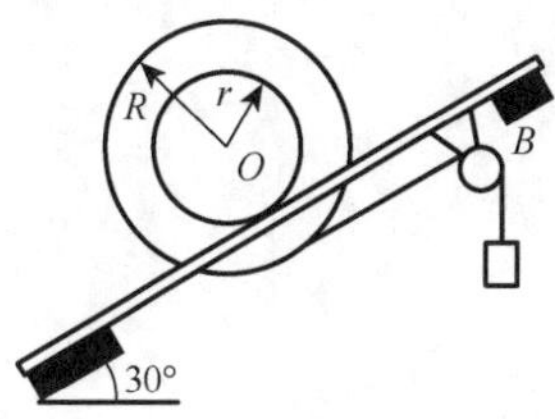

题图 7-24

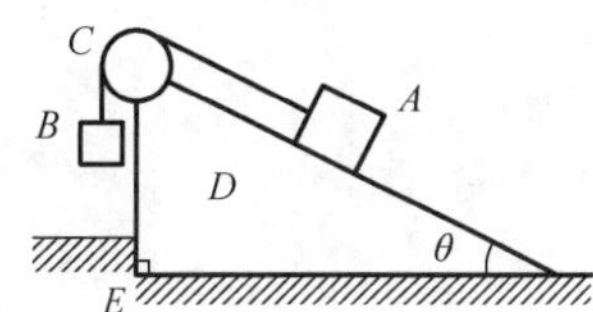

题图 7-25

第四篇　材料力学

1. 结构·构件·载荷

在建筑、桥梁、机械、造船等工程领域承受力而起骨架作用的部分称为**结构**（structure）。结构是由许多单个零、部件按一定的规则组合而成的，组成结构的零、部件称为**构件**（component）。在使用过程中，结构或构件要受到相邻构件或其他物体的作用，即受到外力的作用，这些作用在结构或构件上的主动力称为**载荷**（load）。

2. 变形·弹性变形·塑性变形

构件在外力作用下，发生形状和尺寸的改变，构件形状和尺寸的改变称为**变形**（deformation）。去除载荷后，可恢复的变形称为**弹性变形**（elastic deformation），去除载荷后，不可恢复的变形称为**塑性变形**（plastic deformation）。例如，一张弓在拉力作用下，产生变形，但当去掉力后（不拉它），弓能恢复其原来的形状，弓的变形全部是弹性的。用力踩一个易拉罐，易拉罐发生变形，但当去掉力后（不踩它），易拉罐不能恢复其原来的形状，易拉罐的变形是塑性的。用一根直的撬杠撬动物体时，撬杠发生弯曲变形，如果用完后，撬杠恢复到直线状态，说明撬杠的变形全部是弹性变形；如果用完后，撬杠的变形只能部分恢复，总体仍是弯的，则撬杠的变形中既有弹性变形又有塑性变形。一般情况，构件的变形很小时，其变形是完全弹性的，当变形超过一定数值时，则变形中一部分是弹性的，另一部分是塑性的。

3. 强度失效·刚度失效·稳定失效

构件在较大的外力作用下丧失正常功能的现象称为**失效**（failure）。

构件在较大外力作用下，发生不可恢复的塑性变形或发生断裂，丧失正常功能称为**强度失效**（strength failure）。例如：一把扳手在正常使用时，手柄发生断裂，则该扳手的强度不够；自行车在碰撞后，钢圈和三脚架成麻花状，则说自行车在受冲击时，没有足够的强度。构件抵抗断裂或过量塑性变形的能力称为**强度**（strength）。

构件在较大的外力作用下，产生过量的弹性变形，丧失正常功能称为**刚度失效**（stiffness failure）。例如：如图 1 所示，齿轮传动轴的弹性变形过大，影响齿轮间的正常啮合，加大磨损，缩短齿轮在役寿命，导致传动机构丧失正常功能；如图 2 所示，电机轴变形过大，会减小转子与定子之间的间隙，增加功率损耗，甚至可能使转子与定子接触，造成严重事故。构件抵抗弹性变形的能力称为**刚度**（stiffness）。

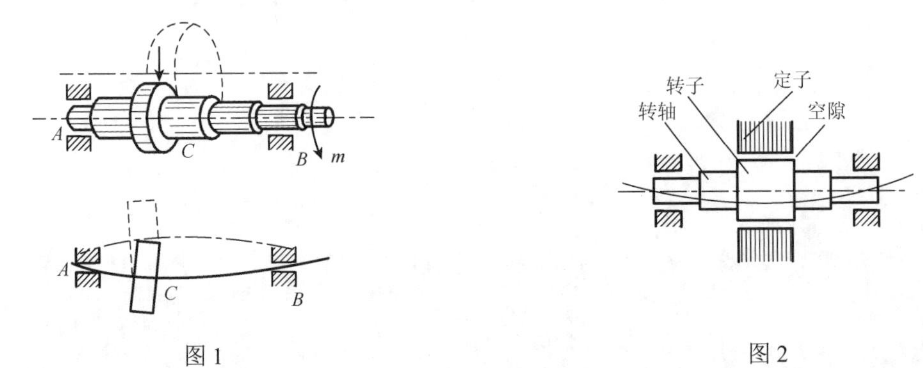

图 1　　　　图 2

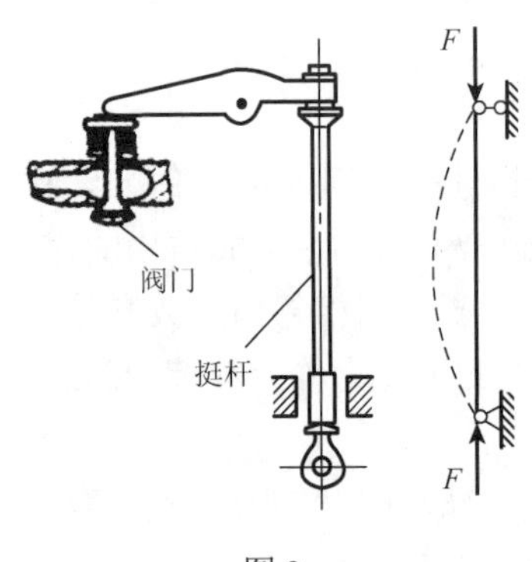

图 3

构件在某种外力（如轴向压力）作用下，构件现有的平衡状态有可能发生突然的改变，致使构件丧失正常的承载能力，称为**稳定失效**（stability failure）。例如，如图 3 所示，内燃机凸轮机构的挺杆，由于过于细长，当压缩载荷超过一定数值时，挺杆便会从直线状态突然转变到弯曲状态，致使机器丧失正常功能。构件保持某种状态的能力称为**稳定性**（stability）。

工程设计的任务之一是保证构件在一定的外力作用下正常工作而不失效。即保证构件有足够的强度、足够的刚度和足够的稳定性。

材料力学研究在载荷的作用下构件的变形和破坏规律，为合理设计构件提供有关强度、刚度和稳定性分析的理论基础和计算方法。

4. 杆

如图 4 所示，某一个方向的尺寸比其余两个方向尺寸大得多的构件，称为**杆**（bar）。杆的长度方向称为**纵向**（longitudinal），垂直于杆长度的方向称为**横向**（transverse）。垂直于杆长度方向切出的平面称为**横截面**（cross-section），杆有无穷多个横截面。横截面形心的连线称为杆的**轴线**（axis）。杆的轴线是直线时，称为直杆；杆的轴线是曲线时，称为曲杆。杆的所有横截面尺寸都相等时，称为等截面杆；杆的横截面尺寸不相等时，称为变截面杆。工程上常见的是等截面直杆，简称**等直杆**（prismatic bar）。材料力学主要研究等直杆强度和刚度等问题的计算。

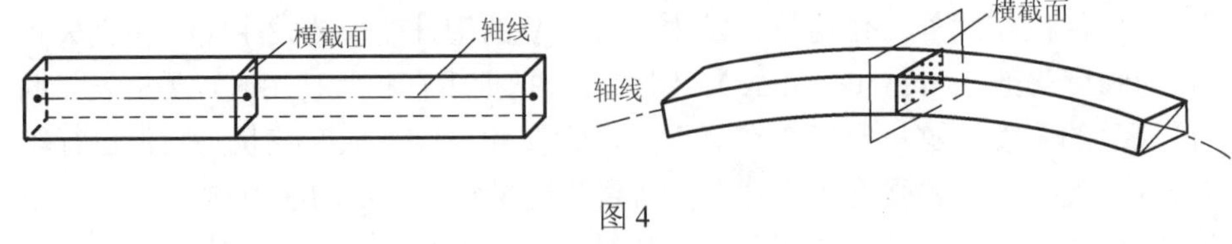

图 4

除了杆类构件外，还有板壳类（如船体）构件和块状（如内燃机的气缸头）构件，这些构件可参考其他书籍。

第 8 章 简单应力

8.1 轴向拉伸与压缩的概念

如图 8-1 所示，简易吊车结构，在载荷 P 的作用下，如忽略自身重量，则 AB 杆和 BC 杆只受到销钉的作用力，因而 AB 杆和 BC 杆是二力杆。忽略杆端部的具体连接情况，将杆的形状和受力情况简化（近似）成如图 8-2 所示受力形式。杆的两端各受一大小相等，指向相反与杆轴线重合的集中力作用，使杆沿轴线方向发生伸长或缩短的受力和变形形式称为**轴向拉伸或压缩**（axial tension or compression）。

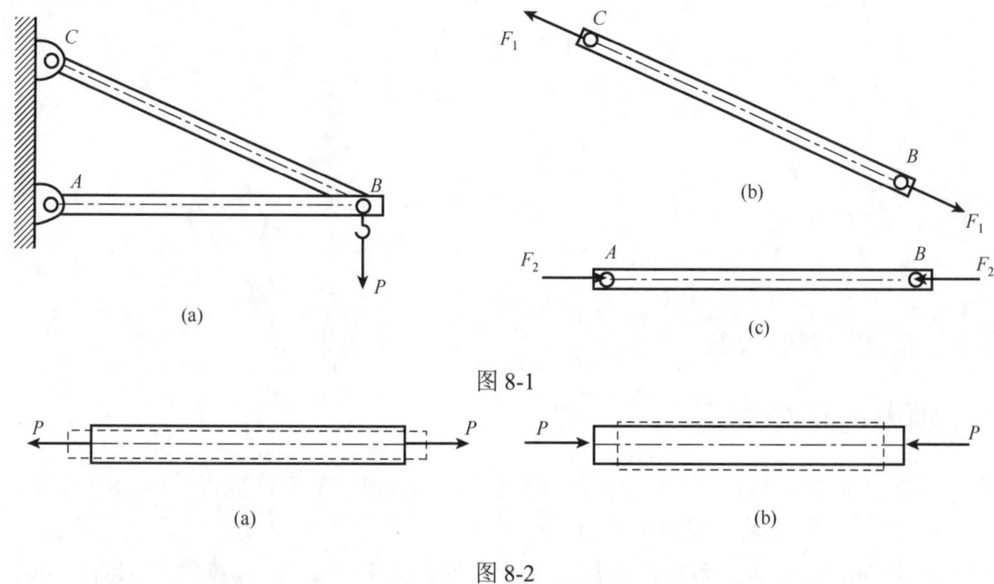

图 8-1

图 8-2

本章学习杆受轴向拉伸或压缩时的强度和变形等方面的计算原理。本章问题简单，但引入材料力学有关的概念非常重要，这些概念将贯穿材料力学内容的始终。

8.2 轴向拉伸与压缩时横截面上的内力

8.2.1 内力的概念

如图 8-3（a）所示受拉杆件，假设沿截面 m-m 处切开，拉杆被分为 I 和 II 两部分，再用绳子将此两部分连接起来，则在外力作用下，绳子受拉力作用将被拉直，可以看出：杆在外力作用下，杆的 I 和 II 两部分在截面 m-m 处一定存在相互作用力，这是一种发生在物体内部中一部分与另一部分之间分界面上连续分布的作用力，要立即求出界面上相互作用力的分布形式往往是困难的，一般先求出相互作用力的合力。物体内部某个截面上相互作用力的合力称为**内力**（internal force）。

8.2.2 轴力的概念

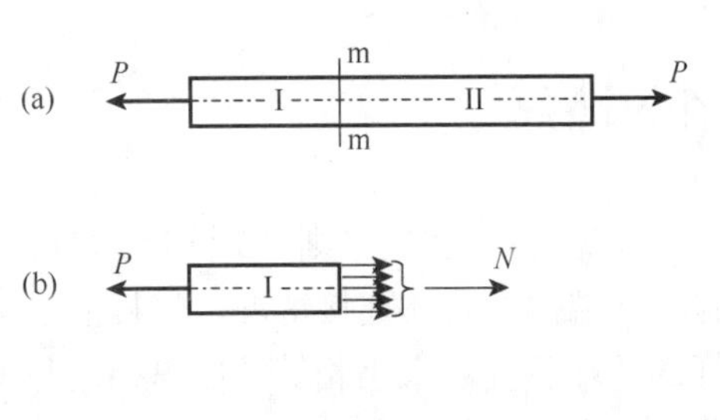

图 8-3

如图 8-3（a）（b）所示，拉杆左右两段在横截面 m-m 上相互作用是一个分布力系。对于图示受轴向拉伸杆，因杆在大小相等、方向相反的两个力 P 作用下处于平衡状态，所以 I 和 II 两部分也分别处于平衡状态。如图 8-3（b）所示，根据二力平衡定理可知，分布力系的合力 N 与外力 P 必然大小相等、方向相反，作用在同一直线上。内力 N 的作用线必与杆的轴线重合。沿杆轴线的内力称为**轴力**（axial force），并规定用字母 N 表示，其单位为牛（N）。

轴力的大小，如图 8-3（b）所示，可由部分 I 的平衡条件，有

$$\sum X = 0, \qquad N - P = 0$$

得

$$N = P$$

如果研究部分 II 的平衡，如图 8-3（c）所示，则由平衡条件，有

$$\sum X = 0, \qquad -N + P = 0$$

得

$$N = P$$

显然也能得到相同的结果。

8.2.3 轴力的符号规定

为了便于区别拉伸或压缩时的轴力，如图 8-4 所示，根据变形情况规定轴力的符号为：如图 8-4（a）所示，杆件受拉伸而伸长时，轴力为正，或轴力矢量离开所研究的截面为正，或轴力与截面外法线 $\boldsymbol{n}$ 的方向相同时轴力为正；如图 8-4（b）所示，杆件受压缩而缩短时，轴力为负，或轴力矢量指向所研究的截面为负，或轴力与截面外法线 $\boldsymbol{n}$ 的方向相反时轴力为负。

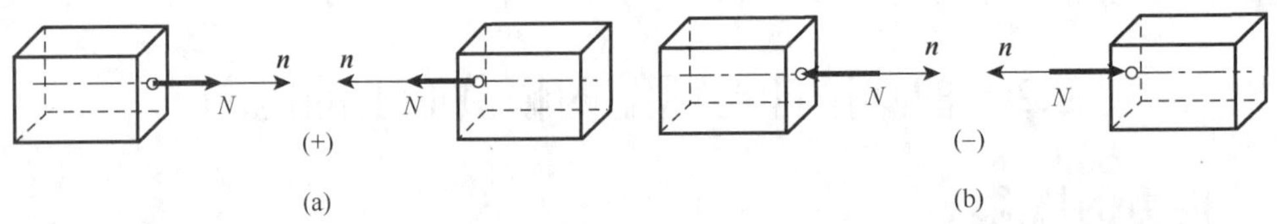

图 8-4

8.2.4 内力的求法·轴力图

由 8.2.2 节的分析可得轴力的计算方法：

（1）沿需求轴力的横截面处，假想地将杆切开，并任选一段为研究对象；

（2）画出所选杆段的受力图，为计算方便，将轴力假设为拉力，即假设为正的轴力；

（3）列所选杆段的平衡方程解得轴力的大小。

杆有无穷多个横截面，每个横截面上轴力的大小可能并不相同，即横截面上的轴力随横截面的位置而变化。轴力沿杆轴线的分布图形称为**轴力图**（axial force diagram）。

【例 8-1】 画图 8-5（a）所示直杆的轴力图。

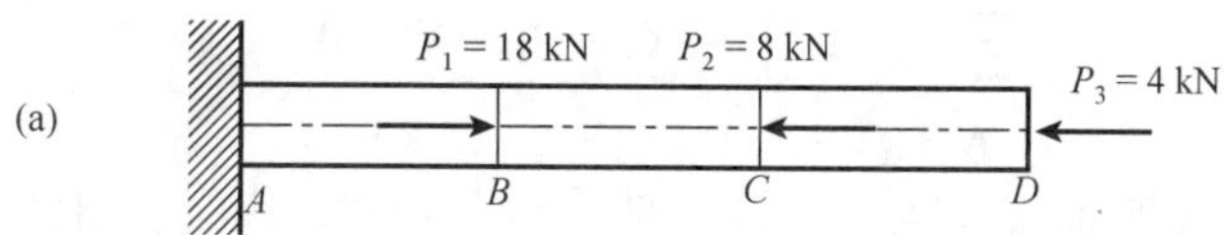

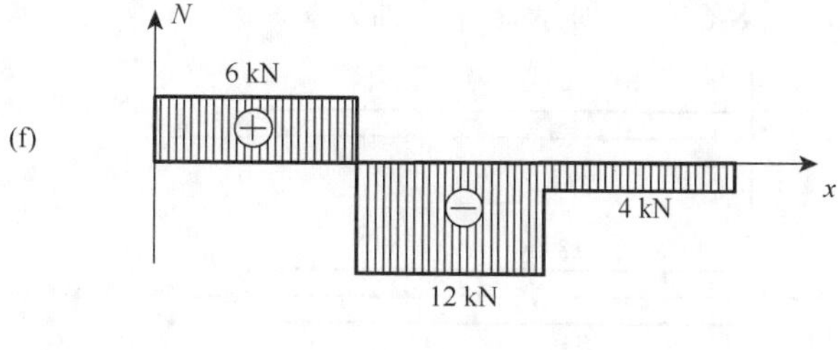

图 8-5

解 （1）求约束反力。由于直杆的特殊受力情况，固定端 A 处的约束反力只有水平方向的分力。设固定端支座反力 X_A 向左，直杆在 4 个力作用下处于平衡状态，建立坐标系如图 8-5（b）所示，因而有

$$\sum X = 0, \qquad -X_A + P_1 - P_2 - P_3 = 0$$

$X_A = P_1 - P_2 - P_3 = 6$ kN（正号表示约束反力方向确如图中所示）

（2）计算各段轴力。在 AB 段内，沿任一截面 1-1 切开，取左段为研究对象（也可取右段为研究对象，结果相同），如图 8-5（c）所示。假设轴力为拉力（正轴力），所取研究对象处于平衡状态，由平衡方程

$$\sum X = 0, \qquad -X_A + N_1 = 0$$

得

$$N_1 = X_A = 6\ \text{kN}$$

所得结果为正值，表明轴力与图 8-5（c）所示方向相同，同时表明轴力是正的轴力，即拉力。AB 段内其他截面的轴力与 1-1 截面的轴力相同。

在 BC 段内，沿任一截面 2-2 切开，取左段为研究对象，如图 8-5（d）所示，假设轴力为拉力（正轴力），由平衡方程

$$\sum X = 0, \qquad -X_A + P_1 + N_2 = 0$$

得

$$N_2 = X_A - P_1 = 6 - 18 = -12\ \text{kN}$$

所得结果为负值，表明轴力与图 8-5（d）所示方向相反，同时表明轴力是负的轴力，即压力。BC 段内其他截面的轴力与 2-2 截面的轴力相同。

在 CD 段内，沿任一截面 3-3 切开，取右段为研究对象，如图 8-5（e）所示。假设轴力为拉力（正轴力），由平衡方程：

$$\sum X = 0, \qquad -N_3 - P_3 = 0$$

得

$$N_3 = -P_3 = -4\ \text{kN}$$

所得结果为负值，表明轴力与图 8-5（e）所示方向相反，同时表明轴力是负的轴力，即压力。CD 段内其他截面的轴力与 3-3 截面的轴力相同。

（3）画轴力图。A，B 两截面间所有截面的轴力与截面 1-1 的轴力相同；B，C 两截面间所有截面的轴力与截面 2-2 的轴力相同；C，D 两截面间所有截面的轴力与截面 3-3 的轴力相同；在坐标系 x-N 中画出轴力随截面位置变化的曲线，即轴力图，如图 8-5（f）所示。轴力图显示了杆件任一截面轴力的大小，同时显示变形是拉伸还是压缩。

由本例可以总结画轴力图的规律：遇到向左的外力 P（⟵），轴力图 N 增加 P；遇到向右的外力 P（⟶），轴力图 N 减少 P。轴力图可以根据直杆的受力，直接画出，不需要截取研究对象通过平衡求出轴力，再画轴力图。直接画直杆的轴力图的方法姑且称为轴力图的**简便画图法**。

下面采用简便画图法画图 8-6（a）所示直杆的轴力图。

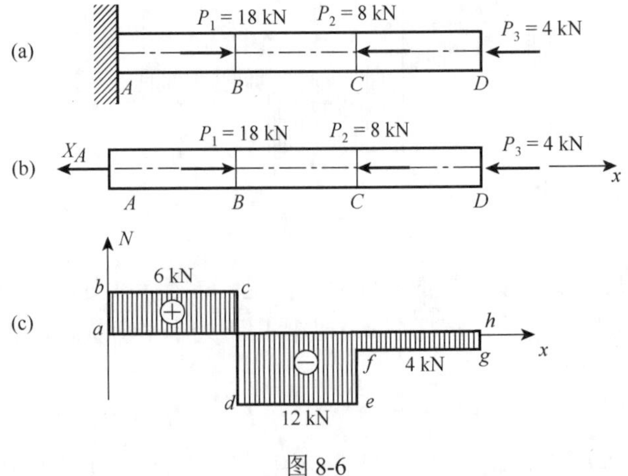

图 8-6

（1）求约束反力。

如图 8-6（b）所示，设固定端支座反力 X_A 向左，直杆在 4 力作用下处于平衡状态，因而有

$$\sum X = 0, \qquad -X_A + P_1 - P_2 - P_3 = 0$$

得

$$X_A = P_1 - P_2 - P_3 = 6\ \text{kN}$$

（2）用简便画图法画轴力图。

画图时，由杆的起点 A 开始向杆的终点 D 直接画图。如图 8-6（c）所示，轴力图由起点 a 开始画图，杆截面 A 有向左集中力 X_A，轴力图由 a 到 b 增加 6 kN；杆 AB 段无载荷，轴力图由 b 到 c，水平运动；杆截面 B 有向右集中力 $P_1 = 18$ kN，轴力图由 c 到 d，减少 18 kN；杆 BC 段无载荷，轴力图由 d 到 e，水平运动；杆截面 C 有向左集中力 $P_2 = 8$ kN，轴力图由 e 到 f 增加 8 kN；杆 CD 段无载荷，轴力图由 f 到 g，水平运动；杆截面 D 有向左集中力 $P_3 = 4$ kN，轴力图由 g 到 h 增加 4 kN；画图结束。

轴力图简便画图法注意事项：①必须从左向右画轴力图，即起点在左，终点在右；②轴力图增加或减少的数值等于集中力；③终点 h 的数值必须等于零，否则说明，支座反力求解错误或画图错误。

8.3 直杆轴向拉伸与压缩时横截面上的应力

内力在横截面上未必是均匀分布的，单位面积上的内力称为**应力**（stress）。应力是横截面上一点的内力分布集度，描述横截面上一点的受力程度。

内力在横截面上的分布形式是看不见的，为了观察横截面上内力的分布情况（应力分布），取一橡皮制（易变形材料）等直杆，如图 8-7（a）所示，在其侧面划两条垂直于杆轴的横线 ab 和 cd 以帮助观察杆的变形，进而推测横截面上的应力分布。如图 8-7（b）所示，在杆两端加轴向拉力使其产生拉伸变形，可以看到：横线 ab 和 cd 分别平移到 $a'b'$ 和 $c'd'$。由表及里地推想杆的变形，设想杆由无数纵向纤维所组成，则夹在两横截面 ab 和 cd 之间的纤维变形前长度相等，变形后长度也相等，即两截面间每根纤维的伸长都相同，由此可知每根纤维所受的内力相等，也就是说受轴向拉伸或压缩的杆，其内力在横截面上均匀分布如图 8-7（c）所示。轴力是分布力的合力，应力是分布力的集度，受轴向拉伸或压缩的杆，其横截面上各点应力相等，因而有 $N = \sigma \cdot A$，

$$\sigma = \frac{N}{A} \tag{8-1}$$

式中：σ 表示横截面上的应力；N 表示横截面上的轴力；A 表示横截面的面积。

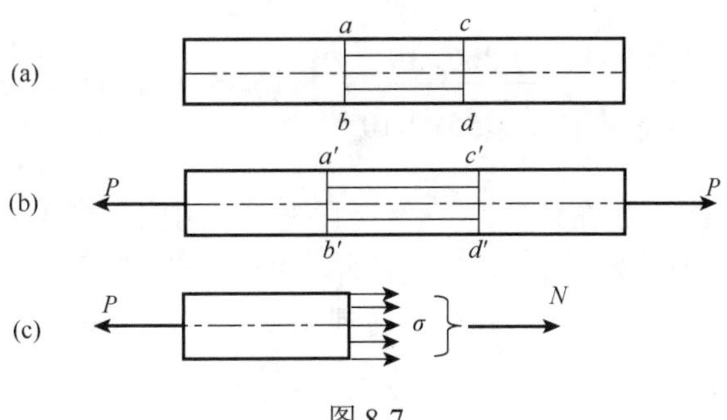

图 8-7

在国际制单位中，应力的单位是 Pa，1 Pa = 1 N/m^2，常用 MPa（1 MPa = 10^6 Pa）表示。由于分布力垂直于横截面，所以应力的方向也垂直于横截面，垂直于横截面的应力称为**正应力**（normal stress）。当轴力是拉力时，应力是拉应力；当轴力是压力时，应力是压应力。为表述方便，规定应力的符号为：**拉应力为正，压应力为负**。

扫码观看

【例 8-2】 图 8-8（a）所示为一起重用吊环，由斜杆 AB，AC 与横梁 BC 组成，$\alpha = 20°$，斜杆的直径 $d = 55$ mm，吊环起吊的最大重量 $P = 500$ kN，求斜杆 AB 和 AC 横截面上的应力。

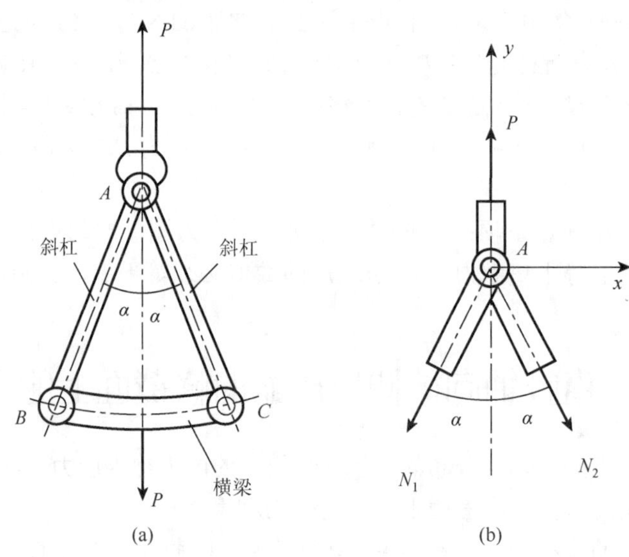

图 8-8

解 （1）内力分析。显然，斜杆 AB 和 AC 都是二力杆，斜杆任一横截面上的内力都相等，且必沿杆的轴线。取如图 8-8（b）所示的研究对象，画受力图，其中，N_1，N_2 分别是 AB 杆和 AC 杆任一横截面上的轴力。根据平衡条件在图示坐标系下有

$$\sum X = 0, \quad -N_1 \sin\alpha + N_2 \sin\alpha = 0$$

$$\sum Y = 0, \quad P - N_1 \cos\alpha - N_2 \cos\alpha = 0$$

求得两斜杆的轴力为

$$N_1 = N_2 = N = \frac{P}{2\cos\alpha} = \frac{500\times10^3}{2\cos 20°} = 266\ (\text{kN})$$

（2）计算应力。

$$\sigma = \frac{N}{A} = \frac{N}{\frac{1}{4}\pi d^2} = \frac{266\times10^3}{\frac{1}{4}\pi(55)^2\times10^{-6}} = 112\times10^6\ (\text{Pa}) = 112\ (\text{MPa})$$

本书采用国际单位制，故在计算时，各变量统一采用国际制单位代入：力用牛（N），长度用米（m），面积用平方米（m^2），应力用帕（Pa）即牛每平方米（N/m^2），质量用千克（kg），时间用秒（s），角度用弧度（rad），转速用弧度每秒（rad/s），计算结果，自然也是国际制单位。

8.4 拉伸与压缩杆的强度计算

当作用在构件上的载荷增大时，横截面上的应力也随之增大。人们经过长期生产经验积累发现：对任一种材料，只要构件内的应力达到某一极限值，构件就会发生破坏。材料丧失正常效能时的应力值称为**极限应力**（ultimate stress），用 σ_u 表示。当 $\sigma=\sigma_u$ 时，材料破坏。极限应力 σ_u 只与材料的性质有关，而与构件的形状和尺寸几乎无关。对同一种材料制成的构件，σ_u 是一个定值，其值可由实验的方法测定。为了保证杆件不发生强度失效（破坏或产生塑性变形），且有一定的安全储备，杆横截面上的最大正应力 σ_{max} 不应超过某一许用应力。结构设计时，允许承受的最大应力值，称为**许用应力**（allowable stress），用 $[\sigma]$ 表示。为了保证结构能安全稳定地工作，结构内的最大应力必须小于或等于材料的许用应力称为**强度条件**（strength condition），即

$$\sigma_{max} \leqslant [\sigma] \tag{8-2}$$

式中：$[\sigma]$ 为材料的许用应力，$[\sigma]$ 的值与构件所用的材料性质有关，不同材料的 $[\sigma]$ 值不同。各种材料的 $[\sigma]$ 值可在材料手册中查到，如：刘胜新，金属材料力学性能手册，2版，2018，北京：机械工业出版社。常见材料的许用应力值如表 8-1 所示。

表 8-1

材料		灰铸铁	松木（顺纹）	混凝土	A2 钢	A3 钢	16Mn	45 钢	铜	强铝
许用应力 $[\sigma]$/MPa	拉伸	32～80	7～12	0.1～0.7	140	160	240	190	30～120	80～150
	压缩	120～150	10～12	1～9						

式（8-2）是强度设计的依据，是判断构件能否安全正常工作的判据。只有杆横截面上的最大正应力 σ_{max} 不大于许用应力 $[\sigma]$，杆才有足够的强度。如果结构内的最大应力大于材料的许用应力，则表明结构不满足强度要求，是强度设计所不允许的。

根据强度条件，可计算下列 3 种强度问题。

（1）强度校核。已知杆件的尺寸、杆所用的材料（已知许用应力）和杆所受的外力，检验杆是否具有足够的强度，即检验杆横截面上的最大正应力 σ_{max} 是否小于或等于许用应力 $[\sigma]$。如果 $\sigma_{max} \leqslant [\sigma]$，杆有足够的强度、能安全正常地工作；如果 $\sigma_{max} > [\sigma]$，杆的强度不够、不能安全正常地工作（并非失效）。

（2）设计截面。已知杆件所用的材料和杆所受的外力，当杆的横截面形状确定以后，计算杆横截面所需的尺寸。

（3）求许用载荷。已知构件的尺寸和所用的材料，计算结构所能承受的最大载荷。

【例 8-3】 设例 8-2 中的起重用吊环，$\alpha=20°$，斜杆的直径 $d=55$ mm，材料为锻钢，许用应力 $[\sigma]=240$ MPa，吊环起吊的最大重量 $P=800$ kN，试校核斜杆 AB 和 AC 的强度。

解 （1）内力和应力分析。按例 8-2 中的方法得斜杆 AB 和 AC 的横截面上的轴力为

$$N_1=N_2=N=\frac{P}{2\cos\alpha}=\frac{800\times10^3}{2\cos20°}=425.7(\text{kN})$$

斜杆 AB 和 AC 各横截面上的应力相等，且为

$$\sigma = \frac{N}{A} = \frac{N}{\frac{1}{4}\pi d^2} = \frac{425.7\times10^3}{\frac{1}{4}\pi(55)^2\times10^{-6}} = 179.2\times10^6\ (\text{Pa}) = 179.2\ (\text{MPa})$$

（2）强度校核。

$$\sigma_{\max} = 179.2\ \text{MPa} < [\sigma] = 240\ \text{MPa}$$

由于最大工作应力 $\sigma_{\max}$ 比许用应力$[\sigma]$小很多，所以斜杆 AB 和 AC 有足够的强度。

【例 8-4】 一悬臂吊车结构和尺寸如图 8-9（a）所示，已知电葫芦自重 $G = 5$ kN，起吊重量 $Q = 15$ kN，横梁自重不计，拉杆 BC 拟采用矩形截面（$h/b = 3/2$），材料的许用应力为 $[\sigma] = 140$ MPa。试设计拉杆 BC 的横截面尺寸 h 和 b。

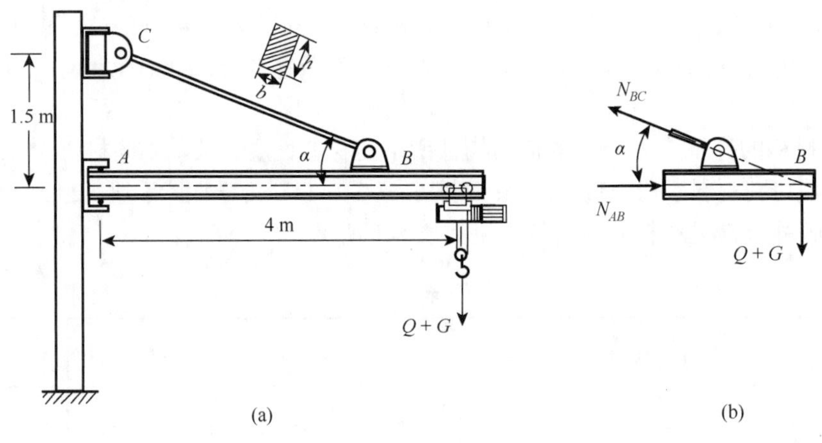

图 8-9

解 （1）计算杆的轴力。A，B，C 三处为铰链连接，当电葫芦运行到 B 点时[图 8-9（b）]，杆 BC 所受的拉力最大，BC 杆是二力杆，此时，横梁 AB 近似认为是二力杆。取如图 8-9（b）所示的研究对象，N_{BC}、N_{AB} 和 $Q + G$ 近似认为交于一点，根据平衡有

$$\sum Y = 0,\qquad N_{BC}\sin\alpha - (G + Q) = 0$$

$$\sin\alpha = \frac{l_{AC}}{l_{BC}} = \frac{1.5}{\sqrt{1.5^2 + 4^2}} = 0.352$$

解得

$$N_{BC} = \frac{G + Q}{\sin\alpha} = \frac{20\times10^3}{0.352} = 56.8\ (\text{kN})$$

（2）计算拉杆横截面所需的尺寸。

为了保证拉杆 BC 有足够的强度，必须满足强度条件：

$$\sigma = \frac{N_{BC}}{A} = \frac{N_{BC}}{bh} = \frac{N_{BC}}{1.5b^2} \leqslant [\sigma]$$

得

$$b \geqslant \sqrt{\frac{N_{BC}}{1.5[\sigma]}} = \sqrt{\frac{56.8\times10^3}{1.5\times140\times10^6}} = 16.4\times10^{-3}\ (\text{m}) = 16.4\ (\text{mm})$$

由此可见，只要矩形截面的宽度 b 大于或等于 16.4 mm，拉杆 BC 就能满足强度要求，设计者可酌情选用 $b = 20$ mm，则 $h = 1.5b = 30$ mm。因而，矩形截面的尺寸可选 $b = 20$ mm，$h = 30$ mm，截面取得过大，则浪费材料，过小；则不能保证强度。一般在保证强度的同时，取一适当整数为宜。

【例 8-5】 如图 8-10(a)所示结构，1、2 两杆均为圆杆，直径分别为 $d_1 = 30$ mm，$d_2 = 20$ mm，两杆的材料相同，许用应力$[\sigma] = 160$ MPa。求结构的最大许用载荷 P_{max}。

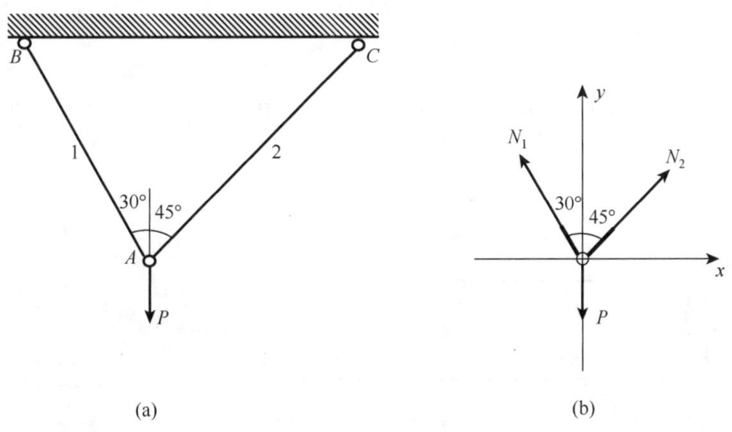

图 8-10

解 （1）计算轴力。计算两杆轴力与载荷 P 的关系，取如图 8-10（b）所示的研究对象，根据平衡有

$$\sum X = 0,\quad -N_1\sin 30° + N_2\sin 45° = 0$$
$$\sum Y = 0,\quad N_1\cos 30° + N_2\cos 45° - P = 0$$

解得

$$N_1 = \frac{2P}{1+\sqrt{3}} = 0.732P,\qquad N_2 = \frac{2P}{\sqrt{2}+\sqrt{6}} = 0.518P$$

（2）计算结构的许用载荷。为了保证 1 杆有足够的强度，1 杆必须满足强度条件：

$$\sigma = \frac{N_1}{A_1} = \frac{0.732P}{\frac{1}{4}\pi d_1^2} \leqslant [\sigma]$$

解得

$$P \leqslant \frac{1}{4\times 0.732}[\sigma]\pi d_1^2 = \frac{1}{4\times 0.732}\times 160\times 10^6\pi\times(30)^2\times 10^{-6} = 154.5\ (\text{kN})$$

结果表明：只有当 P 小于或等于 154.5 kN 时，1 杆的强度才能得到保证。

为了保证 2 杆有足够的强度，2 杆必须满足强度条件：

$$\sigma = \frac{N_2}{A_2} = \frac{0.518P}{\frac{1}{4}\pi d_2^2} \leqslant [\sigma]$$

解得

$$P \leqslant \frac{1}{4\times 0.518}[\sigma]\pi d_2^2 = \frac{1}{4\times 0.518}\times 160\times 10^6\pi\times(20)^2\times 10^{-6} = 97\ (\text{kN})$$

结果表明：只有当 P 小于或等于 97 kN 时，2 杆的强度才能得到保证。

为了保证结构满足强度条件，1、2 两杆都需要有足够的强度，载荷 P 必须满足 $P \leqslant 97$ kN。因此，结构的最大许用载荷为 $P_{max} = 97$ kN。

8.5 拉（压）杆的变形·胡克定律

8.5.1 纵向变形

如图 8-11 所示，原长为 l 的直杆在轴向拉力 P 的作用下，变形后的长度为 l'，则杆的伸长为

$$\Delta l = l' - l$$

其中，Δl 伸长为正，缩短为负。实践表明，杆的伸长量 Δl 还不能说明杆的变形程度。

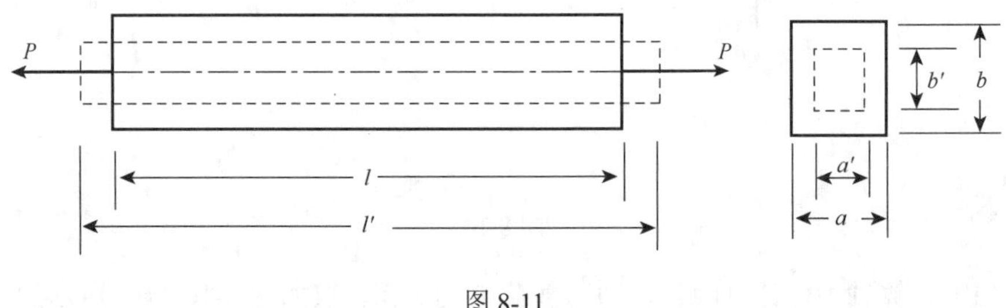

图 8-11

单位长度的伸长量称为**纵向线应变**（longitudinal strain）

$$\varepsilon = \frac{\Delta l}{l} \tag{8-3}$$

线应变 ε 是一个量纲为一（无单位）的量，线应变的符号规定：拉（伸长）为正；压（缩短）为负。

8.5.2 胡克定律

工程实践表明：当拉力较小时，应力随拉力的增加而增加；应变随应力的增加而增加。应力增加 n 倍，应变也增加 n 倍。也就是说，当正应力不超过某一极限值时，横截面上的正应力和纵向线应变成正比。称为**胡克定律**（Hooke law），即

$$\sigma = E\varepsilon \tag{8-4}$$

式中：σ 表示横截面上的正应力；ε 表示纵向线应变；E 表示材料的**弹性模量**（elastic modulus）。虽然，这一变形规律称为胡克定律，但是并不是胡克发现的，只是借用他的名字表示正比关系而已。

比例常数 E 是一个与材料性质有关的常数，其值可由实验测定，弹性模量的单位与应力的单位相同，常用 GPa（1 GPa = 10^9 Pa）表示。

8.5.3 横向变形

如图 8-11 所示，杆纵向伸长，横向必然缩短。矩形横截面变形前的宽度为 a，高度为 b；变形后的宽度为 a'，高度为 b'，则宽度和高度方向的横向变形为

$$\Delta b = b' - b, \quad \Delta a = a' - a$$

横向线应变（transverse strain）为

$$\varepsilon' = \frac{\Delta b}{b} = \frac{\Delta a}{a} \tag{8-5}$$

8.5.4 泊松比

杆受拉伸时，纵向伸长横向变细；纵向越长，横向越细。德国科学家泊松（Poisson）发现：当应力不超过某一极限值时，纵向线应变和横向线应变的比值保持不变，是一常数：

$$\varepsilon' = -\nu\varepsilon \tag{8-6}$$

式中：负号表示纵向线应变和横向线应变总是反号；比例常数ν称为**泊松比**（Poisson's ratio）。泊松比ν是一个与材料性质有关的常数，其值可由实验测定。

常见工程材料的弹性模量E和泊松比ν如表 8-2 所示。

表 8-2

材料	弹性模量 E/GPa	泊松比 ν
钢	200～220	0.24～0.30
铝合金	70～72	0.26～0.33
铜	70～120	0.31～0.42
铸铁	80～160	0.23～0.27
木材（顺纹）	8～12	—
混凝土	15～36	0.16～0.18

8.5.5 伸长量

将式（8-1）中的应力和式（8-3）中的应变代入胡克定律式（8-4），有

$$\frac{N}{A} = E\frac{\Delta l}{l}$$

解得

$$\Delta l = \frac{Nl}{EA} \tag{8-7}$$

式（8-7）可用于计算等直杆受拉压时的伸缩量。

【例 8-6】 如图 8-12（a）所示，组合杆由铝杆AB、铜杆BC和钢杆CD组成。已知材料的弹性模量分别为铝，$E_{Al} = 70$ GPa，铜，$E_{Cu} = 120$ GPa，钢，$E_{st} = 200$ GPa；横截面面积分别为$A_{AB} = 58.1\ \text{mm}^2$，$A_{BC} = 77.4\ \text{mm}^2$，$A_{CD} = 38.7\ \text{mm}^2$。计算各段的应力和应变，组合杆$AD$的变形。不计凸缘尺寸的影响。

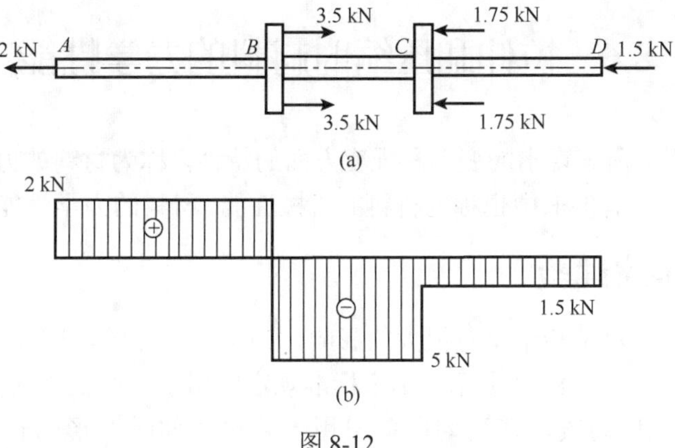

图 8-12

解 （1）按例 8-1 的简便画图法画轴力图如图 8-12（b）所示。

（2）计算应力。AB 段各横截面的应力都相等，其值为

$$\sigma_{AB}=\frac{N_{AB}}{A_{AB}}=\frac{2\times10^{3}}{58.1\times10^{-6}}=34.42\ (\mathrm{MPa})$$

BC 段各横截面的应力为

$$\sigma_{BC}=\frac{N_{BC}}{A_{BC}}=\frac{-5\times10^{3}}{77.4\times10^{-6}}=-64.6\ (\mathrm{MPa})$$

CD 段各横截面的应力为

$$\sigma_{CD}=\frac{N_{CD}}{A_{CD}}=\frac{-1.5\times10^{3}}{38.7\times10^{-6}}=-38.76\ (\mathrm{MPa})$$

（3）计算应变。AB 段各点的纵向线应变都相等，其值为

$$\varepsilon_{AB}=\frac{\sigma_{AB}}{E_{\mathrm{Al}}}=\frac{34.42\times10^{6}}{70\times10^{9}}=4.92\times10^{-4}$$

BC 段各点的纵向线应变为

$$\varepsilon_{BC}=\frac{\sigma_{BC}}{E_{\mathrm{Cu}}}=\frac{-64.6\times10^{6}}{120\times10^{9}}=-5.38\times10^{-4}$$

CD 段各点的纵向线应变为

$$\varepsilon_{CD}=\frac{\sigma_{CD}}{E_{\mathrm{st}}}=\frac{-38.76\times10^{6}}{200\times10^{9}}=-1.94\times10^{-4}$$

（4）计算变形。AB 段的变形为

$$\Delta l_{AB}=\varepsilon_{AB}\cdot l_{AB}=4.92\times10^{-4}\times180\times10^{-3}=8.86\times10^{-5}\ (\mathrm{m})$$

BC 段的变形为

$$\Delta l_{BC}=\varepsilon_{BC}\cdot l_{BC}=-5.38\times10^{-4}\times120\times10^{-3}=-6.46\times10^{-5}\ (\mathrm{m})$$

CD 段的变形为

$$\Delta l_{CD}=\varepsilon_{CD}\cdot l_{CD}=-1.94\times10^{-4}\times160\times10^{-3}=-3.1\times10^{-5}\ (\mathrm{m})$$

组合杆 AD 的变形等于各段变形的代数和：

$$\Delta l_{AD}=\Delta l_{AB}+\Delta l_{BC}+\Delta l_{CD}=(8.86-6.46-3.1)\times10^{-5}=-0.71\times10^{-5}\ (\mathrm{m})$$

8.6 拉伸和压缩时材料的力学性能

材料在外力作用下所表现出的变形和强度方面的特性，称为**材料的力学性能**（mechanical properties of materials）。有的书中也称为材料的机械性能。材料的力学性能是通过试验测定的。

8.6.1 拉伸与压缩试验

试件的形状和尺寸对试验结果有很大的影响，为了便于比较，试验时，需按照国家统一标准将材料制成试件。如图 8-13 所示，国家标准规定的用于拉伸试验的标准圆试件和标准板试件。试件中段为一均匀段，在均匀段辟出用于测量拉伸时变形的长度称为**标距**（gauge length），用 l_0 表示。为方便试验机装夹试件，两端较粗部分称为**夹持段**，用于装夹至试验机夹头中。如图 8-14 所示，用于压缩试验的圆柱试件和块试件。

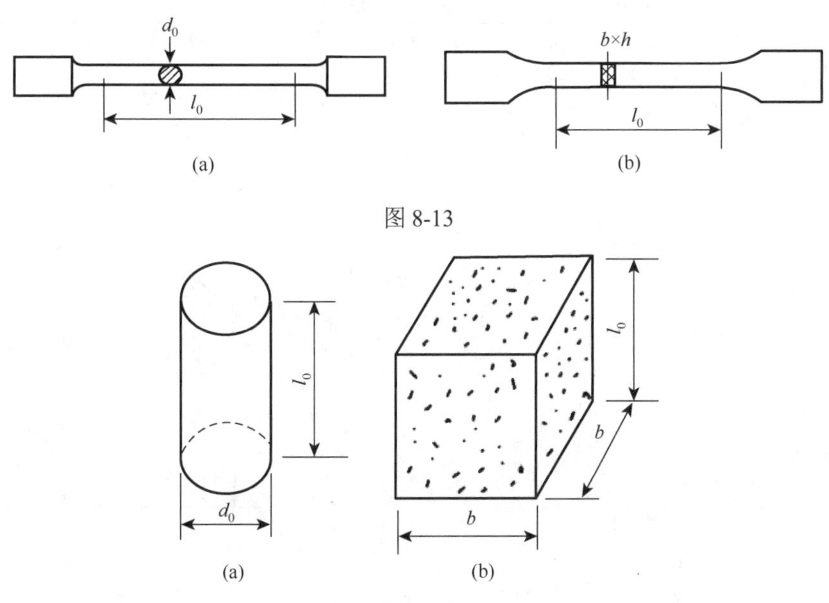

图 8-13

图 8-14

测定材料的力学性能，需在材料试验机上进行。如图 8-15（a）所示，材料试验机，下夹头固定在底座上，两根立柱和横梁也固定在底座上，组成一个坚固框架。活动平台通过电机和传动齿条的传动可以在框架内上下移动。拉伸试验时，用试验机的上下夹头夹住试件的两端，下夹头是固定不动的，上夹头通过活动平台带动向上运动，使试件拉伸。压缩试验时，将试件放在活动平台的上表面正中位置，活动平台向上运动，直至压缩试件与横梁接触发生挤压，使试件压缩。开动机器，电机转动，通过齿条传动，活动平台上下运动，平台下面的拉伸试件受到拉伸，平台上面的压缩试件受到压缩。如图 8-15（b）所示，可以在夹头处串联安装力传感器测量受力大小。如图 8-15（c）所示，可以在试件中间均匀段安装变形传感器测量变形大小，变形传感器的两个夹子夹住试件的长度刚好等于标距长度，以便测量标距长度的变形量。电机转动，试件缓慢加载（试件受力逐渐增大），通过力传感器显示试件受力的大小，通过变形传感器（引伸仪）显示标距长度的伸长量（变形）。记录不同载荷 F_i 时的伸长 Δl_i。例如，可以得到表 8-3 所示的一系列数据。将表中数据按一定的比例在坐标系中绘出 F-Δl 曲线图，称为拉伸图，如图 8-16（a）所示。

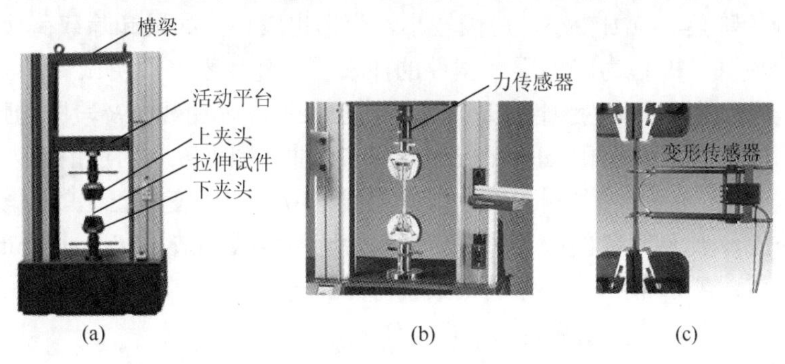

图 8-15

表 8-3

数值	F_i/kN									
	0	4.07	9.5	17.6	25.7	29.8	32.5	35.2	36.6	37.9	…
$\Delta l_i/10^{-6}$ m	0	7.5	25.0	50.0	75.0	90.0	108.0	128.0	150.0	183.0	…
σ_i/MPa	0	51.8	121	224	…						
$\varepsilon_i/10^{-6}$	0	0.08	0.25	0.5	…						

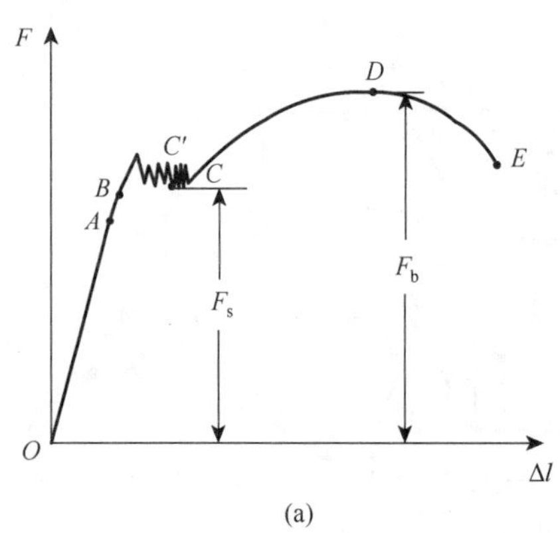

(a)

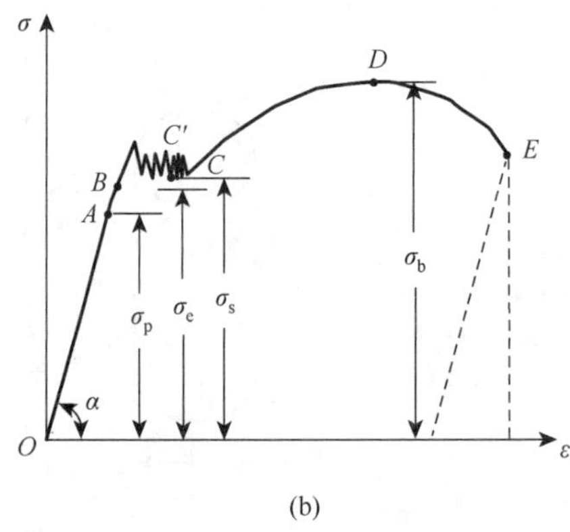

(b)

图 8-16

F-Δl 曲线图中，各特征点的参数数值与试件的尺寸有很大关系，不但体现材料的性质还反映了试件尺寸的某些因素。为了尽量消除试件尺寸的影响，获得能反映材料性能的曲线，将每个 F_i 除以试件初始横截面面积 A_0 得到应力 σ_i，每个 Δl_i 除以试件标距长 l_0 得到应变 ε_i，按一定的比例在坐标系中绘出 σ-ε 曲线图，即**应力应变图**（stress-strain diagram），如图 8-16（b）所示。P-Δl 曲线图和 σ-ε 曲线图可直接由机器精确地绘出。

扫码观看

8.6.2 低碳钢拉伸时的力学性能

含碳量在 0.3%以下的碳素钢称为**低碳钢**（low carbon steel），又称**软钢**（soft steel 或 mild steel），是工程中使用非常广泛的材料。通过试验可获得低碳钢的应力-应变曲线如图 8-16（b）所示。透过低碳钢的 σ-ε 曲线可分析低碳钢在受力变形过程中所表现出的力学性质。低碳钢由于受拉力作用逐渐伸长至最后断裂，大致可分为 4 个阶段。

1. 弹性阶段

在受力的开始阶段，拉力较小，应力较小，变形也较小。如果卸除载荷（将载荷撤去），则变形能够完全消失，即拉力降为零，试件的伸长量也降为零。说明试件的变形完全是弹性的，变形完全是弹性的阶段称为**弹性阶段**（elastic stage）。σ-ε 曲线 OB 段即为弹性阶段。弹性阶段的应力最高值称为**弹性极限**（elastic limit），即 σ-ε 曲线图中 B 点对应的应力值，用 σ_e 表示。

在弹性阶段，除 AB 一小段外，OA 段是直线，应力与应变成正比的阶段称为**比例阶段**（proportional stage）。比例阶段的应力最高值，称为**比例极限**（proportional limit），即曲线图中 A 点对应的应力值，用 σ_p 表示。常见的低碳钢 Q235 的比例极限 $\sigma_p = 200$ MPa。当 $\sigma \leqslant \sigma_p$ 时，应力 σ 与应变 ε 成正比，称为**胡克定律**，即

$$\sigma = E\varepsilon$$

弹性模量 E 是直线段的斜率，因为应力与应变成线性关系，试验时，弹性模量 E 可直线段任意两点的应力差 $\Delta\sigma$ 和相应的应变差 $\Delta\varepsilon$ 相除得到：

$$E = \text{tg}\alpha = \frac{\Delta\sigma}{\Delta\varepsilon} \tag{8-8}$$

由于比例极限 σ_p 和弹性极限 σ_e 的值非常接近，试验中很难加以区别，常将两者视为相等。

2. 屈服阶段

当应力超过弹性极限 σ_e 后不久，σ-ε 曲线呈锯齿形上下波动，说明应力基本保持不变而应变却急剧增加，即载荷不变，变形持续增加。材料暂时失去了抵抗变形的能力，这种现象称为屈服或流动，应力几乎不变应变持续增加的阶段称为**屈服阶段**（yielding stage）。σ-ε 曲线的 BC 段即为屈服阶段。对应波动曲线的最低点称为下屈服点，屈服阶段应力最低值称为**屈服极限**（yield limit），用 σ_s 表示，下标 s 是德语 streckgrenze 的首字母。常见的低碳钢 Q235 的屈服极限 $\sigma_s = 240$ MPa。如图 8-17 所示，如果试件表面经过磨光，屈服时，试件表面会出现一些与试件轴线成 45°的条纹，称为**滑移线**（slip-lines），这是材料内部晶格之间相对滑移而形成的。

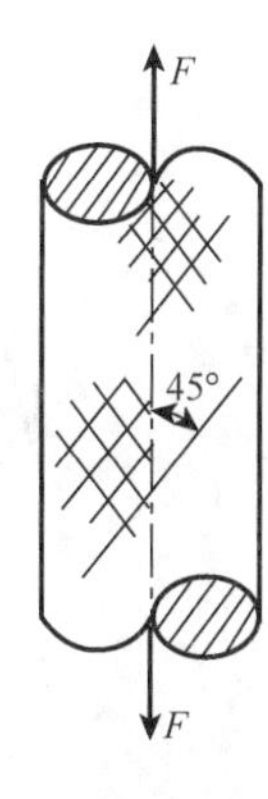

图 8-17

3. 强化阶段

经过一段时间的屈服之后，σ-ε 曲线逐渐上升，说明材料恢复了抵抗变形的能力，试件继续变形所需的拉力逐渐增加，这种现象称为材料的强化。故此阶段称为**强化阶段**（strain-hardening range）。σ-ε 曲线的 CD 段为强化阶段。材料所能承受的最大应力值称为**强度极限**（ultimate strength），又称破坏强度（broken strength），是强化阶段的应力最高值，即 σ-ε 曲线图中 D 点对应的应力值，用 σ_b 表示。常见的低碳钢 Q235 的 $\sigma_b = 400$ MPa。

4. 局部颈缩阶段

在应力达到强度极限 σ_b 前，试件变形沿长度是均匀的（各横截面均匀收缩）；当应力达到强度极限 σ_b 后，试件的变形开始集中于某一局部区域，横截面出现局部迅速收缩，这种现象称为局部颈缩，故此阶段称为**局部颈缩阶段**（necking in stage）。由于局部截面的收缩，试件继续变形所需的拉力逐渐减小，最后试件被拉断。

5. 冷作硬化

如图 8-18（a）所示，在拉伸试验过程中，如果当应力达到强化阶段某一点 G 时，逐渐撤去载荷（卸载），应力-应变曲线将沿与 OA 近乎平行的直线 GO_1 变化直至点 O_1。O_1O_2 段表示的试件卸载前的弹性应变部分在卸载中消失；而 OO_1 段表示的试件卸载前的塑性应变部分在卸载后则永久保留在试件中。这说明过了屈服点后，试件的变形中一部分是弹性的，而另一部分是塑性的，卸载后，弹性变形消失，塑性变形保留。如果卸载后重新加载，则应力-应变曲线将大致沿 O_1GDE 的曲线变化，直至断裂。且应力小于 G 点的应力值 σ_p' 时，变形是完全弹性的，由此可以看出，重新加载时，材料的比例极限提高，这种在常温下将钢材拉伸超过屈服极限，使材料的比例极限提高的现象称为**冷作硬化**（cold work hardening），工程中常利用冷作硬化提高材料的强度，即提高材料在弹性范围内的承载能力。如图 8-18（a）所示，O_3O_4 是断裂前的弹性应变在断裂瞬间消失，OO_3 是断裂前的塑性应变永久保留在断裂后的试件中；冷作硬化后材料的力学性质如图 8-18（b）所示，重新加载直至断裂，O_3O_4 是断裂前的弹性应变在断裂瞬间消失，O_1O_3 是断裂前的塑性应变永久保留在断裂后的试件中，冷作硬化后的

塑性应变减少了 OO_1 这一部分。冷作硬化提高了材料的比例极限，降低了材料的塑性，增加了材料的脆性，增加了断裂的危险性。

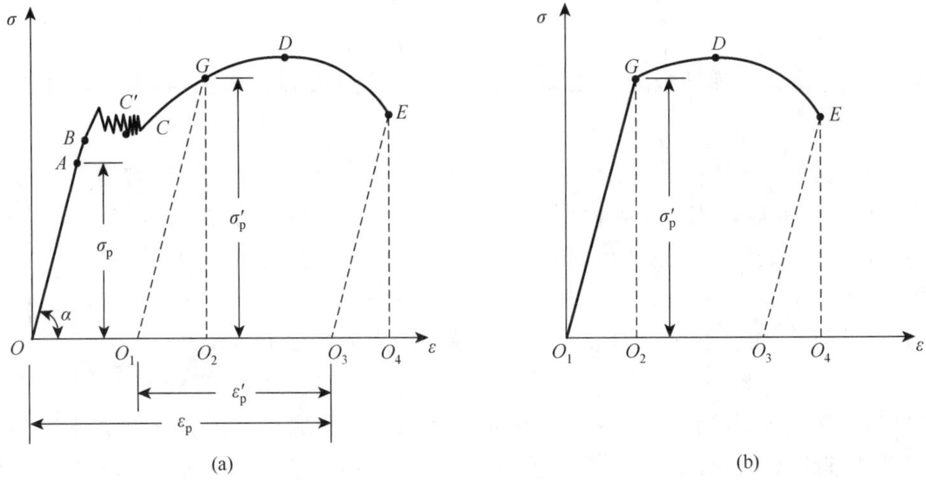

图 8-18

6. 低碳钢的主要材料性能指标

（1）强度指标。屈服极限 σ_s 和强度极限 σ_b 是衡量材料强度好坏的两个重要指标。σ_s 标志材料出现显著的塑性变形；σ_b 标志材料发生断裂。

（2）弹性指标。弹性模量 E 是衡量材料刚度好坏的指标，它表示材料抵抗弹性变形的能力，弹性模量越大越不易变形。

（3）塑性指标。如图 8-18（a）所示，试件拉断后，弹性变形瞬间消失，塑性变形永久地残留在试件中，标距段的长度由 l_0 变为 l_1，如图 8-19 所示，则残留的塑性应变为

$$\varepsilon_p = \frac{l_1 - l_0}{l_0}$$

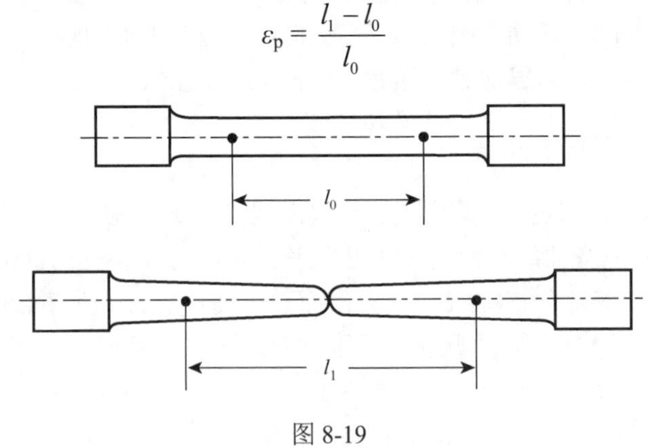

图 8-19

将此塑性应变用百分率表示为

$$\delta = \frac{l_1 - l_0}{l_0} \times 100\% \tag{8-9}$$

称为材料的**延伸率**（specific elongation），用 δ 表示。

设试件受拉前的横截面面积为 A_0，断裂后断口处的横截面面积为 A_1，则将

$$\psi = \frac{A_0 - A_1}{A_0} \times 100\% \tag{8-10}$$

称为**断面收缩率**（percentage reduction of area 或 section shrinkage）。材料的塑性变形越大，则 δ 和 ψ 的值越大。因此，材料的延伸率 δ 和断面收缩率 ψ 是衡量材料塑性好坏的两个重要指标。

工程上通常按延伸率的大小将材料分为两大类：$\delta > 5\%$称为塑性材料，如低碳钢、青铜等；$\delta \leqslant 5\%$称为脆性材料，如铸铁、混凝土、石料等。

8.6.3 铸铁拉伸时的力学性能

灰口铸铁是脆性材料的典型代表，从拉伸试验可得到它的应力-应变曲线如图 8-20 所示。

可总结灰口铸铁在受拉伸时有如下性质。

（1）试件从开始受力到被拉断，变形始终很小，没有明显的塑性变形。断裂时，应变也只是原长的 0.4%～0.5%，断口垂直于试件的轴线。

（2）拉伸过程中，无屈服阶段，无颈缩现象，只有强度极限 σ_b，其值为 120～180 MPa，远低于低碳钢的强度极限。

（3）应力-应变不成正比，没有明显的直线段。由于 σ-ε 曲线的曲率很小，实际使用时，工程上常以割线代替曲线的开始部分，并以割线的斜率近似作为弹性模量，称为**割线弹性模量**。

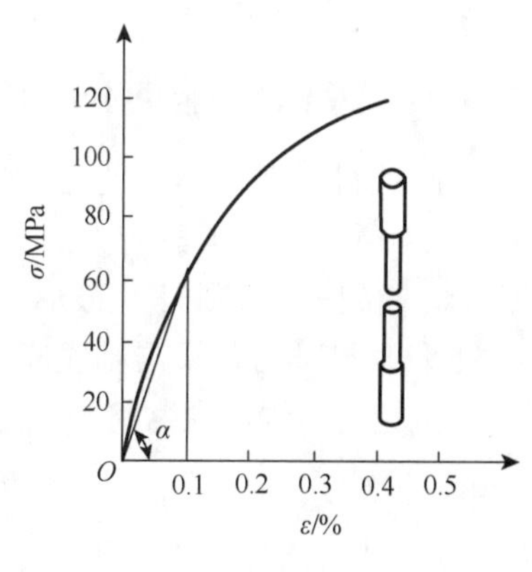

图 8-20

8.6.4 其他塑性材料拉伸时的力学性能

除低碳钢外，锰钢、铝、青铜等都属于塑性材料，它们拉伸时的应力-应变曲线如图 8-21（a）所示。与低碳钢相比，青铜的强度低，但塑性好；锰钢强度高，塑性也好。这些材料的塑性都很好，属于塑性材料，但都没有明显的屈服阶段，也就无从谈起屈服极限。然而，对于塑性材料，屈服极限 σ_s 是一个重要的强度指标，标志材料出现显著的塑性变形，是判断材料是否失效的一个标准。因此，国家标准规定：如图 8-21（b）所示，取对应于试件产生 0.2%的塑性应变时的应力值作为材料的屈服极限，称为**名义屈服极限**（nominal yield limit），用 $\sigma_{0.2}$ 表示。

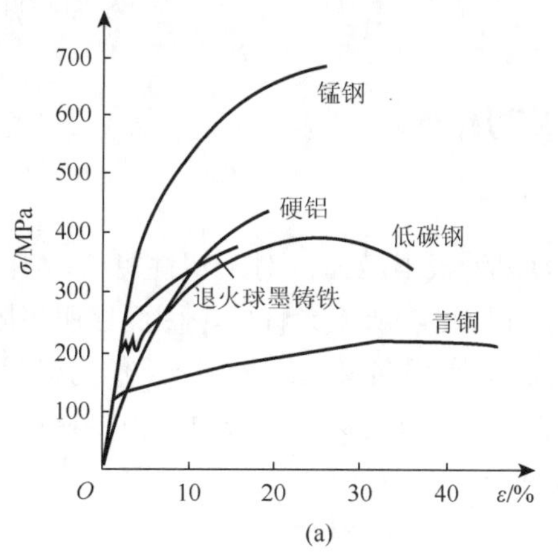

(a)

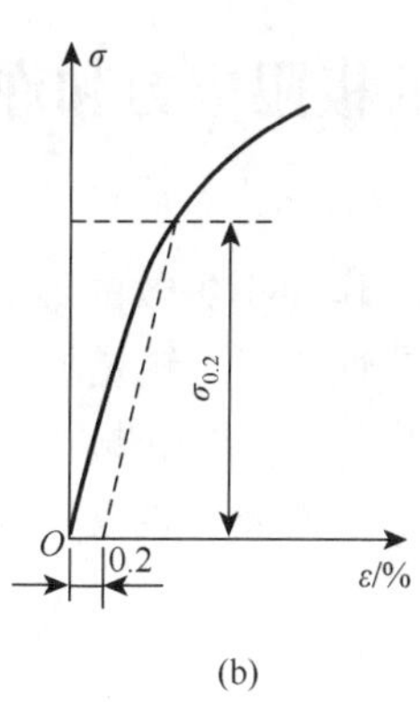

(b)

图 8-21

扫码观看

8.6.5 低碳钢压缩时的力学性能

金属材料的压缩试件一般为圆柱形。为了避免试件被压弯，圆柱不能太高，通常取高度为直径的 1.5～3 倍。低碳钢压缩时的应力-应变曲线如图 8-22 所示（不考虑应力的正负），为了便于比较，在图中用虚线绘出拉伸时的应力-应变曲线。可以看出，在屈服之前，压缩曲线和拉伸曲线基本重合，低碳钢压缩时的弹性模量 E、比例极限 σ_p 和屈服极限 σ_s 都与拉伸时基本相同。可以看出，低碳钢的抗压能力与抗拉能力基本相等。试件屈服后，出现显著的塑性变形，越压越扁，由于上下压板与试件之间摩擦力约束了试件两端部的横向变形，试件被压成鼓形，无法测出强度极限 σ_b。

8.6.6 铸铁压缩时的力学性能

脆性材料在压缩时的力学性能与拉伸时有很大的差别，其典型代表铸铁的 σ-ε 曲线如图 8-23 所示（不考虑应力的正负，虚线是拉伸时 σ-ε 曲线）。铸铁在压缩时有较明显的塑性变形，断裂前，试件略呈鼓形。铸铁的抗压强度 σ_{bc} 远大于其抗拉强度 σ_b，大约是抗拉强度的 4～5 倍。破坏时，沿与轴线成 45°～55°的斜截面裂开。由于铸铁一类的脆性材料的抗压能力比其抗拉能力强，通常将脆性材料做成承压构件。

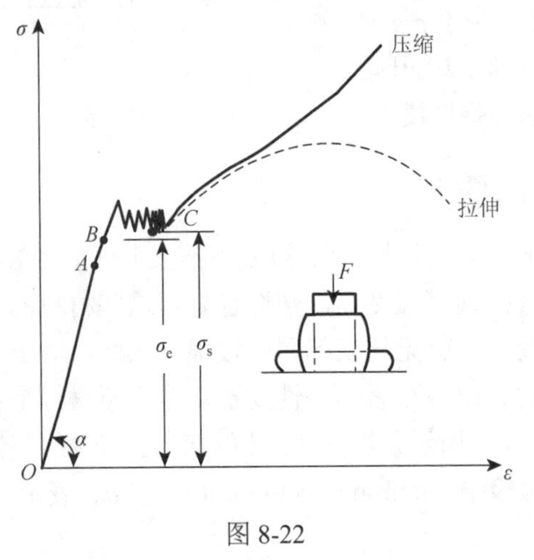

图 8-22

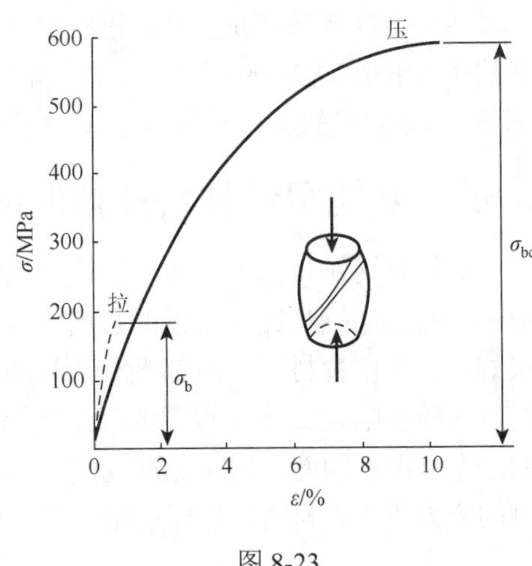

图 8-23

8.6.7 材料的极限应力和许用应力

1. 材料的极限应力

材料能正常工作而不失效的最大应力称为极限应力。对于塑性材料，当应力达到屈服极限时，出现显著塑性变形，这是构件正常行使功能所不允许的，因而屈服极限 σ_s 是塑性材料的极限应力，对没有明显屈服现象的塑性材料则用名义屈服极限 $\sigma_{0.2}$ 作为极限应力；脆性材料没有屈服阶段，由于断裂而丧失承载能力，σ_b 是脆性材料的极限应力。材料的极限应力为

$$\sigma_u = \begin{cases} \sigma_s \text{或} \sigma_{0.2} & \text{塑性材料} \\ \sigma_b & \text{脆性材料} \end{cases}$$

2. 材料的许用应力

一般不直接用材料的极限应力作为设计依据，而是将极限应力适当降低，给出材料允许承受的应力设计值。结构设计时，允许承受的最大应力值，称为许用应力。许用应力等于极限应力除以安全系数

$$[\sigma]=\frac{\sigma_u}{n} \tag{8-11}$$

式中：n 称为**安全系数**（safety factor）。安全系数的设置是为防备因测试及计算误差等所带来的不测，保证构件有必要的强度储备，能正常工作和安全耐用。工程中所有不确定因素都考虑在安全系数中。一般构件，在常温、静载下，塑性材料取 $n=1.5\sim2.5$，脆性材料取 $n=2\sim3.5$。例如，低碳钢的屈服极限 $\sigma_s=240$ MPa，取 $n=1.5$，则$[\sigma]=\sigma_s/n=160$ MPa。安全系数过大，不仅浪费材料，而且会使所设计的结构笨重，或使武器装备机动性差；安全系数过小，则不能保证构件安全耐用，甚至造成事故。注意，安全系数的选定，不在我们课程学习范围内，在此只需理解安全系数的意义即可。

8.7 应力集中的概念

如图 8-24 所示，工程中，常因实际需要在杆件上开槽、钻孔、车削螺纹等，引起杆件横截面尺寸改变。槽、孔和螺纹等的存在将引起杆件横截面上的应力不再像等截面直杆一样均匀分布，在截面尺寸剧烈变化处附近，应力的数值明显高于其他各点。例如，带有圆孔或切口的板条，当受拉时，在横跨圆孔或切口的横截面 ab 上，靠近圆孔或切口的区域，应力很大，而离此区域稍远处应力就小些，且趋于均匀分布。横截面 cd 上的应力比横截面 ab 上的应力要小，而且分布要均匀，横截面 cd 离横截面 ab 越远应力分布越均匀，只有靠近 ab 的横截面 cd 上的应力分布才不均匀，因此，圆孔或切口对应力的影响只在局部范围。由于截面尺寸的变化而引起局部应力急剧增大的现象，称为**应力集中**（stress concentration）。

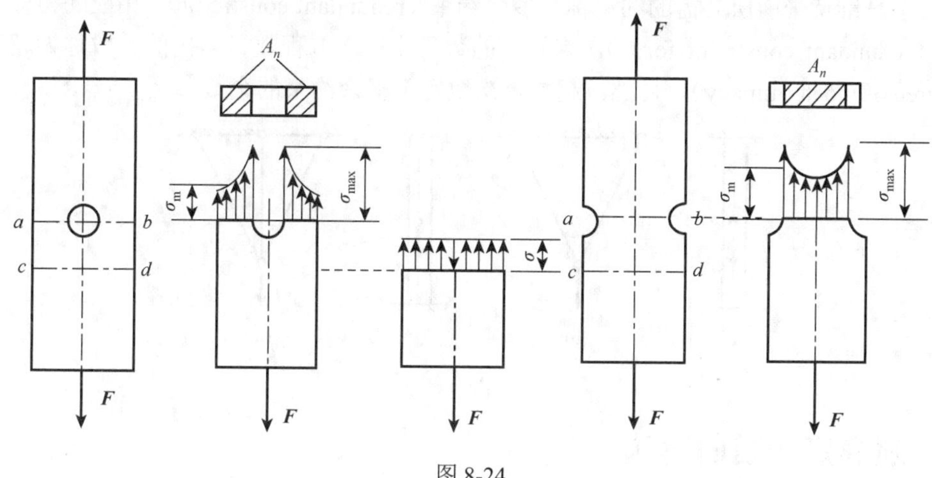

图 8-24

实验表明，截面尺寸改变越剧烈，孔越小，角越尖，局部出现的最大应力 σ_{max} 就越大。通常将局部最大应力 σ_{max} 与该横截面上的平均应力 σ_m 之比称为**理论应力集中系数**（theoretical stress concentration factor），用 k 表示，即

$$k = \frac{\sigma_{\max}}{\sigma_{\mathrm{m}}} \tag{8-12}$$

理论应力集中系数 k 反映了应力集中的程度。可以通过实验、理论分析等各种手段获得理论应力集中系数 k 的值，制成设计手册备查。作为工程技术人员仅需按照工程力学计算得到横截面的平均应力，通过工程手册查到理论应力集中系数，就可由式（8-12）计算最大应力。

应该指出，在静载荷作用下，对塑性材料由于存在屈服现象可以不考虑应力集中的影响；对于脆性材料要考虑应力集中的影响，但是，由于铸铁自身存在各种杂质和孔隙，应力集中对铸铁的影响也不是很大。所以，对静载荷作用下的强度计算，不需要考虑应力集中，一律按均匀分布计算应力。但是，值得注意的是在随时间作周期性变化的载荷或冲击载荷作用下，无论对哪种材料，应力集中的影响都是显著的。

应力集中对杆件的工作不利，因此，设计时应尽可能使杆外形平缓光滑，尽可能避免出现带尖角的孔、槽等，以降低由截面尺寸剧烈改变而引起的应力集中。

8.8 拉、压超静定问题

8.8.1 超静定的概念

如图 8-25 所示，图（a）和（b）中的结构的约束反力和内力都可由静力学平衡方程求出，属于**静定结构**。用静力平衡方程可以求出全部未知力的问题称为**静定问题**（statically determinate problem）。通俗地讲是静力学平衡条件可以求解的问题。工程中有时为了提高结构的强度和刚度，或为了满足构造上的需要，常常在静定结构上增加一些约束，如图（c）和（d）所示，这时，结构需求的约束反力和内力的个数已超过静力平衡方程的个数，故不能由静力学平衡方程求出全部未知的约束反力或内力，属于**静不定结构或超静定结构**。仅凭静力平衡方程不能解出全部未知力的问题称为**静不定问题**（statically indeterminate problem），或称**超静定问题**。不是维持平衡所必需的约束称为**多余约束**（redundant constraint），相应的力称为**多余约束力**（redundant constraint force）。未知力的数目比平衡方程数目多出的个数称为**超静定次数**（degree of indeterminacy）。显然，超静定次数等于多余约束的个数。

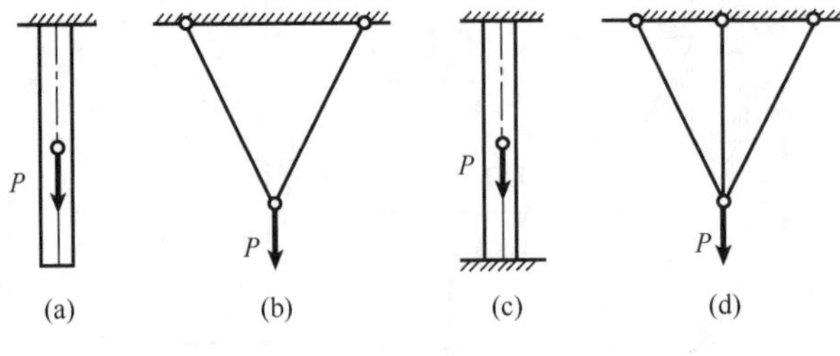

图 8-25

8.8.2 超静定问题的解法

多余约束使结构由静定变为静不定，由静力学可解变为静力学不可解，同时，多余约束对结构的变形起限制作用，结构中各杆件的变形有关联，而杆件的变形与其受力紧密相连，这就为求解静不定问题提供了补充条件。

【例 8-7】 如图 8-26（a）所示 3 杆桁架，1、2、3 杆有相同的弹性模量 E、横截面面积 A，1、2 两杆的长度为 l，已知载荷 P 和角 α，求三杆的内力。

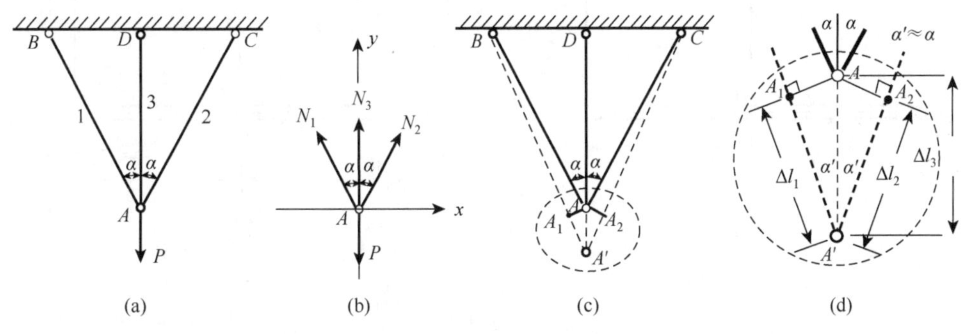

图 8-26

解 （1）选取研究对象，画受力图，列平衡方程。

将 1、2、3 杆沿任意截面切开，选取如图 8-26（b）所示的研究对象，考虑到在外力作用下，3 根杆都是二力杆，且都是伸长变形，故 3 根杆都受轴向拉力作用。由平衡方程有

$$\sum X = 0, \quad -N_1\sin\alpha + N_2\sin\alpha = 0 \qquad ①$$

$$\sum Y = 0, \quad N_1\cos\alpha + N_2\cos\alpha + N_3 - P = 0 \qquad ②$$

（2）画变形图，找变形关系。

由平衡方程①可知 $N_1 = N_2$，则 1、2 两杆伸长相同。设受力后，销钉 A 竖直下移至 A'点，画出桁架的变形图如图 8-26（c）所示，3 杆的伸长为 $\Delta l_3 = AA'$。在线段 BA'上取 $BA_1 = BA$，1 杆的伸长为 $\Delta l_1 = A_1A' = \Delta l_2$。在工程实际中，多数构件变形相对杆件原长来说都非常小，材料力学中，认为变形很小，即实行小变形假设。在小变形情况下，$\angle ABA'\approx 0$，如图 8-26（d）所示，近似认为$\angle AA_1B = 90°$，同时，近似认为 $\alpha' = \angle AA'A_1 = \angle BAD = \alpha$。这样近似，虽然带来一定的误差，对计算精度却没有大的影响，但给计算带来很大的方便。如图 8-26（d）所示，3 杆变形满足下列几何关系：

$$\Delta l_1 = \Delta l_2 = \Delta l_3\cos\alpha$$

杆的伸长与内力有下列关系：

$$\Delta l_1 = \frac{N_1 l_1}{E_1 A_1} = \frac{N_1 l}{EA}, \qquad \Delta l_3 = \frac{N_3 l_3}{E_3 A_3} = \frac{N_3 l\cos\alpha}{EA}$$

代入几何关系，得

$$N_1 = N_3\cos^2\alpha \qquad ③$$

联立解方程①～③，可得

$$N_1 = N_2 = \frac{\cos^2\alpha}{1+2\cos^3\alpha}P, \qquad N_3 = \frac{1}{1+2\cos^3\alpha}P$$

【例 8-8】 如图 8-27（a）所示，刚性横梁 AB 由 1、2 两杆悬吊，1、2 两杆的材料和截面尺寸相同，已知弹性模量 E，截面面积 A，长度 l，许用应力$[\sigma] = 160$ MPa，载荷 $P = 400$ kN，求 1、2 两杆的横截面面积。注：刚度无限大的杆称为**刚性杆**（rigid rod），即不变形的杆，并且无须考虑其强度。

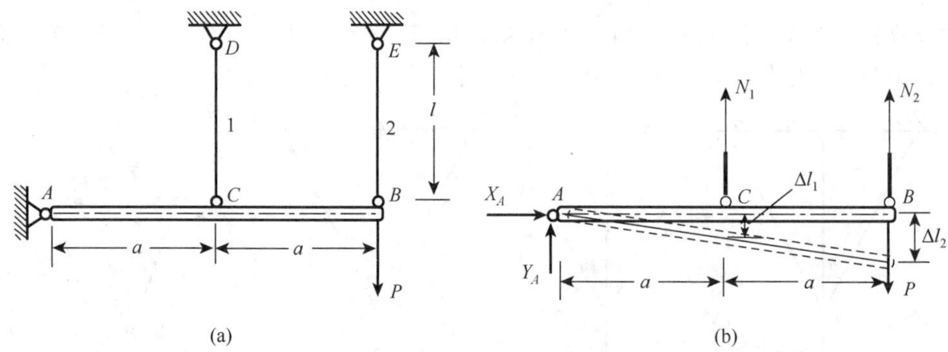

图 8-27

解　（1）求内力。选取如图 8-27（b）所示的研究对象，画受力图。该对象受平面任意力系作用，可列 3 个平衡方程，而未知力却有 4 个，是一次超静定问题。由平衡方程有

$$\sum M_A = 0, \qquad N_1 \times a + N_2 \times 2a - P \times 2a = 0$$

$$N_1 + 2N_2 - 2P = 0 \qquad ①$$

虽然还可以列出 $\sum X = 0$ 和 $\sum Y = 0$ 两式，但这时又出现两个未知量 X_A 和 Y_A，这不是所要求的，故可不列出。

画变形图。由于横梁 AB 的刚性比拉杆 1、2 的刚性大得多，它的弯曲变形可以不计，则结构在变形后如图 8-27（b）所示中虚线所示，由图中几何关系有

$$\Delta l_2 = 2\Delta l_1 \qquad ②$$

当应力不超过材料的比例极限时，两杆的伸长与内力有下列关系：

$$\Delta l_1 = \frac{N_1 l_1}{E_1 A_1} = \frac{N_1 l}{EA}, \qquad \Delta l_2 = \frac{N_2 l_2}{E_2 A_2} = \frac{N_2 l}{EA}$$

代入式②，有

$$N_2 = 2N_1 \qquad ③$$

联立式①和③可解得

$$N_1 = \frac{2}{5}P = 160\ \text{kN}, \qquad N_2 = \frac{4}{5}P = 320\ \text{kN}$$

（2）求截面面积。由于 1、2 两杆的材料和截面尺寸相同，且 2 杆的受力大，故仅需按 2 杆的强度设计截面尺寸：

$$\sigma = \frac{N_2}{A} = \frac{\frac{4}{5}P}{A} \leqslant [\sigma]$$

$$A \geqslant \frac{\frac{4}{5}P}{[\sigma]} = \frac{320 \times 10^3}{160 \times 10^6} = 2 \times 10^{-3}\ (\text{m}^2) = 2 \times 10^3\ (\text{mm}^2)$$

所以，1、2 两杆的横截面面积取为 $2 \times 10^3\ \text{mm}^2$。

【例 8-9】　如图 8-28 所示，两端固定的钢杆 AB，长为 l，横截面面积为 A，材料的弹性模量 $E = 200$ GPa，线膨胀系数 $\alpha_l = 1.25 \times 10^{-6}$ 1/℃。求温度升高 $\Delta T = 20$℃时，杆内的应力。

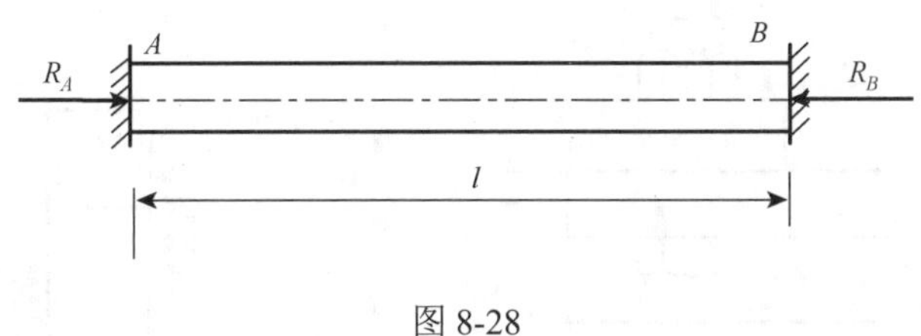

图 8-28

解 （1）画受力图，列平衡方程。当温度升高时，杆伸长，但受两固定端的阻挡，使杆不能自由伸长。在此特殊受力情况下，固定端只有轴向约束反力。由平衡方程，有

$$\sum X = 0, \qquad R_A - R_B = 0$$

得

$$R_A = R_B = R$$

（2）画变形图，找变形几何关系。杆因温度升高而引起的伸长为 $\Delta l_T = \alpha_l \Delta T l$，因受压力作用而引起的伸长为 $\Delta l_N = \dfrac{Nl}{EA} = \dfrac{-Rl}{EA}$。又因杆在温度升高和压力的共同作用下，杆的长度没有变化，因此，变形几何条件为

$$\Delta l = \Delta l_T + \Delta l_N = 0$$

即

$$\alpha_l \Delta T l - \frac{Rl}{EA} = 0$$

解得

$$R = \alpha_1 \Delta T E A$$

杆内应力为

$$\sigma = \frac{N}{A} = -\frac{R}{A} = -\alpha E \Delta T = -12.5 \times 10^{-6} \times 200 \times 10^{9} \times 20 = -50\ (\text{MPa})$$

对于超静定结构，当结构的工作环境温度改变，由于各杆的变形受到限制，杆内将产生应力，由温度变化而产生的应力称为**温度应力**（thermal stress）。工程中常采取一些措施来消除温度应力的不利影响，例如：在两段钢轨间预留空隙；在混凝土路面和房屋建筑中设置伸缩缝；架设管道时，弯个伸缩节等。

8.9 连接件的强度

8.9.1 剪切和挤压的概念

工程中，常常需要把构件相互连接起来。起连接作用的部件称为**连接件**（connector），如销钉、螺栓、键和铆钉等。如图 8-29 所示，连接两块钢板的螺栓，受力和变形的主要特点是：受一对大小相等、方向相反、作用线距离很近的横向力作用，使杆件沿两力间的截面（m-m）发生错动称为**剪切**（shearing）。夹在两力间发生错动的面称为**剪切面**（shearing plane），若外力过大，杆沿剪切面被剪断。

由于杆件较短，连接件所受的弯曲变形可忽略不计。如本节后面图 8-31（a）所示，在连接件与被连接件的接触面上还形成互相**挤压**（extrusion），接触面称为**挤压面**，若外力过大，接触面将发生塑性变形或被压溃，引起连接松动。

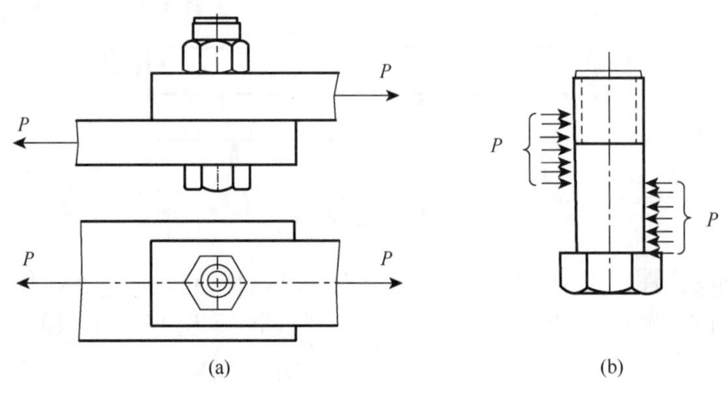

图 8-29

8.9.2 剪切的实用计算

平行于横截面的内力称为**剪力**（shear force），用 Q 表示。与横截面相切的应力称为**剪应力**（shear stress），用 τ 表示。剪力 Q 通过部分物体的平衡条件求得，如图 8-30（c）所示：$Q=P$。

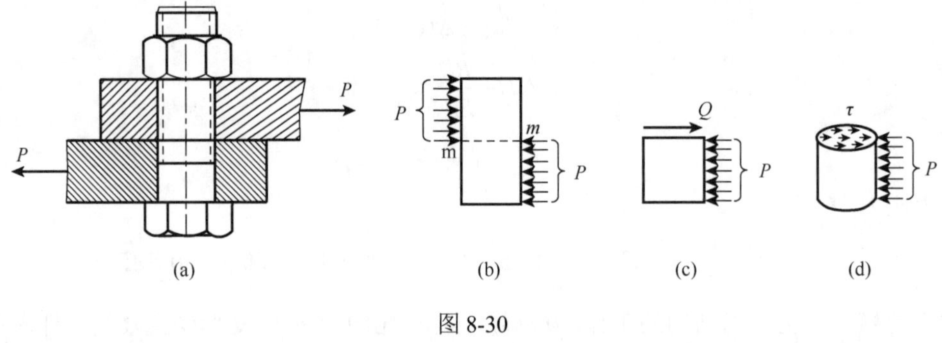

图 8-30

连接件横截面上的剪应力实际分布极为复杂，要做精确分析非常困难，连接件的尺寸比较小，高精度计算没有必要，工程中通常采用简化的实用计算方法。横截面上的剪应力按均匀分布近似计算，如图 8-30（d）所示。于是有

$$\tau=\frac{Q}{A} \tag{8-13}$$

式中：τ 表示剪切面上的剪应力；Q 表示剪切面上的剪力；A 表示剪切面的面积。式（8-13）仅是一种粗略的近似计算，采用近似计算的理由是：准确计算，计算代价太高，工程意义不大；近似计算，计算代价较低，精度可以接受。

为了保证连接件不沿剪切面发生错动，且有足够的剪切强度，必须满足剪切强度条件：

$$\tau\leqslant[\tau] \tag{8-14}$$

许用剪应力$[\tau]$是仿照连接件的实际受力情况通过试验测出极限剪应力再除以安全系数得到，可从有关手册中查到。

8.9.3 挤压的实用计算

接触面上传递的压力称为**挤压力**（bearing force），用 P_{bs} 表示。垂直于接触面的压应力称为**挤压应力**（bearing stress），用 σ_{bs} 表示。如图 8-31（d）所示，挤压应力的实际分布极其复

杂，大致是在接触面的中心处挤压应力最大，接触面两边边缘处挤压应力为零。要做精确分析非常困难，挤压面上的挤压应力按均匀分布近似计算

$$\sigma_{bs}=\frac{P_{bs}}{A_{bs}} \tag{8-15}$$

式中：σ_{bs}表示挤压面上的挤压应力；A_{bs}表示挤压面的计算面积。挤压面的计算面积等于接触面在压力方向的**投影面积**。如果接触面是平面，计算面积就是接触面积；如图 8-31（b）所示，如果接触面是半个圆柱面（下半截麻点区域），则计算面积是直径平面 $ABCD$ 的面积，如图 8-31（c）所示。之所以这样计算是因为挤压面上的挤压应力并非均匀分布，尽管按这种方法计算仍非常粗糙，但比用实际接触面积计算更接近实际，稍微准确一点。

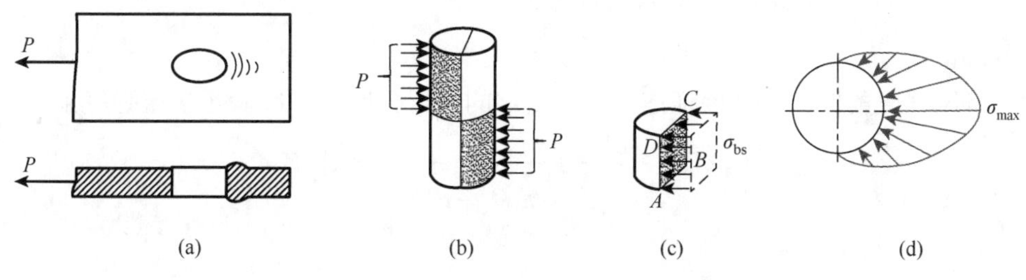

图 8-31

式（8-15）仅是一种粗略的近似计算，这种计算是最科学和最有效的方法，简单实用，便于工程计算，材料力学中一切不确定和不准确的因素都体现在安全系数中。

为了保证连接件不在挤压面附近被压溃，且有足够的挤压强度，必须满足挤压强度条件：

$$\sigma_{bs}\leqslant[\sigma_{bs}] \tag{8-16}$$

许用挤压应力$[\sigma_{bs}]$是仿照连接件的实际受力情况通过试验测出极限应力再除以安全系数得到，可从有关手册中查到。

【例 8-10】 如图 8-32（a）所示，直径为 d 的受拉杆件，头部的直径与高度分别为 D 和 h。已知拉力 $P=11$ kN，许用剪应力$[\tau]=80$ MPa，许用挤压应力$[\sigma_{bs}]=200$ MPa，许用拉应力$[\sigma]=160$ MPa，试设计 D，d 和 h 的尺寸。

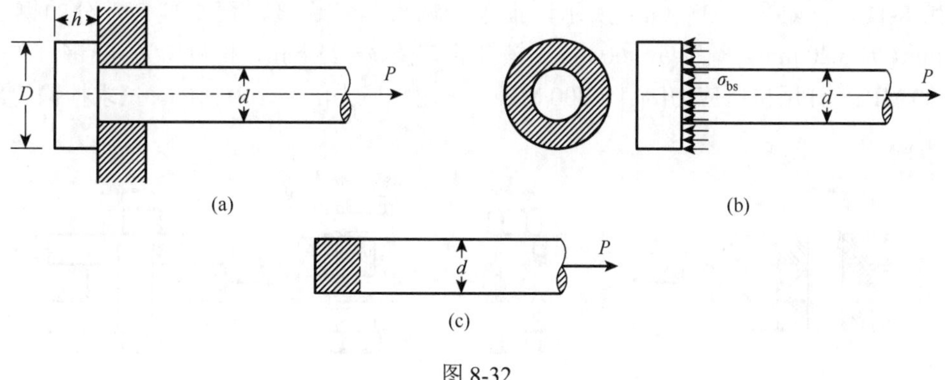

图 8-32

分析：如图所示杆件，当载荷 P 过大时，可能发生 3 种破坏形式。

（1）在拉杆头部与支撑物的接触面发生挤压破坏，挤压面为圆环面，如图 8-32（b）中阴影部分。

（2）整个拉杆头部被拉脱，即剪切破坏，剪切面为高 h 的圆柱面，如图 8-32（c）中左端阴影部分。

（3）拉杆被拉断，横截面为圆，如图 8-32（b）中无阴影部分。

解 （1）拉伸强度条件。为了保证连接件有足够的拉伸强度，必须满足拉伸强度条件：

$$\sigma = \frac{N}{A} = \frac{P}{\frac{1}{4}\pi d^2} \leqslant [\sigma]$$

解得

$$d \geqslant \sqrt{\frac{4P}{\pi[\sigma]}} = \sqrt{\frac{4\times 11\times 10^3}{\pi\times 160\times 10^6}} = 9.4\times 10^{-3}\ (\text{m}) = 9.4\ (\text{mm})$$

取 $d = 10$ mm。

（2）挤压强度条件。为了保证连接件有足够的挤压强度，必须满足挤压强度条件：

$$\sigma_{bs} = \frac{P_{bs}}{A_{bs}} = \frac{P}{\frac{1}{4}\pi(D^2 - d^2)} \leqslant [\sigma_{bs}]$$

解得

$$D \geqslant \sqrt{\frac{4P}{\pi[\sigma_{bs}]} + d^2} = \sqrt{\frac{4\times 11\times 10^3}{\pi\times 200\times 10^6} + (10\times 10^{-3})^2} = 13\times 10^{-3}\ (\text{m}) = 13\ (\text{mm})$$

取 $D = 15$ mm。

（3）计算端部高度 h。为了保证拉杆有足够的剪切强度，必须满足剪切强度条件：

$$\tau = \frac{Q}{A} = \frac{P}{\pi dh} \leqslant [\tau]$$

解得

$$h \geqslant \frac{P}{\pi d[\tau]} = \frac{11\times 10^3}{\pi\times 10\times 10^{-3}\times 90\times 10^6} = 3.89\times 10^{-3}\ (\text{m}) = 3.89\ (\text{mm})$$

取 $h = 5$ mm。

【例 8-11】 如图 8-33（a）所示，拖车挂钩靠销钉连接，已知挂钩部分的钢板厚度 $t_1 = 30$ mm，$t_2 = 20$ mm，宽度 $b = 60$ mm，销钉的直径 $d = 25$ mm，材料均为 $A3$ 钢：许用剪应力$[\tau] = 80$ MPa，许用挤压应力$[\sigma_{bs}] = 200$ MPa，许用拉应力$[\sigma] = 160$ MPa。试求挂钩的最大许用载荷 P_{max}。

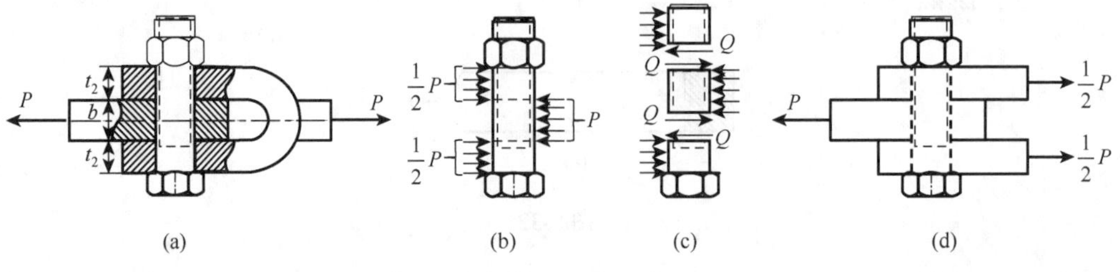

图 8-33

分析：要挂钩安全正常地工作，挂钩必须满足连接强度：剪切强度、挤压强度、拉伸强度。

解 （1）按销钉的剪切强度计算许用载荷。销钉的受力如图 8-33（b）（c）所示，有两个剪切面，每个面上的受力相同，计算任一剪切面的强度即可，如图 8-33（c）所示，由上、中、下，任意研究对象都可以得到，$Q = P/2$，为了保证销钉有足够的剪切强度，必须满足强度条件：

$$\tau = \frac{Q}{A} = \frac{\frac{1}{2}P}{\frac{1}{4}\pi d^2} \leqslant [\tau]$$

解得

$$P \leqslant \frac{1}{2}[\tau]\pi d^2 = \frac{1}{2} \times 80 \times 10^6 \pi \times 25^2 \times 10^{-6} = 78.5\ (\text{kN})$$

由销钉的剪切强度，最大许用载荷为 78.5 kN。

（2）按挤压强度计算许用载荷。接触面有 3 处共 6 个面受挤压，其中中间钢板与销钉的挤压面上应力最大。同时，钢板和销钉的材料相同，为了保证有足够的挤压强度，必须满足强度条件：

$$\sigma_{\text{bs}} = \frac{P_{\text{bs}}}{A_{\text{bs}}} = \frac{P}{dt_1} \leqslant [\sigma_{\text{bs}}]$$

解得

$$P \leqslant [\sigma_{\text{bs}}]dt_1 = 200 \times 10^6 \times 25 \times 10^{-3} \times 30 \times 10^{-3} = 150\ (\text{kN})$$

由挤压强度，最大许用载荷为 150 kN。

（3）按钢板的拉伸强度计算许用载荷。如图 8-33（d）所示，钢板拉伸时，上、中、下 3 块钢板的危险截面都在销钉孔中心线处，上、下钢板受力 $\frac{1}{2}P$，厚度 t_2，中间钢板受力 P，厚度 t_1，显然，中间钢板的圆孔中心所在截面最危险，只需按中间的钢板圆孔中心截面计算拉伸强度（塑性材料、静载可不考虑孔边应力集中）：

$$\sigma = \frac{N}{A} = \frac{P}{(b-d)t_1} \leqslant [\sigma]$$

解得

$$P \leqslant [\sigma](b-d)t_1 = 160 \times 10^6 \times (60-25) \times 10^{-3} \times 30 \times 10^{-3} = 168\ (\text{kN})$$

由钢板的拉伸强度，最大许用载荷为 168 kN。

为了保证挂钩能安全正常地工作，必须同时满足以上 3 个强度条件，因此最大许用载荷为 $P_{\max} = 78.5$ kN。

习 题 8

1. 绘出题图 8-1 所示轴向拉（压）杆的轴力图。

2. 题图 8-2 所示各杆均为圆截面杆，其直径及荷载如图所示。求杆横截面上的最大工作应力。

3. 题图 8-3 所示结构的 BC 梁上受均布荷载 $q = 50$ kN/m 作用。拉杆 AC 拟用一根等边角钢制作，其许用应力$[\sigma] = 170$ MPa。试选择角钢型号。

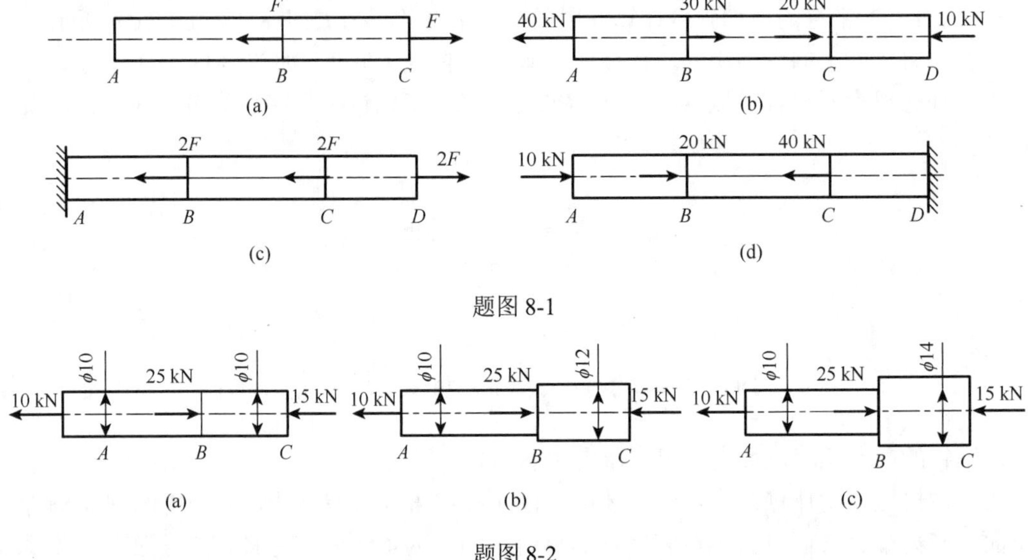

题图 8-1

题图 8-2

4. 题图 8-4 所示结构中，图示桁架，受铅垂载荷 $P = 50$ kN 作用，杆 1，2 的横截面均为圆形，其直径分别为 $d_1 = 15$ mm、$d_2 = 20$ mm，材料的容许应力均为$[\sigma] = 150$ MPa。试校核桁架的强度。

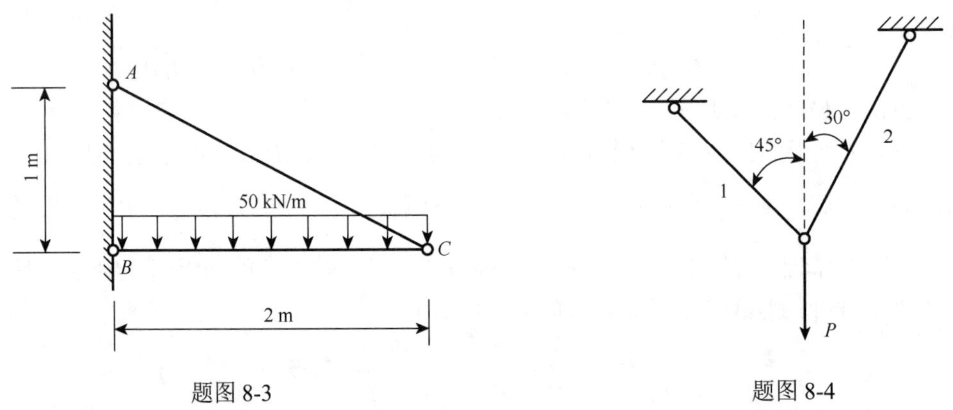

题图 8-3

题图 8-4

5. 题图 8-5 所示简易起重装置。已知斜杆 AB 由两根 63 mm×40 mm×4 mm 不等边角钢组成，钢的许用应力$[\sigma] = 170$ MPa。试问在提起重量为 $P = 15$ kN 的重物时，斜杆 AB 是否满足强度条件？已知 63 mm×40 mm×4 mm 的不等边角钢的截面积 $A = 4.058\ \text{cm}^2$。

6. 轴向拉（压）杆均为圆截面杆，各杆直径、纵向尺寸及所受荷载如题图 8-6 所示。求各杆的最大工作应力及纵向变形。材料的弹性模量 $E = 210$ GPa。

7. 一木柱受力如题图 8-7 所示。柱的横截面为边长 200 mm 的正方形，材料可认为符合胡克定律，其弹性模量 $E = 10$ GPa。如不计柱的自重，试求：

（1）各段柱横截面上的应力；

（2）各段柱的纵向线应变；

（3）柱的总变形。

8. 一根直径 $d = 20$ mm、长度 $l = 1$m 的轴向拉杆，在弹性范围内承受拉力 $F = 40$ kN。已知材料的弹性模量 $E = 2.1\times10^5$ MPa，泊松比 $\nu = 0.3$。求该杆的长度改变量 Δl 和直径改变量 Δd。

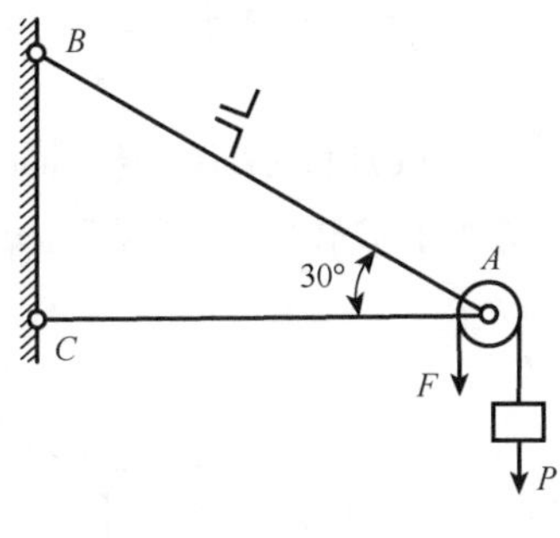

题图 8-5

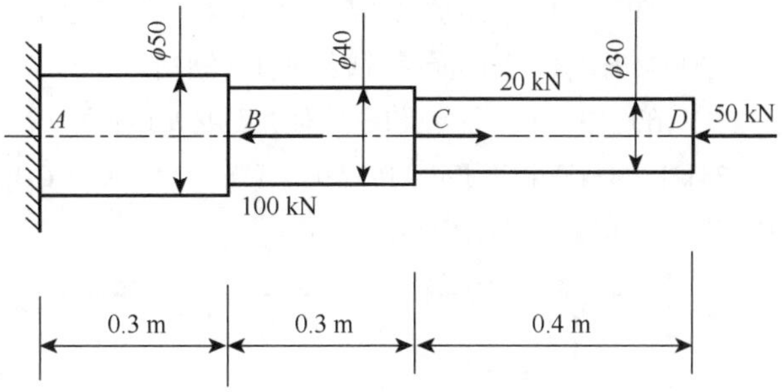

题图 8-6

9. 某材料的应力-应变曲线如题图 8-9 所示。试根据该曲线确定：

（1）材料的弹性模量 E、比例极限 σ_p 与屈服极限 $\sigma_{0.2}$；

（2）当应力增加到 $\sigma = 350$ MPa 时，材料的弹性应变 ε_e 与塑性应变 ε_p。

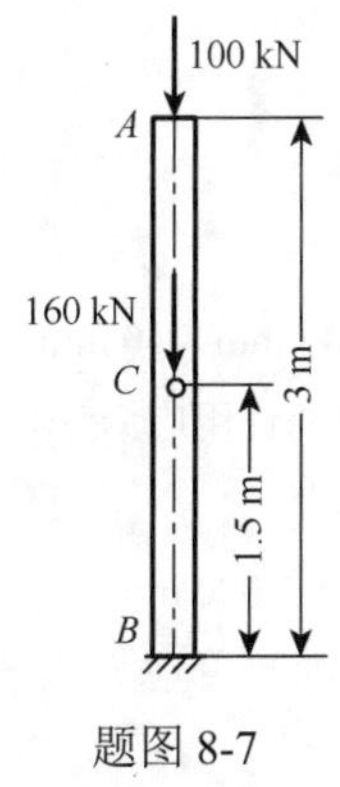

题图 8-7

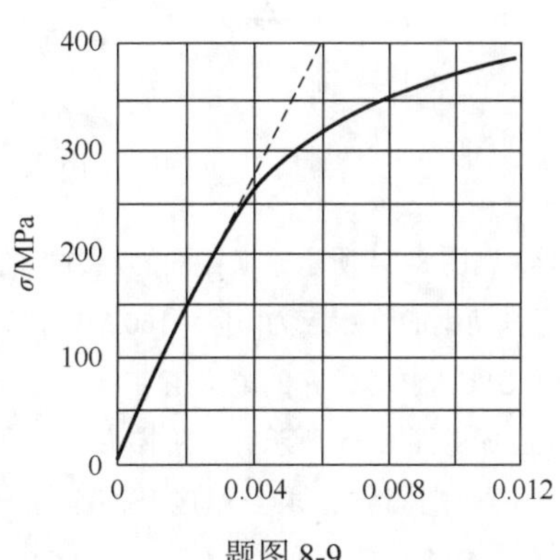

题图 8-9

10. 如题图 8-10 所示两端固定杆件，承受轴向载荷作用。试求支反力与杆内的最大轴力。

11. 一阶梯杆如题图 8-11 所示，上端固定，下端与刚性支承面之间留有空隙 $\Delta = 0.08$ mm。杆的上段是铜材，横截面面积 $A_1 = 4\ 000\ \text{mm}^2$，弹性模量 $E_1 = 100$ GPa；下段是钢材，横截面面积 $A_2 = 2\ 000\ \text{mm}^2$，弹性模量 $E_2 = 200$ GPa。若在两段交界处施加轴向荷载 F，试问：

（1）F 等于多大时，下端空隙恰好消失？

（2）当 $F = 500$ kN 时，各段横截面上的正应力是多少？

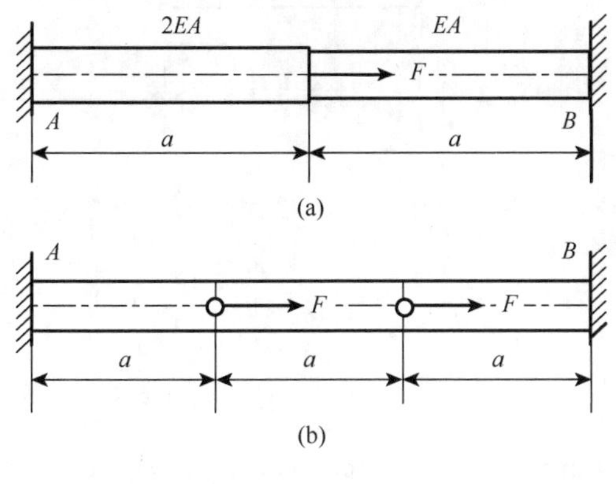

题图 8-10

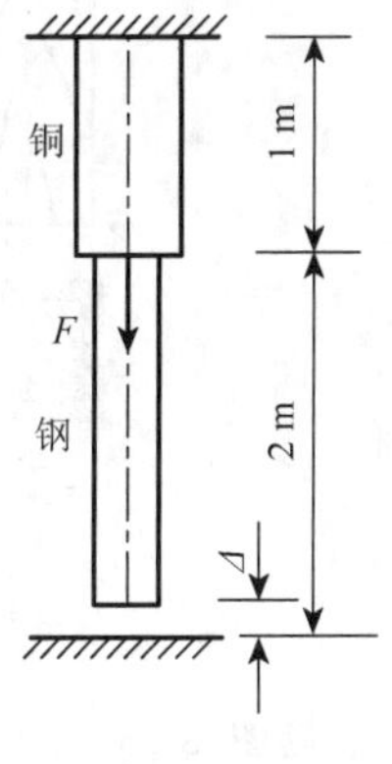

题图 8-11

12. 题图 8-12 所示横梁 *AB* 为刚性梁，不计其变形。杆 1、2 的材料、横截面面积、长度均相同，其 $[\sigma] = 100\ \text{MPa}$，$A = 200\ \text{mm}^2$。试求许用载荷$[F]$。

13. 在题图 8-13 所示结构中，刚性梁 *ACB* 由圆杆 *CD* 悬挂在 *C* 点。已知 *CD* 杆的直径 $d = 20\ \text{mm}$，载荷 $P = 25\ \text{kN}$，材料许用应力$[\sigma] = 160\ \text{MPa}$。试求：（1）校核 *CD* 杆的强度；（2）结构的最大许可荷载 $P_{\max}$；（3）若 $P = 50\ \text{kN}$，试重新设计 *CD* 杆的直径。

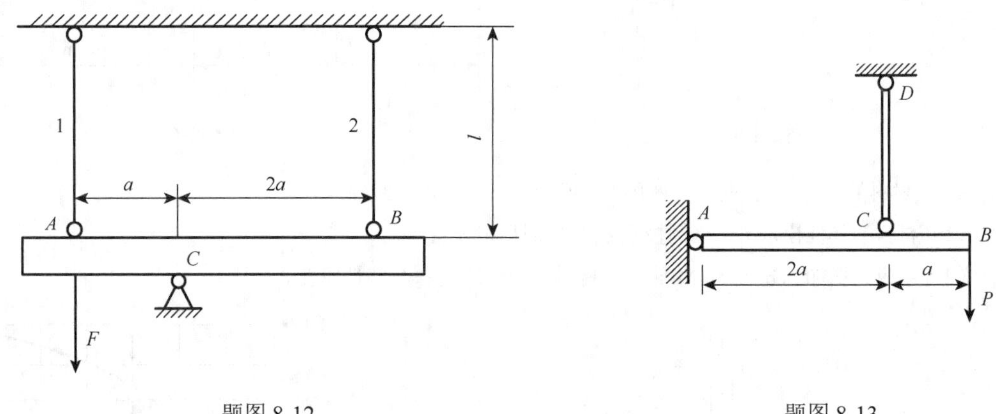

题图 8-12　　题图 8-13

14. 题图 8-14 所示一横截面为正方形的木短柱，在其四角上用 4 个 40 mm×40 mm×4 mm 的等边角钢加固。已知角钢的许用应力$[\sigma]_{钢} = 160\ \text{MPa}$，弹性模量 $E_{钢} = 200\ \text{GPa}$；木材的许用应力$[\sigma]_{木} = 12\ \text{MPa}$，弹性模量 $E_{木} = 10\ \text{GPa}$。求荷载 *F* 的最大值。

15. 如题图 8-15 所示有一阶梯形钢杆，两段的横截面面积分别为 $A_1 = 1\ 000\ \text{mm}^2$，$A_2 = 500\ \text{mm}^2$ 在 $t_1 = 5℃$ 时将杆的两端固定，求当温度升高至 $t_2 = 25℃$时，在杆各段中引起的温度应力。已知钢的线膨胀系数 $\alpha_l = 12.5\times10^{-6}\ 1/℃$，弹性模量 $E = 200\ \text{GPa}$。

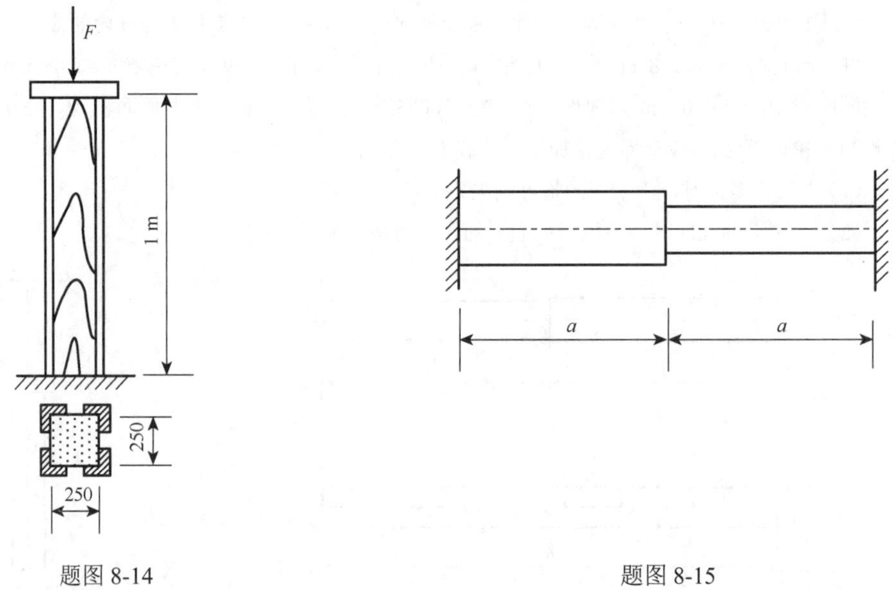

题图 8-14　　题图 8-15

16. 如题图 8-16 所示铆接接头，板厚 $t = 2\ \text{mm}$，宽 $b = 15\ \text{mm}$，铆钉直径 $d = 4\ \text{mm}$，许用切应力 $[\tau] = 100\ \text{MPa}$，许用挤压应力$[\sigma_{bs}] = 300\ \text{MPa}$，许用应力$[\sigma] = 160\ \text{MPa}$，试计算接头的许用载荷。

17. 如题图 8-17 所示，已知 $D = 32$ mm，$d = 20$ mm，$h = 12$ mm，$[\tau] = 100$ MPa，$[\sigma_{bs}] = 200$ MPa，$[\sigma] = 160$ MPa。试校核拉杆头部的剪切强度和挤压强度。

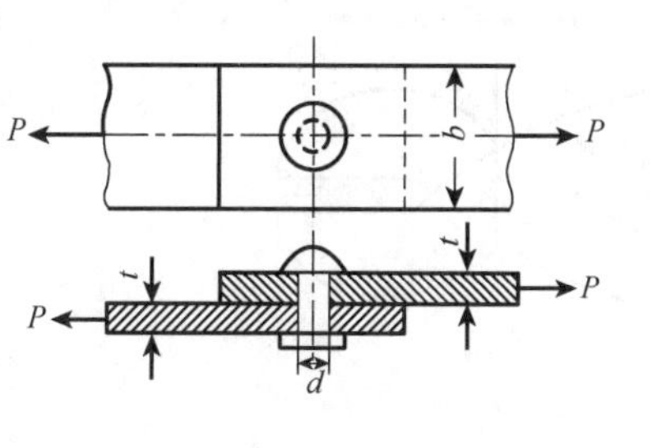

题图 8-16

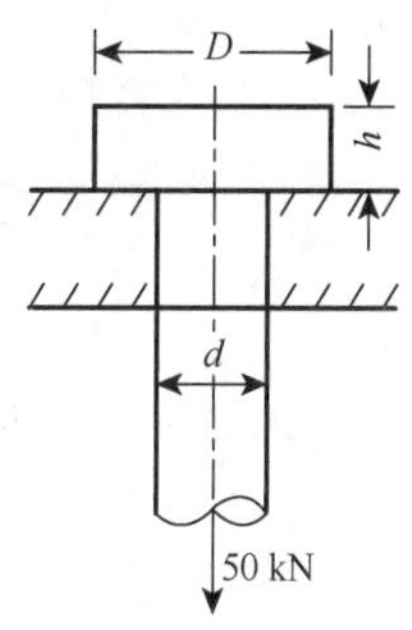

题图 8-17

18. 如题图 8-18 所示的螺栓接头。已知 $P = 40$ kN，螺栓许用切应力$[\tau] = 80$ MPa，许用挤压应力$[\sigma_{bs}] = 200$ MPa，按强度条件计算螺栓所需直径。

19. 一木质拉杆接头部分如题图 8-19（a）、（b）所示，接头处的尺寸为 $l = h = b = 18$ cm，材料的许用应力$[\sigma] = 5$ MPa，$[\sigma_{bs}] = 10$ MPa，$[\tau] = 2.5$ MPa，求许可拉力$[P]$。

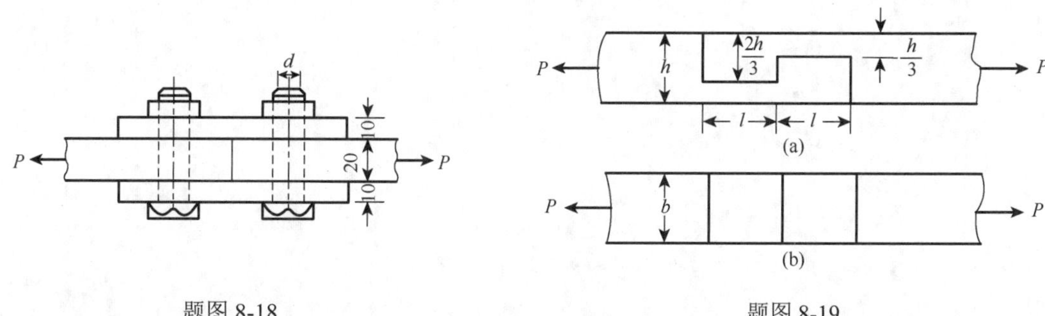

题图 8-18

题图 8-19

20. 题图 8-20 所示螺钉受拉力 F 作用，已知材料的许用剪应力$[\tau]$和许用拉应力$[\sigma]$之间的关系为$[\tau] = 0.6[\sigma]$，求螺钉的直径 d 和钉头高度 h 的合理比值。

21. 两块厚度为 $t = 10$ mm，宽度 $b = 100$ mm 的钢板用 3 只直径为 $d = 15$ mm 的铆钉连接，如题图 8-21 所示。已知拉力 $P = 40$ kN，钢板和铆钉材料许用剪应力$[\tau] = 90$ MPa，许用挤压应力$[\sigma_{bs}] = 200$ MPa，许用拉应力$[\sigma] = 160$ MPa。试校核连接强度。

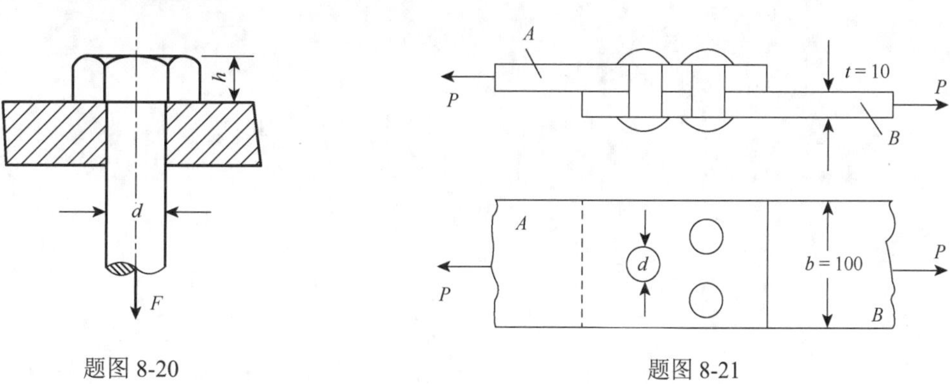

题图 8-20

题图 8-21

22. 如题图 8-22 所示，用家剪剪断直径为 3 mm 的铅丝。若铅丝的剪切极限应力为 100 MPa，问需要多大的 F？若销钉 B 的直径为 8 mm，试求销钉内的剪应力。

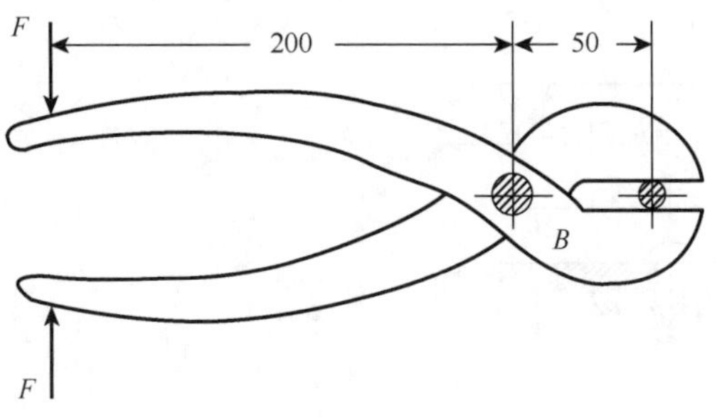

题图 8-22

第 9 章

截面几何性质

计算构件的强度、刚度、稳定性等问题时，都要涉及与构件横截面形状和尺寸有关的几何量。构件横截面的几何特征和几何量称为**截面的几何性质**（geometrical properties of cross section）。本章学习这些平面图形几何量的定义、性质和计算方法。

9.1 静矩和形心

9.1.1 静矩

如图 9-1 所示，表示任意横截面的平面图形，面积为 A。建立直角坐标系 xOy，将平面图形剖分成无穷多个微小区域（图中只画其中一个），微面积为 $\mathrm{d}A$，坐标为（x，y）。各微面积乘以微面积至某个轴的距离的总和称为截面对轴的**静矩**（static moment），又称**面积矩**（area moment）。

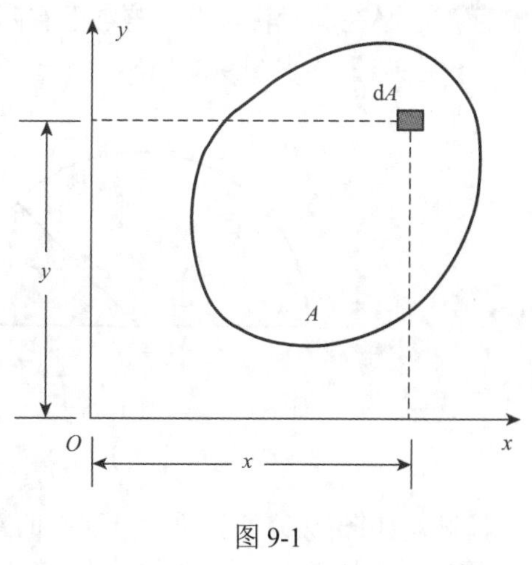

图 9-1

截面（平面图形）对 x 轴的静矩，用 S_x 表示：

$$S_x = \int_A y\mathrm{d}A \tag{9-1}$$

截面（平面图形）对 y 轴的静矩，用 S_y 表示：

$$S_y = \int_A x\mathrm{d}A \tag{9-2}$$

静矩与坐标轴的位置有关，同一截面对不同坐标轴的静矩不同，静矩有正负之分，单位是长度的 3 次方。

9.1.2 形心

图形的几何中心称为**形心**（centroid of area）。质心是对实物体而言的，形心是对抽象几何体而言的，对于密度均匀的实物体，质心与形心重合。形心是一个与图形面积分布有关的点，描述面积分布的平均位置。图形的总面积对坐标轴的面积矩等于各微面积对同一坐标轴的面积矩之和。

如图 9-2 所示，如果已知截面的形心位置，则截面（平面图形）对坐标轴的静矩分别为

$$S_x = A\cdot y_C,\qquad S_y = A\cdot x_C \tag{9-3}$$

形心的坐标为

$$x_C = \frac{S_y}{A} = \frac{\int_A x\mathrm{d}A}{A}, \qquad y_C = \frac{S_x}{A} = \frac{\int_A y\mathrm{d}A}{A} \tag{9-4}$$

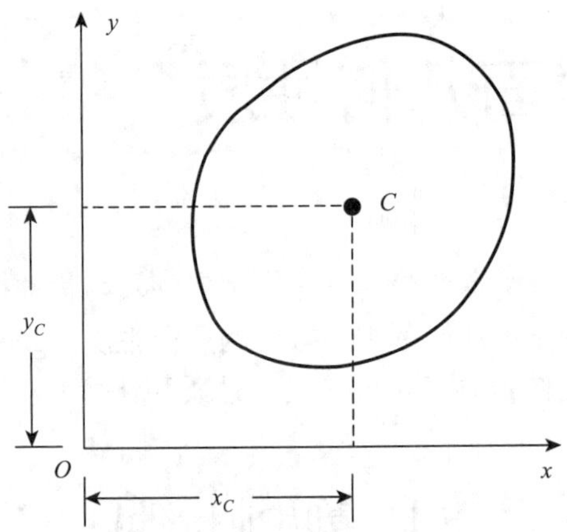

图 9-2

如果截面对某轴的静矩等于零，则该轴通过截面形心；通过截面形心的轴称为**形心轴**（centroidal axis），截面对形心轴的静矩等于零。可以证明：截面对其对称轴的静矩等于零。截面形心必在其对称轴上；若截面有两个对称轴，则形心在两对称轴的交点。

【例 9-1】 求图 9-3（a）所示半圆形形心的位置。

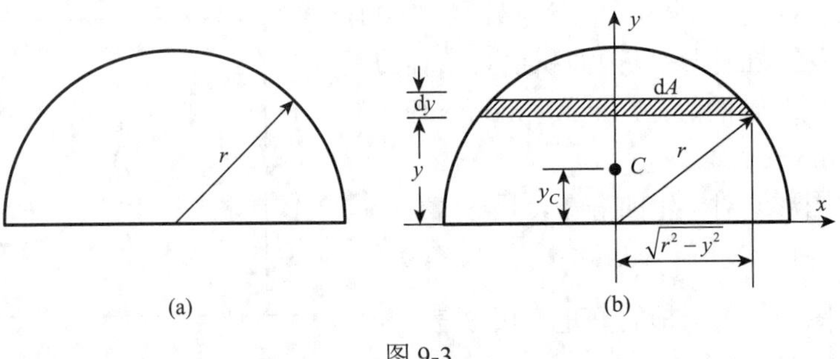

图 9-3

解 如图 9-3（b）所示，建立的直角坐标系，根据数学积分存在的定义，可知：剖分的微面积只要是微小的，积分结果与剖分微面积的形状和个数无关，因此，只需按照便于计算的方式剖分即可。对于本例，将半圆形剖分为无穷多个细长条形区域（阴影区域），则图形对 x 轴的静矩为

$$S_x = \int_A y\mathrm{d}A = \int_0^r y(2\sqrt{r^2-y^2})\mathrm{d}y = -\int_0^r (r^2-y^2)^{1/2}\mathrm{d}(r^2-y^2)$$

$$= -\frac{2}{3}(r^2-y^2)^{3/2}\Big|_0^r = \frac{2}{3}r^3$$

由于半圆形有对称轴，形心在横截面的对称轴 y 轴上，形心到 x 轴的距离为

$$y_C = \frac{S_x}{A} = \frac{2r^3/3}{\pi r^2/2} = \frac{4r}{3\pi}$$

用上述方法可求出常用简单图形（三角形、矩形、圆形、半圆形）的形心列于表 9-1 中。

表 9-1

截面及形心 C	面积 A	惯性矩 I	惯性半径 i
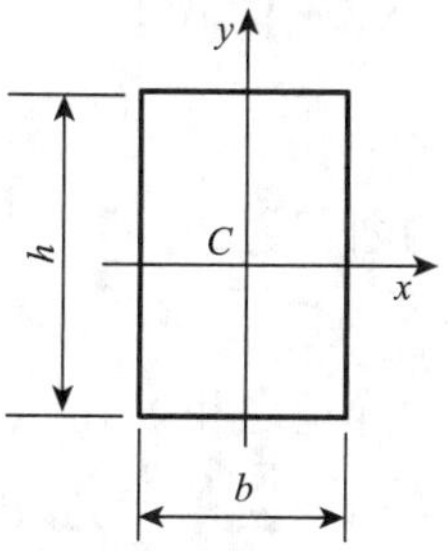 矩形（宽 b，高 h）	bh	$I_x=\dfrac{bh^3}{12}$ $I_y=\dfrac{hb^3}{12}$	$i_x=\dfrac{\sqrt{3}}{6}h$ $i_y=\dfrac{\sqrt{3}}{6}b$
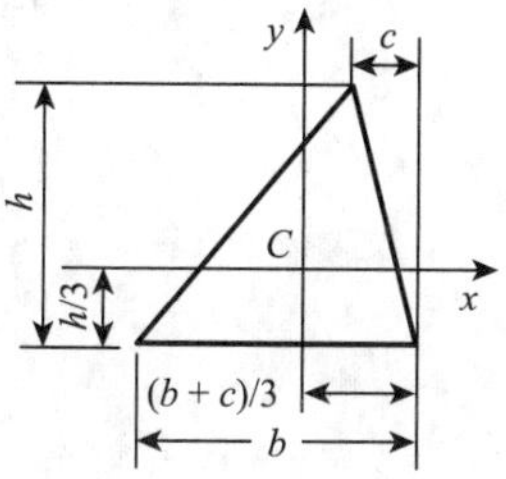 三角形（h，$h/3$，c，$(b+c)/3$，b）	$\dfrac{bh}{2}$	$I_x=\dfrac{bh^3}{36}$ $I_y=\dfrac{bh}{36}(b^2-bc+c^2)$	$i_x=\dfrac{\sqrt{2}}{6}h$ $i_y=\sqrt{\dfrac{b^2-bc+c^2}{18}}$
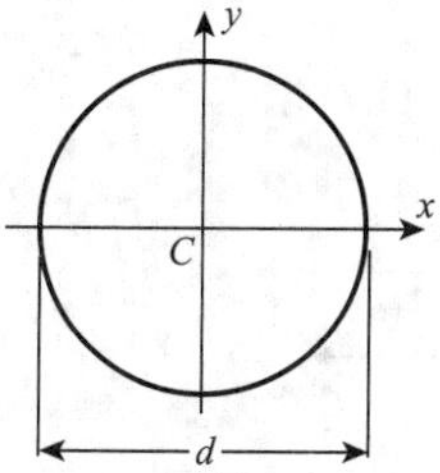 圆形（d）	$\dfrac{\pi d^2}{4}$	$I_x=I_y=\dfrac{\pi d^4}{64}$	$i_x=i_y=\dfrac{d}{4}$
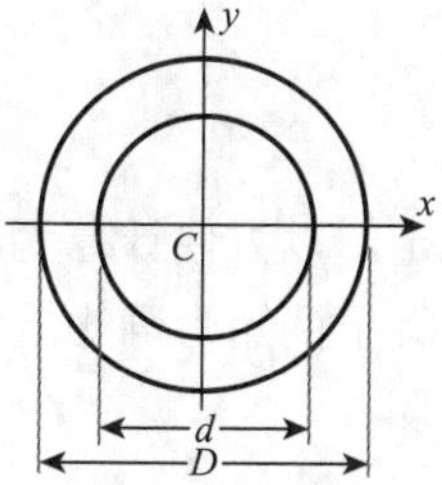 圆环（d，D）	$\dfrac{\pi}{4}(D^2-d^2)$	$I_x=I_y=\dfrac{\pi}{64}(D^4-d^4)$ $=\dfrac{\pi D^4}{64}(1-\alpha^4)$ $\alpha=\dfrac{d}{D}$	$i_x=i_y=\dfrac{D}{4}\sqrt{1+\alpha^2}$
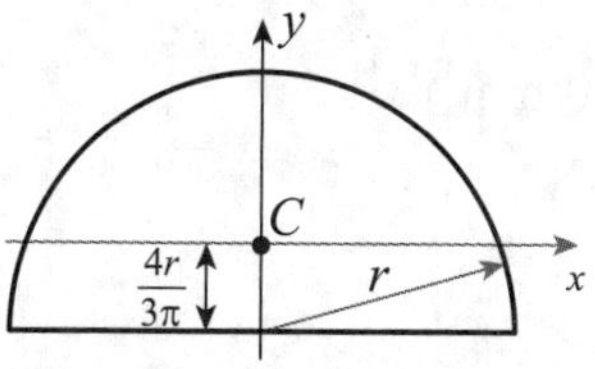 半圆形（r，$\dfrac{4r}{3\pi}$）	$\dfrac{\pi r^2}{2}$	$I_x=\left(\dfrac{\pi}{8}-\dfrac{8}{9\pi}\right)r^4$ $I_y=\dfrac{\pi r^4}{8}$	$i_x=\dfrac{r}{6\pi}\sqrt{9\pi^2-64}$ $i_y=\dfrac{r}{2}$

9.1.3　组合图形的静矩和形心

由简单图形组合而成的图形称为**组合图形**（composite figure）。例如：工字形，T 形和槽形等。如图 9-4 所示，L 形可看成是左右两个矩形组合而成的组合图形。左边矩形的面积

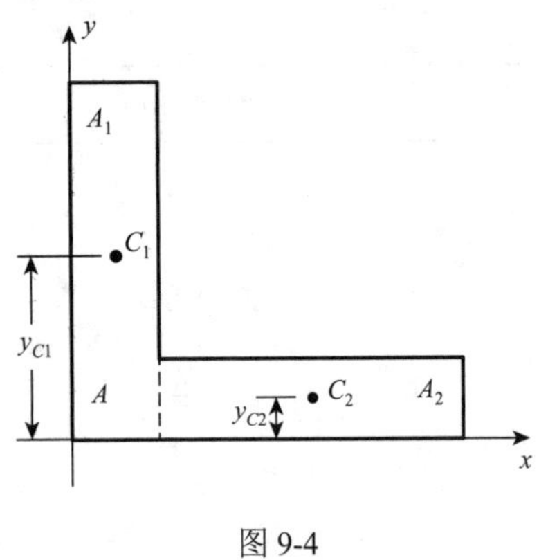

图 9-4

为 A_1，形心在 $C_1(x_{C1}, y_{C1})$；右边矩形的面积为 A_2，形心在 $C_2(x_{C2}, y_{C2})$，则组合图形 L 形对 x 轴的静矩为

$$S_x = \int_A y\mathrm{d}A = \int_{A_1+A_2} y\mathrm{d}A = \int_{A_1} y\mathrm{d}A + \int_{A_2} y\mathrm{d}A$$
$$= S_{x_1} + S_{x_2} = A_1 \cdot y_{C1} + A_2 \cdot y_{C2}$$

组合图形的面积等于分块图形的面积之和

$$A = A_1 + A_2 = \sum A_i \tag{9-5}$$

组合图形的静矩等于分块图形的静矩之和

$$S_x = \sum S_{x_i} = \sum A_i \cdot y_{Ci}, \qquad S_y = \sum S_{y_i} = \sum A_i \cdot x_{Ci} \tag{9-6}$$

利用式（9-4）可求出组合图形的形心位置。

【例 9-2】 求图 9-5（a）所示 L 形的形心位置。

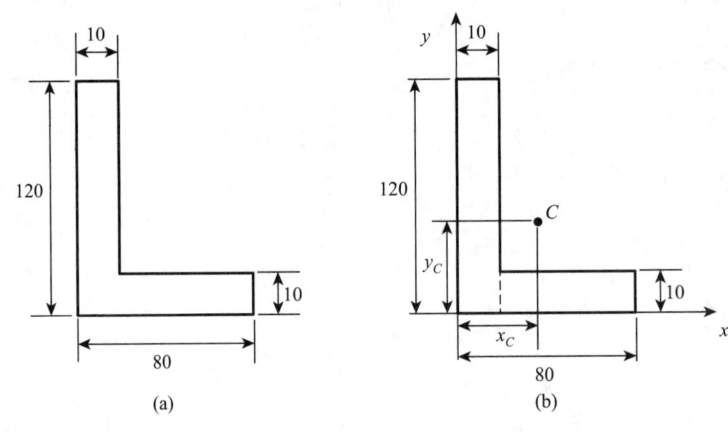

图 9-5

解 建立直角坐标系如图 9-5（b）所示，坐标系的位置可任意选定，以方便计算为准。将 L 形看成是左右两个矩形组合而成，组合图形 L 形对坐标轴的静矩等于两矩形静矩之和；面积等于两矩形面积之和：

$$S_x = S_{x1} + S_{x2} = 10\times120\times60 + 70\times10\times5 = 75\,500(\mathrm{mm}^3)$$
$$S_y = S_{y1} + S_{y2} = 10\times120\times5 + 70\times10\times45 = 37\,500(\mathrm{mm}^3)$$
$$A = A_1 + A_2 = 10\times120 + 70\times10 = 1\,900(\mathrm{mm}^2)$$

组合图形的形心坐标为

$$x_C = \frac{S_y}{A} = \frac{37\,500}{1\,900} = 19.74(\mathrm{mm})$$
$$y_C = \frac{S_x}{A} = \frac{75\,500}{1\,900} = 39.74(\mathrm{mm})$$

组合图形形心距离角边的距离分别为 9.74 mm 和 29.74 mm。注：图中并未给出尺寸单位，工程图纸的默认长度单位是毫米（mm）。

9.2 惯 性 矩

如图 9-6 所示，将横截面图形剖分成无穷多个面积为 dA 的微小区域，坐标为（x，y）。各微面积乘以微面积至某轴距离的平方之和称为截面对轴的**惯性矩**（moment of inertia）又称**面积二次矩**（second moment of area）。平面图形对 x 轴的惯性矩，用 I_x 表示

$$I_x = \int_A y^2 \mathrm{d}A \qquad (9\text{-}7)$$

平面图形对 y 轴的惯性矩，用 I_y 表示

$$I_y = \int_A x^2 \mathrm{d}A \qquad (9\text{-}8)$$

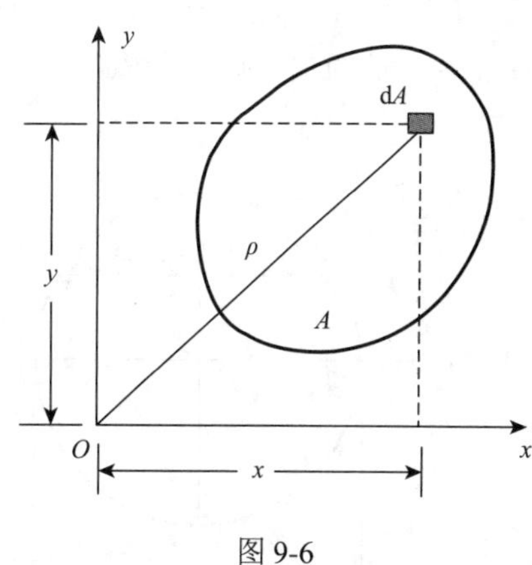

图 9-6

微面积与其到原点 O 的距离 ρ 平方的乘积之和，称为平面图形对 O 点的**极惯性矩**（polar moment of inertia），用 I_{p} 表示

$$I_{\mathrm{p}} = \int_A \rho^2 \mathrm{d}A \qquad (9\text{-}9)$$

由于有 $\rho^2 = x^2 + y^2$，故有

$$I_{\mathrm{p}} = \int_A \rho^2 \mathrm{d}A = \int_A (x^2 + y^2)\mathrm{d}A = \int_A x^2 \mathrm{d}A + \int_A y^2 \mathrm{d}A$$

即

$$I_{\mathrm{p}} = I_x + I_y \qquad (9\text{-}10)$$

上式表明：截面对某点的极惯性矩等于截面对过该点的两个正交轴的惯性矩之和。

【例 9-3】 如图 9-7 所示，矩形的宽为 b，高为 h，计算矩形截面对其形心轴的惯性矩 I_x 和 I_y。

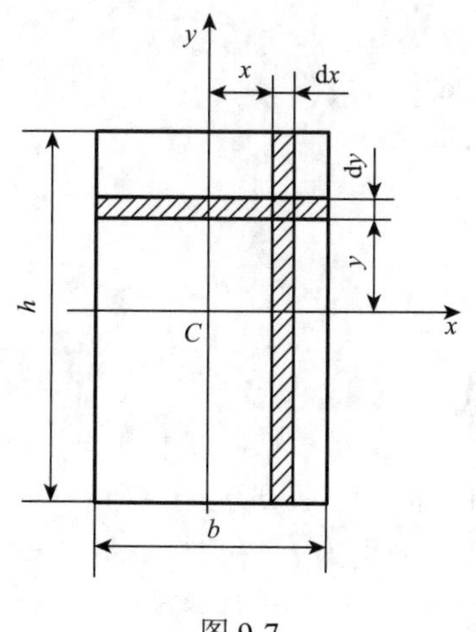

图 9-7

解 为方便计算，将矩形截面剖分为无数个水平条形区域，每个条形区域的面积为 $\mathrm{d}A = b\mathrm{d}y$，则截面对形心轴 x 轴的惯性矩为

$$I_x = \int_A y^2 \mathrm{d}A = \int_{-h/2}^{+h/2} by^2 \mathrm{d}y = \frac{1}{12}bh^3$$

同样可得

$$I_y = \int_A x^2 \mathrm{d}A = \int_{-b/2}^{+b/2} bx^2 \mathrm{d}y = \frac{1}{12}b^3 h$$

【例 9-4】 如图 9-8 所示，圆形直径为 d，计算圆形截面对其形心轴 x 和 y 轴的惯性矩 I_x 和 I_y。

解 为方便计算，将圆形截面剖分为无数个水平条形区域，则圆形截面对形心轴 x 轴的惯性矩为

$$I_x = \int_A y^2 \mathrm{d}A = 2\int_{-\frac{\pi}{2}}^{\frac{\pi}{2}} (r\sin\theta)^2 (r\cos\theta)\mathrm{d}(r\sin\theta) = \frac{1}{2}r^4 \int_{-\frac{\pi}{2}}^{\frac{\pi}{2}} \sin^2(2\theta)\mathrm{d}\theta$$

$$= \frac{1}{4}r^4 \int_{-\frac{\pi}{2}}^{\frac{\pi}{2}} [1-\cos(4\theta)]\mathrm{d}\theta = \frac{\pi}{4}r^4 = \frac{1}{64}\pi d^4$$

根据对称性，截面对 x 和 y 轴的惯性矩相等

$$I_y = I_x = \frac{1}{64}\pi d^4$$

【例 9-5】 如图 9-9 所示，圆形直径为 d，计算圆形截面对其形心的极惯性矩和对其形心轴 x 和 y 轴的惯性矩 I_x 和 I_y。

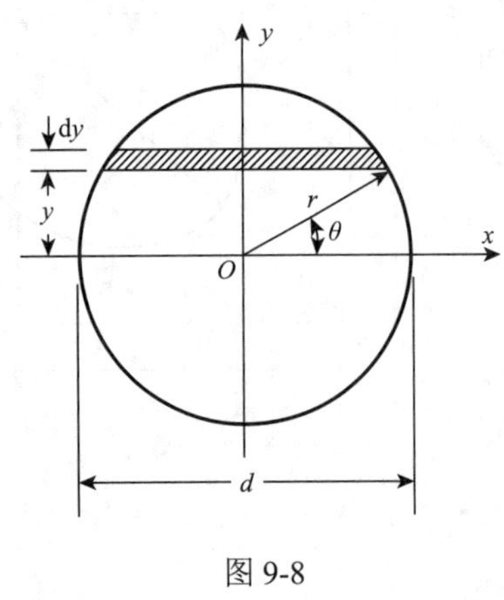

图 9-8

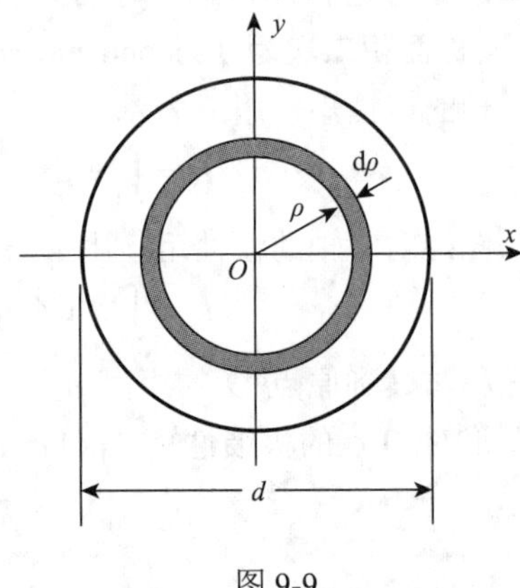

图 9-9

解 为方便计算，将圆形截面剖分为无穷多个环形微小区域，每个环形区域的面积为 $\mathrm{d}A = 2\pi\rho\mathrm{d}\rho$，圆形截面对其圆心的极惯性矩为

$$I_\mathrm{p} = \int_A \rho^2 \mathrm{d}A = \int_0^{d/2} \rho^2 2\pi\rho\mathrm{d}\rho = \frac{1}{2}\pi\rho^4\bigg|_0^{d/2} = \frac{1}{32}\pi d^4$$

由于圆形截面的对称性，截面对 x 和 y 轴的惯性矩相等，$I_x = I_y$，由式（9-10）得

$$I_y = I_x = \frac{1}{2}I_\mathrm{p} = \frac{1}{64}\pi d^4$$

用类似方法可求出常用简单截面对其形心轴的惯性矩，如表 9-1 所示。

9.3 组合图形的惯性矩

9.3.1 平行移轴公式

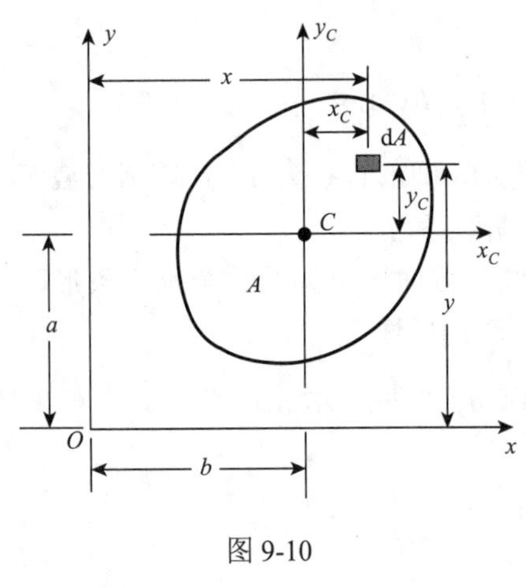

图 9-10

如图 9-10 所示，截面的面积为 A，形心在 C 点，截面对形心轴 x_C 和 y_C 的惯性矩分别为 I_{xC} 和 I_{yC}。另有一对轴 x 和 y，其中 x 轴与 x_C 平行，两轴的距离为 a；y 轴与 y_C 平行，两轴的距离为 b，截面对 x 和 y 轴的惯性矩为 I_x 和 I_y。

微面积 $\mathrm{d}A$ 在坐标系 x_CCy_C 中的坐标为(x_C, y_C)，在坐标系 xOy 中的坐标为(x, y)，注意到 $x = x_C + a$，$y = y_C + b$，于是有

$$I_x = \int_A y^2 \mathrm{d}A = \int_A (y_C + a)^2 \mathrm{d}A = \int_A y_C^2 \mathrm{d}A + 2a\int_A y_C \mathrm{d}A + a^2 \int_A \mathrm{d}A$$
$$= I_{x_C} + 2aS_{x_C} + a^2 A$$

式中：S_{x_C} 是截面对形心轴 x_C 的静矩，其值为零，因此有

$$I_x = I_{x_C} + a^2 A \tag{9-11}$$

同样有

$$I_y = I_{y_C} + b^2 A \tag{9-12}$$

截面对任一轴的惯性矩等于截面对平行于该轴的形心轴的惯性矩加上截面面积与两轴之间距离的平方的乘积，称为惯性矩的**平行移轴公式**（parallel axis formula）。

9.3.2　组合图形惯性矩的计算

根据惯性矩的定义可知：组合图形对某轴的惯性矩等于组成的各简单图形对同一轴的惯性矩之和。

【例 9-6】　如图 9-11 所示，计算工字形截面对其形心轴 y 的惯性矩 I_x，图中尺寸单位为 cm。

解　根据图形的对称性，截面的形心在对称轴 y 轴上的半高处。将工字形看成是由 I、II、III 三个矩形组合而成。由平行移轴公式，矩形 I 对形心轴 x 的惯性矩为

$$I_x^{\mathrm{I}} = \frac{1}{12} \times 6 \times 1^3 + 1 \times 6 \times 3.5^2 = 74\ (\mathrm{cm}^4)$$

矩形 II、III 对形心轴 x 的惯性矩分别为

$$I_x^{\mathrm{II}} = \frac{1}{12} \times 1 \times 6^3 = 18\ (\mathrm{cm}^4), \qquad I_x^{\mathrm{III}} = I_x^{\mathrm{I}} = 74\ (\mathrm{cm}^4)$$

则工字形截面对形心轴 x 的惯性矩为

$$I_x = I_x^{\mathrm{I}} + I_x^{\mathrm{II}} + I_x^{\mathrm{III}} = 166\ (\mathrm{cm}^4)$$

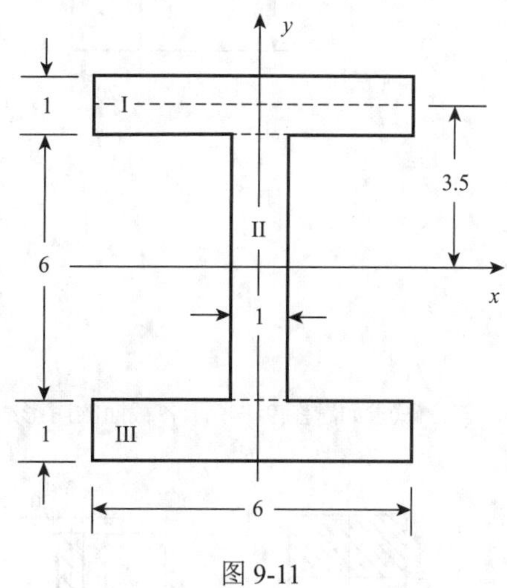

图 9-11

本例也可将工字形视为由一个 6×8 的大矩形切去两个 2.5×6 的小矩形，则工字形截面对形心轴 x 的惯性矩为

$$I_x = \frac{1}{12} \times 6 \times 8^3 - 2 \times \frac{1}{12} \times 2.5 \times 6^3 = 166\ (\mathrm{cm}^4)$$

【例 9-7】　如图 9-12（a）所示，求 T 形截面对其形心轴 x_C 的惯性矩。

解　（1）形心的位置。将 T 形截面看成上下两个矩形的组合图形，为了便于计算静矩，建立坐标系 xOy 如图 9-12（b）所示，形心应在对称轴上，因此，形心的位置坐标为

$$x_C = 0$$

$$y_C = \frac{S_x}{A} = \frac{80 \times 30 \times 115 + 20 \times 100 \times 50}{80 \times 30 + 20 \times 100} = 85.5\ (\mathrm{mm})$$

（2）惯性矩。

$$
\begin{aligned}
I_{x_C} &= I_{x_C}^{\mathrm{I}} + I_{x_C}^{\mathrm{II}} = \frac{1}{12}\times 80\times 30^3 + 80\times 30\times (115-85.5)^2 \\
&\quad + \frac{1}{12}\times 20\times 100^3 + 100\times 20\times (85.5-50)^2 \\
&= 646\times 10^4\ (\mathrm{mm}^4)
\end{aligned}
$$

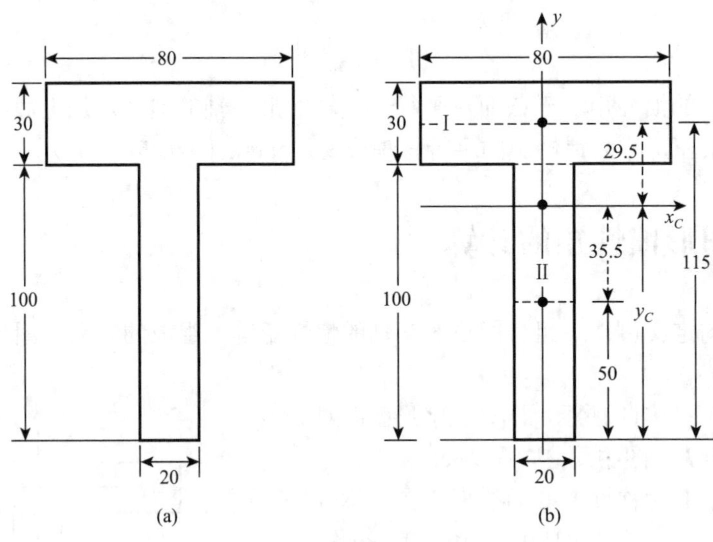

图 9-12

习　题　9

1. 试求如题图 9-1 所示各截面的阴影线面积对 y 轴的静矩。

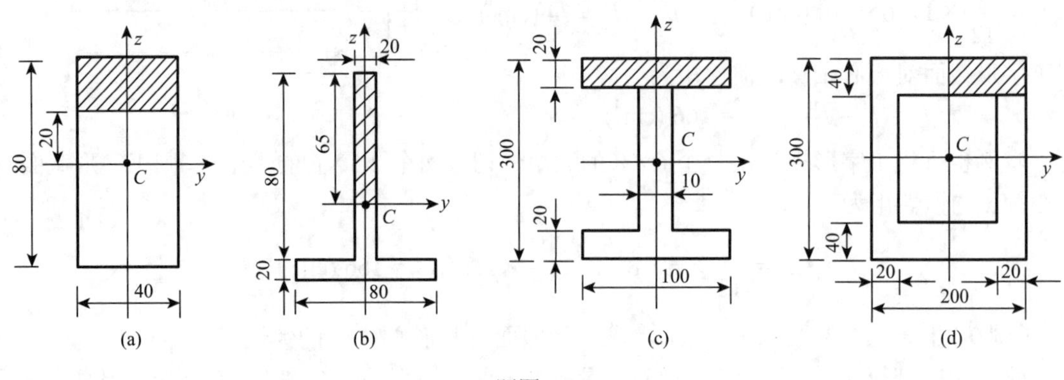

题图 9-1

2. 计算题图 9-2 所示图形对 y，z 轴的静矩和形心坐标值 y_C，z_C。

3. 如题图 9-3 所示，一矩形 $b = 2h/3$，从左右两侧切去半圆形（$d = h/2$）。求：

（1）切去部分面积占原面积的百分比；

（2）切后的轴惯矩 I_z' 与原矩形的轴惯矩 I_z 之比。

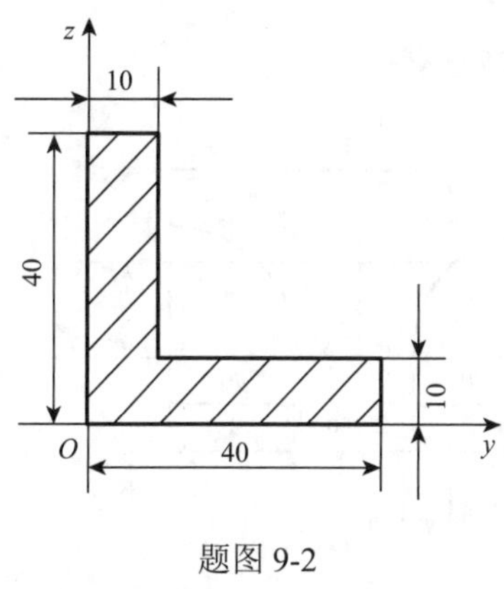

题图 9-2

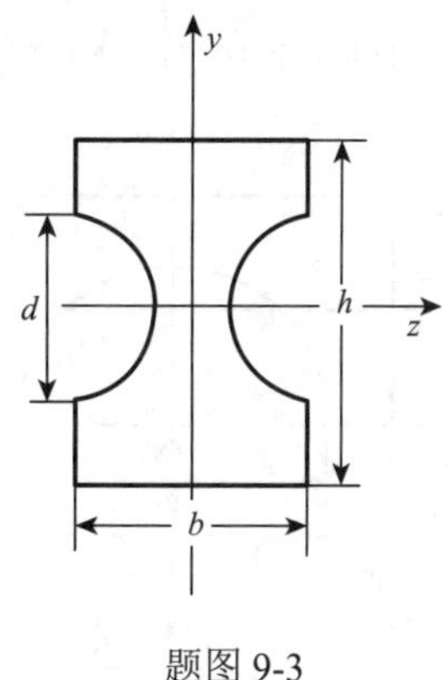

题图 9-3

4. 对题图 9-4（a）所示矩形截面，求：

（1）截面对水平形心轴 x_C 的惯性矩 I_{x_C}；

（2）若去掉图 9-4（a）中的虚线围成的部分，求去掉后的截面与原截面对 x_C 轴的惯性矩之比；

（3）若将去掉部分移到上下边缘，组成图 9-4（b）所示的工字形截面，求图 9-4（b）的工字形截面与原截面对 x_C 轴的惯性矩之比。

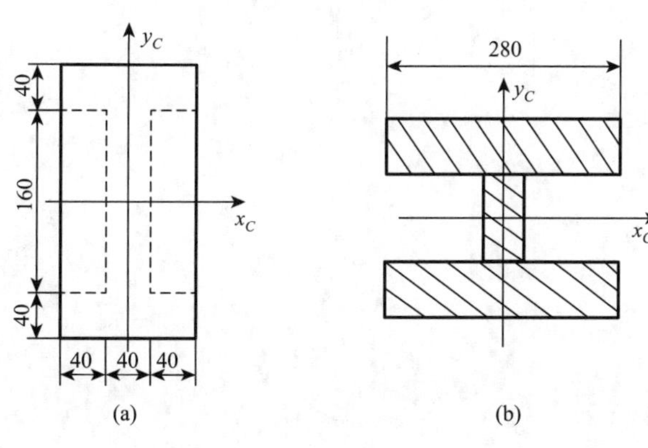

题图 9-4

5. 如题图 9-5 所示，由两个 20*a* 号槽钢组成的组合截面，如欲使此两截面对两对称轴的惯性矩 I_x 和 I_y 相等，则两槽钢的间距 a 应为多少？

6. 试计算如题图 9-6 所示截面对水平形心轴 z 的惯性矩。

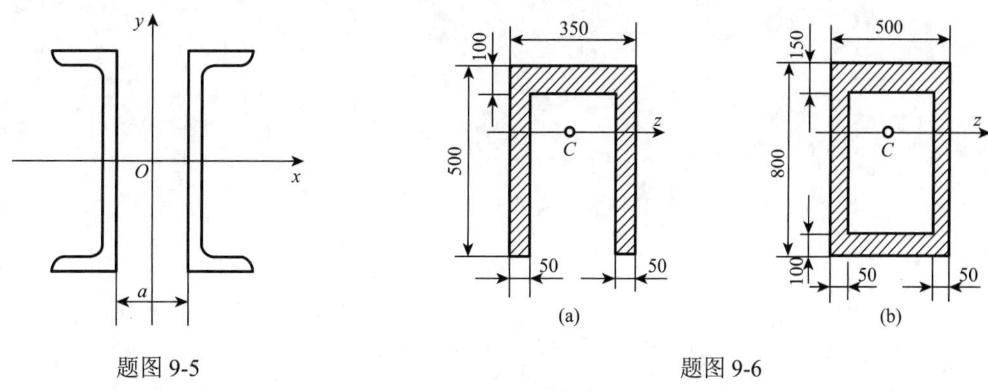

题图 9-5　　题图 9-6

7. 试计算如题图 9-7 所示的拱形截面和 T 形截面对形心轴的惯性矩。

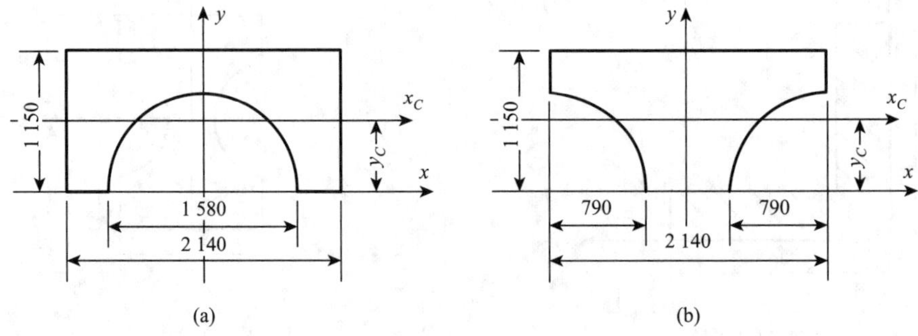

题图 9-7

第 10 章 圆轴的扭转

10.1 圆轴扭转的概念

如图 10-1（a）所示，汽车传动轴的作用是将发动机的扭力传给轮轴。如图 10-1（b）所示，桥式起重机的传动轴将减速器输出的动力传递至车轮。联轴器上的几个切向力构成一个力偶，忽略其端部的连接情况，轴简化为直杆 AB，如图 10-1（c）所示，其受力和变形为：杆受大小相等，转向相反且垂直于杆轴线的平面力偶作用，使横截面绕轴线转动称为**扭转**（torsion）。工程上把以扭转为主要变形形式的杆称为**轴**（shaft）。本章仅学习圆轴受扭转时的强度和刚度的计算原理。

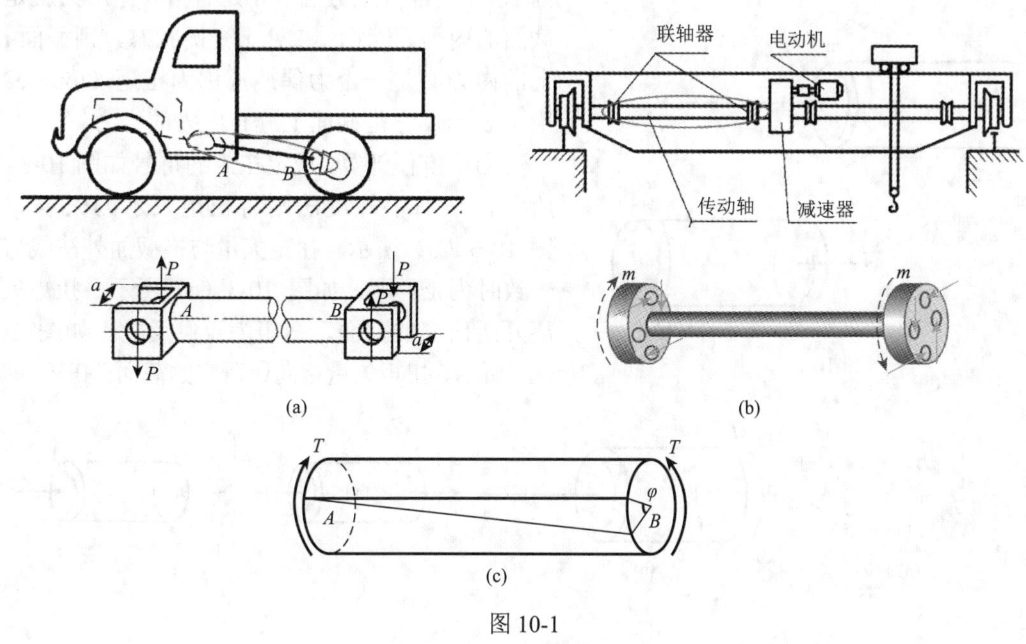

图 10-1

10.2 扭转时的外力和内力

10.2.1 外力偶矩

工程中，通常由轴的转速和轴所传递的功率计算轴所受的外力偶矩。力偶做功等于力偶矩与力偶所转过的角度的乘积，即

$$W = M \cdot \varphi$$

微分得

$$N_p = \frac{dW}{dt} = M \cdot \frac{d\varphi}{dt} = M \cdot \omega = M \cdot 2\pi n$$

解得

$$M = \frac{N_p}{2\pi n} \tag{10-1}$$

式中：M 是轴所受的力偶矩，单位为牛·米（N·m）；N_p 是轴所传递的功率，单位为瓦（W）；n 是轴的转速，单位为转每秒（r/s）。

10.2.2 圆轴扭转时横截面上的内力——扭矩

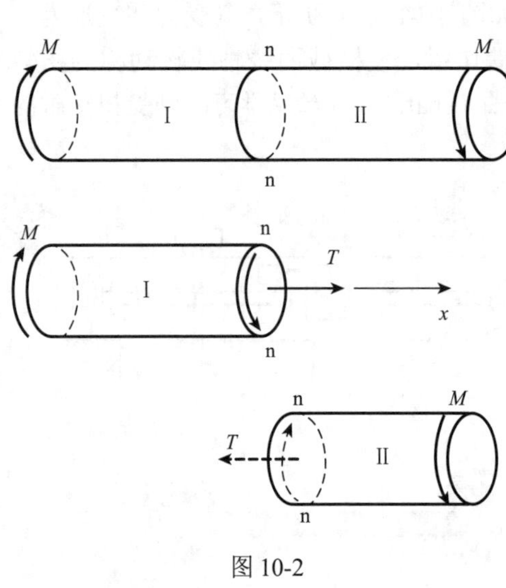

图 10-2

如图 10-2（a）所示，圆轴在两外力偶矩的作用下处于平衡状态，圆轴的任一截面上都有内力存在。设想沿截面 n-n 将圆轴切为 I、II 两部分，则 I、II 两部分在截面 n-n 处的相互作用力就是该截面的内力。因物体 I 处于平衡状态，则截面 n-n 上的内力必是一个力偶矩，称为**扭矩**（torque），用 T 表示，它是截面上分布内力的合力。

为了方便计算，规定扭矩的符号如图 10-3（a）所示，按右手螺旋法则将扭矩表示为矢量。如图 10-3（b）所示，扭矩矢量与横截面外法线方向一致时为正。即：如图 10-3（c）所示，扭矩矢量离开所研究的截面，扭矩为正；反之，如图 10-3（d）所示，扭矩矢量指向所研究的截面，扭矩为负。

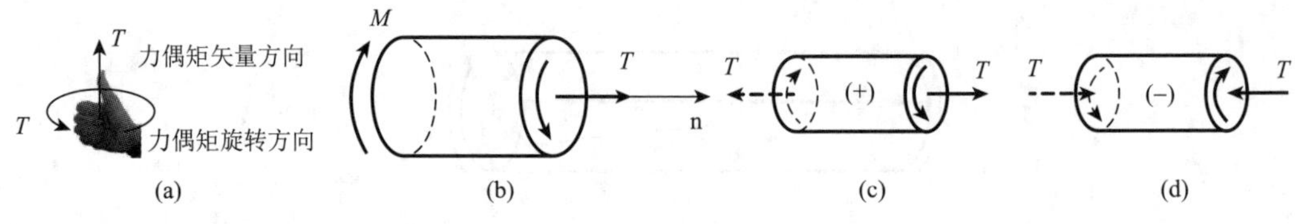

图 10-3

10.2.3 扭矩的计算——扭矩图

扭矩的计算方法如下：

（1）沿需求扭矩的横截面处，假想地将轴切开，任选一段为研究对象；

（2）画所选轴段的内外力矩图，为计算方便，扭矩假设为正；

（3）列所选轴段的平衡方程解得扭矩的大小。

将横截面上的扭矩随横截面的位置而变化的情况画在一个以横截面到轴右端距离 x 为横坐标，以截面上的扭矩值为纵坐标的坐标系中，表示轴横截面上的扭矩值随截面位置坐标 x 沿杆轴线变化的曲线称为**扭矩图**（torque diagram）。

【例 10-1】 如图 10-4（a）所示传动轴。主动轮 A 输入功率 $N_{pA} = 120$ kW，从动轮 B、C、D 输出功率分别为：$N_{pB} = 30$ kW，$N_{pC} = 40$ kW，$N_{pD} = 50$ kW，轴的转速 $n = 300$ r/min，试画该轴的扭矩图。

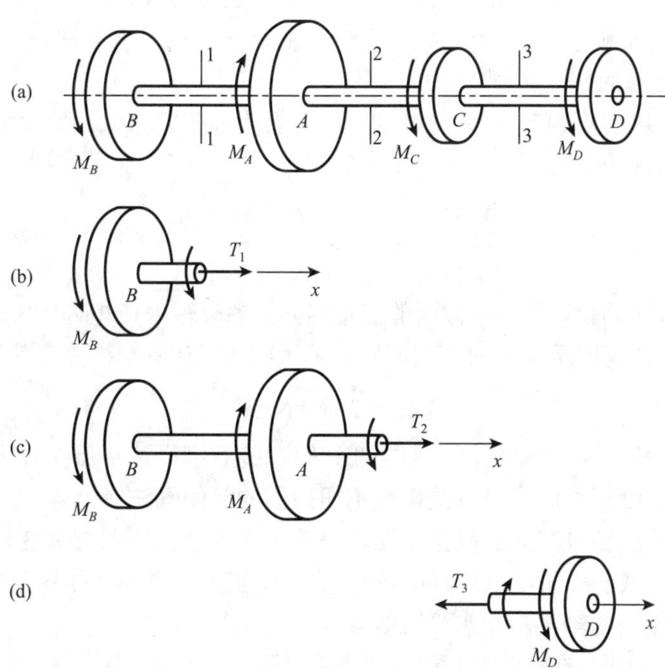

图 10-4

解 （1）计算外力偶矩。

$$M_A = \frac{N_{pA}}{2\pi n} = \frac{120\times10^3}{2\pi\times300/60} = 3\,820\ (\text{N·m}) = 3.82\ (\text{kN·m})$$

$$M_B = \frac{N_{pB}}{2\pi n} = \frac{30\times10^3}{2\pi\times300/60} = 955\ (\text{N·m}) = 0.96\ (\text{kN·m})$$

$$M_C = \frac{N_{pC}}{2\pi n} = \frac{40\times10^3}{2\pi\times300/60} = 1\,270\ (\text{N·m}) = 1.27\ (\text{kN·m})$$

$$M_D = \frac{N_{pD}}{2\pi n} = \frac{50\times10^3}{2\pi\times300/60} = 1\,590\ (\text{N·m}) = 1.59\ (\text{kN·m})$$

（2）计算各段扭矩。

沿图 10-4（a）中 BA 段任一截面 1-1 切开，取左段为研究对象（也可取右段为研究对象，结果相同），如图 10-4（b）所示。假设扭矩为正，根据所取研究对象的平衡状态：所有力偶矩矢量在 x 轴上投影之和为零，有

$$\sum M_x = 0, \qquad M_B + T_1 = 0$$

得

$$T_1 = -M_B = -0.96(\text{kN·m})$$

所得结果为负值，表明扭矩与图 10-4（b）所示方向相反，同时表明扭矩为负。*BA* 段内其他截面的扭矩与 1-1 截面的扭矩相等。

沿图 10-4（a）中 *AC* 段任一截面 2-2 切开，取左段为研究对象，如图 10-4（c）所示。假设扭矩为正的扭矩，由所取研究对象的平衡方程：

$$\sum M_x = 0, \qquad M_B - M_A + T_2 = 0$$

得

$$T_2 = M_A - M_B = 3.82 - 0.96 = 2.86\ (\text{kN·m})$$

所得结果为正值，表明扭矩与图 10-4（c）所示方向相同，同时表明扭矩为正。*AC* 段内其他截面的扭矩与 2-2 截面的扭矩相同。

沿图 10-4（a）中 *CD* 段任一截面 3-3 切开，取右段为研究对象，如图 10-4（d）所示。由所取研究对象的平衡方程：

$$\sum M_x = 0, \qquad -T_3 + M_D = 0$$

得

$$T_3 = M_D = 1.59\ (\text{kN·m})$$

CD 段内其他截面的扭矩与 3-3 截面的扭矩相同。各段轴内扭矩为一常数，在坐标系中画出扭矩图如图 10-5（b）所示，由扭矩图可知，最大扭矩发生在 *AC* 段，其值为

$$T_{\max} = 2.86\ \text{kN·m}$$

扭矩图中的坐标轴可以省略不画，但需在扭矩图的右侧标注字母 *T* 以表明是扭矩图。

与轴力图的简便画法类似，可总结出以下**扭矩图的简便画法**。

从轴的左端开始沿轴自左向右画扭矩图。力偶矩作用处扭矩图有突变，矢量沿 *x* 轴正向的力偶矩使扭矩值降低；矢量沿 *x* 轴负向的力偶矩使扭矩值增加；扭矩值的变化量等于力偶矩的值。无力偶矩作用的轴段，画水平直线。

扫码观看

用简便画法画例 10-1 的扭矩图，按下列步骤进行：

如图 10-5（c）所示，画直线段 *BD* 表示横坐标轴，由轴的左端 *B* 点开始画扭矩图。截面 *B* 处作用箭头向下（矢量沿 *x* 轴正向）的力偶矩 $M_B = 0.96$ kN·m[图 10-5（a）]，扭矩图由 *B* 到 *a* 扭矩值降低 0.96 kN·m，使扭矩值为 0–0.96 = –0.96 kN·m；在轴段 *BA* 内无力偶矩作用，扭矩图由 *a* 到 *b* 为水平直线；截面 *A* 处作用箭头向上（矢量沿 *x* 轴负向）的力偶矩 $M_A = 3.82$ kN·m，扭矩图由 *b* 到 *c* 扭矩值增加 3.82 kN·m，使扭矩值为–0.96 + 3.82 = + 2.86 kN·m；轴段 *AC* 内无力偶矩作用，扭矩图由 *c* 到 *d* 为水平直线；截面 *C* 处作用箭头向下的力偶矩 $M_C = 1.27$ kN·m，扭矩图由 *d* 到 *e* 扭矩值降低 1.27 kN·m，使扭矩值为 2.86–1.27 = 1.59 kN·m；轴段 *CD* 内无力偶矩作用，扭矩图由 *e* 到 *f* 为水平直线；截面 *D* 处作用向下的力偶矩 $M_D = 1.59$ kN·m，扭矩图由 *f* 到 *D* 扭矩值降低 1.59 kN·m；最后，使扭矩值归位至零，表明构件处于平衡状态。绘制的扭矩图如图 10-5（c）所示。

用简便画法画扭矩图时注意事项：①必须从左向右画图；②直线段 *fD* 必须与水平线段 *BD* 构成封闭，如不闭合，则表明轴不处于平衡状态或画图错误。

扭矩图的简便画图法与轴力图的简便画图法完全相同，本节只要求理解切取研究对象画内力图的原理，不要求掌握切取研究对象画内力图的方法，主张采用简便画图法快速、准确地画出内力图。

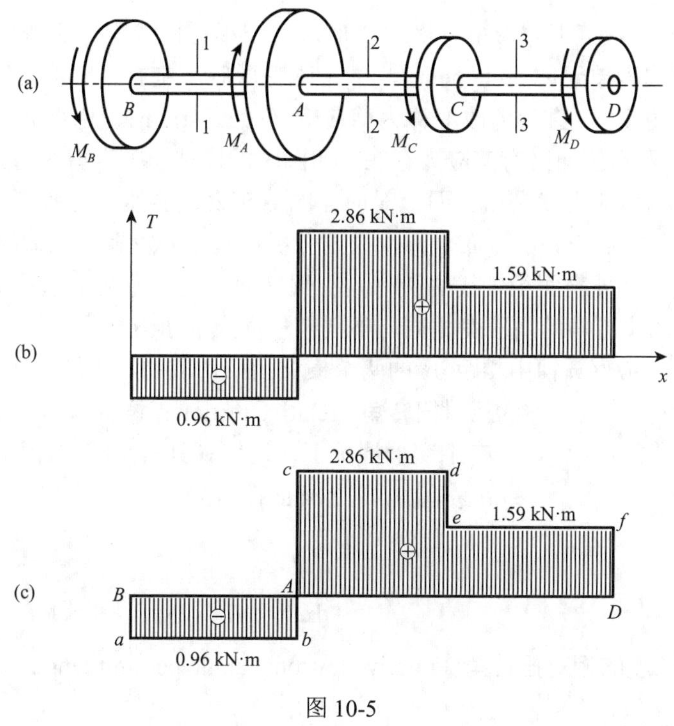

图 10-5

10.3　圆轴扭转的应力和强度条件

10.3.1　圆轴扭转横截面上的应力

横截面上的扭矩是横截面上分布内力的合力，分布内力的集度是应力。为进行强度计算还应找出应力的分布规律，从而确定最大应力。应力分布无法直接观察，但力与变形之间有一定的关系，首先研究圆轴扭转时的变形规律。如图 10-6（a）所示，取一易变形的圆轴，在其表面画上网格帮助观察变形规律，然后使该轴发生扭转变形。如图 10-6（b）所示，可以看到的变形现象：在小变形情况下，圆周线的形状和大小不变，两相邻圆周线间的距离不变（如果变形很大，距离会有所改变），仅发生相对转动，纵向线都倾斜了一个角度。由此，可由表及里地设想：圆轴扭转时，变形前，横截面是一平面；变形后，横截面仍是一平面，且大小形状不变，只是绕轴线转了一个角度。这一设想被大量工程实践证明是正确的，由此可进一步研究轴的变形。

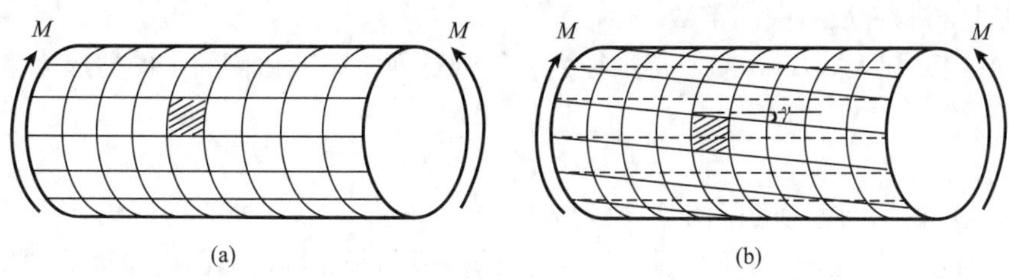

图 10-6

如图 10-6 所示，考察正方形小方格的变形，每个小方格在变形后变为菱形。如图 10-7 所示，六面体小块称为**单元体**（element），单元体变形后，左右两个侧面发生了相对错动，使直角改变了一个角度 γ，直角的改变称为**剪应变**（shear strain）。由单元体的变形特点，如图 10-7（b）所示，左右侧面必有剪应力存在，即圆轴的横截面上有剪应力。当单元体无穷小时，单元体侧面上的剪应力就是横截面上对应点的剪应力，显然，此剪应力的方向与半径垂直。要想知道横截面上剪应力的分布规律，只要分析这些不同位置单元体的剪应变即可。

圆轴由表及里，从外表面至轴线的所有同心圆柱面上的小方格也都发生了剪切变形。显然，同一圆柱面上的小方格的剪应变相同，不同圆柱面上的小方格的剪应变不同。

如图 10-8 所示，考察圆轴由相距 dx 的两个横截面所切取的一段轴的变形，设微段轴左右两截面相对转过的角度为 dφ 称为**相对扭转角**（relative tortional angle），半径为 ρ 的圆柱面（任意圆柱面）上小方格的剪应变 γ。在小变形情况下，近似（具有足够的计算精度）有

$$\rho \cdot \mathrm{d}\varphi = \widehat{DD'} = \mathrm{d}x \cdot \tan\gamma \approx \mathrm{d}x \cdot \gamma$$

即

$$\gamma = \rho \frac{\mathrm{d}\varphi}{\mathrm{d}x} \tag{10-2}$$

式中：$\frac{\mathrm{d}\varphi}{\mathrm{d}x}$ 是**单位长度的相对扭转角**（ralative tortional angle per unit length）。

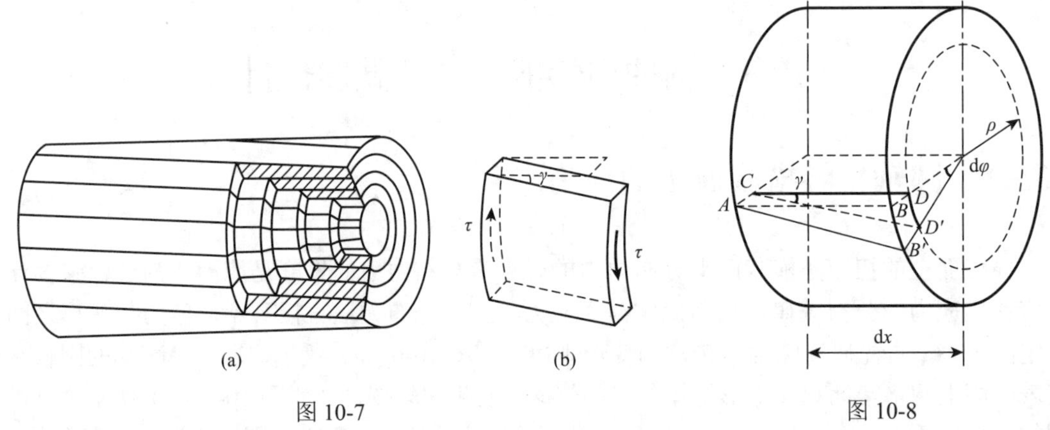

图 10-7　　　　图 10-8

显然，单元体的剪应变 γ 越大，对应侧面上的剪应力就越大。工程实践证明：在弹性范围内，剪应力和剪应变成正比，即

$$\tau = G\gamma \tag{10-3}$$

称为**剪切胡克定律**（Hook's law for shear），比例常数 G 称为**剪切弹性模量**（shearing elastic modulus）是与材料性质有关的常数。

将式（10-2）代入式（10-3），得半径为 ρ 的圆柱面上单元体侧面上的剪应力为

$$\tau = G\rho \frac{\mathrm{d}\varphi}{\mathrm{d}x} \tag{10-4}$$

式（10-4）表示圆轴横截面上半径为 ρ 圆周上任意一点 D 处的剪应力。由此可知：如图 10-9（a）所示，横截面上，同一圆周上各点的剪应力都相同，离圆心越远的圆周上剪应力越大，圆心处的剪应力为零，同一半径上各点的剪应力方向垂直于半径，大小呈线性分布。

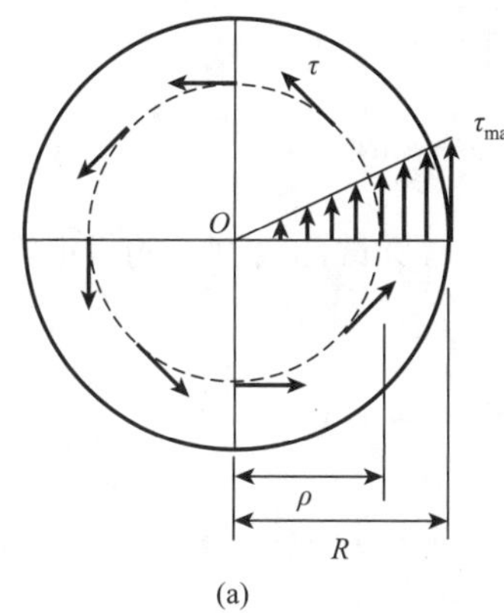

(a)

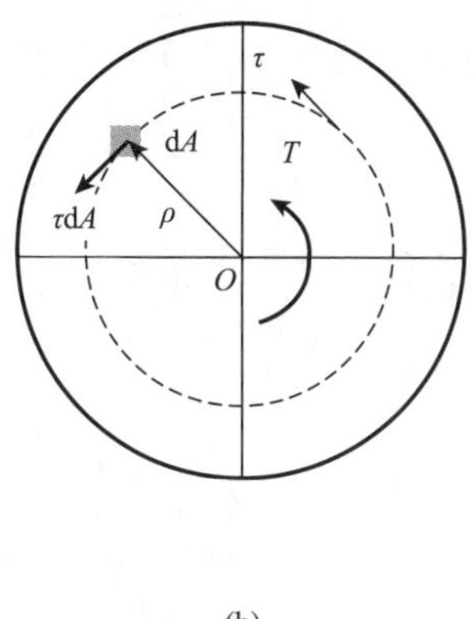

(b)

图 10-9

如图 10-9（b）所示，将横截面剖分为无穷多个小区域 dA，每个 dA 上有微内力 τdA，这些微内力对截面形心 O 构成力矩，显然，这些微力矩在整个横截面上的合力矩就是横截面上的扭矩 T，即

$$T=\int_A \rho\cdot\tau\mathrm{d}A \tag{10-5}$$

将式（10-4）代入式（10-5），有

$$T=\int_A \rho\cdot G\rho\frac{\mathrm{d}\varphi}{\mathrm{d}x}\mathrm{d}A=G\frac{\mathrm{d}\varphi}{\mathrm{d}x}\int_A \rho^2\mathrm{d}A=G\frac{\mathrm{d}\varphi}{\mathrm{d}x}I_\mathrm{p}$$

$$\frac{\mathrm{d}\varphi}{\mathrm{d}x}=\frac{T}{GI_\mathrm{p}} \tag{10-6}$$

将式（10-6）代入式（10-4），得

$$\tau=\frac{T\rho}{I_\mathrm{p}} \tag{10-7}$$

式中：τ 为横截面上半径为 ρ 的圆周上一点 D 处的剪应力；ρ 为需求剪应力的点到圆心的距离；T 为横截面上的扭矩；I_p 为横截面对圆心的极惯性矩。

极惯性矩 I_p 是与横截面尺寸有关的一个几何量：

$$I_\mathrm{p}=\int_A \rho^2\mathrm{d}A \tag{10-8}$$

横截面上，最大剪应力 $\tau_{\max}$ 发生在离圆心最远处的圆周上，

$$\tau_{\max}=\frac{TR}{I_\mathrm{p}}=\frac{T}{\dfrac{I_\mathrm{p}}{R}}$$

令

$$W_\mathrm{p}=\frac{I_\mathrm{p}}{R} \tag{10-9}$$

则

$$\tau_{\max}=\frac{T}{W_\mathrm{p}} \tag{10-10}$$

式中：W_p 称为**抗扭截面模量**（section modulus in torsion）。

直径为 d 的圆截面对圆心的极惯性矩和抗扭截面模量分别为

$$I_p = \frac{1}{32}\pi d^4, \qquad W_p = \frac{1}{16}\pi d^3 \tag{10-11}$$

外径为 D、内径为 d、内外径之比为 $\alpha = d/D$ 的空心圆截面对圆心的极惯性矩和抗扭截面模量分别为

$$\begin{cases} I_p = \dfrac{1}{32}\pi(D^4 - d^4) = \dfrac{1}{32}\pi D^4(1-\alpha^4) \\ W_p = \dfrac{1}{16}\pi(D^4 - d^4)/D = \dfrac{1}{16}\pi D^3(1-\alpha^4) \end{cases} \tag{10-12}$$

注：以上推导的横截面上剪应力的计算公式只适用于圆截面或空心圆截面的轴。对于非圆截面（如：矩形截面、正方形截面、三角形截面等）由于平截面假设不成立，上述公式不能适用，这类截面的剪应力公式本书中不做介绍，工程上，遇到的情形也较少。

扫码观看

10.3.2 纯剪应力状态和剪应力互等定理

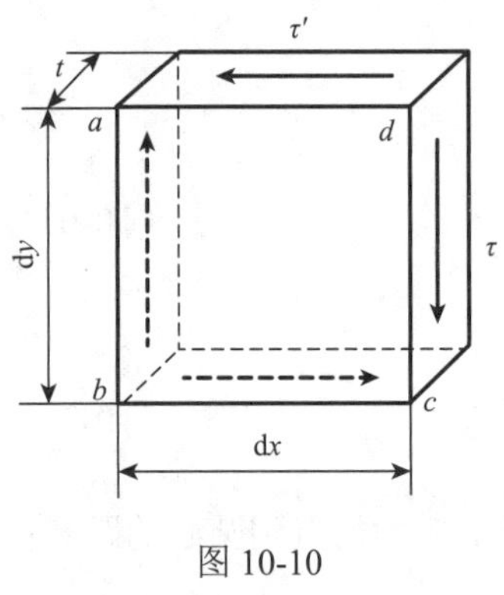

图 10-10

如图 10-10 所示，从圆轴任一圆柱面取一单元体，其棱长分别为 dx、dy 和 t，当圆轴两端受外力偶作用时，横截面上有剪应力 τ，故单元体左右两侧面上有剪应力 τ，构成剪力 $\tau t\mathrm{d}y$，它们大小相等，方向相反，在竖直方向维持平衡，且构成力偶矩为 $\tau t\mathrm{d}y\cdot\mathrm{d}x$ 的力偶，使单元体有顺时针转动的趋势。但单元体处于平衡状态，因此，单元体要维持平衡，上下两侧面必存在剪应力 τ'，构成剪力 $\tau' t\mathrm{d}x$，它们大小相等，方向相反，在水平方向维持平衡，并构成力偶矩为 $\tau' t\mathrm{d}x\cdot\mathrm{d}y$ 的反向力偶，与上述力偶相平衡，即

$$\tau t\mathrm{d}y\cdot\mathrm{d}x = \tau' t\mathrm{d}x\cdot\mathrm{d}y$$

由此得

$$\tau = \tau' \tag{10-13}$$

式（10-13）表明：单元体互相垂直的两个面上，垂直于截面交线的剪应力大小相等，方向或均指向或均背离交线。称为**剪应力互等定理**（theorem of conjugate shearing stress）。单元体的 4 个侧面上只有剪应力而无正应力，称为**纯剪应力状态**（pure shear stress state）。

10.3.3 圆轴扭转的强度条件

圆轴有无穷多个横截面，最大剪应力可能出现的横截面称为**危险截面**（dangerous section）。最大剪应力可能出现的点称为**危险点**（dangerous point）。对于等直杆，危险截面通常是扭矩最大的截面，危险截面最外缘圆周上各点通常是危险点，比较危险点的剪应力可以找出圆轴的最大剪应力。为了保证圆轴在受扭时能正常工作，必须使轴的最大剪应力不超过材料的许用剪应力称为**圆轴扭转时的强度条件**（strength condition of tortonal shaft）。

$$\tau_{max} \leqslant [\tau] \tag{10-14}$$

强度条件是强度设计的依据，只有满足强度条件才能保证结构具有足够的强度，才能保证结构能安全正常地行使功能。

【例 10-2】　如图 10-11 所示，某汽车传动轴由无缝钢管制成，外径 $D = 90$ mm，壁厚 $t = 2.5$ mm，工作时的最大扭矩 $T = 2$ kN·m，材料为 20 号钢，许用剪应力$[\tau] = 70$ MPa。求：

（1）校核轴的强度；

（2）若改为实心轴，并保持最大剪应力不变，求实心轴的直径 d_s；

（3）求实心轴与空心轴的重量比。

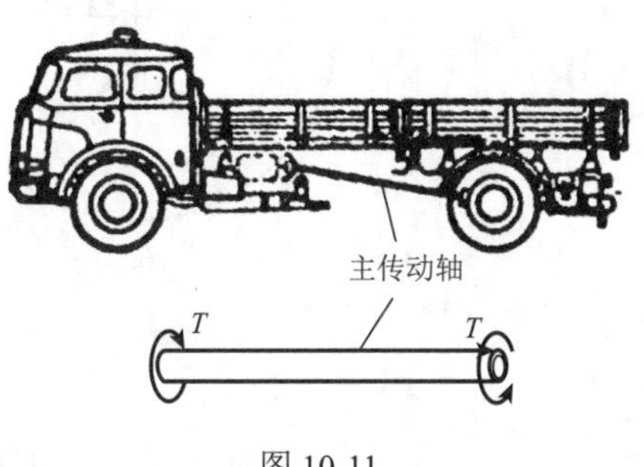

图 10-11

解　（1）校核强度。

$$\alpha = \frac{d}{D} = \frac{D-2t}{D} = \frac{(90-2\times2.5)\times10^{-3}}{90\times10^{-3}} = 0.944$$

$$W_p = \frac{1}{16}\pi D^3(1-\alpha^4) = \frac{1}{16}\pi\times90^3\times10^{-9}\times(1-0.944^4) = 2.95\times10^{-5}\,(\text{m}^3)$$

$$\tau_{max} = \frac{T}{W_p} = \frac{2\times10^3}{2.95\times10^{-5}} = 67.8\times10^6\,(\text{Pa}) = 67.8\,(\text{MPa}) < [\tau] = 70\,(\text{MPa})$$

轴的最大剪应力小于许用剪应力，因此，轴满足强度条件。

（2）求实心轴直径：

$$\tau_{max-h} = \frac{T}{W_p} = \frac{T}{\frac{1}{16}\pi D^3(1-\alpha^4)} = \tau_{max-s} = \frac{T}{\frac{1}{16}\pi d_0^3}$$

解得实心轴的直径为

$$d_s = D\sqrt[3]{1-\alpha^4} = 90\times10^{-3}\times\sqrt[3]{1-0.944^4} = 53.1\times10^{-3}\,(\text{m}) = 53.1\,(\text{mm})$$

（3）求两轴的重量比。

$$\frac{W_h}{W_s} = \frac{\gamma A_h l}{\gamma A_s l} = \frac{\frac{1}{4}\pi D^2(1-\alpha^2)}{\frac{1}{4}\pi d_s^2} = \frac{D^2(1-\alpha^2)}{d_s^2} = \frac{90^2\times10^{-6}(1-0.944^2)}{53.1^2\times10^{-6}}$$

$$= 0.313 = 31.3\%$$

空心圆轴的重量仅为实心圆轴重量的三分之一，可见，采用空心截面可节省用材，是合理的截面形式。

如图 10-12 所示，从横截面上的剪应力分布看，剪应力与离圆心的距离成正比，实心圆轴靠近圆心处剪应力较小，材料没有充分发挥作用，将这里的材料移到轴的外缘处变成空心圆轴，就能充分利用材料的强度，从而节省材料。在工程实际中，为减轻重量，降低成本，机床主轴等常采用空心轴。单从力学角度，空心轴要比实心轴更有效地利用材料，但是，空心圆轴比实心圆轴的制造工艺复杂，必须综合考虑制造成本。

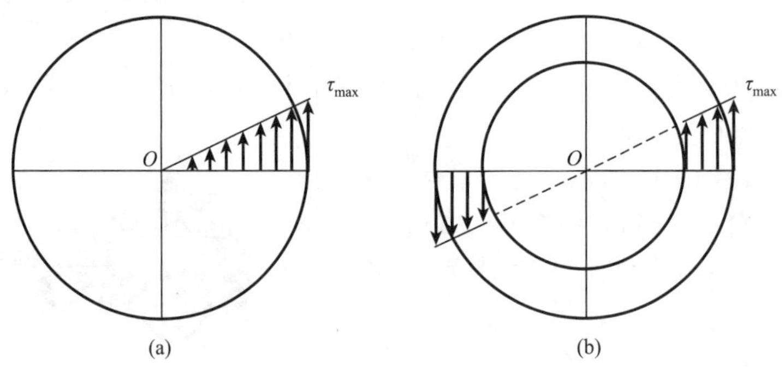

图 10-12

10.4 圆轴扭转的变形和刚度条件

扫码观看

10.4.1 圆轴扭转的变形

圆轴扭转的变形通常是用轴两个端部横截面绕轴线转动的相对角度即**相对扭转角** φ 来度量。上节已经得到单位长度扭转角为

$$\theta = \frac{\mathrm{d}\varphi}{\mathrm{d}x} = \frac{T}{GI_p} \tag{10-15}$$

式中：θ 的单位为弧度每米（rad/m）。

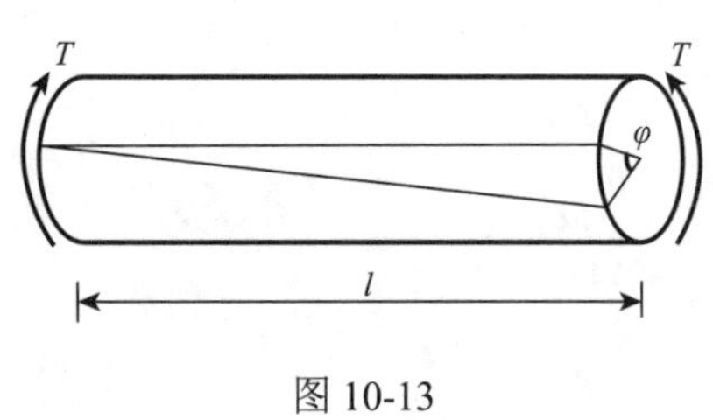

图 10-13

如图 10-13 所示，长为 l 的一段轴在两力偶矩 T 的作用下，两端横截面间的相对扭转角为

$$\varphi = \int_l \mathrm{d}\varphi = \int_0^l \frac{T}{GI_p}\mathrm{d}x$$

若该轴段为同一材料制成的等直圆轴，且各截面上的扭矩 T 都相等，则 T，G，I_p 都是常数，积分后得

$$\varphi = \frac{Tl}{GI_p} \tag{10-16}$$

φ 与 GI_p 成反比，即 GI_p 越大，轴越不容易变形，GI_p 称为**截面抗扭刚度**（tortional stiffness of cross section）。相对扭转角 φ 的单位为弧度（rad）。

10.4.2 圆轴扭转的刚度条件

圆轴在受扭转时，只满足强度条件，有时不一定保证能正常工作。例如：精密机床上的轴若产生过大的扭转变形会影响机床的加工精度；机器的传动轴过大的扭转变形，会使机器在运转时产生较大振动。因此，必须对轴的扭转变形加以限制，规定轴的单位长度扭转角不得超过某一个许用值：

$$\theta_{max} \leqslant [\theta] \tag{10-17}$$

单位长度许用扭转角$[\theta]$一般根据机器的精度要求、载荷性质和工作情况由设计规范规定。其值可从相关手册中查得，大致数值为：精密度高的轴，$[\theta] = (0.25\sim0.5)°/\text{m}$；一般的轴，$[\theta] = (0.5\sim1.0)°/\text{m}$。

【例 10-3】 如图 10-14（a）所示传动轴，已知轴材料的许用剪应力$[\tau] = 40\ \text{MPa}$，剪切弹性模量 $G = 80\ \text{GPa}$，单位长度许用扭转角$[\theta] = 0.5°/\text{m}$，按强度条件和刚度条件设计轴的直径 d。

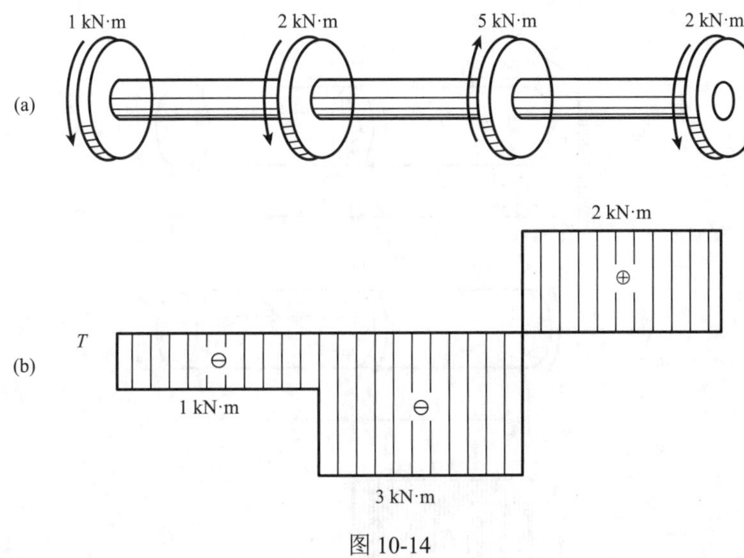

图 10-14

解　（1）画扭矩图。根据扭矩图的简便画法，可迅速画出扭矩图如图 10-14（b）所示。可以看出最大扭矩发生在轴的中间一段，其值为 $T_{\max} = 3\ \text{kN·m}$。当设计为等截面轴时，轴的粗细取决于中间一段。

（2）按强度条件设计轴的直径。如要轴安全正常工作，必须满足强度条件：

$$\tau_{\max} = \frac{T}{W_p} = \frac{T}{\frac{1}{16}\pi d^3} \leqslant [\tau]$$

解得

$$d \geqslant \sqrt[3]{\frac{16T}{\pi[\tau]}} = \sqrt[3]{\frac{16\times3\times10^3}{\pi\times40\times10^6}} = 72.5\times10^{-3}(\text{m}) = 72.5(\text{mm})$$

（3）按刚度条件设计轴的直径。如要轴安全正常工作，还必须满足刚度条件：

$$\theta = \frac{T}{GI_p} = \frac{T}{G\frac{1}{32}\pi d^4} \leqslant [\theta]$$

解得

$$d \geqslant \sqrt[4]{\frac{32T}{G\pi[\theta]}} = \sqrt[4]{\frac{32\times3\times10^3}{80\times10^9\times\pi\times0.5\times\frac{\pi}{180}}} = 81.3\times10^{-3}\ (\text{m}) = 81.3\ (\text{mm})$$

强度条件要求直径 $d \geqslant 72.5\ \text{mm}$，刚度条件要求直径 $d \geqslant 81.3\ \text{mm}$，综合强度和刚度的要求，选取轴的直径为 $d = 85\ \text{mm}$。

【例 10-4】 如图 10-15（a）所示圆轴，AB 段为实心圆轴，BC 段为空心圆轴，已知直径 $d = 100$ mm，$l = 500$ mm，$M_1 = 8$ kN·m，$M_2 = 3$ kN·m。轴的材料为钢，$G = 80$ GPa。

（1）若使 BC 段的单位扭转角与 AB 段的单位扭转角相等，则 BC 段的内径应为多大？

（2）计算截面 C 的角位移。

（3）计算 AB 段和 BC 段的最大剪应力和 BC 段内孔处的剪应力。

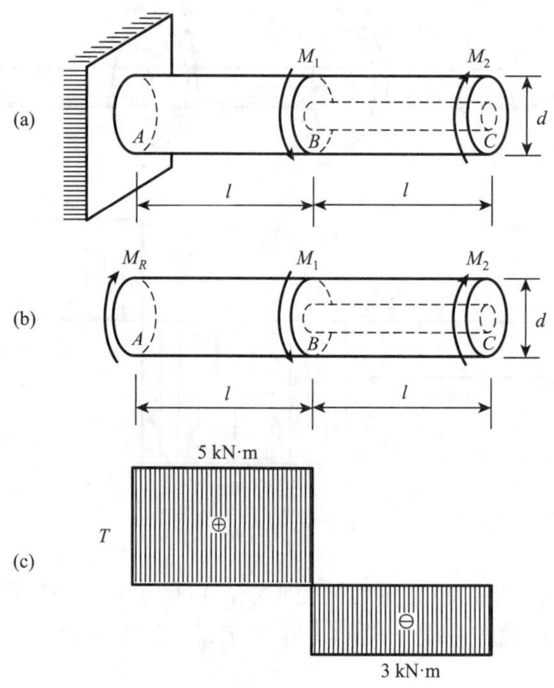

图 10-15

解 （1）求约束反力。由于轴的特殊受力情况，固定端仅有约束反力 M_R，轴受力如图 10-15（b）所示，由平衡方程得

$$\sum M_x = 0 \qquad -M_R + M_1 - M_2 = 0$$

解得

$$M_R = M_1 - M_2 = 5\,\text{kN} \cdot \text{m}$$

（2）画扭矩图。用扭矩图的简便画法，很容易画出轴的扭矩图如图 10-15（c）所示。

（3）计算 BC 段的内径。若使 $\theta_{BC} = \theta_{AB}$，则有

$$\frac{T_{BC}}{G\frac{1}{32}\pi d^4(1-\alpha^4)} = \frac{T_{AB}}{G\frac{1}{32}\pi d^4}$$

$$1-\alpha^4 = \frac{T_{BC}}{T_{AB}} = 0.6$$

解得

$$\alpha = \sqrt[4]{1-\frac{T_{BC}}{T_{AB}}} = \sqrt[4]{1-\frac{3\times10^3}{5\times10^3}} = 0.8$$

BC 段的内径为 $d_{\text{in}} = \alpha d = 0.8\times100\times10^{-3} = 80\times10^{-3}(\text{m}) = 80(\text{mm})$

（4）计算截面 C 的角位移。

AB 段的相对扭转角为

$$\varphi_{AB}=\frac{T_{AB}l_{AB}}{G\dfrac{1}{32}\pi d^4}=\frac{5\times10^3\times500\times10^{-3}}{80\times10^9\times\dfrac{1}{32}\pi\times(100\times10^{-3})^4}=0.00318\,(\text{rad})=0.182°$$

BC 段的相对扭转角为

$$\varphi_{BC}=\frac{T_{BC}l_{BC}}{G\dfrac{1}{32}\pi d^4(1-\alpha^4)}=-\frac{3\times10^3\times500\times10^{-3}}{80\times10^9\times\dfrac{1}{32}\pi\times(100\times10^{-3})^4\times\dfrac{3}{5}}=-0.00318\,(\text{rad})=-0.182°$$

截面 C 的角位移等于 AC 段的相对扭转角

$$\varphi_C=\varphi_{CA}=\varphi_{AB}+\varphi_{BC}=0.182°-0.182°=0°$$

（5）计算应力。

AB 段的最大剪应力为

$$\tau_{\max AB}=\frac{T_{AB}}{W_\text{p}}=\frac{T_{AB}}{\dfrac{1}{16}\pi d^3}=\frac{5\times10^3}{\dfrac{1}{16}\pi\times(100\times10^{-3})^3}=25.5\times10^6\,(\text{Pa})=25.5\,(\text{MPa})$$

BC 段的最大剪应力为

$$\tau_{\max BC}=\frac{T_{BC}}{W_\text{p}}=\frac{T_{BC}}{\dfrac{1}{16}\pi d^3(1-\alpha^4)}=\frac{3\times10^3}{\dfrac{1}{16}\pi\times(100\times10^{-3})^3\times\dfrac{3}{5}}=25.5\times10^6\,(\text{Pa})=25.5\,(\text{MPa})$$

BC 段内孔处的剪应力为

$$\tau_{BC\text{in}}=\alpha\tau_{\max BC}=20.4\,(\text{MPa})$$

【例 10-5】 如图 10-16（a）所示圆轴，两端固定，在截面 C 处受一个力偶矩 M 的作用。已知杆的抗扭刚度 GI_p，试求固定端的反力偶矩。

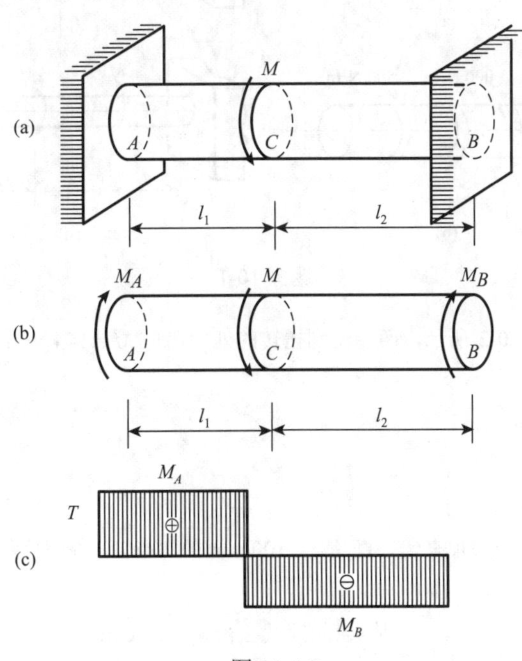

图 10-16

解　（1）选取研究对象，画受力图，列平衡方程。

由于轴的特殊受力情况，固定端仅有反力偶矩，受力如图 10-16（b）所示，由平衡方程得$\sum M_x=0$：$-M_A+M-M_B=0$，即

$$M_A+M_B=M \qquad ①$$

（2）画变形图，找变形关系。

本例变形情况非常简单，无须画变形图，变形前后，左右两端部截面都静止不动，故有

$$\varphi_{AB}=\varphi_{AC}+\varphi_{CB}=0$$

容易画出扭矩图如图 10-16（c）所示，则 AB 段和 BC 段的相对扭转角分别为

$$\varphi_{AC}=\frac{T_{AC}l_1}{GI_{\mathrm{p}}}=\frac{M_Al_1}{GI_{\mathrm{p}}}, \qquad \varphi_{CB}=\frac{T_{CB}l_2}{GI_{\mathrm{p}}}=-\frac{M_Bl_2}{GI_{\mathrm{p}}}$$

代入上式得

$$M_Al_1=M_Bl_2 \qquad ②$$

解联立方程组①和②得

$$M_A=\frac{l_2}{l_1+l_2}M, \qquad M_B=\frac{l_1}{l_1+l_2}M$$

习　题　10

1. 作题图 10-1 所示各杆的扭矩图。

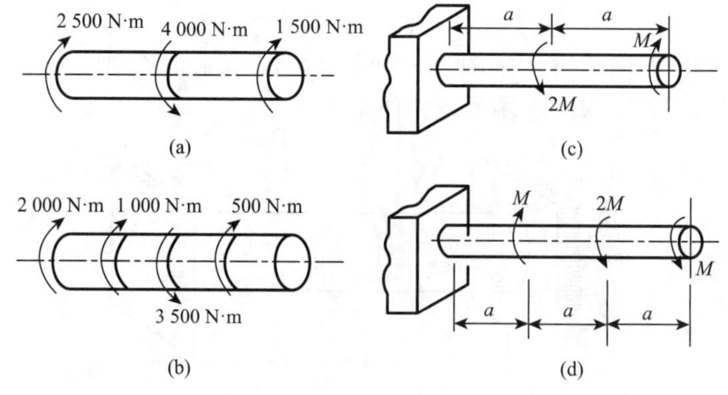

题图 10-1

2. 设有一实心轴如题图 10-2 所示，两端受到扭转的外力偶矩 $M=14$ kN·m，轴的直径 $d=10$ cm，长度 $l=100$ cm，$G=80$ GPa。求：

（1）横截面的最大剪应力；

（2）轴的扭转角；

（3）截面上 A 点的剪应力。

3. 以外径 $D=120$ mm 的空心轴来代替直径 $d=100$ mm 的实心轴，在强度相等的条件下，问可节省材料百分之几？

4. 船用推进轴如题图 10-4 所示。一端是实心的，其直径 $d_1=28$ cm；另一端是空心轴，其内径 $d=14.8$ cm，外径 $D=29.6$ cm。若$[\tau]=50$ MPa，试求此轴允许传递的外力偶矩。

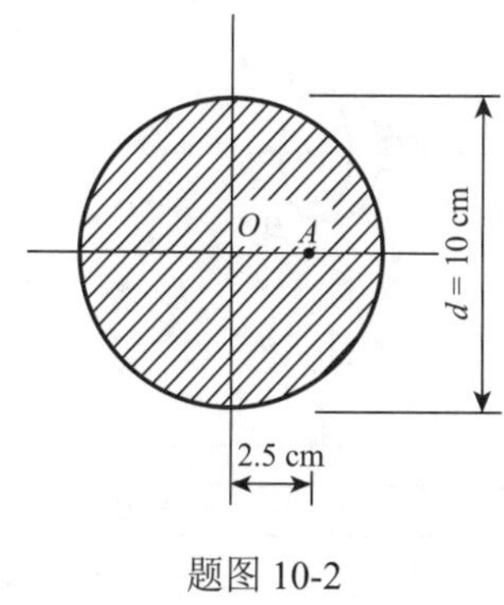

题图 10-2

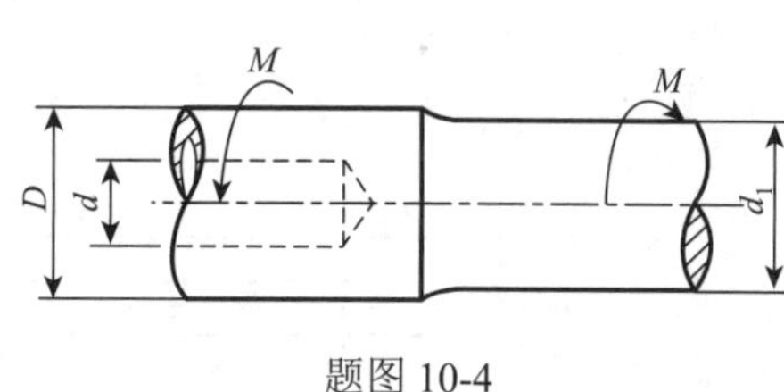

题图 10-4

5. 两轴由 4 个螺栓和凸缘连接（题图 10-5）。轴与螺栓的材料相同，若使轴和螺栓的最大剪应力相等，试求 D 与 d 的关系。

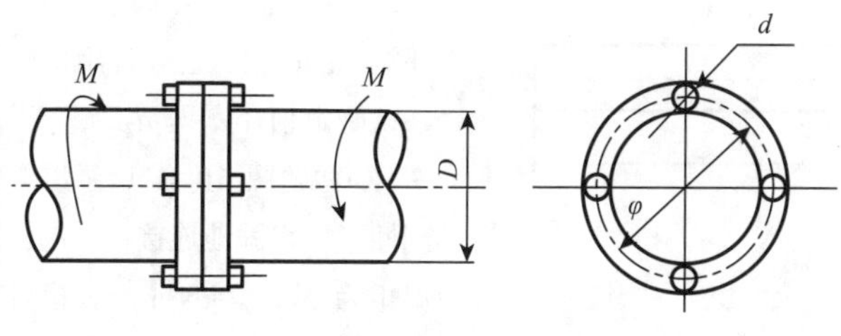

题图 10-5

6. 一传动轴如题图 10-6 所示，直径 $d = 75\ \text{mm}$，作用着力偶矩 $M_1 = 1\,000\ \text{N·m}$，$M_2 = 600\ \text{N·m}$，$M_3 = M_4 = 200\ \text{N·m}$，$G = 8\times10^4\ \text{MPa}$。

（1）作轴的扭矩图。

（2）求各段内的最大剪应力。

（3）求截面 A 相对于截面 C 的扭转角。

7. 如题图 10-7 所示，阶梯形圆轴直径分别为 $d_1 = 40\ \text{mm}$，$d_2 = 70\ \text{mm}$，轴上装有 3 个皮带轮。已知由轮 3 输入的功率 30 kW，轮 1 的输出功率 13 kW，轴的转速 $n = 200\ \text{r/min}$，材料的剪切许用应力$[\tau] = 60\ \text{MPa}$，$G = 80\ \text{GPa}$，许用单位扭转角$[\theta] = 2°/\text{m}$，试校核轴的强度和刚度。

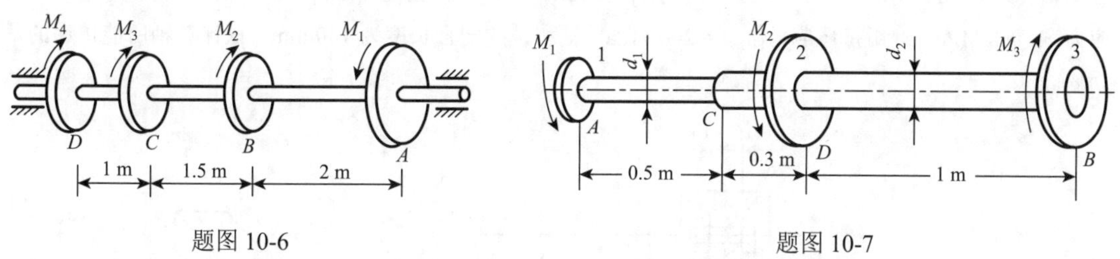

题图 10-6

题图 10-7

8. 传动轴如题图 10-8 所示。已知该轴转速 $n = 300\ \text{r/min}$，主动轮输入功率 $N_C = 30\ \text{kW}$，从动轮输出功率 $N_D = 15\ \text{kW}$，$N_B = 10\ \text{kW}$，$N_A = 5\ \text{kW}$，材料的剪切弹性模量 $G = 80\ \text{GPa}$，许用剪应力$[\tau] = 40\ \text{MPa}$，$[\theta] = 1°/\text{m}$。试按强度条件及刚度条件设计此轴直径。

9. 如题图 10-9 所示两端固定的圆截面轴，承受外力偶矩作用，试求支反力偶矩。设扭转刚度 GI_p 为已知常量。

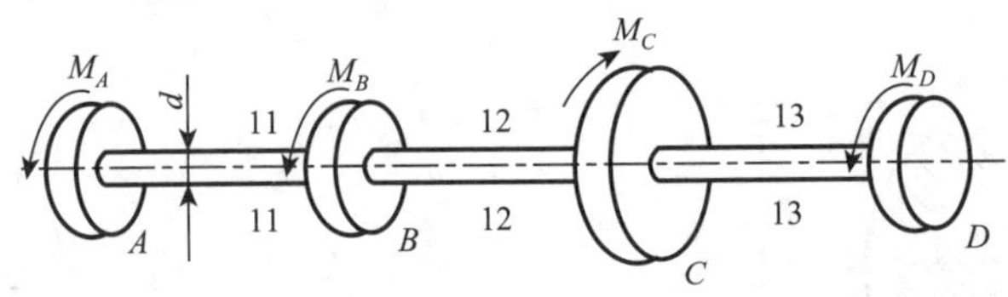

题图 10-8

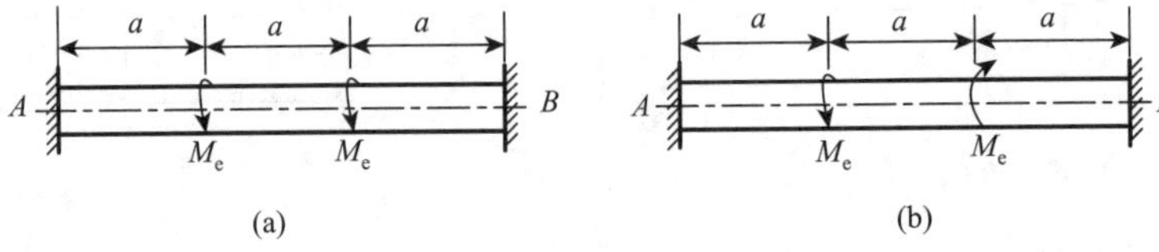

题图 10-9

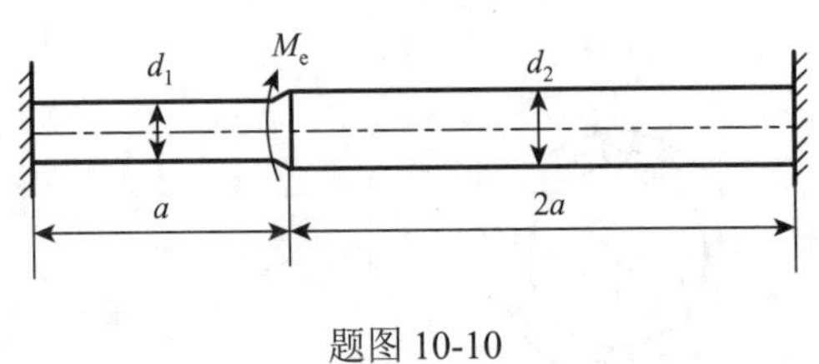

题图 10-10

10. 如题图 10-10 所示两端固定阶梯形圆轴，承受外力偶矩 M_e 作用。已知许用切应力为$[\tau]$。为使轴的重量最轻，试确定轴径 d_1 与 d_2。

11. 如题图 10-11 所示组合轴，由套管与芯轴并借两端刚性平板牢固地连接在一起。设作用在刚性平板上的外力偶矩为 $M_e = 2\ \text{kN·m}$，套管与芯轴的剪切弹性模量分别为 $G_1 = 40\ \text{GPa}$ 和 $G_2 = 80\ \text{GPa}$。试求套管与芯轴的扭矩及最大扭转剪应力。

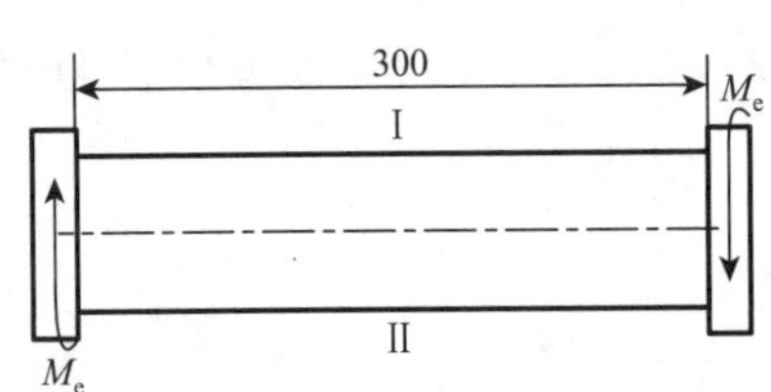

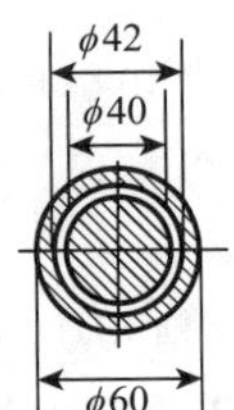

题图 10-11

12. 如题图 10-12 所示一联轴装置。轴与圆盘用键接合，两个圆盘用 4 个直径 $d = 16$ mm 的螺栓连接，已知轴转速 $n = 170$ r/min，轴的许用剪应力$[\tau] = 60$ MPa，许用挤压应力$[\sigma_{bs}] = 200$ MPa。键和螺栓的许用剪应力$[\tau] = 80$ MPa，许用挤压应力$[\sigma_{bs}] = 200$ MPa。轴和键的配合长度为 140 mm，试计算轴所能传递的最大功率。

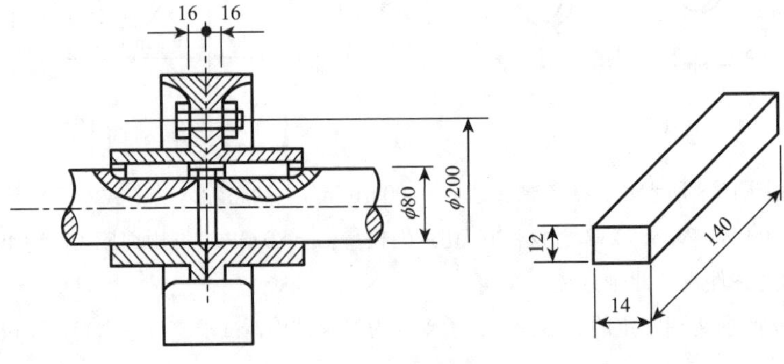

题图 10-12

13. 圆轴如题图 10-13 所示。已知 $d_1 = 75$ mm，$d_2 = 110$ mm。材料的许用剪应力$[\tau] = 40$ MPa，轴的许用单位扭转角$[\theta] = 0.8°/\text{m}$，剪切弹性模量 $G = 80$ GPa。试校核该轴的扭转强度和刚度。

14. 如题图 10-14 所示，等截面实心圆轴，已知 $d = 90$ mm，$l = 50$ cm，$M_1 = 8$ kN·m，$M_2 = 3$ kN·m。轴的材料为钢，$G = 80$ GPa，求：（1）轴的最大剪应力；（2）截面 B 和截面 C 的扭转角；（3）若要求 BC 段的单位扭转角与 AB 段的相等，则在 BC 段钻孔的孔径 d'应为多大？

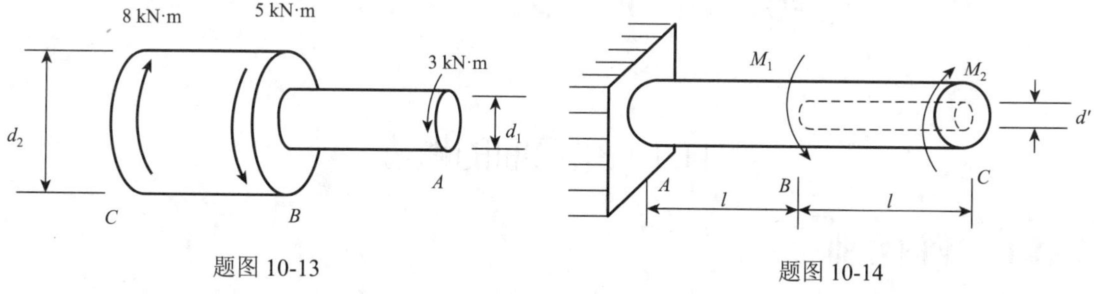

题图 10-13　　题图 10-14

15. 如题图 10-15 所示圆截面杆，左端固定，右端自由，在全长范围内受均布力偶矩作用，其集度为 m_e。设杆的材料的切变模量为 G，截面的极惯性矩为 I_p，杆长为 l。试求自由端的扭转角 φ_B。

16. 如题图 10-16 所示一传动轴，其转速 $n = 500$ r/min，已知主动轮 A 的输入功率 $N_{P1} = 400$ kW，从动轮 B、C 的输出功率分别为 $N_{P2} = 160$ kW、$N_{P3} = 240$ kW，材料的许用剪应力$[\tau] = 70$ MPa，单位长度许用扭转角$[\theta] = 1°/\text{m}$，材料的剪切弹性模量 $G = 80$ GPa。

（1）试分别确定该轴 AB 段的直径 d_1 和 BC 段的直径 d_2；

（2）若 AB 和 BC 两段选同一直径，试确定直径 d 的大小；

（3）主动轮和从动轮应如何安排才比较合理？

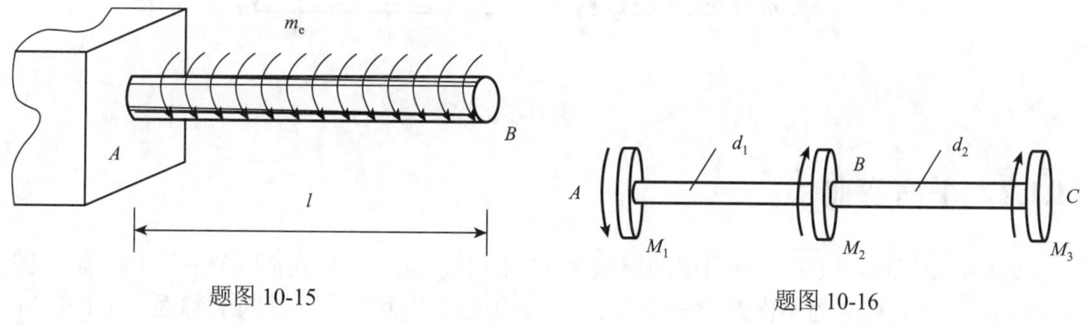

题图 10-15　　题图 10-16

第11章 弯曲内力

11.1 梁弯曲的概念

11.1.1 梁的弯曲

如图 11-1 所示，吊车横梁和车轴，这类杆状构件的受力和变形特点为：杆件受到垂直于轴线的外力或轴线平面内的力偶作用，杆的轴线由直线变成曲线的变形，称为**弯曲**（bending）。工程中，以弯曲为主要变形的杆称为**梁**（beam）。

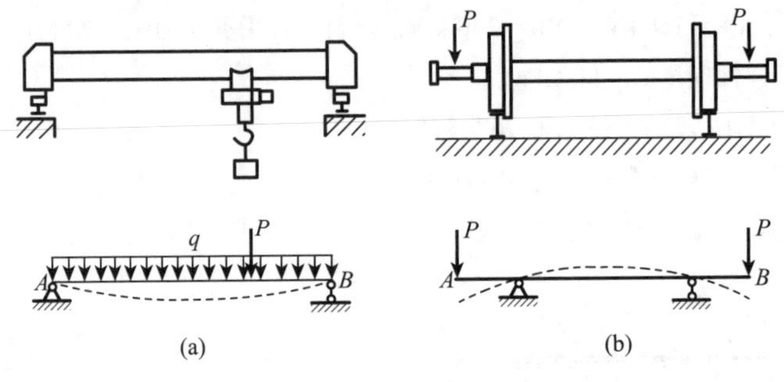

图 11-1

11.1.2 平面弯曲

如图 11-2 所示，工程中常用梁的横截面（如圆形、矩形、工字形和 T 形等）都有一个竖向对称轴。梁横截面的竖向对称轴与梁的轴线构成的平面，称为**纵向对称面**（longitudinal symmetry plane）。如果梁的外力（或合力）和外力偶都作用在纵向对称平面内，那么梁的轴线将弯成一条位于该纵向对称面内的平面曲线，这样的弯曲称为**平面弯曲**（plane bending）。平面弯曲是工程中最常见的弯曲问题，本章及随后两章仅讨论平面弯曲问题。

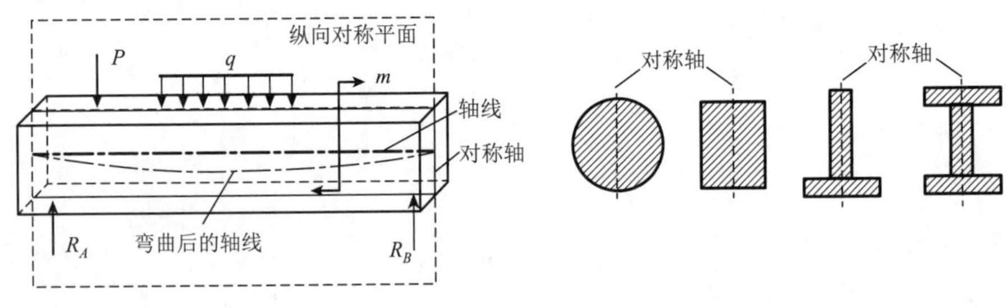

图 11-2

如图 11-3（a）所示，梁仅受外力偶作用而发生的弯曲称为**纯弯曲**（pure bending）；有别于此，如图 11-3（b）所示，梁在横向力作用下的弯曲称为**横力弯曲**（transverse bending）。

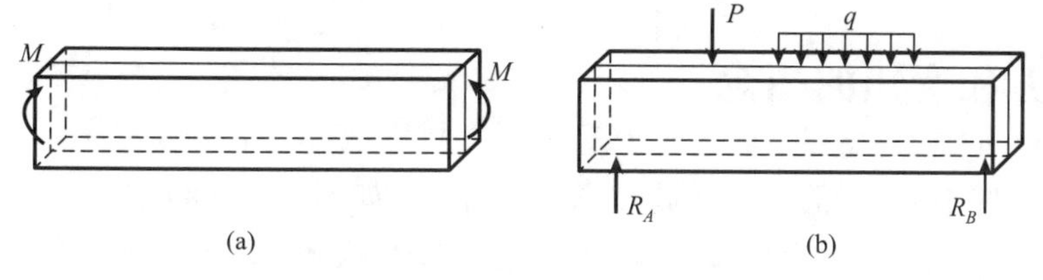

图 11-3

11.1.3 梁的计算简图

对梁进行分析计算，首先要画出梁的计算简图。在画梁的计算简图时，要对梁的结构、所受载荷及约束情况作适当的简化，如图 11-4 所示为梁典型的受力简图。

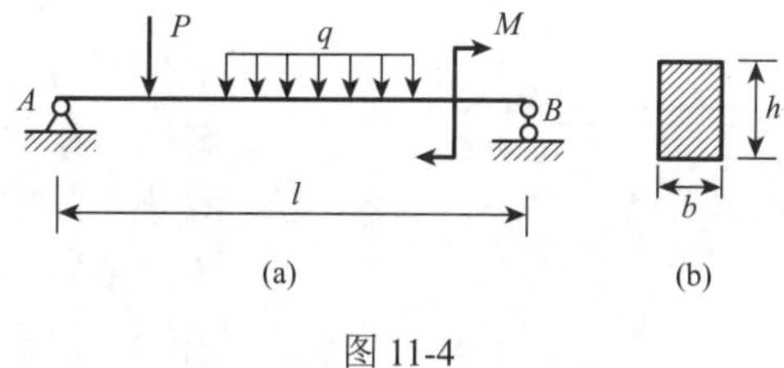

图 11-4

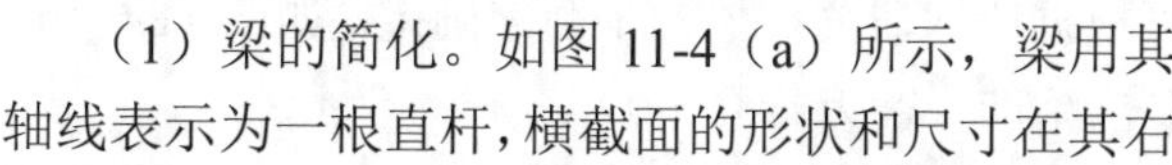

（1）梁的简化。如图 11-4（a）所示，梁用其轴线表示为一根直杆，横截面的形状和尺寸在其右侧注明如图 11-4（b）所示。在弯曲内力分析中，暂不涉及梁的横截面形状和尺寸，因此，本章不需要画出梁的横截面，如图 11-1（a）（b）所示。

（2）载荷的简化。工程实际中，梁上的载荷有时非常复杂，为了便于力学建模分析，在画受力简图时，将梁上的载荷简化为集中力、集中力偶和分布力 3 种理想情况。例如，吊车梁中的电葫芦的轮距远小于梁的长度，故可将电葫芦对吊车梁的压力近似视为一集中力，而梁的自重则视为均匀分布的分布力。

（3）支座的简化。同样，为了便于力学建模分析，在画受力简图时，无论梁的约束有多么复杂，一般将梁的支座简化为固定铰支座、活动铰支座和固定端支座 3 种理想约束情况。例如，如图 11-1（a）所示吊车梁左右偏移时，总有一端的轨道起阻止作用，因而一端简化为固定铰支座，而另一端简化为活动铰支座，这样做的目的是使梁成为静定结构，给计算带来方便，至于哪一端简化为固定铰支座，哪一端简化为活动铰支座则无关紧要。

11.1.4 静定梁的基本形式

梁上一般作用有平面任意力系，有 3 个独立的平衡方程，如果梁上有 3 个未知的约束反力，则可以通过这 3 个平衡方程求出。梁上仅有 3 个约束反力时称为静定梁。如图 11-5 所示，静定梁有 3 种基本形式，分别称为**简支梁**（simply supported beam）、**外伸梁**（overhanging beam）和**悬臂梁**（cantilever beam）。

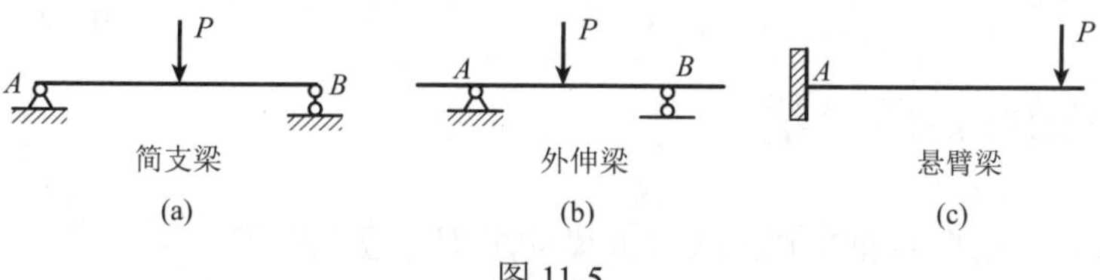

图 11-5

11.2 剪力和弯矩

11.2.1 剪力和弯矩的概念

当梁上作用外力时，梁的任一横截面将产生内力。如图 11-6（a）所示悬臂梁，假想地将梁沿截面 C 切为两段，AC 段和 BC 段在截面 C 处的相互作用力即为截面 C 处的内力。如图 11-6（b）所示，取 AC 段为研究对象，由于梁 AB 处于平衡状态，所以，AC 段也处于平衡状态，为使 AC 段在竖直方向保持平衡，必有一平行横截面方向的内力，平行横截面方向的内力称为剪力，用 Q 表示，它是截面 C 上分布内力的合力主矢在竖直方向的分量。为使 AC 段梁不发生转动，在截面 C 上必有一内力偶，这个内力偶矩称为弯矩，用 M 表示，它是分布内力合力的主矩。剪力 Q 和弯矩 M 的大小、方向或转向，可根据所取研究对象的平衡来确定。如图 11-6（b）所示，根据 AC 段梁的平衡方程有

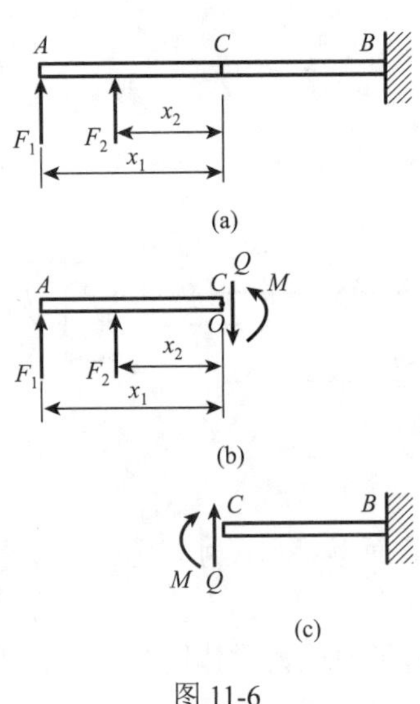

图 11-6

$$\sum Y=0,\quad F_1+F_2-Q=0$$

得

$$Q=F_1+F_2$$

$$\sum M_O=0,\quad -F_1x_1-F_2x_2+M=0$$

得

$$M=F_1x_1+F_2x_2$$

式中：O 是截面 C 的形心。

如图 11-6（c）所示，如果取 BC 段为研究对象，会发现剪力和弯矩与图 11-6（b）中的大小相等，方向相反，因为它们是作用与反作用。因此，可任取截面一侧梁来求截面的剪力和弯矩，通常取外力较少的一侧较为简便。

11.2.2 剪力和弯矩的符号规定

为了便于区别和方便计算，对剪力和弯矩的符号作如下规定。

（1）如图 11-7（a）所示，剪力对所取梁段内任意一点有顺时针转动趋势时，剪力为正。即：使微段梁相邻两截面发生左上右下的相对错动时，剪力为正。反之为负。

（2）如图 11-7（b）所示，左侧截面逆时针弯矩为正，右侧截面顺时针弯矩为正，即：使微段梁发生上凹下凸弯曲变形时，弯矩为正，反之为负。

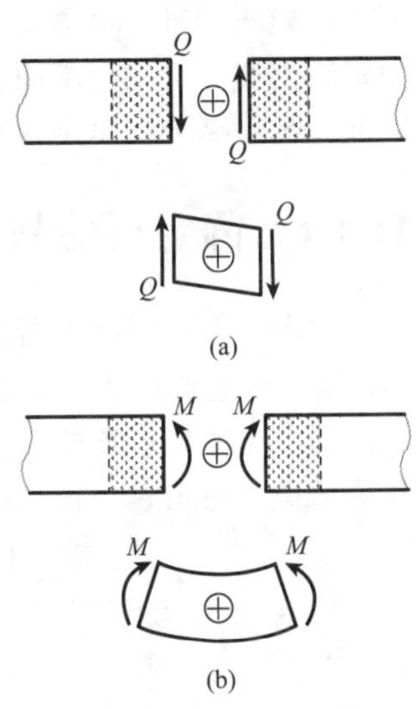

图 11-7

11.2.3 剪力和弯矩的求法

在 11.2.1 节中，根据截面左侧梁或右侧梁的平衡方程求出了

截面的剪力和弯矩，这种方法略显麻烦。如图 11-6（b）所示，根据截面法求剪力或弯矩的方法，可进一步总结出一种求剪力和弯矩的简便方法。

取截面左侧梁为研究对象时，向上的外力引起正的剪力，取截面右侧梁为研究对象时，向下的外力引起正的剪力，并且剪力值与外力值相等，截面上的剪力等于截面一侧所有外力引起的剪力的叠加（求和）。因此，剪力可按下列方法求得。

剪力等于截面左侧或右侧所有外力的代数和（左上或右下为正）：

$$Q=\sum F^{\mathrm{l}}\ （左上为正）\quad 或 \quad Q=\sum F^{\mathrm{r}}\ （右下为正） \tag{11-1}$$

式中：上角标 l 表示用截面左侧的力求剪力；上角标 r 表示用截面右侧的力求剪力。“左上为正”表示截面左侧梁上外力向上为正；“右下为正”表示截面右侧梁上外力向下为正。

取截面左侧梁为研究对象时，外力对截面形心的顺时针力矩引起正的弯矩；取截面右侧梁为研究对象时，外力对截面形心的逆时针力矩引起正的弯矩，并且弯矩值等于外力对截面形心的力矩，截面上弯矩等于截面一侧所有外力引起弯矩的叠加（求和）。因此，弯矩可按下列方法求得。

弯矩等于截面左侧或右侧所有外力对截面形心力矩的代数和（左顺或右逆为正）：

$$M=\sum M^{\mathrm{l}}\ （左顺为正）\quad 或 \quad M=\sum M^{\mathrm{r}}\ （右逆为正） \tag{11-2}$$

“左顺为正”表示截面左侧梁上外力对截面形心力矩顺时针为正；“右逆为正”表示截面右侧梁上外力对截面形心力矩逆时针为正。

【例 11-1】 如图 11-8（a）所示简支梁 AB，求距 A 端 0.8 m 处 D 截面上的剪力和弯矩。

解 （1）求支座反力。如图 11-8（b）所示，取梁 AB 为研究对象，画受力图。由平衡方程有

$$\sum M_A=0:\ -10\times1.5+R_B\times4=0$$

$$\sum M_B=0:\ -R_A\times4+10\times2.5=0$$

解得 $R_A=6.25(\mathrm{kN}),\qquad R_B=3.75(\mathrm{kN})$

（2）求剪力和弯矩。如图 11-8（c）所示，用截面左侧梁上外力求剪力和弯矩。由式（11-1），“左上为正”外力求和时指向上为正，剪力为

$$Q=\sum F^{\mathrm{l}}=+R_A=6.25\ (\mathrm{kN})$$

式中：R_A 在截面的左侧，且向上，故为正。

由式（11-2），“左顺为正”外力矩求和时顺时针为正，弯矩为

$$M=\sum M^{\mathrm{l}}=+R_A\times0.8=6.25\times0.8=5\ (\mathrm{kN\cdot m})$$

如图 11-8（d）所示，用截面右侧梁上外力求剪力和弯矩。由式（11-1），“右下为正”外力求和时指向下为正，剪力为

$$Q=\sum F^{\mathrm{r}}=+10-R_B=10-3.75=6.25\ (\mathrm{kN})$$

由式（11-2），“右逆为正”外力矩求和时逆

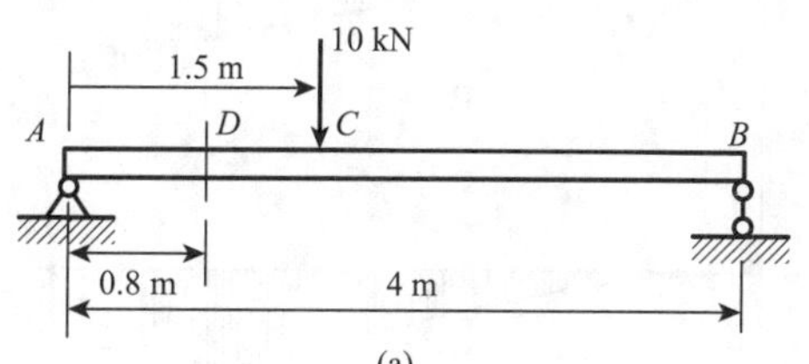

(a)

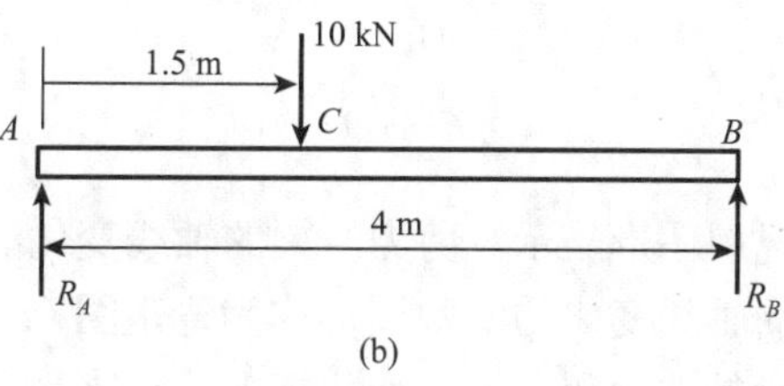

(b)

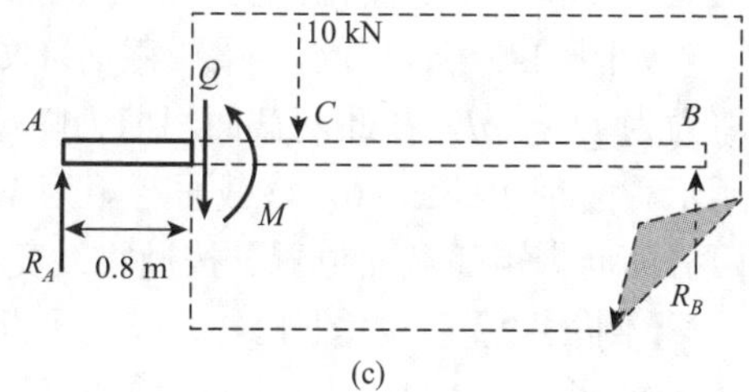

(c)

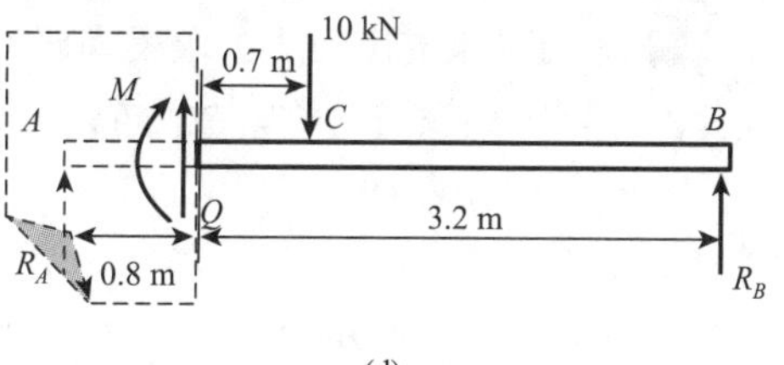

(d)

图 11-8

时针为正，弯矩为

$$M=\sum M^{\text{r}}=-10\times0.7+R_B\times3.2=3.75\times3.2-10\times0.7=5\ (\text{kN·m})$$

式中：外力 10 kN 对截面形心的力矩顺时针方向，故为负。

11.3　列方程画剪力图和弯矩图

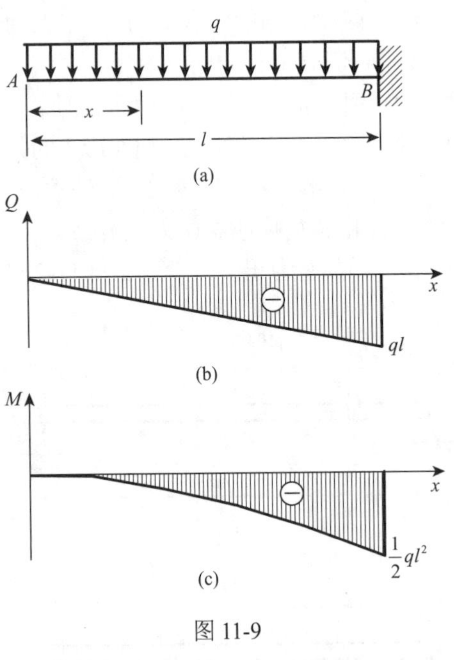

图 11-9

梁不同横截面上的剪力和弯矩不相同，横截面上的剪力和弯矩随截面的位置变化。如图 11-9（a）所示，悬臂梁 AB 上作用均匀分布载荷 q。任意截面的位置用横坐标 x 表示，该截面上的剪力和弯矩分别为

$$Q=\sum F^{1}=-qx\qquad (0\leqslant x<l)$$

$$M=\sum M^{1}=-qx\times\frac{x}{2}=-\frac{1}{2}qx^2\qquad (0\leqslant x<l)$$

显然，一般情况，截面上的剪力和弯矩值是截面位置坐标 x 的函数。即

$$Q=Q(x),\qquad M=M(x)$$

横截面上的剪力和弯矩随截面位置 x 变化的函数表达式称为**剪力方程和弯矩方程**（shear force equation and bending moment equation）。剪力方程和弯矩方程描述了横截面上的剪力和弯矩随截面位置 x 变化的情况，为了直观，通常将剪力和弯矩沿梁的轴线变化情况用图形显示。剪力沿梁的轴线变化的函数图形称为**剪力图**（shear force diagram）；弯矩沿梁的轴线变化的函数图形称为**弯矩图**（bending moment diagram）。剪力图和弯矩图能直观地显示梁的剪力和弯矩的变化情况，清晰地显示最大剪力和最大弯矩所在的位置。

如图 11-9（a）所示，梁在截面 A 处 $x=0$，该截面剪力为 $Q=0$；截面 B 处 $x=l$，该截面剪力为 $Q=-ql$，在此两截面间剪力随截面位置 x 按线性变化，可画出剪力图如图 11-9（b）所示。截面 A 处 $x=0$，该截面弯矩为 $M=0$；截面 B 处 $x=l$，该截面弯矩为 $M=-ql^2/2$，在此两截面间弯矩随截面位置 x 按抛物线变化，可画出弯矩图如图 11-9（c）所示。

扫码观看

【例 11-2】　如图 11-10（a）所示，简支梁 AB 作用均匀分布载荷 q，画梁的剪力图和弯矩图。

解　（1）求支座反力。取梁为研究对象，画梁的受力图如图 11-10（b）所示，梁上的总载荷为 ql，因梁左右对称，故两个支座反力相等

$$R_A=R_B=\frac{1}{2}ql$$

（2）列剪力方程和弯矩方程。如图 11-10（b）所示，任意截面的位置用坐标 x 表示，剪力方程和弯矩方程分别为

$$Q=\sum F^{1}=R_{A}-qx=\frac{1}{2}ql-qx \quad (0<x<l)$$

$$M=\sum M^{1}=R_{A}x-qx\times\frac{x}{2}=\frac{1}{2}qlx-\frac{1}{2}qx^{2} \quad (0\leqslant x\leqslant l)$$

（3）画剪力图和弯矩图。

由剪力方程可知：在截面 A 处 $x=0$，$Q=ql/2$；在截面 B 处 $x=l$，$Q=-ql/2$，在此两截面间剪力按线性变化，可画出剪力图如图 11-10（c）所示。

由弯矩方程可知：在截面 A 处 $x=0$，$M=0$；在截面 B 处 $x=l$，$M=0$，在此两截面间弯矩按抛物线变化，抛物线开口向下，由 $\dfrac{\mathrm{d}M}{\mathrm{d}x}=\dfrac{1}{2}ql-qx=0$ 确定在梁中间截面 $x=l/2$ 处，弯矩取极值 $M=ql^{2}/8$，可画出弯矩图如图 11-10（d）所示。

由剪力图和弯矩图可知：最大剪力发生在梁的两端截面上，$Q_{\max}=ql/2$；最大弯矩发生在梁的跨中截面上，$M_{\max}=ql^{2}/8$。

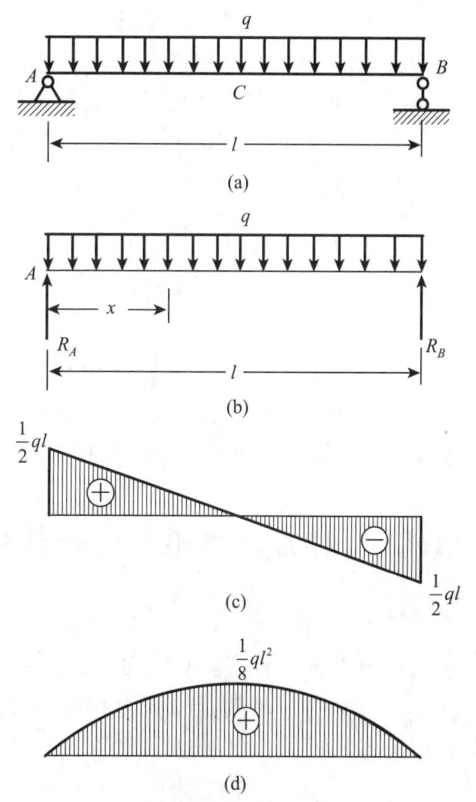

图 11-10

【例 11-3】 如图 11-11（a）所示，简支梁 AB 在跨中作用集中力 P，画梁的剪力图和弯矩图。

解 （1）求支座反力。取梁为研究对象，画梁的受力图如图 11-11（b）所示，因梁左右对称，故两个支座反力相等

$$R_{A}=R_{B}=\frac{1}{2}P$$

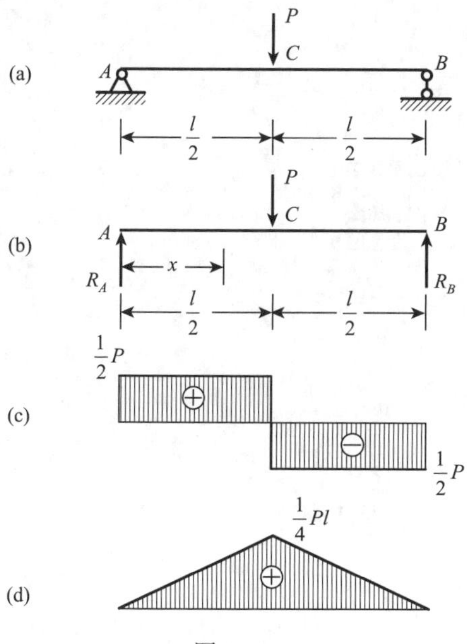

图 11-11

（2）列剪力方程和弯矩方程。如图 11-11（b）所示，任意截面的位置用坐标 x 表示，剪力方程和弯矩方程分别为

$$Q=\sum F^{1}=R_{A}=\frac{1}{2}P \quad \left(0<x<\frac{l}{2}\right)$$

$$Q=\sum F^{\mathrm{r}}=-R_{B}=-\frac{1}{2}P \quad \left(\frac{l}{2}<x<l\right)$$

$$M=\sum M^{1}=R_{A}x=\frac{1}{2}Px \quad \left(0<x<\frac{l}{2}\right)$$

$$M=\sum M^{\mathrm{r}}=R_{B}(l-x)=\frac{1}{2}P(l-x) \quad \left(\frac{l}{2}<x<l\right)$$

显然，剪力方程和弯矩方程都是分段函数。

（3）画剪力图和弯矩图。

由剪力方程可知：在梁的 AC 段剪力为常数，$Q=P/2$；在梁的 BC 段剪力也为常数，$Q=-P/2$；画出剪力图如图 11-11（c）所示。

由弯矩方程可知：在梁的 AC 段弯矩线性变化，在截面 A 处 $x=0$，$M=0$，在截面 C 处 $x=l/2$，$M=Pl/4$；在梁的 BC 段弯矩线性变化，在截面 C 处 $x=l/2$，$M=Pl/4$，在截面 B 处 $x=l$，$M=0$，画弯矩图如图 11-11（d）所示。

由剪力图和弯矩图可知：最大剪力发生在梁的任意截面，$Q_{\max}=P/2$；最大弯矩发生在梁的跨中截面上，$M_{\max}=Pl/4$。

11.4　剪力图和弯矩图的简便画法

上节介绍了写出梁的剪力方程和弯矩方程，描绘剪力方程和弯矩方程的函数图形来画梁的剪力图和弯矩图的方法。这种画剪力图和弯矩图的方法显然比较麻烦。本节研究不同载荷作用下梁的剪力图和弯矩图的形状，并总结梁的剪力图和弯矩图的画法。

11.4.1　剪力、弯矩与分布载荷集度之间的微分关系

如图 11-12（a）所示，梁 AB 在坐标为 x_0 和 x_1 两截面间作用任意分布载荷 $q(x)$，是 x 的连续函数。以 A 为原点，y 轴向上，x 轴向右建立直角坐标系，规定分布载荷沿 y 轴正向为正。设坐标为 x 的任意截面的剪力和弯矩分别为 Q 和 M，相邻的坐标为 $x+\mathrm{d}x$ 截面的剪力和弯矩分别为 $Q+\mathrm{d}Q$ 和 $M+\mathrm{d}M$。如图 11-12（b）所示，取坐标为 x 和 $x+\mathrm{d}x$ 两截面间的微段梁为研究对象，作用在此微段梁上的分布载荷近似视为均匀分布。由平衡方程：

$$\sum Y=0,\qquad Q+q\mathrm{d}x-(Q+\mathrm{d}Q)=0$$

得

$$\mathrm{d}Q=q\mathrm{d}x \tag{11-3}$$

即

$$\frac{\mathrm{d}Q}{\mathrm{d}x}=q \tag{11-4}$$

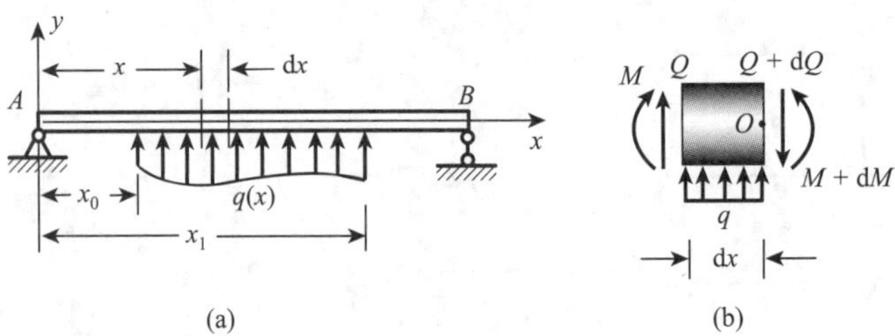

图 11-12

设坐标为 $x+\mathrm{d}x$ 截面的形心为 O，则由平衡方程

$$\sum M_O=0,\qquad -M-Q\mathrm{d}x-q\mathrm{d}x\frac{\mathrm{d}x}{2}+(M+\mathrm{d}M)=0$$

略去二阶微量 $\dfrac{q(\mathrm{d}x)^2}{2}$，得

$$\mathrm{d}M=Q\mathrm{d}x \tag{11-5}$$

即

$$\frac{\mathrm{d}M}{\mathrm{d}x}=Q \tag{11-6}$$

再微分一次有

$$\frac{\mathrm{d}^2M}{\mathrm{d}x^2}=q \tag{11-7}$$

由于$\frac{\mathrm{d}Q}{\mathrm{d}x}$和$\frac{\mathrm{d}M}{\mathrm{d}x}$分别代表函数图形的斜率，即剪力图和弯矩图的斜率，所以上面的微分关系说明：剪力图某点处的斜率等于梁上对应截面的载荷集度；弯矩图某点处的斜率等于梁上对应截面的剪力。

11.4.2 剪力、弯矩与分布载荷集度之间的积分关系

式（11-3）在坐标为x_0和x_1两截面间积分，有

$$\int_{x_0}^{x_1}\mathrm{d}Q(x)=\int_{x_0}^{x_1}q(x)\mathrm{d}x$$

得

$$Q_1-Q_0=\int_{x_0}^{x_1}q(x)\mathrm{d}x=F_q$$

即

$$Q_1=Q_0+F_q \tag{11-8}$$

式中：Q_0和Q_1分别表示坐标为x_0和x_1截面的剪力；F_q表示两截面间载荷的合力。式（11-8）表明：任意两截面剪力之差等于两个截面间梁上外力的合力。

式（11-5）在坐标为x_0和x_1两截面间积分，有

$$\int_{x_0}^{x_1}\mathrm{d}M(x)=\int_{x_0}^{x_1}Q(x)\mathrm{d}x$$

得

$$M_1-M_0=\int_{x_0}^{x_1}Q(x)\mathrm{d}x=S_Q$$

即

$$M_1=M_0+S_Q \tag{11-9}$$

式中：M_0和M_1分别表示坐标为x_0和x_1截面的弯矩；S_Q表示两截面间剪力图的面积。式（11-9）表明：任意两截面弯矩之差等于两个截面间剪力图的面积。

11.4.3 不同载荷作用下梁段的剪力图和弯矩图的形状

梁上常见受力有集中力、集中力偶、均匀分布载荷梁段、无载荷梁段 4 种情况。下面分别研究此 4 种情况下剪力图和弯矩图的形状。

1. 集中力

如图 11-13（a）所示，梁上作用集中力P，设左侧截面的剪力和弯矩分别为Q^{l}和M^{l}，右侧截面的剪力和弯矩分别为Q^{r}和M^{r}。由式（11-8），有

$$Q^{\mathrm{r}}=Q^{\mathrm{l}}+F_q=Q^{\mathrm{l}}-P$$

如图 11-13（b）所示，集中力作用处左右截面的剪力差等于集中力 P，剪力沿集中力指向变化，向上集中力，剪力增加，向下集中力剪力降低。由式（11-6），得

$$\frac{\mathrm{d}M^{\mathrm{l}}}{\mathrm{d}x}=Q^{\mathrm{l}},\qquad \frac{\mathrm{d}M^{\mathrm{r}}}{\mathrm{d}x}=Q^{\mathrm{r}}$$

如图 11-13（c）所示，集中力作用处左右截面弯矩图斜率突变，形成拐点，拐点开口沿集中力指向。

2. 集中力偶

如图 11-14（a）所示，梁上作用集中力偶 M，设左截面的剪力和弯矩分别为 Q^{l} 和 M^{l}，右截面的剪力和弯矩分别为 Q^{r} 和 M^{r}。如图 11-14（b）所示，取左右两截面间的微段梁为研究对象，由平衡方程可得

$$Q^{\mathrm{l}}=Q^{\mathrm{r}},\qquad M^{\mathrm{l}}=M^{\mathrm{r}}+M$$

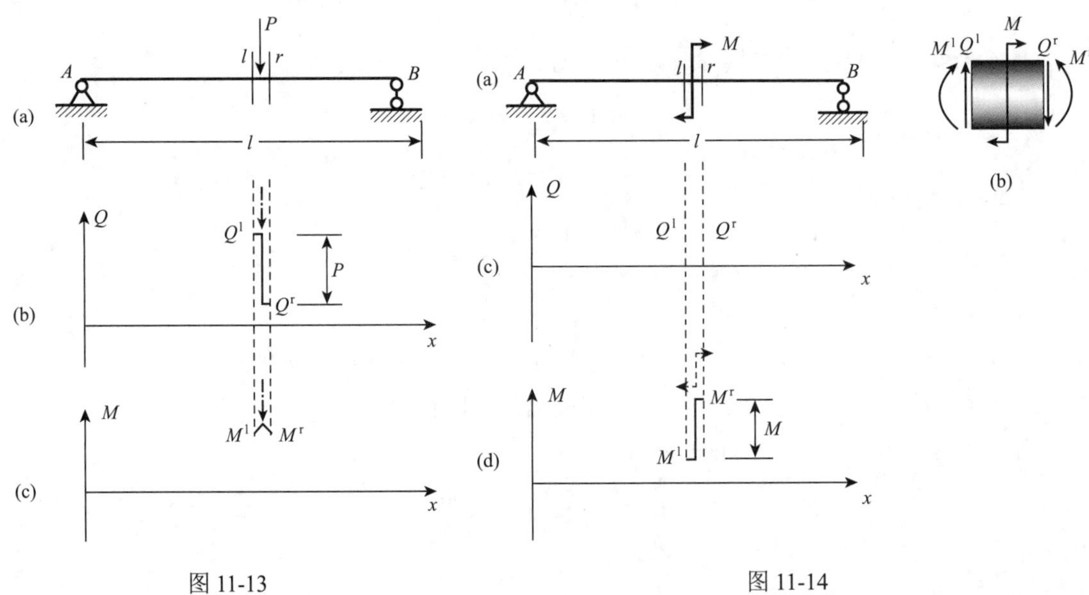

图 11-13　　图 11-14

如图 11-14（c）所示，集中力偶处左右截面的剪力无变化，即集中力偶对剪力图的趋势没有影响。如图 11-14（d）所示，集中力偶作用处左右截面的弯矩差等于集中力偶，弯矩图的转折形状与力偶的转折形状一样，顺时针力偶，弯矩增加，逆时针力偶，弯矩降低。

3. 均匀分布载荷梁段

如图 11-15（a）所示，梁上长度为 l 的 CD 段作用均匀分布载荷 q，设载荷起点 C 截面的剪力为 Q_C，弯矩为 M_C，则至 C 点距离为 x 的任意截面上的剪力由式（11-8），有

$$Q=Q_C+F_q=Q_C-qx$$

载荷终点的剪力值为

$$Q_D=Q_C+F_q=Q_C-ql$$

至 C 点距离为 x 的任意截面上的弯矩由式（11-9），有

$$M=M_C+\int_0^x Q\mathrm{d}x=M_C+Q_Cx-\frac{1}{2}q_0x^2$$

由此可知：均匀分布载荷作用下，如图 11-15（b）所示，剪力图的形状为直线，直线的

斜率等于载荷集度 q，剪力值的变化等于载荷总量，变化方向沿载荷指向；如图 11-15（c）所示，弯矩图的形状为抛物线，抛物线开口沿载荷指向。

4. 无载荷梁段

如图 11-16（a）所示，梁上 CD 段没有作用任何载荷，在此情况下，可认为载荷集度 $q=0$。设无载荷梁段起点 C 截面的剪力为 Q_C，弯矩为 M_C，则至 C 点距离为 x 的任意截面上的剪力由式（11-8），有

$$Q = Q_C + F_q = Q_C$$

任意截面上的弯矩由式（11-9），有

$$M = M_C + \int_0^x Q\mathrm{d}x = M_C + Q_C x$$

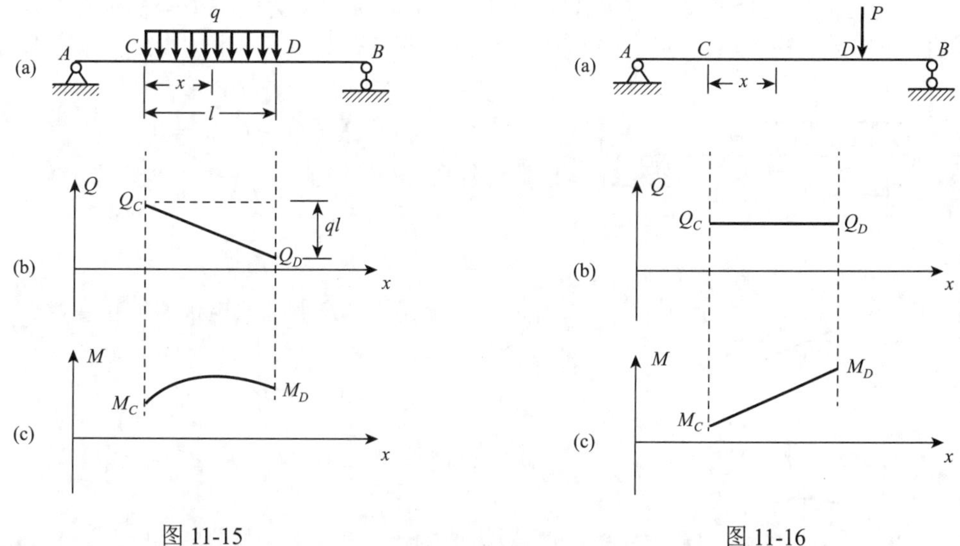

图 11-15　　　　图 11-16

由此可知：无载荷梁段，如图 11-16（b）所示，剪力为常数，剪力图的形状为水平直线；如图 11-16（c）所示，弯矩图的形状为直线。

由以上分析，总结不同载荷作用下梁段的剪力图和弯矩图的形状如表 11-1 所示。

表 11-1

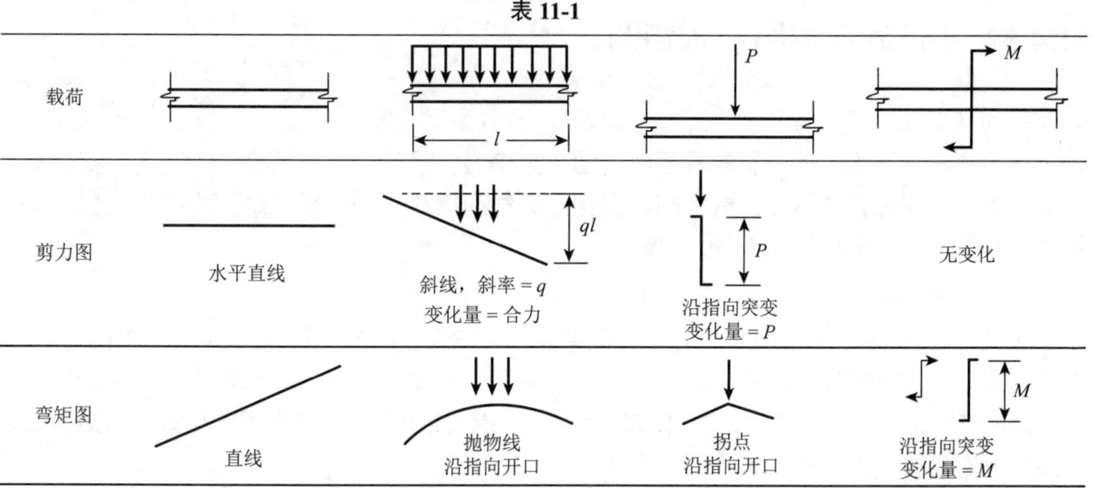

载荷	（无载荷）	均布载荷 q，长 l	集中力 P	集中力偶 M
剪力图	水平直线	斜线，斜率 $=q$ 变化量 = 合力（ql）	沿指向突变 变化量 $=P$	无变化
弯矩图	直线	抛物线 沿指向开口	拐点 沿指向开口	沿指向突变 变化量 $=M$

11.4.4 弯矩极值

画弯矩图的目的是直观显示弯矩沿梁轴线的变化情况，特别是显示弯矩的最大值和最小值。弯矩要取极值的条件是 $\mathrm{d}M/\mathrm{d}x=0$，由式（11-6），有

$$\frac{\mathrm{d}M}{\mathrm{d}x}=Q=0 \tag{11-10}$$

即剪力等于零的截面，弯矩取极值，这个位置从剪力图中很容易找到。

弯矩极值的位置通常是梁段的起点或终点，其位置是已知的。但有时弯矩极值的位置出现在均布载荷作用下梁段的中间某点，位置是未知的。如图 11-15（b）所示，均匀分布载荷作用下，剪力图的形状为直线。如图 11-17（b）所示，如果剪力图与横坐标轴有交点，则弯矩取极值，下面求弯矩极值及其所在位置。设均匀分布载荷起点 C 的剪力为 Q_S 和弯矩为 M_S。

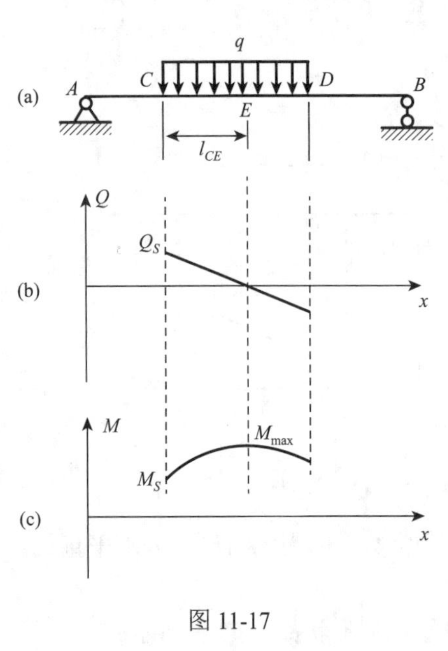

图 11-17

由式（11-8）和式（11-10），有

$$Q_E=Q_S+q\cdot l_{CE}=0$$

得弯矩极值的位置

$$l_{CE}=-\frac{Q_S}{q} \tag{11-11}$$

式中：q 向上为正；E 点是弯矩极值的位置，l_{CE} 是 CE 的长度。

由式（11-9），弯矩极值为

$$M_{\max}=M_S+S_Q=M_S+\frac{1}{2}Q_S\cdot d_{CE}=M_S-\frac{1}{2}Q_S\cdot\frac{Q_S}{q}$$

即弯矩极值为

$$M_{\max}=M_S-\frac{Q_S^2}{2q} \tag{11-12}$$

式中：q 向下为负。

11.4.5 快速画剪力图和弯矩图

1. 剪力图画图法

从梁的左端开始沿梁自左向右画剪力图。集中力作用处，剪力图沿指向突变，变化量等于集中力；集中力偶作用处，剪力图无变化；无载荷梁段，画水平直线；均布力梁段，剪力图沿指向渐变，变化量等于均布力的合力。

2. 弯矩图画图法

从梁的左端开始沿梁自左向右按梁段画弯矩图。按式（11-2）求梁段起点和终点的弯矩值，无载荷梁段，用直线连接起点和终点，均布力梁段，用抛物线连接起点和终点。当梁段有弯矩极值时（剪力图与 x 轴有交点），按式（11-12）求弯矩极值。集中力偶作用处，弯矩图沿指向突变，变化量等于集中力偶。

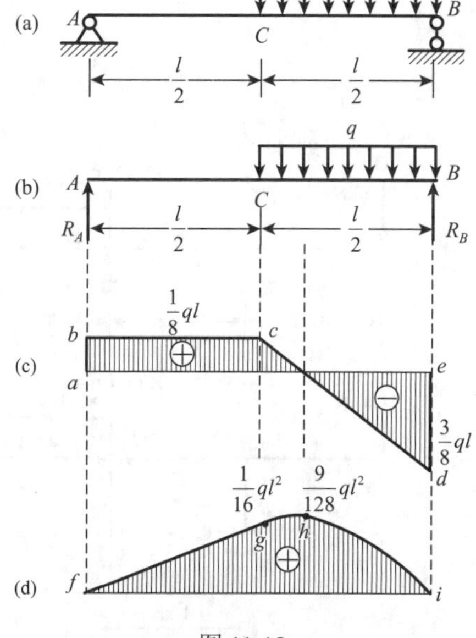

图 11-18

【例 11-4】 如图 11-18（a）所示，简支梁右半段受均布载荷 q 作用，画梁的剪力图和弯矩图。

解 （1）求支座反力。

取梁 AB 为研究对象，受力如图 11-18（b）所示，由平衡方程

$$\sum M_B = 0,\qquad -R_A l + \frac{1}{2}q\left(\frac{l}{2}\right)\left(\frac{l}{2}\right) = 0$$

$$\sum M_A = 0,\qquad R_B l - q\left(\frac{l}{2}\right)\left(\frac{3l}{2}\right) = 0$$

解得 $$R_A = \frac{1}{8}ql,\qquad R_B = \frac{3}{8}ql$$

（2）画剪力图。

如图 11-18（c）所示，画基线 ae，由梁的左端 a 点开始画剪力图。截面 A 作用向上的集中力 R_A，由 a 到 b 剪力值增加 $R_A = \frac{ql}{8}$，b 点的剪力值为 $Q_b = Q_a + R_A = 0 + \frac{ql}{8} = \frac{ql}{8}$；梁段 AC 无载荷，由 b 到 c，画水平直线；梁段 CB 作用向下的均布载荷，由 c 到 d，剪力值逐渐下降，剪力值改变量为 $q \times \frac{l}{2}$，d 点的剪力值为 $Q_d = Q_c - \frac{ql}{2} = \frac{ql}{8} - \frac{ql}{2} = -\frac{3ql}{8}$；$B$ 点作用向上的集中力 R_B，由 d 到 e，剪力值增加 $R_B = \frac{3ql}{8}$。最后，线段 de 和线段 ae 形成封闭图形，说明画图正确。

（3）画弯矩图。

按式（11-2）求出截面 A 和截面 C 的弯矩分别为

$$M_A = \sum M^{l} = 0,\qquad M_C = \sum M^{l} = R_A \times \frac{l}{2} = \frac{1}{16}ql^2$$

如图 11-18（d）所示，画点 f 和 g，梁段 AC 无载荷，用直线连接 f，g；

按式（11-2）求出截面 B 的弯矩为

$$M_B = \sum M^{r} = 0$$

画点 i，梁段 CB 作用向下的均布载荷，用开口向下的抛物线连接 g 和 i；由图 11-18（c）知梁段 CB 上某点的剪力等于零，所以存在弯矩极值，按式（11-12）求极值弯矩为

$$M_{\max} = M_D = M_S - \frac{Q_S^2}{2(-q)} = \frac{1}{16}ql^2 + \frac{(ql/8)^2}{2q} = \frac{9ql^2}{128}$$

【例 11-5】 如图 11-19（a）所示，已知简支梁的载荷和尺寸，画剪力图和弯矩图。

解 （1）求支座反力。

取整个梁为研究对象，受力如图 11-19（b）所示，由平衡方程

$$\sum M_B = 0，4\times1.2 - R_A\times0.8 - 1.6 + \frac{1}{2}\times10\times(0.4)^2 = 0$$

$$\sum M_A = 0，4\times0.4-1.6-10\times0.4\times0.6 + R_B\times0.8 = 0$$

解得

$$R_A = 5(\text{kN}),\quad R_B = 3(\text{kN})$$

（2）画剪力图。

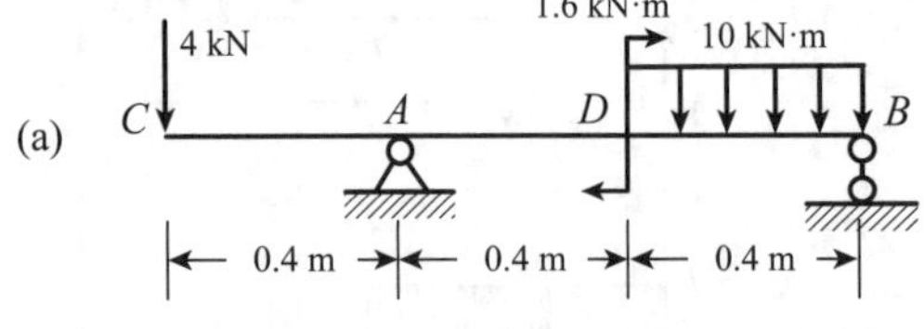

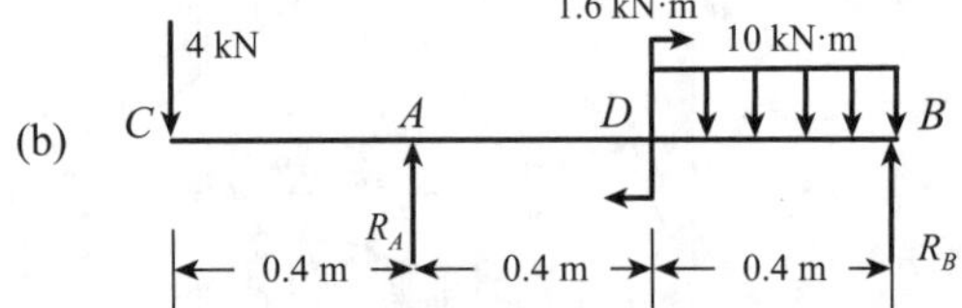

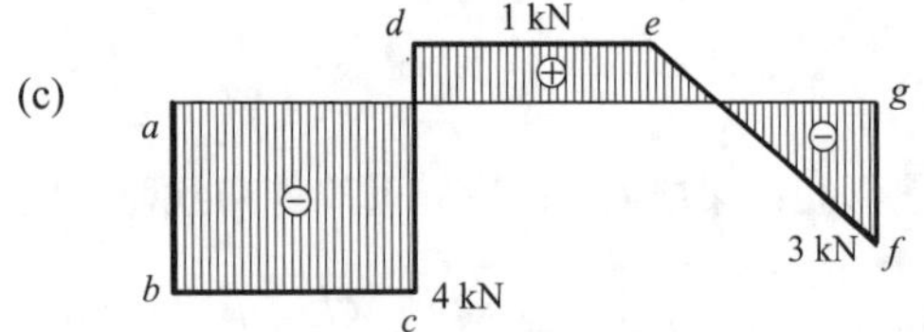

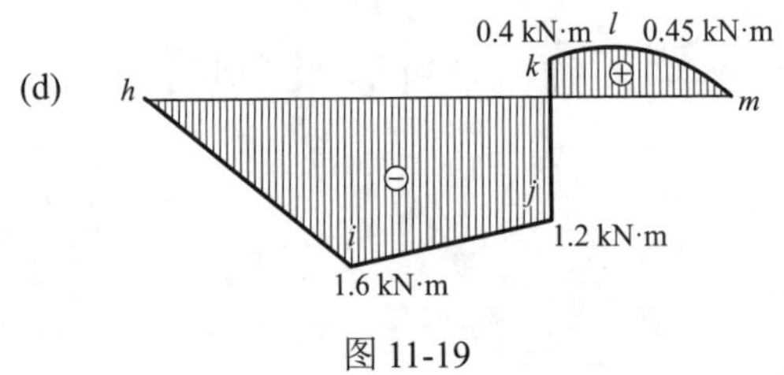

图 11-19

如图 11-19（c）所示，画基线 ag，由梁的左端点开始画剪力图。截面 C 作用 4 kN 向下的集中力，由 a 到 b 剪力减少 4 kN，$Q_b = Q_a-4 = -4$ kN；梁段 CA 无载荷，由 b 到 c，画水平直线；截面 A 作用 $R_A = 5$ kN 的向上集中力，由 c 到 d 剪力增加 5 kN，$Q_d = -4 + 5 = 1$ kN；梁段 AD 无载荷，由 d 到 e，画水平直线；截面 D 作用集中力偶，剪力图不受影响；梁段 DB 作用向下均布载荷，由 e 到 f，剪力逐渐下降，剪力改变量为 $10\times0.4 = 4$ kN，$Q_f = Q_e-10\times0.4 = 1-4 = -3$ kN；B 点作用 $R_B = 3$ kN 的向上集中力，由 f 到 g，剪力增加 3 kN，剪力图封闭，画图正确。

（3）画弯矩图。

按式（11-2）求出截面 C 和截面 A 的弯矩分别为

$$M_C = \sum M^{\text{l}} = 0$$

$$M_A = \sum M^{\text{l}} = -4\times0.4 = -1.6(\text{kN·m})$$

画 h 点和 i 点，梁段 CA 无载荷，用直线连接 h 和 i；按式（11-2）求出 D 左侧截面的弯矩为

$$M_D^{-o} = \sum M^{\text{l}} = -4\times0.8 + 5\times0.4 = -1.2(\text{kN·m})$$

画 j 点，梁段 AD 无载荷，用直线连接 i 和 j；截面 D 作用集中力偶，由集中力偶的转折形状判断，截面右侧比左侧弯矩增加 1.6 kN·m，由 j 到 k 弯矩增加 1.6 kN·m，则 D 右侧截面的弯矩为

$$M_D^{+o} = M_D^{-o} + 1.6 = -1.2 + 1.6 = 0.4(\text{kN·m})$$

画 k 点。按式（11-2）求出截面 B 的弯矩为

$$M_B = \sum M^{\text{r}} = 0$$

画点 m，梁段 DB 作用向下的均布载荷，用开口向下的抛物线连接 k，m 两点；如图 11-19（c）所示，梁段 DB 某点的剪力等于零，该截面有弯矩极值，按式（11-12）求极值弯矩为

$$M_{\max} = M_S + \frac{Q_S^2}{2q} = 0.4 + \frac{1^2}{2\times10} = 0.45\,(\text{kN·m})$$

【例 11-6】 如图 11-20（a）所示梁的弯矩图，画梁的受力图。

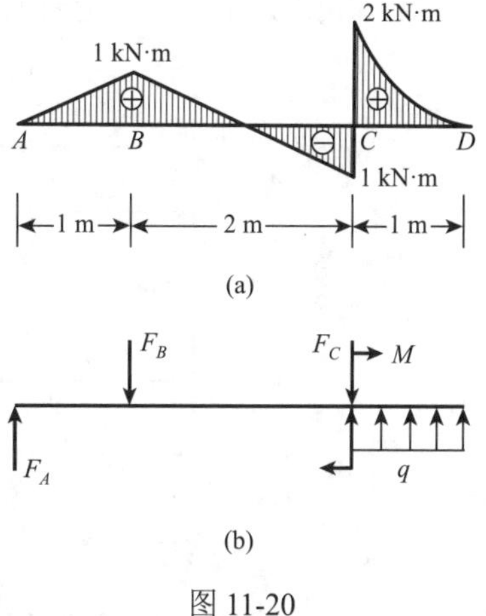

(a)

(b)

图 11-20

解 如图 11-20（a）所示，从弯矩图可知，梁的 AB 段和 BC 段为直线，则 AB 段和 BC 段是无载荷作用梁段；CD 段为开口向上的抛物线，则 CD 段作用向上的均匀分布载荷。截面 A，左侧斜率为零，右侧斜率为正，形成开口向上的拐点，则截面 A 作用有向上的集中力；截面 B，为开口向下的拐点，则截面 B 作用有向下的集中力；截面 C，左右斜率不相等，形成开口向下的拐点，则截面 C 作用有向下的集中力；截面 C，弯矩发生 3 kN·m 的突变，因此，截面 C 作用有 3 kN·m 顺时针的集中力偶；受力如图 11-20（b）所示，由弯矩图可知截面 B 的弯矩等于 1 kN·m，按式（11-2）可算出 $F_A = 1$ kN；由弯矩图可知 C 左截面的弯矩等于−1 kN·m，按式（11-2）可算出 $F_B = 2$ kN；由弯矩图可知 C 右截面的弯矩等于 2 kN·m，按式（11-2）可算出 $q = 4$ kN/m；由梁的整体平衡可算出 $F_C = 3$ kN。

习 题 11

1. 试求题图 11-1 所示各梁指定截面上的剪力和弯矩。设 q，F，a 均为已知。

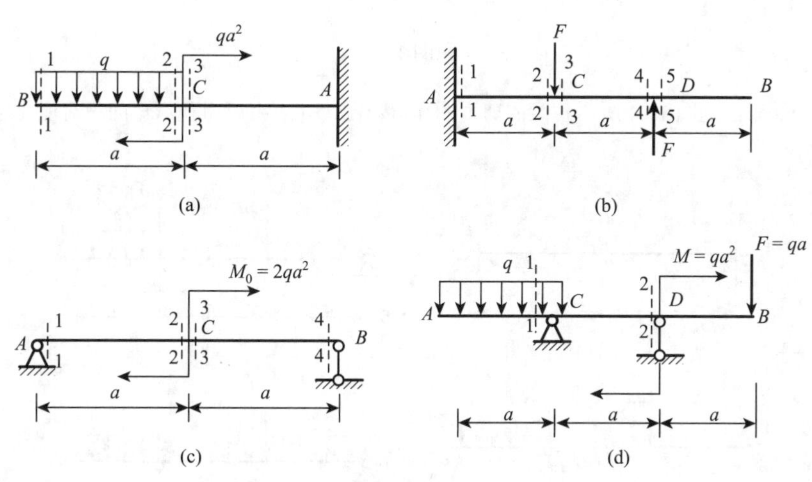

(a) (b) (c) (d)

题图 11-1

2. 试计算如题图 11-2 所示各梁横截面 $C_左$、横截面 $C_右$，以及横截面 $D_左$、横截面 $D_右$ 的剪力和弯矩。

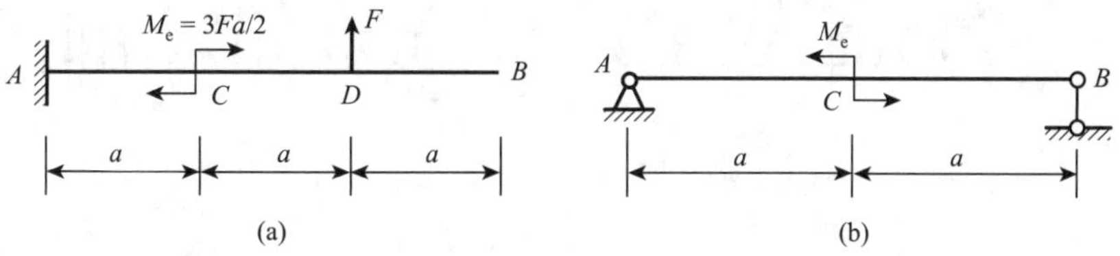

(a) (b)

题图 11-2

3. 试用内力方程法画出题图 11-3 所示各梁的剪力图和弯矩图。

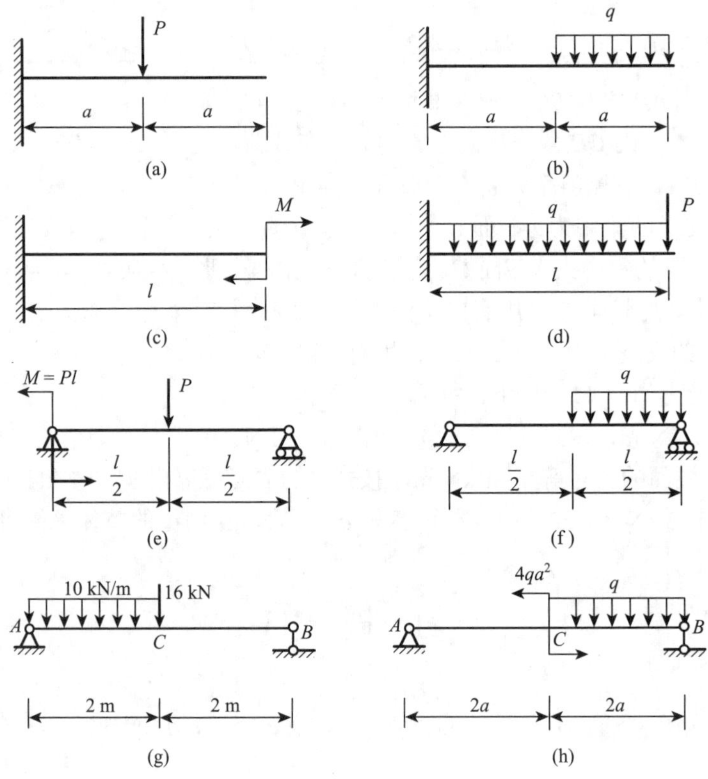

题图 11-3

4. 试用简捷法画出题图 11-4 所示各梁的剪力图和弯矩图，并求出剪力和弯矩的绝对值的最大值。设 F，q，l，a 均为已知。

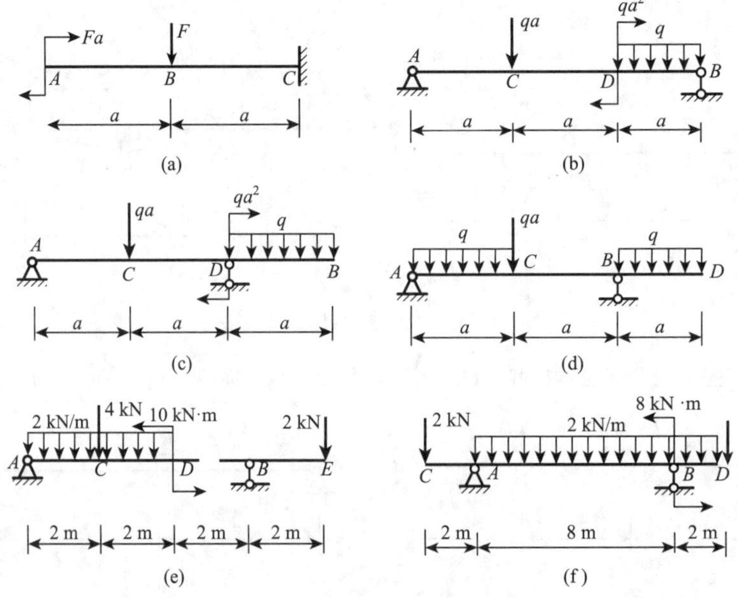

题图 11-4

5. 试用简捷法画出题图 11-5 所示各梁的剪力图和弯矩图，并求出剪力和弯矩的绝对值的最大值。设 F，q，l，a 均为已知。

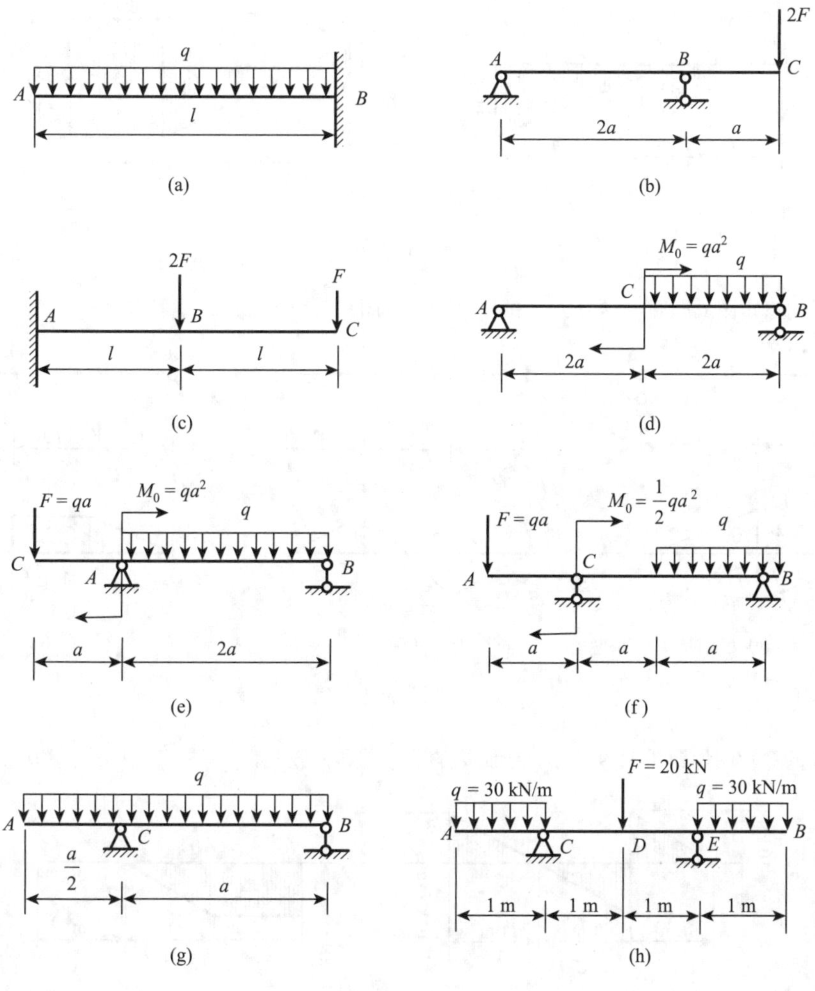

题图 11-5

6. 已知悬臂梁的剪力图如题图 11-6 所示，试作出此梁的载荷图和弯矩图（梁上无集中力偶作用）。

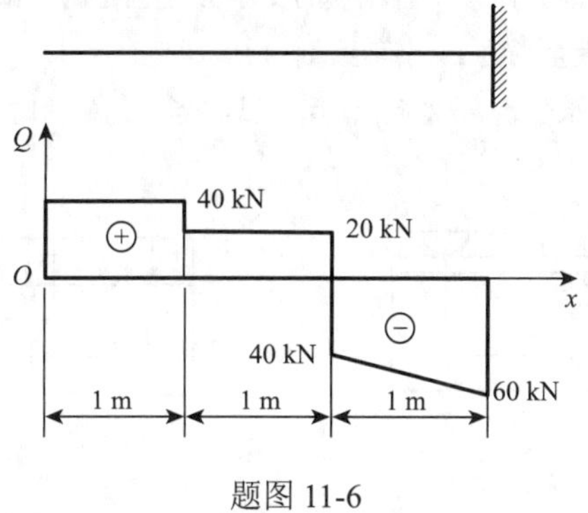

题图 11-6

7. 已知简支梁的剪力图如题图 11-7 所示，梁上无外力偶作用。绘制梁的弯矩图和荷载图。

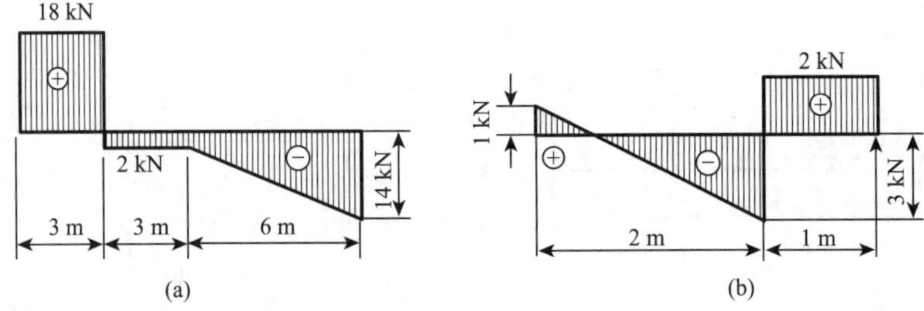

题图 11-7

8. 已知梁的弯矩图如题图 11-8 所示，试作梁的载荷图和剪力图。

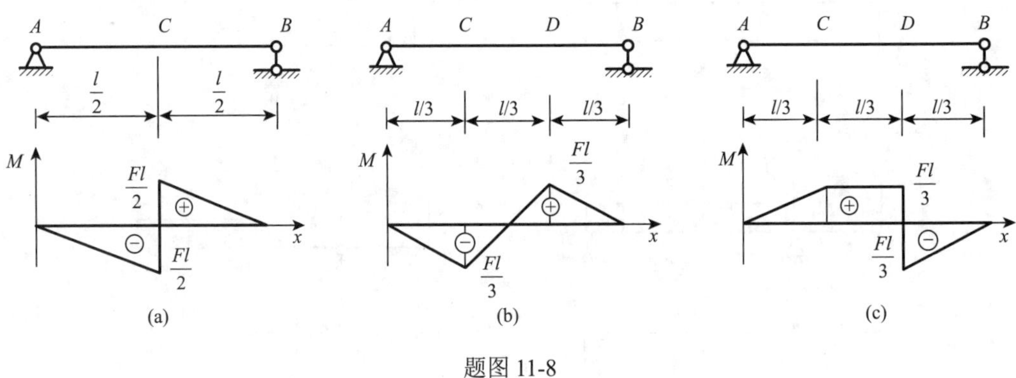

题图 11-8

9. 简支梁的弯矩图如题图 11-9 所示，绘制梁的剪力图和荷载图。

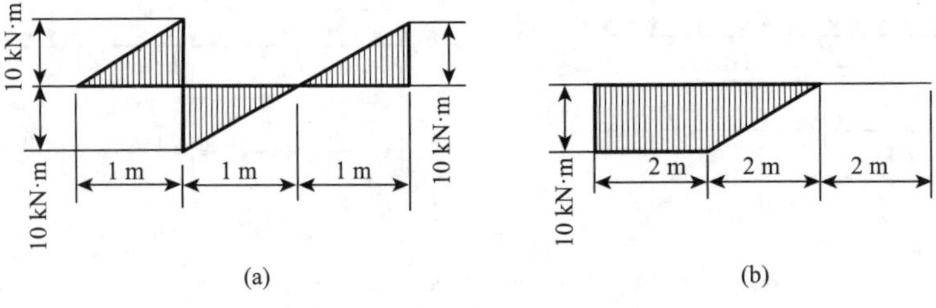

题图 11-9

10. 如题图 11-10 所示，独轮车过跳板，若跳板的支座 B 是固定的，试从弯矩方面考虑支座 A 在什么位置时跳板的受力最合理？已知跳板全长为 l，小车重量为 P。

11. 如题图 11-11 所示外伸梁承受均布载荷 q 作用。试问当 a 为何值时，梁的最大弯矩值最小。

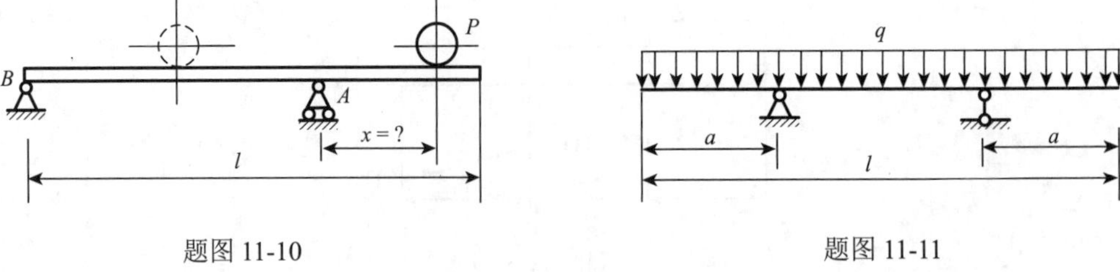

题图 11-10　　题图 11-11

第 12 章

弯 曲 应 力

由第 11 章可知，梁弯曲时横截面上一般存在两种内力，即剪力和弯矩。剪力和弯矩是横截面上分布内力的合力，分布内力的集度是应力。为了进行强度计算还应找出应力的分布规律，从而确定最大应力。显然，剪力是平行于横截面的剪应力的合力。通过本章的学习，还会发现弯矩是垂直于横截面正应力的合力。因此，梁弯曲时横截面上既有正应力又有剪应力。

12.1 梁横截面上的正应力

为研究弯矩引起的正应力分布规律，研究如图 12-1 所示的纯弯曲梁。此梁任一横截面上只有弯矩没有剪力，且弯矩都等于外力矩。弯矩在横截面上引起的应力分布无法直接观察，但力与变形之间存在一定的关系，为此，取一易变形的矩形截面梁，如图 12-2（a）所示，在其表面画上网格帮助观察变形规律。

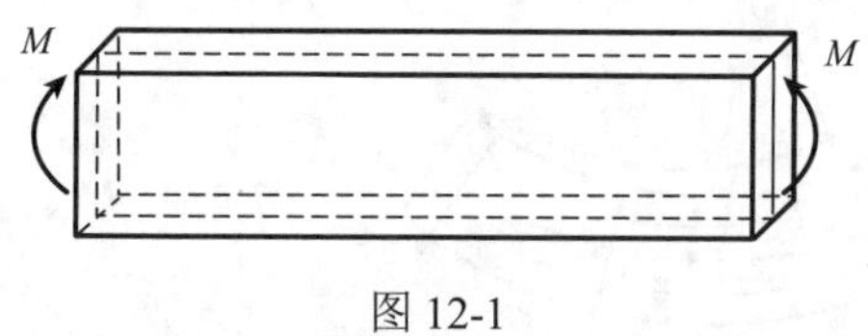

图 12-1

12.1.1 变形现象与平面假设

弯曲后梁的变形如图 12-2（b）所示，可以看到：纵向直线在变形后成为相互平行的曲线；横向直线在变形后仍为直线，转了一个角度，且垂直于弯曲了的纵向线。由所观察到的变形现象由表及里地设想：梁弯曲时，变形前，横截面是一平面；变形后，横截面仍是一平面，且大小形状不变，只是倾斜了一个角度，且与变形后梁的轴线垂直。这一设想被大量工程实践证明是正确的，由此可进一步研究梁的变形。梁的横截面变形后仍为平面称为**平面假设**（plane assumption）

如图 12-3 所示，将梁看成由许多层纵向纤维叠合而成，由于任意两个横截面在变形过程中相对转了一个角度，靠近底层的纤维受拉伸而伸长，靠近顶层的纤维受压缩而缩短，由下而上伸长逐层变小，并向缩短过渡；由于变形的连续性，纵向纤维由伸长向缩短过渡，中间必有，既不伸长也不缩短的层称为**中性层**（neutrosphere）。中性层与横截面的交线称为**中性轴**（neutral axis）。在变形过程中，横截面必绕各自的中性轴转动。

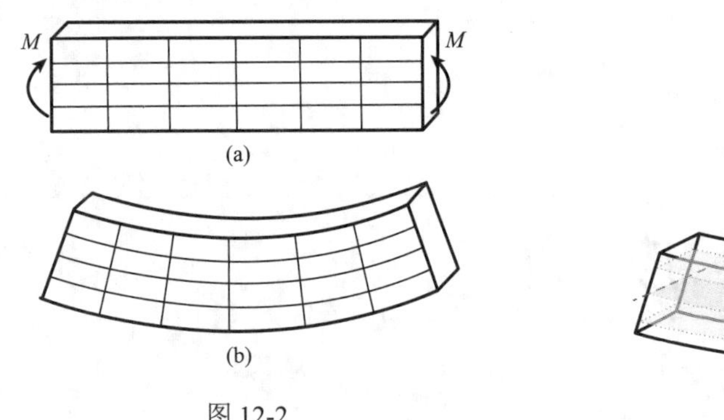

图 12-2

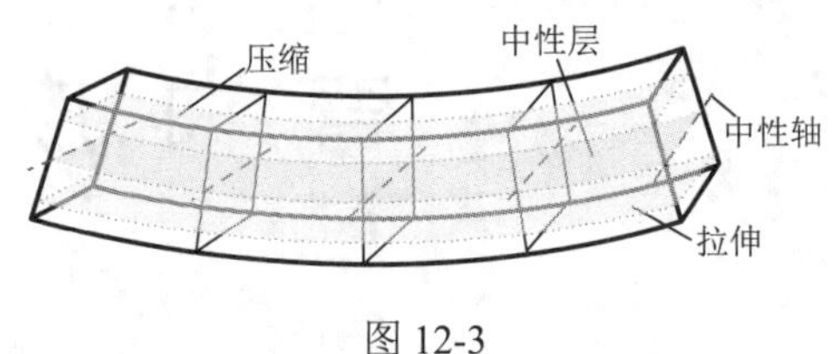

图 12-3

12.1.2 弯曲正应力分布

如图 12-4（a）所示，考察长度为 dx 的微段梁的变形，线段 AB 位于中性层上，线段 CD 与线段 AB 间的距离为 y，变形前两线段的长度都等于 dx。如图 12-4（b）所示，梁变形后，设中性层的曲率半径为 ρ，即梁轴线的曲率半径；设微段梁左右两截面的夹角为 dθ，中性层纤维变形前后长度没有变化。

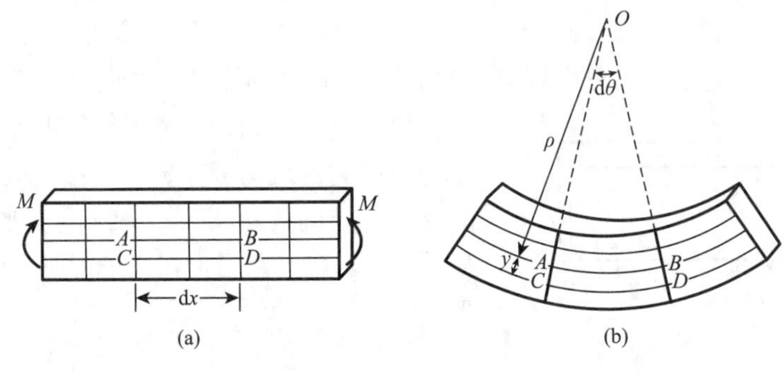

图 12-4

$$\overline{AB} = \mathrm{d}x = \overset{\frown}{AB} = \rho \mathrm{d}\theta$$

与中性层距离为 y 的一层纤维，线段 CD 的伸长应变为

$$\varepsilon = \frac{\overset{\frown}{CD} - \overline{CD}}{\overline{CD}} = \frac{\overset{\frown}{CD} - \overline{AB}}{\overline{AB}} = \frac{\overset{\frown}{CD} - \overset{\frown}{AB}}{\overset{\frown}{AB}} = \frac{(\rho + y)\mathrm{d}\theta - \rho \mathrm{d}\theta}{\rho \mathrm{d}\theta} = \frac{y}{\rho}$$

ρ 是梁轴线的曲率半径，对同一截面各点来说是常量。式（12-1）表明：纵向纤维的线应变 ε 与纤维到中性层的距离 y 成正比。

因纵向纤维 CD 受拉伸而伸长，故横截面上有正应力。根据胡克定律，在弹性范围内应力与应变成正比

$$\sigma = E\varepsilon = E\frac{y}{\rho} \tag{12-1}$$

式（12-1）描述了梁弯曲时横截面上正应力的分布规律。如图 12-5 所示，将中性轴用 z 表示，横截面上各点的正应力 σ 与该点到中性轴的距离 y 成正比。位于同一层上各点正应力

相等，中性轴上各点的正应力等于零，中性轴一侧为拉应力，另一侧为压应力，离中性轴越远的点正应力越大。

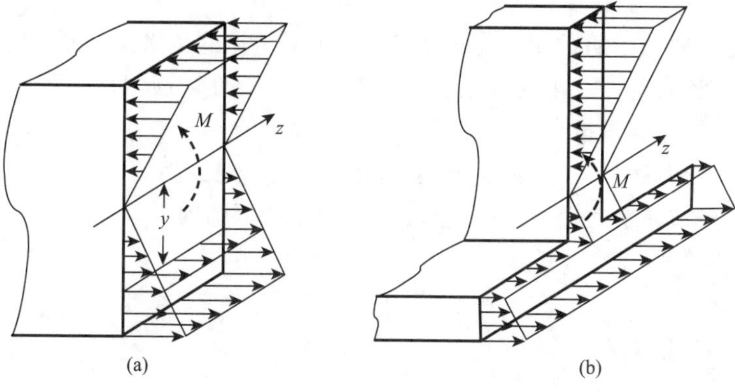

图 12-5

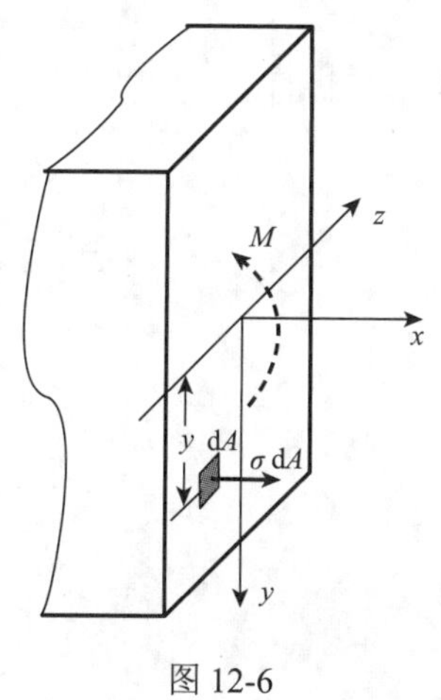

图 12-6

12.1.3 中性轴的位置

如图 12-6 所示，将梁的横截面划分为无穷多个微小区域，其中一个微区域的面积为 dA，这个微面积上作用的微内力为 $\mathrm{d}F=\sigma\mathrm{d}A$，所有微内力的合力就是横截面上的轴力 N。而纯弯曲梁的横截面上没有轴力，即 $N=0$，则有

$$N=\int_A \mathrm{d}F=\int_A \sigma\mathrm{d}A=\frac{E}{\rho}\int_A y\mathrm{d}A=\frac{E}{\rho}S_z=0$$

式中：S_z 是横截面对中性轴 z 的静矩，得 $S_z=0$。

横截面对中性轴的静矩等于零，因此，中性轴必通过横截面的形心。另外，对平面弯曲，中性轴必垂直横截面的纵向对称轴。

12.1.4 弯曲正应力公式

如图 12-6 所示，所有微内力对中性轴的力矩之和就是横截面上的弯矩 M，即

$$M=\int_A y\mathrm{d}F=\int_A y\sigma\mathrm{d}A=\int_A yE\frac{y}{\rho}\mathrm{d}A=\frac{E}{\rho}\int_A y^2\mathrm{d}A=\frac{E}{\rho}I_z$$

式中：$I_z=\int_A y^2\mathrm{d}A$ 是横截面对中性轴的惯性矩。解得

$$\frac{1}{\rho}=\frac{M}{EI_z} \tag{12-2}$$

代入式（12-1）得

$$\sigma=\frac{My}{I_z} \tag{12-3}$$

式中：M 表示横截面上的弯矩；y 表示横截面上待求应力点至中性轴的距离；I_z 表示横截面对中性轴的惯性矩。

利用式（12-3）计算弯曲正应力时，通常不考虑 M 和 y 的符号，只以 M 和 y 的数值代入，计算应力的大小，再根据弯曲变形情况直接判断应力的正负（拉压），凸边是拉应力，凹边是压应力。

式（12-3）是纯弯曲梁的正应力公式。但工程中最常见的是横力弯曲，当横力弯曲时，横截面上不仅有弯矩还有剪力，不仅有正应力还有剪应力。在剪应力作用下，变形后横截面不再保持为平面。按平面假设推导出的纯弯曲梁横截面上的正应力计算公式，用于计算横力弯曲梁横截面上的正应力存在一定误差。但是当梁的跨度和梁的高度比 l/h 大于 5 时，误差很小（工程中的梁绝大多数属于此类），计算精度在工程允许范围内。因此，横力弯曲梁横截面上的正应力仍按式（12-3）计算。

12.1.5 最大正应力

梁的横截面上，无论是拉应力还是压应力，离中性轴越远的点正应力越大。最大正应力发生在离中性轴最远处。

如图 12-5（a）所示，对于上下对称的截面，如矩形、圆形、工字形等截面，中性轴在半高处，最大拉应力与最大压应力的值相等，其值为

$$\sigma_{\max}=\frac{My_{\max}}{I_z}=\frac{M}{W_z} \tag{12-4}$$

式中：$W_z=\dfrac{I_z}{y_{\max}}$ 称为**抗弯截面模量**（section modulus in bending）。

对于矩形截面：

$$W_z=\frac{\frac{1}{12}bh^3}{\frac{1}{2}h}=\frac{1}{6}bh^2 \tag{12-5}$$

对于圆形截面：

$$W_z=\frac{\frac{1}{64}\pi d^4}{\frac{1}{2}d}=\frac{1}{32}\pi d^3 \tag{12-6}$$

对于空心圆形截面：

$$W_z=\frac{\frac{1}{64}\pi D^4(1-\alpha^4)}{\frac{1}{2}D}=\frac{1}{32}\pi D^3(1-\alpha^4)\quad\left(\alpha=\frac{d}{D}\right) \tag{12-7}$$

各类型钢的 I_z，W_z 的数值可在附录型钢表中查出。

如图 12-5（b）所示，对于上下不对称的截面，如 T 形截面、L 形截面等，中性轴不在半高处，最大拉应力与最大压应力不等。最大拉应力和最大压应力分别为

$$\sigma_{t\max} = \frac{My_{t\max}}{I_z}, \qquad \sigma_{c\max} = \frac{My_{c\max}}{I_z} \tag{12-8}$$

式中：$y_{t\max}$ 表示受拉区 y 最大值；$y_{c\max}$ 表示受压区 y 最大值。

【例 12-1】 简支梁 AB 的受力情况如图 12-7（a）所示，梁横截面的形状和尺寸如图 12-7（b）所示，求梁截面 E 上的 a，b，c，d 四点的正应力。

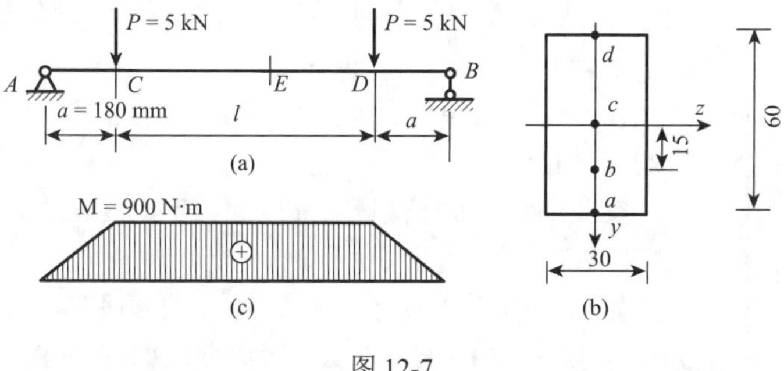

图 12-7

解 （1）求截面 E 的弯矩。

画梁的弯矩图如图 12-7（c）所示，可知，截面 E 的弯矩为

$$M_E = 900\ \text{N·m}$$

（2）计算应力。

截面 E 的最大正应力为

$$\sigma_{\max} = \frac{M}{W_z} = \frac{M_E}{\frac{1}{6}bh^2} = \frac{900}{\frac{1}{6}\times 30\times 60^2\times 10^{-12}} = 50\times 10^6\ (\text{Pa}) = 50\ (\text{MPa})$$

由于截面 E 的弯矩为正，故梁的变形为上凹下凸，可判断 a 点为拉应力，d 点为压应力。

截面上 a 点的应力为

$$\sigma_a = +\sigma_{\max} = 50\ (\text{MPa})$$

截面上 d 点的应力为

$$\sigma_d = -\sigma_{\max} = -50\ (\text{MPa})$$

由于横截面上的正应力沿梁的高度线性分布，容易判断 b 点处于受拉区，应力为

$$\sigma_b = \frac{15}{30}\sigma_{\max} = \frac{1}{2}\sigma_{\max} = 25\ \text{MPa}\text{（拉应力）}$$

c 点位于中性轴上，应力等于零

$$\sigma_c = 0$$

12.2 梁横截面上的剪应力

梁在横力弯曲时，横截面上除了弯矩外，还有剪力，相应地横截面上不但有正应力，而且还有剪应力。正应力按纯弯曲梁的正应力公式计算。现以矩形截面梁为例，推导横截面上剪应力公式。

12.2.1 矩形截面梁横截面上的剪应力

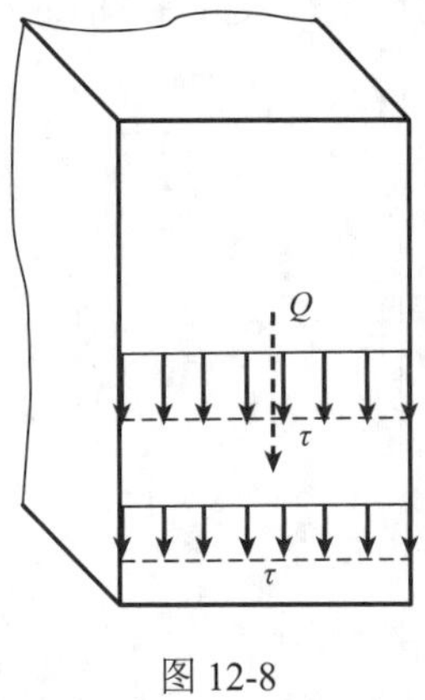

图 12-8

为使问题简化，如图 12-8 所示，对横截面上的剪应力分布作如下假设。

（1）横截面上各点的剪应力方向与剪力 Q 的方向一致，都与剪力方向平行。

（2）位于同一水平线上各点的剪应力相等，即剪应力沿横截面宽度均匀分布。

实践证明，上述假设对高度 h 大于宽度 b 的矩形截面梁具有足够的精度。

如图 12-9（a）所示，长度为 dx 的微段梁，设左右横截面的弯矩分别为 M 和 $M+\mathrm{d}M$，再从微段梁截取如图 12-9（b）所示的微元体，设微元体左右侧面的面积为 A_1。

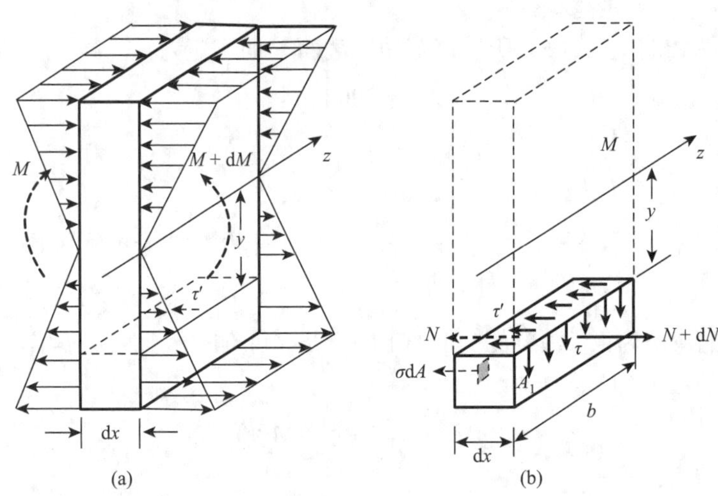

图 12-9

微元体左侧截面上由弯矩 M 引起正应力的合力为

$$N=\int_{A_1}\sigma\mathrm{d}A=\int_{A_1}\frac{My'}{I_z}\mathrm{d}A=\frac{M}{I_z}\int_{A_1}y'\mathrm{d}A=\frac{M}{I_z}S_z$$

同理，微元体右侧截面上由弯矩 $M+\mathrm{d}M$ 引起正应力的合力为

$$N+\mathrm{d}N=\frac{M+\mathrm{d}M}{I_z}S_z$$

微元体左右侧面的合力差为

$$\mathrm{d}N=\frac{\mathrm{d}M}{I_z}S_z$$

以上式中：y'是微面积 dA 到横截面中性轴的距离；A_1 为微元体左右侧面面积；S_z 是微元体左右侧面对横截面中性轴的静矩。

由于微段梁左右截面的弯矩不同，所以微元体左右侧面正应力的合力不相等，二者的差值为 dN。为保持平衡，在微元体的顶面必存在剪应力 τ'，其合力等于左右侧面的合力差

$$\tau' b\mathrm{d}x = \mathrm{d}N = \frac{\mathrm{d}M}{I_z} S_z$$

$$\tau' = \frac{\mathrm{d}M}{\mathrm{d}x} \frac{S_z}{bI_z} = \frac{QS_z}{bI_z}$$

根据剪应力互等定理，横截面上的剪应力 τ 与微元体的顶面上的剪应力 τ'相等。横力弯曲时，横截面上的剪应力为

$$\tau = \frac{QS_z}{bI_z} \tag{12-9}$$

如图 12-10（a）所示，对于矩形截面，有

$$I_z = \frac{1}{12} bh^3, \qquad S_z^* = A_1 y_C = \left(\frac{h}{2} - y\right) b \frac{1}{2}\left(\frac{h}{2} + y\right) = \frac{b}{2}\left[\left(\frac{h}{2}\right)^2 - y^2\right]$$

代入式（12-9）得

$$\tau = \frac{3Q}{2bh}\left[1 - \left(\frac{2y}{h}\right)^2\right]$$

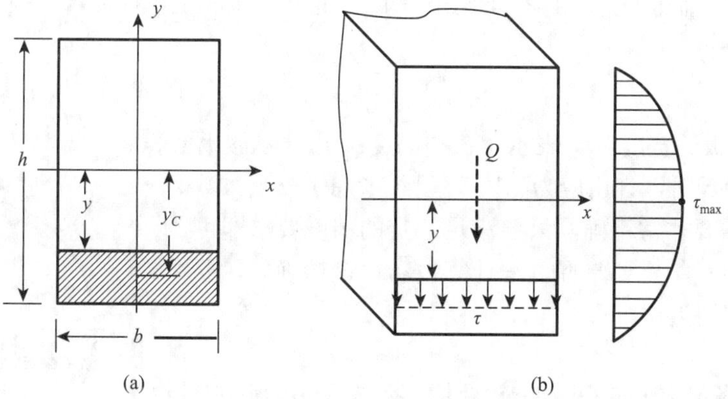

图 12-10

如图 12-10（b）所示，矩形梁横截面剪应力沿梁的宽度均匀分布；沿梁的高度按抛物线分布。当 $y = \pm \dfrac{h}{2}$ 时，即横截面的上下边缘处，剪应力为零；当 $y = 0$ 时，剪应力最大，即最大剪应力发生在中性轴上各点，其值为

$$\tau_{\max} = \frac{3}{2} \frac{Q}{bh} \tag{12-10}$$

矩形截面梁的最大剪应力等于平均剪应力的 1.5 倍。

注：对粗短的键等连接件，剪切为主、弯曲为次的构件，按均匀分布近似计算其剪应力；对于梁，弯曲为主、剪切为次的构件，按不均匀分布，计算其剪切力。

12.2.2 工字形截面梁横截面上的剪应力

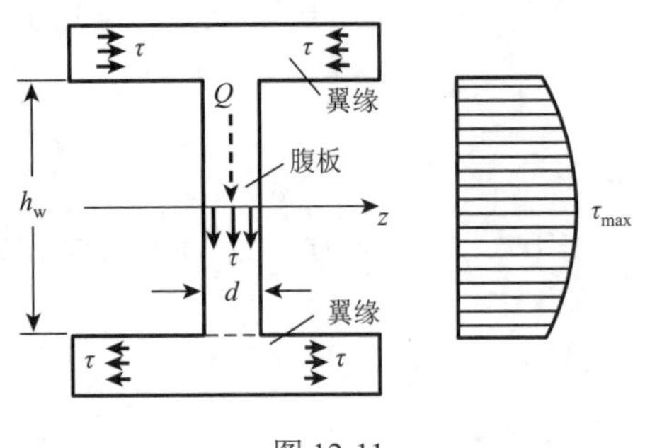

图 12-11

如图 12-11 所示，工字形截面梁由腹板和翼缘组成。中间狭长部分称为**腹板**（web），上、下扁平部分称为**翼缘**（flange）。工字梁横截面上的剪应力主要分布于腹板上，翼缘部分的剪应力情况比较复杂，数值很小，可不予考虑。由于腹板比较狭长，可认为，剪应力平行于腹板的竖边，且沿宽度方向均匀分布。腹板上的剪应力仍按式（12-9）计算，剪应力沿腹板高度方向也是呈二次抛物线规律变化，最大剪应力发生在中性轴上，其值为

$$\tau_{\max}=\frac{QS_{z\max}}{dI_z} \tag{12-11}$$

式中：d 表示腹板的宽度；$S_{z\max}$ 表示中性轴一侧的截面面积对中性轴的静矩。如果是型钢，式（12-11）中的比值 $\frac{I_z}{S_{z\max}}$ 可直接由型钢表查得。

此外，由图 12-11 可以看到，腹板上的最大剪应力与最小剪应力差别并不太大，剪应力接近于均匀分布，且剪应力主要由腹板承担，因此，也可按下式近似地计算工字梁的最大剪应力：

$$\tau_{\max}\approx\frac{Q}{dh_w}=\frac{Q}{A_w} \tag{12-12}$$

式中：d 表示腹板的宽度；h_w 表示腹板的高度；A_w 表示腹板面积。

注：工程设计时，许用应力[σ]中，已经考虑了安全系数，应力计算并不需要非常精确，只要满足一定的精度要求即可。学习材料力学时，一定要掌握工程计算技巧，该精确处，要精确，该近似处，要近似。

12.2.3 圆形、圆环形截面梁横截面上的剪应力

如图 12-12 所示，对于圆形截面和圆环形截面，可以证明横截面上最大剪应力发生在中性轴上各点，并沿中性轴均匀分布，其值为

圆形截面：

$$\tau_{\max}=\frac{4}{3}\frac{Q}{A} \tag{12-13}$$

圆环形截面：

$$\tau_{\max}=2\frac{Q}{A} \tag{12-14}$$

上两式中：A 为横截面面积。

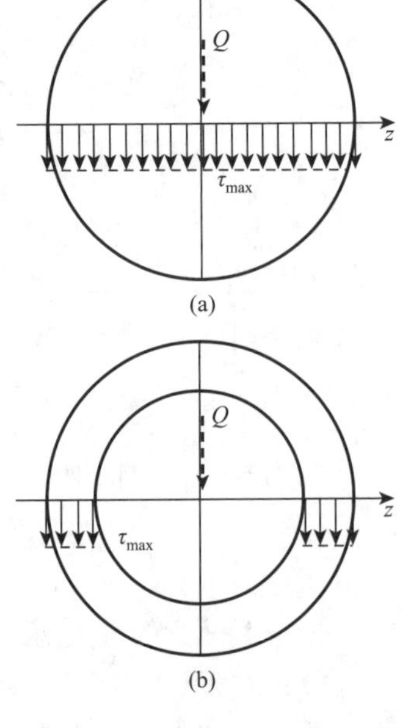

图 12-12

【例 12-2】 如图 12-13（a）所示，矩形截面简支梁受均布载荷作用，求最大剪应力与最大正应力的比值。

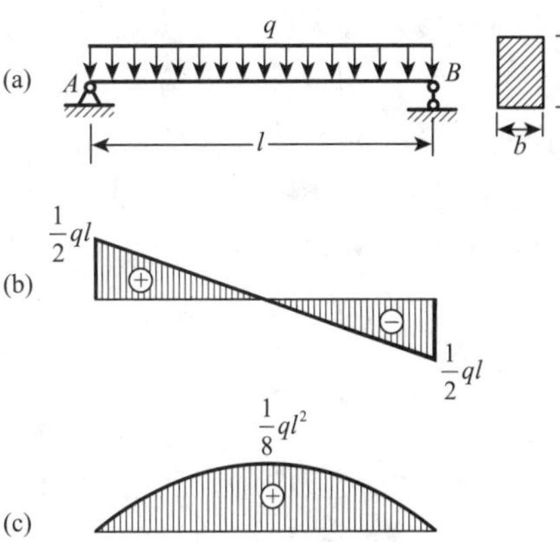

解 画梁的剪力图和弯矩图如图 12-13（b）（c）所示，可知，最大剪力和最大弯矩分别为

$$Q_{\max}=\frac{1}{2}ql,\qquad M_{\max}=\frac{1}{8}ql^2$$

最大剪应力发生在无限接近支座横截面的中性轴上，其值为

$$\tau_{\max}=\frac{3}{2}\frac{Q_{\max}}{bh}=\frac{3}{2}\frac{\frac{1}{2}ql}{bh}=\frac{3}{4}\frac{ql}{bh}$$

图 12-13

最大正应力发生在跨中横截面的上下边缘处，其值为

$$\sigma_{\max}=\frac{M_{\max}}{W_z}=\frac{\frac{1}{8}ql^2}{\frac{1}{6}bh^2}=\frac{3}{4}\frac{ql^2}{bh^2}$$

最大剪应力与最大正应力的比值为

$$\frac{\tau_{\max}}{\sigma_{\max}}=\frac{\frac{3}{4}\frac{ql}{bh}}{\frac{3}{4}\frac{ql^2}{bh^2}}=\frac{h}{l}$$

从本例可以看出，梁的最大剪应力与最大正应力之比的数量级等于梁的高度 h 与梁的跨度 l 之比。工程中，一般梁的跨度远大于梁的高度，所以，通常梁的剪应力比梁的正应力小很多。

12.3 梁的强度

通常，梁的横截面上同时存在正应力和剪应力。最大正应力发生在最大弯矩所在的横截面上离中性轴最远的上下边缘处各点，此处剪应力等于零；最大剪应力发生在最大剪力所在的横截面的中性轴上各点，此处正应力等于零。

12.3.1 梁的正应力强度条件

为了确保梁能安全正常地工作，梁内的最大正应力不能超过材料的许用正应力。梁必须满足正应力强度条件。

对低碳钢类的塑性材料，其抗拉强度与抗压强度近似相等，为充分利用材料，使横截面上最大拉应力和最大压应力同时达到其许用应力，通常采用上下对称的横截面，例如，工字形、矩形、圆形等。计算应力时，可不必区分拉应力还是压应力，于是梁的正应力强度条件为

$$\sigma_{\max}\leqslant[\sigma] \tag{12-15}$$

可能发生最大应力的横截面称为危险截面。梁的最大弯矩所在的截面往往是危险截面，最大应力所在的点称为**危险点**（dangerous point）。梁的最大正应力往往发生在弯矩最大的横截面上。最大应力按式（12-4）计算。

对于铸铁一类的脆性材料，其抗拉强度与抗压强度不相等，为充分利用材料，使横截面上最大拉应力和最大压应力基本同时分别达到其许用应力，通常采用上下不对称的横截面，例如，T 字形、L 形和槽形等。计算应力时，必须区分拉应力还是压应力，于是梁的正应力强度条件为

$$\sigma_{t\max} \leqslant [\sigma_t], \qquad \sigma_{c\max} \leqslant [\sigma_c] \tag{12-16}$$

通常，此类梁的最大正弯矩和最大负弯矩所在的横截面都是危险截面，比较此两个横截面上的应力才能确定梁的最大应力。最大应力按式（12-8）计算。

12.3.2 梁的剪应力强度条件

为了确保梁能安全正常地工作，梁内的最大剪应力不能超过材料的许用剪应力。梁必须满足剪应力强度条件。梁的剪应力强度条件为

$$\tau_{\max} \leqslant [\tau] \tag{12-17}$$

梁的横截面上既有正应力又有剪应力，梁既要满足正应力强度条件又要满足剪应力强度条件。强度计算时，既要计算正应力强度又要计算梁的剪应力强度。但是，通常情况，梁的剪应力比正应力小很多，而材料的许用剪应力与许用正应力却相差不大，一般情况下，梁只要满足了正应力强度条件，剪应力强度条件基本就能满足。因此，为简化计算，多数情况可省略剪应力强度计算。但是下列两种情况，需计算剪应力强度：①薄壁截面梁，由于这种截面形式抗弯能力强，能承受的载荷大，横截面面积相对较小，所以，剪应力数值相对较大，剪应力强度不能省略；②跨度较小和支座附近作用有较大载荷的梁，此时梁的弯矩相对较小而剪力相对较大，剪应力数值相对较大，剪应力强度不能省略。

【例 12-3】 如图 12-14（a）所示，一空心矩形截面悬臂梁承受均布载荷 q 作用。梁的长度 $l = 1.2$ m，材料的许用应力$[\sigma] = 160$ MPa，横截面尺寸为 $H = 120$ mm，$B = 60$ mm，$h = 80$ mm，$b = 30$ mm。按梁的正应力强度条件计算最大许用均布载荷 q 的值。

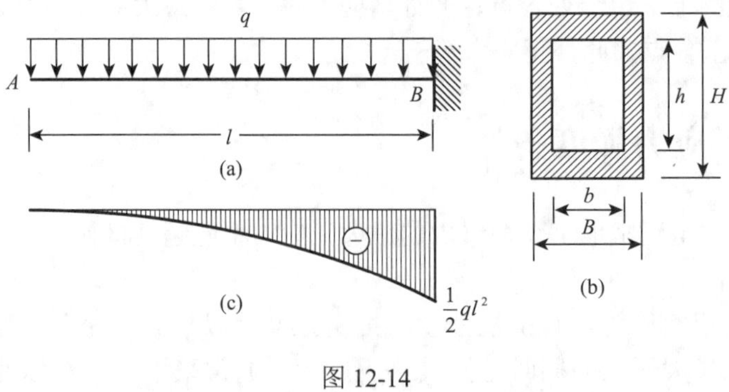

图 12-14

解 （1）画弯矩图。

画弯矩图如图 12-14（c）所示，最大弯矩发生在固定端截面上，其值为

$$M_{max} = \frac{1}{2}ql^2$$

固定端截面是危险截面。

（2）计算截面几何性质。

横截面对中性轴的惯性矩为

$$\begin{aligned} I_z &= \frac{1}{12}BH^3 - \frac{1}{12}bh^3 \\ &= \frac{1}{12}60\times120^3\times10^{-12} - \frac{1}{12}30\times80^3\times10^{-12} \\ &= 7.36\times10^{-6}(\text{m}^4) \end{aligned}$$

抗弯截面模量为

$$W_z = \frac{I_z}{y_{max}} = \frac{7.36\times10^{-6}}{60\times10^{-3}} = 1.23\times10^{-4}\ (\text{m}^3)$$

（3）确定梁的许用载荷。

由梁的正应力强度条件有

$$\sigma = \frac{M_{max}}{W_z} = \frac{\frac{1}{2}ql^2}{W_z} \leqslant [\sigma]$$

解得

$$q \leqslant \frac{2W_z[\sigma]}{l^2} = \frac{2\times1.23\times10^{-4}\times160\times10^6}{(1.2)^2} = 273.3\times10^3(\text{N/m}) = 273.3(\text{kN/m})$$

最大许用均布载荷 $q_{max} = 273.3$ kN/m。

【例 12-4】 如图 12-15（a）所示，简支梁受靠近支座的集中力作用，许用应力$[\sigma] = 140$ MPa，$[\tau] = 80$ MPa，选择工字钢的型号。

扫码观看

解 （1）画剪力图和弯矩图。

画剪力图和弯矩图如图 12-15（b）（c）所示，最大剪力和最大弯矩分别为

$$Q_{max} = 54\ \text{kN},\qquad M_{max} = 10.8\ \text{kN·m}$$

（2）选择截面。

梁既有正应力强度条件要求又有剪应力强度要求，但正应力强度为主剪应力强度为次。梁的强度主要取决于正应力强度，可先按梁的正应力强度条件选择截面尺寸，再看有无必要计算剪应力强度。

按梁的正应力强度条件，有

$$\sigma = \frac{M_{max}}{W_z} \leqslant [\sigma]$$

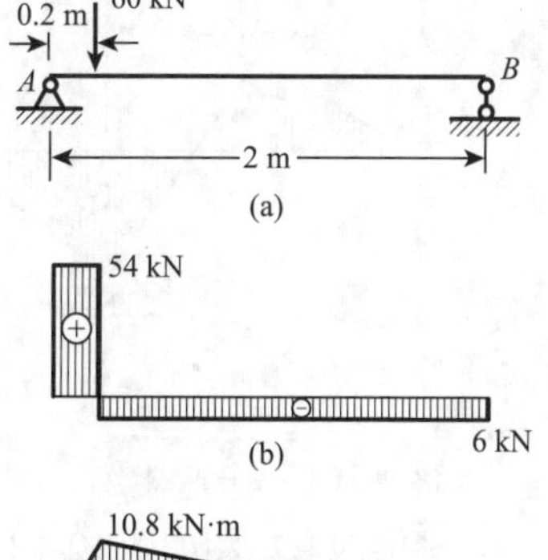

图 12-15

解得

$$W_z \geqslant \frac{M_{max}}{[\sigma]} = \frac{10.8\times10^3}{140\times10^6} = 77.1\times10^{-6}\ (\text{m}^3) = 77.1\ (\text{cm}^3)$$

查附录型钢表选 12.6 号工字钢，其 $W_z = 77.529$ cm^3 能满足正应力强度要求。

（3）剪应力强度校核。

一般情况，剪应力强度无须计算，但是，本题由于工字形截面梁是薄壁截面梁，集中载荷离支座又近，故应校核剪应力强度。由附录型钢表查得 12.6 号工字钢的$\dfrac{I_z}{S^*_{z\max}}=10.848\ \text{cm}$，腹板宽 $d = 5$ mm，梁的最大剪应力为

$$\tau_{\max}=\frac{Q_{\max}}{d\left(I_z/S^*_{z\max}\right)}=\frac{54\times10^3}{5\times10^{-3}\times10.848\times10^{-2}}=99.6\ (\text{MPa})>[\tau]=80\ (\text{MPa})$$

剪应力强度不能满足要求，须加大工字钢型号，选用 14 号工字钢，$\dfrac{I_z}{S^*_{z\max}}=12\ \text{cm}$，腹板宽 $d = 5.5$ mm，重新计算最大剪应力

$$\tau_{\max}=\frac{Q_{\max}}{d\left(I_z/S^*_{z\max}\right)}=\frac{54\times10^3}{5.5\times10^{-3}\times12\times10^{-2}}=81.8\ (\text{MPa})<(1+5\%)[\tau]=84\ (\text{MPa})$$

虽然仍大于许用应力，但没有超出 5%，这在工程设计中是允许的，因此，选用 14 号工字钢。如果超出许用应力 5%，则还要加大工字钢型号，继续计算最大剪应力，直至满足强度要求。

【例 12-5】 如图 12-16（a）所示，T 形截面铸铁梁受两集中力作用，横截面的几何尺寸如图 12-16（b）所示，材料的许用拉应力$[\sigma_t] = 30$ MPa，许用压应力$[\sigma_c] = 60$ MPa，校核梁的正应力强度。

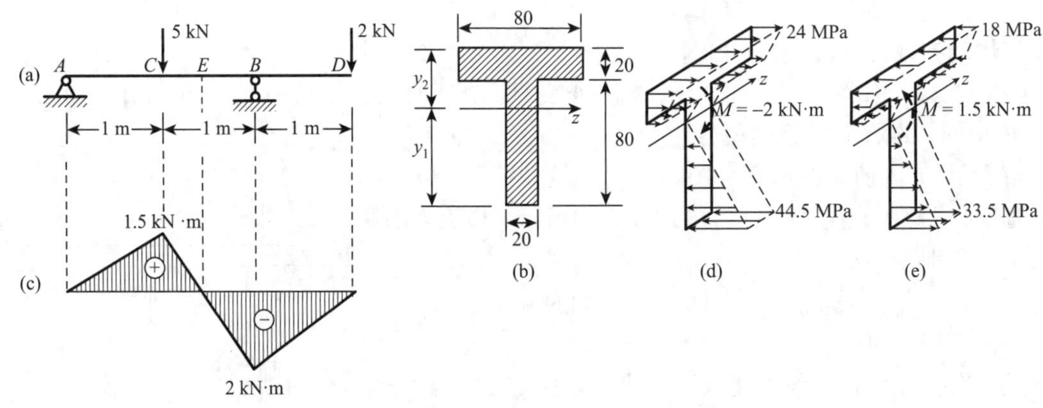

图 12-16

解 （1）作弯矩图。

画梁的弯矩图如图 12-16（c）所示，梁的 AE 段受正弯矩作用，最大正弯矩为 $M_C = 2.5$ kN·m，在截面 C；而梁的 ED 段受负弯矩作用，最大负弯矩为 $M_B = -4$ kN·m，在截面 B 处。

（2）计算截面的几何性质。

截面形心的位置为

$$y_1=y_C=\frac{80\times20\times90+20\times80\times40}{80\times20+20\times80}=65\ (\text{mm})$$

$$y_2=100-65=35\ (\text{mm})$$

截面对中性轴的惯性矩为

$$I_z = \frac{1}{12} \times 80 \times 20^3 + 80 \times 20(90-65)^2 + \frac{1}{12} \times 20 \times 80^3 + 20 \times 80(65-40)^2$$
$$= 2.91 \times 10^6 \ (\text{mm}^4)$$

（3）校核强度。

截面 C 的最大拉、压应力是梁 AE 段的最大应力；截面 B 的最大拉、压应力是梁 ED 段的最大应力，比较截面 B 和 C 的应力就可得到全梁的最大应力。截面 B 的弯矩绝对值最大，首先计算截面 B 的应力。如图 12-16（d）所示，截面 B 受负弯矩作用，最大拉应力发生在上边缘处，其值为

$$\sigma_{t\max}^{B} = \frac{M_B y_2}{I_z} = \frac{2 \times 10^3 \times 35 \times 10^{-3}}{2.91 \times 10^{-6}} = 24 \ (\text{MPa})$$

最大压应力发生在下边缘处，其值为

$$\sigma_{c\max}^{B} = \frac{M_B y_1}{I_z} = \frac{2 \times 10^3 \times 65 \times 10^{-3}}{2.91 \times 10^{-6}} = 44.5 \ (\text{MPa})$$

截面 C 的弯矩绝对值较小，再计算截面 C 的应力。如图 12-16（e）所示，截面 C 受正弯矩作用，最大拉应力发生在下边缘处，其值为

$$\sigma_{t\max}^{C} = \frac{M_C y_1}{I_z} = \frac{1.5 \times 10^3 \times 65 \times 10^{-3}}{2.91 \times 10^{-6}} = 33.5 \ (\text{MPa})$$

截面 C 的最大压应力发生在截面的上边缘处，其值为

$$\sigma_{c\max}^{B} = \frac{M_B y_1}{I_z} = \frac{1.5 \times 10^3 \times 35 \times 10^{-3}}{2.91 \times 10^{-6}} = 18 \ (\text{MPa})$$

实际上，截面 C 的最大压应力可以省略不算，因为 $\sigma_{c\max}^{C} = \frac{M_C y_2}{I_z}$，$\sigma_{c\max}^{B} = \frac{M_B y_1}{I_z}$，且 $M_C < M_B$，$y_2 < y_1$，所以有 $\sigma_{c\max}^{C} < \sigma_{c\max}^{B}$。因此，极值弯矩绝对值较小的截面压应力不必计算。

比较截面 B 和 C 上的应力，全梁的最大拉应力为

$$\sigma_{t\max} = \sigma_{t\max}^{C} = 33.5 \ \text{MPa} > [\sigma_t] = 30 \ (\text{MPa})$$

全梁的最大压应力为

$$\sigma_{c\max} = \sigma_{c\max}^{B} = 44.5 \ \text{MPa} < [\sigma_c] = 60 \ (\text{MPa})$$

因此，梁不满足正应力强度条件。

12.4 提高梁抗弯能力的措施

工程实际中，为了节省材料降低成本或减少梁的自重，应以较少的材料消耗，用较小的横截面面积，使梁获得更大的抗弯能力。梁的强度主要取决于正应力强度，正应力强度条件为

$$\sigma_{\max} = \frac{M_{\max}}{W_z} \leqslant [\sigma]$$

许用应力是一个确定的值，梁的最大应力与梁的最大弯矩 $M_{\max}$ 和抗弯截面模量 W_z 有关。

最大应力越小，梁越安全，意味着梁能承受更大的载荷，因此，提高梁的承载能力，应从两个方面考虑：①降低梁的最大弯矩，最大弯矩越小越好；②提高梁的抗弯截面模量，抗弯截面模量越大越好。

12.4.1 减小梁的最大弯矩

在可能的情况下，恰当地调整载荷布置和支座的位置，可以减小梁内的最大弯矩，增大梁的承载能力。

如图 12-17 所示是某铣床的齿轮轴，如果将齿轮从轴的跨中位置，移到距右轴承$\frac{l}{6}$处，最大弯矩将由原来的$\frac{Pl}{4}$降为$\frac{5}{36}Pl$，可见恰当地布置齿轮的位置，可使啮合力 P 引起的最大弯矩降低将近一半。

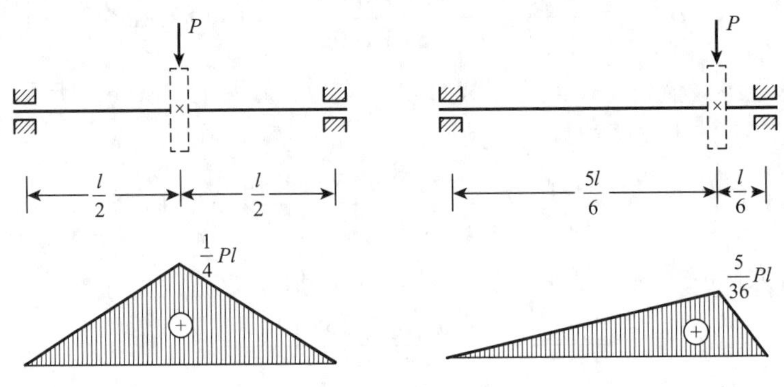

图 12-17

如果能适当地将载荷分散，可以提高梁的抗弯强度。如图 12-18（a）所示，集中力 P 作用在简支梁的中点，最大弯矩为 $Pl/4$。如图 12-18（b）所示，如果将力 P 以集度 $q = P/l$ 均匀地分布于梁上，最大弯矩仅为 $Pl/8$，可见，分散载荷后，最大弯矩减少了一半。根据这个道理，如图 12-19 所示，技术人员在运送重 1 200 kN 汽轮机组的重型设备时，为使其通过只能行驶重 130 kN 汽车的公路桥，特制了一个大型平板车，其宽度与桥宽相近，长度超过桥墩跨度，底盘上装有 7 排 8 行共 56 个车轮。这样就使包括平板车和汽轮机组总重 1 600 kN 的载荷，近似均匀地分散在较长较宽的桥面上；载荷由近似集中力变成近似均匀分布力。大大降低最大弯矩，显著提高桥梁的承载能力，使平板车能顺利地通过。如图 12-18（c）所示，若用一根副梁将力 P 分解成两个 $P/2$ 的集中力作用在主梁上，使主梁的最大弯矩由 $Pl/4$ 减小为 $Pl/8$，最大弯矩减少了一半。增加的副梁与主梁相加比原主梁似乎并没有节约多少材料，然而，却可以用两根较小的材料起到一根较大材料的作用。在没有较大材料时，就显得弥足珍贵。

如图 12-20 所示，将受均匀分布载荷作用简支梁的左右两端的支座向内移动 $0.2l$，则最大弯矩由原来的 $ql^2/8 = 0.125ql^2$ 降为 $0.025ql^2$，即合理安排支座的位置后，最大弯矩降为原来的 1/5。梁的横截面尺寸可相应地减小，既节省了材料，又减轻了自重。根据这个道理，水雷放在潜艇舱的支架上或导弹悬挂在歼击机机翼下，其支撑或悬挂位置都不在弹体的两端，而是稍偏一点位置。

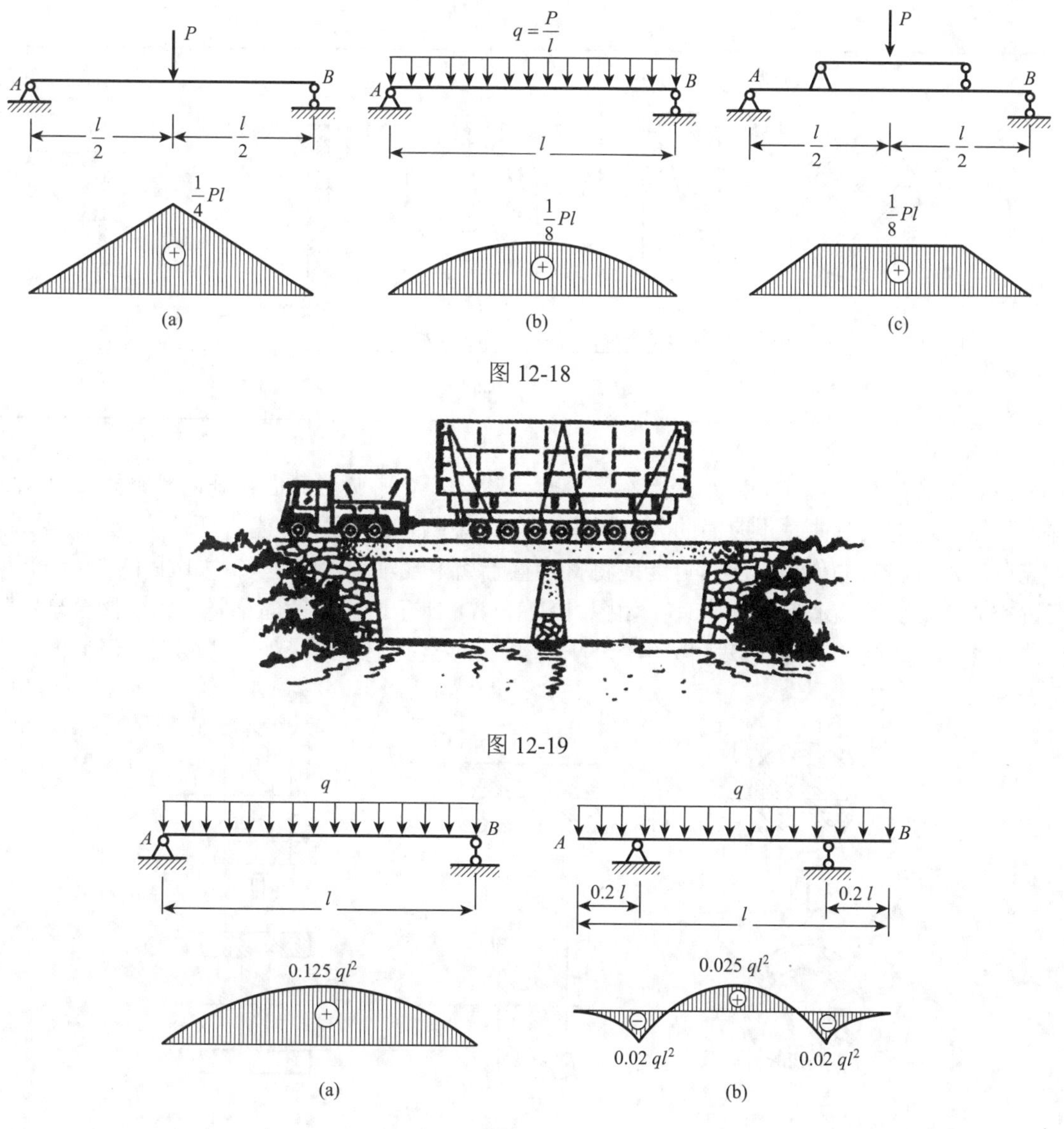

图 12-18

图 12-19

图 12-20

12.4.2　增大梁的抗弯截面模量

一方面，梁的抗弯截面模量越大，抗弯能力就越强；另一方面，对材料的使用来说，梁的横截面面积越小，消耗的材料就越少。因此，应尽可能使用小的横截面面积 A，获得尽可能大的抗弯截面模量 W_z。可以用比值 W_z/A 来衡量截面的合理程度，比值越大，截面就越经济合理。

例如，对于矩形截面：

$$\frac{W_z}{A}=\frac{bh^2/6}{bh}=0.167h$$

其他形状的截面的 W_z/A 如表 12-1 所示。

表 12-1

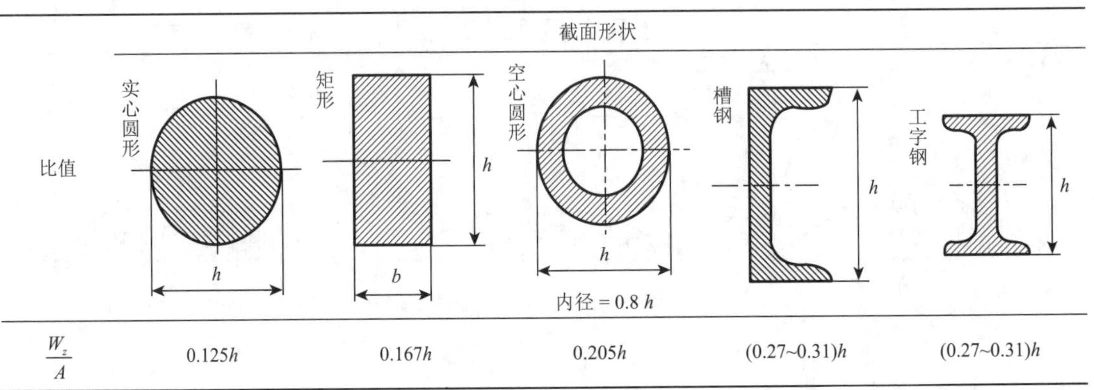

比值	截面形状				
	实心圆形	矩形	空心圆形（内径 = 0.8 h）	槽钢	工字钢
$\frac{W_z}{A}$	$0.125h$	$0.167h$	$0.205h$	$(0.27\sim0.31)h$	$(0.27\sim0.31)h$

由表中数据可知，实心圆形最不经济，矩形次之，空心圆形截面较好，槽钢和工字钢最佳。显然，这与梁弯曲时正应力的分布规律有关。离中性轴越远处，弯曲正应力越大。因此，为充分地发挥材料的作用，应尽可能地将材料置于离中性轴较远的地方。如图 12-21（a）所示，空心圆截面比实心圆截面合理；如图 12-21（b）所示，矩形截面梁竖搁比横搁合理；如图 12-21（c）所示，将矩形截面梁中部的一些材料移至其上下边缘处，形成工字形截面，就更合理。

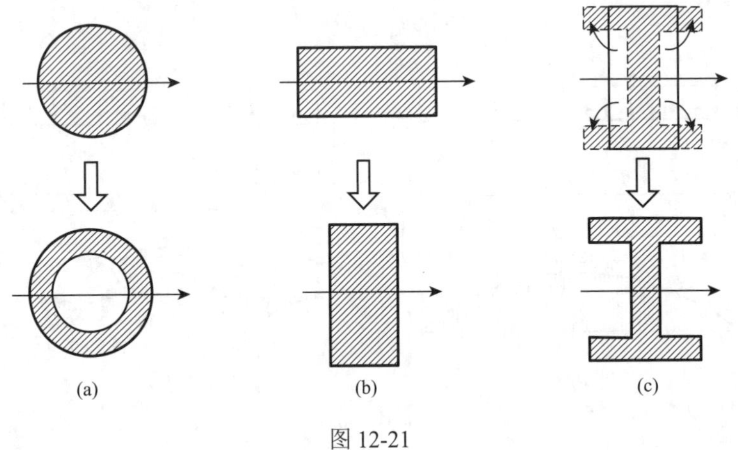

图 12-21

12.4.3 充分利用材料性质

如图 12-22（a）所示，对于抗拉和抗压强度相等的塑性材料，应采用对称于中性轴的横截面，如矩形、槽形、工字形截面等，使横截面的最大拉应力和最大压应力同时达到材料的许用应力。如图 12-22（b）所示，对于抗拉、抗压强度不等的脆性材料，其抗拉强度小于抗压强度，宜采用上、下不对称的横截面，中性轴偏于受拉一侧，即将翼缘置于受拉一侧，使拉应力较小，理想情况是最大拉应力和最大压应力同时达到各自的许用应力

$$\frac{\sigma_{t\max}}{\sigma_{c\max}}=\frac{My_t/I_z}{My_c/I_z}=\frac{y_t}{y_c}=\frac{[\sigma_t]}{[\sigma_c]}$$

确定中性轴的合理位置。

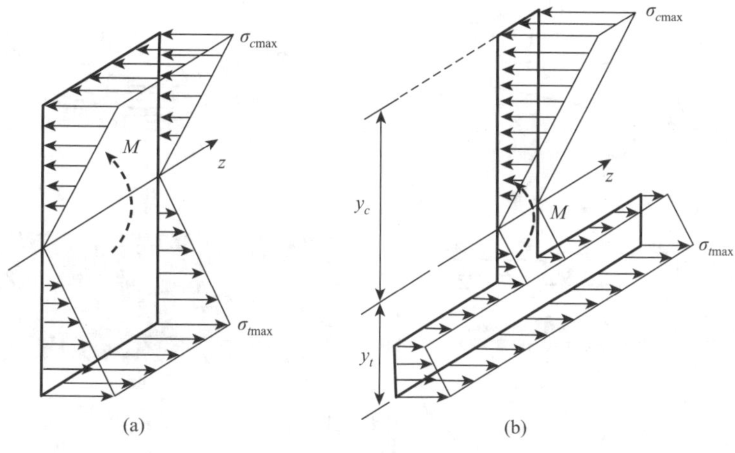

图 12-22

混凝土材料是脆性材料，抗拉能力较差，为了充分发挥其抗压能力强的优点，使最大压应力达到其许用应力，应在受拉一侧配备抗拉性能较好的钢筋，这样可以提高梁的抗弯能力。但应该注意，如图 12-23 所示，钢筋必须时刻位于受拉一侧，方向不能颠倒，例如，将钢筋混凝土预制楼板上下倒置，其承载能力极低，在使用和运输过程中易断裂而造成事故。

图 12-23

12.4.4 采用变截面梁

由于梁在各截面上的弯矩是随截面位置变化的。采用等截面梁时，只有最大弯矩 M_{max} 的横截面上，应力才有可能达到许用应力；其余各截面上的弯矩较小，应力较低，材料没有充分发挥作用。因而，有必要改变各横截面尺寸，使抗弯截面模量随弯矩而变化。这种横截面尺寸沿轴线变化的梁，称为**变截面梁**（beam of variable cross-section）。理想的变截面梁可设计成每个横截面上的最大正应力都正好等于材料的许用应力，这种梁称为**等强度梁**（beam of constant strength）。等强度梁一般情况下制造存在一定困难，实际应用时，多采用接近等强度梁的变截面梁。例如，图 12-24（a）所示房屋阳台的挑梁，图 12-24（b）所示汽车轮轴上的叠板弹簧，图 12-24（c）所示的阶梯轴等。

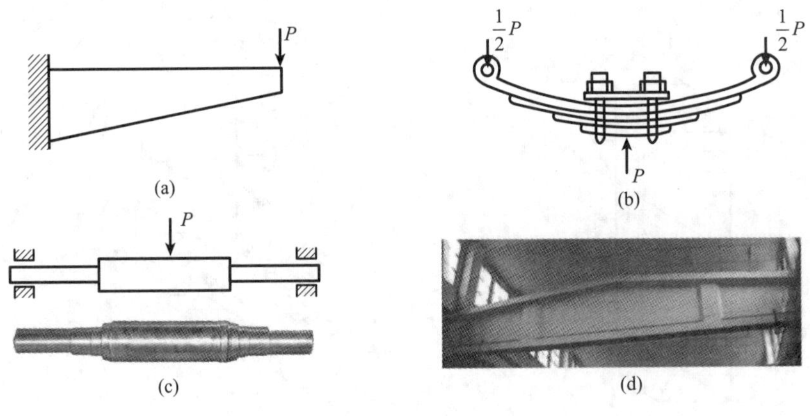

(a) (b) (c) (d)

图 12-24

12.5 拉伸与弯曲同时作用时横截面上的正应力

如图 12-25（a）所示，当杆同时承受垂直于轴线的横向力和沿着轴线方向的纵向力时，杆的横截面上将产生轴力、弯矩和剪力。忽略剪力的影响，轴力和弯矩都将在横截面上产生正应力。

此外，如果作用在杆件上的纵向力与杆件的轴线不重合，这种情形称为偏心加载。如图 12-25（b）所示，是偏心加载的一种情形。如果将纵向力向横截面的形心平移，将在杆件的横截面上产生轴力和弯矩。

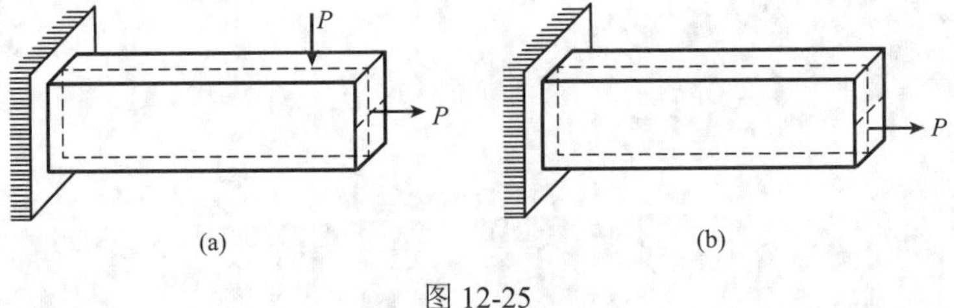

(a) (b)

图 12-25

如图 12-26（a）所示，轴力 N 引起的正应力在横截面上均匀分布，横截面上各点应力相等，值为

$$\sigma_N = \frac{N}{A}$$

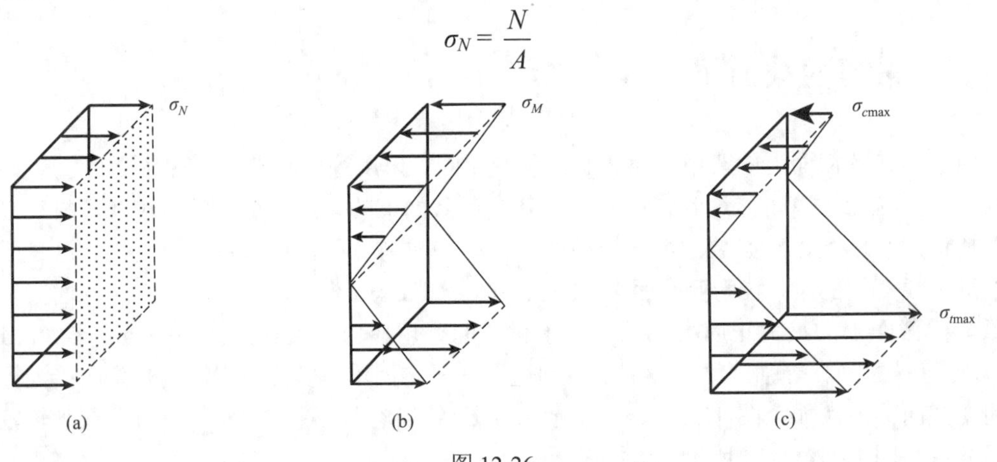

(a) (b) (c)

图 12-26

如图 12-26（b）所示，弯矩 M 引起的正应力沿横截面高度方向线性分布，最大应力发生在上下边缘处，值为

$$\sigma_M = \frac{M}{W_z}$$

将轴力 N 与弯矩 M 引起的正应力的叠加得到二者共同作用引起的总应力。叠加的结果，对于图 12-26 所示的情形，最大拉应力发生在横截面下边缘处，值为

$$\sigma_{\text{tmax}} = \sigma_N + \sigma_M$$

最大压应力发生在横截面上边缘处。其值为

$$\sigma_{\text{cmax}} = \sigma_N - \sigma_M$$

正应力强度条件为 $\sigma \leqslant [\sigma]$

【例 12-6】 如图 12-27（a）所示，开口链环由直径 $d = 12$ mm 的圆钢弯制而成。求链环直段部分横截面上的最大拉应力和最大压应力。

扫码观看

解 将链环从直段的任意一截面截开，根据平衡，如图 12-27（b）所示，横截面上将作用内力：轴力 N 和弯矩 M，由平衡方程 $\sum Y = 0$ 和 $\sum M_C = 0$，得

$$N = 800\ \text{N}, \qquad M = 800 \times 15 \times 10^{-3} = 12(\text{N·m})$$

如图 12-27（c）所示，轴力 N 引起的正应力在横截面上均匀分布，值为

$$\sigma_N = \frac{N}{A} = \frac{N}{\pi d^2/4} = \frac{800 \times 4}{\pi \times 12^2 \times 10^{-6}} = 7.07 \times 10^6\ (\text{Pa}) = 7.07\ (\text{MPa})$$

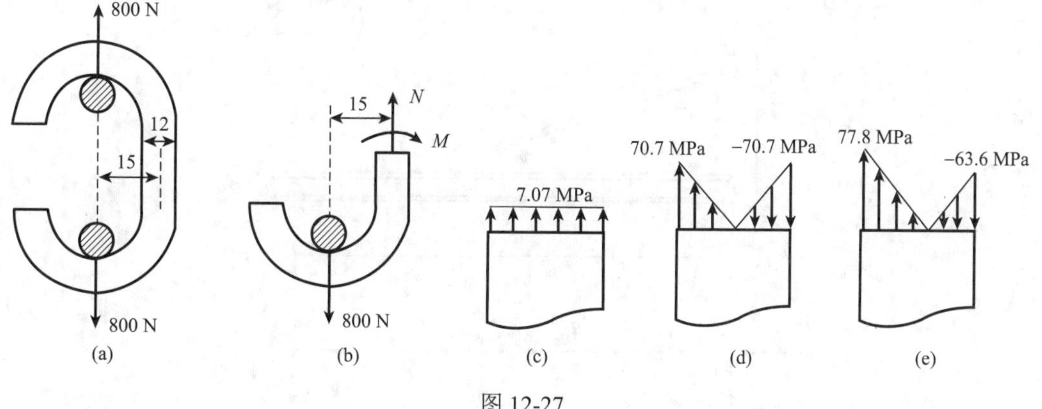

图 12-27

如图 12-27（d）所示，弯矩 M 引起的正应力，最大拉、压应力分别发生在左右两侧，值为

$$\sigma_M = \frac{M}{W_z} = \frac{M}{\pi d^3/32} = \frac{12 \times 32}{\pi \times 12^3 \times 10^{-6}} = 70.7 \times 10^6\ (\text{Pa}) = 70.7\ (\text{MPa})$$

将上述两个内力引起的应力分布叠加，得到直段横截面上的正应力分布如图 12-27（e）所示，可知最大拉应力发生在直段横截面最左侧，值为

$$\sigma = \sigma_N + \sigma_M = 7.07 + 70.7 = 77.8\ (\text{MPa})$$

最大压应力发生在直段横截面最右侧，值为

$$\sigma = \sigma_N + \sigma_M = 7.07 - 70.7 = -63.6\ (\text{MPa})$$

扫码观看

【例 12-7】 如图 12-28（a）所示，简易悬臂吊车最大起吊重力 $P = 8$ kN，横梁 AB 采用 16 号工字钢，材料的许用应力$[\sigma] = 160$ MPa，试校核梁 AB 的正应力强度。

解 （1）受力分析。

横梁 AB 的受力如图 12-28（b）所示，由几何关系得 CD 杆倾角的正弦和余弦为

$$\sin\alpha = 0.305, \qquad \cos\alpha = 0.954$$

由平衡方程：

$$\sum M_A = 0, \qquad T\sin\alpha \times 2.5 - P(2.5 + 1.5) = 0$$

得

$$T = 42\ \text{kN}$$

由平衡方程：

$$\sum X = 0, \qquad X_A - T\cos\alpha = 0$$

$$\sum Y = 0, \qquad Y_A + T\sin\alpha - P = 0$$

解得

$$X_A = T\cos\alpha = 40(\text{kN}), \qquad Y_A = -T\sin\alpha + P = -4.82(\text{kN})$$

（2）作内力图，确定危险截面。

将 CD 杆的拉力沿水平和竖直方向分解，得 T_x 和 T_y。梁 AB 在横向力 X_A 和 T_x 作用下使梁 AC 段发生轴向压缩，轴力图如图 12-28（c）所示。梁 AB 在竖向力 P，Y_A 和 T_y 作用下使梁发生平面弯曲，弯矩图如图 12-28（d）所示；从轴力图看，A、C 两截面间所有横截面轴力相同，从弯矩图看，C 截面弯矩最大，因此，C^{-0} 截面最危险。危险截面是 C 的左侧截面，危险截面上的内力为

$$N = 40\ \text{kN}, \qquad M = 12\ \text{kN·m}$$

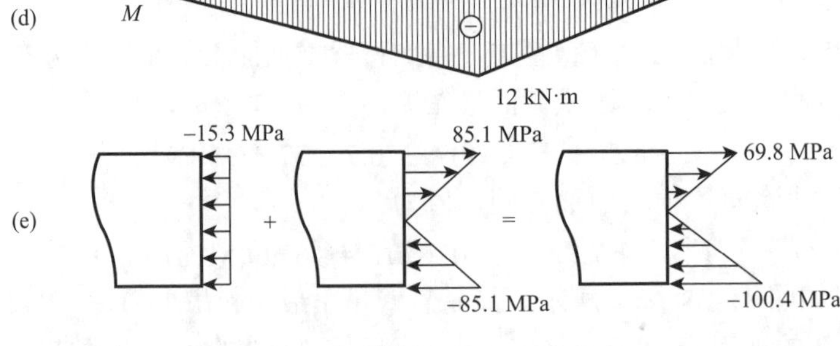

图 12-28

（3）确定危险点及其应力，进行强度校核。

由于钢的拉、压强度相同，故可不必区分是拉应力还是压应力，求出最大应力的值即可，由应力叠加可知，梁的最大应力是压应力，发生在 C^{-0} 截面下边缘处，危险点是 C^{-0} 截面最下面水平线上各点。

查型钢表，得 16 号工字钢的几何性质为 $W_z = 141\ \text{cm}^3$，$A = 26.1\ \text{cm}^2$。

如图 12-28（e）所示，梁的最大应力的值为

$$\sigma = \sigma_N + \sigma_M = \frac{N}{A} + \frac{M}{W_z} = \frac{40\times10^3}{26.1\times10^{-4}} + \frac{12\times10^3}{141\times10^{-6}}$$
$$= 15.3 + 85.1 = 100.4(\text{MPa}) < [\sigma] = 160(\text{MPa})$$

故梁 AB 满足正应力强度条件。

习　题　12

1. 设梁的截面为 T 字形（题图 12-1），中性轴为 z。已知：A 点的拉应力为 $\sigma_A = 40$ MPa，其离中性轴的距离为 $y_1 = 10$ mm；同一截面上 B，C 两点离中性轴的距离分别为 $y_2 = 8$ mm，$y_3 = 30$ mm。试确定 B，C 两点的正应力的大小和正负，以及该截面上的最大拉应力。

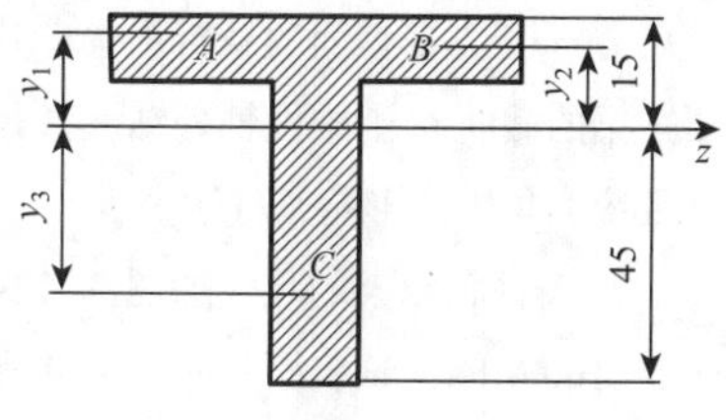

题图 12-1

2. 如题图 12-2 所示，简支梁为矩形截面。已知：$b\times h = 50\times150\ \text{mm}^2$，$P = 16$ kN。求：

（1）截面 1-1 上 D，E，F，H 等点的正应力大小和正负；

（2）梁的最大正应力；

（3）若将梁的截面转 90°[题图 12-2（c）]，则最大正应力是原来最大正应力的几倍。

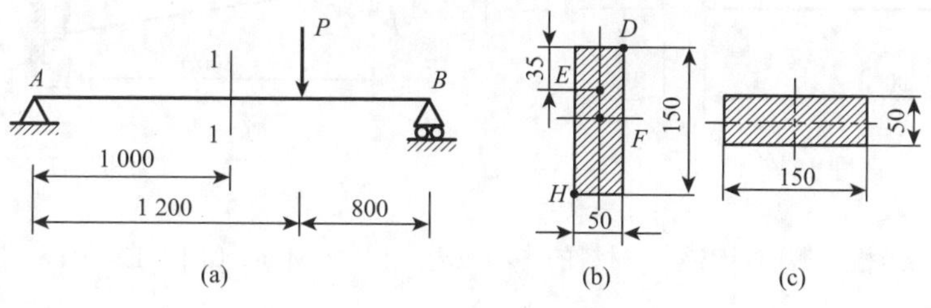

题图 12-2

3. 如题图 12-3 所示，简支梁受均布载荷作用，其许用应力为$[\sigma] = 120$ MPa。若采用面积相等（或近似相等）、形状不同的截面。求它们能承担的均布载荷集度 q，并加以比较。

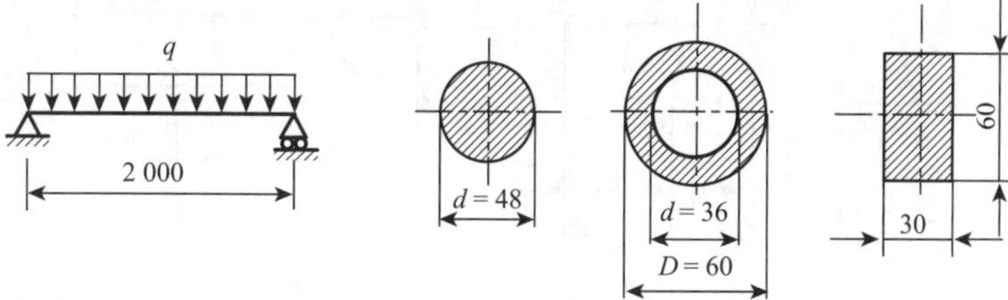

题图 12-3

4. 如题图 12-4 所示，一受均布载荷的外伸梁，梁为 18 号工字钢制成，许用应力$[\sigma]$ = 160 MPa，求许可载荷。

5. 矩形截面梁 AB，以铰链支座 A 及拉杆 CD 支承，有关尺寸如题图 12-5 所示。设拉杆及横梁的许用应力$[\sigma]$ = 140 MPa，试求作用于梁 B 端的许可载荷 P。

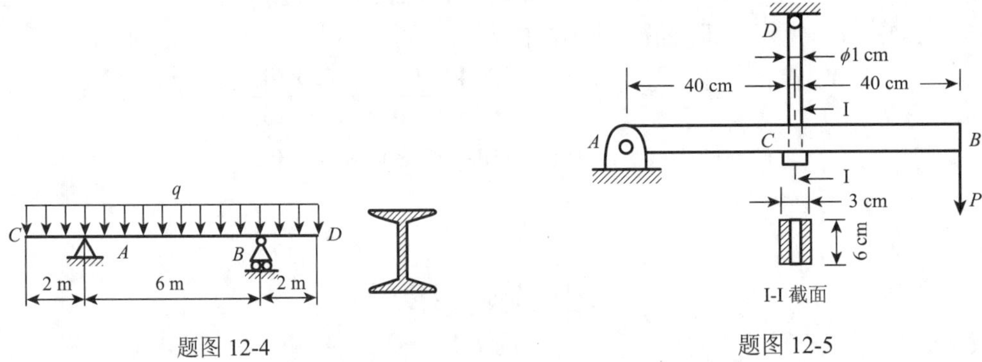

题图 12-4　　　　题图 12-5

6. 一正方形截面的悬臂木梁，其尺寸及所受荷载如题图 12-6 所示。木料的许用应力$[\sigma]$ = 10 MPa。现需要在梁的截面 C 上中性轴处钻一直径为 d 的圆孔，问在保证梁强度的条件下，圆孔的最大直径 d（不考虑圆孔处应力集中的影响）可达多少？

7. 铸铁轴承架的尺寸如题图 12-7 所示，受力 P = 16 kN。材料的许用拉应力$[\sigma_t]$ = 30 MPa，许用压应力$[\sigma_c]$ = 100 MPa。试校核截面 A-A 的强度。

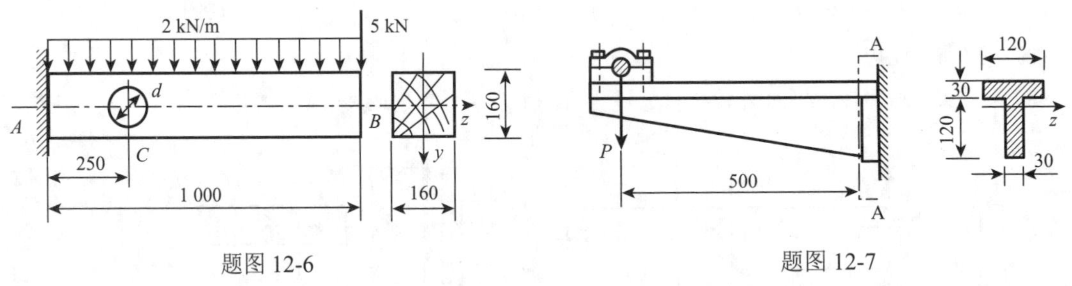

题图 12-6　　　　题图 12-7

8. 题图 12-8 所示槽形截面悬臂梁。材料的许用应力$[\sigma_t]$ = 35 MPa、$[\sigma_c]$ = 120 MPa，试校核梁的正应力强度。

9. T 形截面铸铁悬臂梁，尺寸及荷载如题图 12-9 所示。已知材料的许用拉应力$[\sigma_t]$ = 40 MPa，许用压应力$[\sigma_c]$ = 80 MPa，截面对形心轴的惯性矩 $I_z = 101.8\times10^6\ \text{mm}^4$，$h_1$ = 96.4 mm。求此梁的许可荷载 P 的值。

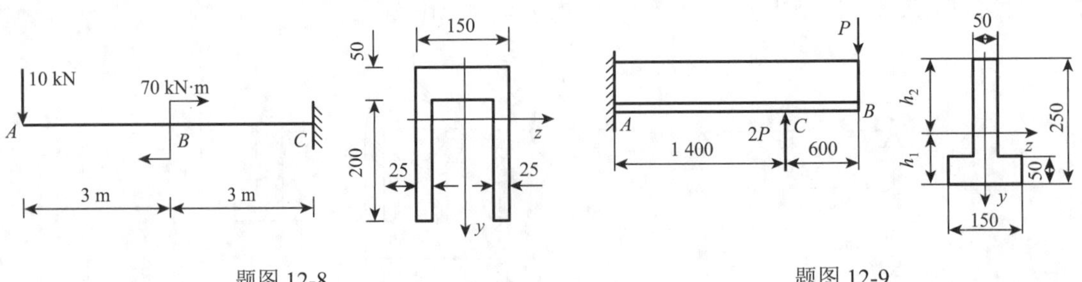

题图 12-8　　　　题图 12-9

10. 计算题图 12-10 所示工字形截面梁内的最大正应力和最大剪应力。

11. 一悬臂梁长为 900 mm，在自由端受一集中力 P 的作用。此梁由 3 块 50 mm×100 mm 的木板胶合而成，如题图 12-11 所示。胶合缝的许用切应力$[\tau] = 0.35$ MPa。试按胶合缝的切应力强度求许可荷载 P，并求在此荷载作用下，梁的最大正应力。

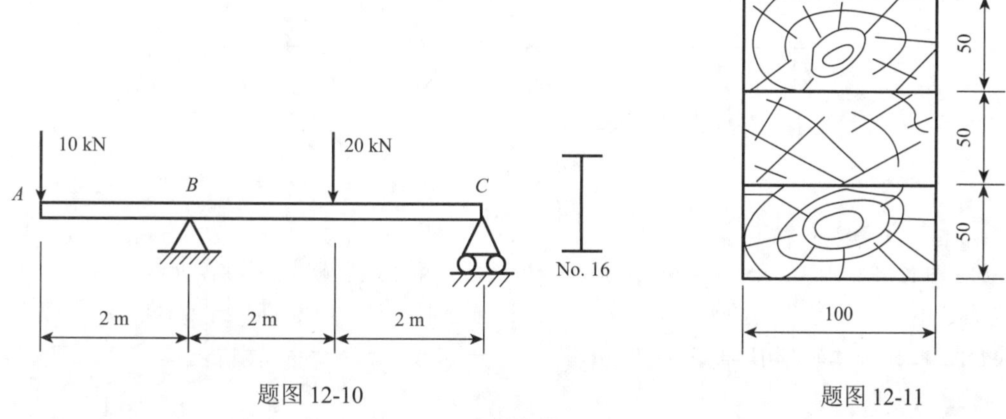

题图 12-10　　题图 12-11

12. 题图 12-12 所示外伸梁受集中力作用，已知材料的许用应力$[\sigma] = 160$ MPa，$[\tau] = 90$ MPa。试选择工字钢的型号。

13. 由 3 根木条胶合而成的悬臂梁截面尺寸如题图 12-13 所示。跨度 $l = 1$ m。若胶合面上的许用剪应力为 0.34 MPa，木材的许用弯曲正应力为$[\sigma] = 10$ MPa，许用剪应力为$[\tau] = 1$ MPa，试求许用的载荷 P。

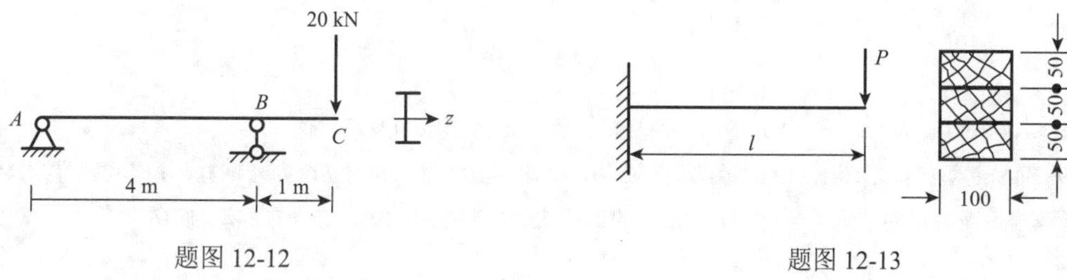

题图 12-12　　题图 12-13

14. 当 P 力直接作用在梁 AB 中点时，梁内最大应力超过许用应力 30%，为了消除此过载现象，配置了如题图 12-14 所示的辅助梁 CD。已知 $l = 6$ m，求此辅助梁的跨度 a。

15. 题图 12-15 所示承受纯弯曲的 T 形截面梁，已知材料的许用拉、压应力的关系为$[\sigma_c] = 4[\sigma_t]$，试从正应力强度观点考虑，b 为何值合适。

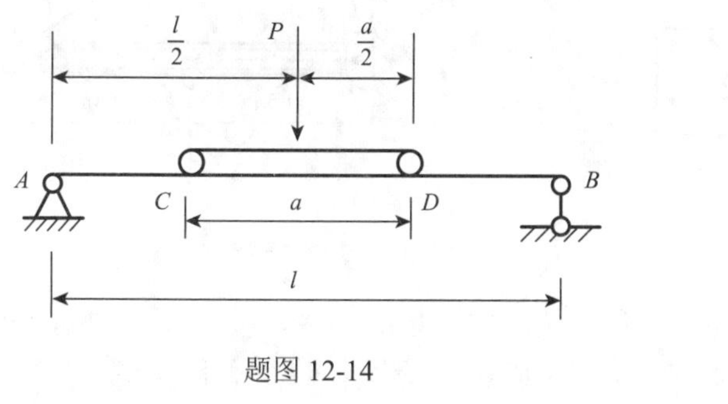

题图 12-14

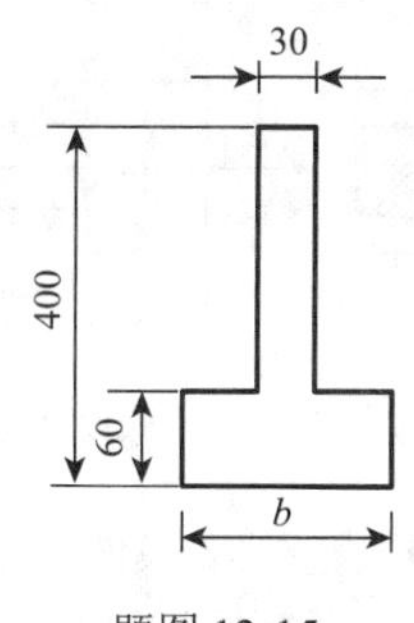

题图 12-15

16. 一矩形截面简支梁由圆柱形木料锯成（题图 12-16）。已知 $P = 5$ kN，$a = 1.5$ m，$[\sigma] = 10$ MPa。试确定弯曲截面系数为最大时矩形截面的高宽比 h/b，以及锯成此梁所需木料的最小直径 d。

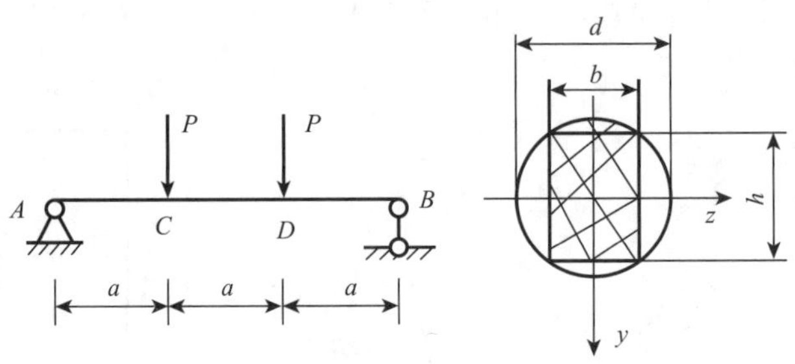

题图 12-16

17. 如题图 12-17 所示，由 No.10 号工字钢制成的 ABD 梁，左端 A 处为固定铰链支座，B 点处用铰链与钢制圆截面杆 BC 连接，BC 杆在 C 处用铰链悬挂。已知圆截面杆直径 $d = 20$ mm，梁和杆的许用应力均为 $[\sigma] = 160$ MPa。求：结构的许用均布载荷集度$[q]$。

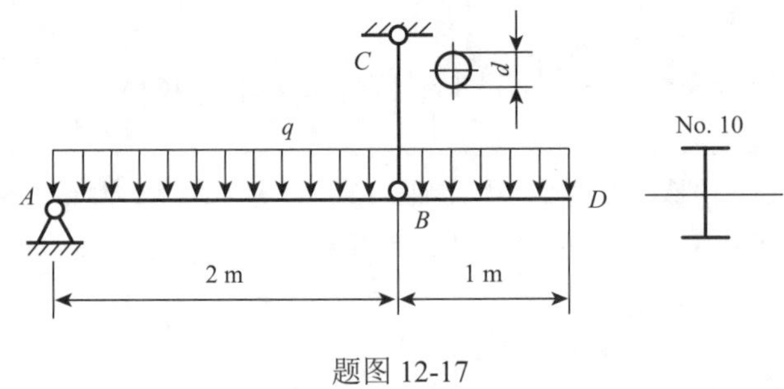

题图 12-17

18. 求题图 12-18（a）和（b）中所示两杆横截面上最大正应力及其比值。

19. 简易起重机如题图 12-19 所示。水平梁 AB 为 18 号工字钢，拉杆 BC 为一钢杆，滑车可沿梁 AB 移动。已知滑车自重及载重共计为 $P = 15$ kN，AB 杆的许用应力$[\sigma] = 120$ MPa。当滑车移动到 AB 中点时，试校核梁 AB 的强度。

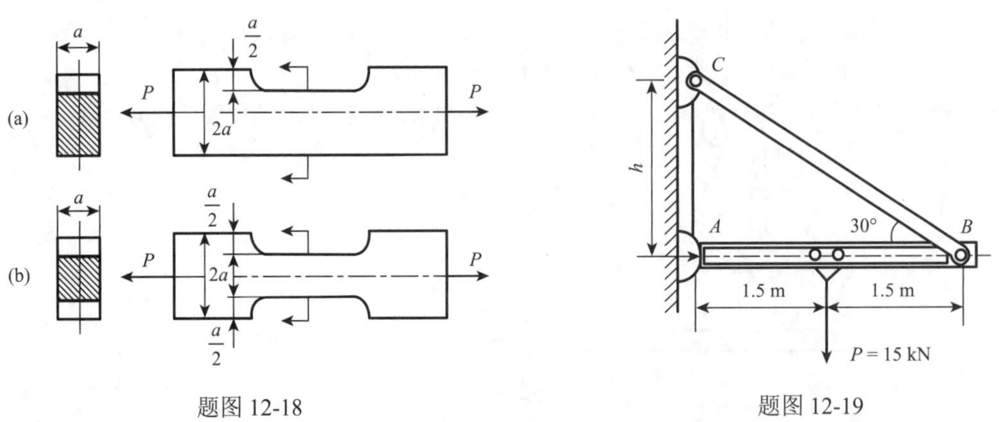

题图 12-18　　题图 12-19

20. 铸铁梁的载荷及横截面尺寸如题图 12-20 所示。许用拉应力$[\sigma_t] = 40$ MPa，许用压应力$[\sigma_c] = 160$ MPa。试按正应力强度条件校核梁的强度。若载荷不变，但将 T 形横截面倒置，即翼缘在下，是否合理？何故？

21. 如题图 12-21 所示，我国的《营造法式》中，对矩形截面梁给出的尺寸比例是 $h:b=3:2$。试用弯曲正应力强度证明：从圆木锯出的矩形截面梁，上述尺寸比例接近最佳比值。

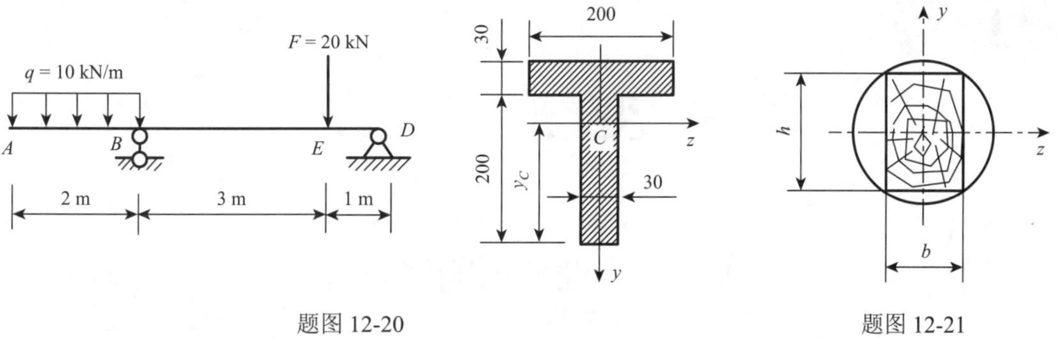

题图 12-20　　　　题图 12-21

22. 如题图 12-22 所示，某起重机大梁 AB 的跨度 $l=16$ m。原来按起重量 $P=100$ kN 设计。今欲吊运 $P_1=150$ kN 的重物，为此将 P_1 分为两个相等的力，并分别施加于距两端为 x 处。试求 x 的最大值是多少？设大梁自重及弯曲剪应力强度均不予考虑。

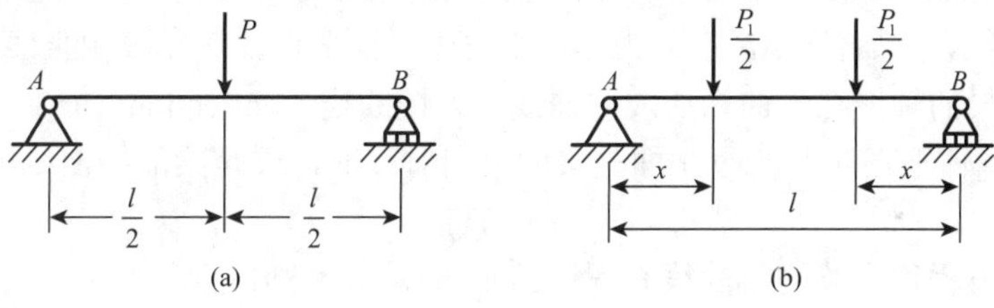

题图 12-22

第13章

弯曲变形

扫码观看

13.1 弯曲变形的概念

为了保证梁能正常工作，不但要求满足强度条件，还要满足刚度条件。例如：舰船尾轴弯曲变形过大，将导致船体出现强烈的振动，带来巨大的噪声；内燃机曲柄轴弯曲变形过大除引起振动外，还会使轴颈和轴承产生严重磨损；机床主轴的刚度不够，会影响加工工件的精度等，这些都需要计算梁的弯曲变形。此外，研究弯曲变形也为解决弯曲静不定问题提供必要的基础。

如图 13-1 所示，悬臂梁 AB 在外力作用下发生平面弯曲，其轴线由直线变成一条光滑连续的平面曲线，梁的轴线在弯曲后所成的曲线称为**挠曲线**（deflection curve）。取 x 轴与变形前的轴线重合，y 轴垂直向上，xy 平面是梁的纵向对称面，于是梁的挠曲线可表示为

$$y = f(x) \tag{13-1}$$

梁挠曲线的函数方程称为梁的**挠曲线方程**（equation of deflection）。

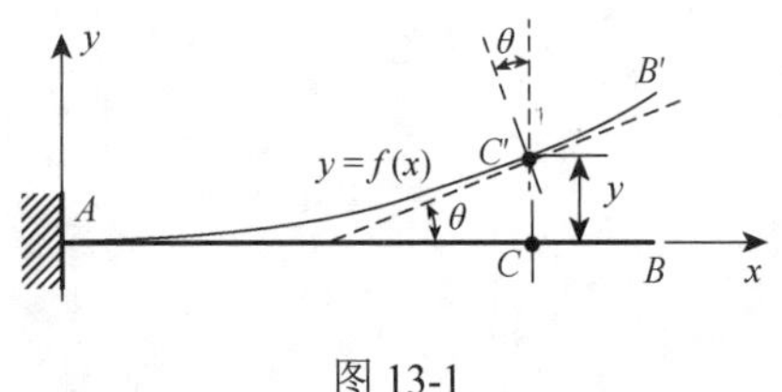

图 13-1

梁在弯曲时，将产生两种位移：横截面形心（梁轴线上一点 C）的移动-线位移；横截面绕中性轴的转动-角位移。

如图 13-1 所示，梁的任一横截面形心 C 在变形后移到 C'。由于变形很小，其水平方向的位移可以忽略不计，因此认为 CC'垂直于变形前梁的轴线。梁的横截面的形心在垂直于梁变形前轴线方向的线位移，称为梁的**挠度**（deflection），用“y”表示。挠度的正负号由选择的坐标系决定，图 13-1 中 C 点的挠度为正值。

横截面绕中性轴转过的角度 θ，称为横截面的**转角**（angle of rotation），用字母 θ 表示。根据平面假设，变形后，各横截面仍垂直于梁的挠曲线。因此，如果在梁的挠曲线上的 C'点引一切线，显然该切线的倾角，就等于横截面 C 的转角。而转角的正负号，按逆时针方向转动为正；反之为负。如图 13-1 中，截面 C 的转角即为正值。

梁的挠曲线在 C'点的切线斜率为 $\tan\theta = \dfrac{\mathrm{d}y}{\mathrm{d}x}$，在工程问题中，梁的挠曲线是一条近似平坦的曲线，故可近似认为 $\tan\theta \approx \theta$，即

$$\theta = \frac{\mathrm{d}y}{\mathrm{d}x} \tag{13-2}$$

梁的挠曲线上任一点的斜率等于该点处的横截面的转角。

综上所述，只要写出梁的挠曲线方程，即可求得梁轴上任一点的挠度和横截面的转角。

13.2 挠曲线方程

扫码观看

如图 13-2（a）所示，在推导纯弯曲梁正应力公式时，曾得到梁的轴线（中性层）的曲率为

$$\frac{1}{\rho}=\frac{M}{EI_z} \tag{13-3}$$

式中：EI_z 为梁的抗弯刚度；ρ 为中性层的曲率半径。为了方便，把 I_z 简写成 I。

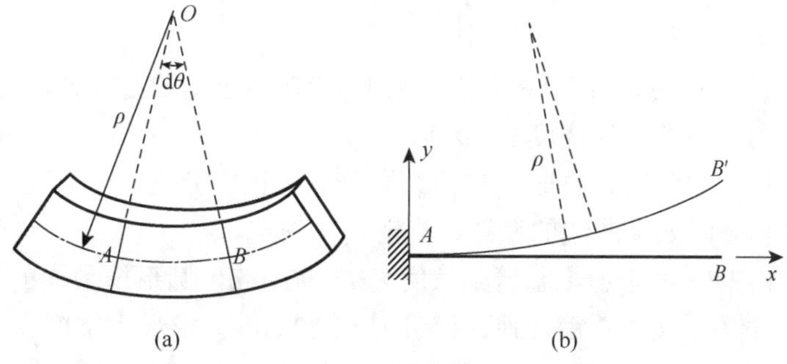

图 13-2

在横力弯曲的情况下，弯矩和剪力都将引起弯曲变形，而式（13-3）只代表由弯矩引起的那一部分，但由于剪力对细长梁的弯曲变形影响很小，故可忽略不计，所以式（13-3）仍然成立。不过，如图 13-2（b）所示，这时曲率 $\frac{1}{\rho}$ 和弯矩 M 皆为 x 的函数，故式（13-3）可写为

$$\frac{1}{\rho(x)}=\frac{M(x)}{EI} \tag{13-4}$$

另外，由数学知识可知，平面曲线的曲率与曲线方程之间的关系为

$$\frac{1}{\rho(x)}=\pm\frac{\frac{\mathrm{d}^2y}{\mathrm{d}x^2}}{\left[1+\left(\frac{\mathrm{d}y}{\mathrm{d}x}\right)^2\right]^{\frac{3}{2}}} \tag{13-5}$$

将式（13-5）代入式（13-4），并考虑到挠曲线极为平坦，$\frac{\mathrm{d}y}{\mathrm{d}x}$ 的数值很小，$\left(\frac{\mathrm{d}y}{\mathrm{d}x}\right)^2$ 的值远小于 1，即 $1+\left(\frac{\mathrm{d}y}{\mathrm{d}x}\right)^2\approx 1$，得

$$\pm\frac{\mathrm{d}^2y}{\mathrm{d}x^2}=\frac{M(x)}{EI} \tag{13-6}$$

式中的正负号要按弯矩的符号和坐标轴的方向而定。如图 13-2 所示，由弯矩的符号规定，当挠曲线向下凸出时，弯矩为正；在图 13-2 选定的坐标系中，向下凸出的曲线，二阶导数也为正。因此，式（13-6）两边的符号是一致的，即该式左边应该取正号，所以有

$$\frac{\mathrm{d}^2y}{\mathrm{d}x^2}=\frac{M(x)}{EI} \tag{13-7}$$

挠曲线需要满足的微分方程称为**挠曲线微分方程**（differential equation of deflection）。

对于等截面梁，EI 为一常数。将式（13-7）改写成

$$EI\frac{\mathrm{d}^2y}{\mathrm{d}x^2}=M(x) \tag{13-8}$$

积分一次，得转角方程

$$EI\frac{\mathrm{d}y}{\mathrm{d}x}=EI\theta=\int M\mathrm{d}x+C \tag{13-9}$$

再积分一次，得挠曲线方程

$$EIy=\iint M\mathrm{d}x\mathrm{d}x+Cx+D \tag{13-10}$$

式中：积分常数 C 和 D 可由边界条件确定。例如：梁在固定端的边界条件为挠度 $y=0$，转角 $\theta=0$；在铰支座处的边界条件为挠度 $y=0$ 等。

当梁的弯矩方程必须分段建立时，挠曲线微分方程也应分段建立。此时，各积分常数应根据位移边界条件和分段处挠曲线的连续、光滑条件确定。

【例 13-1】 如图 13-3 所示，悬臂梁长度为 $l=90$ mm，圆形横截面的直径 $d=15$ mm，集中力 $P=400$ N，材料为 Q235 钢，弹性模量 $E=200$ GPa，求最大挠度和最大转角。

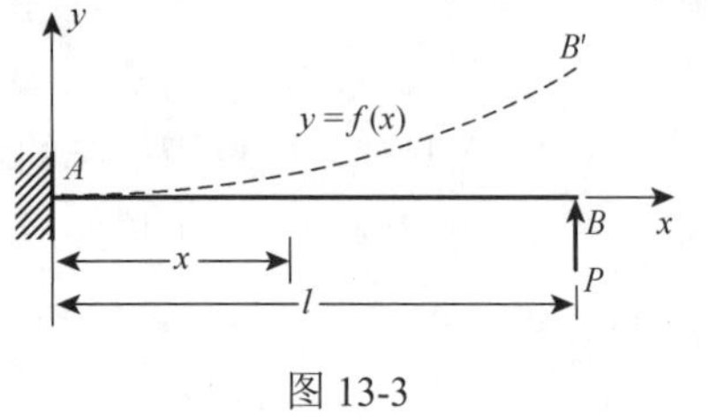

图 13-3

解 建立如图 13-3 所示坐标系，任意横截面的弯矩为 $M(x)=P(l-x)$，得挠曲线微分方程为

$$EI\frac{\mathrm{d}^2y}{\mathrm{d}x^2}=P(l-x)$$

积分得

$$EI\frac{\mathrm{d}y}{\mathrm{d}x}=-\frac{1}{2}P(l-x)^2+C,\quad EIy=\frac{1}{6}P(l-x)^3+Cx+D$$

在固定端，横截面既不能移动也不能转动，因此，转角和挠度等于零，即 $x=0$ 时，$y=0$，$\frac{\mathrm{d}y}{\mathrm{d}x}=0$，代入转角方程和挠曲线方程，分别得 $C=\frac{1}{2}Pl^2$，$D=-\frac{1}{6}Pl^3$。于是梁的转角方程和挠曲线方程分别为

$$EI\frac{\mathrm{d}y}{\mathrm{d}x}=-\frac{1}{2}P(l-x)^2+\frac{1}{2}Pl^2,\quad EIy=\frac{1}{6}P(l-x)^3+\frac{1}{2}Pl^2x-\frac{1}{6}Pl^3$$

梁的自由端 B，当 $x=l$ 时，有最大挠度和最大转角，它们分别是

$$y_{\max}=y_B=\frac{1}{EI}\left(\frac{Pl^3}{2}-\frac{Pl^3}{6}\right)=\frac{Pl^3}{3EI},\quad \theta_{\max}=\theta_B=\frac{Pl^2}{2EI}$$

式中：y_B 为正，表示 B 点的挠度向上；θ_B 也为正，表示 B 点的横截面转角是逆时针的。

将本例数据代入得 B 点的挠度和转角为

$$y_B=\frac{400\times0.09^3}{3\times200\times10^9\times\dfrac{\pi\times0.015^4}{64}}=0.196\times10^{-3}\,(\mathrm{m})=0.196\,(\mathrm{mm})$$

$$\theta_B=\frac{400\times0.09^2}{2\times200\times10^9\times\dfrac{\pi\times0.015^4}{64}}=3.26\times10^{-3}\,(\mathrm{rad})=0.187^\circ$$

【例 13-2】 如图 13-4（a）所示，简支梁 AB 在跨中作用集中力 P，抗弯刚度为 EI。求梁的挠曲线方程和转角方程，并确定最大挠度和最大转角。

(a)　　(b)

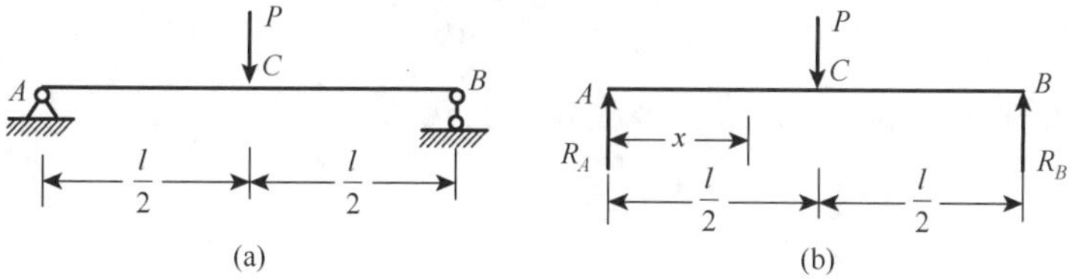

图 13-4

解　（1）求支座反力。

取梁为研究对象，画梁的受力图如图 13-4（b）所示，因梁左右对称，故两个支座反力相等

$$R_A = R_B = \frac{1}{2}P$$

（2）列挠曲线微分方程。

如图 13-4（b）所示，任意截面的位置用坐标 x 表示，弯矩方程和挠曲线微分方程为

$$EIy'' = M(x) = \frac{1}{2}Px \quad \left(0 < x < \frac{l}{2}\right)$$

$$EIy'' = M(x) = \frac{1}{2}P(l-x) \quad \left(\frac{l}{2} < x < l\right)$$

显然，挠曲线微分方程是分段函数。

（3）求解微分方程。

积分得转角方程为

$$EIy' = \frac{1}{4}Px^2 + C_1 \quad \left(0 < x < \frac{l}{2}\right)$$

$$EIy' = -\frac{1}{4}P(l-x)^2 + C_2 \quad \left(\frac{l}{2} < x < l\right)$$

再积分得挠曲线方程为

$$EIy = \frac{1}{12}Px^3 + C_1x + D_1 \quad (0 < x < \frac{l}{2})$$

$$EIy = \frac{1}{12}P(l-x)^3 + C_2x + D_2 \quad (\frac{l}{2} < x < l)$$

（4）确定积分常数。

梁变形后，在固定铰链约束和活动铰链约束处，挠度等于零；在跨中，梁必须是连续且光滑，也就是说，截面 C 处不能出现间断，左右截面必须转动同一角度，形心必须移动同一位移，否则，梁将在该处裂开。因此，位移边界条件：当 $x = 0$ 时，$y = 0$；当 $x = l$ 时，$y = 0$。连续、光滑边界条件：当 $x = l/2$ 时，$y_{C-0} = y_{C+0}$；当 $x = l/2$ 时，$\theta_{C-0} = \theta_{C+0}$，即边界条件为

$$x = 0,\quad y = 0; \qquad x = l,\quad y = 0$$

$$y_{x=\frac{l}{2}-0} = y_{x=\frac{l}{2}+0}; \qquad y'_{x=\frac{l}{2}-0} = y'_{x=\frac{l}{2}+0}$$

解得

$$C_1=-\frac{1}{16}Pl^2,\quad D_1=0,\quad C_2=\frac{1}{16}Pl^2,\quad D_2=-\frac{1}{16}Pl^3$$

（5）挠曲线方程和转角方程，最大挠度和最大转角。

梁的挠曲线方程为

$$y=\frac{P}{48EI}(4x^3-3l^2x)\quad\left(0<x<\frac{l}{2}\right)$$

$$y=\frac{P}{48EI}[-4(x-l)^3+3l^2x-3l^3)\quad\left(\frac{l}{2}<x<l\right)$$

转角方程为

$$\theta=\frac{P}{16EI}(4x^2-l^2)\quad\left(0<x<\frac{l}{2}\right)$$

$$\theta=\frac{P}{16EI}[-4(x-l)^2+l^2]\quad\left(\frac{l}{2}<x<l\right)$$

最大挠度发生在跨中处 $y_{\max}=y_{x=\frac{l}{2}}=-\frac{Pl^3}{48EI}$；最大转角发生在梁的两端点处 $\theta_{\max}=-\theta_A=\theta_B=\frac{Pl^2}{16EI}$。

13.3 叠加法求梁的变形

为了方便工程计算，如表 13-1 所示，将常见静定梁在简单载荷作用下的挠度和转角方程以及特定点的挠度和转角制成表格，称为变形表，供查阅使用。

表 13-1　简单载荷作用下梁的变形

序号	梁的简图	挠曲线方程	梁端转角	最大挠度
1	A, B, P, θ_B, y_B, l	$y=-\frac{Px^2}{6EI}(3l-x)$	$\theta_B=-\frac{Pl^2}{2EI}$	$y_B=-\frac{Pl^3}{3EI}$
2	q, A, B, θ_B, y_B, l	$y=-\frac{qx^2}{24EI}(x^2-4lx+6l^2)$	$\theta_B=-\frac{ql^3}{6EI}$	$y_B=-\frac{ql^4}{8EI}$
3	A, B, M, θ_B, y_B, l	$y=-\frac{Mx^2}{2EI}$	$\theta_B=-\frac{Ml}{EI}$	$y_B=-\frac{Ml^2}{2EI}$

续表

序号	梁的简图	挠曲线方程	梁端转角	最大挠度
4		$y=-\frac{Pbx}{6EIl}(l^2-x^2-b^2)$ $0\leqslant x\leqslant a$ $y=-\frac{Pb}{6EIl}\left[\frac{1}{b}(x-a)^3+(l^2-b^2)x-x^3\right]$ $a\leqslant x\leqslant l$	$\theta_A=-\frac{Pab(l+b)}{6EIl}$ $\theta_B=\frac{Pab(l+a)}{6EIl}$	当 $a>b$ 时， 在 $x=\sqrt{\frac{l^2-b^2}{3}}$ 处， $y_{\max}=\frac{Pb(l^2-b^2)^{3/2}}{9\sqrt{3}EIl}$ 在 $x=\frac{l}{2}$ 处， $y_C=-\frac{Pb(3l^2-4b^2)}{48EI}$
5		$y=-\frac{qx}{24EI}(l^3-2lx^2+x^3)$	$\theta_A=-\theta_B=-\frac{ql^3}{24EI}$	$y_C=-\frac{5ql^4}{384EI}$
6		$y=\frac{Mx}{6EIl}(l^2-3b^2-x^2)$ $0\leqslant x\leqslant a$ $y=-\frac{M(l-x)}{6EIl}[l^2-3a^2-(l-x)^2]$ $a\leqslant x\leqslant l$	$\theta_A=\frac{M}{6EIl}(l^2-3b^2)$ $\theta_B=\frac{M}{6EIl}(l^2-3a^2)$	在 $x=\sqrt{\frac{l^2-3b^2}{3}}$ 处， $y_{1\max}=\frac{M(l^2-3b^2)^{3/2}}{9\sqrt{3}lEI}$ 在 $x=\sqrt{\frac{l^2-3a^2}{3}}$ 处， $y_{2\max}=-\frac{M(l^2-3a^2)^{3/2}}{9\sqrt{3}lEI}$

在线弹性和小变形的条件下，挠度和转角与外载荷呈线性关系。因此，当梁上作用两个或两个以上的外载荷时，梁的挠度与转角等于各载荷在同一位置引起的挠度和转角的叠加。

叠加原理：几个载荷同时作用所产生的总效果，等于各载荷单独作用产生的效果的总和。叠加原理应用的前提是：载荷与效果的关系必须是线性的，即：材料是线弹性的，应力-应变成正比，变形是很小的。工程力学研究的所有问题都是线弹性、小变形问题，都可以应用叠加原理求总效果。非线弹性和大变形问题不属于工程力学的研究范畴。

【例 13-3】 如图 13-5 所示简支梁，承受均布载荷 q 和作用于跨中的集中力 P 共同作用。求梁中点 C 的挠度和端点 A 点的转角。

解 均布载荷 q 单独作用时，查表 13-1 得梁中点 C 的挠度和端点 A 点的转角分别为

$$y_{Cq}=-\frac{5ql^4}{384EI},\qquad \theta_{Aq}=-\frac{ql^3}{24EI}$$

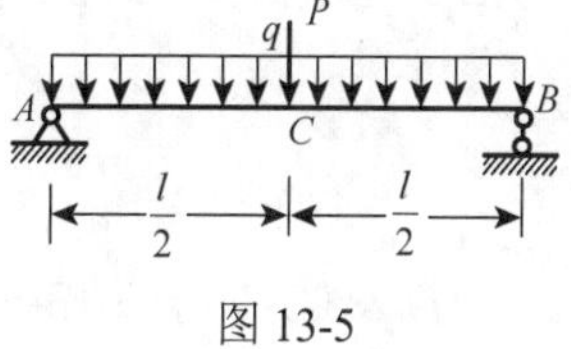

图 13-5

集中力 P 单独作用时，查变形表得梁中点 C 的挠度和端点 A 点的转角分别为

$$y_{CP}=-\frac{Pl^3}{48EI},\qquad \theta_{AP}=-\frac{Pl^2}{16EI}$$

梁中点 C 的挠度和端点 A 点的转角由叠加原理得

$$y_C=y_{Cq}+y_{CP}=-\left(\frac{5ql^4}{384EI}+\frac{Pl^3}{48EI}\right)$$

$$\theta_A = \theta_{Aq} + \theta_{AP} = -\left(\frac{ql^3}{24EI} + \frac{Pl^2}{16EI}\right)$$

查表 13-1 时，可以只查表中的挠度和转角的数值，正负号可以根据变形直接得到，挠度向上为正，转角逆时针转为正。

扫码观看

【例 13-4】 如图 13-6（a）所示，外伸梁在端点 C 作用集中力 P，抗弯刚度 EI 为常数。求端点 C 的挠度。

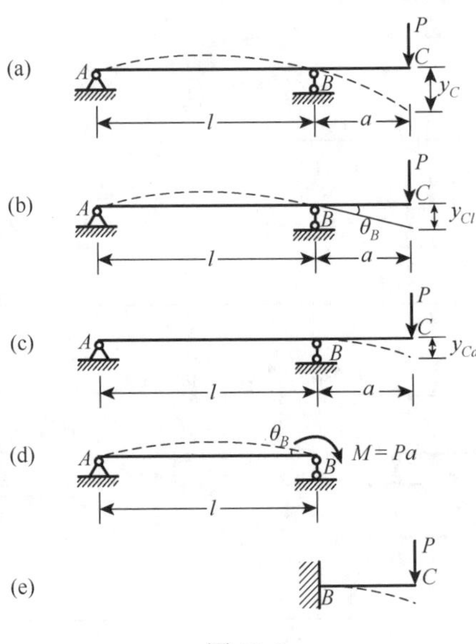

图 13-6

解 在集中力 P 作用下，如图 13-6（a）所示梁 AC 的弯曲变形是梁 AB 弯曲而梁 BC 也弯曲的结果。如图 13-6（b）所示，是梁 AB 弯曲而梁 BC 不弯曲；如图 13-6（c）所示，是梁 BC 弯曲而梁 AB 不弯曲。因此，图 13-6（a）的弯曲可以看成是图 13-6（b）的弯曲与图 13-6（c）弯曲的叠加。图 13-6（b）所示梁 AB 的弯曲与图 13-6（d）所示简支梁 AB 的弯曲完全等价；图 13-6（c）所示梁 BC 的弯曲与图 13-6（e）所示梁 BC 的弯曲完全等价。查表 13-1 得图 13-6（d）所示简支梁在弯矩 M 作用下截面 B 的转角为 $\theta_B = \dfrac{Ma}{3EI} = \dfrac{Pa^2}{3EI}$，所以，图 13-6（b）所示梁 AB 弯曲引起端点 C 的挠度为

$$y_{Cl} = \theta_B a = \frac{Pa^3}{3EI}$$

查表 13-1 得图 13-6（e）所示悬臂梁在集中力 P 作用下端点 C 的挠度为 $y_{CP} = \dfrac{Pa^3}{3EI}$，所以，图 13-6（c）所示梁 BC 弯曲引起端点 C 的挠度为

$$y_{Ca} = \frac{Pa^3}{3EI}$$

叠加得到端点 C 的挠度为

$$y_C = y_{Cl} + y_{Ca} = \frac{Pa^3}{3EI} + \frac{Pa^3}{3EI} = \frac{2Pa^3}{3EI}$$

本题端点 C 的挠度并不是 2 个载荷引起挠度的叠加，而是 2 个梁段弯曲变形引起挠度的叠加。

工程计算中一般情况都用叠加法求梁的变形，积分法相对来说比较麻烦，通常在叠加法无法解决时才会选择。

13.4 弯曲刚度条件和提高弯曲刚度的措施

受弯曲的梁，除了强度要求外，常常还有刚度要求。梁的最大挠度和最大转角不超过某一规定的限度称为**刚度条件**（stiffness condition）

$$y_{\max} \leqslant [y], \qquad \theta_{\max} \leqslant [\theta]$$

式中：$[y]$和$[\theta]$分别为许用挠度和许用转角。许用挠度和许用转角对不同的构件有不同的要求，可以从相关的规范中查得。如吊车梁的许用挠度为（1/400～1/700）l，l 为梁的跨度。梁必须既满足强度要求又满足刚度要求，但强度条件起控制作用，即由强度条件设计的梁，大多能满足刚度条件，因此，一般情况，按强度条件选设计梁，再进行刚度校核，并且大多只校核挠度。

【例 13-5】 简支梁跨长 $l = 4$ m，跨中承受集中载荷 $P = 35$ kN，许用应力$[\sigma] = 160$ MPa，许用挠度$[y] = l/500$，弹性模量 $E = 200$ GPa，试选择工字钢型号。

解 （1）强度要求。梁的最大弯矩为

$$M_{\max} = \frac{Pl}{4} = \frac{35 \times 10^3 \times 4}{4} = 3.5 \times 10^4 \ (\text{N}\cdot\text{m})$$

根据弯曲正应力强度条件 $\sigma \leqslant [\sigma]$，得

$$W_z \geqslant \frac{M_{\max}}{[\sigma]} = \frac{3.5 \times 10^4}{160 \times 10^6} = 2.19 \times 10^{-4} (\text{m}^3) = 219 \ (\text{cm}^3)$$

（2）刚度要求。由表 13-1 可知，梁跨中最大挠度为

$$y_{\max} = \frac{Pl^3}{48EI}$$

由梁的刚度条件 $y_{\max} \leqslant [y]$，得

$$\frac{Pl^3}{48EI} \leqslant \frac{l}{500}$$

由此得

$$I \geqslant \frac{500Pl^2}{48E} = \frac{500 \times 35 \times 10^3 \times 4^2}{48 \times 200 \times 10^9} = 2.92 \times 10^{-5} \ (\text{m}^4) = 2\,920 \ (\text{cm}^4)$$

一般情况，仅校核梁的刚度条件。

（3）选择工字钢型号。由型钢表查得，No22a 工字钢的抗弯截面系数 $W_z = 309$ cm^3，惯性矩 $I = 3\,400$ cm^4，可见，选择 No22a 工字钢将同时满足强度与刚度条件。

为提高梁的抗弯刚度可采取以下措施。

由于梁的弯曲变形与弯矩 M 及抗弯刚度 EI 有关，而影响弯矩的因素又包括载荷、支承情

况及梁的长度。所以，为提高梁的刚度，可以采取类似提高梁的强度所述的一些措施：①增大惯性矩，可选用合理的截面形状或尺寸；②降低最大弯矩，可合理安排载荷的位置；③减小梁的跨度，在条件许可时增加支座。梁的挠度与梁的长度有很大关系，所以，第三条措施效果最为显著。

应当注意，梁的变形虽然与材料的弹性模量 E 有关，但就钢材而言，高强度钢与普通钢材的弹性模量 E 非常相近，因而对钢梁采用高强度钢并不能有效提高构件的抗弯刚度。

13.5 简单静不定梁

用平衡方程可以解出全部未知力的梁称为**静定梁**（statically determinate beam），前面所研究的梁均为静定梁。约束反力的数目超过平衡方程数目的梁称为**超静定梁**（statically indeterminate beam）或**静不定梁**，工程实际中，有时为了提高梁的强度与刚度或由于构造上的需要，往往给静定梁增加约束，使其成为静不定梁。

在静不定梁中，非维持平衡所必需的约束称为**多余约束**（redundant constraint），与其相应的约束反力或反力偶统称为**多余约束力**（redundant constraint force）。约束反力的数目超过平衡方程数目的个数称为**静不定次数**（degree of statical indeterminacy），显然，静不定次数等于多余约束或多余支反力的数目。

为了求解静不定梁，除建立平衡方程外，还应利用变形协调条件以及力与位移间的物理关系，建立补充方程。下面举例说明求解静不定梁的基本方法。

【例 13-6】 如图 13-7（a）所示，梁的长度为 l，抗弯刚度为 EI，左端点是固定端约束，右端点是活动铰链约束，受均匀分布载荷 q 作用，画梁的剪力图和弯矩图。

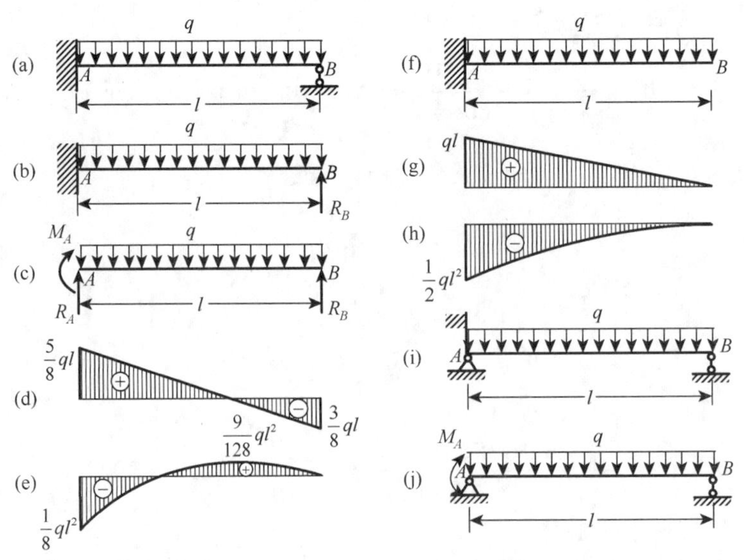

图 13-7

解 该梁可以看成是悬臂梁增加铰支座 B 而形成的超静定梁，该梁具有一个多余约束（支座 B 的活动铰链约束），和一个多余约束反力 R_B，是一次超静定梁。虽然增加了一个未知的约束反力，却也增加了已知的变形限制条件。如图 13-7（b）所示，支座 B 处约束反力是未知的，挠度却是已知的，$y_B=0$。由变形表可以查出均布载荷 q 和多余约束反力 R_B 单独作用下的挠度，然后叠加得支座 B 处的挠度

$$y_B = y_{Bq} + y_{BR_B} = -\frac{ql^4}{8EI} + \frac{R_B l^3}{3EI} = 0$$

解得

$$R_B = \frac{3ql}{8}$$

如图 13-7（c）所示，求出多余支反力后，由梁的平衡方程：

$$\sum M_A = 0, \quad M_A + R_B l - \frac{ql^2}{2} = 0$$

$$\sum Y = 0, \quad R_A + R_B - ql = 0$$

解得固定端的约束反力为

$$R_A = \frac{5ql}{8}, \qquad M_A = \frac{ql^2}{8}$$

可画出梁的剪力图和弯矩图如图 13-7（d）（e）所示，最大弯矩值为 $ql^2/8$；增加约束之前，悬臂梁的剪力图和弯矩图如图 13-7（g）（h）所示，最大弯矩值为 $ql^2/2$；增加约束后，最大弯矩仅为原先的 1/4。由此可见，增加约束能显著降低梁的最大弯矩，增强了梁的抗弯能力。

应该指出，只要不是限制刚体位移所必需的约束，均可作为多余约束。对于图 13-7（a）所示静不定梁，也可以看成是如图 13-7（i）所示的简支梁增加支座 A 处的转动约束而形成的超静定梁，则限制截面 A 转动的约束是多余约束，多余约束反力是 M_A，已知约束条件是横截面 A 的转角为零，即

$$\theta_A = 0$$

由变形表可以查出均布载荷 q 和多余约束反力 M_A 单独作用下简支梁支座 A 处的转角，然后叠加得到支座 A 处的转角代入约束条件，可以解得未知约束力 M_A。进而求出其余约束反力与上述解答完全相同。

如将 R_A 作为多余约束则无法查到相应的变形表，因而不可行。

以上分析表明，求解静不定梁的关键在于确定多余约束反力，其方法和步骤可概述如下。

（1）根据支反力与平衡方程的数目，判断梁的静不定次数。

（2）以方便查变形表为准，选定恰当的约束作为多余约束，根据多余约束处的约束条件计算多余约束反力的大小。

（3）将多余约束反力作为载荷，计算静定梁的其他约束反力，画内力图，进行强度等计算。

习 题 13

1. 用积分法求题图 13-1 所示悬臂梁的转角方程和挠曲线方程，并求出自由端的挠度和转角。设梁的 EI 为常数。

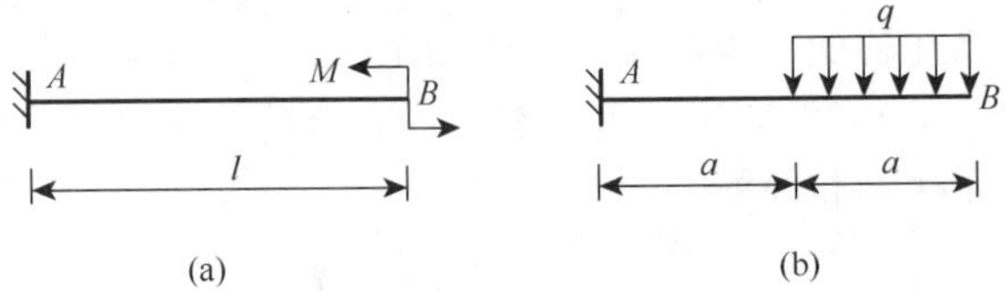

题图 13-1

2. 已知梁的抗弯刚度为 EI。用叠加法求题图 13-2 所示各梁中 B 截面的挠度和转角。

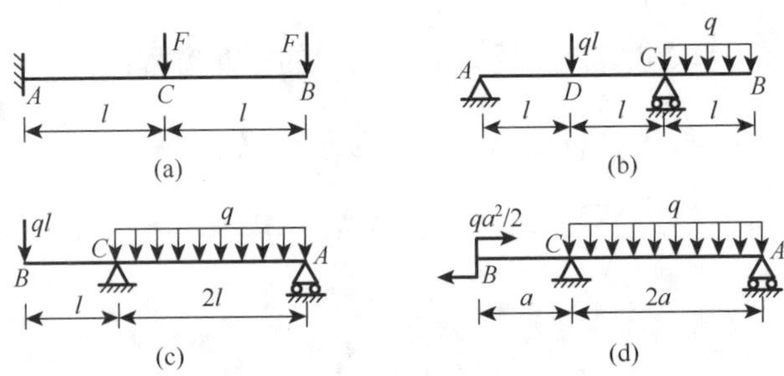

题图 13-2

3. 用叠加法计算题图 13-3 所示阶梯梁的最大挠度。已知 $I_2 = 2I_1$，阶梯梁的两段承受相同的均布载荷 q。

4. 题图 13-4 所示钢轴，已知 $E = 200$ GPa，$F = 20$ kN，若规定 A 截面处许用转角$[\theta] = 0.5°$，$a = 1$ m，试选定此轴的直径。

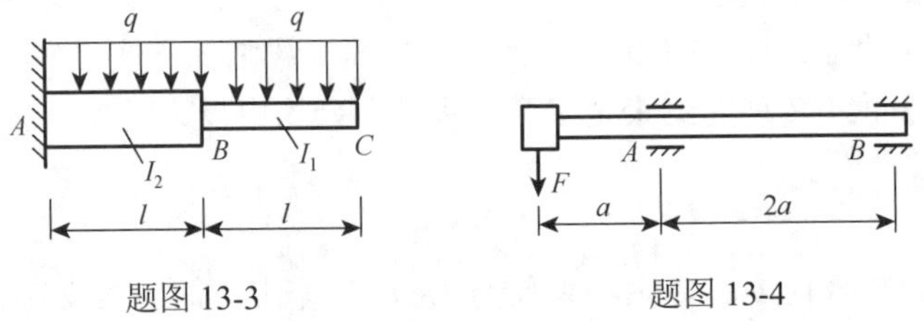

题图 13-3　　题图 13-4

5. 题图 13-5 所示悬臂梁，$q = 15$ kN/m，$a = 1$ m，$[\sigma] = 100$ MPa，许用挠度$[y] = \dfrac{a}{500}$，$E = 200$ GPa。试选择工字钢型号。

6. 两端简支的输气管道如题图 13-6 所示。已知其外径 $D = 114$ mm，内外径之比 $\alpha = 0.9$，其单位长度的重力 $q = 106$ N/m，材料的弹性模量 $E = 210$ GPa。若管道材料的许用应力$[\sigma] = 120$ MPa，其许可挠度$[y] = \dfrac{l}{400}$，试确定此管道允许的最大跨度。

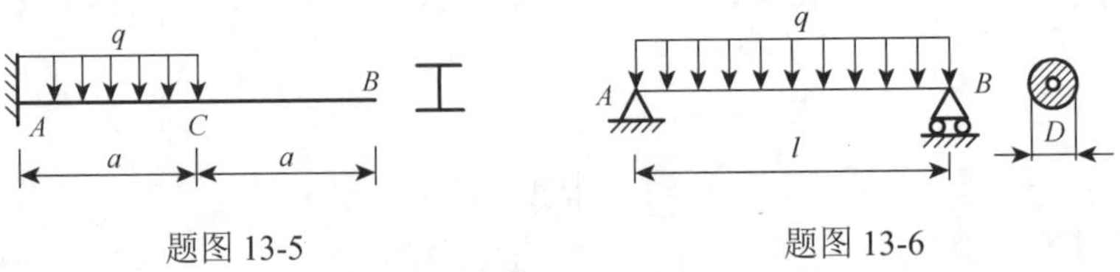

题图 13-5　　题图 13-6

7. 已知题图 13-7 所示梁的外力 F 及尺寸 l，试求支座处的反力并画出剪力、弯矩图。

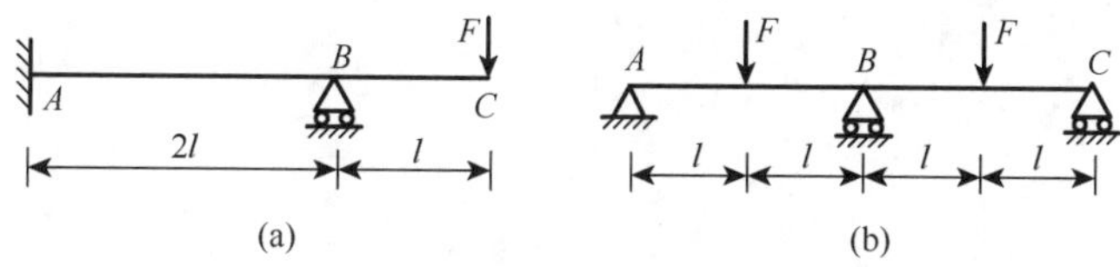

题图 13-7

8. 结构受载如题图 13-8 所示，已知梁的抗弯刚度为 EI，杆的抗拉刚度为 EA，试求 CD 杆的内力。

9. 题图 13-9 所示静不定梁，其横截面是由两个槽钢组成的组合截面。若 $q = 30\ \text{kN/m}$，$a = 1\ \text{m}$，许用应力$[\sigma] = 140\ \text{MPa}$，试选定槽钢的型号。

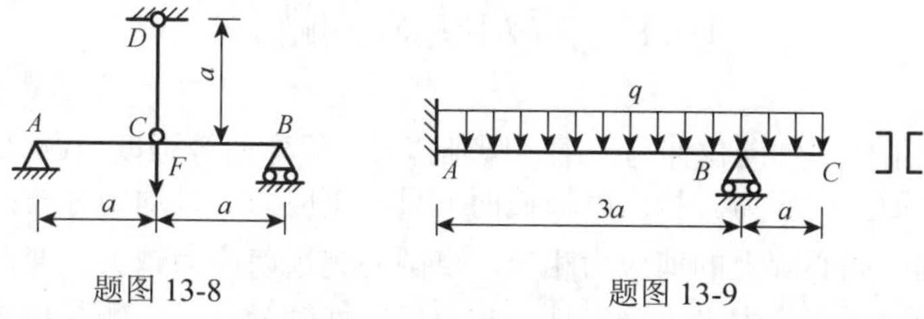

题图 13-8　　题图 13-9

第 14 章

应力状态和强度理论

14.1　应力状态的概念

我们已经研究了杆件轴向拉伸与压缩、圆轴扭转、梁弯曲等强度问题。分析了杆受拉压、扭转和弯曲时**横截面**上的应力。拉压时横截面上只有正应力，且均匀分布；扭转时，横截面上只有剪应力，同一同心圆上的剪应力相等，离圆心越远剪应力越大；弯曲时，横截面上既有正应力又有剪应力，正应力沿高度线性分布，以中性轴为界，一侧是拉应力，一侧是压应力，离中性轴越远正应力越大；剪应力沿高度抛物线分布，中性轴上剪应力最大，上下边缘处剪应力等于零。所谓横截面是垂直杆轴线切开的截面，然而，构件的强度不但与横截面上的应力有关，而且与任意截面上的应力也有关，因此，只研究横截面上的应力还不够，还要研究任意截面上的应力。

一般情况，构件受力后，每一点的应力都不相同；同一点不同方位截面上的应力也不相同。因此，需要研究构件内不同点的应力外，还需要研究同一点不同方位截面上的应力。一点处所有方位面上的应力状况，称为一点的**应力状态**（stress state）。应力状态分析就是分析一点处所有方位面上的应力。

通常，过一点的任意截面上既有正应力，又有剪应力。在这些截面中，有一种特殊的截面，只有正应力没有剪应力的面称为**主平面**（principal plane），主平面的外法线方向称为**主方向**（principal direction），主平面上的正应力称为**主应力**（principal stress）。受力构件内每一点存在 3 个主平面和 3 个主应力，3 个主平面必定相互垂直，3 个主应力按**代数值**大小分别用 σ_1，σ_2，σ_3 表示，规定 $\sigma_1 \geqslant \sigma_2 \geqslant \sigma_3$。

如图 14-1（a）所示，悬臂梁受集中力作用，如图 14-1（b）所示，用 3 个互相垂直的面切出的微小块状体称为**单元体**（element）。一点的应力状态通常用单元体上的应力来表示。

如图 14-1（b）所示，用与坐标平面平行的面从 A 点切出单元体，左右面上的应力是该点横截面上的应力，如图 14-1（a）所示，A 点位于横截面的上边缘，只有弯曲正应力，没有弯曲剪应力；上下面上的应力是外法线与 y 轴平行面上的应力，一般认为该面上的应力等于零；前后面上的应力是外法线与 z 轴平行面上的应力，一般认为该面上的应力等于零。单元体每个侧面上的应力看成是均匀分布的，相互平行的一对面上（如左右侧面）应力是相等的。悬臂梁 A 点的应力状态如图 14-1（b）所示，为简化画图，可表示成如图 14-1（c）所示，也可表示成如图 14-1（d）所示。如图 14-1（a）所示，B 点既有弯曲正应力，又有弯曲剪应力，B 点的应力状态如图 14-1（e）（f）所示。如图 14-1（a）所示，C 点位于中性轴上，弯曲正应力等于零，弯曲剪应力最大，C 点的应力状态如图 14-1（g）（h）所示。

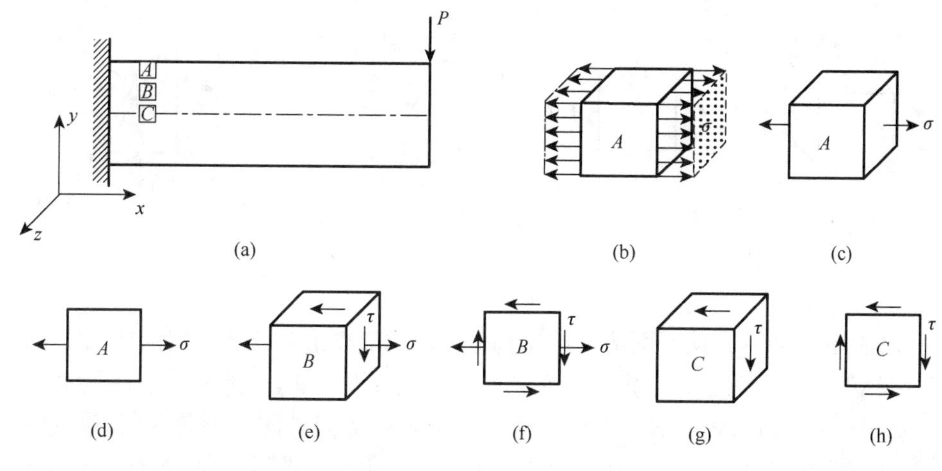

图 14-1

用主平面切取的单元体称为**主单元体**（principal element）。一点的应力状态可以用该点任意一个单元体上的应力表示，当然也可以用主单元体表示。如图 14-2（a）所示，只有一个主应力不等于零的应力状态，称为**单向应力状态**（unidirectional stress state）。单向应力状态也可表示成如图 14-2（b）所示。如图 14-2（c）所示，两个主应力不为零时，称为**二向应力状态**（biaxial stress state），又称为**平面应力状态**（plane stress state），平面应力状态也可表示成如图 14-2(d)所示。如图 14-2(e)所示，3 个主应力不为零时，称为**三向应力状态**(triaxial stress state）。单向应力状态称为**简单应力状态**（simple stress state）。二向和三向应力状态称为**复杂应力状态**（complex stress state）。值得注意的是主单元体在构件内的方位一般是倾斜的。

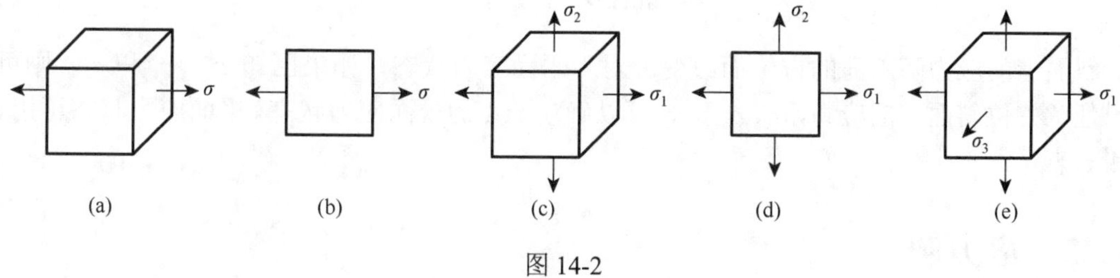

图 14-2

14.2　平面应力状态分析

扫码观看

所有应力都位于同一平面内的应力状态称为**平面应力状态**，对主单元体而言，就是二向应力状态。本节学习平面应力状态任意斜面上的应力、主应力、最大剪应力等的计算。

14.2.1　斜面上的应力

如图 14-3（a）（b）所示，平面应力状态在某一方向没有应力，外法线与 x 轴平行的面称为 x 面，正应力用 σ_x、剪应力用 τ_x 表示；外法线与 y 轴平行的平面称为 y 面，正应力用 σ_y、剪应力用 τ_y 表示。

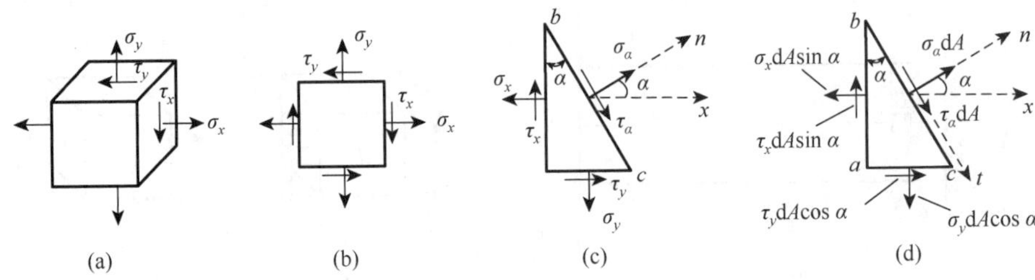

图 14-3

如图 14-3（c）所示，从平面应力状态构件内，切取楔形单元体，斜面 bc 的方位用其外法线 n 与 x 轴的夹角 α 表示，规定由 x 轴逆时针转到 n 时为正。由外法线 n 的方位角定义的斜面称为 α 面，正应力用 σ_α、剪应力用 τ_α 表示。正应力 σ_α 沿外法线正向为正，剪应力 τ_α 对单元体内任一点有顺时针转动趋势为正。如图 14-3（d）所示，设斜截面 bc 的面积为 $\mathrm{d}A$，则竖面 ab 和横面 ac 的面积分别为 $\mathrm{d}A\cos\alpha$ 和 $\mathrm{d}A\sin\alpha$，将各截面上的应力乘以截面的面积得作用于楔形单元体各面上的内力。由于构件处于平衡状态，所以楔形单元体也处于平衡状态，由斜面法向和切向平衡方程得

$$\sum F_n=0:\quad \sigma_\alpha \mathrm{d}A-(\sigma_x \mathrm{d}A\cos\alpha)\cos\alpha+(\tau_x \mathrm{d}A\cos\alpha)\sin\alpha-(\sigma_y \mathrm{d}A\sin\alpha)\sin\alpha+(\tau_y \mathrm{d}A\sin\alpha)\cos\alpha=0$$

$$\sum F_t=0:\quad \tau_\alpha \mathrm{d}A-(\sigma_x \mathrm{d}A\cos\alpha)\sin\alpha-(\tau_x \mathrm{d}A\cos\alpha)\cos\alpha+(\sigma_y \mathrm{d}A\sin\alpha)\cos\alpha+(\tau_y \mathrm{d}A\sin\alpha)\sin\alpha=0$$

由于剪应力互等，所以 τ_x，τ_y 数值相等，再利用三角公式 $\cos^2\alpha=(1+\cos2\alpha)/2$，$\sin^2\alpha=(1-\cos2\alpha)/2$，$2\sin\alpha\cos\alpha=\sin 2\alpha$ 将方程简化，得到斜截面上应力计算公式：

$$\begin{aligned}\sigma_\alpha&=\frac{\sigma_x+\sigma_y}{2}+\frac{\sigma_x-\sigma_y}{2}\cos2\alpha-\tau_x\sin2\alpha\\ \tau_\alpha&=\frac{\sigma_x-\sigma_y}{2}\sin2\alpha+\tau_x\cos2\alpha\end{aligned}\tag{14-1}$$

斜面上的应力随斜面的方位而改变。对于平面应力状态，如果已知 σ_x，σ_y 和 τ_x，则可以求出任意方位斜面上的应力，σ_x，σ_y 和 τ_x 可以确定一点的平面应力状态。平面应力状态可用 σ_x，σ_y 和 τ_x 表示。

扫码观看

14.2.2 应力圆

斜面的正应力 σ_α 和剪应力 τ_α 随斜角 α 变化用参数方程式（14-1）表示，消去参数 α 得正应力 σ_α 与剪应力 τ_α 的函数关系

$$\left(\sigma_\alpha-\frac{\sigma_x+\sigma_y}{2}\right)^2+\tau_\alpha^2=\left(\frac{\sigma_x-\sigma_y}{2}\right)^2+\tau_x^2\tag{14-2}$$

在 σ_α 为横坐标、τ_α 为纵坐标的直角坐标系中，该方程的轨迹是圆心在 $\left(\dfrac{\sigma_x+\sigma_y}{2},0\right)$，半径为 $R=\sqrt{\left(\dfrac{\sigma_x-\sigma_y}{2}\right)^2+\tau_x^2}$ 的圆，此圆称莫尔圆（mohr circle），又称**应力圆**。应力圆上任意一点的横坐标和纵坐标是斜面上的正应力和剪应力。因此，要计算单元体斜面上的应力，只要画出应力圆，并且找到斜面在应力圆上对应的点，应力圆上点的坐标就是斜面上的应力。下面

介绍平面应力状态应力圆的画法和 α 面在应力圆上对应点的确定方法。

对如图 14-4（a）所示的平面应力状态，建立如图 14-4（b）所示的直角坐标系 $\sigma o \tau$。选取适当比例尺，标出 x 面对应的点 $D_x(\sigma_x, \tau_x)$和 y 面对应的点 $D_y(\sigma_y, \tau_y)$，连接 D_x, D_y 两点，交 σ 轴于 C 点，以 C 为圆心、D_xD_y 为直径画圆。因为，D_x 和 D_y 两点是直径的端点，根据中点坐标公式得中点 C 的坐标为$\left(\dfrac{\sigma_x+\sigma_y}{2},0\right)$，由 D_xD_y 的长度容易得圆的半径为 $R=\sqrt{\left(\dfrac{\sigma_x-\sigma_y}{2}\right)^2+\tau_x^2}$，因此，所画出的圆就是该平面应力状态对应的应力圆。应力圆上每一点对应平面应力状态的一个面，应力圆点的横坐标和纵坐标等于对应面上的正应力和剪应力，为求 α 面上的正应力和剪应力，只需求应力圆上对应点的横坐标和纵坐标，为此，必须搞清 α 面对应应力圆上点的位置。D_x 对应 x 面，D_y 点对应 y 面，将半径 CD_x 沿逆时针方向旋转 2α 到达 CD_α，所得 D_α 就是 α 斜面对的点。证明如下：

如图 14-4（b）所示，D_α 点的横坐标为

$$\begin{aligned}\frac{\sigma_x+\sigma_y}{2}+R\cos(2\alpha+2\alpha_0)&=\frac{\sigma_x+\sigma_y}{2}+R\cos 2\alpha_0\cos 2\alpha-R\sin 2\alpha_0\sin 2\alpha\\&=\frac{\sigma_x+\sigma_y}{2}+\frac{\sigma_x-\sigma_y}{2}\cos 2\alpha-\tau_x\sin 2\alpha\\&=\sigma_\alpha\end{aligned}$$

D_α 点的纵坐标为

$$R\sin(2\alpha+2\alpha_0)=R\cos 2\alpha_0\sin 2\alpha+R\sin 2\alpha_0\cos 2\alpha=\frac{\sigma_x-\sigma_y}{2}\sin 2\alpha+\tau_x\cos 2\alpha=\tau_\alpha$$

D_α 点的纵坐标和横坐标确实等于 α 面的正应力和剪应力。

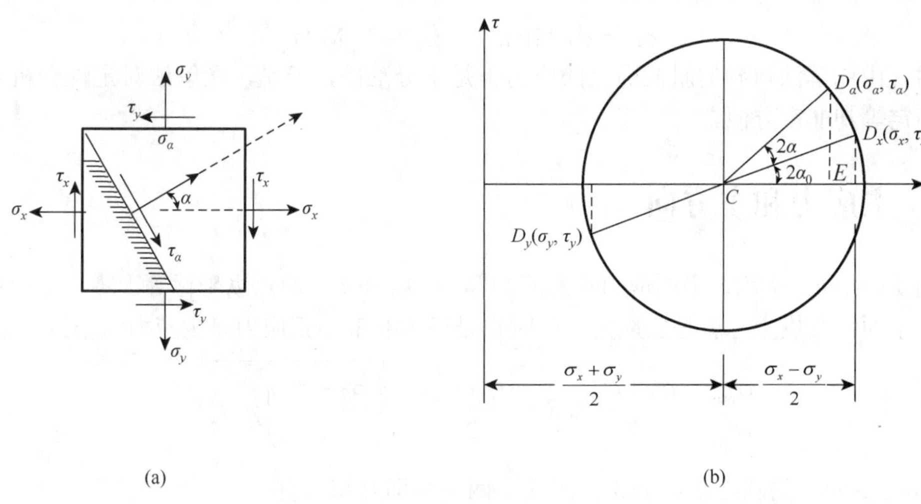

图 14-4

应力圆上的点与单元体面的对应关系为：应力圆上一点对应单元体一个面，点的横坐标和纵坐标等于面上的正应力和剪应力；应力圆上任意两点的圆心角等于单元体上两个面夹角的两倍，转向相同。

【例 14-1】 如图 14-5（a）所示，平面应力状态，试分别用解析法和图解法求斜截面上的应力。

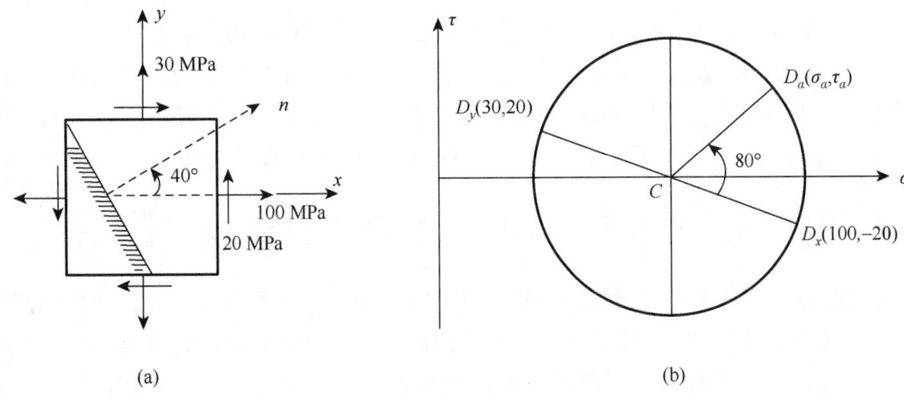

图 14-5

解 （1）解析法。由图 14-5（a）知，x 面与 y 面的应力分别为 $\sigma_x = 100$ MPa，$\tau_x = -20$ MPa，$\sigma_y = 30$ MPa，斜面的方位角为 $\alpha = 40°$。代入解析表达式（14-1）得斜截面应力为

$$\sigma_{40°} = \frac{100+30}{2} + \frac{100-30}{2}\cos 80° - (-20)\sin 80° = 90.8(\text{MPa})$$

$$\tau_{40°} = \frac{100-30}{2}\sin 80° + (-20)\cos 80° = 31.0(\text{MPa})$$

（2）图解法。建立如图 14-5（b）所示直角坐标系 σ–τ，选定恰当比例尺，由坐标（100, –20）确定 D_x 点，对应 x 面，由坐标（30, 20）确定 D_y 点，对应 y 面，线段 D_xD_y 与水平轴相交于 C，以 C 为圆心、D_xD_y 为直径画圆，得应力圆。将 D_x 点沿逆时针方向旋转 $2\alpha = 80°$ 至 D_α 点，所得 D_α 点对应斜截面。按选定的比例尺，量得 D_α 点的横坐标和纵坐标分别为 91 MPa 和 31 MPa，所以，斜截面的正应力与剪应力分别为

$$\sigma_{40°} = 91 \text{ MPa}, \qquad \tau_{40°} = 31 \text{ MPa}$$

显然，由图解法得到的斜截面上的应力不是十分准确，但是，图解法对定性分析及最大应力的确定等却非常方便。

扫码观看

14.2.3 主应力和主方向

如图 14-6（b）所示，平面应力状态应力圆上 $D_{\sigma1}$ 和 $D_{\sigma2}$ 两点纵坐标等于零，对应单元体的两个主平面，其横坐标就是主应力，同时也是最大和最小正应力。主应力大小为

$$\left.\begin{matrix}\sigma_{\max}\\ \sigma_{\min}\end{matrix}\right\} = \frac{\sigma_x+\sigma_y}{2} \pm R = \frac{\sigma_x+\sigma_y}{2} \pm \sqrt{\left(\frac{\sigma_x-\sigma_y}{2}\right)^2 + \tau_x^2} \qquad (14\text{-}3)$$

$D_{\sigma1}$ 和 $D_{\sigma2}$ 两点的圆心角是 180°，因此，两主平面互相垂直。

由图 14-6（b）中的几何关系，$D_{\sigma1}$ 由 D_x 顺时针转 $2\alpha_0$，所以第一主平面应由 x 面顺时针转 α_0，则最大正应力 $\sigma_{\max}$ 与 x 轴的夹角 α_0 为

$$\mathrm{tg}\alpha_0 = -\frac{\tau_x}{ED_{\sigma_2}} = \frac{-\tau_x}{\sigma_x - \sigma_{\min}} \qquad (14\text{-}4)$$

式中：负号表示由 x 截面至最大正应力作用面为顺时针方向。主平面方位如图 14-6（a）所示。

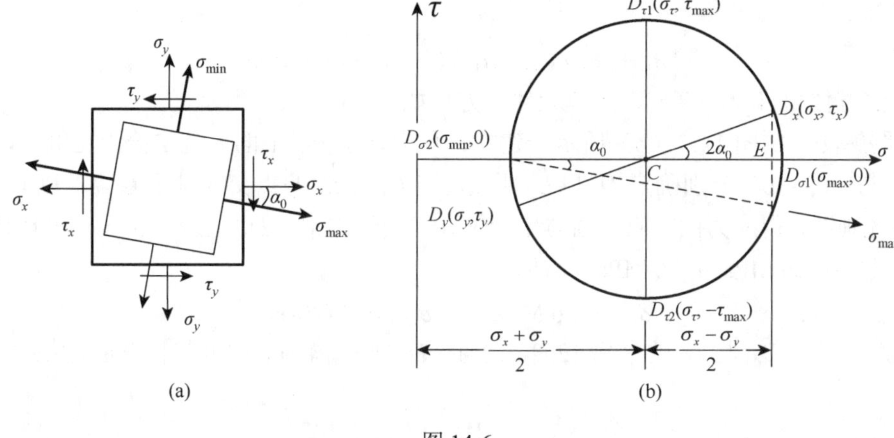

图 14-6

14.2.4　最大剪应力

如图 14-6（b）所示，$D_{\tau1}$ 和 $D_{\tau2}$ 两点纵坐标最大和最小，对应单元体的剪应力极值面，其纵坐标就是最大与最小剪应力，分别为

$$\begin{matrix}\tau_{max}\\\tau_{min}\end{matrix}=\pm R=\pm\frac{\sigma_{max}-\sigma_{min}}{2} \tag{14-5}$$

最大与最小剪应力截面也相互垂直，并与主平面成 45°夹角。

【例 14-2】　如图 14-7（a）所示，平面应力状态，用解析法与图解法确定主应力的大小及方位。

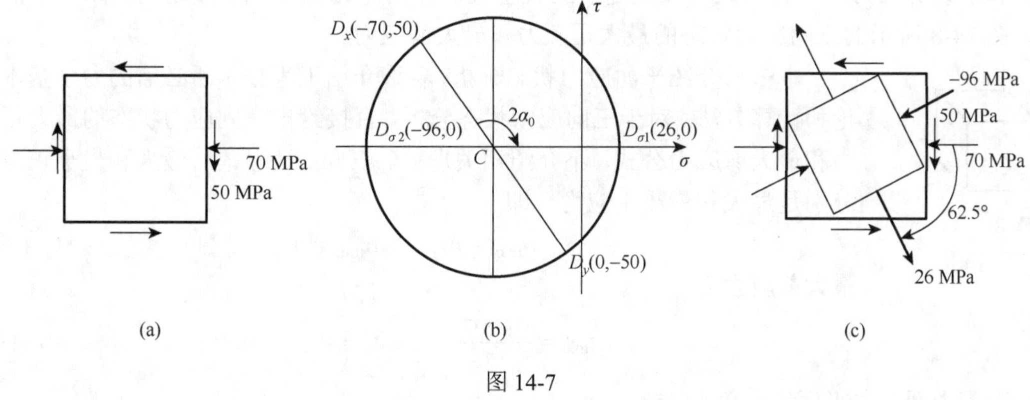

图 14-7

解　（1）解析法。x 与 y 截面的应力分别为 $\sigma_x = -70$ MPa，$\tau_x = 50$ MPa，$\sigma_y = 0$ MPa，代入解析表达式（14-3）得主应力大小为

$$\begin{matrix}\sigma_{max}\\\sigma_{min}\end{matrix}=\frac{-70+0}{2}\pm\sqrt{\left(\frac{-70-0}{2}\right)^2+50^2}=\begin{matrix}26(\text{MPa})\\-96(\text{MPa})\end{matrix}$$

最大正应力 σ_{max} 与 x 轴的夹角 α_0 为

$$\alpha_0=\arctan\left(\frac{-\tau_x}{\sigma_x-\sigma_{min}}\right)=\arctan\left(\frac{-50}{-70-(-96)}\right)=-62.5°$$

主应力为

$$\sigma_1 = 26\ \text{MPa}, \quad \sigma_2 = 0, \quad \sigma_3 = -96\ \text{MPa}$$

主应力 σ_1 的方位角 α_0 为–62.5°，主单元体的方位如图 14-7（c）所示。

（2）图解法。如图 14-7（b）所示，建立直角坐标系 σ-τ 平面，选定恰当比例尺，由坐标（–70, 50）与（0, –50）分别确定 D_x 与 D_y 两点。连 D_x 与 D_y 两点交 σ 轴于 C 点，以 C 为圆心、D_xD_y 为直径画圆，得应力圆。应力圆与坐标轴 σ 相交于 $D_{\sigma1}$ 和 $D_{\sigma2}$ 两点，按选定的比例尺，量得两点的横坐标 26 MPa 和 96 MPa，所以

$$\sigma_{\max} = 26\ \text{MPa}, \qquad \sigma_{\min} = -96\ \text{MPa}$$

从应力圆量得 $D_{\sigma1}$ 与 D_x 的夹角 125°，而且，D_x 到 $D_{\sigma1}$ 转向为顺时针方向，主应力 σ_1 的方位角为

$$\alpha_0 = -\frac{125^\circ}{2} = -62.5^\circ$$

显然，图解法并不能准确计算应力值和角度，所以，我们不常用图解法计算应力，但图解法在缺乏计算工具的古代一定发挥过重要作用。另外，图解法在定性分析或公式推导方面发挥着独特的作用。

14.3 三向应力状态下的最大应力·广义胡克定律

构件通常处于三向应力状态。通过应力状态分析可以求出一点的 3 个主应力 σ_1，σ_2，σ_3，如图 14-8 所示，一点的应力状态可以用 3 个主应力 σ_1，σ_2，σ_3 表示。三向应力状态的最大正应力和最大剪应力对于材料是否失效起着至关重要的作用。为方便强度理论的应用，下面介绍如图 14-8 所示的三向应力状态的最大正应力和最大剪应力。

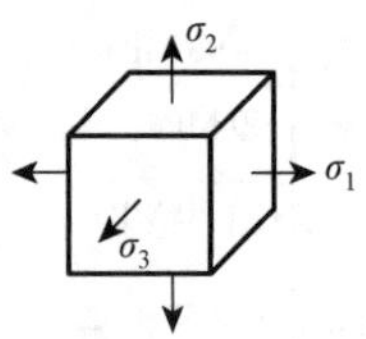

图 14-8

本书只介绍平面应力状态分析，着重介绍工程技术所必需的力学基本理论和计算方法。对于三向应力状态分析，直接给出三向应力状态的最大正应力和最大剪应力公式，不介绍相关理论。三向应力状态，最大和最小正应力分别是最大和最小主应力，即

$$\sigma_{\max} = \sigma_1, \qquad \sigma_{\min} = \sigma_3 \tag{14-6}$$

最大剪应力为

$$\tau_{\max} = \frac{\sigma_1 - \sigma_3}{2} \tag{14-7}$$

最大剪应力面与主平面的夹角为 45°。

在轴向拉伸和压缩章节中已学习了拉压杆的变形。如果拉压杆的轴向应力为 σ，如图 14-9（a）所示，杆任意一点为单向应力状态。轴向应变和横向应变分别为

$$\varepsilon = \frac{\sigma}{E}, \qquad \varepsilon' = -\nu\frac{\sigma}{E}$$

式中：E，ν 分别为材料的弹性模量和泊松比。

如图 14-9（b）所示，三向应力状态 σ_1 方向的应变 ε_1 如何计算呢？在线弹性、小变形时，可以应用叠加原理求应变 ε_1。三向应力状态可以看成三个单向应力状态的叠加。在 σ_1，σ_2，σ_3 单独作用时，σ_1 方向的应变 ε_1 分别为

$$\varepsilon_1=\frac{\sigma_1}{E},\quad \varepsilon_1=-\nu\frac{\sigma_2}{E},\quad \varepsilon_1=-\nu\frac{\sigma_3}{E}$$

当 σ_1，σ_2，σ_3 共同作用时，由叠加原理得 σ_1 方向的应变 ε_1 为

$$\varepsilon_1=\frac{\sigma_1}{E}+\left(-\nu\frac{\sigma_2}{E}\right)+\left(-\nu\frac{\sigma_3}{E}\right)=\frac{1}{E}[\sigma_1-\nu(\sigma_2+\sigma_3)]$$

因此，三向应力状态的应力-应变关系为

$$\begin{cases}\varepsilon_1=\dfrac{1}{E}[\sigma_1-\nu(\sigma_2+\sigma_3)]\\ \varepsilon_2=\dfrac{1}{E}[\sigma_2-\nu(\sigma_3+\sigma_1)]\\ \varepsilon_3=\dfrac{1}{E}[\sigma_3-\nu(\sigma_1+\sigma_2)]\end{cases}\tag{14-8}$$

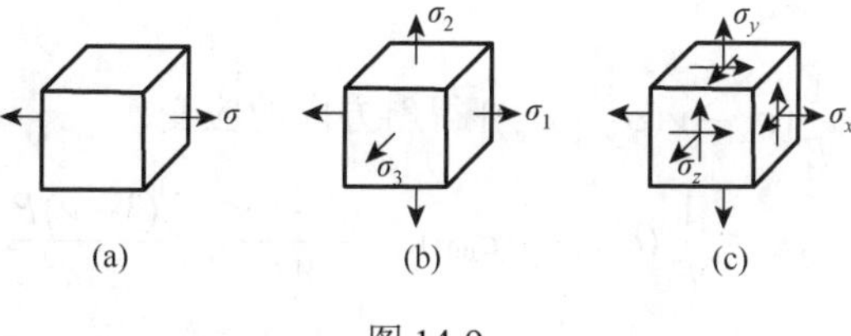

图 14-9

三向应力状态的应力-应变关系称为**广义胡克定律**（generalized Hooke′s law）。也就是广义上的胡克定律。

如图 14-9（c）所示的三向应力状态，单元体的面上既有正应力又有剪应力。对于各向同性材料，正应力不会引起剪应变；在小变形的条件下，剪应力对线应变的影响也可以忽略不计。

如图 14-9（c）所示的三向应力状态的应力-应变关系为

$$\begin{cases}\varepsilon_x=\dfrac{1}{E}[\sigma_x-\nu(\sigma_y+\sigma_z)]\\ \varepsilon_y=\dfrac{1}{E}[\sigma_y-\nu(\sigma_x+\sigma_z)]\\ \varepsilon_z=\dfrac{1}{E}[\sigma_z-\nu(\sigma_x+\sigma_y)]\end{cases}\tag{14-9}$$

线应变与剪应力无关。

【例 14-3】　如图 14-10（a）所示，钢质圆杆直径 $d=20$ mm，钢的弹性模量 $E=210$ GPa，泊松比 $\nu=0.28$，已知 A 点在与轴线成 30°方向的线应变 $\varepsilon_{30^\circ}=4.1\times10^{-4}$，求拉力 P。

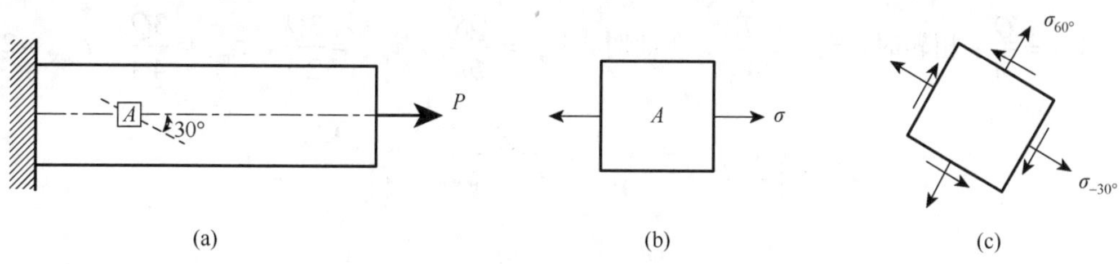

图 14-10

解 （1）计算应力。如图 14-10（a）所示钢杆受轴向拉伸，A 点为单向应力状态如图 14-10（b）所示。

$$\sigma = \frac{N}{A} = \frac{4P}{\pi d^2}$$

（2）应力状态分析。如图 14-10（b）所示应力状态 $\sigma_x = \sigma,\quad \tau_x = 0,\quad \sigma_y = 0$，由斜截面应力公式，即

$$\sigma_\alpha = \frac{\sigma_x + \sigma_y}{2} + \frac{\sigma_x - \sigma_y}{2}\cos 2\alpha - \tau_x \sin 2\alpha$$

得如图 14-10（c）所示单元体上的正应力

$$\sigma_{60^\circ} = \frac{\sigma}{2} + \frac{-\sigma}{2}\cos 120^\circ = \frac{3\sigma}{4}, \qquad \sigma_{-30^\circ} = \frac{\sigma}{2} + \frac{-\sigma}{2}\cos(-60^\circ) = \frac{\sigma}{4}$$

斜面上的剪应力无须计算。

（3）计算应变。

由广义胡克定律 $\varepsilon_x = \frac{1}{E}[\sigma_x - \nu(\sigma_y + \sigma_z)]$ 得斜方向的应变

$$\varepsilon_{-30^\circ} = \frac{1}{E}(\sigma_{-30^\circ} - \nu\,\sigma_{60^\circ}) = \frac{(3-\nu)\sigma}{4E} = \frac{(3-\nu)P}{E\pi d^2}$$

所以

$$P = \frac{E\pi d^2 \varepsilon_{-30^\circ}}{3-\nu} = \frac{210\times 10^9 \times \pi \times 20^2 \times 10^{-6} \times 4.1 \times 10^{-4}}{3-0.28} = 39.8(\text{kN})$$

14.4 强度理论

直杆受轴向拉伸和压缩时或梁受弯曲时，如图 14-11（a）所示，危险点处于单向应力状态，强度条件为

$$\sigma_{\max} \leqslant [\sigma]$$

式中，许用应力$[\sigma]$是根据试验测定的极限应力 σ_u，并考虑适当的安全系数 n 而获得，$[\sigma] = \frac{\sigma_u}{n}$。轴向拉压时，$\sigma = \frac{N}{A}$，弯曲时，$\sigma_{\max} = \frac{M}{W_z}$。

直杆受剪切时或轴受扭转时或梁受弯曲时，如图 14-11（b）所示，危险点处于纯剪应力状态，强度条件为

$$\tau_{\max} \leqslant [\tau]$$

式中：许用应力$[\tau]$是根据试验测定的极限应力 τ_u，并考虑适当的安全系数 n 而获得，$[\tau] = \frac{\tau_u}{n}$。剪切时，$\tau = \frac{Q}{A}$；扭转时，$\tau_{\max} = \frac{T}{W_p}$；弯曲时，$\tau_{\max} = \frac{QS_z}{bI_z}$，$\tau_{\max} = \frac{3Q}{2A}$，$\tau_{\max} = \frac{3Q}{4A}$，$\tau_{\max} = 2\frac{Q}{A}$。

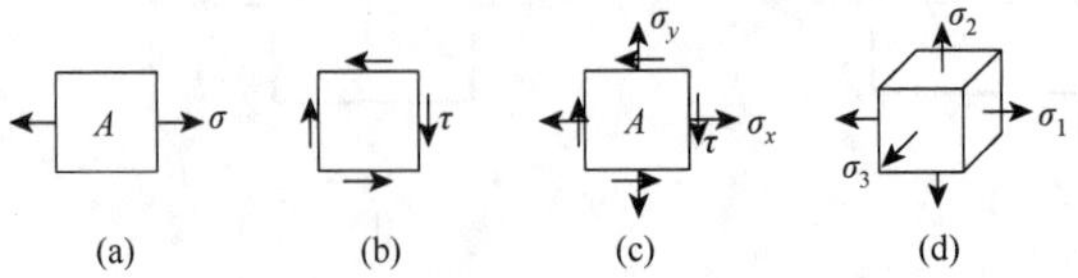

图 14-11

根据试验结果建立强度条件的方法简单、直接。然而，工程构件中的危险点经常处于复杂应力状态。比如图 14-11（c）所示的平面应力状态，如果仿照上述方法建立强度条件，将是一项无法完成的工作。极限应力不但与材料性质有关，而且与应力状态有关。复杂应力状态是多种多样乃至变化无穷的，要想用试验来测定复杂应力状态材料的极限应力是不可能的。所以复杂应力状态的强度条件，通常并不是直接用试验测定极限应力的方式去建立，而是在分析各种破坏现象的基础上，找出原因，采用推理的方法，提出适当的破坏原因假说而建立的。

长期以来，人们对材料破坏现象进行了大量研究，对材料破坏规律进行分析总结。结果表明，尽管破坏现象千变万化，极其复杂，但破坏的形式归纳起来主要有两种，一种是断裂，另一种是屈服。断裂破坏时，材料没有明显的塑性变形，属于脆性破坏；屈服破坏时，材料出现屈服现象或显著的塑性变形，属于塑性破坏。人们根据以上对材料破坏现象的分析和研究，提出各种材料破坏原因假说。材料破坏原因和破坏规律的学说称为**强度理论**（theory of strength）。

强度理论认为，不论材料处于何种应力状态，只要破坏的类型相同，破坏原因都一样。如图 14-11（d）所示，强度理论只针对主单元体建立强度条件。所以，任何一个复杂应力状态必须经过应力状态分析，求出 3 个主应力，用主单元体表示该点的应力状态，然后，建立强度条件。

根据材料破坏的两种形式，强度理论也分成两类：一类是适用于脆性断裂破坏的最大拉应力理论和最大拉应变理论；另一类是适用于塑性屈服破坏的最大剪应力理论和形状改变比能理论。

14.4.1 最大主应力理论（第一强度理论）

引起材料脆性断裂破坏的主要原因是最大拉应力。不论材料处于何种应力状态，只要最大拉应力 σ_1 达到极限值 σ_u 时，材料就将发生断裂破坏，称**最大主应力理论**（maximum principal stress theory），又称**第一强度理论**（first strength theory）。材料发生断裂破坏的条件是

$$\sigma_1 = \sigma_u \tag{14-10}$$

最大拉应力就是主应力 σ_1。σ_u 是极限应力值，对于任意应力状态，σ_u 保持不变，恒为常数，所以，可选单向拉伸破坏试验算出 σ_u 的值。单向拉伸材料断裂时的应力状态为 $\sigma_1 = \sigma_b$，$\sigma_2 = \sigma_3 = 0$，σ_b 是材料的强度极限，因此得 $\sigma_u = \sigma_b$，代入上式得材料断裂的条件是

$$\sigma_1 = \sigma_b \tag{14-11}$$

将 σ_b 除以安全系数后，得材料的许用应力$[\sigma]$。最大拉应力理论的强度条件是

$$\sigma_1 \leqslant [\sigma] \tag{14-12}$$

试验表明，这一理论能很好地解释铸铁等脆性材料在单向拉伸或扭转时的破坏现象。但是它没有考虑其余两个主应力对于断裂破坏的影响，而且也不能解释材料在单向压缩或三向压缩等没有拉应力的应力状态的破坏现象。所以，最大拉应力理论仅适用于脆性材料受拉为主的应力状态的强度计算。

14.4.2 最大主应变理论（第二强度理论）

引起材料脆性断裂破坏的主要原因是最大拉应变。不论材料处于何种应力状态，只要最大拉应变ε_1达到极限值ε_u时，材料就将发生断裂破坏，称为**最大主应变理论**（maximum principal strain theory），又称**第二强度理论**（second strength theory）。材料发生断裂破坏的条件是

$$\varepsilon_1 = \varepsilon_u \tag{14-13}$$

如图 14-11（d）所示的三向应力状态，最大拉应变ε_1可由广义胡克定律$\varepsilon_1 = \frac{1}{E}[\sigma_1 - \nu(\sigma_2 + \sigma_3)]$计算；$\varepsilon_u$是极限应变值，对于任意应力状态，$\varepsilon_u$保持不变，恒为常数，因此，可以选单向压缩破坏试验算出ε_u的值。单向压缩材料断裂时的应力状态为$\sigma_1 = \sigma_b$，$\sigma_2 = \sigma_3 = 0$，σ_b是材料的强度极限，由广义胡克定律$\frac{1}{E}[\sigma_1 - \nu(\sigma_2 + \sigma_3)]$计算应变极限值为$\varepsilon_u = \frac{\sigma_b}{E}$，代入上式得材料断裂条件

$$\sigma_1 - \nu(\sigma_2 + \sigma_3) = \sigma_b \tag{14-14}$$

考虑安全系数以后，强度条件为

$$\sigma_1 - \nu(\sigma_2 + \sigma_3) \leqslant [\sigma] \tag{14-15}$$

这一理论能很好地解释石料或混凝土等脆性材料受轴向压缩时，试件沿纵向面破坏的现象，因为这时最大拉应变发生在横向。但是按照这个理论，铸铁在二向拉伸时应该比单向拉伸更加安全，但实验结果却不能证实这一点。所以，最大拉应变理论仅适用于脆性材料受压为主的应力状态的强度计算。并且$[\sigma]$应该是材料的压缩许用应力。

14.4.3 最大剪应力理论（第三强度理论）

引起材料塑性屈服破坏的主要原因是最大剪应力。不论材料处于何种应力状态，只要最大剪应力τ_{max}达到极限值τ_u时，材料就将发生屈服破坏，称为**最大剪应力理论**（maximum shear stress theory），又称**第三强度理论**（third strength theory）。材料发生屈服破坏的条件是

$$\tau_{max} = \tau_u \tag{14-16}$$

如图 14-11（d）所示的三向应力状态，最大剪应力为$\tau_{max} = \frac{\sigma_1 - \sigma_3}{2}$；$\tau_u$是剪应力极限值，对于任意应力状态，$\tau_u$保持不变，恒为常数，因此，可以选单向拉伸或压缩破坏试验计算τ_u的值。单向拉伸或压缩材料屈服时的应力状态为$\sigma_1 = \sigma_s$，$\sigma_2 = \sigma_3 = 0$，σ_s是材料的屈服极限，代入最大剪应力公式计算极限值为$\tau_u = \frac{\sigma_s}{2}$，代入上式得材料的屈服条件

$$\sigma_1 - \sigma_3 = \sigma_s \tag{14-17}$$

考虑安全系数后，强度条件为

$$\sigma_1 - \sigma_3 \leqslant [\sigma] \tag{14-18}$$

这一理论能很好地解释钢材等塑性材料受轴向拉伸和压缩或扭转时的破坏现象，而且概念明确，形式简单，因此在工程技术领域广为使用。不足之处是该理论忽略了中间主应

力 σ_2 对屈服的影响，使得该理论的计算结果与试验之间存在一定的误差，并且预测的屈服与材料真正屈服还有一点距离，偏于安全。所以，最大剪应力理论，适用于塑性材料各种应力状态的强度计算，虽然存在一定的误差，但是形式简单，计算量小，特别适合理论公式分析推导。

14.4.4　形状改变比能理论（第四强度理论）

引起材料塑性屈服的主要原因是形状改变比能。不论材料处于何种应力状态，只要形状改变比能 u_d 达到极限值 u_{du} 时，材料就将发生屈服破坏，称为**最大应变能理论**（theory of maximum strain energy），又称**第四强度理论**（forth strength theory）。材料发生屈服破坏的条件是

$$u_d = u_{du} \tag{14-19}$$

材料在外力作用下产生变形，内部积储变形能。受学时限制，本教材不学习能量方法的理论和概念，直接给出形状改变比能公式。如图 14-11（d）所示的三向应力状态，形状改变比能的表达式为 $u_d=\dfrac{1+\nu}{6E}[(\sigma_1-\sigma_2)^2+(\sigma_2-\sigma_3)^2+(\sigma_3-\sigma_1)^2]$；$u_{du}$ 是形状改变比能的极限值，对任意应力状态，u_{du} 保持不变，恒为常数，因此，可以选单向拉伸破坏试验计算 u_{du} 的值。单向拉伸材料屈服时的应力状态为 $\sigma_1=\sigma_s$，$\sigma_2=\sigma_3=0$，代入形状改变比能的表达式得极限值为 $u_{du}=\dfrac{1+\nu}{6E}(2\sigma_s^2)$，代入式（14-19）得材料屈服条件为

$$\sqrt{\frac{1}{2}[(\sigma_1-\sigma_2)^2+(\sigma_2-\sigma_3)^2+(\sigma_3-\sigma_1)^2]}=\sigma_s \tag{14-20}$$

考虑安全系数后，强度条件为

$$\sqrt{\frac{1}{2}[(\sigma_1-\sigma_2)^2+(\sigma_2-\sigma_3)^2+(\sigma_3-\sigma_1)^2]}\leqslant[\sigma] \tag{14-21}$$

对于塑性材料，如钢、铝、铜等，这个理论比最大剪应力理论更加符合试验结果，即该理论预测强度更准确，在工程技术领域广为使用，适用于塑性材料各种应力状态的强度计算，虽然计算精度更好，但是，计算量稍大，公式略显复杂，不太适合理论推导。复杂应力状态下塑性材料的强度计算既可选用最大剪应力理论也可选用最大形状改变比能理论，二者各有千秋。至于选哪个，要靠经验，初学者只需按题目规定来选，如果题目中不规定，可任意选择一个。

复杂应力状态下强度条件的建立，需要通过应力状态分析将应力状态用主单元体表示，再根据构件的材料和危险点的应力状态选择一个强度理论，按该强度理论的强度条件进行强度计算。

四个强度理论的强度条件可以统一写成下列形式

$$\sigma_{eqi}\leqslant[\sigma] \tag{14-22}$$

式中：σ_{eqi} 称为**相当应力**（equivalent sress）或**等效应力**。

四个强度理论的相当应力分别是

$$
\begin{cases}
\sigma_{eq1} = \sigma_1 \\
\sigma_{eq2} = \sigma_1 - \nu(\sigma_2 - \sigma_3) \\
\sigma_{eq3} = \sigma_1 - \sigma_3 \\
\sigma_{eq4} = \sqrt{\dfrac{1}{2}[(\sigma_1 - \sigma_2)^2 + (\sigma_2 - \sigma_3)^2 + (\sigma_3 - \sigma_1)^2]}
\end{cases} \tag{14-23}
$$

强度理论的选择，一看材料，二看应力状态。脆性材料选第一、第二强度理论，脆性材料受拉为主（3 个主应力之和大于零），选第一强度理论，脆性材料受压为主（3 个主应力之和小于零），选第二强度理论。塑性材料选第三、第四强度理论。通常在常温和静载荷条件下，脆性材料多发生脆性断裂，宜采用最大拉应力理论或最大拉应变理论；塑性材料多发生塑性屈服，宜采用最大剪应力理论或形状改变比能理论。但是，材料的破坏不仅与材料的性质有关，而且还与它所处的应力状态有关。因此还要注意在某些特殊情况下，材料所处的应力状态会影响其破坏形式，应该据此选择适当的强度理论。例如，在接近三向均匀压缩的应力状态下，不论塑性材料还是脆性材料，都发生屈服型破坏，因此应该选用第三、第四强度理论；而在接近三向均匀拉伸应力状态下，不论塑性材料还是脆性材料，都发生断裂型破坏，这时则应选用第一、第二强度理论。

复杂应力状态下构件的强度计算按下列步骤进行：

（1）内力和应力分析，确定危险截面和危险点；

（2）危险点的应力状态分析，计算主应力 σ_1，σ_2，σ_3；

（3）根据构件的材料和危险点的应力状态选用适当的强度理论，计算相当应力 σ_{eqi}；

（4）将相当应力 σ_{eqi} 与材料的许用应力$[\sigma]$比较，进行强度计算。

【例 14-4】 如图 14-12（a）所示纯剪应力状态，按 4 个强度理论分别建立强度条件，并与纯剪试验结果建立的强度条件进行比较，寻求许用剪应力$[\tau]$与许用拉应力$[\sigma]$之间的关系。

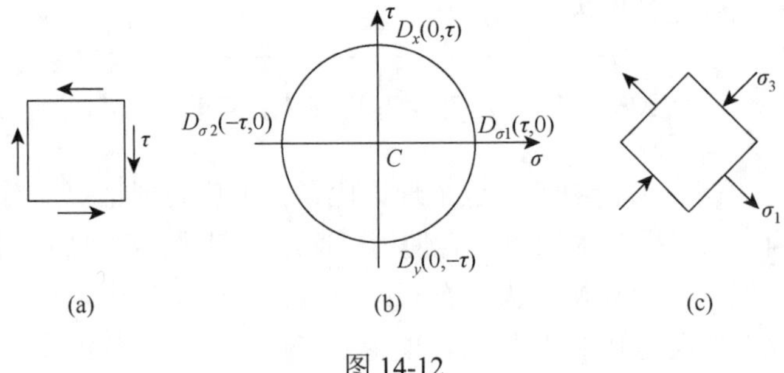

图 14-12

解 前面在学习直杆受剪切或轴受扭转或梁受弯曲时，建立如图 14-12（a）所示纯剪应力状态的强度条件为

$$\tau_{max} \leqslant [\tau] \tag{①}$$

τ_{max} 是构件内最大剪应力，$[\tau]$是许用应力。然而，在学习了强度理论之后，可以把它当成一种复杂应力状态按照强度理论建立它的强度条件。通过解析法或图解法，纯剪应力状态的应力圆如图 14-12（b）所示，求出该应力状态的 3 个主应力分别为

$$\sigma_1 = \tau, \quad \sigma_2 = 0, \quad \sigma_3 = -\tau$$

第一强度理论的相当应力为 $\sigma_{eq1} = \sigma_1 = \tau$，强度条件为

$$\tau \leqslant [\sigma] \quad ②$$

第二强度理论的相当应力为 $\sigma_{eq2} = \sigma_1 - \nu(\sigma_2 + \sigma_3) = (1+\nu)\tau$，强度条件为

$$(1+\nu)\tau \leqslant [\sigma] \quad 或 \quad \tau \leqslant \frac{1}{1+\nu}[\sigma] \quad ③$$

第三强度理论的相当应力为 $\sigma_{eq3} = \sigma_1 - \sigma_3 = 2\tau$，强度条件为

$$2\tau \leqslant [\sigma] \quad 或 \quad \tau \leqslant \frac{1}{2}[\sigma] \quad ④$$

第四强度理论的相当应力为 $\sigma_{eq4} = \sqrt{\frac{1}{2}[(\sigma_1-\sigma_2)^2+(\sigma_2-\sigma_3)^2+(\sigma_3-\sigma_1)^2]} = \sqrt{3}\tau$，强度条件为

$$\sqrt{3}\,\tau \leqslant [\sigma] \quad 或 \quad \tau \leqslant \frac{1}{\sqrt{3}}[\sigma] \quad ⑤$$

式①适合所有纯剪应力状态的强度计算，式②和式③适合脆性材料纯剪应力状态的强度计算，式④和式⑤适合塑性材料纯剪应力状态的强度计算。

将式②与式①比较发现：只有$[\tau] = [\sigma]$时，两种强度计算结果才相同；将式③与式①比较发现：只有$[\tau] = \frac{1}{1+\nu}[\sigma]$时，两种强度计算结果才相同，对于铸铁取$\nu = 0.25$，则$[\tau] = 0.8[\sigma]$。

将式④与式①比较发现：只有$[\tau] = \frac{1}{2}[\sigma] = 0.5[\sigma]$时，两种强度计算结果才相同；将式⑤与式①比较发现：只有$[\tau] = \frac{1}{\sqrt{3}}[\sigma] = 0.577[\sigma] \approx 0.6[\sigma]$时，两种强度计算结果才相同。

第一强度理论预测$[\tau] = [\sigma]$；第二强度理论预测$[\tau] = 0.8[\sigma]$；第三强度理论预测$[\tau] = 0.5[\sigma]$；第四强度理论预测$[\tau] = 0.6[\sigma]$。而试验结果是：脆性材料，$[\tau] = (0.8\sim1.0)[\sigma]$；塑性材料，$[\tau] = (0.5\sim0.6)[\sigma]$。本例对纯剪应力状态分别采用不同的方法建立强度条件并进行比较，从一个侧面反映了强度理论建立的强度条件具有较好的可信度。

14.5　弯扭组合与拉（压）扭组合

本节介绍弯曲与扭转组合变形和拉伸与扭转组合变形时构件的强度计算。

如图 14-13（a）所示，左端固定的圆杆，右端自由。在自由端的横截面内作用一个外力偶矩 T 和一个通过轴心的横向力 P。外力偶矩使圆杆产生扭转变形，而横向力使圆杆产生弯曲变形。横向力 P 引起的剪应力与扭转力矩 T 引起的剪应力相比很小，略去不计，于是圆杆既受扭转又受弯曲是弯曲与扭转的组合变形。

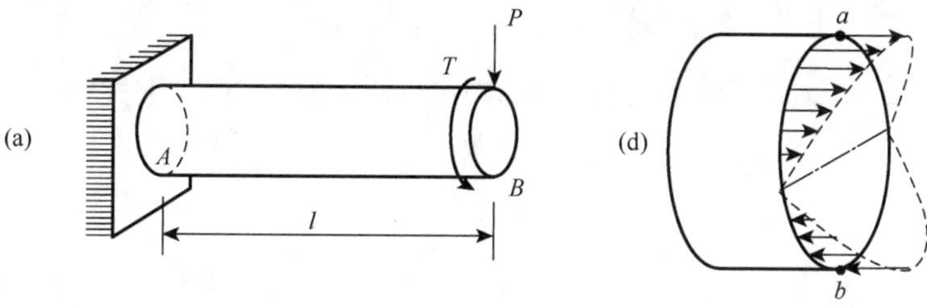

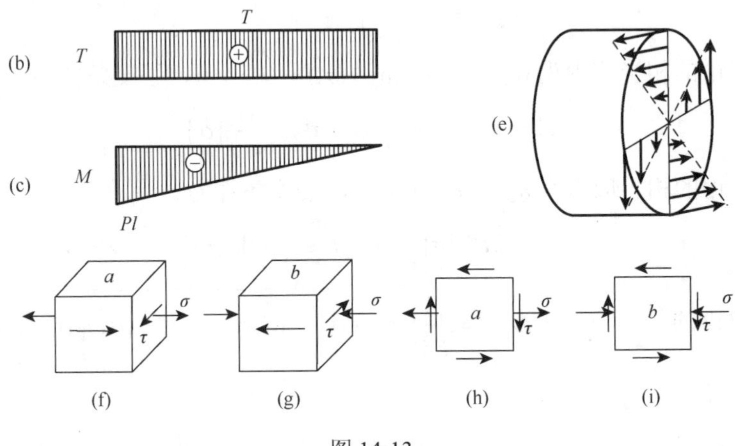

图 14-13

1. 内力分析

通过内力分析确定危险截面。画出圆杆的扭矩图和弯矩图如图 14-13（b）（c）所示，固定端内力最大，危险截面在截面 A。

2. 应力分析

通过应力分析确定危险点及应力状态。危险截面上弯曲正应力分布如图 14-13（d）所示，扭转剪应力分布如图 14-13（e）所示。最大弯曲正应力在截面 A 的最高 a 点和最低 b 点；最大扭转剪应力在截面 A 的最外圈圆周上，综合考虑弯曲正应力和扭转剪应力，截面 A 的最高 a 点和最低 b 点是危险点，危险点的应力状态如图 14-13（f）（g）所示，危险点的正应力和剪应力分别为

$$\sigma=\pm\frac{M}{W_z},\qquad \tau=\frac{T}{W_{\mathrm{p}}}$$

式中：W_z，W_{p} 是圆杆的抗弯和抗扭截面系数。

危险点是平面应力状态，可表示成如图 14-13（h）（i）所示，剪应力的正负不影响强度计算结果，右侧截面的剪应力向上还是向下无关紧要。

3. 强度计算

如图 14-13（h）（i）所示的平面应力状态主应力都为

$$\sigma_1=\sigma_{\max}=\frac{\sigma}{2}+\sqrt{\left(\frac{\sigma}{2}\right)^2+\tau^2},\quad \sigma_2=0,\quad \sigma_3=\sigma_{\min}=\frac{\sigma}{2}-\sqrt{\left(\frac{\sigma}{2}\right)^2+\tau^2}$$

工程中的轴类零件（传动轴、齿轮轴）多由钢材等塑性材料制成，因此选择第三或第四强度理论进行强度计算。a，b 两点主应力相等，可任选一点进行强度计算。

选用第三强度理论计算时，等效应力为

$$\sigma_{\mathrm{eq3}}=\sigma_1-\sigma_3=\sqrt{\sigma^2+4\tau^2}$$

式中：$\sigma=\dfrac{M}{W_z}$，$\tau=\dfrac{T}{W_{\mathrm{p}}}$。对于实心圆轴，有 $W_{\mathrm{p}}=\dfrac{\pi}{16}d^3=2W_z$，代入上式得

$$\sigma_{\mathrm{eq3}}=\frac{\sqrt{M^2+T^2}}{W_z}$$

第三强度理论的强度条件为

$$\sigma_{\mathrm{eq3}}=\frac{\sqrt{M^2+T^2}}{W_z}\leqslant[\sigma] \tag{14-24}$$

选用第四强度理论计算时，等效应力为

$$\sigma_{\mathrm{eq4}}=\sqrt{\frac{1}{2}[(\sigma_1-\sigma_2)^2+(\sigma_2-\sigma_3)^2+(\sigma_3-\sigma_1)^2]}=\sqrt{\sigma^2+3\tau^2}$$

式中：$\sigma=\dfrac{M}{W_z}$，$\tau=\dfrac{T}{W_{\mathrm{p}}}$。对于实心圆轴，有 $W_{\mathrm{p}}=\dfrac{\pi}{16}d^3=2W_z$，代入上式得

$$\sigma_{\mathrm{eq4}}=\frac{\sqrt{M^2+0.75T^2}}{W_z}$$

第四强度理论的强度条件为

$$\sigma_{\mathrm{eq4}}=\frac{\sqrt{M^2+0.75T^2}}{W_z}\leqslant[\sigma] \tag{14-25}$$

【例 14-5】 如图 14-14（a）所示，钢制传动轴 AB 由电机带动。电机通过联轴器作用在截面 A 上的扭力偶矩为 $T=1\ \mathrm{kN\cdot m}$，皮带紧边与松边的张力分别为 $2F$ 与 F，轴承 A 与 B 间的距离 $l=300\ \mathrm{mm}$，皮带轮的直径 $D=300\ \mathrm{mm}$，钢的许用应力$[\sigma]=160\ \mathrm{MPa}$，试按第四强度理论计算轴 AB 的直径。

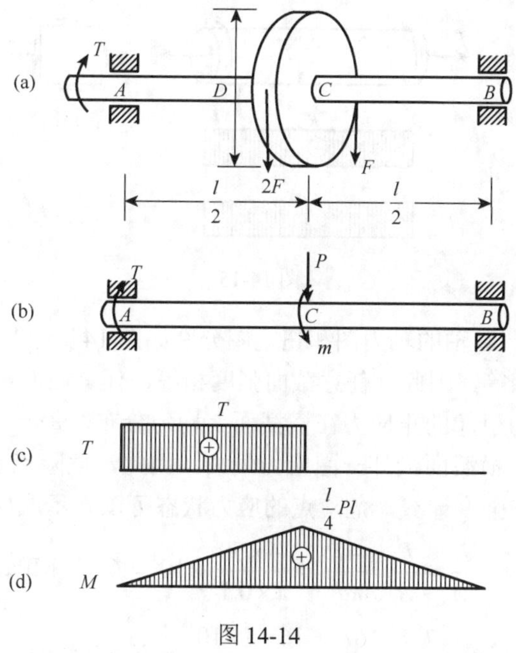

图 14-14

解　(1) 外力分析。将皮带张力向轴线简化，得作用在截面 C 的横向力 P 与扭力偶矩 m 如图 14-14（b）所示。其值分别为

$$P=2F+F=3F,\qquad m=\frac{2FD}{2}-\frac{FD}{2}=\frac{FD}{2}$$

由轴的平衡得

$$\sum M_x = 0, \qquad -T + m = 0$$

得
$$m = T, \quad F = \frac{2T}{D} = \frac{2\times1\times10^3}{0.3} = 6.67(\text{kN}), \qquad P = 3F = 20\ (\text{kN})$$

（2）内力分析。横向力 P 使轴弯曲，扭力偶矩 T 与 m 使轴扭转，轴的扭矩图与弯矩图分别如图 14-14（c）（d）所示，截面 C 左侧为危险截面，该截面的弯矩与扭矩分别为

$$M = \frac{Pl}{4} = \frac{20\times10^3\times0.3}{4} = 1.5\ (\text{kN·m})$$

$$T = 1\ \text{kN·m}$$

（3）设计轴径。第四强度理论的强度条件为

$$\sigma_{\text{eq4}} = \frac{\sqrt{M^2+0.75T^2}}{W_z} = \frac{32\sqrt{M^2+0.75T^2}}{\pi d^3} \leqslant [\sigma]$$

AB 轴的直径为

$$d \geqslant \sqrt[3]{\frac{32\sqrt{M^2+0.75T^2}}{\pi[\sigma]}} = \sqrt[3]{\frac{32\sqrt{(1\times10^3)^2+0.75\times(1.5\times10^3)^2}}{\pi\times160\times10^6}} = 0.047\,1\ (\text{m}) = 47.1\ (\text{mm})$$

取 $d = 50$ mm。

【例 14-6】 如图 14-15（a）所示，直径 $d = 0.1$ m 的圆杆受扭力矩 $T = 15$ kN·m 和拉力 $P = 50$ kN 作用，材料的许用应力$[\sigma] = 160$ MPa，按第三强度理论校核圆杆的强度。

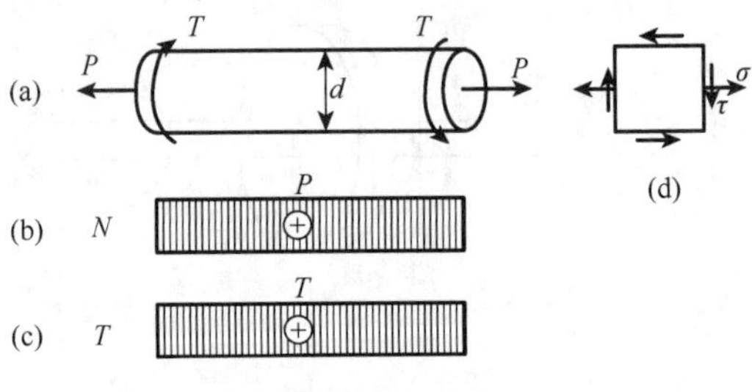

图 14-15

解 （1）内力分析。画轴的轴力图和扭矩图分别如图 14-15（b）（c）所示，可以看出任意截面的轴力和扭矩都相等，因此，任意截面强度相等，任意截面都是危险截面。

（2）应力分析。轴力引起的正应力在横截面上均匀分布，每一点应力相同；扭矩引起的剪应力沿半径线性分布，横截面最外一圈应力最大。因此，危险点是任意截面最外一圈所有点。剪应力的方向不影响强度计算，危险点的应力状态可以表示成如图 14-15（d）所示，有

$$\sigma = \frac{N}{A} = \frac{P}{A} = \frac{4P}{\pi d^2} = \frac{4\times50}{\pi\times0.1^2}\times10^3 = 6.37\ (\text{MPa})$$

$$\tau = \frac{T}{W_\text{p}} = \frac{16P}{\pi d^3} = \frac{16\times7\times10^3}{\pi\times0.1^3} = 76.5\ (\text{MPa})$$

（3）强度校核。第三强度理论的等效应力为

$$\sigma_{\text{eq3}} = \sqrt{\sigma^2+4\tau^2} = \sqrt{6.37^2+4\times76.5^2} = 153\ \text{MPa} < [\sigma]$$

按第三强度理论，圆轴满足强度要求。

习 题 14

1. 试用单元体表示题图 14-1 所示各种构件中指定点的应力状态，并算出单元体上的应力值。

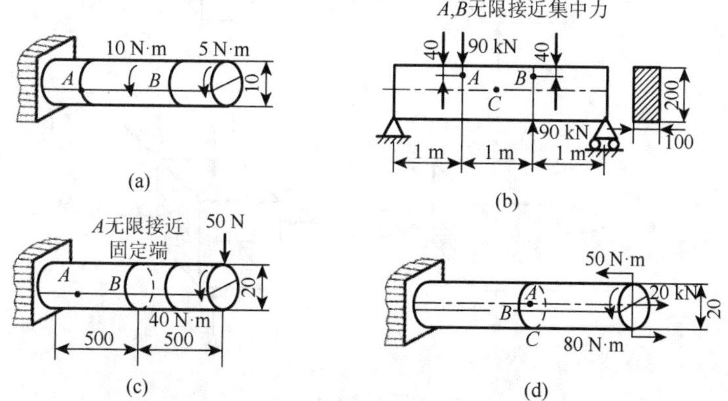

题图 14-1

2. 用解析法和图解法计算题图 14-2 所示各单元体斜截面上的应力（单位 MPa），并在单元体图上标示。

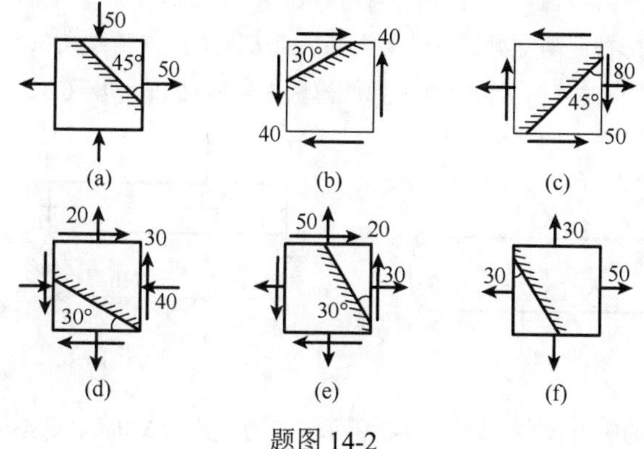

题图 14-2

3. 已知单元体的应力状态如题图 14-3 所示。试用解析法或图解法求：（1）主应力的大小和方向；（2）在单元体上画出主平面的位置。（图中应力单位为 MPa）

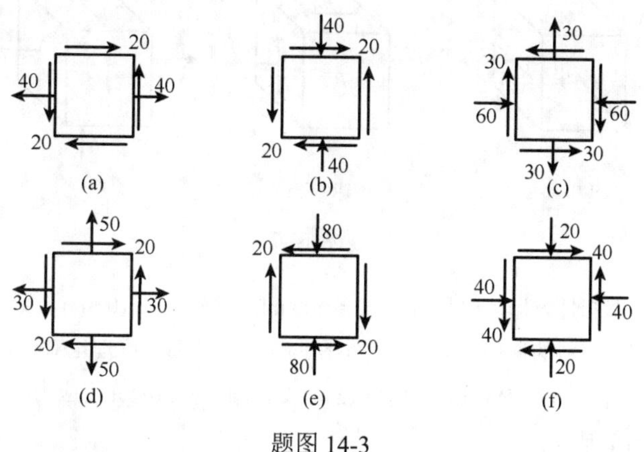

题图 14-3

4. 求出题图 14-4 所示单元体的主应力和最大剪应力（图中应力单位为 MPa）。

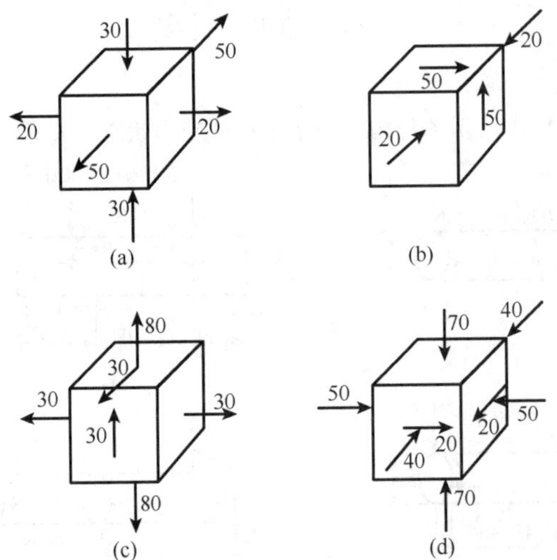

题图 14-4

5. 如题图 14-5 所示，直径为 d 的圆轴，两端受扭矩 T 的作用，由实验测出轴表面某点 K 与轴线成 15° 方向的线应变为 ε_{15°，试求 T 之数值。设材料的弹性模量 E 和 μ 已知。

6. 在题图 14-6 所示矩形截面简支梁的中性层上某一点 K 处，沿与轴线成 30°方向贴有应变片，并测出正应变 $\varepsilon_{30^\circ}=-1.3\times10^{-5}$，试求梁的载荷 F。设梁的弹性模量 $E=200$ GPa，$\mu=0.3$。

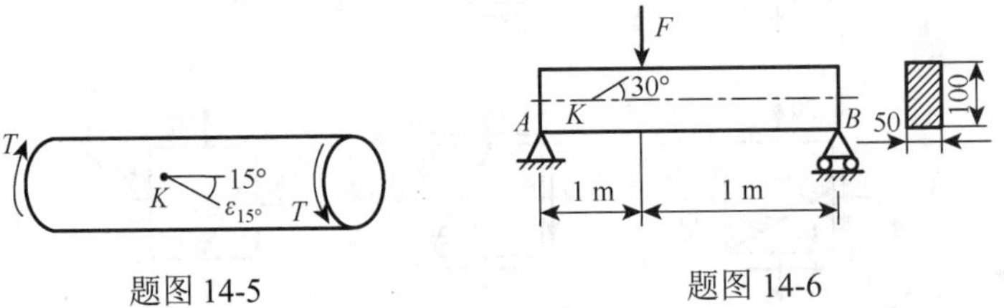

题图 14-5　　题图 14-6

7. 某构件中的 3 个点的应力状态如题图 14-7 所示（应力单位为 MPa）。试按第一、第三两种强度理论判断哪一点是危险点。

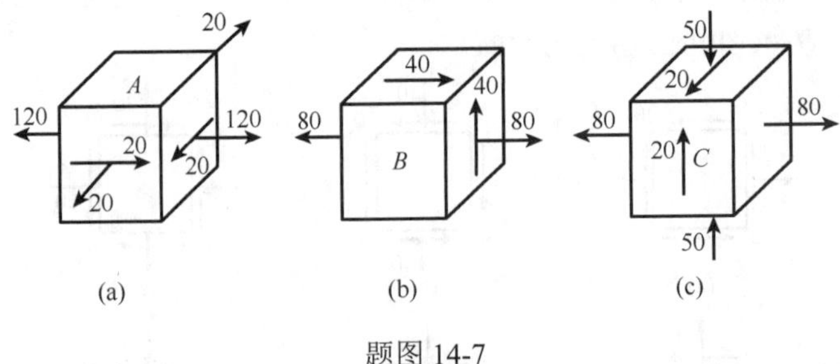

题图 14-7

8. 题图 14-8 所示薄壁圆柱容器，平均直径 $D=500$ mm，壁厚 $t=10$ mm，受内压强 $p=3$ MPa 和扭矩 $T=100$ kN·m 的联合作用，材料的许用应力$[\sigma]=120$ MPa。试按第四强度理论对该容器进行强度校核。

9. 薄壁圆柱形容器的平均直径 $D=1$ m，内压强 $p=2$ MPa，材料的许用应力$[\sigma]=120$ MPa。试用第三和第四强度理论计算容器的壁厚 t。

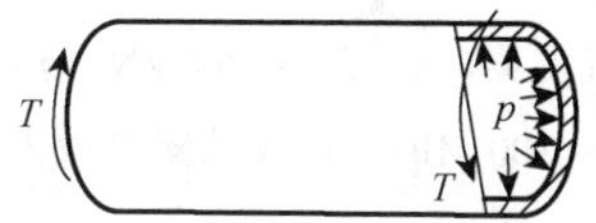

题图 14-8

10. 题图 14-10 所示拐轴一端固定，试按第三强度理论确定轴的最大载荷 F。已知：$l = 200$ mm，$a = 150$ mm，$d = 50$ mm，材料的许用应力$[\sigma] = 130$ MPa。

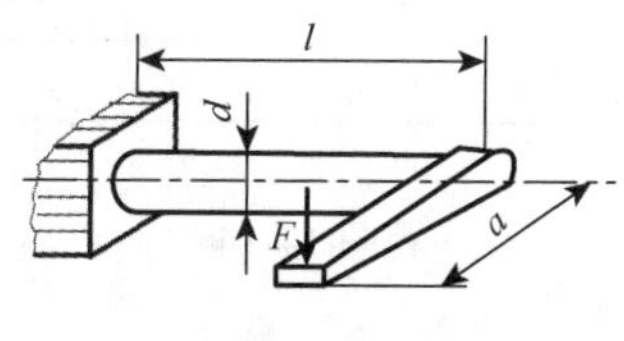

题图 14-10

11. 磨床磨平面时，砂轮受到磨削的圆周力 $F_1 = 80$ N 和径向力 $F_2 = 400$ N 的作用。如题图 14-11 所示，若砂轮的直径 $D = 10$ cm，轴的长度 $l = 12$ cm，轴的直径 $d = 2$ cm，许用应力$[\sigma] = 70$ MPa，试按第四强度理论校核轴的强度。

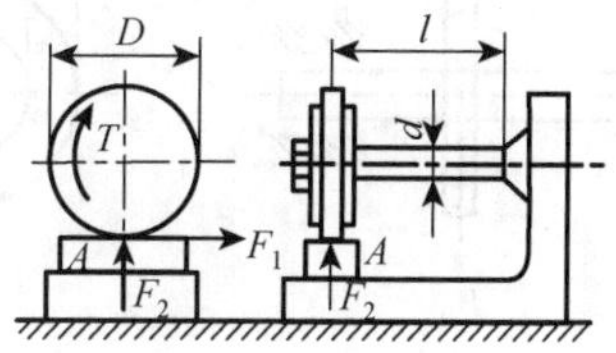

题图 14-11

12. 两个直径均为 $D = 600$ mm 的带轮 C、D 装在轴上（题图 14-12）。由 C 轮传来的功率为 $P = 7.5$ kW，轴的转速 $n = 100$ r/min，若带的松边张力 $F_1 = 1.5$ kN，轴所用材料的许用应力$[\sigma] = 80$ MPa，试按第三强度理论确定轴的直径。

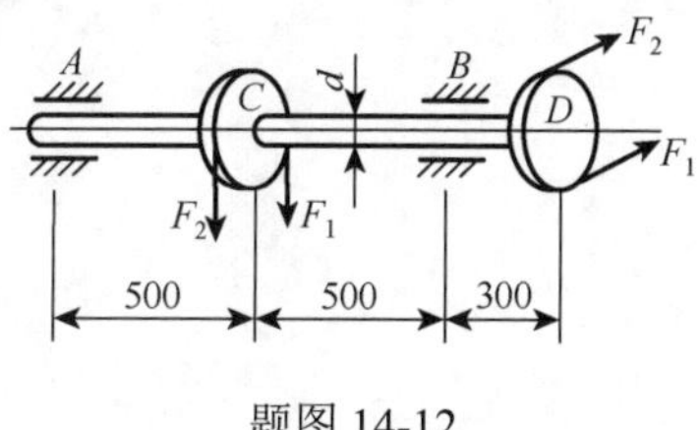

题图 14-12

13. 题图 14-13 所示薄壁圆筒压力容器平均直径 $D = 75$ mm，壁厚 $\delta = 2.5$ mm，承受内压力 $p = 7$ MPa。试从筒壁上取出已知应力状态，并指出 σ_{max}，σ_{min} 和 τ_{max}，τ_{min} 及其作用面。

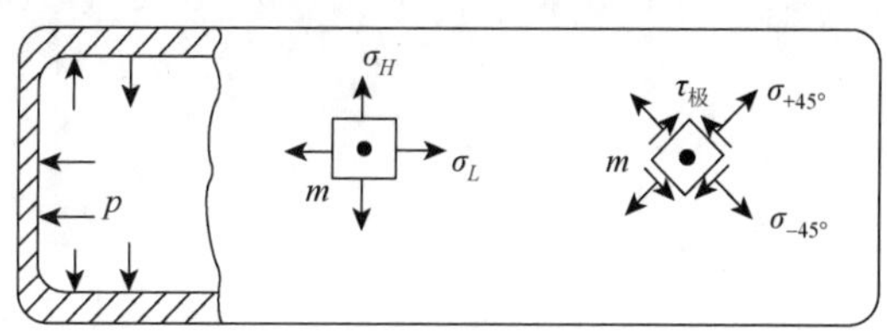

题图 14-13

14. 题图 14-14 所示 25b 工字形钢简支梁，载荷 $F = 200$ kN，$q = 10$ kN/m，尺寸 $a = 0.2$ m，$L = 2$ m，许用正应力$[\sigma] = 160$ MPa，许用切应力$[\tau] = 100$ MPa。试校核梁的最大正应力和最大切应力，并用第四强度理论校核翼缘与腹板交界处的应力状态。

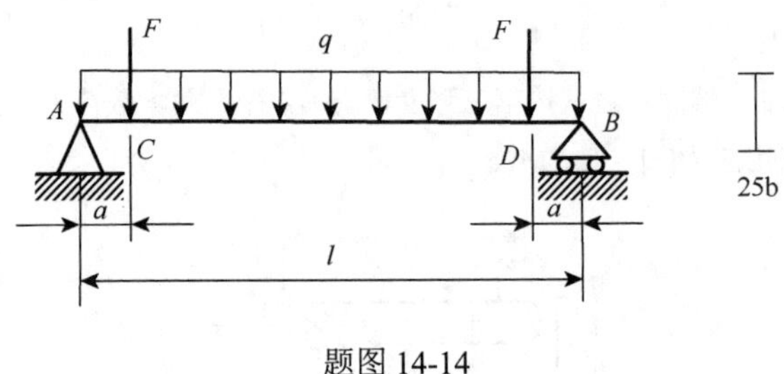

题图 14-14

15. 题图 14-15 所示带轮 1 受重力 $W_1 = 1$ kN，轮 2 受重力 $W_2 = 0.8$ kN，主动轮 C 以 $N = 7.5$ kW，$n = 125$ r/min 带动轴转动，若 $F = 2F_4$，$F_2 = 2F_3$，轴所用材料许用正应力$[\sigma] = 60$ MPa，试用第四强度理论确定轴的直径。

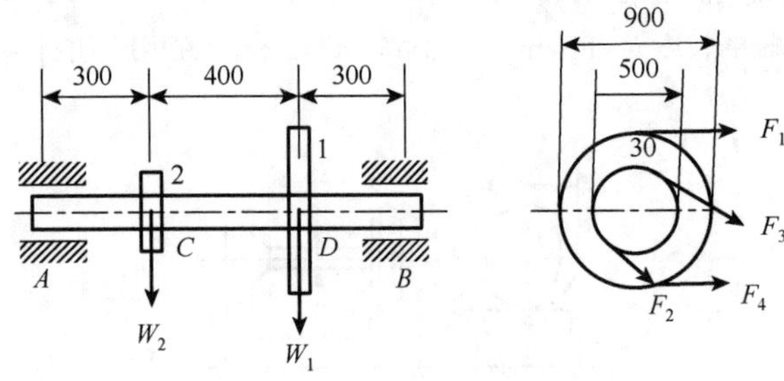

题图 14-15

第 15 章

动 载 荷

15.1 动载荷的概念

扫码观看

前面讨论了构件在静载荷作用下的强度、刚度问题。大小不随时间变化（或变化极其平稳缓慢）的载荷称为**静载荷**（static load）。静载荷是由零开始缓慢地增加到最终值，以后就不再变动的载荷。在加载的过程中，构件内各质点的加速度很小，可以忽略不计，同时，构件处于静止状态。

实际工程中，有很多构件受到动载荷的作用。大小随时间急剧变化的载荷称为**动载荷**（dynamic load）。做加速运动或匀速转动构件的惯性力也是动载荷。例如，起重机启动时，起重机加速吊升重物，吊索受到惯性力的作用；气锤打桩时，冲击过程中，桩受到冲击载荷等，上述吊索、桩都承受动载荷。在动载荷作用下，构件内各质点有显著的加速度。构件由动载荷所引起的应力和变形称为动应力和动变形。构件在动载荷作用下同样有强度、刚度和稳定性问题，计算方法与静载荷基本相同。实验表明，在静载荷作用下服从胡克定律的材料，在动载荷作用下，只要动应力不超过材料的比例极限，胡克定律仍然适用。

随时间作周期性变化（反复变化）的载荷称为**交变载荷**（alternating load）。随时间作周期性变化（反复变化）的应力称为**交变应力**（alternating stress）。塑性材料在长期交变应力作用下，即使所承受的最大工作应力远低于材料的屈服极限，往往不会出现明显的塑性变形，发生脆性断裂，这种破坏称为疲劳破坏。因此，在交变应力作用下构件的强度往往远低于静载荷作用下的强度。

本章学习匀加速直线运动或匀速转动和冲击的动载荷问题以及交变应力作用下的疲劳强度问题。

15.2 匀加速直线运动的动载荷

扫码观看

如图 15-1（a）所示，以等加速度 a 提升质量为 m 的重物，钢索的横截面面积为 A，钢索的质量与重物 m 相比可以忽略不计。求钢索横截面上的应力。

如图 15-1（b）所示，当重物处于静止或处于匀速直线运动时，重物处于平衡状态，由平衡方程

$$\sum F_y = 0:\quad N_{st} - mg = 0$$

得钢索的静载荷为 $N_{st} = mg$。

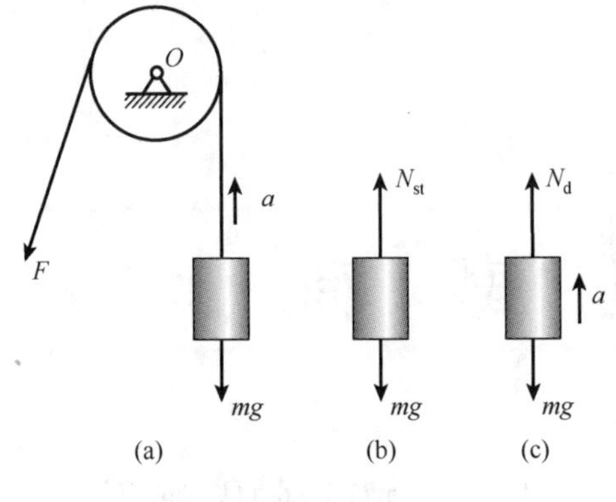

图 15-1

如图 15-1（c）所示，当重物以加速度 a 运动时，重物处于运动状态，由动力学方程（质心运动定理）：

$$\sum F_y = ma_{cy}：\ N_{\mathrm{d}} - mg = ma$$

得钢索的动载荷为

$$N_{\mathrm{d}} = m(g+a) = \left(1+\frac{a}{g}\right)mg = k_{\mathrm{d}}N_{\mathrm{st}} \tag{15-1}$$

式中：k_{d} 是动载荷与静载荷之比称为动力系数（dynamic coefficient），又称**动荷系数**。

钢索横截面上的动应力为

$$\sigma_{\mathrm{d}} = \frac{N_{\mathrm{d}}}{A} = \frac{k_{\mathrm{d}}N_{\mathrm{st}}}{A} = k_{\mathrm{d}}\sigma_{\mathrm{st}} \tag{15-2}$$

钢索的动伸长为

$$\Delta l_{\mathrm{d}} = \frac{N_{\mathrm{d}}l}{EA} = \frac{k_{\mathrm{d}}N_{\mathrm{st}}l}{EA} = k_{\mathrm{d}}\Delta l_{\mathrm{st}} \tag{15-3}$$

式中：$N_{\mathrm{st}} = mg$ 是静载荷；σ_{st} 和 Δl_{st} 是静载荷作用时的静应力（static stress）和静变形（static deformation）。

对于动载荷作用的构件，通常用动力系数 k_{d} 来反映动载荷的效应。前面，已学习静载荷作用时的应力和变形的计算，动载荷的动应力、动变形由静应力和静变形乘以动荷系数，因此，只要求得动荷系数动载荷问题就迎刃而解。

15.3 匀速转动的动载荷

如图 15-2（a）所示，飞轮轮缘的平均直径为 D，轮缘厚度为 t，以等角速度 ω 绕圆心且垂直于环平面的轴转动，飞轮材料的比重为 γ。求飞轮轮缘横截面的动应力。

如图 15-2（b）所示，若不计轮辐对轮缘应力和强度的影响，飞轮可简化为一个绕中心转动的圆环，环上各点具有向心加速度。因 $t \ll D$，故可认为环内各点的向心加速度大小相等，都等于 $a_n = D\omega^2/2$。如图 15-2（c）所示，沿圆环均匀分布力的集度 q_{d} 是沿环向单位长度上的惯性力

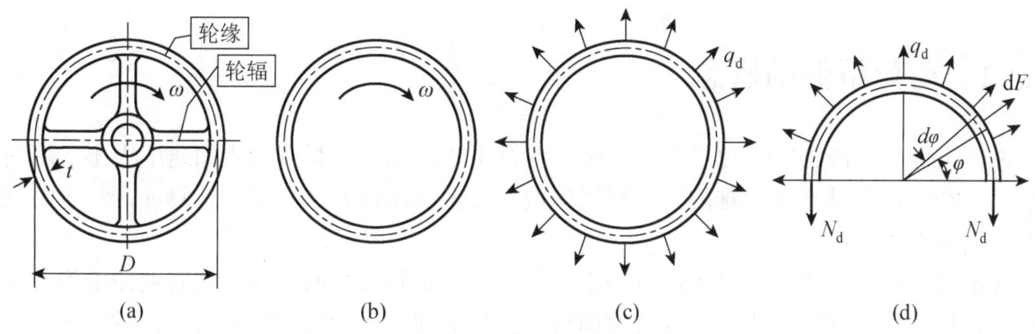

图 15-2

$$q_d = \frac{\gamma A}{g} a_n = \frac{\gamma A \omega^2 D}{2g}$$

上述分布惯性力构成圆环上的平衡力系。用截面平衡法可求得圆环横截面上的内力 N_d。如图 15-2（d）所示，N_d 的计算可利用积分的方法求得 y 方向惯性力的合力。亦可等价地将 q_d 视为“内压”得

$$2N_d = \int_0^\pi dF \sin\varphi = \int_0^\pi q_d \frac{D}{2} d\varphi \sin\varphi = q_d \frac{D}{2}\int_0^\pi \sin\varphi d\varphi = q_d D$$

则

$$N_d = \frac{\gamma A \omega^2 D^2}{4g}$$

横截面上的正应力 σ_d 为

$$\sigma_d = \frac{N_d}{A} = \frac{\gamma D^2 \omega^2}{4g} = \frac{\gamma v^2}{g} \tag{15-4}$$

式中：$v = \omega D/2$ 是飞轮轮缘的切线速度。上式表明 σ_d 与圆环横截面积 A 无关，故增大横截面积 A 并不能提高圆环的强度，要保证圆环的强度，只能限制飞轮的转速。

15.4 冲击载荷

15.4.1 冲击的概念

当运动物体作用到静止物体时，在接触的极短时间内，运动物体的速度急剧下降，从而使静止物体受到很大的作用力，称为**冲击**（impact）。在极短的时间内，以很大的速度作用在构件上的载荷称为**冲击载荷**（impulsive load）。运动物体称为冲击物，静止物体称为被冲击物。工程中的落锤打桩、气锤锻造和飞轮突然制动等，都是冲击现象。其中落锤、气锤、飞轮是冲击物，而桩、锻件、轴就是被冲击构件。在冲击过程中，冲击物获得很大的负加速度，从而产生很大的惯性力作用在被冲击构件上，在被冲击构件中产生很大的冲击应力和变形。

15.4.2 动荷系数的概念

冲击过程中，冲击物的速度在极短时间内发生剧烈变化，很难确定加速度大小，用精确方法计算冲击问题是十分困难的。一般采用偏于安全的能量方法，近似计算冲击终了时刻瞬间的最大应力和变形。

冲击过程中，冲击物一旦接触被冲击构件，就互相附着共同运动。随着被冲击构件变形的增大，接触压力逐渐增大。在冲击物即将反弹的瞬间，压力达到最大值，此时的压力作为冲击载荷作用在被冲击构件上，计算被冲击构件的应力和变形。

如图 15-3（a）所示，以冲击物的重量 mg 作为载荷加在构件上称为静载荷 $F_{st} = mg$，构件内的应力 σ_{st} 称为静应力，构件的变形 δ_{st} 称为静变形，前面章节中已经学习了静应力和静变形的计算。为了方便计算，以静应力和静变形为基础，介绍动应力和动变形的计算方法。设冲击载荷是静载荷的 k_d 倍，则

$$F_d = k_d F_{st} \tag{15-5}$$

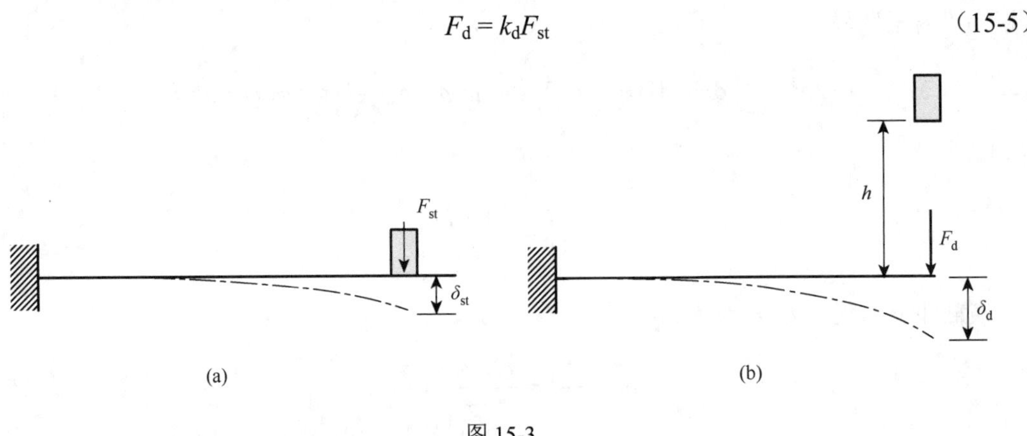

图 15-3

在冲击过程中，材料在线弹性范围，服从胡克定律，则有

$$\sigma_d = k_d\sigma_{st}, \quad \delta_d = k_d\delta_{st} \tag{15-6}$$

冲击载荷的计算是以静载荷为基础的，只要求得动荷系数 k_d，以 k_d 乘以静载荷、静变形和静应力，就得到冲击时的冲击载荷 F_d、最大冲击变形 δ_d 和最大冲击应力 σ_d。

15.4.3 自由落体冲击的动荷系数

冲击问题，动荷系数是关键。如图 15-4 所示，如果冲击是由重物从高度 h 处自由下落造成的，冲击物与被冲击构件接触前瞬间的动能为

$$T = \frac{1}{2}mv^2 = mgh$$

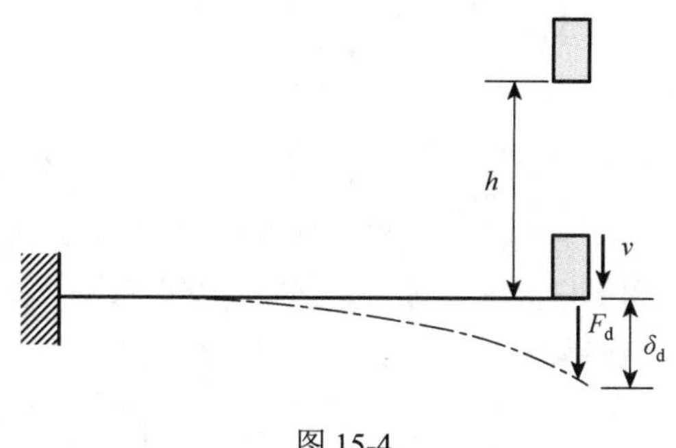

图 15-4

被冲击构件变形最大时，冲击物速度为零，势能降低

$$V = mg\delta_d$$

冲击过程中，冲击载荷从零逐渐增大至 F_d，在弹性范围内，材料服从胡克定律的条件下，接触点的压力 F 与接触点的位移 δ 成正比，设 $F = k\delta$，k 是构件的刚度系数。冲击力做功为

$$W = \int_0^{\delta_d} F\mathrm{d}\delta = \int_0^{\delta_d} k\delta\mathrm{d}\delta = \frac{1}{2}k\delta_d^2 = \frac{1}{2}F_d\delta_d$$

忽略冲击物的变形能，视为刚体；忽略被冲击物的势能变化；忽略冲击过程的能量损耗；则冲击物动能和势能的改变全部转化为对被冲击构件做功

$$mgh + mg\delta_d = \frac{1}{2}F_d\delta_d$$

将式（15-5）和式（15-6）代入上式得

$$F_{st}h + F_{st}k_d\delta_{st} = \frac{1}{2}k_dF_{st}k_d\delta_{st}$$

即

$$\frac{1}{2}k_d^2 - k_d - \frac{h}{\delta_{st}} = 0$$

解得

$$k_d = 1 + \sqrt{1 + \frac{2h}{\delta_{st}}} \tag{15-7}$$

注意式中负根没有意义，被忽略。

这表明：(1) 总有 $k_d \geqslant 2$，当 $h = 0$ 时，$k_d = 2$。瞬间完成加载的载荷称为**突加载荷**（suddenly applied load)，即使冲击物初始速度为零，只要是突加载荷，构件内的应力和变形也是静载的两倍。

（2）如果 δ_{st} 增大，则 k_d 减小，其含义是，构件越柔软（刚性越小），缓冲作用越强。

15.4.4 水平冲击的动荷系数

如图 15-5 所示，如果冲击是由初速度为 v 的重物水平撞击造成的，冲击过程中，冲击物的势能没有变化，则冲击物动能全部转化为对被冲击构件做功

$$\frac{1}{2}mv^2 = \frac{1}{2}F_d\delta_d$$

为方便计算，以冲击物的重力为基准，将冲击物的重力以虚拟静载荷加载在冲击点，仍以 $F_{st} = mg$ 作为静载荷进行计算，则

$$\frac{1}{2}mv^2 = \frac{1}{2}k_dmgk_d\delta_{st}$$

解得

$$k_{\mathrm{d}}=\sqrt{\frac{v^2}{g\delta_{\mathrm{st}}}} \tag{15-8}$$

【例 15-1】 如图 15-6（a）所示，16 号工字钢梁右端置于一弹簧常数 $k=0.16$ kN/mm 的弹簧上。重量 $mg=2$ kN 的物体自高 $h=350$ mm 处自由落下，冲击在梁跨中 C 点。梁材料的许用应力$[\sigma]=160$ MPa，弹性模量 $E=210$ GPa，校核梁的强度。

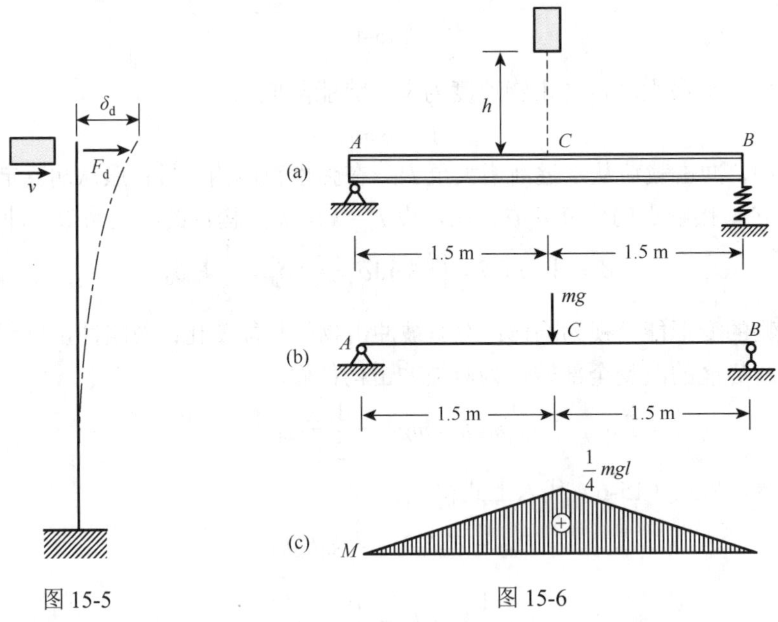

图 15-5　　图 15-6

解 为计算动荷系数，首先计算冲击点的静位移 δ_{st}。查型钢表得 16 号工字钢截面的 $I_z=1\ 130\ \mathrm{cm}^4$ 和 $W_z=141\ \mathrm{cm}^3$。如图 15-6（b）所示，将 mg 作为静载荷作用在 C 点，查梁的变形表得 C 点的静弯曲挠度为

$$\delta_{C\mathrm{stb}}=\frac{mgl^3}{48EI_z}=\frac{2\times10^3\times3^3}{48\times2.1\times10^{11}\times1\ 130\times10^{-8}}=0.474\times10^{-3}(\mathrm{m})=0.474(\mathrm{mm})$$

由于右端支座是弹簧，在支座反力 $R_B=mg/2$ 的作用下，弹簧静缩短量为

$$\delta_{B\mathrm{st}}=\frac{R_B}{k}=\frac{mg}{2k}=\frac{2\times10^3}{2\times0.16\times10^6}=6.25\ (\mathrm{mm})$$

冲击点 C 的静位移等于梁弯曲挠度和弹簧缩短引起位移的叠加

$$\delta_{\mathrm{st}}=\delta_{C\mathrm{stb}}+\frac{1}{2}\delta_{B\mathrm{st}}=0.474+\frac{1}{2}\times6.25=3.6\ (\mathrm{mm})$$

动荷系数为

$$k_{\mathrm{d}}=1+\sqrt{1+\frac{2h}{\delta_{\mathrm{st}}}}=1+\sqrt{1+\frac{2\times350\times10^{-3}}{3.6\times10^{-3}}}=14.98$$

如图 15-6（b）所示，梁在静载荷作用下，弯矩图如图 15-6（c）所示，最大静弯矩为

$$M_{\max}=\frac{mgl}{4}=\frac{2\times10^3\times3}{4}=1.5\times10^3\ (\mathrm{N\cdot m})$$

最大静应力为

$$\sigma_{\text{st max}} = \frac{M_{\max}}{W_z} = \frac{1.5\times10^3}{141\times10^{-6}} = 10.64\times10^6\,(\text{Pa}) = 10.64\,(\text{MPa})$$

梁的最大冲击应力为

$$\sigma_{\text{d max}} = k_{\text{d}}\times\sigma_{\text{st max}} = 14.98\times10.64\ \text{MPa} = 159.4\ \text{MPa} < [\sigma] = 160\,(\text{MPa})$$

梁满足强度要求。

15.4.5 提高构件抗冲击能力的措施

冲击载荷在被冲击构件中产生很大的冲击应力。在工程中，有时要利用冲击力的作用效果，如气锤打桩、金属冲压成型等。但更多的情况下需采取适当的缓冲措施以减小冲击作用的影响。

一般地，在不增加静应力的情况下，减小动荷系数 k_{d}，可以减小冲击应力。从 k_{d} 的公式可知，加大冲击点沿冲击方向的静位移 δ_{st}，可以有效地减小 k_{d} 值。因此，受冲击构件应采用弹性模量低、而变形大的材料制作；或在被冲击构件上冲击点垫上容易变形的缓冲附件，如橡胶或软塑料垫层、弹簧等，都可以使 δ_{st} 值大大提高。例如，汽车大梁和底盘轴间安装钢板弹簧，就是为了提高 δ_{st} 而采取的缓冲措施。被冲击构件刚度越小，冲击点的位移越大，所受冲击力就越小。

15.5 疲 劳

15.5.1 交变应力

如图 15-7（a）所示，梁在竖直方向受电动机的重量与电动机转动时转子偏心引起的离心惯性力在竖直方向分力 $F_H \sin \omega t$ 作用，扰动力 $F_H \sin \omega t$ 就是随时间作周期性变化的，随时间作周期性交替变化的载荷称为**交变载荷**。如图 15-7（b）所示，梁内各点处的应力也将随时间作周期性变化。

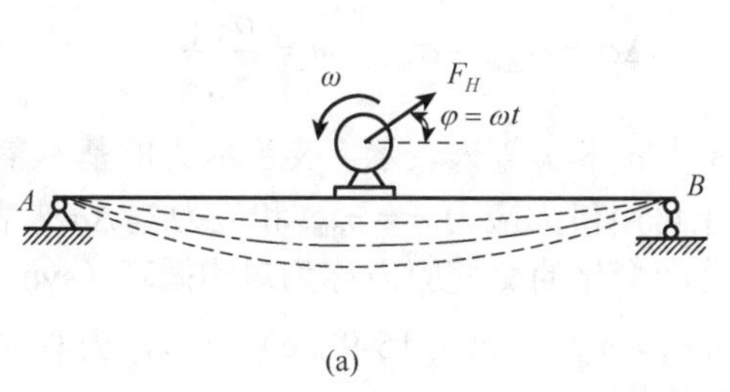

(a)

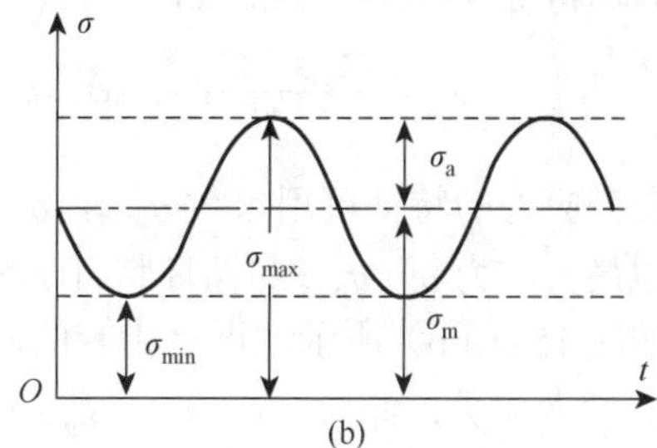

(b)

图 15-7

如图 15-8（a）所示，火车轮轴承受车厢传来的载荷 P 是恒定不变的载荷，轴的弯矩图如图 15-8（b）所示。虽然火车轮轴所受的载荷并没有变化，但由于轮轴本身在转动，各点的应力也随时间做周期性的变化。但由于轴在转动，横截面上除圆心以外的各点处的正应力都随时间作周期性的变化。如图 15-8（c）所示，轮轴横截面边缘上一点 i 随轮轴的转动，其空间位置发生不断变化，时而高于圆心，时而低于圆心，时而与圆心处于同一水平位置。当 i 点转至位置 1 时，正处于中性轴上，$\sigma=0$；当 i 点转至位置 2 时，受最大拉应力作用，$\sigma=\sigma_{max}$；当 i 点转至位置 3 时，又在中性轴上，$\sigma=0$；当 i 点转至位置 4 时，受最大压应力作用，$\sigma=\sigma_{min}=-\sigma_{max}$。可见，轴每转一周，$i$ 点处的正应力将按“拉—压—拉”往复变化一次。轮轴横截面任意一点的应力随时间变化如图 15-8（d）所示。随时间交替变化的应力称为交变应力。

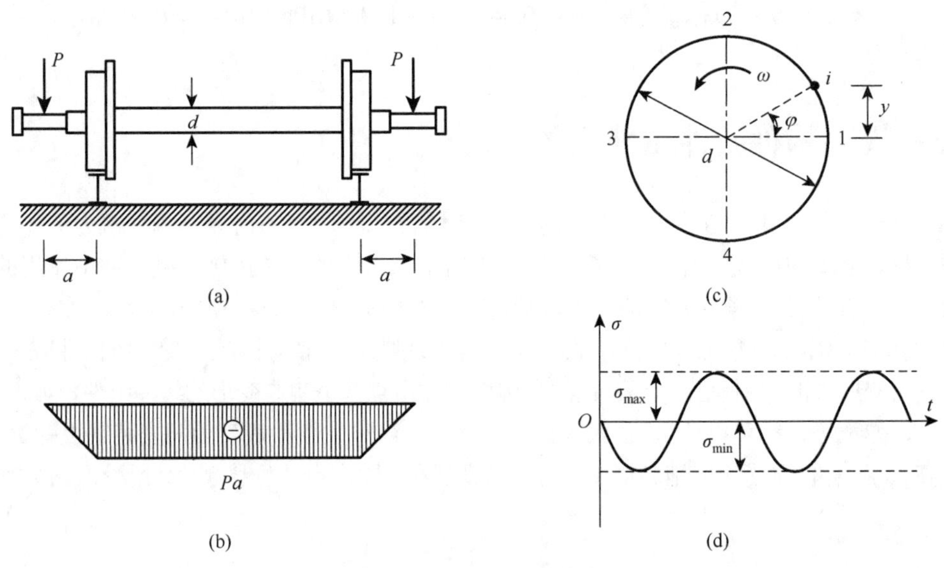

图 15-8

如图 15-9（a）所示，交变应力随时间变化曲线，应力在最大应力 σ_{max} 和最小应力 σ_{min} 之间作周期性变化。应力每重复变化一次，称为一个**应力循环**（stress cycle）；重复变化一次所需的时间称为**应力周期**(cycle period)，用 T 表示；重复的次数称为**循环次数**(number of cycles)。最大应力与最小应力的平均值称为**平均应力**（mean stress），用 σ_m 表示；最大应力与最小应力之差，称为**应力差**（stress difference），用 $\Delta\sigma$ 表示；最大应力与最小应力之差的一半，称为**应力幅**（stress amplitude），用 σ_a 表示，表示交变应力的变化幅度；最小应力与最大应力之比，称为**循环特征**（cyclic characteristics），用 r 表示，即

$$\sigma_m=\frac{\sigma_{max}+\sigma_{min}}{2},\quad \sigma_a=\frac{\sigma_{max}-\sigma_{min}}{2},\quad \Delta\sigma=\sigma_{max}-\sigma_{min},\quad r=\frac{\sigma_{min}}{\sigma_{max}}$$

交变应力的特征可用参数 σ_{max}，σ_{min}，$\Delta\sigma$，σ_m，σ_a 和 r 等来表示。交变应力的基本参量，通常用最大应力 $\sigma=\sigma_{max}$ 和循环特征 r 来表示，也可用最大应力 $\sigma=\sigma_{max}$ 和应力差 $\Delta\sigma$ 来表示。

如图 15-9（b）所示，正负相等的两个应力之间变化的交变应力称为**对称循环**（symmetry cycle）交变应力，此时，$r=-1$，$\sigma_m=0$，应力幅 $\sigma_a=\sigma_{max}$。如图 15-9（c）所示，类似脉搏跳动的交变应力称为**脉冲循环**（pulse cycle）交变应力，此时，$r=0$，$\sigma_{min}=0$，$\Delta\sigma=\sigma_{max}$。如图 15-9（d）所示，应力不随时间变化的应力称为静应力，可看作是交变应力的一种特例，此时，$r=1$，$\sigma_{max}=\sigma_{min}$，$\Delta\sigma=0$。对称循环以外的交变应力，统称为非对称循环交变应力。

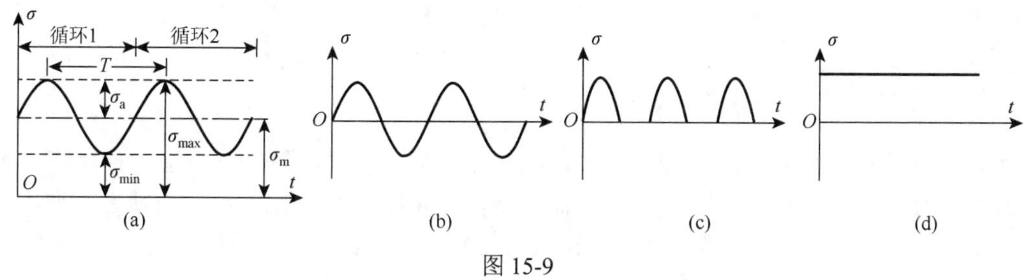

图 15-9

15.5.2 疲劳破坏

大量工程构件的破坏现象表明，构件在交变应力作用下的破坏形式与静载荷作用下的破坏形式全然不同。材料在交变应力反复作用下的破坏称为**疲劳破坏**（fatigue failure）。之所以称为疲劳破坏是因为人们认为金属材料受载荷长时间作用会像人一样产生疲劳而失效。构件在交变应力作用下破坏具有以下明显的特征。

（1）在交变应力作用下，即使最大应力低于材料的屈服极限或强度极限，在经过长时间重复作用之后，构件往往也会发生破坏。破坏时的应力值远低于材料在静载荷作用下的强度指标。

（2）构件在交变应力作用下发生破坏有一个过程，需要经过一定数量的重复作用才会破坏，重复的次数也称为应力循环次数。

（3）构件在破坏前没有明显的塑性变形，即使塑性很好的材料，也往往在没有明显塑性变形的情况下发生突然的脆性断裂。

（4）疲劳破坏断口，一般都有明显的光滑区域与颗粒状粗糙区域。

疲劳破坏可作如下解释：由于构件不可避免地存在着材料不均匀或有夹杂物等缺陷，构件受载后，这些部位会产生应力集中；在交变应力长期反复作用下，这些部位将产生细微的裂纹。在这些细微裂纹的尖端，不仅应力情况复杂，而且有严重的应力集中。反复作用的交变应力又导致细微裂纹扩展成宏观裂纹。在裂纹扩展的过程中，裂纹两边的材料时而分离，时而压紧，或时而反复地相互错动，起到类似“研磨”的作用，从而使这个区域十分光滑。随着裂纹的不断扩展，构件的有效截面逐渐减小。当截面削弱到一定程度时，在一个偶然的振动或冲击下，构件就会沿此截面突然断裂。可见，构件的疲劳破坏实质上是由于材料的缺陷而引起细微裂纹，进而扩展成宏观裂纹，裂纹不断扩展，最后发生脆性断裂的过程。虽然近代的上述研究结果已否定了材料是由于“疲劳”而引起构件的断裂破坏，但习惯上仍然称这种破坏为疲劳破坏。

以上对疲劳破坏的解释与构件的疲劳破坏断口是吻合的。如图 15-10 所示，金属构件的疲劳断口都有光滑区和粗糙区。光滑区实际上就是裂纹扩展区，是经过长期“挤压”和“研磨”作用致使该区域变得十分光滑，而粗糙区是最后发生脆性断裂的那部分剩余截面，该区域类似铸铁静拉伸端口，比较粗糙。

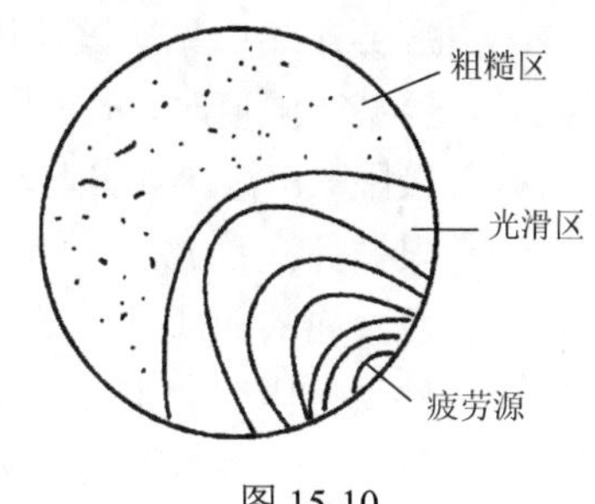

图 15-10

构件的疲劳破坏，是在没有明显预兆的情况下突然发生的，因此，往往会造成严重的事故。所以，了解和掌握交变应力的有关概念，并对交变应力作用下的构件进行疲劳强度计算，是十分必要的。

15.5.3 疲劳极限

材料在交变应力作用下的强度远低于静荷作用下的强度。材料在交变应力作用下是否发生破坏，不仅与最大应力 σ_{max} 有关，还与循环特征 r 和循环次数 N 有关。材料在交变应力作用下失效时的循环次数称为**疲劳寿命**（fatigue life）。试验表明，当循环特征 r 一定时，σ_{max} 越大，破坏时的循环次数 N 就越小，寿命越短；反之，如 σ_{max} 越小，则破坏时的循环次数 N 就越大，寿命越长。当 σ_{max} 减小到某一限值时，经“无限多次”应力循环，材料仍不发生疲劳破坏，这个应力限值就称为材料的**持久极限**（endurance limit）或**疲劳极限**（fatigue limit）。最大应力 σ_{max} 小于疲劳极限时，材料经无限次循环也不发生失效。同一种材料在不同循环特征下的疲劳极限是不相同的，疲劳极限与循环特征 r 紧密相连，故以 σ_r 表示材料疲劳极限。对称循环下的疲劳极限 σ_{-1} 是所有循环中疲劳极限的最小值，也是衡量材料疲劳强度的一个基本指标。不同材料的 σ_{-1} 是不相同的。

材料的疲劳极限由疲劳试验测定，如材料对称循环的弯曲疲劳极限，按国家标准《金属材料 疲劳试验旋转弯曲方法》（GB/T 4337—2008）进行试验测试。试验时，取一组标准光滑小试件（约 10～12 根），每根试件承受不同的最大应力，直至疲劳破坏，记录试件破坏时的疲劳寿命。如图 15-11 所示，建立以 σ_{max} 为纵坐标，疲劳寿命 N 为横坐标的坐标系，确定每根试件 σ_{max} 与 N 的数据点，一组试件描绘一条应力与疲劳寿命曲线，σ-N 曲线，或称为疲劳曲线。

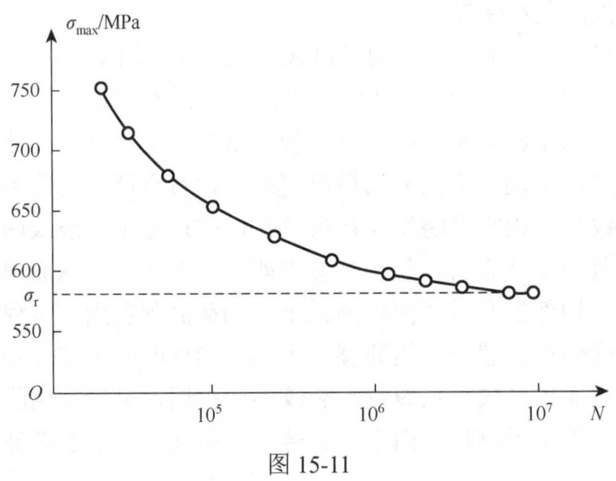

图 15-11

由疲劳曲线可见，试件达到疲劳破坏时的循环次数将随最大应力的减小而增大，当最大应力降至某一限值时，σ-N 曲线趋于水平，作 σ-N 曲线的水平渐近线，对应的应力值就是材料的疲劳极限（σ_{-1}）。事实上，钢材和铸铁等黑色金属材料，σ-N 曲线都有趋于水平的特点，经过有限循环次数 N_0 后再也不会发生疲劳破坏，N_0 称为循环基数。通常，钢的 N_0 取 10^7 次，某些有色金属的 N_0 取 10^8 次。

构件受拉压交变正应力或交变剪应力作用，以上有关概念同样适用。对于扭转疲劳问题，只需将正应力 σ 改为剪应力 τ 即可。

由疲劳试验测得的是标准试件在实验室环境下测得的材料的疲劳极限，而工程中的实际零件、构件的疲劳极限，不仅与材料有关，还受到构件形状、尺寸大小、表面加工质量和工作环境等因素的影响。构件的疲劳极限与标准试件的疲劳极限存在一定的差别，要加以适当修正。

构件的疲劳极限通过对材料的疲劳极限进行修正得到

$$\sigma_{\text{r-structre}} = \frac{\varepsilon_\sigma \beta}{K_\sigma} \sigma_{\text{r}} \tag{15-9}$$

式中：$\sigma_{\text{r-structre}}$ 为构件的疲劳极限；K_σ 为应力集中系数；ε_σ 为尺寸系数；β 为表面加工质量系数，这些系数可以从相关手册中查到。在此本书不介绍查阅方法。

15.5.4 疲劳强度条件

构件的疲劳极限是构件在交变应力作用下，所能承受的极限应力。考虑安全系数后，构件的许用应力为

$$[\sigma_{\text{r}}] = \frac{\sigma_{\text{r-structre}}}{n_r} \tag{15-10}$$

式中：n_r 是疲劳安全系数。

为了保证构件安全正常地工作，结构的疲劳强度条件为

$$\sigma \leqslant [\sigma_{\text{r}}] \tag{15-11}$$

在此本书不介绍具体计算方法。

习 题 15

1. 长为 l、横截面面积为 A 的杆以加速度 a 向上提升（题图 15-1）。若材料单位体积的重量为 γ，试求杆内的最大应力。

2. 在直径为 100 mm 的轴上装有转动惯量 $I = 0.5\ \text{kN·m·s}^2$ 的飞轮（题图 15-2），轴的转速为 300 r/min。制动器开始作用后，在 20 转内将飞轮刹停。试求轴内最大剪应力。设在制动器作用前，轴已与驱动装置脱开，且轴承内的摩擦力可以不计。

3. 如题图 15-3 所示，飞轮的最大圆周速度 $v = 25$ m/s，材料的比重是 72.6 kN/m^3。若不计轮辐的影响，试求轮缘内的最大正应力。

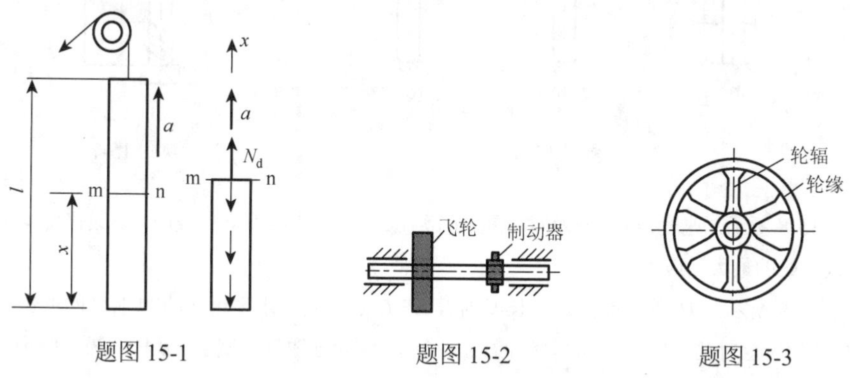

题图 15-1　　题图 15-2　　题图 15-3

4. 如题图 15-4 所示，重量为 Q 的重物自高度 H 下落冲击于梁上的 C 点。设梁的 E，I 及抗弯截面系数 W 皆为已知量。试求梁内最大正应力及梁的跨度中点的挠度。

5. 材料相同、长度相等的变截面杆和等截面杆如题图 15-5 所示。若两杆的最大横截面面积相同，问哪一根杆件承受冲击的能力强？设变截面杆直径为 d 的部分长为 $\frac{2}{5}l$，为了便于比较，假设 H 较大，可以近似地把动荷系数取为 $K_d = 1 + \sqrt{1+\frac{2H}{\Delta_{st}}} \approx \sqrt{\frac{2H}{\Delta_{st}}}$。

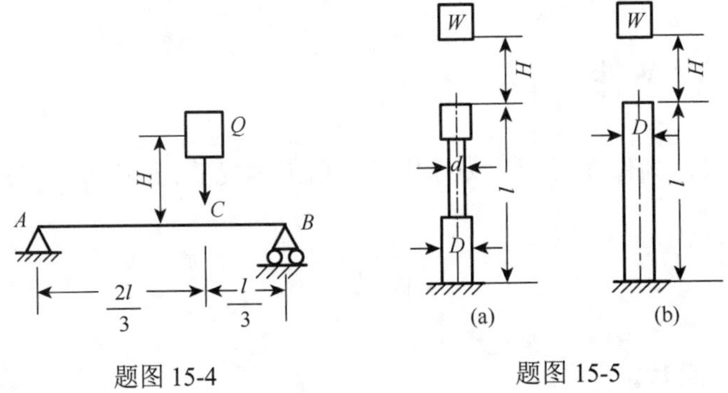

题图 15-4　　题图 15-5

6. 直径 $d = 30$ cm、长为 $l = 6$ cm 的圆木桩，下端固定，上端受重 $W = 2$ kN 的重锤作用。木材的 $E_1 = 10$ GPa。求下列 3 种情况下，木桩内的最大正应力：

（1）重锤以静载荷的方式作用于木桩上［题图 15-6（a）］；

（2）重锤从离桩顶 0.5 m 的高度自由落下［题图 15-6（b）］；

（3）在桩顶放置直径为 15 cm、厚为 40 mm 的橡皮垫，橡皮的弹性模量 $E = 8$ MPa。重锤也是从离橡皮垫顶面 0.5 m 的高度自由落下［题图 15-6（c）］。

7. 题图 15-7 所示钢杆的下端有一固定圆盘，盘上放置弹簧。弹簧在 1 kN 的静载荷作用下缩短 0.062 5 cm。钢杆的直径 $d = 4$ cm，$l = 4$ m，许用应力 $[\sigma] = 120$ MPa、$E = 200$ GPa。若有重为 15 kN 的重物自由落下，求其许可的高度 H。又若没有弹簧，则许可高度 H 将等于多大？

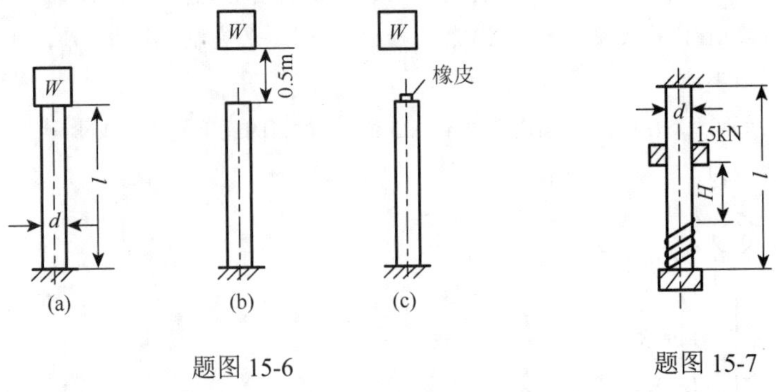

题图 15-6　　题图 15-7

8. 如题图 15-8 所示，速度为 v、重为 Q 的重物，沿水平方向冲击于梁的截面 C。设已知梁的 E，I 和 W，且 $a = 0.6l$。试求梁的最大动应力。

9. 如题图 15-9 所示，AB 杆下端固定，长度为 l，在 C 点受到沿水平运动的物体 G 的冲击。物体的重量为 Q，当其与杆件接触时的速度为 v。设杆件的 E，I 及 W 皆为已知量。试求 AB 杆的最大应力。

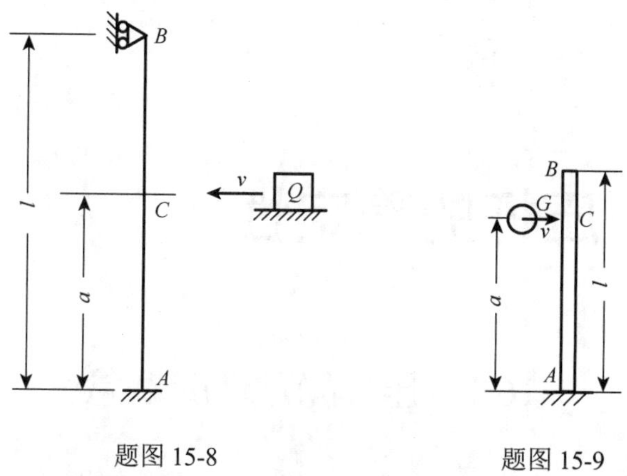

题图 15-8　　　　题图 15-9

10. 工字形钢制的外伸梁受自由落体冲击如题图15-10所示，已知自由落体的重量$Q = 2.5$ kN，$H = 40$ mm，工字钢的型号为No18，其对z轴的抗弯截面模量$W_z = 185\ \text{cm}^3$，静荷载$Q = 2.5$ kN作用在梁的C端时，C处的挠度$y_C = 0.332$ mm，试求梁受冲击时梁内的最大正应力。

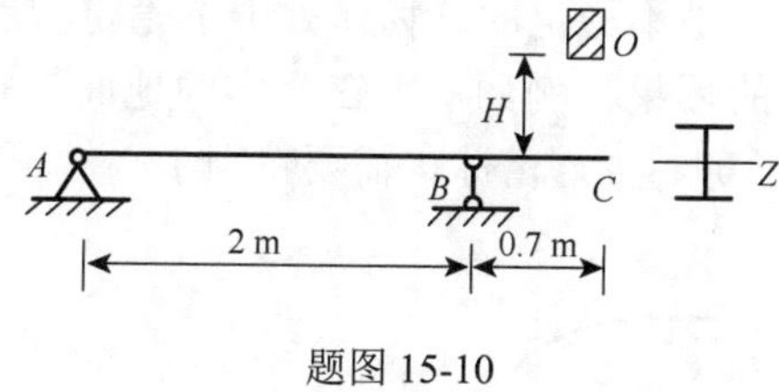

题图 15-10

11. 题图15-11所示，已知AB杆的抗弯刚度EI和抗弯截面模量W，弹簧刚度k，重物Q与弹簧接触时的水平速度为v，求AB杆内的最大正应力。

12. 题图15-12所示钢吊索的下端悬挂一重量为$Q = 25$ kN的重物，并以速度$v = 100$ cm/s下降。当吊索长为$l = 20$ m时，滑轮突然被卡住。试求吊索受到的冲击载荷F_d。设钢吊索的横截面面积$A = 4.14\ \text{cm}^2$，弹性模量$E = 170$ GPa，滑轮和吊索的质量可略去不计。

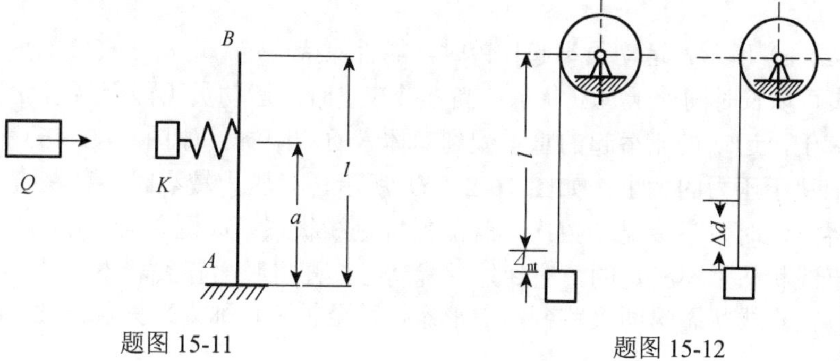

题图 15-11　　　　题图 15-12

第16章

压杆的稳定性

扫码观看

16.1　压杆稳定性的概念

物体保持某种状态的能力称为**稳定性**（stability）。物体的状态轻易不会变动，受到外界扰动时，仍能保持原来状态不变称为**稳定**（stable）。物体的状态很难维持，遇到外界扰动时，状态发生很大变化，甚至引起动荡称为**不稳定**（instability）。如图 16-1（a）（b）所示，圆锥体平放在地面上是稳定的，倒放在地面上是不稳定的。如图 16-1（c）（d）所示，小球放在凹面上是稳定的，放在凸面上是不稳定的。物体处于不稳定状态相当危险，微小扰动可能使状态失控，导致不可收拾的后果。例如，人在坚实的地面上行走一般不会有什么危险，在钢丝上行走，其情势危如累卵、如履薄冰，需要特别小心，稍有闪失，就会摔下来，出现严重后果。

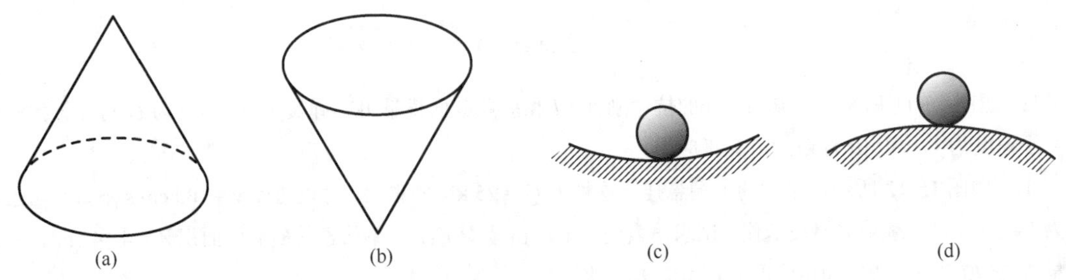

图 16-1

如图 16-2（a）所示，运动员举起杠铃时，能否保持稳定，取决于杠铃的重量。当杠铃较轻时，运动员可以长时间处于直立状态；当杠铃较重时，运动员不能保持直立状态，可能剧烈晃动直至摔倒，运动员能举起的重量受到身体素质的限制。如图 16-2（b）所示，受压杆件能否稳定取决于压力的大小；如图 16-2（c）所示，当压力较小时，杆在直线状态是稳定的，遇到外界扰动时，最多晃动数次，就能保持直线状态；如图 16-2（d）所示，当压力较大时，杆在直线状态是不稳定的，遇到外界扰动时，杆将脱离直线状态，进入弯曲状态，甚至折断。压杆由直线状态瞬间突跳到弯曲形态，甚至折断，称为**丧失稳定性**（lost stability），简称**失稳**。

压杆的直线平衡状态是稳定还是不稳定，取决于压力的大小。压力较小时，压杆的直线状态是稳定的；压力较大时，压杆的直线状态是不稳定的。稳定状态与不稳定状态的临界压力称为**临界力**（critical force）或**临界荷载**（critical load），用 P_{cr} 表示。如图 16-2（c）所示，当 $P<P_{cr}$ 时，压杆的直线状态是稳定的；如图 16-2（d）所示，当 $P\geqslant P_{cr}$ 时，压杆的直线状

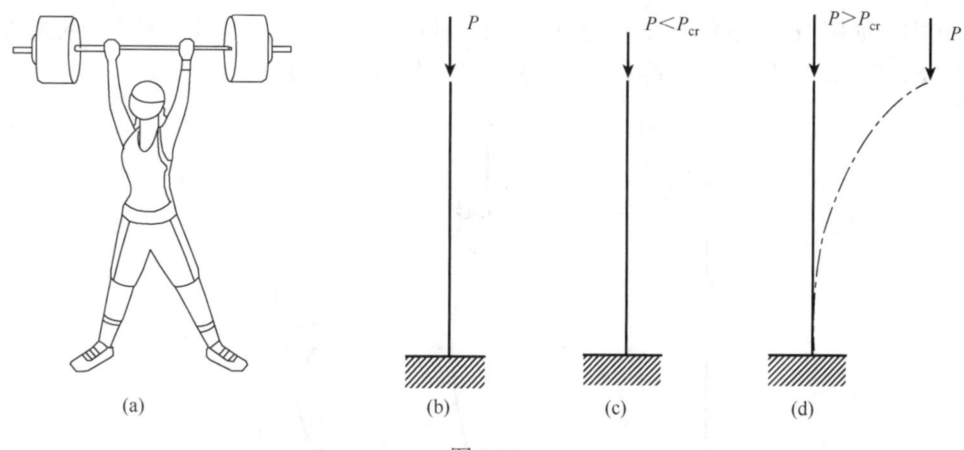

图 16-2

态是不稳定的。压杆处于不稳定状态时，任意扰动都能导致压杆失稳，使压杆丧失承载能力，这是工程实际所不允许的，因此，压杆的临界压力是压杆所能承受的最大载荷。

工程结构中，压杆失稳往往会引起严重的事故。例如，1907 年加拿大长达 548 m 的魁北克大桥，在施工时由于两根压杆失稳而引起倒塌，造成数十人死亡。1978 年美国哈特福特体育馆网架结构，因压杆失稳突然破坏而落地。2008 年湖南省郴州市由于雨雪天气，冻冰引起压杆失稳导致 400 多座输电铁塔倒塌、折断，大面积中断输电。压杆的失稳破坏是突发性的，必须预先防范。

稳定性问题不仅在压杆中存在，在其他一些构件，尤其是一些薄壁构件中也存在。如图 16-3（a）所示，一薄而高的悬臂梁受力过大而发生侧向扭曲失稳；如图 16-3（b）所示，一薄壁圆柱壳受外压力过大而突然内凹失稳；如图 16-3（c）所示，一薄拱受过大的均布压力而失稳。

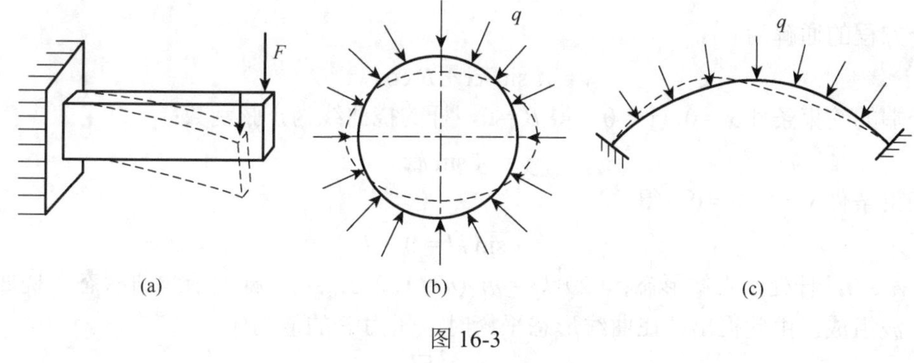

图 16-3

本章主要讨论中心受压直杆的稳定问题。

16.2　细长压杆的临界力

16.2.1　两端铰支压杆的临界力

如图 16-4（a）所示，两端铰支中心受压的直杆，设压力 P 大于临界压力，直杆处于不稳定平衡状态。如图 16-4（b）所示，受到扰动后，杆在弯曲形态处于平衡。截取半截杆受力如图 16-4（c）所示，在图示坐标系中，任意截面的弯矩为 $M=-Py$。

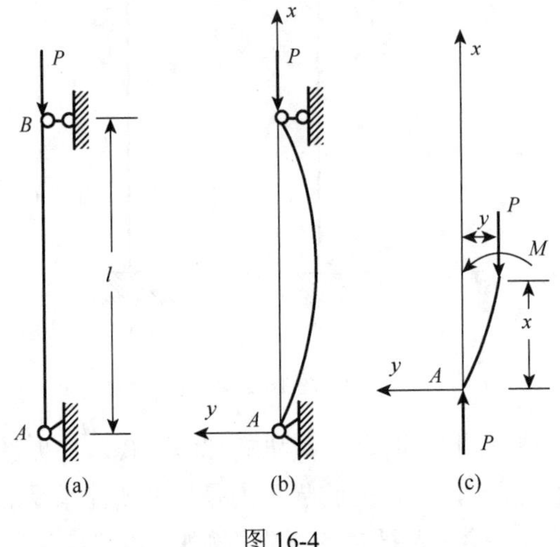

图 16-4

由挠曲线微分方程 $\dfrac{d^2y}{dx^2}=\dfrac{M}{EI}$，得

$$\frac{d^2y}{dx^2}=-\frac{P}{EI}y$$

令 $k^2=\dfrac{P}{EI}$，微分方程改写为

$$\frac{d^2y}{dx^2}+k^2y=0$$

微分方程的通解为

$$y=A\sin kx+B\cos kx$$

由杆端的约束条件 $x=0$，$y=0$，得 $B=0$，杆的挠曲线为正弦函数：

$$y=A\sin kx$$

由约束条件 $x=l$，$y=0$，得

$$A\sin kl=0$$

（1）$A=0$，杆处于直线形态；（2）$kl=n\pi\ (n=1, 2, 3, \cdots)$，杆处于弯曲状态，挠曲线由 n 个正弦半波组成。由此得出杆在曲线形态平衡时，压力 P 的值为

$$P=\frac{n^2\pi^2EI}{l^2}$$

临界力是压杆处于不稳定平衡时的最小压力，即 $n=1$ 时的值：

$$P_{cr}=\frac{\pi^2EI}{l^2} \tag{16-1}$$

两端铰支细长压杆的临界力是由瑞士科学家欧拉（Euler）于 1774 年首先导出的，故又称为欧拉公式，P_{cr} 也称为欧拉临界压力。此式表明，P_{cr} 与抗弯刚度（EI）成正比，与杆长的平方（l^2）成反比。压杆失稳时，总是绕抗弯刚度最小的中性轴发生弯曲变形。因此，对于各个方向约束相同的情形（例如球铰约束），I 应取截面形心主轴惯性矩的最小值。

16.2.2　其他约束情况压杆的临界力

用上述方法，可以推导其他约束条件下压杆的临界力，本书不叙述推导过程，只给出结果如下：

（1）如图 16-5（a）所示，一端固定、一端自由压杆的临界力为

$$P_{cr}=\frac{\pi^2 EI}{(2l)^2}$$

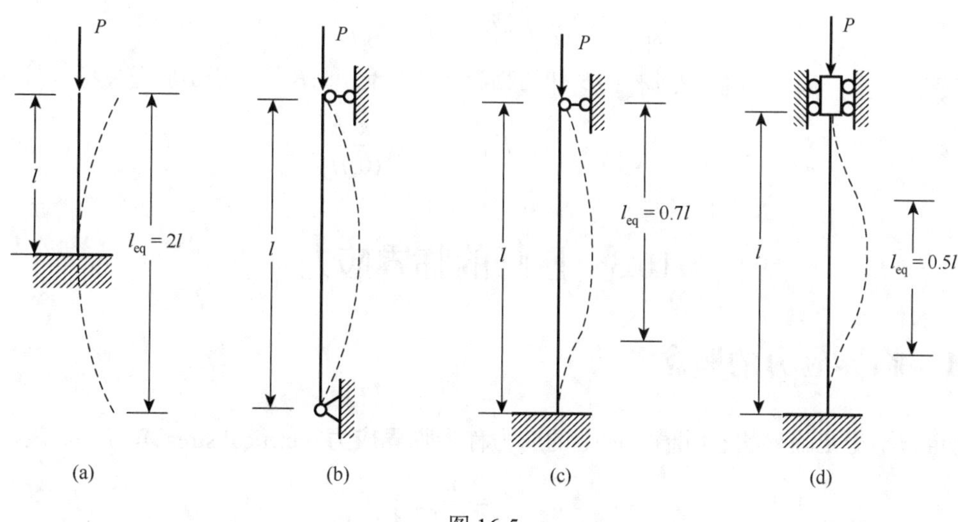

图 16-5

（2）如图 16-5（c）所示，一端固定、一端铰支压杆的临界力为

$$P_{cr}=\frac{\pi^2 EI}{(0.7l)^2}$$

（3）如图 16-5（d）所示，两端固定压杆的临界力为

$$P_{cr}=\frac{\pi^2 EI}{(0.5l)^2}$$

综合起来，压杆临界力（欧拉公式）可以写成统一形式

$$P_{cr}=\frac{\pi^2 EI}{l_{eq}^2} \tag{16-2}$$

式中：$l_{eq}=\mu l$ 称为**等效长度**或**相当长度**（equivalent length），从图 16-5 可以看出等效长度等于弯曲曲线的正弦波半波长度。临界力与等效长度的平方（l_{eq}^2）成反比；μ 称为**长度系数**（length coefficient），它反映了约束情况对临界载荷的影响：①一端固定、一端自由，$l_{eq}=2l$；②两端铰支，$l_{eq}=l$；③一端固定、一端铰支，$l_{eq}=0.7l$；④两端固定，$l_{eq}=0.5l$。图 16-5 给出了 4 种理想约束的 μ 值和等效长度，可以看出：杆端的约束愈强，则 μ 值愈小，临界力愈高；杆端的约束愈弱，则 μ 值愈大，临界力愈低。实际工程中杆的约束情况往往非常复杂，并不限于这 4 种情况。例如，压杆两端若与其他构件连接在一起，则杆端的约束是弹性的，μ 值一般在

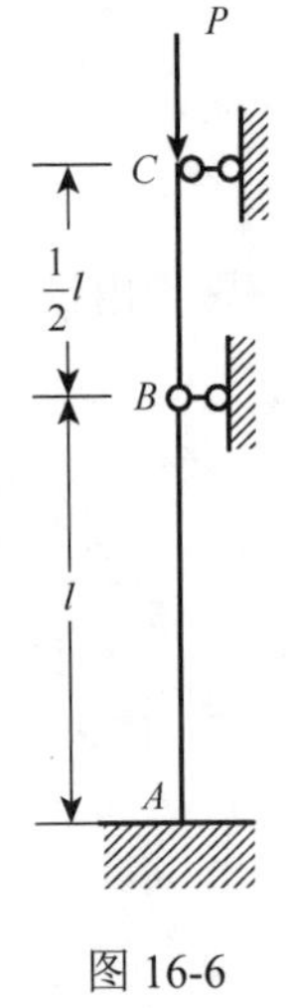

图 16-6

0.5 与 1 之间，通常将 μ 值取接近于 1。对于工程中常用的支座情况，长度系数 μ 可从有关设计手册或规范中查到。

需要指出的是，欧拉公式的推导过程应用了弹性小挠度微分方程，因此，欧拉公式只适用于弹性稳定问题。

【例 16-1】 如图 16-6 所示，压杆 AB，BC 的材料和截面相同，弯曲刚度均为 EI，A 截面固支，B，C 处铰支，求临界压力。

解 图示结构的临界压力取两杆中临界压力较小值，即结构的承载能力取决于临界压力较低的压杆。两杆相当长度分别为

$$l_{eqAB} = 0.7 \times l = 0.7\,l, \qquad l_{eqBC} = 1 \times 0.5\,l = 0.5\,l$$

由于 $l_{eqAB} > l_{eqBC}$，AB 杆的临界压力较低，AB 杆先于 BC 杆失稳，故

$$P_{cr} = P_{cr}^{AB} = \frac{\pi^2 EI}{(0.7l)^2}$$

16.3 压杆的临界应力

16.3.1 临界应力的概念

稳定与不稳定临界状态时横截面上的应力称为**临界应力**（critical stress），用 σ_{cr} 表示

$$\sigma_{cr} = \frac{P_{cr}}{A} = \frac{\pi^2 EI}{(\mu l)^2 A}$$

式中：I 与 A 都是截面的几何量，可用压杆截面的惯性半径 i 来表示，临界应力可写成

$$\sigma_{cr} = \frac{\pi^2 E}{\lambda^2} \tag{16-3}$$

式中

$$\lambda = \frac{\mu l}{i}, \qquad i = \sqrt{\frac{I}{A}} \tag{16-4}$$

λ 是压杆的相当长度与惯性半径的比值，称为**长细比**（slenderness ratio）（长度与粗细之比）。反映了压杆长度、约束条件、截面尺寸和形状对临界应力的影响。可以看出：压杆越细长，λ 值越大，压杆的临界应力 σ_{cr} 越小，压杆越容易失稳，表明压杆越柔软，λ 又称为**柔度**（柔软程度）（flexibility or compliance）；反之，压杆越短粗，λ 值越小，临界应力越大，压杆越不容易失稳。所以，柔度 λ 是压杆稳定计算中的一个重要参数。

16.3.2 欧拉公式的适用范围

欧拉公式是根据压杆的挠曲线微分方程推导出来的，只有在线弹性范围内才能成立。因此，只有当压杆的临界应力 σ_{cr} 不超过材料的比例极限 σ_p 时，欧拉公式才能适用，欧拉公式的适用条件为

$$\sigma_{cr}=\frac{\pi^2 E}{\lambda^2}\leqslant\sigma_p$$

解得

$$\lambda\geqslant\pi\sqrt{\frac{E}{\sigma_p}}$$

欧拉公式的适用条件化为

$$\lambda\geqslant\lambda_p \tag{16-5}$$

式中

$$\lambda_p=\pi\sqrt{\frac{E}{\sigma_p}} \tag{16-6}$$

λ_p只与材料性质有关，是材料参数，本书称为**弹性柔度极限**（elastic flexibility limit）。

于是欧拉公式的适用范围可用材料的弹性柔度极限 λ_p 来表示，压杆的实际柔度 λ 不能小于弹性柔度极限 λ_p，只有 $\lambda\geqslant\lambda_p$ 才能保证材料处于线弹性范围 $\sigma_{cr}\leqslant\sigma_p$。能满足上述条件的压杆，工程中称为**大柔度杆**（large flexibility column）或**细长杆**（slender column）。对于工程中广泛使用的 A3 钢，其弹性模量 $E=210$ GPa，比例极限 $\sigma_p=200$ MPa，可算得弹性柔度极限 $\lambda_p=102$。

16.3.3　中、小柔度杆的临界应力

在工程实际中，经常遇到柔度小于 λ_p 的压杆，这类压杆失稳时，横截面上的应力已超过比例极限，故此类压杆的临界应力已不能再用欧拉公式计算，临界应力与柔度 λ 的函数关系无法确定。工程中一般采用经验公式计算其临界应力，经验公式是工程技术人员通过对实验数据的研判分析、凝练后提出的经验性计算公式，有几种不同形式经验公式可供选择，它们的计算精度都能满足工程计算的要求。本书采用最简单的经验公式——直线公式：

$$\sigma_{cr}=a-b\lambda \tag{16-7}$$

式中：a，b 是与材料有关的常数，单位是 MPa。材料常数 a，b 可由实验测得，常见材料的 a，b 值如表 16-1 所示。

表 16-1　常用材料的 a，b 和 λ_p，λ_s 值

材料	a/MPa	b/MPa	λ_p	λ_s
A3 钢 $\sigma_s=235$ MPa	304	1.12	102	60
铸铁	332.2	1.454	70	—
木材	28.7	0.190	80	—

需要指出的是，对于中长杆可以采用不同的经验公式计算临界应力，如抛物线公式 $\sigma_{cr}=a-b\lambda^2$（a 和 b 也是和材料有关的常数）等。

压杆的临界应力随柔度 λ 降低而升高，对于塑性材料制成的压杆，当临界应力升高到屈服极限 σ_s 时将不能再升高，因为此时压杆发生屈服失效，不再失稳。临界应力 σ_{cr} 不应超过材料的屈服极限 σ_s，$\sigma_{cr}=a-b\lambda\leqslant\sigma_s$，解得

$$\lambda\geqslant\lambda_s \tag{16-8}$$

$$\lambda_s = \frac{a - \sigma_s}{b} \tag{16-9}$$

λ_s只与材料性质有关，是材料参数，本书称为**塑性柔度极限**（plastic flexibility limit）。对于 A3 钢，$\sigma_s = 235$ MPa，$a = 304$ MPa，$b = 1.12$ MPa，可算得塑性柔度极限 $\lambda_s = 61.6$。

当压杆的实际柔度$\lambda_s<\lambda<\lambda_p$时，用经验公式计算临界应力。柔度在$\lambda_s$和$\lambda_p$之间（$\lambda_s<\lambda<\lambda_p$）的压杆，称为**中柔度杆**（intermediate flexibility column）或**中长杆**（intermediate column），这种压杆的破坏既有强度失效的性质，也有较明显的失稳现象。

$\lambda \leqslant \lambda_s$的压杆称为**小柔度杆**（small flexibility column）或**短粗杆**（short column）。这种压杆是应力达到屈服极限 σ_s 而破坏，它的破坏是强度破坏而非失稳破坏，应按强度条件进行计算。但为了统一压杆的计算方法，在形式上仍作为稳定问题对待，认为其临界应力为

$$\sigma_{cr} = \sigma_s \tag{16-10}$$

以上分析可知，压杆的性质由λ、λ_s和λ_p三个参数决定，区分压杆为细长杆、中长杆和粗短杆

$$\lambda = \frac{\mu l}{i},\quad i = \sqrt{\frac{I}{A}},\quad \lambda_p = \sqrt{\frac{\pi^2 E}{\sigma_p}},\quad \lambda_s = \frac{a - \sigma_s}{b} \tag{16-11}$$

三类压杆临界应力分别采用不同的公式计算，临界应力与λ的函数关系分段表示

$$\sigma_{cr} = \begin{cases} \sigma_s & \lambda \leqslant \lambda_s \quad \text{短粗杆} \\ a - b\lambda & \lambda_s < \lambda < \lambda_p \quad \text{中长杆} \\ \dfrac{\pi^2 E}{\lambda^2} & \lambda \geqslant \lambda_p \quad \text{细长杆} \end{cases} \tag{16-12}$$

如图 16-7 所示，临界应力函数图形称为压杆的**临界应力图**（critical stress diagram）。可以看出，小柔度杆的临界应力与λ无关，而大、中柔度杆的临界应力则随λ的增加而减小。小柔度杆的破坏是强度破坏而非失稳破坏。

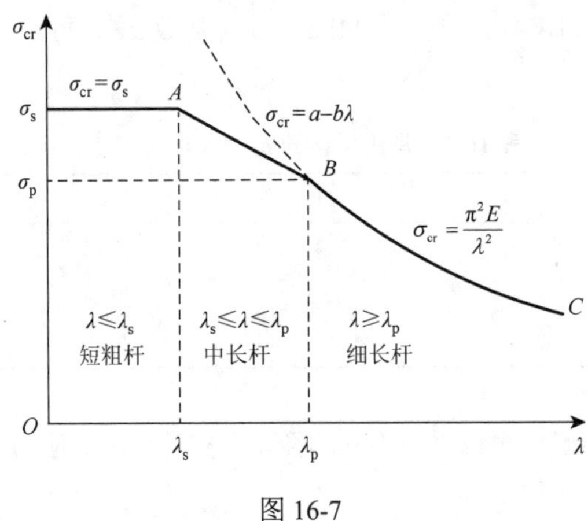

图 16-7

16.4 压杆稳定性条件

对于细长压杆和中长压杆失效应力是临界应力，对于粗短压杆失效应力是屈服应力，此

时，也称为临界应力。压杆的临界应力是压杆所能承受的极限应力，考虑安全系数后，压杆的许用应力为

$$[\sigma_{cr}] = \frac{\sigma_{cr}}{n_{st}} \tag{16-13}$$

式中：n_{st} 是稳定安全系数。由于压杆失稳破坏是没有先兆的和突发性的，危险性更强，n_{st} 值一般比强度安全系数要大些。

为了保证压杆安全正常地工作，压杆的稳定条件为

$$\sigma \leqslant [\sigma_{cr}] \tag{16-14}$$

压杆的稳定条件也可表示为

$$n = \frac{P_{cr}}{P} \geqslant n_{st} \tag{16-15}$$

式中：P 为压杆的工作载荷；P_{cr} 是压杆的临界载荷。

【例 16-2】　如图 16-8 所示，A3 钢制成的矩形截面连杆，受力及两端约束情况如图所示，A、B 两处为销钉连接。已知 $l = 2\,300$ mm，$b = 40$ mm，$h = 60$ mm，支撑耳外半径 $r = 50$ mm。材料的弹性模量 $E = 210$ GPa。压力 $P = 88$ kN，规定稳定安全系数 $n_{st} = 3$。校核连杆的稳定性。

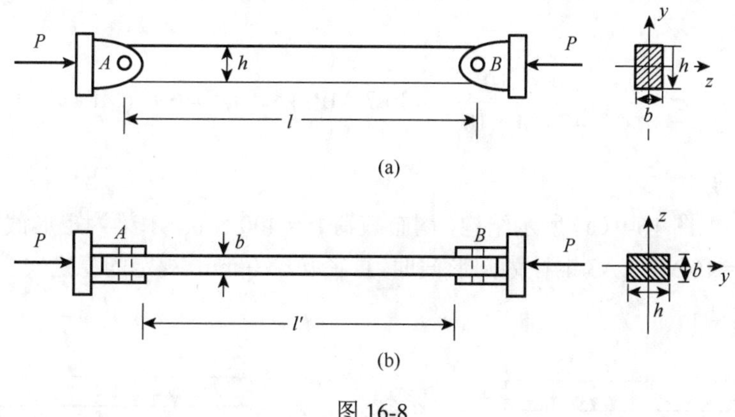

图 16-8

解　连杆两端为销钉连接，这种约束与球铰约束不同，在正视图平面内失稳时，矩形截面将绕 z 轴转动，A，B 两处可以自由转动，相当于铰链；而在俯视图平面内失稳时，截面将绕 y 轴转动，A，B 两处不能转动，可近似视为固定端约束。

为了校核连杆的稳定性，首先计算压杆在两个平面内的柔度，确定危险失稳方向。

如图 16-8（a）所示，正视图平面：

$$I_z = \frac{bh^3}{12},\quad A = bh,\quad \mu = 1.0,\quad i_z = \sqrt{\frac{I_z}{A}} = \frac{h}{2\sqrt{3}}$$

$$\lambda_z = \frac{\mu l}{i_z} = \frac{\mu l 2\sqrt{3}}{h} = \frac{1 \times 2\,300 \times 10^{-3} \times 2\sqrt{3}}{60 \times 10^{-3}} = 132.8$$

如图 16-8（b）所示，俯视图平面：

$$I_y=\frac{hb^3}{12},\quad A=bh,\quad \mu=0.5,\quad i_y=\sqrt{\frac{I_y}{A}}=\frac{b}{2\sqrt{3}}$$

$$\lambda_y=\frac{\mu l'}{i_y}=\frac{\mu(l-2r)2\sqrt{3}}{b}=\frac{0.5\times(2\,300-50\times2)\times10^{-3}\times2\sqrt{3}}{40\times10^{-3}}=95.3$$

$\lambda_z>\lambda_y$ 表示正视图平面为危险失稳方向

$$\lambda_{\max}=132.8>100$$

按危险失稳方向校核稳定性，该方向失稳压杆属于细长杆，故临界应力为

$$\sigma_{cr}=\frac{\pi^2E}{\lambda_z^2}=\frac{\pi^2\times210\times10^9}{132.8^2}=118\,(\text{MPa})$$

许用应力为

$$[\sigma_{cr}]=\frac{\sigma_{cr}}{n_{st}}=\frac{118}{3}=39.3\,(\text{MPa})$$

压杆的工作应力为

$$\sigma=\frac{N}{A}=\frac{88\times10^3}{40\times60\times10^{-6}}=36.7(\text{MPa})<[\sigma_{cr}]=39.3(\text{MPa})$$

连杆满足稳定性要求。

【例 16-3】 如图 16-9（a）所示结构，均布载荷 $q=400$ N/m，木梁为矩形截面，$b=60$ mm，$h=90$ mm，$[\sigma_w]=10$ MPa；A3 钢柱为圆形截面，直径 $d=20$ mm，规定的稳定安全系数为 $n_{st}=3$，校核结构的安全性。

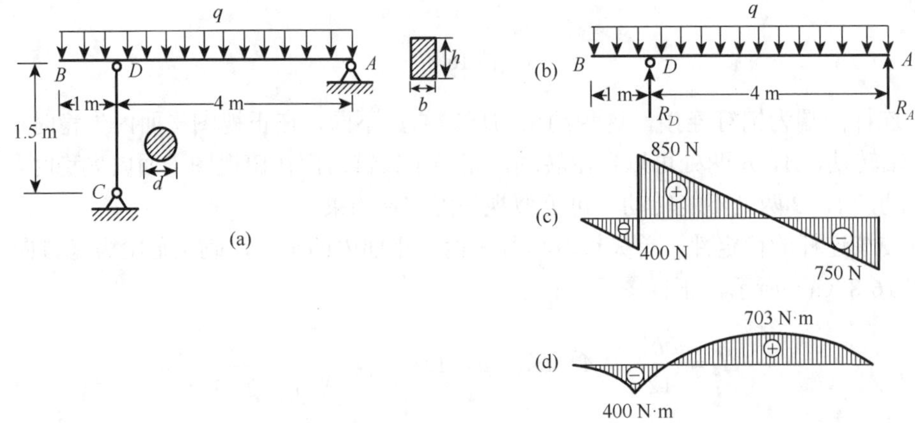

图 16-9

解 （1）校核梁的强度。梁的受力如图 16-9（b）所示，由 $\sum M_A = 0$ 可得 $R_D = 1\,250$ N，由 $\sum M_D = 0$ 可得 $R_A = 750$ N。画梁的剪力图和弯矩图如图 16-9（c）（d）所示，最大弯矩 $M_{\max} = 703$ N·m。

梁的最大弯曲正应力：

$$\sigma_{\max} = \frac{M_{\max}}{W_z} = \frac{M_{\max}}{\frac{bh^2}{6}} = \frac{6\times 703}{60\times 90^2\times 10^{-9}} = 8.68\ (\text{MPa}) < [\sigma_w] = 10\ (\text{MPa})$$

木梁满足强度要求。

（2）校核柱的稳定性。柱所受的压力 $N = R_D = 1\,250$ N，柱的两端铰支

$$\mu = 1, \qquad i = \sqrt{\frac{I}{A}} = \frac{d}{4} = \frac{20}{4} = 5\ (\text{mm})$$

$$\lambda = \frac{\mu l}{i} = \frac{1.5}{5\times 10^{-3}} = 300$$

因 $\lambda > \lambda_p$，故柱是细长杆，临界应力为

$$\sigma_{cr} = \frac{\pi^2 E}{\lambda^2} = \frac{\pi^2\times 210\times 10^9}{300^2} = 23\ (\text{MPa})$$

许用应力为

$$[\sigma_{cr}] = \frac{\sigma_{cr}}{n_{st}} = \frac{23}{3} = 7.7\ (\text{MPa})$$

柱的工作应力为

$$\sigma = \frac{N}{A} = \frac{N}{\pi d^2/4} = \frac{1\,250}{\pi\times 20^2\times 10^{-6}/4} = 3.98\ \text{MPa} < [\sigma_{cr}] = 7.7\ (\text{MPa})$$

柱满足稳定性要求，整个结构安全。

16.5 提高压杆稳定性的措施

压杆的稳定性取决于临界应力和临界载荷的大小。由临界应力图可知，当柔度 λ 减小时，临界应力提高，$\lambda = \frac{\mu l}{i}$，提高压杆承载能力的措施主要是尽量减小压杆的长度，选用合理的截面形状，增加支承的刚性以及合理选用材料。

1. 减小压杆的长度

减小压杆的长度，可使 λ 降低，从而提高了压杆的临界载荷。工程中，为了减小柱子的长度，通常在柱子的中间设置一定形式的撑杆，它们与其他构件连接在一起后，对柱子形成支点，限制了柱子的弯曲变形，起到减小柱长的作用。对于细长杆，若在柱子中点设置一个

支点，则长度减小一半，而承载能力可增加到原来的 4 倍。减小柱子的长度是提高压杆稳定性的最主要措施。

2. 选择合理的截面形状

压杆的承载能力取决于最小的惯性矩 I，当压杆各个方向的约束条件相同时，使截面对两个形心主轴的惯性矩相等且尽可能大是压杆合理截面的基本原则。因此，薄壁圆管［图 16-10（a）］、正方形薄壁箱形截面［图 16-10（b）］是理想截面，它们各个方向的惯性矩相同，且惯性矩比同等面积的实心杆大得多。但这种薄壁杆的壁厚不能过薄，否则会出现局部屈曲失稳现象。对于型钢截面（工字钢、槽钢、角钢等），由于它们的两个形心主轴惯性矩相差较大，为了提高这类型钢截面压杆的承载能力，工程实际中常用几个型钢，通过缀板组成一个组合截面，如图 16-10（c）（d）所示。并选用合适的距离 a，使 $I_z = I_y$，这样可大大地提高压杆的承载能力。

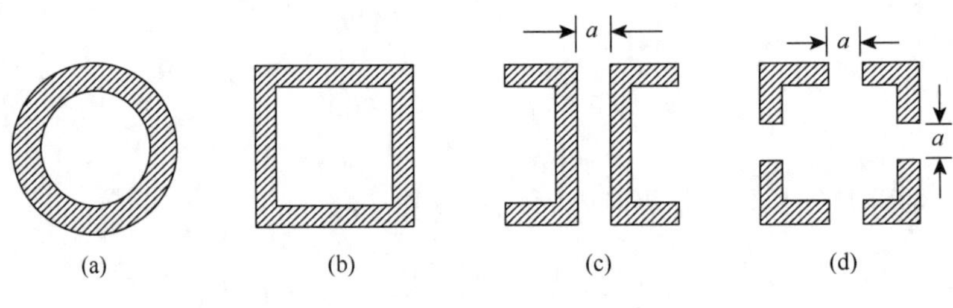

图 16-10

3. 增加支承的刚性

对于大柔度的细长杆，一端铰支另一端固定压杆的临界载荷比两端铰支的大一倍。因此，杆端刚性越大，越不易转动，杆的相当长度就越小，稳定性越好。如图 16-11 所示的轴，若增大右端止推轴承的长度 a，加强了约束的刚性，稳定性就好。

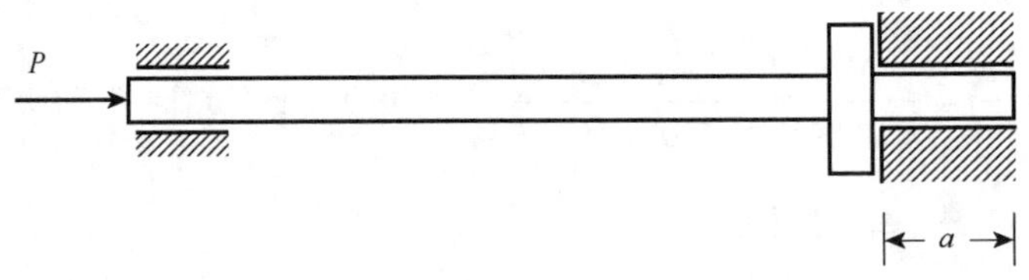

图 16-11

4. 合理选用材料

对于大柔度杆，临界应力与材料的弹性模量 E 成正比。因此钢压杆比铜、铸铁或铝制压杆的临界载荷高。但各种钢材的 E 基本相同，所以对大柔度杆选用优质钢材比低碳钢并无多大差别。对中柔度杆，由临界应力图可以看到，材料的屈服极限 σ_s 和比例极限 σ_p 越高，则临界应力就越大。这时选用优质钢材会提高压杆的承载能力。至于小柔度杆，本来就是强度问题，优质钢材的强度高，其承载能力的提高是显然的。

最后尚需指出，除了可以采取上述几个措施提高承载能力外，在可能的条件下，还可以从结构方面采取相应的措施。例如，将压杆换成拉杆，这样，就可以从根本上避免失稳问题。如图 16-12 所示，在不影响结构使用的条件下，托架 CD 杆由承受压力变为承受拉力，避免了压杆的失稳问题。

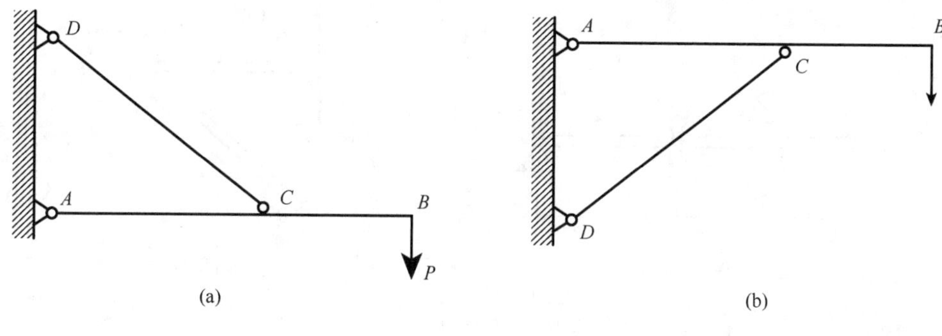

图 16-12

习　题　16

1. 题图 16-1 所示的细长压杆均为圆杆，其直径 d 均相同，材料为 Q235 钢，$E=210$ GPa。其中：题图 16-1（a）为两端铰支；题图 16-1（b）为一端固定，一端铰支；题图 16-1（c）两端固定。试判别哪一种情形的临界力最大，哪种其次，哪种最小？若圆杆直径 $d=16$ cm，试求最大的临界力 P_{cr}。

2. 3 根圆截面压杆，直径均为 $d=160$ mm，材料为 A3 钢，$E=200$ GPa，$\sigma_s=240$ MPa，$\sigma_p=200$ MPa，$a=304$ MPa，$b=1.12$ MPa。两端均为铰支，长度分别为 l_1，l_2 和 l_3，且 $l_1=2l_2=4l_3=5$ m。试求各杆的临界压力 P_{cr}。

3. 题图 16-3 所示蒸汽机的活塞杆 AB，所受的压力 $P=120$ kN，$l=180$ cm，横截面为圆形，直径 $d=7.5$ cm。材料为 A3 钢，$E=210$ GPa，$\sigma_p=240$ MPa，规定 $n_{st}=8$。试校核活塞杆的稳定性。

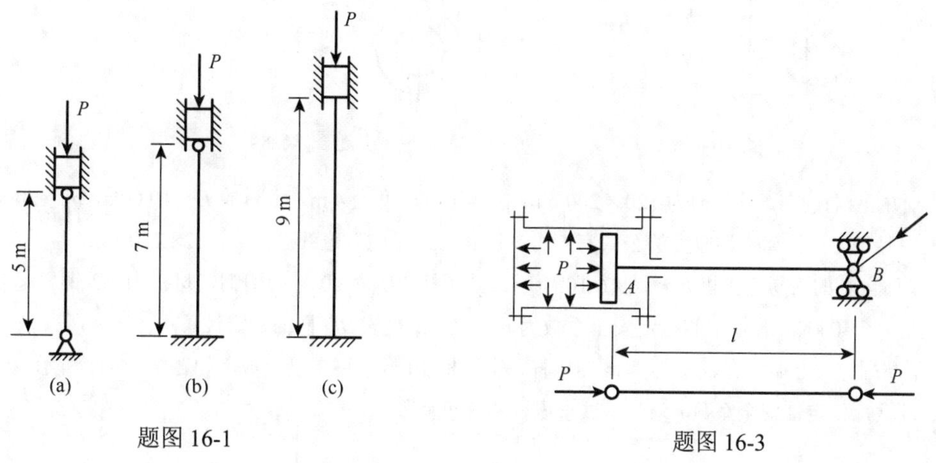

题图 16-1　　　　题图 16-3

4. 设千斤顶的最大承载压力为 $P=150$ kN，螺杆内径 $d=52$ mm，$l=50$ cm。材料为 A3 钢，$E=200$ GPa，稳定安全系数规定为 $n_{st}=3$。试校核其稳定性。

5. 题图 16-5 所示结构 AB 为圆截面直杆，直径 $d=80$ mm，A 端固定，B 端与 BC 直杆球铰连接。BC 杆为正方形截面，边长 $a=70$ mm，C 端也是球铰。两杆材料相同，弹性模量 $E=200$ GPa，比例极限 $\sigma_p=200$ GPa，长度 $l=3$ m，求该结构的临界力。

6. 题图 16-6 所示托架中杆 AB 的直径 $d=4$ cm，长度 $l=80$ cm，两端可视为铰支，材料是 Q235 钢，$a=310$ MPa，$b=1.14$ MPa，$\lambda_s=60$，$\lambda_p=100$。

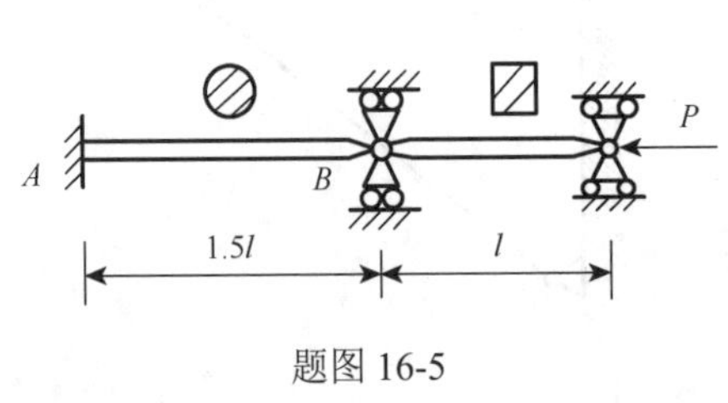

题图 16-5

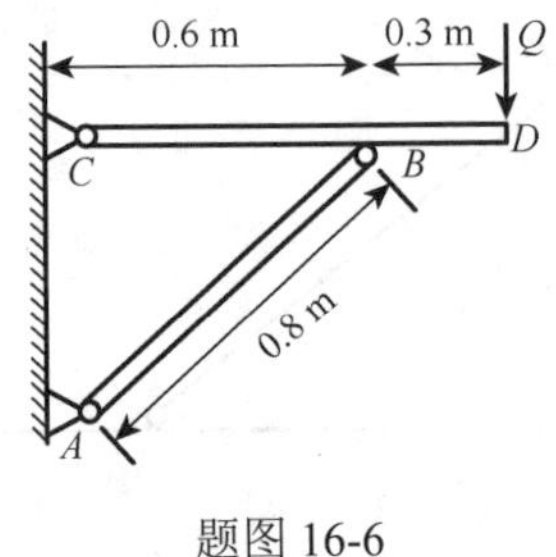

题图 16-6

（1）试按杆 AB 的稳定条件求托架的临界力 Q_{cr}；

（2）若已知实际载荷 $Q=70$ kN，稳定安全系数 $n_{st}=2$，问此托架是否安全？

7. 题图 16-7 所示立柱由两根 10 号槽钢组成，立柱上端为球铰，下端固定，柱长 $l=6$ m，试求两槽钢距离 a 值取多少立柱的临界力最大？其值是多少？已知材料的弹性模量 $E=200$ GPa，比例极限 $\sigma_p=200$ GPa。

8. 蒸汽机车的连杆如题图 16-8 所示，截面为工字形，材料为 A3 钢。连杆所受最大轴向压力为 465 kN。连杆在摆动平面（xy 平面）内发生弯曲时，两端可认为铰支；而在与摆动平面垂直的 xz 平面内发生弯曲时，两端可认为是固定支座。试确定其工作安全系数。

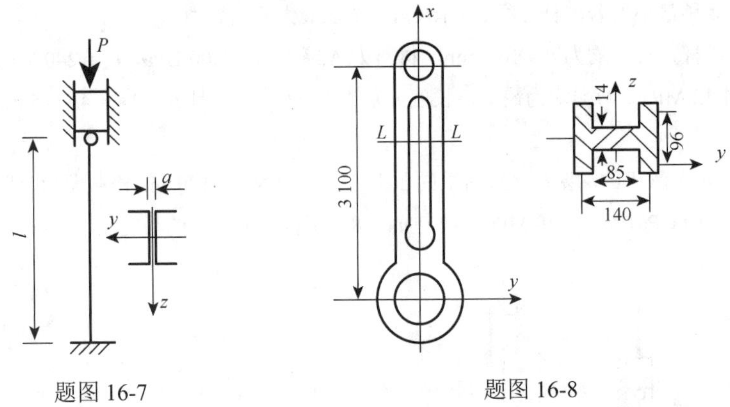

题图 16-7　　题图 16-8

9. 一木柱两端铰支，其截面为 120×200 mm^2 的矩形，长度为 4 m。木材的 $E=10$ GPa，$\sigma_p=20$ MPa。试求木柱的临界应力。计算临界应力的公式有：（1）欧拉公式；（2）直线公式 $\sigma_{cr}=28.7-0.19\lambda$。

10. 某厂自制的简易起重机如题图 16-10 所示，其压杆 BD 为 20 号的槽钢，材料为 A3 钢。起重机的最大起重量是 $P=40$ kN。若规定的稳定安全系数为 $n_{st}=5$，试校核 BD 杆的稳定性。

11. 下端固定、上端铰支、长 $l=4$ m 的压杆，由两根 10 号槽钢焊接而成，如题图 16-11 所示。已知杆的材料为 3 号钢，稳定性安全系数 $n_{st}=3$，试求压杆的许可荷载。

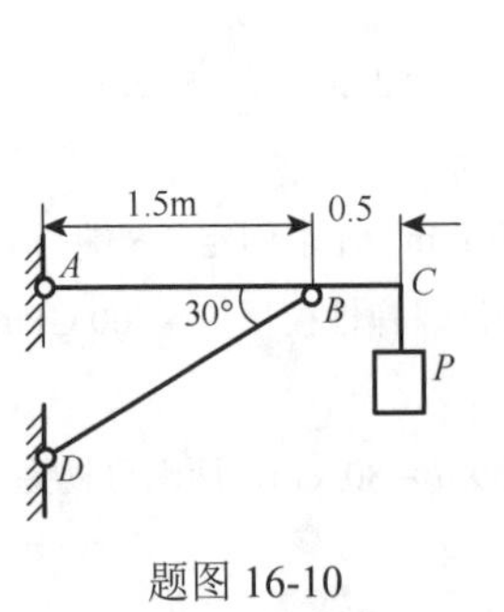

题图 16-10

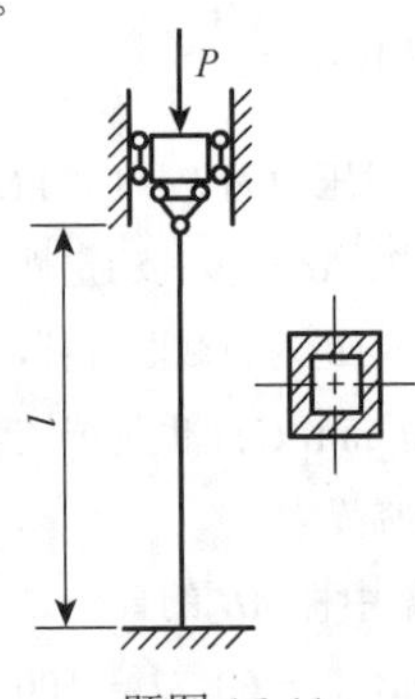

题图 16-11

12. 题图 16-12 所示结构中 AC 与 CD 杆均用 3 号钢制成，C、D 两处均为球铰。已知 $d = 20$ mm，$b = 100$ mm，$h = 180$ mm；$E = 200$ GPa，$\sigma_s = 235$ MPa，$\sigma_b = 400$ MPa；强度安全系数 $n = 2.0$，稳定安全系数 $n_{st} = 3.0$。试确定该结构的最大许可荷载。

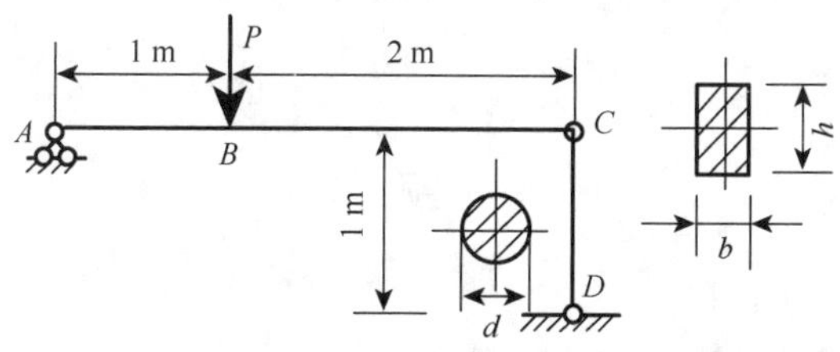

题图 16-12

13. 低碳钢压杆二端铰支，杆直径 $d = 40$ mm。已知 $a = 310$ MPa，$b = 1.14$ MPa，$\sigma_s = 242$ MPa，$\sigma_p = 200$ MPa，$E = 200$ GPa，若杆长 l 分别为 1.5 m，0.8 m，0.5 m 时，试计算各杆的临界应力和临界载荷。

14. 两端固定的矩形截面细长压杆，其横截面尺寸为 $h = 60$ mm，$b = 30$ mm，材料的比例极限 $\sigma_p = 200$ MPa，弹性模量 $E = 210$ GPa。试求此压杆的临界力适用于欧拉公式时的最小长度。

15. 矩形截面木杆如题图 16-15 所示，$b = 0.12$ m，$h = 0.2$ m，AB 的长度 $l = 8$ m。已知材料的弹性模量 $E = 10$ GPa，$\lambda_p = 80$，试求图示情况下杆的临界载荷。

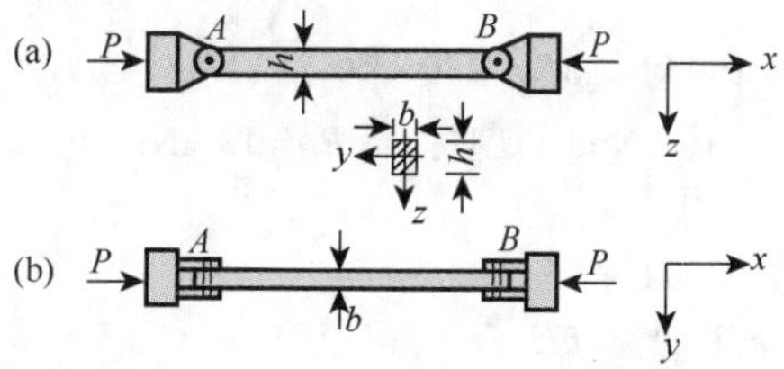

题图 16-15

部分习题答案

习 题 2

1. $R = 161.2$ N，$\angle(R, y) = 29°44'$

2. $F_{AB} = 54.64$ kN，$F_{CB} = 74.64$ kN

3.（a）$X_A = 0$，$Y_A = -(F + M/a)/2$，$R_B = (3F + M/a)/2$；（b）$X_A = 0$，$Y_A = -(F + M/a - 5qa/2)/2$，$R_B = (3F + M/a - qa/2)/2$

4. $X_A = 0$，$Y_A = 10$ kN，$M_A = 60$ kN·m，$F_B = 25$ kN，$X_C = 20$ kN，$Y_C = 5$ kN

5. $X_A = -22.4$ kN，$Y_A = -4.4$ kN，$R_B = 28$ kN

6. $F_A = 20/\sqrt{3}$ kN，$F_B = 20/\sqrt{3}$ kN，$F_{EC} = 10\sqrt{2}$ kN

7. $F_A = F_C = M/(2\sqrt{2}\,a)$

8. $X_A = 2\,400$ N，$Y_A = 1\,200$ N，$F_{BC} = 848.5$ N

9. $R_H = F/(2\sin^2\theta)$

10. $M = 60$ N·m，$F_A = 300$ N，$F_B = 300$ N

11. $P_2 = 333.3$ kN，$x = 6.75$ m

12. $F_{Ax} = 30 - 200\sqrt{3}$ kN，$F_{Ay} = -100$ kN，$M_A = 250 - 600\sqrt{3}$ kN·m

13.（a）$X_A = 0$，$Y_A = 6$ kN，$M_A = 16$ kN·m（逆时针），$R_C = 18$ kN；（b）$R_A = 10$ kN，$X_C = 0$，$Y_C = 42$ kN，$M_C = 164$ kN·m（顺时针）

14. $X_A = -X_B = 120$ kN，$Y_A = Y_B = 300$ kN

15. $X_A = 4F/3$，$Y_A = F/2$，$X_B = F/3$，$Y_B = F/2$

16. $AC = a + F(l/b)^2/k$

17. $X_A = 1\,200$ N，$Y_A = 150$ N，$R_B = 1\,050$ N，$F_{BC} = 1\,500$ N（压）

18. $F_1 = q(2a + b)^2/(2a)$，$F_2 = q(2a + b)/(2a)$，$F_3 = \sqrt{2}\,q(2a + b)^2/(2a)$

19. $X_A = -600$ N，$Y_A = 1\,600$ N，$F_{BD} = -400\sqrt{2}$ N

20. $X_A = 267$ N，$Y_A = -87.5$ N，$R_B = 550$ N，$X_C = 209$ N，$Y_C = -187.5$ N

21. $F_{Fx} = 1\,500$ N，$F_{Fy} = 500$ N

22. $F_{Ax} = 1$ kN，$F_{Ay} = 2$ kN，$M_A = -6$ kN·m，$F_{Cx} = 4$ kN，$F_{Cy} = 2$ kN

习 题 3

1. $x = r\sin t^2$，$y = r(1 - \cos t^2)$，$v = 2rt$，$a = 2r\sqrt{1 + 4t^2}$

2. 直角坐标法：$x_C = \dfrac{bL}{\sqrt{L^2 + (ut)^2}}$，$y_C = \dfrac{but}{\sqrt{L^2 + (ut)^2}}$；自然坐标法：$s = b\varphi$，$\varphi = \arctan\dfrac{ut}{L}$；$v_C = \dfrac{bu}{2L}$

3. 直角坐标法：$x = R + R\cos 2\omega t$，$y = R\sin 2\omega t$；$v = -2R\omega$，$a = 4R\omega^2$；自然坐标法：$s = 2R\omega t$，$v = 2R\omega$，$a = a_n = 4R\omega^2$

4. $y = l\cdot\tan kt$；当 $\theta = \dfrac{\pi}{6}$ 时：$v = 4lk/3$，$a = 1.54lk^2$；当 $\theta = \dfrac{\pi}{3}$ 时：$v = 4lk$，$a = 14.1lk^2$

5. $v_C = v_D = 0.5$ m/s，$a_C = a_D = 2.51$ m/s^2

6. $x = 0.2\cos 4t$ m；$v = -0.4$ m/s；$a = -2.771$ m/s^2

7. $v_M = 0.707$ m/s；$a_O = 3.33$ m/s^2

8.（1）$\alpha_2=\dfrac{5\ 000\pi}{d^2}$ rad/s^2；（2）$a=5.922$ m/s^2

9.（1）$a_C=0.337\ 5$ m/s^2；（2）$\omega_A=45$ rad/s

10. $v=304\ 3$ km/h，$h=3.17$ km

习 题 4

1.（a）$\omega_2=1.5$ rad/s；（b）$\omega_2=2$ rad/s

2. 当 $\varphi=0$ 时，$v=\dfrac{\sqrt{3}}{3}r\omega$，向左；当 $\varphi=30°$时，$v=0$；当 $\varphi=60°$时，$v=\dfrac{\sqrt{3}}{3}r\omega$，向右

3. $v_C=\dfrac{av}{2l}$

4. $v_{AB}=e\omega$

5. 当 $\varphi=0°$时，$v=0$；当 $\varphi=30°$时，$v=100$ cm/s；当 $\varphi=90°$时，$v=200$ cm/s

6. $\omega_1=2.67$ rad/s

7. $v_M=\dfrac{2}{3}\sqrt{3}$ m/s

8. $a_C=13.66$ cm/s^2，$a_r=3.66$ cm/s^2

9. $v=0.1$ m/s，$a=0.346$ m/s^2

10. $v=0.173$ m/s，$a=0.05$ m/s^2

11. $\omega_1=\dfrac{\omega}{2}$，$\alpha_1=\dfrac{\sqrt{3}}{12}\omega^2$

12. $v_r=\dfrac{2}{\sqrt{3}}v_0$, $a_r=\dfrac{8\sqrt{3}}{9}\dfrac{v_0^2}{R}$

13. $v_M=0.173$ m/s，$a_M=0.35$ m/s^2

14. $v=0.325$ m/s，$a=0.657$ m/s^2

15. $\omega=5$ rad/s，$\alpha=77.94$ rad/s^2

16. $\omega=\sqrt{3}\ \omega_0$，$\alpha=(3\sqrt{3}+9)\omega_0^2$

17. $v_A=\dfrac{\sqrt{3}}{3}v$，$a_M=\sqrt{\dfrac{v^4}{9l^2}+\dfrac{1}{3}\left(a-\dfrac{v^2}{3l}\right)^2}$

18. $\alpha_{AB}=-7.14$ rad/s^2

习 题 5

1. $\omega_{AB}=3$ rad/s，$\omega_{O_1B}=5.2$ rad/s

2. $\omega_{CD}=3\pi$ rad/s，$v_D=18\pi$ m/s

3. $\omega_{BO_1}=1.51$ rad/s，$\omega_{AB}=1.33$ rad/s

4. $v_{BC}=2.513$ m/s

5. $\omega_{ABD}=1.072$ rad/s，$v_D=0.254$ m/s

6. $\omega_{OD}=10\sqrt{3}$ rad/s，$\omega_{DE}=\dfrac{10}{3}\sqrt{3}$ rad/s

7. $v_F=0.462$ m/s，$\omega_{EF}=1.333$ rad/s

8. $a_n=2r\omega_O^2$，$a_\tau=r(\sqrt{3}\omega_O^2-2\alpha_O)$

9. $v_B=200$ cm/s，$a_B^n=400$ cm/s^2，$a_B^\tau=370.5$ cm/s^2

10. $v_C=\dfrac{3}{2}\omega_0 r$，$a_C=\dfrac{\sqrt{3}}{12}\omega_0^2 r$

11. $v_B=2$ m/s，$v_C=2.828$ m/s，$a_B=8$ m/s^2，$a_C=11.31$ m/s^2

12. $a_M=1.56r\omega_O^2$

13. $a_C^n=\dfrac{25}{\sqrt{2}}$ mm/s^2，$a_C^\tau=-75\sqrt{2}$ mm/s^2

14. $a_B=\dfrac{\sqrt{2}}{2}r\omega_O^2$，$\alpha_{O_1B}=\dfrac{\omega_O^2}{2}$

15. $v_C=120$ mm/s，$a_C=0.4$ mm/s^2

16. $\omega_{AB}=0.32$ rad/s，$\alpha_{AB}=0.21$ rad/s^2，$v_B=29.5$ cm/s，$a_B=35.8$ cm/s^2

17. $v_D=5.46$ m/s，$a_D=8.46$ m/s^2

18. $\omega_B=3.62$ rad/s，$\alpha_B=2.2$ rad/s^2

19. $\omega_{OB}=\dfrac{0.21v_C}{R}$，$\alpha_{OB}=\dfrac{1}{2R}\left(\dfrac{1.5v_C^2}{R}+0.37a_C\right)$

20. $\alpha_{AB}=12$ rad/s^2（逆时针），$a_B=120$ m/s^2

21. $\omega_{BC}=8$ rad/s，$v_C=108$ rad/s，$\alpha_{BC}=138.6$ rad/s^2（顺时针），$a_B=4\ 752$ m/s^2

习 题 6

1.（a）$\dfrac{1}{2}m\omega l$；（b）$\dfrac{1}{6}m\omega l$；（c）$\dfrac{\sqrt{3}}{3}mv$；（d）$\dfrac{1}{2}m\omega a$；（e）$m\omega R$；（f）mv

2. $K=\dfrac{\omega l}{2}(5m_1+4m_2)$

3.（1）$K=0$，$L_A=\dfrac{mR^2\omega}{2}$；（2）$K=\dfrac{m\omega l\boldsymbol{i}}{2}$，$L_A=\dfrac{m\omega l^2}{3}$；（3）$K=mv_C\boldsymbol{i}$，$L_P=-\dfrac{3}{2}mv_CR$

4. 向左移动 0.266 m

5.（$x_A-l\cos\theta$）$^2+\left(\dfrac{y_A}{2}\right)^2=l^2$

6. $a_{AB}=\dfrac{m_2a-f(m_1+m_2)g}{m_1+m_2}$

7. $\ddot{x}+\dfrac{k}{m+m_1}x=\dfrac{m_1l\omega^2}{m+m_1}\sin\varphi$

8. $F_x=-(m_1+m_2)e\omega^2\cos\omega t$，$F_y=-m_2e\omega^2\sin\omega t$

9. $x=-\dfrac{P+2G}{P+G+W}l\sin\omega t$

10. $F=138.6$ N

11. $M_Z=365.4$ N·m

12. $\varphi=\dfrac{\delta_0}{l}\sin\left(\sqrt{\dfrac{k}{3(P+3G)}}t+\dfrac{\pi}{2}\right)$

13. $\omega=\dfrac{ml(1-\cos\varphi)v_0}{J+m(l^2+r^2+2rl\cos\varphi)}$

14. $\alpha_1=\dfrac{2(R_2M-R_1M')}{(m_1+m_2)R_1^2R_2}$

15. $a=\dfrac{18g}{13l}$，$F_N=\dfrac{2\sqrt{3}}{13}mg$

16. $F_O=\dfrac{3}{4}P$

17. $a=\dfrac{(M-Pr)R^2rg}{(J_1r^2+J_2R^2)g+PR^2r^2}$

18. $a_A=\dfrac{m_1g(r+R)^2}{m_1(R+r)^2+m_2(\rho^2+R^2)}$

19. $v=\dfrac{2}{3}\sqrt{3gh}$ ，$F=\dfrac{1}{3}mg$

20. （1）$\alpha=\dfrac{3g}{2l}\cos\varphi$，$\omega=\sqrt{\dfrac{3g}{l}(\sin\varphi_0-\sin\varphi)}$；（2）$\varphi_1=\arcsin\left(\dfrac{2}{3}\sin\varphi_0\right)$

21. $a=\dfrac{4}{7}g\sin\theta$，$F=-\dfrac{1}{7}mg\sin\theta$

22. $F_{Ox}=m_3R/ra\cos\theta+m_3g\sin\theta\cos\theta$，$F_{Oy}=(m_1+m_2+m_3)g-m_3g\cos^2\theta+m_3R/ra\sin\theta-m_2a$

23. $F_T=mg\sin\varphi/(1+3\sin\varphi)$

习 题 7

1. （a）$\dfrac{1}{6}ml^2\omega^2$；（b）$\dfrac{1}{4}mr^2\omega^2$；（c）$\dfrac{3}{4}mr^2\omega^2$；（d）$\dfrac{3}{4}mr^2\omega^2$

2. $\left(\dfrac{3}{2}m_1+2m_2\right)l^2\omega^2$

3. $a=\dfrac{M_O+(m_1r_1-m_2r_2\sin\theta)g}{m\rho^2+m_1r_1^2+m_2r_2^2}r_2$

4. $v_2=\sqrt{\dfrac{4gh(m_2-2m_1+m_4)}{8m_1+2m_2+4m_3+3m_4}}$ ，$a_2=\dfrac{2g(m_2-2m_1+m_4)}{8m_1+2m_2+4m_3+3m_4}$

5. $\omega_{AB}=10.62\ \text{rad/s}$

6. $v_A=\sqrt{\dfrac{3}{m}[M\theta-mgl(1-\cos\theta)]}$

7. （1）$\omega_B=0$，$\omega_{AB}=4.95\ \text{rad/s}$；（2）$\delta_{\max}=87.1\ \text{mm}$

8. $v_B=1.92\ \text{m/s}$

9. $v=\sqrt{\dfrac{2(M-m_1gr\sin\theta)}{r(m_1+m_2)}s}$ ，$a=\dfrac{M-m_1gr\sin\theta}{r(m_1+m_2)}$

10. $a_C=\dfrac{2g\sin\alpha}{3}$

11. $v=\sqrt{\dfrac{4gs(G_1+G_2)\sin\theta}{3G_1+2G_2}}$ ，$a=\dfrac{2g(G_1+G_2)\sin\theta}{3G_1+2G_2}$

12. $\omega=\dfrac{2}{R+r}\sqrt{\dfrac{3M\varphi}{9m_1+2m_2}}$ ，$\alpha=\dfrac{6M}{(R+r)^2(9m_1+2m_2)}$

13. $v=d\sqrt{-\dfrac{2c}{15m}+\dfrac{16}{15}gd}$

14. $F=\dfrac{M(m_1+2m_2)}{2R(m_1+m_2)}$

15. $F=9.8\ \text{N}$

16. $b=\dfrac{\sqrt{3}}{6}l$

17. $a_{BC}=-r\omega^2\cos\omega t$，$X_0=-r\omega^2\left(\dfrac{m_1}{2}+m_2\right)\cos\omega t$，$Y_O=m_1g-\dfrac{1}{2}m_1r\omega^2\sin\omega t$，

$M=r\left(\dfrac{1}{2}m_1g+m_2r\omega^2\sin\omega t\right)\cos\omega t$

18. $a=\dfrac{m_1\sin\theta-m_2}{2m_1+m_2}g$，$T=\dfrac{3m_1m_2+(2m_1m_2+m_1^2)\sin\theta}{2(2m_1+m_2)}g$

19.（1）$a_A=\dfrac{g}{6}$；（2）$F=\dfrac{4}{3}mg$；（3）$X_K=0$，$Y_K=4.5mg$，$m_K=13.5mgR$

20. $\alpha=\dfrac{M-mgR\sin\theta}{2mR^2}$，$X_O=\dfrac{6M\cos\theta+mgR\sin2\theta}{8R}$

21.（1）$\omega=\sqrt{\dfrac{3g}{l}(l-\cos\theta)}$，$\alpha=\dfrac{3g}{2l}\sin\theta$，$X_B=\dfrac{3}{4}m\sin\theta(3\cos\theta-2)$，$Y_B=mg-\dfrac{3}{4}mg(3\sin^2\theta+2\cos\theta-2)$；

（2）$\theta_1=\arcsin\dfrac{2}{3}$；（3）$v_C=\dfrac{1}{3}\sqrt{7gl}$，$\omega=\sqrt{\dfrac{8g}{3l}}$

22. $a_A=\dfrac{3m_1g}{4m_1+9m_2}$，$F_{fA}=\dfrac{3m_1m_2g}{2(4m_1+9m_2)}$

23. $a_A=\dfrac{7}{23}g$，$a_B=\dfrac{21}{46}g$

24. $a_A=2.8\ \mathrm{m/s^2}$

25. $F_{Ex}=\dfrac{m_1\sin\theta-m_2}{m_1+m_2}m_1g\cos\theta$

习　题　8

1.（a）$N_{AB}=0$，$N_{BC}=F$；（b）$N_{AB}=40$ kN，$N_{BC}=10$ kN，$N_{CD}=-10$ kN；（c）$N_{AB}=-2F$，$N_{BC}=0$，$N_{CD}=2F$；（d）$N_{AB}=-10$ kN，$N_{BC}=-30$ kN，$N_{CD}=10$ kN

2.（a）$\sigma_{\max}=-191$ MPa；（b）$\sigma_{\max}=-132.6$ MPa；（c）$\sigma_{\max}=127.3$ MPa

3. 等边角钢∟70×70×5

4. $\sigma_1=147$ Mpa，$\sigma_2=117$ MPa，均满足强度要求

5. $\sigma=73.9$ MPa＜$[\sigma]$，满足强度要求

6. $\sigma_{\max}=70.7$ MPa（压），$\Delta l=-0.264$ mm

7.（1）$\sigma_{AC}=-2.5$ MPa，$\sigma_{CB}=-6.5$ MPa；（2）$\varepsilon_{AC}=-0.25\times10^{-3}$；$\varepsilon_{CB}=-0.65\times10^{-3}$；（3）$\Delta l=-1.35$ mm

8. $\Delta l=0.61$ mm，$\Delta d=-0.003\ 7$ mm

9.（1）$E=70$ GPa，$\sigma_p=230$ MPa，$\sigma_{0.2}=340$ MPa；（2）$\varepsilon_p=0.003$，$\varepsilon_e=0.004\ 7$

10.（a）$R_A=2F/3$，$R_B=F/3$，$N_{\max}=2F/3$；（b）$R_A=R_B=F$，$N_{\max}=F$

11.（1）$F=32$ kN；（2）$\sigma_{上}=86$ MPa，$\sigma_{下}=-78$ MPa

12. $[F]=50$ kN

13.（1）$\sigma=119.4$ MPa＜$[\sigma]$；（2）$P_{\max}=33.5$ kN；（3）$d=24.4$ mm

14. $F_{\max}=695$ kN

15. $\sigma_{右}=-66.6$ MPa，$\sigma_{左}=-33.3$ MPa

16. 许用载荷$[P]=1257$ N

17. $\tau=66.3$ MPa，$\sigma_{bs}=102.1$ MPa，$\sigma=159.2$ MPa

18. $d=17.8$ mm

19. 许可拉力$[P]=54$ kN

20. $d/h=12/5$

21. $\tau = 75.5$ MPa，$\sigma_{bs} = 88.9$ MPa，$\sigma_{max} = 57.1$ MPa 连接强度足够
22. $\tau = 17.6$ MPa

习　题　9

1.（a）$S_y = 24\times10^3\ mm^3$；（b）$S_y = 42.25\times10^3\ mm^3$；（c）$S_y = 280\times10^3\ mm^3$；（d）$S_y = 520\times10^3\ mm^3$
2. $S_y = S_z = 9\ 500\ mm^3$，$z_C = y_C = 13.57$ mm
3.（1）29.45%；（2）$I'_z/I_z = 94.5\%$
4.（1）$I_{x_C} = 1.38\times10^8\ mm^4$；（2）0.81；（3）1.74
5. $a = 111$ mm
6. $I_z = 1.73\times10^9\ mm^4$，$I_z = 15.48\times10^9\ mm^4$
7.（a）$I_y = 7.863\times10^{11}\ mm^4$，$I_{x_C} = 1.34\times10^{11}\ mm^4$；（b）$I_y = 4.608\times10^{11}\ mm^4$，$I_{x_C} = 1.34\times10^{11}\ mm^4$

习　题　10

1. 略
2.（1）71.34 MPa；（2）0.017 8 rad；（3）35.67 MPa
3. 50.5%
4. 216 kN·m
5. $D^3 = 8\varphi\, d^2$
6.（1）略；（2）2.41 MPa，4.82 MPa，12.07 MPa；（3）0.010 45 rad
7. $\tau_{AC\max} = 49.4$ MPa，$\theta_{AC\max} = 1.77°/m$，$\tau_{DB\max} = 21.3$ MPa，$\theta_{DB\max} = 0.435°/m$
8. $d = 44$ mm
9.（a）$M_A = M_B = M_e$；（b）$M_A = —M_e/3$，$M_B = M_e/3$
10. $d_2 = 2d_1 = 2\sqrt[3]{\dfrac{16M_e}{9\pi[\tau]}}$
11. $T_1 = 1.32$ kN·m，$T_2 = 0.68$ kN·m，$\tau_{1\max} = 41$ MPa，$\tau_{2\max} = 54.1$ MPa
12. 107 kW
13. $\tau_{BC} = 30.6\ MPa<[\tau]$，$\theta_{BC} = 0.4°/m<[\theta]$，$\tau_{AB} = 36.2\ MPa<[\tau]$，$\theta_{AB} = 0.69°/m<[\theta]$
14.（1）$\tau_{max} = 25.5$ MPa；（2）$\varphi_B = 0.178°$，$\varphi_C = 0.072°$；（3）$d' = 8$ cm
15. $\varphi_{BA} = \dfrac{m_e l^2}{2GIp}$
16.（1）$d_1 = 90$ mm，$d_2 = 80$ mm；（2）$d = 90$ mm；（3）主动轮 A 装在 B、C 轮之间

习　题　11

1.（a）$Q_1 = 0$，$M_1 = 0$，$Q_2 =-qa$，$M_2 =-\dfrac{1}{2}qa^2$，$Q_3 =-qa$，$M_3 = \dfrac{1}{2}qa^2$；

（b）$Q_1 = 0$，$M_1 = Fa$，$Q_2 = 0$，$M_2 = Fa$，$Q_3 =-F$，$M_3 = Fa$，$Q_4 =-F$，$M_4 = 0$，$Q_5 = 0$，$M_5 = 0$；

（c）$Q_1 =-qa$，$M_1 = 0$，$Q_2 =-qa$，$M_2 =-qa^2$，$Q_3 =-qa$，$M_3 = qa^2$，$Q_4 =-qa$，$M_4 = 0$；

（d）$Q_1 =-qa$，$M_1 =-\dfrac{1}{2}qa^2$，$Q_2 =-\dfrac{3}{2}qa$，$M_2 =-2qa^2$

2.（a）$Q_{C左} = Q_{C右} = F$，$M_{C左} = -\dfrac{1}{2}Fa$，$M_{C右} = Fa$，$Q_{D左} = -F$，$Q_{D右} = 0$，$M_{D左} = M_{D右} = 0$；

（b）$Q_{C左} = Q_{C右} = \dfrac{M_e}{2a}$，$M_{C左} = -M_{C右} = \dfrac{1}{2}M_e$。

3～9. 略

10. $x=\dfrac{1}{5}l$

11. $a=\dfrac{1}{2+2\sqrt{2}}l=0.207l$

习 题 12

1. $\sigma_B=32\ \text{MPa}$，$\sigma_c=-120\ \text{MPa}$，$\sigma_{t\max}=60\ \text{MPa}$
2. （1）$\sigma_D=-34.1\ \text{MPa}$，$\sigma_E=-18.2\ \text{MPa}$，$\sigma_F=0$，$\sigma_H=34.1\ \text{MPa}$；（2）$\sigma_{\max}=41\ \text{MPa}$；（3）3 倍
3. $q_1=2.6\ \text{kN/m}$，$q_2=4.42\ \text{kN/m}$，$q_3=4.32\ \text{kN/m}$
4. $q=12\ \text{kN/m}$
5. $P_{\max}=4.2\ \text{kN}$
6. $d_{\max}=115\ \text{mm}$
7. $\sigma_{t\max}=28.5\ \text{MPa}$，$\sigma_{c\max}=52.9\ \text{MPa}$
8. $\sigma_{t\max}=60.4\ \text{MPa}>[\sigma_t]$，$\sigma_{c\max}=45.3\ \text{MPa}$，不安全
9. $P=44.2\ \text{kN}$
10. $\sigma_{\max}=142\ \text{MPa}$，$\tau_{\max}=18.1\ \text{MPa}$
11. $P=3.94\ \text{kN}$，$\sigma_{\max}=9.45\ \text{MPa}$
12. 选 16 号工字钢
13. $P=3.75\ \text{kN}$
14. $a=1.38\ \text{m}$
15. $b=510\ \text{mm}$
16. $h/b=\sqrt{2}$，$d_{\min}=225\ \text{mm}$
17. $[q]=15.68\ \text{kN/m}$
18. $\sigma_a/\sigma_b=4/3$
19. $\sigma_{\max}=65.06\ \text{MPa}$
20. $\sigma_{t\max}=26.2\ \text{MPa}<[\sigma_t]$，$\sigma_{c\max}=52.4\ \text{MPa}<[\sigma_c]$ 强度满足条件
21. $h/b=\sqrt{2}=1.414\approx3:2$
22. $x_{\max}=5.33\ \text{m}$

习 题 13

1. （a）$\theta_B=\dfrac{Ml}{EI}$，$y_B=\dfrac{Ml^2}{2EI}$；（b）$\theta_B=-\dfrac{7qa^3}{6EI}$，$y_B=-\dfrac{41qa^4}{24EI}$

2. （a）$\theta_B=-\dfrac{5Fl}{2EI}$，$y_B=-\dfrac{7Fl^3}{2EI}$；（b）$\theta_B=-\dfrac{ql^3}{4EI}$，$y_B=-\dfrac{5ql^4}{24EI}$；（c）$\theta_B=\dfrac{5ql^3}{6EI}$，$y_B=-\dfrac{2ql^4}{3EI}$；（d）$\theta_B=-\dfrac{7ql^3}{6EI}$，$y_B=\dfrac{11ql^4}{12EI}$

3. $y_{\max}=-\dfrac{17ql^4}{16EI_1}$

4. $d_{\min}=112\ \text{mm}$
5. 16 号工字钢
6. $l\leqslant10.3\ \text{m}$
7. （a）$F_A=\dfrac{3F}{4}$（↓），$F_B=\dfrac{7F}{4}$（↑），$M_A=\dfrac{Fl}{2}$；（b）$F_A=F_C=\dfrac{5F}{16}$（↑），$F_B=\dfrac{11F}{8}$（↑）

8. $F_N=\dfrac{Fa^2A}{a^2A+6I}$

9. 16a 槽钢

习 题 14

1.（a）$\tau_A=76.4$ MPa，$\tau_B=25.46$ MPa；

（b）$\sigma_A=-27$ MPa，$\tau_A=1.44$ MPa，$\sigma_B=27$ MPa，$\tau_B=1.44$ MPa，$\sigma_C=0$，$\tau_C=-4.5$ MPa；

（c）$\sigma_A=63.7$ MPa，$\tau_A=25.5$ MPa，$\sigma_B=0$ MPa，$\tau_B=25.5$ MPa；

（d）$\sigma_A=63.7$ MPa，$\tau_A=0$，$\sigma_B=63.7$ MPa，$\tau_B=50.9$ MPa，$\sigma_C=127.3$ MPa，$\tau_C=50.9$ MPa

2.（a）$\sigma_\alpha=0$，$\tau_\alpha=50$ MPa；（b）$\sigma_\alpha=-34.6$ MPa，$\tau_\alpha=20$ MPa；（c）$\sigma_\alpha=90$ MPa，$\tau_\alpha=-40$ MPa；（d）$\sigma_\alpha=31$ MPa，$\tau_\alpha=-11$ MPa；（e）$\sigma_\alpha=52.3$ MPa，$\tau_\alpha=-18.7$ MPa；（f）$\sigma_\alpha=45$ MPa，$\tau_\alpha=8.7$ MPa

3.（a）$\sigma_1=48.3$ MPa，$\sigma_2=0$，$\sigma_3=-8.3$ MPa，$\alpha_0=22.5°$；

（b）$\sigma_1=8.3$ MPa，$\sigma_2=0$，$\sigma_3=-48.3$ MPa，$\alpha_0=22.5°$；

（c）$\sigma_1=39.1$ MPa，$\sigma_2=0$，$\sigma_3=-69.1$ MPa，$\alpha_0=16.8°$；

（d）$\sigma_1=62.4$ MPa，$\sigma_2=17.6$ MPa，$\sigma_3=0$，$\alpha_0=-31.7°$；

（e）$\sigma_1=4.7$ MPa，$\sigma_2=0$，$\sigma_3=-84.7$ MPa，$\alpha_0=-13.3°$；

（f）$\sigma_1=11.2$ MPa，$\sigma_2=0$，$\sigma_3=-71.2$ MPa，$\alpha_0=-38°$

4.（a）$\sigma_1=50$ MPa，$\sigma_2=20$ MPa，$\sigma_3=-30$ MPa，$\tau_{\max}=40$ MPa；

（b）$\sigma_1=50$ MPa，$\sigma_2=-20$ MPa，$\sigma_3=-50$ MPa，$\tau_{\max}=50$ MPa；

（c）$\sigma_1=90$ MPa，$\sigma_2=30$ MPa，$\sigma_3=-10$ MPa，$\tau_{\max}=50$ MPa；

（d）$\sigma_1=-24.4$ MPa，$\sigma_2=-65.6$ MPa，$\sigma_3=-70$ MPa，$\tau_{\max}=22.8$ MPa

5. $T=\dfrac{E\pi d^3\varepsilon_{15°}}{8(1+\mu)}$

6. $F=20$ kN

7.（a）$\sigma_{r1}=123.9$ MPa，$\sigma_{r3}=123.9$ MPa；（b）$\sigma_{r1}=96.6$ MPa，$\sigma_{r3}=113.2$ MPa；（c）$\sigma_{r1}=80$ MPa，$\sigma_{r3}=137$ MPa

8. $\sigma_{r4}=78.5\text{ MPa}<[\sigma]$

9. 由第三强度理论：$t=8.3$ mm；由第四强度理论：$t=7.2$ mm

10. $F_{\max}=6.4$ kN

11. $\sigma_{r4}=62.5\text{ MPa}<[\sigma]$

12. $d_{\min}=60.9$ mm

13. $\sigma_{\max}=105$ MPa，$\sigma_{\min}=52.5$ MPa，$\tau=\pm 26.25$ MPa

14. $\sigma_{\max}=106.38$ MPa，$\tau_{\max}=98.6$ MPa，$\sigma_{r4}=152.45$ MPa

15. $d\geqslant 69$ mm

习 题 15

1. $\sigma_{\mathrm{dmax}}=\gamma l\left(1+\dfrac{a}{g}\right)$

2. $\tau_{\mathrm{dmax}}=10$ MPa

3. $\sigma_{\mathrm{dmax}}=4.63$ MPa

4. $\sigma_{\mathrm{dmax}}=\dfrac{2Ql}{9W}\left(1+\sqrt{\dfrac{2\,592EIH}{2Ql^3}}\right)$，$f_{\frac{1}{2}}=\dfrac{22Ql^3}{1\,296EI}\left(1+\sqrt{\dfrac{2\,592EIH}{2Ql^3}}\right)$

5. $\sigma_{da}=\sqrt{\dfrac{8HWE}{\pi ld^2\left[\dfrac{3}{5}\left(\dfrac{d}{D}\right)^2+\dfrac{2}{5}\right]}}$，$\sigma_{db}=\sqrt{\dfrac{8HWE}{\pi lD^2}}$

6.（1）$\sigma_{st}=0.028\ 3$ MPa；（2）$\sigma_d=6.9$ MPa；（3）$\sigma_d=1.2$ MPa

7. 有弹簧时，$H=384$ mm；无弹簧时，$H=9.56$ mm

8. $\sigma_{dmax}=\sqrt{\dfrac{3.05EIv^2Q}{glW^2}}$

9. $\sigma_{dmax}=\sqrt{\dfrac{3EIv^2Q}{gaW^2}}$

10. $\sigma_{max}=156$ MPa

11. $\sigma_{dmax}=\sqrt{\dfrac{v^2}{g\left(\dfrac{Q}{K}+\dfrac{Qa^3}{3EI}\right)}}\dfrac{Qa}{W}$

12. $F_d=94.7$ kN

习　题　16

1. 3 288 kN
2. $(P_{cr})=2\ 540$ kN，$(P_{cr})=4\ 680$ kN，$(P_{cr})=4\ 825$ kN
3. $n=8.25>n_{st}$，安全
4. $n=3.08>n_{st}$，安全
5. $P_{cr}=400$ kN
6.（1）$Q_{cr}=121.3$ kN；（2）$n=1.7<n_{st}$，不安全
7. $a=4.31$ cm，$P_{cr}=444$ kN
8. $n=3.3$
9. $\sigma_{cr}=7.4$ MPa
10. $n=6.5>n_s$，安全
11. $[P]=183.7$ kN
12. $[P]=15.5$ kN
13.（1）$P_{cr}=110$ kN，$\sigma_{cr}=87.73$ MPa；（2）$P_{cr}=275$ kN，$\sigma_{cr}=218.8$ MPa；（3）$P_{cr}=304$ kN，$\sigma_{cr}=242$ MPa
14. $l=1.76$ m
15. $P_{cr}=123.4$ kN

参 考 文 献

北京科技大学，东北大学，2008. 工程力学：静力学. 北京：高等教育出版社.

北京科技大学，东北大学，2008. 工程力学：运动学和动力学. 北京：高等教育出版社.

北京科技大学，东北大学，2008. 工程力学：材料力学. 北京：高等教育出版社.

范钦珊，郭光林，2011. 工程力学 1. 北京：高等教育出版社.

哈尔滨工业大学理论力学教研室，2009. 理论力学（Ⅱ）. 7 版. 北京：高等教育出版社.

贾书惠，李万琼，2002. 理论力学. 北京：高等教育出版社.

刘延柱，朱本华，杨海兴，2009. 理论力学. 3 版. 北京：高等教育出版社.

沈养中，董平，2005. 材料力学. 2 版. 北京：科学出版社.

苏翼林，2001. 材料力学. 天津：天津大学出版社.

王月梅，曹咏弘，2010. 理论力学. 2 版. 北京：机械工业出版社.

西北工业大学理论力学教研室，2005. 理论力学. 北京：科学出版社.

于绶章，1982. 材料力学. 上册. 北京：高等教育出版社.

于绶章，1982. 材料力学. 下册. 北京：高等教育出版社.

张新占，2006. 材料力学. 西安：西北工业大学出版社.

章向明，王潜，2005. 弯矩图中弯矩极值的确定//崔京浩. 第 14 届全国结构工程学术会议论文集. 北京：《工程力学》杂志社.

朱照宣，2007. 牵连速度-英文是什么？力学与实践，29（05）：96.

ANDREW P，JAAN K，2001. Engineering mechanics：Dynamics. 2nd ed. 北京：清华大学出版社.

CHARLES O H，1982. Static and strength of materials. New York：John Wiley & Sons inc.

CHENG FA H，1985. Applied strength of materials. Westerville：A Macmillan/McGraw-Hill Company.

ZHANG X M，ZHU L B，WANG A W，et al.，2014. Superficial discussion on new framework of static equilibrium（SCI：BB9KK）. Applied mechanics and materials：670-671.

附录 型 钢 表

表 1 热轧等边角钢符号意义

符号意义：

b——边宽

d——边厚

r——内圆弧半径

r_1——边端内弧半径

z_0——重心距离

I——惯性矩

i——惯性半径

W——截面模量

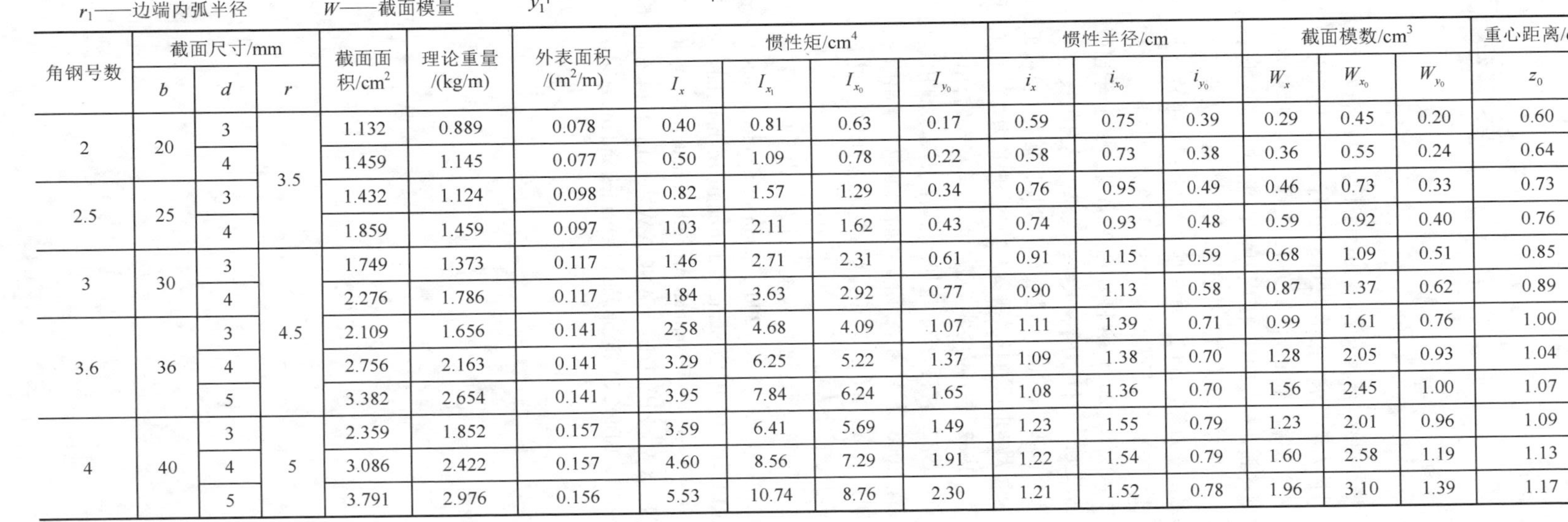

角钢号数	截面尺寸/mm			截面面积/cm²	理论重量/(kg/m)	外表面积/(m²/m)	惯性矩/cm⁴				惯性半径/cm			截面模数/cm³			重心距离/cm
	b	d	r				I_x	I_{x_1}	I_{x_0}	I_{y_0}	i_x	i_{x_0}	i_{y_0}	W_x	W_{x_0}	W_{y_0}	z_0
2	20	3	3.5	1.132	0.889	0.078	0.40	0.81	0.63	0.17	0.59	0.75	0.39	0.29	0.45	0.20	0.60
		4		1.459	1.145	0.077	0.50	1.09	0.78	0.22	0.58	0.73	0.38	0.36	0.55	0.24	0.64
2.5	25	3		1.432	1.124	0.098	0.82	1.57	1.29	0.34	0.76	0.95	0.49	0.46	0.73	0.33	0.73
		4		1.859	1.459	0.097	1.03	2.11	1.62	0.43	0.74	0.93	0.48	0.59	0.92	0.40	0.76
3	30	3	4.5	1.749	1.373	0.117	1.46	2.71	2.31	0.61	0.91	1.15	0.59	0.68	1.09	0.51	0.85
		4		2.276	1.786	0.117	1.84	3.63	2.92	0.77	0.90	1.13	0.58	0.87	1.37	0.62	0.89
3.6	36	3		2.109	1.656	0.141	2.58	4.68	4.09	1.07	1.11	1.39	0.71	0.99	1.61	0.76	1.00
		4		2.756	2.163	0.141	3.29	6.25	5.22	1.37	1.09	1.38	0.70	1.28	2.05	0.93	1.04
		5		3.382	2.654	0.141	3.95	7.84	6.24	1.65	1.08	1.36	0.70	1.56	2.45	1.00	1.07
4	40	3	5	2.359	1.852	0.157	3.59	6.41	5.69	1.49	1.23	1.55	0.79	1.23	2.01	0.96	1.09
		4		3.086	2.422	0.157	4.60	8.56	7.29	1.91	1.22	1.54	0.79	1.60	2.58	1.19	1.13
		5		3.791	2.976	0.156	5.53	10.74	8.76	2.30	1.21	1.52	0.78	1.96	3.10	1.39	1.17

续表

角钢号数	截面尺寸/mm			截面面积/cm²	理论重量/(kg/m)	外表面积/(m²/m)	惯性矩/cm⁴				惯性半径/cm			截面模数/cm³			重心距离/cm
	b	d	r				I_x	I_{x_1}	I_{x_0}	I_{y_0}	i_x	i_{x_0}	i_{y_0}	W_x	W_{x_0}	W_{y_0}	z_0
4.5	45	3	5	2.659	2.088	0.177	5.17	9.12	8.20	2.14	1.40	1.76	0.89	1.58	2.58	1.24	1.22
		4		3.486	2.736	0.177	6.65	12.18	10.56	2.75	1.38	1.74	0.89	2.05	3.32	1.54	1.26
		5		4.292	3.369	0.176	8.04	15.20	12.74	3.33	1.37	1.72	0.88	2.51	4.00	1.81	1.30
		6		5.076	3.985	0.176	9.33	18.36	14.76	3.89	1.36	1.70	0.80	2.95	4.64	2.06	1.33
5	50	3	5.5	2.971	2.332	0.197	7.18	12.50	11.37	2.98	1.55	1.96	1.00	1.96	3.22	1.57	1.34
		4		3.897	3.059	0.197	9.26	16.69	14.70	3.82	1.54	1.94	0.99	2.56	4.16	1.96	1.38
		5		4.803	3.770	0.196	11.21	20.90	17.79	4.64	1.53	1.92	0.98	3.13	5.03	2.31	1.42
		6		5.688	4.465	0.196	13.05	25.14	20.68	5.42	1.52	1.91	0.98	3.68	5.85	2.63	1.46
5.6	56	3	6	3.343	2.624	0.221	10.19	17.56	16.14	4.24	1.75	2.20	1.13	2.48	4.08	2.02	1.48
		4		4.390	3.446	0.220	13.18	23.43	20.92	5.46	1.73	2.18	1.11	3.24	5.28	2.52	1.53
		5		5.415	4.251	0.220	16.02	29.33	25.42	6.61	1.72	2.17	1.10	3.97	6.42	2.98	1.57
		6		6.420	5.040	0.220	18.69	35.26	29.66	7.73	1.71	2.15	1.10	4.68	7.49	3.40	1.61
		7		7.404	5.812	0.219	21.23	41.23	33.63	8.82	1.69	2.13	1.09	5.36	8.49	3.80	1.64
		8		8.367	6.568	0.219	23.63	47.24	37.37	9.89	1.68	2.11	1.09	6.03	9.44	4.16	1.68
6	60	5	6.5	5.829	4.576	0.236	19.89	36.05	31.57	8.21	1.85	2.33	1.19	4.59	7.44	3.48	1.67
		6		6.914	5.427	0.235	23.25	43.33	36.89	9.60	1.83	2.31	1.18	5.41	8.70	3.98	1.70
		7		7.977	6.262	0.235	26.44	50.65	41.92	10.96	1.82	2.29	1.17	6.21	9.88	4.45	1.74
		8		9.020	7.081	0.235	29.47	58.02	46.66	12.28	1.81	2.27	1.17	6.98	11.00	4.88	1.78
6.3	63	4	7	4.978	3.907	0.248	19.03	33.35	30.17	7.89	1.96	2.46	1.26	4.13	6.78	3.29	1.70
		5		6.143	4.822	0.248	23.17	41.73	36.77	9.57	1.94	2.45	1.25	5.08	8.25	3.90	1.74
		6		7.288	5.721	0.247	27.12	50.14	43.03	11.20	1.93	2.43	1.24	6.00	9.66	4.46	1.78
		7		8.412	6.603	0.247	30.87	58.60	48.96	12.79	1.92	2.41	1.23	6.88	10.99	4.98	1.82
		8		9.515	7.469	0.247	34.46	67.11	54.56	14.33	1.90	2.40	1.23	7.75	12.25	5.47	1.85
		10		11.657	9.151	0.246	41.09	84.31	64.85	17.33	1.88	2.36	1.22	9.39	14.56	6.36	1.93
7	70	4	8	5.570	4.372	0.275	26.39	45.74	41.80	10.99	2.18	2.74	1.40	5.14	8.44	4.17	1.86
		5		6.875	5.397	0.275	32.21	57.21	51.08	13.31	2.16	2.73	1.39	6.32	10.32	4.95	1.91

续表

角钢号数	截面尺寸/mm			截面面积/cm²	理论重量/(kg/m)	外表面积/(m²/m)	惯性矩/cm⁴				惯性半径/cm			截面模数/cm³			重心距离/cm
	b	d	r				I_x	I_{x_1}	I_{x_0}	I_{y_0}	i_x	i_{x_0}	i_{y_0}	W_x	W_{x_0}	W_{y_0}	z_0
7	70	6	8	8.160	6.406	0.275	37.77	68.73	59.93	15.61	2.15	2.71	1.38	7.48	12.11	5.67	1.95
		7		9.424	7.398	0.275	43.09	80.29	68.35	17.82	2.14	2.69	1.38	8.59	13.81	6.34	1.99
		8		10.667	8.373	0.274	48.17	91.92	76.37	19.98	2.12	2.68	1.37	9.68	15.43	6.98	2.03
7.5	75	5	9	7.412	5.818	0.295	39.97	70.56	63.30	16.63	2.33	2.92	1.50	7.32	11.94	5.77	2.04
		6		8.797	6.905	0.294	46.95	84.55	74.38	19.51	2.31	2.90	1.49	8.64	14.02	6.67	2.07
		7		10.160	7.976	0.294	53.57	98.71	84.96	22.18	2.30	2.89	1.48	9.93	16.02	7.44	2.11
		8		11.503	9.030	0.294	59.96	112.97	95.07	24.86	2.28	2.88	1.47	11.20	17.93	8.19	2.15
		9		12.825	10.068	0.294	66.10	127.30	104.71	27.48	2.27	2.86	1.46	12.43	19.75	8.89	2.18
		10		14.126	11.089	0.293	71.98	141.71	113.92	30.05	2.26	2.84	1.46	13.64	21.48	9.56	2.22
8	80	5		7.912	6.211	0.315	48.79	85.36	77.33	20.25	2.48	3.13	1.60	8.34	13.67	6.66	2.15
		6		9.397	7.376	0.314	57.35	102.50	90.98	23.72	2.47	3.11	1.59	9.87	16.08	7.65	2.19
		7		10.860	8.525	0.314	65.58	119.70	104.07	27.09	2.46	3.10	1.58	11.37	18.40	8.58	2.23
		8		12.303	9.658	0.314	73.49	136.97	116.60	30.39	2.44	3.08	1.57	12.83	20.61	9.46	2.27
		9		13.725	10.774	0.314	81.11	154.31	128.60	33.61	2.43	3.06	1.56	14.25	22.73	10.29	2.31
		10		15.126	11.874	0.313	88.43	171.74	140.09	36.77	2.42	3.04	1.56	15.64	24.76	11.08	2.35
9	90	6	10	10.637	8.350	0.354	82.77	145.87	131.26	34.28	2.79	3.51	1.80	12.61	20.63	9.95	2.44
		7		12.301	9.656	0.354	94.83	170.30	150.47	39.18	2.78	3.50	1.78	14.54	23.64	11.19	2.48
		8		13.944	10.946	0.353	106.47	194.80	168.97	43.97	2.76	3.48	1.78	16.42	26.55	12.35	2.52
		9		15.566	12.219	0.353	117.72	219.39	186.77	48.66	2.75	3.46	1.77	18.27	29.35	13.46	2.56
		10		17.167	13.476	0.353	128.58	244.07	203.90	53.26	2.74	3.45	1.76	20.07	32.04	14.52	2.59
		12		20.306	15.940	0.352	149.22	293.76	236.21	62.22	2.71	3.41	1.75	23.57	37.12	16.49	2.67
10	100	6	12	11.932	9.366	0.393	114.95	200.07	181.98	47.92	3.10	3.90	2.00	15.68	25.74	12.69	2.67
		7		13.796	10.830	0.393	131.86	233.54	208.97	54.74	3.09	3.89	1.99	18.10	29.55	14.26	2.71
		8		15.638	12.276	0.393	148.24	267.09	235.07	61.41	3.08	3.88	1.98	20.47	33.24	15.75	2.76
		9		17.462	13.708	0.392	164.12	300.73	260.30	67.95	3.07	3.86	1.97	22.79	36.81	17.18	2.80
		10		19.261	15.120	0.392	179.51	334.48	284.68	74.35	3.05	3.84	1.96	25.06	40.26	18.54	2.84
		12		22.800	17.898	0.391	208.90	402.34	330.95	86.84	3.03	3.81	1.95	29.48	46.80	21.08	2.91

续表

角钢号数	截面尺寸/min			截面面积/cm²	理论重量/(kg/m)	外表面积/(m²/m)	惯性矩/cm⁴				惯性半径/cm			截面模数/cm³			重心距离/cm
	b	d	r				I_x	I_{x_1}	I_{x_0}	I_{y_0}	i_x	i_{x_0}	i_{y_0}	W_x	W_{x_0}	W_{y_0}	z_0
10	100	14	12	26.256	20.611	0.391	236.53	470.75	374.06	99.00	3.00	3.77	1.94	33.73	52.90	23.44	2.99
		16		29.267	23.257	0.390	262.53	539.80	414.16	110.89	2.98	3.74	1.94	37.82	58.57	25.63	3.06
11	110	7	12	15.196	11.928	0.433	177.16	310.64	280.94	73.38	3.41	4.30	2.20	22.05	36.12	17.51	2.96
		8		17.238	13.535	0.433	199.46	355.20	316.49	82.42	3.40	4.28	2.19	24.95	40.69	19.39	3.01
		10		21.261	16.690	0.432	242.19	444.65	384.39	99.98	3.38	4.25	2.17	30.60	49.42	22.91	3.09
		12		25.200	19.782	0.431	282.55	534.60	448.17	116.93	3.35	4.22	2.15	36.05	57.62	26.15	3.16
		14		29.056	22.809	0.431	320.71	625.16	508.01	133.40	3.32	4.18	2.14	41.31	65.31	29.14	3.24
12.5	125	8	14	19.750	15.504	0.492	297.03	521.01	470.89	123.16	3.88	4.88	2.50	32.52	53.28	25.86	3.37
		10		24.373	19.133	0.491	361.67	651.93	573.89	149.46	3.85	4.85	2.48	39.97	64.93	30.62	3.45
		12		28.912	22.696	0.491	423.16	783.42	671.44	174.88	3.83	4.82	2.46	41.17	75.96	35.03	3.53
		14		33.367	26.193	0.490	481.65	915.61	763.73	199.57	3.80	4.78	2.45	54.16	86.41	39.13	3.61
		16		37.739	29.625	0.489	537.31	1048.62	850.98	223.65	3.77	4.75	2.43	60.93	96.28	42.96	3.68
14	140	10		27.373	21.488	0.551	514.65	915.11	817.27	212.04	4.34	5.46	2.78	50.58	82.56	39.20	3.82
		12		35.512	25.522	0.551	603.68	1099.28	958.79	248.57	4.31	5.43	2.76	59.80	96.85	45.02	3.90
		14		37.567	29.490	0.550	688.81	1284.22	1093.56	284.06	4.28	5.40	2.75	68.75	110.47	50.45	3.98
		16		42.539	33.393	0.549	770.24	1470.07	1221.81	318.67	4.26	5.36	2.74	77.46	123.42	55.55	4.06
15	150	8		23.750	18.644	0.592	521.37	899.55	827.49	215.25	4.69	5.90	3.01	47.36	78.02	38.14	3.99
		10		29.373	23.058	0.591	637.50	1125.09	1012.79	262.21	4.66	5.87	2.99	58.35	95.49	45.51	4.08
		12		34.912	27.406	0.591	748.85	1351.26	1189.97	307.73	4.63	5.84	2.97	69.04	112.19	52.38	4.15
		14		40.367	31.688	0.590	855.64	1578.25	1359.30	351.98	4.60	5.80	2.95	79.45	128.16	58.83	4.23
		15		43.063	33.804	0.590	907.39	1692.10	1441.09	373.69	4.59	5.78	2.95	84.56	135.87	61.90	4.27
		16		45.739	35.905	0.589	958.08	1806.21	1521.02	395.14	4.58	5.77	2.94	89.59	143.40	64.89	4.31
16	160	10	16	31.502	24.729	0.630	779.53	1365.33	1237.30	321.76	4.98	6.27	3.20	66.70	109.36	52.76	4.31
		12		37.441	29.391	0.630	916.58	1639.57	1455.68	377.49	4.95	6.24	3.18	78.98	128.67	60.74	4.39
		14		43.296	33.987	0.629	1048.36	1914.68	1665.02	431.70	4.92	6.20	3.16	90.95	147.17	68.24	4.47
		16		49.067	38.518	0.629	1175.08	2190.82	1865.57	484.59	4.89	6.17	3.14	102.63	164.89	75.31	4.55

续表

角钢号数	截面尺寸/min			截面面积/cm²	理论重量/(kg/m)	外表面积/(m²/m)	惯性矩/cm⁴				惯性半径/cm			截面模数/cm³			重心距离/cm
	b	d	r				I_x	I_{x_1}	I_{x_0}	I_{y_0}	i_x	i_{x_0}	i_{y_0}	W_x	W_{x_0}	W_{y_0}	z_0
18	180	12	16	42.241	33.159	0.710	1321.35	2332.80	2100.10	542.61	5.59	7.05	3.58	100.82	165.00	78.41	4.89
		14		48.896	38.383	0.709	1514.48	2723.48	2407.42	621.53	5.56	7.02	3.56	116.25	189.14	88.38	4.97
		16		55.467	43.542	0.709	1700.99	3115.29	2703.37	698.60	5.54	6.98	3.55	131.13	212.40	97.83	5.05
		18		61.065	48.634	0.708	1875.12	3502.43	2988.24	762.01	5.50	6.94	3.51	145.64	234.78	105.14	5.13
20	200	14	18	54.642	42.894	0.788	2103.55	3734.10	3343.26	863.83	6.20	7.82	3.98	144.70	236.40	111.82	5.46
		16		62.013	48.680	0.788	2366.15	4270.39	3760.89	971.41	6.18	7.79	3.96	163.65	265.93	123.96	5.54
		18		69.301	54.401	0.787	2620.64	4808.13	4164.54	1076.74	6.15	7.75	3.94	182.22	294.48	135.52	5.62
		20		76.505	60.056	0.787	2867.30	5347.51	4554.55	1180.04	6.12	7.72	3.93	200.42	322.06	146.55	5.69
		24		90.661	71.168	0.785	3338.25	6457.16	5294.97	1381.53	6.07	7.64	3.90	236.17	374.41	166.65	5.87
22	220	16	21	68.664	53.901	0.866	3187.36	5681.62	5063.73	1310.99	6.81	8.59	4.37	199.55	325.51	153.81	6.03
		18		76.752	60.250	0.866	3534.30	6395.93	5615.32	1453.27	6.79	8.55	4.35	222.37	360.97	168.29	6.11
		20		84.756	66.533	0.865	3871.49	7112.04	6150.08	1592.90	6.76	8.52	4.34	244.77	395.34	182.16	6.18
		22		92.676	72.751	0.865	4199.23	7830.19	6668.37	1730.10	6.73	8.48	4.32	266.78	428.66	195.45	6.26
		24		100.512	78.902	0.864	4517.83	8550.57	7170.55	1865.11	6.70	8.45	4.31	288.39	460.94	208.21	6.33
		26		108.264	84.987	0.864	4827.58	9273.39	7656.98	1998.17	6.68	8.41	4.30	309.62	492.21	220.49	6.41
25	250	18	24	87.842	68.956	0.985	5268.22	9379.11	8369.04	2167.41	7.74	9.76	4.97	290.12	473.42	224.03	6.84
		20		97.045	76.180	0.984	5779.34	10426.97	9181.94	2376.74	7.72	9.73	4.95	319.66	519.41	242.85	6.92
		24		115.201	90.433	0.983	6763.93	12529.74	10742.67	2785.19	7.66	9.66	4.92	377.34	607.70	278.38	7.07
		26		124.154	97.461	0.982	7238.08	13585.18	11491.33	2984.84	7.63	9.62	4.90	406.50	650.05	295.19	7.15
		28		133.022	104.422	0.982	7700.60	14643.62	12219.39	3181.81	7.61	9.58	4.89	433.22	691.23	311.42	7.22
		30		141.807	111.318	0.981	8151.80	15705.30	12927.26	3376.34	7.58	9.55	4.88	460.51	731.28	327.12	7.30
		32		150.508	118.149	0.981	8592.01	16770.41	13615.32	3568.71	7.56	9.51	4.87	487.39	770.20	342.33	7.37
		35		163.402	128.271	0.980	9232.44	18374.95	14611.16	3853.72	7.52	9.46	4.86	526.97	826.53	364.30	7.48

注：截面图中的 $r_1=\frac{1}{3}d$ 及表中 r 的数据用于孔型设计，不做交货条件

表 2 热轧不等边角钢

符号意义：

B——长边边宽　　b——短边宽度

d——边厚　　r——内圆弧半径

r_1——边端内弧半径　　I——惯性矩径

i——惯性半径　　W——截面模量

x_0——重心距离　　y_0——重心距离

型号	截面尺寸/mm				截面面积/cm²	理论重量/(kg/m)	外表面积/(m²/m)	惯性矩/cm⁴					惯性半径/cm			截面模数/cm³			tg$a$	重心距离/cm	
	B	b	d	r				I_x	I_{x_1}	I_y	I_{y_1}	I_u	i_x	i_y	i_u	W_x	W_{x_0}	W_u		X_0	Y_0
2.5/1.6	25	16	3	3.5	1.162	0.912	0.080	0.70	1.56	0.22	0.43	0.14	0.78	0.44	0.34	0.43	0.19	0.16	0.392	0.42	0.86
2.5/1.6	25	16	4	3.5	1.499	1.176	0.079	0.88	2.09	0.27	0.59	0.17	0.77	0.43	0.34	0.55	0.24	0.20	0.381	0.46	1.86
3.2/2	32	20	3	3.5	1.492	1.171	0.102	1.53	3.27	0.46	0.82	0.28	1.01	0.55	0.43	0.72	0.30	0.25	0.382	0.49	0.90
3.2/2	32	20	4	3.5	1.939	1.522	0.101	1.93	4.37	0.57	1.12	0.35	1.00	0.54	0.42	0.93	0.39	0.32	0.374	0.53	1.08
4/2.5	40	25	3	4	1.890	1.484	0.127	3.08	5.39	0.93	1.59	0.56	1.28	0.70	0.54	1.15	0.49	0.40	0.385	0.59	1.12
4/2.5	40	25	4	4	2.467	1.936	0.127	3.93	8.53	1.18	2.14	0.71	1.36	0.69	0.54	1.49	0.63	0.52	0.381	0.63	1.32
4.5/2.8	45	28	3	5	2.149	1.687	0.143	4.45	9.10	1.34	2.23	0.80	1.44	0.79	0.61	1.47	0.62	0.51	0.383	0.64	1.37
4.5/2.8	45	28	4	5	2.806	2.203	0.143	5.69	12.13	1.70	3.00	1.02	1.42	0.78	0.60	1.91	0.80	0.66	0.380	0.68	1.47
5/3.2	50	32	3	5.5	2.431	1.908	0.161	6.24	12.49	2.02	3.31	1.20	1.60	0.91	0.70	1.84	0.82	0.68	0.404	0.73	1.51
5/3.2	50	32	4	5.5	3.177	2.494	0.160	8.02	16.65	2.58	4.45	1.53	1.59	0.90	0.69	2.39	1.06	0.87	0.402	0.77	1.60
5.6/3.6	56	36	3	6	2.743	2.153	0.181	8.88	17.54	2.92	4.70	1.73	1.80	1.03	0.79	2.32	1.05	0.87	0.408	0.80	1.65
5.6/3.6	56	36	4	6	3.590	2.818	0.180	11.45	23.39	3.76	6.33	2.23	1.79	1.02	0.79	3.03	1.37	1.13	0.408	0.85	1.78
5.6/3.6	56	36	5	6	4.415	3.466	0.180	13.86	29.25	4.49	7.94	2.67	1.77	1.01	0.78	3.71	1.65	1.36	0.404	0.88	1.82
6.3/4	63	40	4	7	4.058	3.185	0.202	16.49	33.30	5.23	8.63	3.12	2.02	1.14	0.88	3.87	1.70	1.40	0.398	0.92	1.87
6.3/4	63	40	5	7	4.993	3.920	0.202	20.02	41.63	6.31	10.86	3.76	2.00	1.12	0.87	4.74	2.07	1.71	0.396	0.95	2.04
6.3/4	63	40	6	7	5.908	4.638	0.201	23.36	49.98	7.29	13.12	4.34	1.96	1.11	0.86	5.59	2.43	1.99	0.393	0.99	2.08
6.3/4	63	40	7	7	6.802	5.339	0.201	26.53	58.07	8.24	15.47	4.97	1.98	1.10	0.86	6.40	2.78	2.29	0.389	1.03	2.12

续表

型号	截面尺寸/mm				截面面积/cm^2	理论重量/(kg/m)	外表面积/(m^2/m)	惯性矩/cm^4					惯性半径/cm			截面模数/cm^3			tg a	重心距离/cm	
	B	b	d	r				I_x	I_{x_1}	I_y	I_{y_1}	I_u	i_x	i_y	i_u	W_x	W_{x_0}	W_{y_0}		X_0	Y_0
7/4.5	70	45	4	7.5	4.547	3.570	0.226	23.17	45.92	7.55	12.26	4.40	2.26	1.29	0.98	4.86	2.17	1.77	0.410	1.02	2.15
			5		5.609	4.403	0.225	27.95	57.10	9.13	15.39	5.40	2.23	1.28	0.98	5.92	2.65	2.19	0.407	1.06	2.24
			6		6.647	5.218	0.225	32.54	68.35	10.62	18.58	6.35	2.21	1.26	0.98	6.95	3.12	2.59	0.404	1.09	2.28
			7		7.657	6.011	0.225	37.22	79.99	12.01	21.84	7.16	2.20	1.25	0.97	8.03	3.57	2.94	0.402	1.13	2.32
7.5/5	75	50	5	8	6.125	4.808	0.245	34.86	70.00	12.61	21.04	7.41	2.39	1.44	1.10	6.83	3.30	2.74	0.435	1.17	2.36
			6		7.260	5.699	0.245	41.12	84.30	14.70	25.37	8.54	2.38	1.42	1.08	8.12	3.88	3.19	0.435	1.21	2.40
			8		9.467	7.431	0.244	52.39	112.50	18.53	34.23	10.87	2.35	1.40	1.07	10.52	4.99	4.10	0.429	1.29	2.44
			10		11.590	9.098	0.244	62.71	140.80	21.96	43.43	13.10	2.33	1.38	1.06	12.79	6.04	4.99	0.423	1.36	2.52
8/5	80	50	5		6.375	5.005	0.255	41.96	85.21	12.82	21.06	7.66	2.56	1.42	1.10	7.78	3.32	2.74	0.388	1.14	2.60
			6		7.560	5.935	0.255	49.49	102.53	14.95	25.41	8.85	2.56	1.41	1.08	9.25	3.91	3.20	0.387	1.18	2.65
			7		8.724	6.848	0.255	56.16	119.33	46.96	29.82	10.18	2.54	1.39	1.08	10.58	4.48	3.70	0.384	1.21	2.69
			8		9.867	7.745	0.254	62.83	136.41	18.85	34.32	11.38	2.52	1.38	1.07	11.92	5.03	4.16	0.381	1.25	2.73
9/5.6	90	56	5	9	7.212	5.661	0.287	60.45	121.32	18.32	29.53	10.98	2.90	1.59	1.23	9.92	4.21	3.49	0.385	1.25	2.91
			6		8.557	6.717	0.286	71.03	145.59	21.42	35.58	12.90	2.88	1.58	1.23	11.74	4.96	4.13	0.384	1.29	2.95
			7		9.880	7.756	0.286	81.01	169.60	24.36	41.71	14.67	2.86	1.57	1.22	13.49	5.70	4.72	0.382	1.33	3.00
			8		11.183	8.779	0.286	91.03	194.17	27.15	47.93	16.34	2.85	1.56	1.21	15.27	6.41	5.29	0.380	1.36	3.04
10/6.3	100	63	6	10	9.617	7.550	0.320	99.06	199.71	30.94	50.50	18.42	3.21	1.79	1.38	14.64	6.35	5.25	0.394	1.43	3.24
			7		11.111	8.722	0.320	113.45	233.00	35.26	59.14	21.00	3.20	1.78	1.38	16.88	7.29	6.02	0.394	1.47	3.28
			8		12.534	9.878	0.319	127.37	266.32	39.39	67.88	23.50	3.18	1.77	1.37	19.08	8.21	6.78	0.391	1.50	3.32
			10		15.467	12.142	0.319	153.81	333.06	47.12	85.73	28.33	3.15	1.74	1.35	23.32	9.98	8.24	0.387	1.58	3.40
10/8	100	80	6		10.637	8.350	0.354	107.04	199.83	61.24	102.68	31.65	3.17	2.40	1.72	15.19	10.16	8.37	0.627	1.97	2.95
			7		12.301	9.656	0.354	122.73	233.20	70.08	119.98	36.17	3.16	2.39	1.72	17.52	11.71	9.60	0.626	2.01	3.0
			8		13.944	10.946	0.353	137.92	266.61	78.58	137.37	40.58	3.14	2.37	1.71	19.81	13.21	10.80	0.625	2.05	3.04
			10		17.167	13.476	0.353	166.87	333.63	94.65	172.48	49.10	3.12	2.35	1.69	24.24	16.12	13.12	0.622	2.13	3.12

续表

型号	截面尺寸/mm				截面面积/cm²	理论重量/(kg/m)	外表面积/(m²/m)	惯性矩/cm⁴					惯性半径/cm			截面模数/cm³			tg a	重心距离/cm	
	B	b	d	r				I_x	I_{x_1}	I_y	I_{y_1}	I_u	i_x	i_y	i_u	W_x	W_{x_0}	W_{y_0}		X_0	Y_0
11/7	110	70	6	10	10.637	8.350	0.354	133.37	265.78	42.92	69.08	25.36	3.54	2.01	1.54	17.85	7.90	6.53	0.403	1.57	3.53
			7		12.301	9.656	0.354	153.00	310.07	49.01	80.82	28.95	3.53	2.00	1.53	20.60	9.09	7.50	0.402	1.61	3.57
			8		13.944	10.946	0.353	172.04	354.39	54.87	92.70	32.45	3.51	1.98	1.53	23.30	10.25	8.45	0.401	1.65	3.62
			10		17.167	13.476	0.353	208.39	443.13	65.88	116.83	39.20	3.48	1.96	1.51	28.54	12.48	10.29	0.397	1.72	3.70
12.5/8	125	80	7	11	14.096	11.066	0.403	227.98	454.99	74.42	120.32	43.81	4.02	2.30	1.76	26.86	12.01	9.92	0.408	1.80	4.01
			8		15.989	12.551	0.403	256.77	519.99	83.49	137.85	49.15	4.01	2.28	1.75	30.41	13.56	11.18	0.407	1.84	4.06
			10		19.712	15.474	0.402	312.04	650.09	100.67	173.40	59.45	3.98	2.26	1.74	37.33	16.56	13.64	0.404	1.92	4.14
			12		23.351	18.330	0.402	364.41	780.39	116.67	209.67	69.35	3.95	2.24	1.72	44.01	19.43	16.01	0.400	2.00	4.22
14/9	140	90	8	12	18.038	14.160	0.453	365.64	730.53	120.69	195.79	70.83	4.50	2.59	1.98	38.48	17.34	14.31	0.411	2.04	4.50
			10		22.261	17.475	0.452	445.50	913.20	140.03	245.92	85.82	4.47	2.56	1.96	47.31	21.22	17.48	0.409	2.12	4.58
			12		26.400	20.724	0.451	521.59	1096.09	169.79	296.89	100.21	4.44	2.54	1.95	55.87	24.95	20.54	0.406	2.19	4.66
			14		30.456	23.908	0.451	594.10	1279.26	192.10	348.82	114.13	4.42	2.51	1.94	64.18	28.54	23.52	0.403	2.27	4.74
15/9	150	90	8		18.839	14.788	0.473	442.05	898.35	122.80	195.96	74.14	4.84	2.55	1.98	43.86	17.47	14.48	0.364	1.97	4.92
			10		23.261	18.260	0.472	539.24	1122.85	148.62	246.26	89.86	4.81	2.53	1.97	53.97	21.38	17.69	0.362	2.05	5.01
			12		27.600	21.666	0.471	632.08	1347.50	172.85	297.46	104.95	4.79	2.50	1.95	63.79	25.14	20.80	0.359	2.12	5.09
			14		31.856	25.007	0.471	720.77	1572.38	195.62	349.74	119.53	4.76	2.48	1.94	73.33	28.77	23.84	0.356	2.20	5.17
			15		33.592	26.652	0.471	763.62	1684.93	206.50	376.33	126.67	4.74	2.47	1.93	77.99	30.53	25.33	0.354	2.24	5.21
			16		36.027	28.281	0.470	805.51	1797.55	217.07	403.24	133.72	4.73	2.45	1.93	82.60	32.27	26.82	0.352	2.27	5.25
16/10	160	100	10	13	25.315	19.872	0.512	668.69	1362.89	205.03	336.59	121.74	5.14	2.85	2.19	62.13	26.56	21.92	0.390	2.28	5.24
			12		30.054	23.592	0.511	784.91	1635.56	239.06	405.94	142.33	5.11	2.82	2.17	73.49	31.28	25.79	0.388	2.36	5.32
			14		34.709	27.247	0.510	896.30	1908.50	271.20	476.42	162.23	5.08	2.80	2.16	84.56	35.83	29.56	0.385	0.43	5.40
			16		29.281	30.835	0.510	1003.04	2181.79	301.60	548.22	182.57	5.05	2.77	2.16	95.33	40.24	33.44	0.382	2.51	5.48
18/11	180	110	10	14	28.373	22.273	0.571	956.25	1940.40	278.11	447.22	166.50	5.80	3.13	2.42	78.96	32.49	26.88	0.376	2.44	5.89
			12		33.712	26.440	0.571	1124.72	2328.38	325.03	538.94	194.87	5.78	3.10	2.40	93.53	38.32	31.66	0.374	2.52	5.98
			14		38.967	30.589	0.570	1286.91	2716.60	369.55	631.95	222.30	5.75	3.08	2.39	107.76	43.97	36.32	0.372	2.59	6.06
			16		44.139	34.649	0.569	1443.06	3105.15	411.85	726.46	248.94	5.72	3.06	2.38	121.64	49.44	40.87	0.369	2.67	6.14

续表

型号	截面尺寸/mm				截面面积/cm^2	理论重量/(kg/m)	外表面积/(m^3/m)	惯性矩/cm^4					惯性半径/cm			截面模数/cm^3			tg a	重心距离/cm	
	B	b	d	r				I_x	I_{x_1}	I_y	I_{y_1}	I_u	i_x	i_y	i_u	W_x	W_{x_0}	W_{y_0}		X_0	Y_0
20/12.5	200	125	12	14	37.912	29.761	0.641	1570.90	3193.85	483.16	787.74	285.79	6.44	3.57	2.74	116.73	49.99	41.23	0.392	2.83	6.54
			14		43.687	34.436	0.640	1800.97	3726.17	550.83	922.47	326.58	6.41	3.54	2.73	134.65	57.44	47.34	0.390	2.91	6.62
			16		49.739	39.045	0.639	2023.35	4258.88	615.44	1058.86	366.21	6.38	3.52	2.71	152.18	64.89	53.32	0.388	2.99	6.70
			18		55.526	43.588	0.639	2238.30	4792.00	677.19	1197.13	404.83	6.35	3.49	2.70	169.33	71.74	59.18	0.385	3.06	6.78

注：截面图中的 $r_1=\frac{1}{3}d$ 及表中 r 的数据用于孔型设计，不做交货条件

表 3 热轧普通槽钢

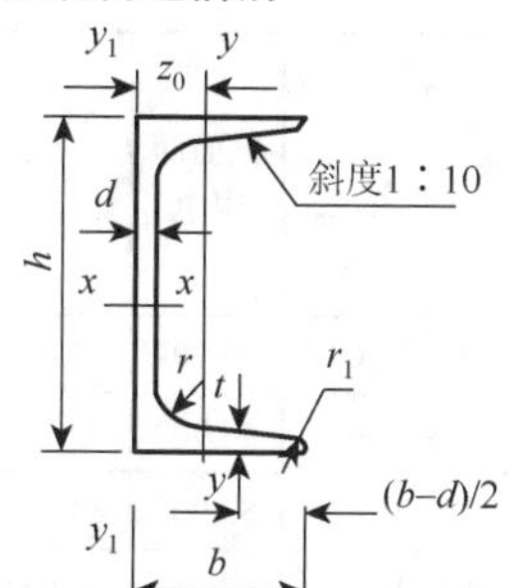

符号意义：

h——高度
b——腿宽度
d——腰厚度
t——平均腿厚
r——内圆弧半径
r_1——腿端圆弧半径
I——惯性矩
i——惯性半径
W——截面模量
z_0——y-y 与 y_1-y_1 轴线间距离

型号		截面尺寸/mm						截面面积/cm²	理论重量/(kg/m)	惯性矩/cm⁴			惯性半径/cm		截面模数/cm³		重心距离/cm
		h	b	d	t	r	r_1			I_x	I_y	I_{y_1}	i_x	i_y	W_x	W_y	z_0
5		50	37	4.5	7	7	3.5	6.928	5.438	26.0	8.30	20.9	1.94	1.10	10.4	3.55	1.35
6.3		63	40	4.8	7.5	7.5	3.8	8.451	6.634	50.8	11.9	28.4	2.45	1.19	16.1	4.50	1.36
6.5		65	40	4.3	7.5	7.5	3.8	8.547	6.709	55.2	12.0	28.3	2.54	1.19	17.0	4.59	1.38
8		80	43	5.0	8	8	4	10.248	8.045	101	16.6	37.4	3.15	1.27	25.3	5.79	1.43
10		100	48	5.3	8.5	8.5	4.2	12.748	10.007	198	25.6	54.9	3.95	1.41	39.7	7.80	1.52
12		120	53	5.5	9	9	4.5	15.362	12.059	346	37.4	77.7	4.75	1.56	57.7	10.2	1.62
12.6		126	53	5.5	9	9	4.5	15.692	12.318	391	38.0	77.1	4.95	1.57	62.1	10.2	1.59
14	a	140	58	6.0	9.5	9.5	4.8	18.516	14.535	564	53.2	107	5.52	1.70	80.5	13.0	1.71
	b	140	60	8.0	9.5	9.5	4.8	21.316	16.733	609	61.1	121	5.35	1.69	87.1	14.1	1.67
16	a	160	63	6.5	10	10	5	21.962	17.240	866	73.3	144	6.28	1.83	108	16.3	1.80
	b	160	65	8.5	10	10	5	25.162	19.752	935	83.4	161	6.10	1.82	117	17.6	1.75
18	a	180	68	7.0	10.5	10.5	5.2	25.699	20.174	1270	98.6	190	7.04	1.96	141	20.0	1.88
	b	180	70	9.0	10.5	10.5	5.2	29.299	23.000	1370	111	210	6.84	1.95	152	21.5	1.84
20	a	200	73	7.0	11	11	5.5	28.837	22.637	1780	128	244	7.86	2.11	178	24.2	2.01
	b	200	75	9.0	11	11	5.5	32.837	25.777	1910	144	268	7.64	2.09	191	25.9	1.95
22	a	220	77	7.0	11.5	11.5	5.8	31.846	24.999	2390	158	298	8.67	2.23	218	28.2	2.10
	b	220	79	9.0	11.5	11.5	5.8	36.246	28.453	2570	176	326	8.42	2.21	234	30.1	2.03
24	a	240	78	7.0	12	12	6	34.217	26.860	3050	174	325	9.45	2.26	254	30.5	2.10
	b	240	80	9.0	12	12	6	39.017	30.628	3280	194	355	9.17	2.23	274	32.5	2.03
	c	240	82	11.0	12	12	6	43.817	34.396	3510	213	388	8.96	2.21	293	34.4	2.00
25	a	250	78	7.0	12	12	6	34.917	27.410	3370	176	322	9.82	2.24	270	30.6	2.07
	b	250	80	9.0	12	12	6	39.917	31.335	3530	196	353	9.41	2.22	282	32.7	1.98
	c	250	82	11.0	12	12	6	44.917	35.260	3690	218	384	9.07	2.21	295	35.9	1.92
27	a	270	82	7.5	12.5	12.5	6.2	39.284	30.838	4360	216	393	10.5	2.34	323	35.5	2.13
	b	270	84	9.5	12.5	12.5	6.2	44.684	35.077	4690	239	428	10.3	2.31	347	37.7	2.06
	c	270	86	11.5	12.5	12.5	6.2	50.084	39.316	5020	261	467	10.1	2.28	372	39.8	2.03
28	a	280	82	7.5	12.5	12.5	6.2	40.034	31.427	4760	218	388	10.9	2.33	340	35.7	2.10
	b	280	84	9.5	12.5	12.5	6.2	45.634	35.823	5130	242	428	10.6	2.30	366	37.9	2.02
	c	280	86	11.5	12.5	12.5	6.2	51.234	40.219	5500	268	463	10.4	2.29	393	40.3	1.95

续表

型号		截面尺寸/mm						截面面积/cm^2	理论重量/(kg/m)	惯性矩/cm^4			惯性半径/cm		截面模数/cm^3		重心距离/cm
		h	b	d	t	r	r_1			I_x	I_y	I_{y_1}	i_x	i_y	W_x	W_y	z_0
30	a	300	85	7.5	13.5	13.5	6.8	43.902	34.463	6050	260	467	11.7	2.43	403	41.1	2.17
	b	300	87	9.5	13.5	13.5	6.8	49.902	39.173	6500	289	515	11.4	2.41	433	44.0	2.13
	c	300	89	11.5	13.5	13.5	6.8	55.902	43.883	6950	316	560	11.2	2.38	463	46.4	2.09
32	a	320	88	8.0	14	14	7	48.513	38.083	7600	305	552	12.5	2.50	475	46.5	2.24
	b	320	90	10.0	14	14	7	54.913	43.107	8140	336	593	12.2	2.47	509	49.2	2.16
	c	320	92	12.0	14	14	7	61.313	48.131	8690	374	643	11.9	2.47	543	52.6	2.09
36	a	360	96	9.0	16	16	8	60.910	47.814	11900	455	818	14.0	2.73	660	63.5	2.44
	b	360	98	11.0	16	16	8	68.110	53.466	12700	497	880	13.6	2.70	703	66.9	2.37
	c	360	100	13.0	16	16	8	75.310	59.118	13400	536	948	13.4	2.67	746	70.0	2.34
40	a	400	100	10.5	18	18	9	75.068	58.928	17600	592	1070	15.3	2.81	879	78.8	2.49
	b	400	102	12.5	18	18	9	83.068	65.208	18600	640	114	15.0	2.78	932	82.5	2.44
	c	400	104	14.5	18	18	9	91.068	71.488	19700	688	1220	14.7	2.75	986	86.2	2.42

注：截面图和表中标注的圆弧半径 r、r_1 的数据用于孔型设计，不做交货条件

表 4 热轧普通工字钢

符号意义：

h——高度　　r_1——腿端圆弧半径

b——腿宽　　I——惯性矩

d——腰厚　　i——惯性半径

t——平均腿厚　　W——截面模量

r——内圆弧半径　　S——半截面的静力矩

型号		尺寸/mm						截面面积/cm^2	理论重量/(kg/m)	参考数值						
										x-x				y-y		
		h	b	d	t	r	r_1			I_x/cm^4	W_x/cm^3	i_x / m	i_x/S_x /cm	I_y/cm^4	W_y/cm^3	i_y/cm
10		100	68	4.5	7.6	6.5	3.3	14.345	11.261	245	49.0	4.14	8.59	33.0	9.72	1.52
12.6		126	74	5.0	8.4	7.0	3.5	18.118	14.223	488	77.5	5.20	10.8	46.9	12.7	1.61
14		140	80	5.5	9.1	7.5	3.8	21.516	16.890	712	102	5.76	12.0	64.4	16.1	1.73
16		160	88	6.0	9.9	8.0	4.0	26.131	20.513	1130	141	6.58	13.8	93.1	21.2	1.89
18		180	94	6.5	10.7	8.5	4.3	30.756	24.143	1660	185	7.36	15.4	122	26.0	2.00
20	a	200	100	7.0	11.4	9.0	4.5	35.578	27.929	2370	237	8.15	17.2	158	31.5	2.12
	b	200	102	9.0	11.4	9.0	4.5	39.578	31.069	2500	250	7.96	16.9	169	33.1	2.06
22	a	220	110	7.5	12.3	9.5	4.8	42.128	33.070	3400	309	8.99	18.9	225	40.9	2.31
	b	220	112	9.5	12.3	9.5	4.8	46.528	36.524	3570	325	8.78	18.7	239	42.7	2.27

续表

型号		尺寸/mm						截面面积/cm²	理论重量/(kg/m)	参考数值						
										x-x				y-y		
		h	b	d	t	r	r_1			I_x/cm^4	W_x/cm^3	i_x / m	i_x/S_x /cm	I_y/cm^4	W_y/cm^3	i_y/cm
25	a	250	116	8.0	13.0	10.0	5.0	48.541	38.105	5023	402	10.2	21.6	280	48.3	2.40
	b	250	118	10.0	13.0	10.0	5.0	53.541	42.030	5280	423	9.94	21.3	309	52.4	2.40
28	a	280	122	8.5	13.7	10.5	5.3	55.404	43.492	7110	508	11.30	24.6	345	56.6	2.50
	b	280	124	10.5	13.7	10.5	5.3	61.004	47.888	7480	534	11.1	24.2	379	61.2	2.49
32	a	320	130	9.5	15.0	11.5	5.8	67.156	52.717	11100	692	12.8	27.5	460	70.8	2.62
	b	320	132	11.5	15.0	11.5	5.8	73.556	57.741	11600	726	12.6	27.1	502	76.0	2.61
	c	320	134	13.5	15.0	11.5	5.8	79.956	62.756	12200	760	12.3	26.3	544	81.2	2.61
36	a	360	136	10.0	15.8	12.0	6.0	76.480	60.037	15800	875	14.4	30.7	552	81.2	2.69
	b	360	138	12.0	15.8	12.0	6.0	83.680	65.689	16500	919	14.1	30.3	582	84.3	2.64
	c	360	140	14.0	15.8	12.5	6.0	90.880	71.341	17300	962	13.8	29.9	612	87.4	2.60
40	a	400	142	10.5	16.5	12.5	6.3	86.112	67.598	21700	1090	15.9	34.1	660	93.2	2.77
	b	400	144	12.5	16.5	12.5	6.3	94.112	73.878	22780	1140	15.6	33.6	692	96.2	2.71
	c	400	146	14.5	16.5	13.5	6.3	102.112	80.158	23900	1190	15.2	33.2	727	99.6	2.65
45	a	450	150	11.5	18.0	13.5	6.8	102.446	80.420	32200	1430	17.7	30.6	855	114	2.89
	b	450	152	13.5	18.0	13.5	6.8	111.446	87.485	33800	1500	17.4	38.0	894	118	2.84
	c	450	154	15.5	18.0	13.5	6.8	120.446	94.550	35300	1570	17.1	37.6	938	122	2.79
50	a	500	158	12.0	20.0	14.0	7.0	119.304	93.654	46500	1860	19.7	42.8	1120	142	3.07
	b	500	160	14.0	20.0	14.0	7.0	129.304	101.504	48600	1940	19.4	42.4	1170	146	3.01
	c	500	162	16.0	20.0	14.0	7.0	139.304	109.354	50600	2080	19.0	41.8	1220	151	2.96
56	a	560	166	12.5	21.0	14.5	7.3	135.435	106.316	65600	2340	22.0	47.7	1370	165	3.18
	b	560	168	14.5	21.0	14.5	7.3	146.635	115.108	68500	2450	21.6	47.2	1486	114	3.16
	c	560	170	16.5	21.0	14.5	7.3	157.835	123.900	71400	2550	21.3	46.7	1558	183	3.16
63	a	630	176	13.0	22.0	15.0	7.5	154.658	121.407	93900	2980	24.5	54.2	1700	193	3.31
	b	630	178	15.0	22.0	15.0	7.5	167.258	131.298	98100	3160	24.2	53.5	1812	204	3.29
	c	630	180	17.0	22.0	15.0	7.5	169.858	141.189	10200	3300	23.8	52.9	1924	214	3.27

注：截面图和表中标注的圆弧半径 r、r_1 的数据用于孔型设计，不做交货条件。